3판

인간공학기사

[illegible]기문제풀이편

김유창 감수

세이프티넷 인간공학기사/기술사 연구회 지음

한국산업인력공단 출제기준에 맞춘
자격시험 준비서

교문사

청문각이 교문사로 새롭게 태어납니다.

머리말

2005년 인간공학기사/기술사 시험이 처음 시행되었습니다. 인간공학기사/기술사 제도로 인간공학이 일반사람에게 알려지는 계기가 되었으며, 각 사업장마다 인간공학이 뿌리를 내리면서 안전하고, 아프지 않고, 그리고 편안하게 일하는 사업장이 계속해서 생길 것입니다.

2005년부터 지금까지 오랜 기간 동안 인간공학기사 시험이 시행되었기 때문에 충분히 많은 인간공학 필기 문제가 확보되었습니다. 이에 문제풀이 위주로 공부하는 독자들이 인간공학기사 필기문제풀이 책의 출간을 요청하여, 본 교재를 출간하게 되었습니다. 본 교재의 구성은 연도별 기출문제를 기준으로 정리하였습니다.

인간공학의 기본철학은 작업을 사람의 특성과 능력에 맞도록 설계하는 것입니다. 지금까지 한국의 인간공학은 단지 의자, 침대와 같은 생활도구의 설계 등에 적용되어 왔으나, 최근에는 근골격계질환, 인간실수 등의 문제해결을 위해 인간공학이 작업장에서 가장 중요한 문제로 대두되고 있습니다. 이에 정부, 산업체, 그리고 학계에서는 인간공학적 문제해결을 위한 전문가를 양성하기 위해 인간공학기사/기술사 제도를 만들게 되었습니다. 이제 한국도 선진국과 같이 고가의 장비나 도구보다도 작업자가 더 중요시되는 시대를 맞이하고 있습니다.

인간공학은 학문의 범위가 넓고 국내에 전파된 지도 오래되지 않은 새로운 분야이며, 인간공학을 응용하기 위해서는 학문적 지식을 바탕으로 한 다양한 경험을 동시에 필요로 합니다. 이러한 이유로 그동안 인간공학 전문가의 배출이 매우 제한되어 있었습니다. 그러나 인간공학기사/기술사 제도는 올바른 인간공학 교육방향과 발전에 좋은 토대가 될 것입니다.

한국에서는 인간공학 전문가제도가 정착단계이지만, 일부 선진국에서는 이미 오래전부터 인간공학 전문가제도를 시행해 오고 있습니다. 선진국에서 인간공학 전문가는 다양한 분야에서 활발히 활동하고 있으며, 한국에서도 인간공학기사, 기술사 제도를 하루빨리 선진국과 같이 한국의 실정에 맞도록 만들어 나가야 할 것입니다.

Preface

본 저서의 특징은 새로운 원리의 제시에 앞서 오랜 기간 동안 인간공학을 연구하고 적용하면서 모아온 많은 문헌과 필요한 자료들을 정리하여 인간공학기사 시험 대비에 시간적 제약을 받고 있는 수험생들에게 시험 대비 교재로서의 활용되도록 하였습니다. 특히, 본 저서는 짧은 시간 동안에 인간공학기사 필기문제풀이 교재를 집필하여 미비한 점이 다소 있으리라 생각됩니다. 그렇기 때문에 앞으로 거듭 보완해 나갈 것을 약속드립니다. 독자 여러분께서 세이프티넷(http://cafe.naver.com/safetynet)의 인간공학기사/기술사 연구회 커뮤니티에 의견과 조언을 주시면 그것을 바탕으로 독자들과 함께 책을 만들어 나갈 생각입니다.

본 교재의 출간으로 많은 인간공학기사가 배출되어 "작업자를 위해 알맞게 설계된 인간공학적 작업은 모든 작업의 출발점이어야 한다."라는 철학이 작업장에 뿌리내렸으면 합니다.

본 저서의 초안을 만드는 데 도움을 준 김대수, 최원식, 신동욱, 홍석민, 이현재 연구원과 개정판을 만드는 데 도움을 준 곽희제, 안대은, 고명혁, 김민주 연구원에게 진심으로 감사드립니다. 그리고 세이프티넷의 여러 회원의 조언과 관심에 대하여 감사드립니다. 또한, 본 교재가 세상에 나올 수 있도록 기획에서부터 출판까지 물심양면으로 도움을 주신 교문사의 관계자 여러분께도 심심한 사의를 표합니다.

2021년 8월

수정산 자락 아래서 안전하고 편안한 인간공학적 세상을 꿈꾸면서

김 유 창

인간공학기사 자격안내

1. 개 요

국내의 산업재해율 증가에 있어 근골격계질환, 뇌심혈관질환 등 작업관련성 질환에 의한 증가현상이 특징적이며, 특히 단순반복 작업, 중량물 취급작업, 부적절한 작업자세 등에 의하여 신체에 과도한 부담을 주었을 때 나타나는 요통, 경견완장해 등 근골격계질환은 매년 급증하고 있고, 향후에도 지속적인 증가가 예상됨에 따라 동 질환예방을 위해 사업장관련 예방 전문기관 및 연구소 등에 인간공학 전문가의 배치가 필요하다.

2. 변천과정

2005년 인간공학기사로 신설되었다.

3. 수행직무

작업자의 근골격계질환 요인분석 및 예방교육, 기계, 공구, 작업대, 시스템 등에 대한 인간공학적 적합성분석 및 개선, OHSMS 관련인증을 위한 업무, 작업자 인간과오에 의한 사고분석 및 작업환경 개선, 사업장 자체의 인간공학적 관리규정 제정 및 지속적 관리 등을 수행한다.

4. 응시자격 및 검정기준

(1) 응시자격

인간공학기사 자격검정에 대한 응시자격은 다음과 각 호의 1에 해당하는 자격요건을 가져야 한다.

가. 산업기사의 자격을 취득한 후 응시하고자 하는 종목이 속하는 동일직무 분야에서 1년 이상 실무에 종사한 자

나. 기능사자격을 취득한 후 응시하고자 하는 종목이 속하는 동일직무 분야에서 3년 이상 실무에 종사한 자
다. 다른 종목의 기사자격을 취득한 자
라. 대학졸업자 등 또는 그 졸업예정자(4학년에 재학 중인 자 또는 3학년 수료 후 중퇴자를 포함한다.)
마. 전문대학 졸업자 등으로서 졸업 후 응시하고자 하는 종목이 속하는 동일직무 분야에서 2년 이상 실무에 종사한 자
바. 기술자격 종목별로 산업기사의 수준에 해당하는 교육훈련을 실시하는 기관으로서 노동부령이 정하는 교육훈련 기관의 기술훈련 과정을 이수한 자로서 이수 후 동일직무 분야에서 2년 이상 실무에 종사한 자
사. 기술자격 종목별로 기사의 수준에 해당하는 교육훈련을 실시하는 기관으로서 노동부령이 정하는 교육훈련 기관의 기술훈련 과정을 이수한 자 또는 그 이수예정자
아. 응시하고자 하는 종목이 속하는 동일직무 분야에서 4년 이상 실무에 종사한 자
자. 외국에서 동일한 등급 및 종목에 해당하는 자격을 취득한 자
차. 학점인정 등에 관한 법률 제8조의 규정에 의하여 대학졸업자와 동등 이상의 학력을 인정받은 자 또는 동법 제7조의 규정에 의하여 106학점 이상을 인정받은 자(고등교육법에 의거 정규대학에 재학 또는 휴학 중인 자는 해당되지 않음)
카. 학점인정 등에 관한 법률 제8조의 규정에 의하여 전문대학 졸업자와 동등 이상의 학력을 인정받은 자로서 응시하고자 하는 종목이 속하는 동일직무 분야에서 2년 이상 실무에 종사한 자

(2) 검정기준

인간공학기사는 인간공학에 관한 공학적 기술이론 지식을 가지고 설계·시공·분석 등의 기술업무를 수행할 수 있는 능력의 유무를 검정한다.

5. 검정시행 형태 및 합격결정 기준

(1) 검정시행 형태

인간공학기사는 필기시험 및 실기시험을 행하는데 필기시험은 객관식 4지 택일형, 실기시험은 주관식 필답형을 원칙으로 한다.

(2) 합격결정 기준

가. 필기시험: 100점을 만점으로 하여 과목당 40점 이상, 전과목 평균 60점 이상

나. 실기시험: 100점을 만점으로 하여 60점 이상

6. 검정방법(필기, 실기) 및 시험과목

(1) 검정방법

가. 필기시험

① 시험형식: 필기(객관식 4지 택일형)시험 문제

② 시험시간: 검정대상인 4과목에 대하여 각 20문항의 객관식 4지 택일형을 120분 동안에 검정한다(과목당 30분).

나. 실기시험

① 시험형식: 필기시험의 출제과목에 대한 이해력을 토대로 하여 인간공학 실무와 관련된 부분에 대하여 필답형으로 검정한다.

② 시험시간: 2시간 30분(필답형)

(2) 시험과목

인간공학기사의 시험과목은 다음 표와 같다.

인간공학기사 시험과목

검정방법	자격종목	시험과목
필기 (매과목 100점)	인간공학기사	1. 인간공학 개론
		2. 작업생리학
		3. 산업심리학 및 관계 법규
		4. 근골격계질환 예방을 위한 작업관리
실기 (100점)		인간공학 실무

7. 출제기준

(1) 필기시험 출제기준

필기시험은 수험생의 수험준비 편의를 도모하기 위하여 일반대학에서 공통적으로 가르치고 구입이 용이한 일반교재의 공통범위에 준하여 전공분야의 지식 폭과 깊이를 검정하는 방법으로 출제한다. 시험과목과 주요항목 및 세부항목은 다음 표와 같다.

필기시험 과목별 출제기준의 주요항목과 세부항목

시험과목	출제 문제수	주요항목	세부항목
1. 인간공학 개론	20문항	1. 인간공학적 접근	(1) 인간공학의 정의 (2) 연구절차 및 방법론
		2. 인간의 감각기능	(1) 시각기능 (2) 청각기능 (3) 촉각 및 후각기능
		3. 인간의 정보처리	(1) 정보처리과정 (2) 정보이론 (3) 신호검출이론
		4. 인간기계 시스템	(1) 인간기계 시스템의 개요 (2) 표시장치 (Display) (3) 조종장치 (Control)
		5. 인체측정 및 응용	(1) 인체측정 개요 (2) 인체측정 자료의 응용원칙
2. 작업생리학	20문항	1. 인체구성 요소	(1) 인체의 구성 (2) 근골격계 구조와 기능 (3) 순환계 및 호흡계의 구조와 기능
		2. 작업생리	(1) 작업 생리학 개요 (2) 대사 작용 (3) 작업부하 및 휴식시간
		3. 생체역학	(1) 인체동작의 유형과 범위 (2) 힘과 모멘트 (3) 근력과 지구력
		4. 생체반응 측정	(1) 측정의 원리 (2) 생리적 부담 척도 (3) 심리적 부담 척도
		5. 작업환경 평가 및 관리	(1) 조명 (2) 소음 (3) 진동 (4) 고온, 저온 및 기후 환경 (5) 교대작업

시험과목	출제 문제수	주요항목	세부항목
3. 산업심리학 및 관계 법규	20문항	1. 인간의 심리특성	(1) 행동이론 (2) 주의 / 부주의 (3) 의식단계 (4) 반응시간 (5) 작업동기
		2. 휴먼 에러	(1) 휴먼에러 유형 (2) 휴먼에러 분석기법 (3) 휴먼에러 예방대책
		3. 집단, 조직 및 리더십	(1) 조직이론 (2) 집단역학 및 갈등 (3) 리더십 관련 이론 (4) 리더십의 유형 및 기능
		4. 직무 스트레스	(1) 직무 스트레스 개요 (2) 직무 스트레스 요인 및 관리
		5. 관계 법규	(1) 산업안전보건법의 이해 (2) 제조물 책임법의 이해
		6. 안전보건관리	(1) 안전보건관리의 원리 (2) 재해조사 및 원인분석 (3) 위험성 평가 및 관리 (4) 안전보건실무
4. 근골격계질환 예방을 위한 작업관리	20문항	1. 근골격계질환 개요	(1) 근골격계질환의 종류 (2) 근골격계질환의 원인 (3) 근골격계질환의 관리방안
		2. 작업관리 개요	(1) 작업관리의 정의 (2) 작업관리절차 (3) 작업개선원리
		3. 작업분석	(1) 문제분석도구 (2) 공정분석 (3) 동작분석
		4. 작업측정	(1) 작업측정의 개요 (2) work－sampling (3) 표준자료
		5. 유해요인 평가	(1) 유해요인 평가 원리 (2) 중량물취급 작업 (3) 유해요인 평가방법 (4) 사무/VDT 작업
		6. 작업설계 및 개선	(1) 작업방법 (2) 작업대 및 작업공간 (3) 작업설비 / 도구 (4) 관리적 개선 (5) 작업공간 설계
		7. 예방관리 프로그램	(1) 예방관리 프로그램 구성요소

(2) 실기시험 출제기준

실기시험은 인간공학 개론, 작업생리학, 작업심리학, 작업설계 및 관련법규에 관한 전문지식의 범위와 이해의 깊이 및 인간공학 실무능력을 검정한다. 출제기준 및 문항수는 필기시험의 과목과 인간공학 실무에 관련된 작업형 문제를 출제하여 2시간 30분에 걸쳐 검정이 가능한 분량으로 한다. 이에 대한 시험과목과 주요항목 및 세부항목은 다음 표와 같다.

실기시험 출제기준의 주요항목과 세부항목

시험과목	주요항목	세부항목
인간공학 실무	1. 작업환경 분석	(1) 자료분석하기 (2) 현장조사하기 (3) 개선요인 파악하기
	2. 인간공학적 평가	(1) 감각기능 평가하기 (2) 정보처리 기능 평가하기 (3) 행동기능 평가하기 (4) 작업환경 평가하기 (5) 감성공학적 평가하기
	3. 시스템 설계 및 개선	(1) 표시장치 설계 및 개선하기 (2) 제어장치 설계 및 개선하기 (3) 작업방법 설계 및 개선하기 (4) 작업장 및 작업도구 설계 및 개선하기 (5) 작업환경 설계 및 개선하기
	4. 시스템 관리	(1) 안전성 관리하기 (2) 사용성 관리하기 (3) 신뢰성 관리하기 (4) 효용성 관리하기 (5) 제품 및 시스템 안전설계 적용하기
	5. 작업관리	(1) 작업부하 관리하기 (2) 교대제 관리하기 (3) 표준작업 관리하기
	6. 유해요인조사	(1) 대상공정 파악하기
	7. 근골격계질환 예방관리	(1) 근골격계 부담작업조사하기 (2) 증상 조사하기 (3) 인간공학적 평가하기 (4) 근골격계 부담작업 관리하기

차 례

인간공학기사 필기시험 문제풀이

Contents

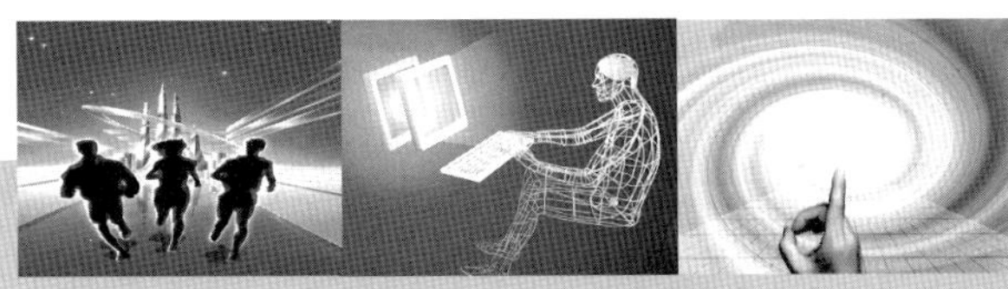

인간공학기사 필기시험 문제풀이 1회[211]

1 인간공학 개론

1 표시장치와 제어장치를 포함하는 작업장을 설계할 때 고려해야 할 사항과 가장 거리가 먼 것은?

① 작업시간
② 제어장치와 표시장치와의 관계
③ 주시각 임무와 상호작용하는 주제어장치
④ 자주 사용되는 부품을 편리한 위치에 배치

해설 개별작업공간 설계지침
표시장치와 조종장치를 포함하는 작업장을 설계할 때 따를 수 있는 지침은 다음과 같다.
1순위: 주된 시각적 임무
2순위: 주시각 임무와 상호작용하는 주조종장치
3순위: 조종장치와 표시장치 간의 관계
4순위: 순서적으로 사용되는 부품의 배치
5순위: 체계 내 혹은 다른 체계의 여타 배치와 일관성 있게 배치
6순위: 자주 사용되는 부품을 편리한 위치에 배치

2 주의(attention)의 종류에 포함되지 않은 것은?

① 병렬주의(parallel attention)
② 분할주의(divided attention)
③ 집중적 주의(focused attention)
④ 선택적 주의(selective attention)

해설 주의의 대상작업의 형태에 따른 분류
① 선택적 주의(selective attention)
② 집중적 주의(focused attention)
③ 분할주의(divided attention)

3 시스템의 사용성 검증 시 고려되어야 할 변인이 아닌 것은?

① 경제성 ② 낮은 에러율
③ 효율성 ④ 기억용이성

해설 사용성 정의
닐슨은 사용성을 학습용이성, 효율성, 기억용이성, 에러 빈도 및 정도, 그리고 주관적 만족도로 정의하였다.

4 움직이는 몸의 동작을 측정한 인체치수를 무엇이라고 하는가?

① 조절 치수
② 파악한계 치수
③ 구조적 인체치수
④ 기능적 인체치수

해설 동적측정(기능적 인체치수)
① 동적 인체측정은 일반적으로 상지나 하지의 운동, 체위의 움직임에 따른 상태에서 측정하는 것이다.
② 동적 인체측정은 실제의 작업 혹은 실제 조건에 밀접한 관계를 갖는 현실성 있는 인체치수를 구하는 것이다.

해답 1. ① 2. ① 3. ① 4. ④

③ 동적측정은 마틴식 계측기로는 측정이 불가능하며, 사진 및 시네마 필름을 사용한 3차원(공간) 해석장치나 새로운 계측 시스템이 요구된다.
④ 동적측정을 사용하는 것이 중요한 이유는 신체적 기능을 수행할 때, 각 신체 부위는 독립적으로 움직이는 것이 아니라 조화를 이루어 움직이기 때문이다.

5 **인체측정 자료의 최대집단값에 의한 설계원칙에 관한 내용으로 옳은 것은?**

① 통상 1, 5, 10%의 하위 백분위수를 기준으로 정한다.
② 통상 70, 75, 80%의 상위 백분위수를 기준으로 정한다.
③ 문, 탈출구, 통로 등과 같은 공간의 여유를 정할 때 사용한다.
④ 선반의 높이, 조종장치까지의 거리 등을 정할 때 사용한다.

해설 최대집단값에 의한 설계
① 통상 대상집단에 대한 관련 인체측정변수의 상위 백분위수를 기준으로 하여 90, 95 혹은 99% 값이 사용된다.
② 문, 탈출구, 통로 등과 같은 공간여유를 정하거나 줄사다리의 강도 등을 정할 때 사용된다.
③ 예를 들어, 95% 값에 속하는 큰 사람을 수용할 수 있다면, 이보다 작은 사람은 모두 사용된다.

6 **제어장치가 가지는 저항의 종류에 포함되지 않는 것은?**

① 탄성저항(elastic resistance)
② 관성저항(inertia resistance)
③ 점성저항(viscous resistance)
④ 시스템저항(system resistance)

해설 조종장치의 저항력
① 탄성저항
② 점성저항
③ 관성저항
④ 정지 및 미끄럼마찰

7 **선형 표시장치를 움직이는 조종구(레버)에서의 C/R비를 나타내는 다른 식에서 변수 a의 의미로 옳은 것은? (단, L은 컨트롤러의 길이를 의미한다.)**

$$C/R\text{비} = \frac{(a/360)\times 2\pi L}{\text{표시장치의 이동거리}}$$

① 조종장치의 여유율
② 조종장치의 최대 각도
③ 조종장치가 움직인 각도
④ 조종장치가 움직인 거리

해설 조종-반응 비율 개념
조종장치의 움직이는 거리(회전수)와 체계반응이나 표시장치상의 이동요소의 움직이는 거리의 비이다. 표시장치가 없는 경우에는 체계반응의 어떤 척도가 표시장치 이동거리 대신 사용된다. 이는 연속 조종장치에만 적용되는 개념이고 수식은 다음과 같다.

$$C/R\text{비} = \frac{(a/360)\times 2\pi L}{\text{표시장치의 이동거리}}$$

여기서, a: 조종장치가 움직인 각도
L: 반지름(지레의 길이)

8 **신호검출이론(signal detection theory)에서 판정기준을 나타내는 우도비(likelihood ratio) β와 민감도(sensitivity) d에 대한 설명으로 옳은 것은?**

① β가 클수록 보수적이고, d가 클수록 민감함을 나타낸다.
② β가 클수록 보수적이고, d가 클수록 둔감함을 나타낸다.
③ β가 작을수록 보수적이고, d가 클수록 민감함을 나타낸다.
④ β가 작을수록 보수적이고, d가 클수록 둔감함을 나타낸다.

해설 신호검출이론의 판단기준 및 민감도
반응 기준이 오른쪽으로 이동할 경우($\beta > 1$): 판정자는 신호라고 판정하는 기회가 줄어들게 되므로 신호

해답 5. ③ 6. ④ 7. ③ 8. ①

가 나타났을 때 신호의 정확한 판정은 적어지나 허위 경보를 덜하게 된다. 이런 사람을 일반적으로 보수적이라고 한다.
민감도는 d로 표현하며, 두 분포의 꼭짓점의 간격을 분포의 표준편차 단위로 나타낸다. 즉, 두 분포가 떨어져 있을수록 민감도는 커지며, 판정자는 신호와 잡음을 정확하게 판정하기가 쉽다.

9 인체의 감각기능 중 후각에 대한 설명으로 옳은 것은?

① 후각에 대한 순응은 느린 편이다.
② 후각은 훈련을 통해 식별능력을 기르지 못한다.
③ 후각은 냄새 존재 여부보다 특정 자극을 식별하는 데 효과적이다.
④ 특정 냄새의 절대 식별 능력은 떨어지나 상대적 비교능력은 우수한 편이다.

(해설) 후각
인간의 후각은 특정 물질이나 개인에 따라 민감도의 차이가 있으며, 어느 특정 냄새에 대한 절대 식별능력은 다소 떨어지나, 상대적 기준으로 냄새를 비교할 때는 우수한 편이다.

10 인간-기계 체계(man-machine system)의 신뢰도(R_S)가 0.85 이상이어야 한다. 이때 인간의 신뢰도(R_H)가 0.9라면 기계의 신뢰도(R_E)는 얼마 이상이어야 하는가?

① $R_E \geq 0.831$　② $R_E \geq 0.877$
③ $R_E \geq 0.915$　④ $R_E \geq 0.944$

(해설) 설비의 신뢰도 직렬연결
$R_s = R_1 \cdot R_2 \cdot R_3 \cdots R_n = \prod_{i=1}^{n} R_i$ 이므로,
인간 신뢰도(R_H)×기계 신뢰도(R_E)$\geq R_S$
0.9×기계 신뢰도(R_E)$\geq$0.85
따라서 기계 신뢰도(R_E)는 0.944 이상이어야 한다.

11 인간공학에 관한 내용으로 옳지 않은 것은?

① 인간의 특성 및 한계를 고려한다.
② 인간을 기계와 작업에 맞추는 학문이다.
③ 인간 활동의 최적화를 연구하는 학문이다.
④ 편리성, 안정성, 효율성을 제고하는 학문이다.

(해설) 인간공학의 정의
인간공학이란 기계와 작업의 특성을 인간에게 맞추는 방법을 연구하는 학문이다.

12 인간의 기억 체계에 대한 설명으로 옳지 않은 것은?

① 단위시간당 영구 보관할 수 있는 정보량은 7 bit/sec이다.
② 감각 저장(sensory storage)에서는 정보의 코드화가 이루어지지 않는다.
③ 장기기억(long-term memory)내의 정보는 의미적으로 코드화된 정보이다.
④ 작업기억(working memory)은 현재 또는 최근의 정보를 잠시 동안 기억하기 위한 저장소의 역할을 한다.

(해설) 정보처리 과정에서의 정보량 추정
단위시간당 영구 보관할 수 있는 정보량은 0.7 bit/sec이다.

13 음 세기(sound intensity)에 관한 설명으로 옳은 것은?

① 음 세기의 단위는 Hz이다.
② 음 세기는 소리의 고저와 관련이 있다.
③ 음 세기는 단위시간에 단위면적을 통과하는 음의 에너지를 말한다.
④ 음압수준(sound pressure level) 측정 시 주로 1,000 Hz 순음을 기준 음압으로 사용한다.

(해설) 음의 세기(sound intensity)

해답 9. ④ 10. ④ 11. ② 12. ① 13. ③

음의 세기는 단위면적당의 에너지(Watt/㎡)로 정의된다.

14 시각 및 시각과정에 대한 설명으로 옳지 않은 것은?

① 원추체(cone)는 황반(fovea)에 집중되어 있다.
② 멀리 있는 물체를 볼 때는 수정체가 두꺼워진다.
③ 동공(pupil)의 크기는 어두우면 커진다.
④ 근시는 수정체가 두꺼워져 원점이 너무 가까워진다.

해설 수정체
수정체는 긴장을 하면 두꺼워져 가까운 물체를 볼 수 있게 되고, 긴장을 풀면 납작해져서 원거리에 있는 물체를 볼 수 있게 된다.

15 시식별에 영향을 주는 인자로 적합하지 않은 것은?

① 조도 ② 휘도비
③ 대비 ④ 온·습도

해설 시식별에 영향을 주는 인자
시식별에 영향을 주는 인자로는 조도, 대비, 노출시간, 광도비, 과녁의 이동, 휘광, 연령, 훈련이 있다.

16 실제 사용자들의 행동 분석을 위해 사용자가 생활하는 자연스러운 생활환경에서 조사하는 사용성 평가기법으로 옳은 것은?

① Heuristic Evaluation
② Usability Lab Testing
③ Focus Group Interview
④ Observation Ethnography

해설 관찰 에쓰노그래피(observation ethnography)
실제 사용자들의 행동을 분석하기 위하여 이용자가 생활하는 자연스러운 생활환경에서 비디오, 오디오에 녹화하여 시험하는 사용성 평가기법이다.

17 다음과 같은 확률 발생하는 4가지 대안에 대한 중복률(%)은 얼마인가?

결과	확률(p)	$-\log_2 p$
A	0.1	3.32
B	0.3	1.74
C	0.4	1.32
D	0.2	2.32

① 1.8 ② 2.0
③ 7.7 ④ 8.7

해설 중복률

$$중복률=\left(1-\frac{총\ 평균정보량}{최대정보량}\right)\times 100(\%)$$

총 평균정보량: $-\sum p_i \log_2(p_i)$
=(0.1×3.32+0.3×1.74+0.4×1.32+0.2×2.32)
=1.846

최대정보량: $\log_2 n = \log_2 4 = 2$

따라서, 중복률 = $\left(1-\frac{1.846}{2}\right)\times 100(\%)$ = 7.7%

18 정량적 표시장치의 지침(pointer) 설계에 있어 일반적인 요령으로 적합하지 않은 것은?

① 뾰족한 지침을 사용한다.
② 지침을 눈금면과 최대한 밀착시킨다.
③ 지침의 끝은 최소 눈금선과 맞닿고 겹치게 한다.
④ 원형 눈금의 경우 지침의 색은 지침 끝에서 중앙까지 칠한다.

해설 정량적 표시장치의 지침설계 시 고려사항
① 뾰족한 지침을 사용한다.
② 지침의 끝은 작은 눈금과 맞닿되 겹치지 않게 한다.
③ 원형 눈금의 경우 지침의 색은 선단에서 중심까지 칠한다.
④ 시차를 없애기 위해 지침을 눈금면과 밀착시킨다.

해답 14. ② 15. ④ 16. ④ 17. ③ 18. ③

19 암호체계의 사용에 관한 일반적 지침에서 암호의 변별성에 대한 설명으로 옳은 것은?

① 정보를 암호화한 자극은 검출이 가능하여야 한다.
② 자극과 반응 간의 관계가 인간의 기대와 모순되지 않아야 한다.
③ 두 가지 이상의 암호 차원을 조합하여 사용하면 정보전달이 촉진된다.
④ 모든 암호표시는 감지장치에 의하여 다른 암호표시와 구별될 수 있어야 한다.

(해설) 암호의 변별성
암호체계 사용상의 일반적인 지침에서 암호의 변별성은 다른 암호표시와 구별되어야 하는 것이다.

20 통화이해도 측정을 위한 척도로 적합하지 않은 것은?

① 명료도지수 ② 인식 소음 수준
③ 이해도점수 ④ 통화간섭 수준

(해설) 통화이해도
여러 통신 상황에서 음성통신의 기준은 수화자의 이해도이다. 통화이해도의 평가척도로서, 명료도지수, 이해도점수, 통화간섭 수준 등이 있다.

2 작업생리학

21 어떤 작업에 대해서 10분간 산소소비량을 측정한 결과 100 L 배기량에 산소가 15%, 이산화탄소가 6%로 분석되었다. 에너지소비량은 몇 kcal/min인가? (단, 산소 1 L가 몸에서 소비되면 5 kcal의 에너지가 소비되며, 공기 중에서 산소는 21%, 질소는 79%를 차지하는 것으로 가정한다.)

① 2 ② 3
③ 4 ④ 6

(해설) 산소소비량
① 분당배기량 $= \dfrac{100\ \text{L}}{10\text{분}} = 10\ \text{L/분}$
② 분당흡기량
$= \dfrac{(100\% - 15\% - 6\%)}{79\%} \times 10\ \text{L/분}$
$= 10\ \text{L/분}$
③ 산소소비량
$= (21\% \times 10\ \text{L/분}) - (15\% \times 10\ \text{L/분})$
$= 0.6\ \text{L/분}$
④ 에너지가 = 0.6 × 5 = 3 kcal/분

22 휴식 중의 에너지소비량이 1.5 kcal/min인 작업자가 분당 평균 8 kcal의 에너지를 소비한 작업을 60분 동안 했을 경우 총 작업시간 60분에 포함되어야 하는 휴식시간은 약 몇 분인가? (단, Murrell의 식을 적용하며, 작업 시 권장 평균 에너지소비량은 5 kcal/min으로 가정한다.)

① 22분 ② 28분
③ 34분 ④ 40분

(해설) 휴식시간의 산정
Murrell의 공식: $R = \dfrac{T(E-S)}{E-1.5}$
R: 휴식시간(분)
T: 총 작업시간(분)
E: 평균에너지소비량(kcal/min)
S: 권장 평균에너지소비량
따라서,
$R = \dfrac{60(8-5)}{8-1.5} = 27.69(\text{분}) \fallingdotseq 28(\text{분})$

23 산업안전보건법령상 "소음작업"이란 1일 8시간 작업을 기준으로 얼마 이상의 소음이 발생하는 작업을 뜻하는가?

① 80데시벨 ② 85데시벨
③ 90데시벨 ④ 95데시벨

(해설) 소음작업
1일 8시간 작업을 기준으로 하여 85데시벨 이상의

해답 19. ④ 20. ② 21. ② 22. ② 23. ②

소음이 발생하는 작업을 말한다.

24 신체에 전달되는 진동은 전신진동과 국소진동으로 구분되는데 진동원의 성격이 다른 것은?

① 크레인 ② 지게차
③ 대형 운송차량 ④ 휴대용 연삭기

해설 진동의 종류
크레인, 지게차, 대형 운송차량은 전신진동이고, 휴대용연삭기는 국소진동이다.

25 수의근(voluntary muscle)에 대한 설명으로 옳은 것은?

① 민무늬근과 줄무늬근을 통칭한다.
② 내장근 또는 평활근으로 구분한다.
③ 대표적으로 심장근이 있으며 원통형 근섬유 구조를 이룬다.
④ 중추신경계의 지배를 받아 내 의지대로 움직일 수 있는 근육이다.

해설 수의근(voluntary muscle)
뇌와 척수신경의 지배를 받는 근육으로 의사에 따라서 움직이며, 골격근이 이에 속한다.

26 다음 중 안정 시 신체 부위에 공급하는 혈액 분배 비율이 가장 높은 곳은?

① 뇌 ② 근육
③ 소화기계 ④ 심장

해설 휴식 시 혈액 분포
① 간 및 소화기관: 20~25%
② 신장: 20%
③ 근육: 15~20%
④ 뇌: 15%
⑤ 심장: 4~5%

27 신체 부위의 동작 유형 중 관절에서의 각도가 증가하는 동작을 무엇이라고 하는가?

① 굴곡(flexion)
② 신전(extension)
③ 내전(adduction)
④ 외전(abduction)

해설 인체의 동작 유형 4가지
① 굴곡(flexion): 관절 각도가 감소하는 동작
② 신전(extension): 관절 각도가 증가하는 동작(굴곡과 반대방향)
③ 내전(adduction): 인체 중심으로 가까워지는 동작(외전과 반대방향)
④ 외전(abduction): 인체 중심에서 멀어지는 동작

28 힘에 대한 설명으로 옳지 않은 것은?

① 능동적 힘은 근수축에 의하여 생성된다.
② 힘은 근골격계를 움직이거나 안정시키는 데 작용한다.
③ 수동적 힘은 관절 주변의 결합조직에 의하여 생성된다.
④ 능동적 힘과 수동적 힘의 합은 근절의 안정길이의 50%에서 발생한다.

해설 힘에 대한 설명
능동적인 힘은 근육의 안정길이에서 가장 큰 힘을 내며, 수동적인 힘은 근육의 안정길이에서부터 발생한다. 따라서, 능동적인 힘과 수동적인 힘의 합은 근절의 안정길이에서 최대로 발생한다.

29 다음 중 일정(constant) 부하를 가진 작업 수행 시 인체의 산소소비량 변화를 나타낸 그래프로 옳은 것은?

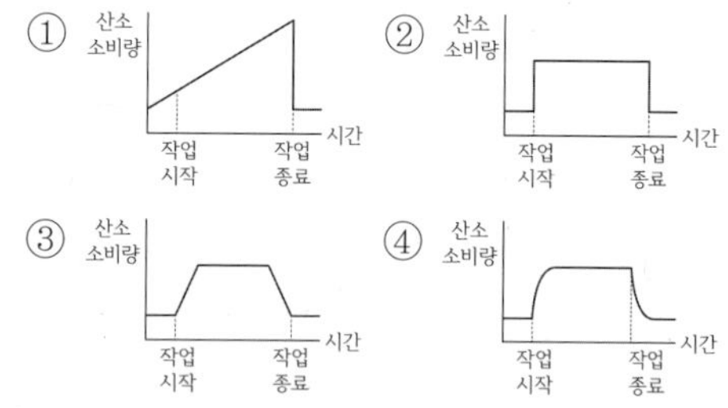

해답 24. ④ 25. ④ 26. ③ 27. ② 28. ④ 29. ④

해설 산소소비량 변화 그래프

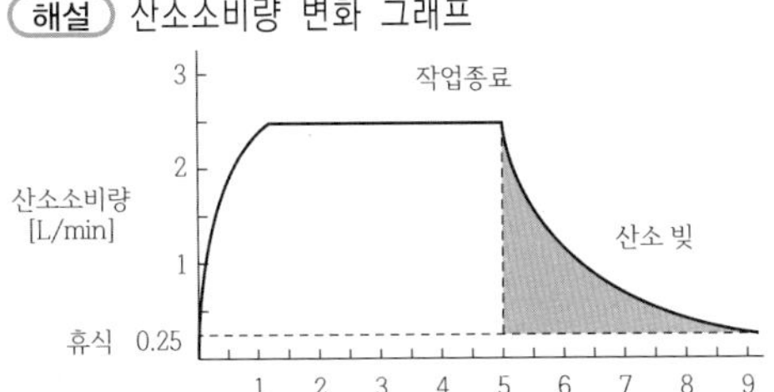

30 다음 생체신호를 측정할 때 이용되는 측정방법이 잘못 연결된 것은?

① 뇌의 활동 측정－EOG
② 심장근의 활동 측정－ECG
③ 피부의 전기 전도 측정－GSR
④ 국부 골격근의 활동 측정－EMG

해설 생리학적 측정방법
① 근전도(EMG): 근육활동의 전위차를 기록한다.
② 심전도(ECG): 심장근육의 전위차를 기록한다.
③ 뇌전도(EEG): 신경활동의 전위차를 기록한다.
④ 안전도(EOG): 안구운동의 전위차를 기록한다.
⑤ 산소소비량
⑥ 에너지소비량(RMR)
⑦ 전기피부 반응(GSR)
⑧ 점멸융합주파수(플리커법)

31 열교환에 영향을 미치는 요소와 가장 거리가 먼 것은?

① 기압 ② 기온
③ 습도 ④ 공기의 유동

해설 열교환 과정
열교환 과정은 기온이나 습도, 공기의 흐름, 주위의 표면 온도에 영향을 받는다.

32 소음에 의한 회화 방해 현상과 같이 한음의 가청 역치가 다른 음 때문에 높아지는 현상을 무엇이라 하는가?

① 사정효과 ② 차폐효과
③ 은폐효과 ④ 흡음효과

해설 음의 은폐효과(masking effect)
은폐(masking)란 음의 한 성분이 다른 성분의 청각 감지를 방해하는 현상을 말한다. 즉, 한 음(은폐음)의 가청 역치가 다른 음(은폐음) 때문에 높아지는 것을 말한다.

33 근력과 지구력에 관한 설명으로 옳지 않은 것은?

① 근력에 영향을 미치는 대표적 개인적 인자로는 성(姓)과 연령이 있다.
② 정적(static) 조건에서의 근력이란 자의적 노력에 의해 등척적으로(isometrically) 낼 수 있는 최대 힘이다.
③ 근육이 발휘할 수 있는 최대 근력의 50% 정도의 힘으로는 상당히 오래 유지할 수 있다.
④ 동적(dynamic) 근력은 측정이 어려우며, 이는 가속과 관절 각도의 변화가 힘의 발휘와 측정에 영향을 주기 때문이다.

해설 지구력
최대 근력으로 유지할 수 있는 것은 몇 초이며, 최대 근력의 15% 이하에서 상당히 오랜 시간을 유지할 수 있다.

34 중추신경계(central nervous system)에 해당하는 것은?

① 신경절(ganglia)
② 척수(spinal cord)
③ 뇌신경(cranial nerve)
④ 척수신경(spinal nerve)

해설 인간신경계의 구분
중추신경계에는 뇌, 척수가 있다.

35 다음 중 중추신경계의 피로, 즉 정신피로의 측정척도로 사용할 때 가장 적합한 것은?

① 혈압(blood pressure)

해답 30. ① 31. ① 32. ③ 33. ③ 34. ② 35. ④

② 근전도(electromyogram)

③ 산소소비량(oxygen consumption)

④ 점멸융합주파수(flicker fusion frequency)

해설 점멸융합주파수

점멸융합주파수는 피곤함에 따라 빈도가 감소하기 때문에 중추신경계의 피로, 즉 정신피로의 척도로 사용될 수 있다.

36 광도비(luminance ratio)란 주된 장소와 주변 광도의 비이다. 사무실 및 산업 상황에서의 일반적인 추천 광도비는 얼마인가?

① 1:1 ② 2:1

③ 3:1 ④ 4:1

해설 광도비(luminance ratio)

시야 내에 있는 주시영역과 주변영역 사이의 광도의 비를 광도비라 하며 사무실 및 산업상황에서의 추천 광도비는 보통 3:1이다.

37 강도 높은 작업을 마친 후 휴식 중에도 근육에 추가적으로 소비되는 산소량을 무엇이라 하는가?

① 산소부채 ② 산소결핍

③ 산소결손 ④ 산소요구량

해설 산소 빚(oxygen debt)

육체적 근력작업 후 맥박이나 호흡이 즉시 정상으로 회복되지 않고 서서히 회복되는 것은 작업 중에 형성된 젖산 등의 노폐물을 재분해하기 위한 것으로 이 과정에서 소비되는 추가분의 산소량을 의미한다.

38 중량물을 운반하는 작업에서 발생하는 생리적 반응으로 옳은 것은?

① 혈압이 감소한다.

② 심박수가 감소한다.

③ 혈류량이 재분배된다.

④ 산소소비량이 감소한다.

해설 작업에 따른 인체의 생리적 반응

① 산소소비량의 증가

② 심박출량의 증가

③ 심박수의 증가

④ 혈류의 재분배

39 전체환기가 필요한 경우로 볼 수 없는 것은?

① 유해물질의 독성이 적을 때

② 실내에 오염물 발생이 많지 않을 때

③ 실내 오염 배출원이 분산되어 있을 때

④ 실내에 확산된 오염물의 농도가 전체적으로 일정하지 않을 때

해설 전체환기

① 오염물질의 독성이 비교적 낮아야 함

② 오염물질이 분진이 아닌 증기나 가스여야 함

③ 오염물질이 균등하게 발생되어야 함

④ 오염물질이 널리 퍼져있어야 함

⑤ 오염물질의 발생량이 적어야 함

40 다음 중 작업장 실내에서 일반적으로 추천 반사율이 가장 높은 곳은? (단, IES기준이다.)

① 천정 ② 바닥

③ 벽 ④ 책상 면

해설 실내의 추천반사율(IES)

천장>벽>바닥의 순으로 추천반사율이 높다.

① 천장: 80~90%

② 벽, blind: 40~60%

③ 가구, 사무용기기, 책상: 25~45%

④ 바닥: 20~40%

3 산업심리학 및 관련법규

41 Rasmussen의 인간행동 분류에 기초한 인간오류에 해당하지 않는 것은?

① 규칙에 기초한 행동(rule-based behavior) 오류

② 실행에 기초한 행동(commission-based

해답 36. ③ 37. ① 38. ③ 39. ④ 40. ① 41. ②

behavior)오류

③ 기능에 기초한 행동(skill-based behavior) 오류

④ 지식에 기초한 행동(knowledge-based behavior)오류

해설 라스무센의 인간행동 분류에 기초한 휴먼에러
① 숙련기반 에러(skill based error)
② 규칙기반 에러(rule based error)
③ 지식기반 에러(knowledge based error)

42 리더십 이론 중 관리격자 이론에서 인간관계에 대한 관심이 낮은 유형은?

① 타협형 ② 인기형
③ 이상형 ④ 무관심형

해설 관리격자모형 이론
① (1,1)형: 인간과 업적에 모두 최소의 관심을 가지고 있는 무관심형이다.
② (1,9)형: 인간중심 지향적으로 업적에 대한 관심이 낮다. 이는 컨트리클럽형이다.
③ (9,1)형: 업적에 대하여 최대의 관심을 갖고, 인간에 대하여 무관심하다. 이는 과업형이다.
④ (9,9)형: 업적과 인간의 쌍방에 대하여 높은 관심을 갖는 이상형이다. 이는 팀형이다.
⑤ (5,5)형: 업적 및 인간에 대한 관심도에 있어서 중간값을 유지하려는 리더형이다. 이는 중도형이다.

43 다음 중 에러 발생 가능성이 가장 낮은 의식수준은?

① 의식수준 0 ② 의식수준 Ⅰ
③ 의식수준 Ⅱ ④ 의식수준 Ⅲ

해설 의식수준 단계
① 0단계: 의식을 잃은 상태이므로 작업수행과 관계가 없다.
② Ⅰ단계: 과로했을 때나 야간작업을 했을 때 볼 수 있는 의식수준으로, 부주의 상태가 강해서 인간의 에러가 빈발하며, 운전작업에서는 전방주시 부주의나 졸음운전 등이 일어나기 쉽다.
③ Ⅱ단계: 휴식 시에 볼 수 있는데, 주의력이 전향적으로 기능하지 못하기 때문에 무심코 에러를 저지르기 쉬우며, 단순반복작업을 장시간 지속할 경우도 여기에 해당한다.
④ Ⅲ단계: 적극적인 활동 시의 명쾌한 의식으로, 대뇌가 활발히 움직이므로 주의의 범위도 넓고, 에러를 일으키는 일은 거의 없다.
⑤ Ⅳ단계: 과도긴장 시나 감정흥분 시의 의식수준으로, 대뇌의 활동력은 높지만 주의가 눈앞의 한 곳에만 집중되고 냉정함이 결여되어 판단은 둔화된다.

44 작업자 한 사람의 성능 신뢰도가 0.95일 때, 요원을 중복하여 2인 1조로 작업을 할 경우 이 조의 인간 신뢰도는 얼마인가? (단, 작업 중에는 항상 요원지원이 되며, 두 작업자의 신뢰도는 동일하다고 가정한다.)

① 0.9025 ② 0.9500
③ 0.9975 ④ 1.0000

해설 병렬연결

$$R_p = 1-(1-R_1)(1-R_2)\cdots(1-R_n)$$
$$= 1-\prod_{i=1}^{n}(1-R_i)$$
$$= 1-(1-0.95)\times(1-0.95) = 0.9975$$

45 시스템 안전 분석기법 중 정량적 분석 방법이 아닌 것은?

① 결함나무분석(FTA)
② 사상나무분석(ETA)
③ 고장모드 및 영향분석(FMEA)
④ 휴먼 에러율 예측기법(THERP)

해설 시스템 분석기법
FMEA는 서브시스템 위험분석을 위하여 일반적으로 사용되는 전형적인 정성적·귀납적 분석방법으로 시스템에 영향을 미치는 모든 요소의 고장을 형태별로 분석하여 그 영향을 검토하는 것이다.

46 조직의 리더(leader)에게 부여하는 권한 중 구성원을 징계 또는 처벌할 수 있는 권한은?

① 보상적 권한 ② 강압적 권한

해답 42. ④ 43. ④ 44. ③ 45. ③ 46. ②

③ 합법적 권한 ④ 전문성의 권한

해설 강압적 권한
리더들이 부여받은 권한 중에서 보상적 권한만큼 중요한 것이 바로 강압적 권한인데 이 권한으로 부하들을 처벌할 수 있다. 예를 들면, 승진누락, 봉급 인상 거부, 원하지 않는 일을 시킨다든지 아니면 부하를 해고시키는 등이다.

47 인간의 불안전행동을 예방하기 위해 Harvey에 의해 제안된 안전대책의 3E에 해당하지 않는 것은?

① Education ② Enforcement
③ Engineering ④ Environment

해설 안전의 3E 대책
① Engineering(기술)
② Education(교육)
③ Enforcement(강제)

48 재해 원인을 불안전한 행동과 불안전한 상태로 구분할 때 불안전한 상태에 해당하는 것은?

① 규칙의 무시
② 안전장치 결함
③ 보호구 미착용
④ 불안전한 조작

해설 불안전한 상태(물적원인)
① 물 자체의 결함
② 안전방호 장치의 결함
③ 복장, 보호구의 결함
④ 기계의 배치 및 작업장소의 결함
⑤ 작업환경의 결함
⑥ 생산공정의 결함
⑦ 경계표시 및 설비의 결함

49 재해 발생에 관한 하인리히(H.W. Heinrich)의 도미노 이론에서 제시된 5가지 요인에 해당하지 않는 것은?

① 제어의 부족
② 개인적 결함
③ 불안전한 행동 및 상태
④ 유전 및 사회 환경적 요인

해설 하인리히의 도미노 이론
① 사회적 환경 및 유전적 요소
② 개인적 결함
③ 불안전행동 및 불안전상태
④ 사고
⑤ 상해(산업재해)

50 개인의 기술과 능력에 맞게 직무를 할당하고 작업환경 개선을 통하여 안심하고 작업할 수 있도록 하는 스트레스 관리 대책은?

① 직무 재설계
② 긴장 이완법
③ 협력관계 유지
④ 경력계획과 개발

해설 과업재설계(task redesign)
조직구성원에게 이미 할당된 과업을 변경시키는 것이다.
① 조직구성원의 능력과 적성에 맞게 설계한다.
② 직무배치나 승진 시 개인적성을 고려한다.
③ 직무에서 요구하는 기술을 습득시키기 위한 훈련 프로그램을 개발한다.
④ 의사결정 시 적극적으로 참여시킨다.

51 집단 응집력(group cohesiveness)을 결정하는 요소에 대한 내용으로 옳지 않은 것은?

① 집단의 구성원이 적을수록 응집력이 낮다.
② 외부의 위협이 있을 때에 응집력이 높다.
③ 가입의 난이도가 쉬울수록 응집력이 낮다.
④ 함께 보내는 시간이 많을수록 응집력이 높다.

해설 집단응집성(group cohesiveness)
집단은 그 크기, 즉 구성원 수가 많을수록 응집력이 적어진다. 왜냐하면 구성원의 수가 많을수록 한 구성원이 모든 구성원과 상호작용을 하기가 더욱 어렵기 때문이다.

해답 47. ④ 48. ② 49. ① 50. ① 51. ①

52 선택반응시간(Hick의 법칙)과 동작시간(Fitts의 법칙)의 공식에 대한 설명으로 옳은 것은?

다음

* 선택반응시간 = $a + blog_2N$
* 동작시간 = $a + blog_2(\frac{2A}{W})$

① N은 자극과 반응의 수, A는 목표물의 너비, W는 움직인 거리를 나타낸다.
② N은 감각기관의 수, A는 목표물의 너비, W는 움직인 거리를 나타낸다.
③ N은 자극과 반응의 수, A는 움직인 거리, W는 목표물의 너비를 나타낸다.
④ N은 감각기관의 수, A는 움직인 거리, W는 목표물의 너비를 나타낸다.

해설 선택반응시간과 동작시간
N은 가능한 자극-반응대안들의 수, A는 표적중심선까지의 이동거리, W는 표적 폭으로 나타낸다.

53 제조물책임법상 결함의 종류에 해당되지 않는 것은?

① 재료상의 결함 ② 제조상의 결함
③ 설계상의 결함 ④ 표시상의 결함

해설 결함의 유형
① 제조상의 결함
② 설계상의 결함
③ 지시(표시)·경고상의 결함

54 재해율과 관련된 설명으로 옳은 것은?

① 재해율은 근로자 100명당, 1년간에 발생하는 재해자 수를 나타낸다.
② 도수율은 연간 총 근로시간 합계에 10만 시간당 재해발생 건수이다.
③ 강도율은 근로자 1,000명당 1년 동안에 발생하는 재해자 수(사상자 수)를 나타낸다.
④ 연천인율은 연간 총 근로시간에 1,000시간당 재해 발생에 의해 잃어버린 근로손실일수를 말한다.

해설 재해율
① 연천인율은 근로자 1,000명을 1년을 기준으로 발생하는 사상자 수를 나타낸다.
② 도수율은 연근로시간 합계 100만 시간당 발생 건수이다.
③ 강도율은 연근로시간 1,000시간당 재해에 의해서 잃어버린 근로손실일수를 말한다.

55 휴먼 에러의 배후요인 4가지(4M)에 속하지 않는 것은?

① Man ② Machine
③ Motive ④ Management

해설 4M의 종류
① Man(인간)
② Machine(기계)
③ Media(매체)
④ Management(관리)

56 NIOSH의 직무스트레스 모형에서 같은 직무스트레스 요인에서도 개인들이 지각하고 상황에 반응하는 방식에 차이가 있는데 이를 무엇이라 하는가?

① 환경요인 ② 작업요인
③ 조직요인 ④ 중재요인

해설 NIOSH의 직무스트레스 관리모형
똑같은 작업환경에 노출된 개인들이 지각하고 그 상황에 반응하는 방식에서의 차이를 가져오는 개인적이고 상황적인 특성이 많이 있는데 이것을 중재요인(moderating factors)이라고 한다.

57 허즈버그(Herzberg)의 동기요인에 해당되지 않는 것은?

① 성장 ② 성취감

해답 52. ③ 53. ① 54. ① 55. ③ 56. ④ 57. ④

③ 책임감　　　　④ 작업조건

해설 허즈버그(Herzberg)의 동기요인
허즈버그의 동기요인에는 성취감, 책임감, 인정, 성장과 발전, 도전감, 일 그 자체가 있다.

58 사고발생에 있어 부주의 현상의 원인에 해당되지 않는 것은?

① 의식의 우회　　② 의식의 혼란
③ 의식의 중단　　④ 의식수준의 향상

해설 부주의의 현상
① 의식의 단절
② 의식의 우회
③ 의식수준의 저하
④ 의식의 혼란
⑤ 의식의 과잉

59 레빈(Lewin. K)이 주장한 인간의 행동에 대한 함수식($B=f(P \cdot E)$)에서 개체(Person)에 포함되지 않는 변수는?

① 연령　　② 성격
③ 심신 상태　　④ 인간관계

해설 레빈(Lewin. K)의 인간행동 법칙
B: behavior(인간의 행동)
f: function(함수관계)
P: person(개체: 연령, 경험, 심신 상태, 성격, 지능 등)
E: environment(심리적 환경: 인간관계, 작업환경 등)

60 막스 웨버(Max Weber)가 주장한 관료주의에 관한 설명으로 옳지 않은 것은?

① 노동의 분업화를 전제로 조직을 구성한다.
② 부서장들의 권한 일부를 수직적으로 위임 하도록 했다.
③ 단순한 계층구조로 상위리더의 의사결정이 독단화되기 쉽다.
④ 산업화 초기의 비규범적 조직운영을 체계화시키는 역할을 했다.

해설 관료주의
관료주의는 합리적·공식적 구조로서의 관리자 및 작업자의 역할을 규정하여 비개인적, 법적인 경로(업무분장)를 통하여 조직이 운영되며, 질서 있고 예속가능한 체계이며, 정확하고 효율적이다.

4 근골격계질환 예방을 위한 작업관리

61 팔꿈치 부위에 발생하는 근골격계질환 유형은?

① 결절종(ganglion)
② 방아쇠 손가락(trigger finger)
③ 외상과염(lateral epicondylitis)
④ 수근관 증후군(Carpal Tunnel Syndrome)

해설 외상과염과 내상과염
팔꿈치 부위의 인대에 염증이 생김으로써 발생하는 증상이다.

62 산업안전보건법령상 근골격계 부담작업에 해당하는 기준은?

① 하루에 5회 이상 20 kg 이상의 물체를 드는 작업
② 하루에 총 1시간 키보드 또는 마우스를 조작하는 작업
③ 하루에 총 2시간 이상 목, 허리, 팔꿈치, 손목 또는 손을 사용하여 다양한 동작을 반복하는 작업
④ 하루에 총 2시간 이상 지지되지 않은 상태에서 4.5 kg 이상의 물건을 한 손으로 들거나 동일한 힘으로 쥐는 작업

해설 근골격계 부담작업
① 근골격계 부담작업 제1호: 하루에 4시간 이상 집중적으로 자료입력 등을 위해 키보드 또는 마우스를 조작하는 작업

해답 58. ④ 59. ④ 60. ③ 61. ③ 62. ④

② 근골격계 부담작업 제2호: 하루에 총 2시간 이상 목, 어깨, 팔꿈치, 손목 또는 손을 사용하여 같은 동작을 반복하는 작업
③ 근골격계 부담작업 제3호: 하루에 총 2시간 이상 머리 위에 손이 있거나, 팔꿈치가 어깨 위에 있거나, 팔꿈치를 몸통으로부터 들거나, 팔꿈치를 몸통 뒤쪽에 위치하도록 하는 상태에서 이루어지는 작업
④ 근골격계 부담작업 제4호: 지지되지 않은 상태이거나 임의로 자세를 바꿀 수 없는 조건에서 하루에 총 2시간 이상 목이나 허리를 구부리거나 트는 상태에서 이루어지는 작업
⑤ 근골격계 부담작업 제5호: 하루에 총 2시간 이상 쪼그리고 앉거나 무릎을 굽힌 자세에서 이루어지는 작업
⑥ 근골격계 부담작업 제6호: 하루에 총 2시간 이상 지지되지 않은 상태에서 1 kg 이상의 물건을 한 손의 손가락으로 집어 옮기거나, 2 kg 이상에 상응하는 힘을 가하여 한 손의 손가락으로 물건을 쥐는 작업
⑦ 근골격계 부담작업 제7호: 하루에 총 2시간 이상 지지되지 않은 상태에서 4.5 kg 이상의 물건을 한 손으로 들거나 동일한 힘으로 쥐는 작업
⑧ 근골격계 부담작업 제8호: 하루에 10회 이상 25 kg 이상의 물체를 드는 작업
⑨ 근골격계 부담작업 제9호: 하루에 25회 이상 10 kg 이상의 물체를 무릎 아래에서 들거나, 어깨 위에서 들거나, 팔을 뻗은 상태에서 드는 작업
⑩ 근골격계 부담작업 제10호: 하루에 총 2시간 이상, 분당 2회 이상 4.5 kg 이상의 물체를 드는 작업
⑪ 근골격계 부담작업 제11호: 하루에 총 2시간 이상, 시간당 10회 이상 손 또는 무릎을 사용하여 반복적으로 충격을 가하는 작업

63 NIOSH 들기 공식에서 고려되는 평가요소가 아닌 것은?

① 수평거리　② 목 자세
③ 수직거리　④ 비대칭 각도

(해설) NLE의 상수
① 부하상수(LC)
② 수평계수(HM)
③ 수직계수(VM)
④ 거리계수(DM)
⑤ 비대칭계수(AM)
⑥ 빈도계수(FM)
⑦ 결합계수(CM)

64 다음 서블릭(Therblig) 기호 중 효율적 서블릭에 해당하는 것은?

① Sh　② G
③ P　④ H

(해설) 효율적 및 비효율적 서블릭 기호
① 쥐기(G)는 효율적 서블릭이다.
② 찾기(SH), 바로 놓기(P), 잡고 있기(H)는 비효율적 서블릭이다.

65 워크샘플링(Work-sampling)의 특징으로 옳지 않은 것은?

① 짧은 주기나 반복 작업에 효과적이다.
② 관측이 순간적으로 이루어져 작업에 방해가 적다.
③ 작업방법이 변화되는 경우에는 전체적인 연구를 새로 해야 한다.
④ 관측자가 여러 명의 작업자나 기계를 동시에 관측할 수 있다.

(해설) 워크샘플링의 장점 및 단점
① 장점
- 관측을 순간적으로 하기 때문에 작업자를 방해하지 않으면서 용이하게 작업을 진행시킨다.
- 조사기간을 길게 하여 평상시의 작업상황을 그대로 반영시킬 수 있다.
- 사정에 의해 연구를 일시 중지하였다가 다시 계속할 수도 있다.
- 한 사람의 평가자가 동시에 여러 작업을 동시에 측정할 수 있다.
- 특별한 측정 장치가 필요 없다.
② 단점
- 한 명의 작업자나 한 대의 기계만을 대상으로 연구하는 경우 비용이 커진다.
- time study보다 덜 자세하다.
- 짧은 주기나 반복작업인 경우 적당치 않다.
- 작업방법 변화 시 전체적인 연구를 새로 해야 한다.

해답 63. ② 64. ② 65. ①

66 사업장 근골격계질환 예방·관리 프로그램에 있어 예방·관리추진팀의 역할이 아닌 것은?

① 교육 및 훈련에 관한 사항을 결정하고 실행한다.
② 예방·관리 프로그램의 수립 및 수정에 관한 사항을 결정한다.
③ 근골격계질환의 증상·유해요인 보고 및 대응체계를 구축한다.
④ 유해요인 평가 및 개선계획의 수립과 시행에 관한 사항을 결정하고 실행한다.

해설 근골격계질환 예방·관리추진팀의 역할
① 예방·관리 프로그램의 수립 및 수정에 관한 사항을 결정한다.
② 예방·관리 프로그램의 실행 및 운영에 관한 사항을 결정한다.
③ 교육 및 훈련에 관한 사항을 결정하고 실행한다.
④ 유해요인평가 및 개선계획의 수립과 시행에 관한 사항을 결정하고 실행한다.
⑤ 근골격계질환자에 대한 사후조치 및 작업자 건강보호에 관한 사항을 결정하고 실행한다.

67 관측평균시간이 0.8분, 레이팅계수 120%, 정미시간에 대한 작업 여유율이 15%일 때 표준시간은 약 얼마인가?

① 0.78분 ② 0.88분
③ 1.104분 ④ 1.264분

해설 표준시간의 산정(외경법)
표준시간(ST) = 정미시간 × (1 + 여유율)
= (관측시간의대푯값 × 레이팅계수) × (1 + 여유율)
$= \left(0.8 \times \frac{120}{100}\right) \times (1 + 0.15)$
= 1.104분

68 작업측정에 관한 설명으로 옳지 않는 것은?

① 정미시간은 반복생산에 요구되는 여유시간을 포함한다.
② 인적여유는 생리적 욕구에 의해 작업이 지연되는 시간을 포함한다.
③ 레이팅은 측정작업 시간을 정상작업 시간으로 보정하는 과정이다.
④ TV 조립공정과 같이 짧은 주기의 작업은 비디오 촬영에 의한 시간연구법이 좋다.

해설 정미시간(Normal Time ; NT)
정상시간이라고도 하며, 매회 또는 일정한 간격으로 주기적으로 발생하는 작업요소의 수행시간이다.

69 다음 중 작업개선에 있어서 개선의 ECRS에 해당하지 않는 것은?

① 보수(Repair)
② 제거(Eliminate)
③ 단순화(Simplify)
④ 재배치(Rearrange)

해설 작업개선의 원칙: ECRS 원칙
① Eliminate: 불필요한 작업·작업요소 제거
② Combine: 다른 작업·작업요소와의 결합
③ Rearrange: 작업순서의 변경
④ Simplify: 작업·작업요소의 단순화·간소화

70 근골격계질환 예방을 위한 방안과 거리가 먼 것은?

① 손목을 곧게 유지한다.
② 춥고 습기 많은 작업환경을 피한다.
③ 손목이나 손의 반복동작을 활용한다.
④ 손잡이는 손에 접촉하는 면적을 넓게 한다.

해설 자세에 관한 수공구 개선
① 손목을 곧게 유지한다(손목을 꺾지 말고 손잡이를 꺾어라).
② 힘이 요구되는 작업에는 파워그립(power grip)을 사용한다.
③ 지속적인 정적 근육부하(loading)를 피한다.

해답 66. ③ 67. ③ 68. ① 69. ① 70. ③

④ 반복적인 손가락 동작을 피한다.
⑤ 양손 중 어느 손으로도 사용이 가능하고 적은 스트레스를 주는 공구를 개인에게 사용되도록 설계한다.

71 작업관리의 주목적과 가장 거리가 먼 것은?

① 생산성 향상
② 무결점 달성
③ 최선의 작업방법 개발
④ 재료, 설비, 공구 등의 표준화

해설 작업관리의 목적
① 최선의 방법발견(방법개선)
② 방법, 재료, 설비 공구 등의 표준화
③ 제품품질의 균일
④ 생산비의 절감
⑤ 새로운 방법의 작업지도
⑥ 안전

72 수공구를 이용한 작업 개선원리에 대한 내용으로 옳지 않은 것은?

① 진동 패드, 진동 장갑 등으로 손에 전달되는 진동 효과를 줄인다.
② 동력 공구는 그 무게를 지탱할 수 있도록 매달거나 지지한다.
③ 힘이 요구되는 작업에 대해서는 감싸쥐기(power grip)를 이용한다.
④ 적합한 모양의 손잡이를 사용하되, 가능하면 손바닥과 접촉면을 좁게 한다.

해설 수공구의 기계적인 부분 개선
① 수동공구 대신에 전동공구를 사용한다.
② 가능한 손잡이의 접촉면을 넓게 한다.
③ 제일 강한 힘을 낼 수 있는 중지와 엄지를 사용한다.
④ 손잡이의 길이가 최소한 10 cm는 되도록 설계한다.
⑤ 손잡이가 두 개 달린 공구들은 손잡이 사이의 거리를 알맞게 설계한다.
⑥ 손잡이의 표면은 충격을 흡수할 수 있고, 비전도성으로 설계한다.
⑦ 공구의 무게는 2.3 kg 이하로 설계한다.
⑧ 장갑을 알맞게 사용한다.

73 동작분석(motion study)에 관한 설명으로 옳지 않은 것은?

① 동작분석 기법에는 서블릭법과 작업측정기법을 이용하는 PTS법이 있다.
② 작업과정에서 무리·낭비·불합리한 동작을 제거, 최선의 작업방법으로 개선하는 것이 목표이다.
③ 미세동작 분석은 작업주기가 짧은 작업, 규칙적인 작업주기시간, 단기적 연구대상 작업 분석에는 사용할 수 없다.
④ 작업을 분해 가능한 세밀한 단위로 분석하고 각 단위의 변이를 측정하여 표준작업방법을 알아내기 위한 연구이다.

해설 미세동작 분석(micromotion study)
미세 동작분석은 제품의 수명이 길고, 생산량이 많으며, 생산 사이클이 짧은 제품을 대상으로 한다.

74 Work Factor에서 동작시간 결정 시 고려하는 4가지 요인에 해당하지 않는 것은?

① 수행도 ② 동작 거리
③ 중량이나 저항 ④ 인위적 조절정도

해설 시간변동 요인(4가지 주요변수)
① 사용하는 신체 부위(7가지): 손가락과 손, 팔, 앞팔회전, 몸통, 발, 다리, 머리회전
② 이동거리
③ 중량 또는 저항(W)
④ 인위적 조절(동작의 곤란성)
- 방향조절(S)
- 주의(P)
- 방향의 변경(U)
- 일정한 정지(D)

75 작업 개선방법을 관리적 개선방법과 공학적 개선방법으로 구분할 때 공학적 개선방법에 속하는 것은?

① 적절한 작업자의 선발

해답 71. ② 72. ④ 73. ③ 74. ① 75. ④

② 작업자의 교육 및 훈련
③ 작업자의 작업속도 조절
④ 작업자의 신체에 맞는 작업장 개선

(해설) 근골격계 부담작업의 공학적 개선
공학적 개선은 다음의 재배열, 수정, 재설계, 교체 등을 말한다.
① 공구·장비
② 작업장
③ 포장
④ 부품
⑤ 제품

76 **어느 회사의 컨베이어 라인에서 작업순서가 다음 표의 번호와 같이 구성되어 있을 때, 다음 설명 중 옳은 것은?**

작업	① 조립	② 납땜	③ 검사	④ 포장
시간(초)	10초	9초	8초	7초

① 공정 손실은 15%이다.
② 애로작업은 검사작업이다.
③ 라인의 주기시간은 7초이다.
④ 라인의 시간당 생산량은 6개이다.

(해설) 조립공정의 라인밸런싱
① $\text{공정손실} = \dfrac{\text{총유휴시간}}{\text{작업자수} \times \text{주기시간}}$

$= \dfrac{6}{4 \times 10} = 0.15$

② 애로작업: 가장 긴 작업시간인 작업, 조립작업
③ 주기시간: 가장 긴 작업은 10초
④ 시간당 생산량
1개에 10초 걸리므로 $\dfrac{3{,}600\text{초}}{10\text{초}} = 360\text{개}$

77 **유통선도(flow diagram)의 기능으로 옳지 않은 것은?**

① 자재흐름의 혼잡지역 파악
② 시설물의 위치나 배치관계 파악
③ 공정과정의 역류현상 발생유무 점검
④ 운반과정에서 물품의 보관 내용 파악

(해설) 유통선도의 용도
① 시설재배치(운반거리의 단축)
② 기자재 소통상 혼잡지역 파악
③ 공정과정 중 역류현상 점검

78 **영상표시 단말기(VDT) 취급근로자 작업관리지침상 작업기기의 조건으로 옳지 않은 것은?**

① 키보드와 키 윗부분의 표면은 무광택으로 할 것
② 영상표시 단말기 화면은 회전 및 경사조절이 가능할 것
③ 키보드의 경사는 3° 이상 20° 이하, 두께는 4 cm 이하로 할 것
④ 단색화면일 경우 색상은 일반적으로 어두운 배경에 밝은 황·녹색 또는 백색 문자를 사용하고 적색 또는 청색의 문자는 가급적 사용하지 않을 것

(해설) 키보드
키보드의 경사는 5°~15°, 두께는 3 cm 이하로 해야 한다.

79 **동작경제의 원칙에서 작업장 배치에 관한 원칙에 해당하는 것은?**

① 각 손가락이 서로 다른 작업을 할 때 작업량을 각 손가락의 능력에 맞게 분배한다.
② 중력이송원리를 이용한 부품상자나 용기를 이용하여 부품을 사용 장소에 가까이 보낼 수 있도록 한다.
③ 손과 신체의 동작은 작업을 원만하게 처리할 수 있는 범위 내에서 가장 낮은 동작등급을 사용한다.
④ 눈의 초점을 모아야 할 수 있는 작업은 가능한 적게 하고, 이것이 불가피할 경

해답 **76.** ① **77.** ④ **78.** ③ **79.** ②

우 두 작업 간의 거리를 짧게 한다.

해설 작업역의 배치에 관한 원칙

① 모든 공구와 재료는 일정한 위치에 정돈되어야 한다.
② 공구와 재료는 작업이 용이하도록 작업자의 주위에 있어야 한다.
③ 중력을 이용한 부품상자나 용기를 이용하여 부품을 부품 사용 장소에 가까이 보낼 수 있도록 한다.
④ 가능하면 낙하시키는 방법을 이용하여야 한다.
⑤ 공구 및 재료는 동작에 가장 편리한 순서로 배치하여야 한다.
⑥ 채광 및 조명장치를 잘 하여야 한다.
⑦ 의자와 작업대의 모양과 높이는 각 작업자에게 알맞도록 설계되어야 한다.
⑧ 작업자가 좋은 자세를 취할 수 있는 모양, 높이의 의자를 지급해야 한다.

80 **산업안전보건법령상 근골격계 부담작업의 유해요인조사에 대한 내용으로 옳지 않은 것은? (단, 해당 사업장은 근로자가 근골격계 부담작업을 하는 경우이다.)**

① 정기 유해요인조사는 2년마다 유해요인조사를 하여야 한다.
② 신설되는 사업장의 경우에는 신설일로부터 1년 이내 최초의 유해요인조사를 하여야 한다.
③ 조사항목으로는 작업량, 작업속도 등의 작업장의 상황과 작업자세, 작업방법 등의 작업조건이 있다.
④ 근골격계 부담작업에 해당하는 새로운 작업·설비를 도입한 경우 지체없이 유해요인조사를 해야 한다.

해설 정기 유해요인조사의 시기

사업주는 부담작업에 대한 정기 유해요인조사를 최초 유해요인조사를 완료한 날(최초 유해요인조사 이후 수시 유해요인조사를 실시한 경우에는 수시 유해요인조사를 완료한 날)로부터 매 3년마다 주기적으로 실시하여야 한다.

해답 80. ①

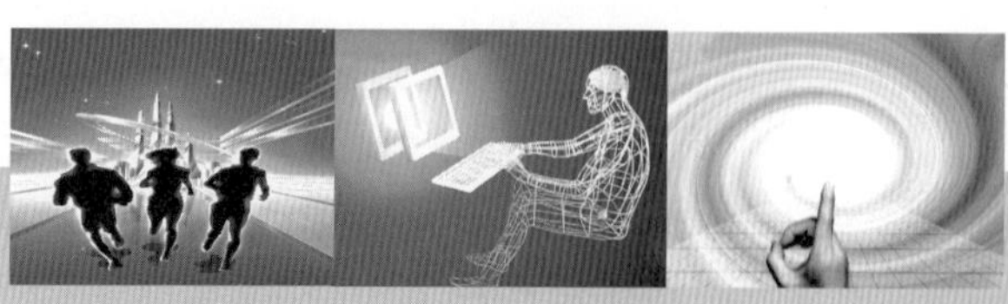

인간공학기사 필기시험 문제풀이 2회[203]

1 인간공학 개론

1 회전운동을 하는 조종장치의 레버를 40° 움직였을 때 표시장치의 커서는 3 cm 이동하였다. 레버의 길이가 15 cm일 때 이 조종장치의 C/R비는 약 얼마인가?

① 2.62　② 3.49
③ 8.33　④ 10.48

해설 조종-반응비율(C/R비)

C/R비 = $\dfrac{(a/360)\times 2\pi L}{\text{표시장치 이동거리}}$

여기서, a: 조종장치가 움직인 각도
L: 반지름(지레의 길이)

C/R비 = $\dfrac{(40/360)\times 2\times 3.14\times 15}{3}$ = 3.49

2 사용자의 기억 단계에 대한 설명으로 옳은 것은?

① 잔상은 단기기억(short-term memory)의 일종이다.
② 인간의 단기기억(short-term memory) 용량은 유한하다.
③ 장기기억을 작업기억(working memory)이라고도 한다.
④ 정보를 수초 동안 기억하는 것을 장기기억(long-term memory)이라 한다.

해설 단기기억
단기기억의 용량은 7±2 청크(chunk)이다.

3 정량적 표시장치(Quantitative display)에 대한 설명으로 옳지 않은 것은?

① 시력이 나쁜 사람이나 조명이 낮은 환경에서 계기를 사용할 때는 눈금단위(Scale unit) 길이를 크게 하는 편이 좋다.
② 기계식 표시장치에는 원형, 수평형, 수직형 등의 아날로그 표시장치와 디지털 표시장치로 구분된다.
③ 아날로그 표시장치의 눈금단위(Scale unit) 길이는 정상 가시거리를 기준으로 정상 조명 환경에서는 1.3 mm 이상이 권장된다.
④ 아날로그 표시장치는 눈금이 고정되고 지침이 움직이는 동목(Moving scale)형과 지침이 고정되고 눈금이 움직이는 동침(Moving pointer)형으로 구분된다.

해설 정량적 표시장치
① 동침(Moving pointer)형: 눈금이 고정되고 지침이 움직이는 형

해답 1. ② 2. ② 3. ④

② 동목(Moving scale)형: 지침이 고정되고 눈금이 움직이는 형

4 작업장에서 인간공학을 적용함으로써 얻게 되는 효과로 볼 수 없는 것은?

① 회사의 생산성 증가
② 작업손실 시간의 감소
③ 노사 간의 신뢰성 저하
④ 건강하고 안전한 작업조건 마련

해설 인간공학의 기업적용에 따른 기대효과
① 생산성 향상
② 작업자의 건강 및 안전 향상
③ 직무만족도의 향상
④ 제품과 작업의 질 향상
⑤ 이직률 및 작업손실 시간의 감소
⑥ 산재손실비용의 감소
⑦ 기업 이미지와 상품 선호도의 향상
⑧ 노사 간의 신뢰 구축
⑨ 선진 수준의 작업환경과 작업조건을 마련함으로써 국제적 경제력의 확보

5 다음 중 기능적 인체치수(Functional body dimension) 측정에 대한 설명으로 가장 적합한 것은?

① 앉은 상태에서만 측정하여야 한다.
② 5~95%tile에 대해서만 정의된다.
③ 신체 부위의 동작범위를 측정하여야 한다.
④ 움직이지 않는 표준자세에서 측정하여야 한다.

해설 동적측정(기능적 인체치수)
일반적으로 상지나 하지의 운동, 체위의 움직임에 따른 상태에서 측정하는 것이며, 실제의 작업 혹은 실제 조건에 밀접한 관계를 갖는 현실성 있는 인체치수를 구하는 것이다.

6 음의 한 성분이 다른 성분의 청각감지를 방해하는 현상은?

① 은폐효과 ② 밀폐효과
③ 소멸효과 ④ 도플러효과

해설 음의 은폐효과(masking effect)
은폐(masking)란 음의 한 성분이 다른 성분의 청각감지를 방해하는 현상을 말한다.

7 조종장치에 대한 설명으로 옳은 것은?

① C/R비가 크면 민감한 장치이다.
② C/R비가 작은 경우에는 조종장치의 조종시간이 적게 필요하다.
③ C/R비가 감소함에 따라 이동시간은 감소하고, 조종시간은 증가한다.
④ C/R비는 반응장치의 움직인 거리를 조종장치의 움직인 거리로 나눈 값이다.

해설 C/R비에 따른 이동시간과 조종시간의 관계
C/R비가 감소함에 따라 이동시간은 감소하고, 조종시간은 증가한다.

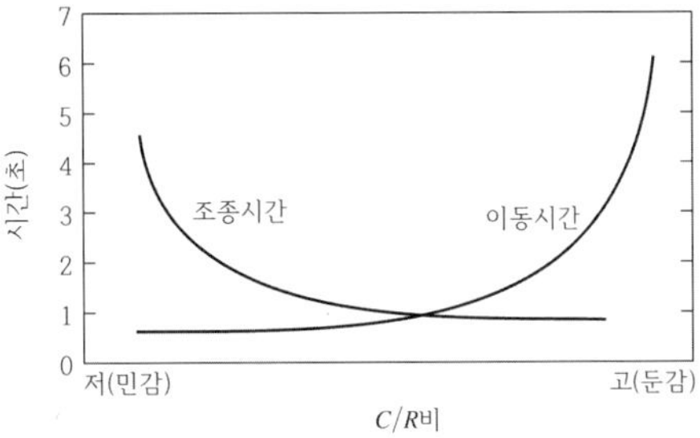

8 연구 자료의 통계적 분석에 대한 설명으로 옳지 않은 것은?

① 최빈값은 자료의 중심 경향을 나타낸다.
② 분산은 자료의 퍼짐 정도를 나타내 주는 척도이다.
③ 상관계수 값 +1은 두 변수가 부의 상관관계임을 나타낸다.
④ 통계적 유의수준 5%는 100번 중 5번 정도는 판단을 잘못하는 확률을 뜻한다.

해설 산포도와 상관계수 사이의 관계
① $-1 < r < 0$: 음(부)의 상관관계

해답 4. ③ 5. ③ 6. ① 7. ③ 8. ③

② 0 < r < 1: 양(정)의 상관관계
③ |1| : 완전 상관관계
④ r = 0: 상관없음

9 시각적 표시장치와 청각적 표시장치 중 청각적 표시장치를 사용하는 것이 더 유리한 경우는?

① 수신장소가 너무 시끄러운 경우
② 직무상 수신자가 한곳에 머무르는 경우
③ 수신자의 청각 계통이 과부하 상태일 경우
④ 수신장소가 너무 밝거나 암조응이 요구될 경우

해설 청각장치가 이로운 경우
① 전달정보가 간단할 때
② 전달정보는 후에 재참조되지 않을 때
③ 전달정보가 즉각적인 행동을 요구할 때
④ 수신 장소가 너무 밝을 때
⑤ 직무상 수신자가 자주 움직이는 경우

10 신호검출이론(SDT)에서 신호의 유무를 판별함에 있어 4가지 반응 대안에 해당하지 않는 것은?

① 긍정(Hit)
② 누락(Miss)
③ 채택(Acceptation)
④ 허위(False alarm)

해설 신호검출이론(SDT)
① 신호의 정확한 판정(Hit): 신호가 나타났을 때 신호라고 판정, P(S/S)
② 허위경보(False Alarm): 잡음을 신호로 판정, P(S/N)
③ 신호검출 실패(Miss): 신호가 나타났는 데도 잡음으로 판정, P(N/S)
④ 잡음을 제대로 판정(Correct Noise): 잡음만 있을 때 잡음이라고 판정, P(N/N)

11 암조응(dark adaptation)에 대한 설명으로 옳은 것은?

① 적색 안경은 암조응을 촉진한다.
② 어두운 곳에서는 주로 원추세포에 의하여 보게 된다.
③ 완전한 암조응을 위해 보통 1~2분 정도의 시간이 요구된다.
④ 어두운 곳에 들어가면 눈으로 들어오는 빛을 조절하기 위하여 동공이 축소된다.

해설 암순응(dark adaptation)
① 어두운 곳에서 원추세포는 색에 대한 감수성을 잃게 되고, 간상세포에 의존하게 되므로 색의 식별은 제한된다.
② 완전 암순응에는 보통 30~35분 정도의 시간이 요구된다.
③ 어두운 곳에서는 동공이 확대되어 눈으로 더 많은 양의 빛을 받아들인다.

12 다음에서 설명하고 있는 것은?

모든 암호표시는 다른 암호표시와 구별될 수 있어야 한다. 인접한 자극들 간에 적당한 차이가 있어 전부 구별 가능하다 하더라도, 인접 자극의 상이도는 암호 체계의 효율에 영향을 끼친다.

① 암호의 검출성(Detectability)
② 암호의 양립성(Compatibility)
③ 암호의 표준화(Standardization)
④ 암호의 변별성(Discriminability)

해설 암호의 변별성(Discriminability)
암호체계 사용상의 일반적인 지침에서 암호의 변별성(Discriminability)은 다른 암호표시와 구별되어야 하는 것이다.

해답 9. ④ 10. ③ 11. ① 12. ④

13 다음 그림은 Sanders와 McCormick이 제시한 인간-기계 통합 체계의 인간 또는 기계에 의해서 수행되는 기본 기능의 유형이다. 그림의 A부분에 가장 적합한 것은?

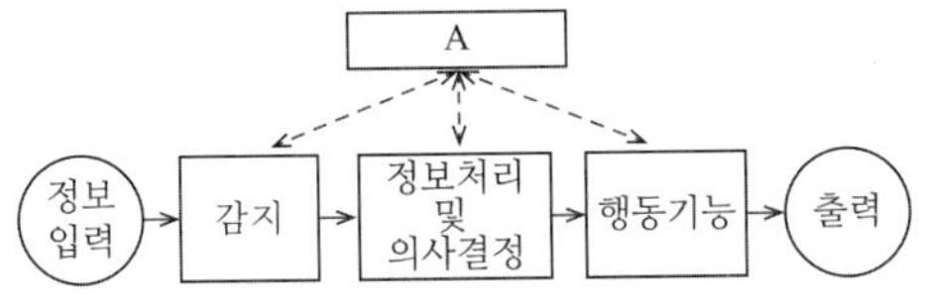

① 통신 ② 정보수용
③ 정보보관 ④ 신체제어

해설 인간-기계 시스템의 기본 기능

14 인간공학적 설계에서 사용하는 양립성(Compatibility)의 개념 중 인간이 사용한 코드와 기호가 얼마나 의미를 가진 것인가를 다루는 것은?

① 개념적 양립성 ② 공간적 양립성
③ 운동 양립성 ④ 양식 양립성

해설 개념양립성(conceptual compatibility)
개념양립성이란 코드나 심벌의 의미가 인간이 갖고 있는 개념과 양립하는 것을 말한다.
예) 비행기 모형과 비행장

15 지하철이나 버스의 손잡이 설치 높이를 결정하는 데 적용하는 인체치수 적용원리는?

① 평균치 원리 ② 최소치 원리
③ 최대치 원리 ④ 조절식 원리

해설 최소집단값에 의한 설계
① 관련 인체측정 변수분포의 1%, 5%, 10% 등과 같은 하위 백분위수를 기준으로 정한다.
② 선반의 높이, 조종장치까지의 거리 등을 정할 때 사용된다.
③ 예를 들어, 팔이 짧은 사람이 잡을 수 있다면, 이보다 긴 사람은 모두 잡을 수 있다.

16 시스템의 평가척도 유형으로 볼 수 없는 것은?

① 인간 기준(Human criteria)
② 관리 기준(Management criteria)
③ 시스템 기준(System-descriptive criteria)
④ 작업성능 기준(Task performance criteria)

해설 시스템 평가기준의 유형
① 시스템 기준: 시스템이 원래 의도하는 바를 얼마나 달성하는가를 나타내는 척도이다.
② 작업성능 기준: 작업의 결과에 관한 효율을 나타낸다.
③ 인간 기준: 작업실행 중의 인간의 행동과 응답을 다루는 것으로서 성능척도, 생리학적 지표, 주관적 반응 등으로 측정한다.

17 실현 가능성이 같은 N개의 대안이 있을 때 총 정보량(H)을 구하는 식으로 옳은 것은?

① $H = \log N^2$ ② $H = \log_2 N$
③ $H = 2\log_2 N^2$ ④ $H = \log 2N$

해설 정보의 측정단위
일반적으로 실현 가능성이 같은 N개의 대안이 있을 때 총 정보량 $H = \log_2 N$으로 구한다.

18 인간의 후각 특성에 대한 설명으로 옳지 않은 것은?

① 훈련을 통하면 식별 능력을 향상시킬 수 있다.
② 특정한 냄새에 대한 절대적 식별 능력은 떨어진다.
③ 후각은 특정 물질이나 개인에 따라 민감도의 차이가 있다.
④ 후각은 훈련을 통하여 구별할 수 있는 일상적인 냄새의 수는 최대 7가지 종류이다.

해답 13. ③ 14. ① 15. ② 16. ② 17. ② 18. ④

해설 후각의 특성
훈련되지 않은 사람이 식별할 수 있는 일상적인 냄새의 수는 15~32종류이지만, 훈련을 통하면 60종류까지도 식별 가능하다.

19 작업 중인 프레스기로부터 50 m 떨어진 곳에서 음압을 측정한 결과 음압 수준이 100 dB이었다면, 100 m 떨어진 곳에서의 음압수준은 약 몇 dB인가?

① 90 ② 92
③ 94 ④ 96

해설 음압수준(SPL)
$dB_2 = dB_1 - 20\log(d_2/d_1)$ 이므로,
$= 100 - 20\log(100/50) = 94$ dB

20 종이의 반사율이 70%이고, 인쇄된 글자의 반사율이 15%일 경우 대비(Contrast)는?

① 15% ② 21%
③ 70% ④ 79%

해설 대비(Contrast)

$$대비(\%) = \frac{L_b - L_t}{L_b} \times 100$$
$$= \frac{0.7 - 0.15}{0.7} \times 100 = 79\%$$

2 작업생리학

21 물체가 정적 평형상태(Static equilibrium)를 유지하기 위한 조건으로 작용하는 모든 힘의 총합과 외부 모멘트의 총합이 옳은 것은?

① 힘의 총합: 0, 모멘트의 총합: 0
② 힘의 총합: 1, 모멘트의 총합: 0
③ 힘의 총합: 0, 모멘트의 총합: 1
④ 힘의 총합: 1, 모멘트의 총합: 1

해설 힘의 평형
정적 평형상태(Static equilibrium)를 물체가 유지하기 위해서는 그것에 작용하는 외력의 총합이 반드시 0이 되어야 하며, 그 힘들의 모멘트 총합 또한 0이 되어야 한다.

22 전신의 생리적 부담을 측정하는 척도로 가장 적절한 것은?

① 뇌전도(EEG) ② 산소소비량
③ 근전도(EMG) ④ Flicker 테스트

해설 산소소비량
산소소비량, 에너지소비량, 혈압 등은 생리적 부하측정에 사용되는 척도들이다.

23 최대산소소비능력(Maximum Aerobic Power ; MAP)에 대한 설명으로 옳은 것은?

① MAP는 실제 작업현장에서 작업 시 측정한다.
② 젊은 여성의 MAP는 남성의 40~50% 정도이다.
③ MAP란 산소소비량이 최대가 되는 수준을 의미한다.
④ MAP는 개인의 운동역량을 평가하는데 널리 활용된다.

해설 최대산소소비량
작업의 속도가 증가하면 산소소비량이 선형적으로 증가하여 일정한 수준에 이르게 되고, 작업의 속도가 증가하더라도 산소소비량은 더이상 증가하지 않고 일정하게 되는 수준에서의 산소소모량이며, 최대산소소비량을 측정함으로써 개인의 육체적 작업능력을 평가할 수 있다.

24 교대작업 운영의 효율적인 방법으로 볼 수 없는 것은?

① 고정적이거나 연속적인 야간근무 작업은 줄인다.

해답 19. ③ 20. ④ 21. ① 22. ② 23. ④ 24. ③

② 교대일정은 정기적이고 작업자가 예측 가능하도록 해 주어야 한다.
③ 교대작업은 주간근무 → 야간근무 → 저녁근무 → 주간근무 식으로 진행해야 피로를 빨리 회복할 수 있다.
④ 2교대 근무는 최소화하며, 1일 2교대 근무가 불가피한 경우에는 연속 근무일이 2~3일이 넘지 않도록 한다.

해설 교대작업의 편성
가장 이상적인 교대제는 없으므로, 작업자 개개인에게 적절한 교대제를 선택하는 것이 중요하고, 오전근무 → 저녁근무 → 밤근무로 순환하는 것이 좋다.

25 생리적 측정을 주관적 평점등급으로 대체하기 위하여 개발된 평가척도는?

① Fitts Scale ② Likert Scale
③ Garg Scale ④ Borg-RPE Scale

해설 보그 스케일(Borg's scale)
자신의 작업부하가 어느 정도 힘든가를 주관적으로 평가하여 언어적으로 표현할 수 있도록 척도화한 것이다.

26 시각연구에 오랫동안 사용되어 왔으며 망막의 함수로 정신피로의 척도에 사용되는 것은?

① 부정맥
② 뇌파(EEG)
③ 전기피부 반응(GSR)
④ 점멸융합주파수(VFF)

해설 점멸융합주파수(Visual Fusion Frequency)
피곤함에 따라 빈도가 감소하기 때문에 중추신경계의 피로, 즉 '정신피로'의 척도로 사용될 수 있다.

27 광도와 거리를 이용하여 조도를 산출하는 공식으로 옳은 것은?

① $조도=\frac{광도}{거리}$ ② $조도=\frac{광도}{거리^2}$
③ $조도=\frac{거리}{광도}$ ④ $조도=\frac{거리}{광도^2}$

해설 조도(Illuminance)
거리가 증가할 때에 조도는 거리의 제곱에 반비례한다. 이는 점광원에 대해서만 적용된다.

$$조도=\frac{광도}{거리^2}$$

28 육체적으로 격렬한 작업 시 충분한 양의 산소가 근육활동에 공급되지 못해 근육에 축적되는 것은?

① 젖산 ② 피루브산
③ 글리코겐 ④ 초성포도산

해설 근육의 피로
육체적으로 격렬한 작업에서는 충분한 양의 산소가 근육활동에 공급되지 못해 무기성 환원과정에 의해 에너지가 공급되기 때문에 근육에 젖산이 축적되어 근육의 피로를 유발하게 된다.

29 K작업장에서 근무하는 작업자가 90 dB(A)에 6시간, 95 dB(A)에 2시간 동안 노출되었다. 음압수준별 허용시간이 다음 표와 같을 때 소음 노출지수(%)는 얼마인가?

음압수준 dB(A)	노출 허용시간/일
90	8
95	4
100	2
105	1
110	0.5
115	0.25
−	0.125

① 55% ② 85%
③ 105% ④ 125%

해설 소음노출지수
소음노출지수(D)(%)

$$=\left(\frac{C_1}{T_1}+\frac{C_2}{T_2}+\cdots+\frac{C_n}{T_n}\right)\times 100$$

$$=\left(\frac{6}{8}+\frac{2}{4}\right)\times 100=125\%$$

해답 25. ④ 26. ④ 27. ② 28. ① 29. ④

30 조명에 관한 용어의 설명으로 옳지 않은 것은?

① 조도는 광도에 비례하고, 광원으로부터의 거리의 제곱에 반비례한다.
② 휘도는 단위 면적당 표면에 반사 또는 방출되는 빛의 양을 의미한다.
③ 조도는 점광원에서 어떤 물체나 표면에 도달하는 빛의 양을 의미한다.
④ 광도(Luminous intensity)는 단위 입체각당 물체나 표면에 도달하는 광속으로 측정하며, 단위는 램버트(Lambert)이다.

해설 광도(luminance)
단위 면적당 표면적에서 반사 또는 방출되는 광량을 말하며, 단위로는 L(Lambert)을 쓴다.

31 어떤 작업자에 대해서 미국 직업안전위생관리국(OSHA)에서 정한 허용소음노출의 소음수준이 130%로 계산되었다면 이때 8시간 시간가중평균(TWA)값은 약 얼마인가?

① 89.3 dB(A) ② 90.7 dB(A)
③ 91.9 dB(A) ④ 92.5 dB(A)

해설 시간가중 평균지수(TWA)

$$\text{TWA} = 16.61\log\left(\frac{D}{100}\right) + 90(db(A))$$
$$= 16.61\log\left(\frac{130}{100}\right) + 90(db(A))$$
$$\fallingdotseq 91.9$$

32 척추동물의 골격근에서 1개의 운동신경이 지배하는 근섬유군을 무엇이라 하는가?

① 신경섬유 ② 운동단위
③ 연결조직 ④ 근원섬유

해설 동일한 운동신경섬유 가지들에 의해 통제되는 근육섬유집단, 근육의 기본기능단위이다.

33 관절의 움직임 중 모음(내전, adduction)을 설명한 것으로 옳은 것은?

① 정중면 가까이로 끌어 들이는 운동이다.
② 신체를 원형으로 또는 원추형으로 돌리는 운동이다.
③ 굽혀진 상태를 해부학적 자세로 되돌리는 운동이다.
④ 뼈의 긴축을 중심으로 제자리에서 돌아가는 운동이다.

해설 내전(adduction)
팔을 수평으로 편 위치에서 수직위치로 내릴 때처럼 중심선을 향한 인체 부위의 동작이다.

34 격심한 작업활동 중에 혈류분포가 가장 높은 신체 부위는?

① 뇌 ② 골격근
③ 피부 ④ 소화기관

해설 작업 시 혈액 분포
① 근육: 80~85%
② 심장: 4~5%
③ 간 및 소화기관: 3~5%
④ 뇌: 3~4%
⑤ 신장: 2~4%
⑥ 뼈: 0.5~1%
⑦ 피부, 피하: 비율 거의 없어짐

35 전신 진동에 있어 안구에 공명이 발생하는 진동수의 범위로 가장 적합한 것은?

① 8~12 Hz ② 10~20 Hz
③ 20~30 Hz ④ 60~90 Hz

해설 진동수에 따른 전신진동 장해
① 3~4 Hz: 경부의 척추골
② 4 Hz: 요추
③ 5 Hz: 견갑대
④ 20~30 Hz: 머리와 어깨 사이
⑤ >30 Hz: 손가락, 손 및 팔
⑥ 60~90 Hz: 안구

해답 30. ④ 31. ③ 32. ② 33. ① 34. ② 35. ④

36 근육의 수축원리에 관한 설명으로 옳지 않은 것은?

① 근섬유가 수축하면 I대와 H대가 짧아진다.
② 액틴과 미오신 필라멘트의 길이는 변하지 않는다.
③ 최대로 수축했을 때는 Z선이 A대에 맞닿는다.
④ 근육 전체가 내는 힘은 비활성화된 근섬유 수에 의해 결정된다.

해설 근육수축의 원리
① 액틴과 미오신 필라멘트의 길이는 변하지 않는다.
② 근섬유가 수축하면 I대와 H대가 짧아진다.
③ 최대로 수축했을 때는 Z선이 A대에 맞닿고 I대는 사라진다.
④ 각 섬유는 일정한 힘으로 수축하며, 근육 전체가 내는 힘은 활성화된 근섬유 수에 의해 결정된다.

37 해부학적 자세를 기준으로 신체를 좌우로 나누는 면(Plane)은?

① 횡단면 ② 시상면
③ 관상면 ④ 전두면

해설 인체의 면을 나타내는 용어
① 시상면: 인체를 좌우로 나누는 면
② 관상면: 인체를 전후로 나누는 면
③ 횡단면: 인체를 상하로 나누는 면

38 정적 근육 수축이 무한하게 유지될 수 있는 최대자율수축(MVC)의 범위는?

① 10% 미만 ② 25% 미만
③ 40% 미만 ④ 50% 미만

해설 지구력
최대근력으로 유지할 수 있는 것은 몇 초이며, 최대근력의 50% 힘으로는 약 1분간 유지할 수 있다. 최대근력의 15% 이하의 힘에서는 상당히 오래 유지할 수 있다.

39 인간과 주위와의 열교환 과정을 올바르게 나타낸 열균형 방정식은? (단, S는 열축적, M은 대사, E는 증발, R은 복사, C는 대류, W는 한 일이다.)

① S = M − E ± R − C + W
② S = M − E − R ± C + W
③ S = M − E ± R ± C − W
④ S = M ± E − R ± C − W

해설 열교환과정
S(열축적) = M(대사) − E(증발) ± R(복사) ± C(대류) − W(한 일)

40 생명을 유지하기 위하여 필요로 하는 단위시간당 에너지양을 무엇이라 하는가?

① 산소소비량 ② 에너지소비율
③ 기초대사율 ④ 활동에너지가

해설 기초대사량(BMR)
생명을 유지하기 위한 최소한의 에너지소비량을 의미하며, 성, 연령, 체중은 개인의 기초 대사량에 영향을 주는 중요한 요인이다.

3 산업심리학 및 관련법규

41 Herzberg의 2요인론(동기-위생이론)을 Maslow의 욕구단계설과 비교하였을 때, 동기요인과 거리가 먼 것은?

① 존경 욕구
② 안전 욕구
③ 사회적 욕구
④ 자아실현 욕구

해설 매슬로우의 욕구단계설의 안전 욕구는 허즈버그의 위생요인과 비슷하다.

해답 36. ④ 37. ② 38. ① 39. ③ 40. ③ 41. ②

42 직무 행동의 결정요인이 아닌 것은?

① 능력 ② 수행
③ 성격 ④ 상황적 제약

(해설) 직무 행동의 결정요인
직무 행동의 결정요인에는 능력, 성격, 상황적 제약 등이 해당된다.

43 결함나무분석(Fault Tree Analysis ; FTA)에 대한 설명으로 옳지 않은 것은?

① 고장이나 재해요인의 정성적 분석뿐만 아니라 정량적 분석이 가능하다.
② 정성적 결함나무를 작성하기 전에 정상사상(Top event)이 발생할 확률을 계산한다.
③ "사건이 발생하려면 어떤 조건이 만족되어야 하는가?"에 근거한 연역적 접근방법을 이용한다.
④ 해석하고자 하는 정상사상(Top event)과 기본사상(Basic event)과의 인과관계를 도식화하여 나타낸다.

(해설) FTA의 작성순서
FTA의 작성순서는 크게 세 가지로 분류된다.
① 정성적 FT의 작성단계
② FT를 정량화 단계
③ 재해방지 대책의 수립단계
따라서, 정성적 결함나무를 작성한 후, 정상사상이 발생할 확률을 계산해야 한다.

44 버드의 신연쇄성이론에서 불안전한 상태와 불안전한 행동의 근원적 원인은?

① 작업(Media)
② 작업자(Man)
③ 기계(Machine)
④ 관리(Management)

(해설) 버드의 신연쇄성이론
직접원인을 제거하는 것만으로도 재해는 일어날 수 있으며, 불안전한 상태와 불안전한 행동의 근원적 원인은 관리(Management)이다.

45 부주의의 발생원인과 이를 없애기 위한 대책의 연결이 옳지 않은 것은?

① 내적원인 – 적성배치
② 정신적 원인 – 주의력 집중 훈련
③ 기능 및 작업적 원인 – 안전의식 제고
④ 설비 및 환경적 원인 – 표준작업 제도의 도입

(해설) 부주의 발생원인과 대책
① 내적원인 및 대책
- 소질적 문제: 적성 배치
- 의식의 우회: 상담(카운슬링)
- 경험과 미경험: 안전 교육, 훈련
② 정신적 측면에 대한 대책
- 주의력 집중 훈련
- 스트레스 해소 대책
- 안전 의식의 제고
- 작업 의욕의 고취
③ 기능 및 직업 측면의 대책
- 적성 배치
- 안전작업방법 습득
- 표준작업의 습관화
- 적응력 향상과 작업조건의 개선
④ 설비 및 환경 측면의 대책
- 표준작업 제도의 도입
- 설비 및 작업의 안전화
- 긴급 시 안전대책 수립

46 중복형태를 갖는 2인 1조 작업조의 신뢰도가 0.99 이상이어야 한다면 기계를 조종하는 임무를 수행하기 위해 한 사람이 갖는 신뢰도의 최대값은 얼마인가?

① 0.99 ② 0.95
③ 0.90 ④ 0.85

(해설) 설비의 신뢰도 중 병렬연결
$R_p = 1-(1-R_1)(1-R_2)\cdots(1-R_n)$

정답 42. ② 43. ② 44. ④ 45. ③ 46. ③

$$= 1 - \prod_{i=1}^{n}(1-R_i) \geq 0.99$$
$$= (1-R_p)^2 \leq 0.01$$
$$= 1 - R_p \leq 0.1$$
$$\therefore R_p \geq 0.9$$

47 직무스트레스의 요인 중 자신의 직무에 대한 책임 영역과 직무 목표를 명확하게 인식하지 못할 때 발생하는 요인은?

① 역할 과소　　② 역할 갈등
③ 역할 모호성　　④ 역할 과부하

해설 역할 모호성(sphere ambiguity)
개인 간에는 서로 일을 미루는 사태가, 집단 간에는 영역이나 관할권의 분쟁사태가 발생한다. 즉, 누가 무엇에 대해 책임이 있는가를 분명히 이해하지 못할 때 갈등이 발생하기 쉽다.

48 최고 상위에서부터 최하위의 단계에 이르는 모든 직위가 단일 명령권한의 라인으로 연결된 조직형태는?

① 직능식 조직　　② 프로젝트 조직
③ 직계식 조직　　④ 직계·참모 조직

해설 직계식 조직
최고 상위에서부터 최하위의 단계에 이르는 모든 직위가 단일 명령권한의 라인으로 연결된 조직형태를 말한다.

49 재해의 발생형태에 해당하지 않는 것은?

① 화상　　② 협착
③ 추락　　④ 폭발

해설 상해의 종류별 분류
화상은 상해의 종류별 분류에 해당한다.

50 주의를 기울여 시선을 집중하는 곳의 정보는 잘 받아들여지지만 주변의 정보는 놓치기 쉽다. 이것은 주의의 어떠한 특성 때문인가?

① 주의의 선택성　　② 주의의 변동성
③ 주의의 연속성　　④ 주의의 방향성

해설 주의의 특성 중 방향성
한 지점에 주의를 하면 다른 곳의 주의는 약해지며, 공간적으로 보면 시선의 초점에 맞았을 때는 쉽게 인지되지만 시선에서 벗어난 부분은 무시되기 쉽다.

51 인간행동에 대한 Rasmussen의 분류에 해당되지 않는 것은?

① 숙련기반 행동(skill-based behavior)
② 규칙기반 행동(rule-based behavior)
③ 능력기반 행동(ability-based behavior)
④ 지식기반 행동(knowledge-based behavior)

해설 라스무센의 인간행동 수준의 3단계
① 숙련기반 에러(skill-based error)
② 규칙기반 에러(rule-based error)
③ 지식기반 에러(knowledge-based error)

52 연평균 작업자수가 2,000명인 회사에서 1년에 중상해 1명과 경상해 1명이 발생하였다. 연천인률은 얼마인가?

① 0.5　　② 1
③ 2　　④ 4

해설 연천인율
$$\text{연천인율} = \frac{\text{연간사상자수}}{\text{연평균근로자수}} \times 1{,}000$$
$$= \frac{2}{2000} \times 1{,}000 = 1$$

53 NIOSH의 직무스트레스 관리모형 중 중재요인(Moderating factors)에 해당하지 않는 것은?

① 개인적 요인　　② 조직 외 요인
③ 완충작용 요인　　④ 물리적 환경 요인

해설 중재 요인(Moderating factors)
① 개인적 요인

해답 47. ③ 48. ③ 49. ① 50. ④ 51. ③ 52. ② 53. ④

② 조직 외 요인
③ 완충작용 요인

54 리더십 이론 중 경로-목표이론에서 리더들이 보여주어야 하는 4가지 행동유형에 속하지 않는 것은?

① 권위적 ② 지시적
③ 참여적 ④ 성취지향적

해설 경로-목표이론(path-goal theory)
경로-목표이론에서 리더들이 보여주어야 하는 4가지 행동이론은 지시적(Directive), 지원적(Supportive), 참여적(Participative), 성취지향적(Achievement oriented)이다.

55 하인리히의 사고예방 대책의 5가지 기본원리를 순서대로 올바르게 나열한 것은?

① 사실의 발견 → 안전조직 → 평가분석 → 시정책 선정 → 시정책 적용
② 안전조직 → 사실의 발견 → 평가분석 → 시정책 선정 → 시정책 적용
③ 안전조직 → 평가분석 → 사실의 발견 → 시정책 선정 → 시정책 적용
④ 사실의 발견 → 평가분석 → 안전조직 → 시정책 선정 → 시정책 적용

해설 하인리히의 재해예방 5단계
① 제1단계: 조직
② 제2단계: 사실의 발견
③ 제3단계: 평가분석
④ 제4단계: 시정책의 선정
⑤ 제5단계: 시정책의 적용

56 헤드십(headship)과 리더십에 대한 설명으로 옳지 않은 것은?

① 헤드십은 부하와의 사회적 간격이 넓다.
② 리더십에서 책임은 리더와 구성원 모두에게 있다.
③ 리더십에서 구성원과의 관계는 개인적인 영향에 따른다.
④ 헤드십은 권한부여가 구성원으로부터 동의에 의한 것이다.

해설 헤드십과 리더십의 차이
헤드십은 권한부여가 위에서 위임되는 반면, 리더십은 밑으로부터 동의에 의한 것이다.

57 제조물책임법령상 제조업자가 제조물에 대해 충분한 설명, 지시, 경고 등 정보를 제공하지 않아 피해가 발생하였다면 이것은 어떤 결함 때문인가?

① 표시상의 결함 ② 제조상의 결함
③ 설계상의 결함 ④ 고지의무의 결함

해설 표시·경고상의 결함
제품의 설계와 제조과정에 아무런 결함이 없다 하더라도 소비자가 사용상의 부주의나 부적당한 사용으로 발생할 위험에 대비하여 적절한 사용 및 취급방법 또는 경고가 포함되어 있지 않을 때에는 표시·경고상의 결함이 된다.

58 인간의 정보처리 과정 측면에서 분류한 휴먼에러(Human error)에 해당하는 것은?

① 생략 오류(Omission error)
② 순서 오류(Sequential error)
③ 작위 오류(Commission error)
④ 의사결정 오류(Decision making error)

해설 정보처리 과정 측면에서 휴먼에러의 분류
① 인지착오(입력) 에러
② 판단착오(의사결정) 에러
③ 조작(행동) 에러

59 다음 인간의 감각기관 중 신체 반응시간이 빠른 것부터 느린 순서대로 나열된 것은?

① 청각 → 시각 → 미각 → 통각
② 청각 → 미각 → 시각 → 통각

해답 54. ① 55. ② 56. ④ 57. ① 58. ④ 59. ①

③ 시각 → 청각 → 미각 → 통각

④ 시각 → 미각 → 청각 → 통각

해설 감각기관별 반응시간

① 청각: 0.17초
② 촉각: 0.18초
③ 시각: 0.20초
④ 미각: 0.29초
⑤ 통각: 0.70초

60 집단 간 갈등의 원인과 가장 거리가 먼 것은?

① 제한된 자원
② 조직구조의 개편
③ 집단간 목표 차이
④ 견해와 행동 경향 차이

해설 집단 간 갈등의 원인

집단과 집단 사이에는 작업유동의 상호의존성, 불균형상태, 역할(영역)모호성, 자원부족으로 인해 갈등이 야기된다.

4 근골격계질환 예방을 위한 작업관리

61 적절한 입식작업대 높이에 대한 설명으로 옳은 것은?

① 일반적으로 어깨 높이를 기준으로 한다.
② 작업자의 체격에 따라 작업대의 높이가 조정 가능하도록 하는 것이 좋다.
③ 미세부품 조립과 같은 섬세한 작업일수록 작업대의 높이는 낮아야 한다.
④ 일반적인 조립라인이나 기계 작업 시에는 팔꿈치 높이보다 5~10 cm 높아야 한다.

해설 입식작업대의 높이

① 작업자의 체격에 따라 팔꿈치 높이를 기준으로 하여 작업대 높이를 조정해야 한다.
② 미세부품 조립과 같은 섬세한 작업일수록 높아야 한다.
③ 무거운 물건을 다루는 작업은 팔꿈치 높이를 10~20 cm 정도 낮게 한다.

62 NIOSH의 들기작업 지침에서 들기지수(LI)를 산정하는 식에서 반영되는 변수가 아닌 것은?

① 표면계수 ② 수평계수
③ 빈도계수 ④ 비대칭계수

해설 NLE의 변수

① 부하상수(LC)
② 수평계수(HM)
③ 수직계수(VM)
④ 거리계수(DM)
⑤ 비대칭계수(AM)
⑥ 빈도계수(FM)
⑦ 결합계수(CM)

63 사람이 행하는 작업을 기본 동작으로 분류하고, 각 기본 동작들은 동작의 성질과 조건에 따라 이미 정해진 기준 시간을 적용하여 전체 작업의 정미시간을 구하는 방법은?

① PTS 법
② Rating 법
③ Therblig 분석
④ Work-sampling 법

해설 PTS 법의 정의

기본동작 요소와 같은 요소동작이나, 또는 운동에 대해서 미리 정해 놓은 일정한 표준요소 시간값을 나타낸 표를 적용하여 개개의 작업을 수행하는 데 소요되는 시간값을 합성하여 구하는 방법이다.

64 공정도(Process chart)에 사용되는 기호와 명칭이 잘못 연결된 것은?

① ⇨ : 운반 ② □ : 검사
③ ○ : 가공 ④ D : 저장

해답 60. ② 61. ② 62. ① 63. ① 64. ④

해설 공정기호 중 'D'

D(정체): 원재료, 부품 또는 제품이 가공 또는 검사되는 일이 없이 정지되고 있는 상태이다.

65 다음 근골격계질환의 발생원인 중 작업요인이 아닌 것은?

① 작업강도 ② 작업자세
③ 직무만족도 ④ 작업의 반복도

해설 작업특성 요인
① 반복성
② 부자연스런 또는 취하기 어려운 자세
③ 과도한 힘
④ 접촉스트레스
⑤ 진동
⑥ 온도, 조명 등 기타요인

66 산업안전보건법령상 근골격계 부담작업의 유해요인조사를 해야 하는 상황이 아닌 것은?

① 법에 따른 건강진단 등에서 근골격계질환자가 발생한 경우
② 근골격계 부담작업에 해당하는 기존의 동일한 설비가 도입된 경우
③ 근골격계 부담작업에 해당하는 업무의 양과 작업공정 등 작업환경이 바뀐 경우
④ 작업자가 근골격계질환으로 관련 법령에 따라 업무상 질환으로 인정받는 경우

해설 유해요인조사 실시 법적사항
① 법에 의한 임시건강진단 등에서 근골격계질환자가 발생하였거나 작업자가 근골격계질환으로 요양결정을 받은 경우
② 근골격계 부담작업에 해당하는 새로운 작업·설비를 도입한 경우
③ 근골격계 부담작업에 해당하는 업무의 양과 작업공정 등 작업환경을 변경한 경우

67 근골격계질환 예방·관리 프로그램 실행을 위한 보건관리자의 역할로 볼 수 없는 것은?

① 사업장 특성에 맞게 근골격계질환의 예방·관리 추진팀을 구성한다.
② 주기적으로 작업장을 순회하여 근골격계질환 유발공정 및 작업유해요인을 파악한다.
③ 주기적인 작업자 면담을 통하여 근골격계질환 증상 호소자를 조기에 발견할 수 있도록 노력한다.
④ 7일 이상 지속되는 증상을 가진 작업자가 있을 경우 지속적인 관찰, 전문의 진단의뢰 등의 필요한 조치를 한다.

해설 보건관리자의 역할
① 주기적으로 작업장을 순회하여 근골격계질환을 유발하는 작업공정 및 작업유해 요인을 파악한다.
② 주기적인 작업자 면담을 통하여 근골격계질환 증상호소자를 조기에 발견하는 일을 한다.
③ 7일 이상 지속되는 증상을 가진 작업자가 있을 경우 지속적인 관찰, 전문의 진단의뢰 등의 필요한 조치를 한다.
④ 근골격계질환자를 주기적으로 면담하여 가능한 조기에 작업장에 복귀할 수 있도록 도움을 준다.

68 작업자-기계 작업 분석 시 작업자와 기계의 동시작업 시간이 1.8분, 기계와 독립적인 작업자의 활동시간이 2.5분, 기계만의 가동시간이 4.0분일 때, 동시성을 달성하기 위한 이론적 기계 대수는 약 얼마인가?

① 0.28 ② 0.74
③ 1.35 ④ 3.61

해설 이론적 기계 대수

이론적 기계 대수(n) = $\frac{a+t}{a+b}$

여기서, a: 작업자와 기계의 동시작업시간
b: 독립적인 작업자 활동시간
t: 기계가동시간

∴ n = $\frac{1.8+4}{1.8+2.5}$ = 1.35

해답 65. ③ 66. ② 67. ① 68. ③

69 문제해결 절차에 관한 설명으로 옳지 않은 것은?

① 작업방법의 분석 시에는 공정도나 시간 차트, 흐름도 등을 사용한다.
② 선정된 개선안은 작업자나 관련 부서의 이해와 협조 과정을 거쳐 시행하도록 한다.
③ 개선절차는 "연구대상선정 → 현 작업방법 분석 → 분석 자료의 검토 → 개선안 선정 → 개선안 도입" 순으로 이루어진다.
④ 개선 분석 시 5W1H의 What은 작업순서의 변경, Where, When, Who는 작업 자체의 제거, How는 작업의 결합 분석을 의미한다.

해설 5W1H 질문목적
① What: 작업 자체의 제거
② Where, When, Who: 작업의 결합과 작업순서의 변경
③ How: 작업의 단순화

70 동작경제(Motion economy)의 원칙에 해당하지 않는 것은?

① 가능한 기본동작의 수를 많이 늘린다.
② 공구의 기능을 결합하여 사용하도록 한다.
③ 두 손의 동작은 같이 시작하고 같이 끝나도록 한다.
④ 공구, 재료 및 제어 장치는 사용 위치에 가까이 두도록 한다.

해설 동작경제의 원칙
① 신체의 사용에 관한 원칙
- 양손은 동시에 동작을 시작하고, 또 끝마쳐야 한다.
- 휴식시간 이외에 양손이 동시에 노는 시간이 있어서는 안된다.
② 작업역의 배치에 관한 원칙
- 공구와 재료는 작업이 용이하도록 작업자의 주위에 있어야 한다.
- 모든 공구와 재료는 일정한 위치에 정돈되어야 한다.
③ 공구 및 설비의 설계에 관한 원칙
- 공구류는 될 수 있는 대로 두 가지 이상의 기능을 조합한 것을 사용하여야 한다.
- 각종 손잡이는 손에 가장 알맞게 고안함으로써 피로를 감소시킬 수 있다.

71 산업안전보건법령상 사업주가 근골격계 부담작업 종사자에게 반드시 주지시켜야 하는 내용에 해당되지 않는 것은?

① 근골격계 부담작업의 유해요인
② 근골격계질환의 요양 및 보상
③ 근골격계질환의 징후 및 증상
④ 근골격계질환 발생 시의 대처 요령

해설 작업자교육 내용
① 근골격계 부담작업에서의 유해요인
② 작업도구와 장비 등 작업시설의 올바른 사용방법
③ 근골격계질환의 증상과 징후 식별방법 및 보고방법
④ 근골격계질환 발생 시 대처요령

72 평균 관측시간이 0.9분, 레이팅계수가 120%, 여유시간이 하루 8시간 근무시간 중에 28분으로 설정되었다면 표준시간은 약 몇 분인가?

① 0.926 ② 1.080
③ 1.147 ④ 1.151

해설 내경법에 의한 표준시간(여유율을 근무시간에 대한 비율로 사용)
① 정미시간

$$= \text{관측시간의 대푯값} \times \frac{\text{레이팅 계수}}{100}$$

$$= 0.9 \times \frac{120}{100} = 1.08$$

② 여유율

$$= \frac{\text{여유시간}}{\text{실동시간}} \times 100$$

$$= \frac{28}{60 \times 8} \times 100 ≒ 5.8\%$$

해답 69. ④ 70. ① 71. ② 72. ③

③ 표준시간

$= 정미시간 \times \left(\frac{1}{1-여유율}\right)$

$= 1.08 \times \frac{1}{1-0.058} \fallingdotseq 1.147$

73 손과 손목 부위에 발생하는 작업관련성 근골격계질환이 아닌 것은?

① 방아쇠 손가락(Trigger finger)
② 외상과염(Lateral epicondylitis)
③ 가이언 증후군(Canal of guyon)
④ 수근관 증후군(Carpal Tunnel Syndrome)

해설 외상과염
팔과 팔목 부위의 근골격계질환이며, 팔꿈치 부위의 인대에 염증이 생김으로써 발생하는 증상이다.

74 근골격계질환 예방을 위한 바람직한 관리적 개선 방안으로 볼 수 없는 것은?

① 규칙적이고 적절한 휴식을 통하여 피로의 누적을 예방한다.
② 작업 확대를 통하여 한 작업자가 할 수 있는 일의 다양성을 넓힌다.
③ 전문적인 스트레칭과 체조 등을 교육하고 작업 중 수시로 실시하도록 유도한다.
④ 중량물 운반 등 특정 작업에 적합한 작업자를 선별하여 상대적 위험도를 경감시킨다.

해설 유해요인의 개선방법 중 관리적 개선
① 직업의 다양성 제공
② 작업일정 및 작업속도 조절
③ 회복시간 제공
④ 작업습관 변화
⑤ 작업 공간, 공구 및 장비의 정기적인 청소 및 유지보수
⑥ 운동체조 강화

75 상완, 전완, 손목을 그룹 A로 목, 상체, 다리를 그룹 B로 나누어 측정, 평가하는 유해요인의 평가기법은?

① RULA(Rapid Upper Limb Assessment)
② REBA(Rapid Entire Body Assessment)
③ OWAS(Ovako Working-Posture Analysing System)
④ NIOSH 들기작업지침(Revised NIOSH Lifting Equation)

해설 RULA(Rapid Upper Limb Assessment)
어깨, 팔목, 손목, 목 등 상지(Upper limb)에 초점을 맞추어서 작업자세로 인한 작업부하를 쉽고 빠르게 평가하기 위해 만들어진 기법이다.

76 서블릭(Therblig) 기호의 심볼과 영문이 잘못된 것은?

① : TL　② : DA
③ : Sh　④ : H

해설 서블릭 기호(Therblig symbols)
① : 선택(St)
② : 분해(DA)
③ : 찾음(Sh)
④ : 잡고 있기(H)
⑤ : 운반(TL)

77 다음 중 수행도 평가기법이 아닌 것은?

① 속도 평가법
② 합성 평가법
③ 평준화 평가법
④ 사이클 그래프 평가법

해설 수행도 평가기법
① 속도 평가법

해답 73. ② 74. ④ 75. ① 76. ① 77. ④

② 웨스팅하우스 시스템
③ 객관적 평가법
④ 합성 평가법

78 파레토 원칙(Pareto principle: 80-20원칙)에 대한 설명으로 옳은 것은?

① 20%의 항목이 전체의 80%를 차지한다.
② 40%의 항목이 전체의 60%를 차지한다.
③ 60%의 항목이 전체의 40%를 차지한다.
④ 80%의 항목이 전체의 20%를 차지한다.

해설 파레토 분석(Pareto analysis)
20%의 항목이 전체의 80%를 차지한다는 의미이며, 불량이나 사고의 원인이 되는 중요한 항목을 찾아내는 데 사용된다.

79 다음 중 간헐적으로 랜덤한 시점에 연구대상을 순간적으로 관측하여 관측기간 동안 나타난 항목별로 차지하는 비율을 추정하는 방법은?

① Work Factor 법
② Work-sampling 법
③ PTS(Predetermined Time Standards) 법
④ MTM(Methods Time Measurement) 법

해설 워크샘플링(Work-sampling)
통계적 수법(확률의 법칙)을 이용하여 관측대상을 랜덤으로 선정한 시점에서 작업자나 기계의 가동상태를 스톱워치 없이 순간적으로 목시관측 하여 그 상황을 추정하는 방법이다.

80 ECRS의 4원칙에 해당되지 않는 것은?

① Eliminate: 꼭 필요한가?
② Simplify: 단순화할 수 있는가?
③ Control: 작업을 통제할 수 있는가?
④ Rearrange: 작업순서를 바꾸면 효율적인가?

해설 ECRS 원칙
① 제거(Eliminate): 이 작업은 꼭 필요한가?, 제거할 수 없는가?
② 결합(Combine): 이 작업을 다른 작업과 결합시키면 더 나은 결과가 생길 것인가?
③ 재배열(Rearrange): 이 작업의 순서를 바꾸면 좀 더 효율적이지 않을까?
④ 단순화(Simplify): 이 작업을 좀 더 단순화할 수 있지 않을까?

정답 78. ① 79. ② 80. ③

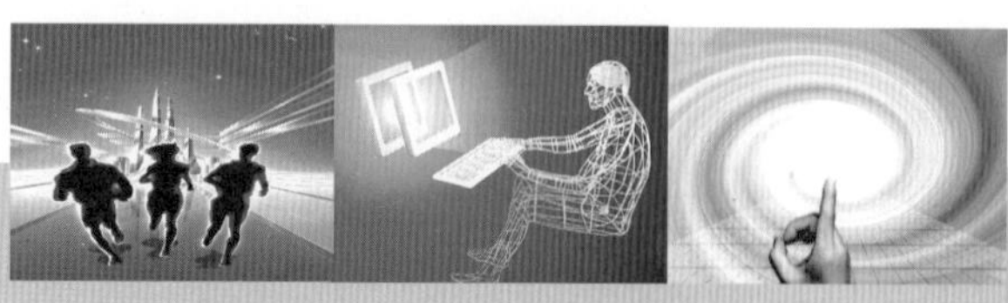

인간공학기사 필기시험 문제풀이 3회201

1 인간공학 개론

1 회전운동을 하는 조종장치의 레버를 20° 움직였을 때 표시장치의 커서는 2 cm 이동하였다. 레버의 길이가 15 cm일 때 이 조종장치의 C/R비는 약 얼마인가?

① 2.62 ② 5.24
③ 8.33 ④ 10.48

해설 조종-반응비율(C/R비)

$$\text{C/R비} = \frac{(a/360)\times 2\pi L}{\text{표시장치 이동거리}}$$

여기서, a: 조종장치가 움직인 각도
L: 반지름(지레의 길이)

$$\text{C/R비} = \frac{(20/360)\times 2\times 3.14\times 15}{2} = 2.62$$

2 정보에 관한 설명으로 옳은 것은?

① 대안의 수가 늘어나면 정보량은 감소한다.
② 선택반응시간은 선택대안의 개수에 선형으로 반비례한다.
③ 정보이론에서 정보란 불확실성의 감소라 정의할 수 있다.
④ 실현 가능성이 동일한 대안이 2가지일 경우 정보량은 2 bit이다.

해설 정보이론
선택반응시간은 선택대안의 개수에 로그(log) 함수의 정비례로 증가하며, 대안의 수가 늘어남에 따라 정보량은 증가한다. bit란 실현가능성이 같은 2개의 대안 중 하나가 명시되었을 때 우리가 얻는 정보량이다. 대안이 2가지뿐이면 정보량은 1 bit이다.

3 인간-기계 시스템에서의 기본적인 기능으로 볼 수 없는 것은?

① 정보의 수용
② 정보의 생성
③ 정보의 저장
④ 정보처리 및 결정

해설 인간-기계 시스템에서의 기본적인 기능
인간-기계 시스템에서의 인간이나 기계는 감각을 통한 정보의 수용, 정보의 보관, 정보의 처리 및 의사결정, 행동의 네 가지 기본적인 기능을 수행한다.

4 신호검출이론(signal detection theory)에서 판정기준을 나타내는 우도비(likelihood ratio) β와 민감도(sensitivity) d에 대한 설명 중 옳은 것은?

① β가 클수록 보수적이고 d가 클수록 민감함을 나타낸다.

해답 1. ① 2. ③ 3. ② 4. ①

② β가 작을수록 보수적이고 d가 클수록 민감함을 나타낸다.
③ β가 클수록 보수적이고 d가 클수록 둔감함을 나타낸다.
④ β가 작을수록 보수적이고 d가 클수록 둔감함을 나타낸다.

해설 신호검출이론
① 반응기준이 오른쪽으로 이동할 경우($\beta>1$): 판정자는 신호라고 판정하는 기회가 줄어들게 되므로 신호가 나타났을 때 신호의 정확한 판정은 적어지나 허위경보를 덜하게 된다. 이런 사람을 일반적으로 보수적이라고 한다.
② 반응기준이 왼쪽으로 이동할 경우($\beta<1$): 신호로 판정하는 기회가 많아지게 되므로 신호의 정확한 판정은 많아지나 허위경보도 증가하게 된다. 이런 사람을 흔히 진취적, 모험적이라 한다.
③ 민감도는 d로 표현하며, 두 분포의 꼭짓점의 간격을 분포의 표준편차 단위로 나타낸다. 즉, 두 분포가 떨어져 있을수록 민감도는 커지며, 판정자는 신호와 잡음을 정확하게 판정하기가 쉽다.

5 다음 피부의 감각기 중 감수성이 제일 높은 것은?

① 온각 ② 통각
③ 압각 ④ 냉각

해설 통각
피부감각기 중 통각의 감수성이 가장 높다.

6 인간공학의 개념과 가장 거리가 먼 것은?

① 효율성 제고 ② 심미성 제고
③ 안전성 제고 ④ 편리성 제고

해설 인간공학의 목적
① 일과 활동을 수행하는 효능과 효율을 향상시키는 것으로, 사용편의성 증대, 오류 감소, 생산성 향상 등을 들 수 있다.
② 바람직한 인간가치를 향상시키고자 하는 것으로, 안전성 개선, 피로와 스트레스 감소, 쾌적감 증가, 사용자 수용성 향상, 작업만족도 증대, 생활의 질 개선 등을 들 수 있다.

7 인체측정 자료의 응용 시 평균치 설계에 관한 내용으로 옳지 않은 것은?

① 최소, 최대집단값이 사용 불가능한 경우에 사용된다.
② 인체측정학적인 면에서 보면 모든 부분에서 평균인 인간은 없다.
③ 은행 창구의 접수대는 평균치를 기준으로 한 설계의 좋은 예이다.
④ 일반적으로 평균치를 이용한 설계에는 보통 집단 특성치의 5%에서 95%까지의 범위가 사용된다.

해설 조절식 설계
체격이 다른 여러 사람에게 맞도록 조절식으로 만드는 것을 말한다. 통상 5%값에서 95%값까지의 90% 범위를 수용대상으로 설계하는 것이 관례이다.

8 정량적인 표시장치에 대한 설명으로 옳은 것은?

① 표시장치 설계 시 끝이 둥근 지침이 권장된다.
② 계수형 표시장치의 기본형태는 지침이 고정되고 눈금이 움직이는 형이다.
③ 동침형 표시장치는 인식적 암시 신호를 나타내는 데 적합하다.
④ 눈금이 고정되고 지침이 움직이는 표시장치를 동목형 표시장치라 한다.

해설 정량적 표시장치
① 정량적인 동적 표시장치의 3가지
- 동침(moving pointer)형: 눈금이 고정되고 지침이 움직이는 형
- 동목(moving scale)형: 지침이 고정되고 눈금이 움직이는 형
- 계수(digital)형: 전력계나 택시요금 계기와 같이 기계, 전자적으로 숫자가 표시되는 형
② 지침설계
- (선각이 약 20° 되는) 뾰족한 지침을 사용한다.

해답 5. ② 6. ② 7. ④ 8. ③

- 지침의 끝은 작은 눈금과 맞닿되 겹치지 않게 한다.
- (원형 눈금의 경우) 지침의 색은 선단에서 눈금의 중심가지 칠한다.
- (시차를 없애기 위해) 지침을 눈금면과 밀착시킨다.

9 음량수준(phon)이 80인 순음의 sone 치는 얼마인가?

① 4　② 8
③ 16　④ 32

해설 sone

$$sone\text{ 치} = 2^{(\text{phon 치} - 40)/10} = 2^{(80-40)/10} = 16$$

10 다음 눈의 구조 중 빛이 도달하여 초점이 가장 선명하게 맺히는 부위는?

① 동공　② 홍채
③ 황반　④ 수정체

해설 황반
황반은 시력이 가장 예민한 영역이며, 600~700만 개의 원추체가 황반에 집중되어 있다. 물체를 분명하게 보려면 원추체를 활성화시키기에 충분한 빛이 있어야 하고, 물체의 상이 황반 위에 초점을 맞출 수 있는 방향에서 물체를 보아야 한다.

11 시감각 체계에 관한 설명으로 옳지 않은 것은?

① 동공은 조도가 낮을 때는 많은 빛을 통과시키기 위해 확대된다.
② 1디옵터는 1 m 거리에 있는 물체를 보기 위해 요구되는 조절능이다.
③ 망막의 표면에는 빛을 감지하는 광수용기인 원추체와 간상체가 분포되어 있다.
④ 안구의 수정체는 공막에 정확한 이미지가 맺히도록 형태를 스스로 조절하는 일을 담당한다.

해설 수정체
수정체는 보통 유연성이 있어서 눈 뒤쪽의 감광표면인 망막에 초점이 맞추어지도록 조절할 수 있다.

12 정적 인체측정 자료를 동적 자료로 변환할 때 활용될 수 있는 크로머(Kroemer)의 경험 법칙을 설명한 것으로 옳지 않은 것은?

① 키, 눈, 어깨, 엉덩이 등의 높이는 3% 정도 줄어든다.
② 팔꿈치 높이는 대개 변화가 없지만, 작업 중 5%까지 증가하는 경우가 있다.
③ 앉은 무릎 높이 또는 오금 높이는 굽 높은 구두를 신지 않는 한 변화가 없다.
④ 전방 및 측방 팔길이는 편안한 자세에서 30% 정도 늘어나고, 어깨와 몸통을 심하게 돌리면 20% 정도 감소한다.

해설 크로머(Kroemer)의 경험 법칙
전방 및 측방 팔길이는 상체의 움직임을 편안하게 하면 30% 줄고, 어깨와 몸통을 심하게 돌리면 20% 늘어난다.

13 청각을 이용한 경계 및 경보 신호의 설계에 관한 내용으로 옳지 않은 것은?

① 500~3,000 Hz의 진동수를 사용한다.
② 장거리용으로는 1,000 Hz 이하의 진동수를 사용한다.
③ 신호가 칸막이를 통과해야 할 때는 500 Hz 이상의 진동수를 사용한다.
④ 주의를 끌기 위해서 초당 1~3번 오르내리는 변조된 신호를 사용한다.

해설 청각을 이용한 경계 및 경보신호의 선택 및 설계
신호가 장애물을 돌아가거나 칸막이를 통과해야 할 때는 500 Hz 이하의 진동수를 사용한다.

해답 9. ③　10. ③　11. ④　12. ④　13. ③

14 사람이 일정한 시간에 두 가지 이상의 작업을 처리할 수 있도록 하는 것을 무엇이라 하는가?

① 시배분(time sharing)
② 변화감지(variety sense)
③ 절대식별(absolute judgment)
④ 비교식별(comparative judgment)

해설 시배분(Time Sharing)
2개 이상의 것에 대해서 돌아가며 재빨리 교번하여 처리하는 것을 시배분이라 한다.

15 사용성 평가에 주로 사용되는 평가척도로 적합하지 않은 것은?

① 과제물 내용
② 에러의 빈도
③ 과제의 수행시간
④ 사용자의 주관적 만족도

해설 닐슨의 사용성 정의
닐슨은 사용성을 과제의 수행시간, 학습용이성, 효율성, 기억용이성, 에러 빈도 및 정도 그리고 주관적 만족도로 정의하였다.

16 키를 측정할 때 체중계가 아닌 줄자를 이용하는 것처럼 연구조사 시 측정하고자 하는 바를 얼마나 정확하게 측정하였는가를 평가하는 척도는?

① 타당성(validity)
② 신뢰성(reliability)
③ 상관성(correlation)
④ 민감성(sensitivity)

해설 타당성(Validity)
어떤 변수가 실제로 의도하는 바를 어느 정도 평가하는지 결정하는 것이다.

17 청각적 신호를 설계하는 데 고려되어야 하는 원리 중 검출성(detectability)에 대한 설명으로 옳은 것은?

① 사용자에게 필요한 정보만을 제공한다.
② 동일한 신호는 항상 동일한 정보를 지정하도록 한다.
③ 사용자가 알고 있는 친숙한 신호의 차원과 코드를 선택한다.
④ 신호는 주어진 상황하의 감지장치나 사람이 감지할 수 있어야 한다.

해설 검출성(Detectability)
신호는 주어진 상황하의 감지장치나 사람이 감지할 수 있어야 한다.

18 동전 던지기에서 앞면이 나올 확률은 0.4이고, 뒷면이 나올 확률은 0.6일 경우 이로부터 기대할 수 있는 평균정보량은 약 얼마인가?

① 0.65 bit ② 0.88 bit
③ 0.97 bit ④ 1.99 bit

해설 평균정보량(bit)
여러 개의 실현가능한 대안이 있을 경우에는 평균정보량은 각 대안의 정보량에 실현확률을 곱한 것을 모두 합하면 된다.

$$H = \sum_{i=1}^{n} p_i \log_2\left(\frac{1}{P_i}\right) (P_i: \text{ 각 대안의 실현확률})$$

$$= (0.4 \times \log_2 \frac{1}{0.4}) + (0.6 \times \log_2 \frac{1}{0.6})$$

$= 0.97$ bit

19 손잡이의 설계에 있어 촉각정보를 통하여 분별, 확인할 수 있는 코딩(coding)방법이 아닌 것은?

① 색에 의한 코딩
② 크기에 의한 코딩
③ 표면의 거칠기에 의한 코딩
④ 형상에 의한 코딩

해설 색에 의한 코딩
색에 특정한 의미가 부여될 때 매우 효과적인 방법이며 시각정보를 통하여 분별할 수 있는 방법이다.

해답 14. ① 15. ① 16. ① 17. ④ 18. ③ 19. ①

20 다음 양립성의 종류 중 특정 사물들, 특히 표시장치(display)나 조종장치(control)에서 물리적 형태나 공간적인 배치의 양립성을 나타내는 것은?

① 양식(modality) 양립성
② 공간적(spatial) 양립성
③ 운동(movement) 양립성
④ 개념적(conceptual) 양립성

해설 공간적 양립성(Spatial Compatibility)
공간적 구성이 인간의 기대와 양립하는 것
예) button의 위치와 관련 display의 위치가 양립

2 작업생리학

21 영상표시 단말기(VDT)를 취급하는 작업장 주변환경의 조도(lux)는 얼마인가? (단, 화면의 바탕 색상은 검정색 계통이며 고용노동부 고시를 따른다.)

① 100~300 ② 300~500
③ 500~700 ④ 700~900

해설 조명과 채광
조도는 화면의 바탕이 검정색 계통이면 300~500 lux, 화면의 바탕이 흰색 계통이면 500~700 lux로 한다.

22 인체활동이나 작업종료 후에도 체내에 쌓인 젖산을 제거하기 위해 산소가 더 필요하게 되는 것을 무엇이라 하는가?

① 산소 빚(oxygen debt)
② 산소 값(oxygen value)
③ 산소 피로(oxygen fatigue)
④ 산소 대사(oxygen metabolism)

해설 산소 빚(oxygen debt)
활동수준이 더욱 많아지면 근육에 공급되는 산소의 양은 필요량에 비해 부족하게 되고 혈액에는 젖산이 축적된다. 이렇게 축적된 젖산의 제거속도가 생성속도에 미치지 못하며 작업이 끝난 후에도 남아 있는 젖산을 제거하기 위하여 산소가 필요하며 이를 산소 빚이라 한다.

23 다음 중 불수의근(involuntary muscle)과 관계가 없는 것은?

① 내장근 ② 평활근
③ 골격근 ④ 민무늬근

해설 골격근
뼈에 부착되어 전신의 관절 운동에 관여하며 뜻대로 움직여지는 수의근(뇌척수신경의 운동신경이 지배)이다. 명령을 받으면 짧은 시간에 강하게 수축하며 그만큼 피로도 쉽게 온다. 체중의 약 40%를 차지한다.

24 시소 위에 올려놓은 물체 A와 B는 평형을 이루고 있다. 물체 A는 시소 중심에서 1.2 m 떨어져 있고 무게는 35 kg이며, 물체 B는 물체 A와 반대방향으로 중심에서 1.5 m 떨어져 있다고 가정하였을 때 물체 B의 무게는 몇 kg인가?

① 19 ② 28
③ 35 ④ 42

해설 모멘트의 크기
모멘트는 $F \times d$로 표현된다.
물체 A와 B는 평형을 이루고 있으므로 $(W_A \times d_A) = (W_B \times d_B)$이다.
35 kg × 1.2 m = x kg × 1.5 m
x kg = 28 kg

25 작업강도의 증가에 따른 순환기 반응의 변화로 옳지 않은 것은?

① 혈압의 상승
② 적혈구의 감소
③ 심박출량의 증가
④ 혈액의 수송량 증가

해답 20. ② 21. ② 22. ① 23. ③ 24. ② 25. ②

(해설) 작업에 따른 인체의 생리적 반응
작업강도가 증가하면 심박출량이 증가하고 그에 따라 혈압이 상승하게 된다. 그리고 혈액의 수송량 또한 증가하며, 산소소비량도 증가하게 된다.

26 어떤 물체 또는 표면에 도달하는 빛의 밀도는?

① 조도 ② 광도
③ 반사율 ④ 점광원

(해설) 조도(Illuminance)
조도는 어떤 물체나 표면에 도달하는 광의 밀도를 말한다.

27 시각적 점멸융합주파수(VFF)에 영향을 주는 변수에 대한 내용으로 옳지 않은 것은?

① 암조응 시는 VFF가 증가한다.
② 연습의 효과는 아주 적다.
③ 휘도만 같으면 색은 VFF에 영향을 주지 않는다.
④ VFF는 조명 강도의 대수치에 선형적으로 비례한다.

(해설) 점멸융합주파수(Visual Fusion Frequency)
암조응 시는 VFF가 감소한다.

28 인체의 척추 구조에서 경추는 몇 개로 구성되어 있는가?

① 5개 ② 7개
③ 9개 ④ 12개

(해설) 척추(Vertebral Column)
척추골은 위로부터 경추 7개, 흉추 12개, 요추 5개, 선추 5개, 미추 3~5개로 구성된다.

29 근육 운동에 있어 장력이 활발하게 생기는 동안 근육이 가시적으로 단축되는 것을 무엇이라 하는가?

① 연축(twitch)
② 강축(tetanus)
③ 원심성 수축(eccentric contraction)
④ 동심성 수축(concentric contraction)

(해설) 동심성 수축(Concentric Contraction)
근육이 저항보다 큰 장력(tension)을 발휘함으로써 근육의 길이가 짧아지는 수축이다.

30 나이에 따라 발생하는 청력손실은 다음 중 어떤 주파수의 음에서 가장 먼저 나타나는가?

① 500 Hz ② 1,000 Hz
③ 2,000 Hz ④ 4,000 Hz

(해설) 청력장해
일시장해에서 회복 불가능한 상태로 넘어가는 상태로 3,000~6,000 Hz 범위에서 영향을 받으며 4,000 Hz에서 현저히 커진다.

31 어떤 작업자의 8시간 작업 시 평균 흡기량은 40 L/min, 배기량은 30 L/min로 측정되었다. 만일 배기량에 대한 산소함량이 15%로 측정되었다고 가정하면 이때의 분당 산소소비량(L/min)은 얼마인가?

① 3.3 ② 3.5
③ 3.7 ④ 3.9

(해설) 산소소비량
(21% × 평균 흡기량) − (O_2% × 평균 배기량)
= (0.21 × 40) − (0.15 × 30)
= 3.9 L/min

32 생리적 활동의 척도 중 Borg의 RPE (Ratings of Perceived Exertion) 척도에 대한 설명으로 옳지 않은 것은?

① 육체적 작업부하의 주관적 평가방법이다.
② NASA-TLX와 동일한 평가척도를 사

해답 26. ① 27. ① 28. ② 29. ④ 30. ④ 31. ④ 32. ②

용한다.

③ 척도의 양끝은 최소 심장 박동률과 최대 심장 박동률을 나타낸다.

④ 작업자들이 주관적으로 지각한 신체적 노력의 정도를 6~20 사이의 척도로 평정한다.

해설 작업부하에 대한 주관적 측정값

Borg의 RPE 척도는 많이 사용되는 주관적 평정척도이다.

① 작업자들이 주관적으로 지각한 인체적 노력의 정도를 6~20 사이의 척도로 평정하게 한다.
② 이 척도의 양끝은 최소심박수와 최대심박수를 나타낸다.
③ 작업자의 작업장에 대한 만족, 동기 및 정서적 요인에 의해 영향을 받을 수 있다.

33 신경계 중 반사(reflex)와 통합(integration)의 기능적 특징을 갖는 것은?

① 중추신경계　② 운동신경계
③ 교감신경계　④ 감각신경계

해설 중추신경계의 기능

① 반사: 감각 → 구심성신경 → 반사중추 → 원심성신경 → 효과기
② 통합: 어떤 목적을 위해 반사가 조합되어 조정되는 기능

34 근력의 상태 중 물체를 들고 있을 때처럼 신체부위를 움직이지 않으면서 고정된 물체에 힘을 가하는 상태는?

① 정적 상태(static condition)
② 동적 상태(dynamic condition)
③ 등속 상태(isokinetic condition)
④ 가속 상태(acceleration condition)

해설 정적수축(static contraction)

물건을 들고 있을 때처럼 인체 부위를 움직이지 않으면서 고정된 물체에 힘을 가하는 상태로 이때의 근력을 등척성 근력(isometric strength)이라고도 한다.

35 다음 중 추천반사율(IES)이 가장 높은 것은?

① 벽　② 천정
③ 바닥　④ 책상

해설 실내의 추천반사율(IES)

① 천장: 80~90%
② 벽, 블라인드: 40~60%
③ 가구, 사무용기기, 책상: 25~45%
④ 바닥: 20~40%

36 사업장에서 발생하는 소음의 노출기준을 정할 때 고려해야 될 결정요인과 가장 거리가 먼 것은?

① 소음의 크기
② 소음의 높낮이
③ 소음의 지속시간
④ 소음 발생체의 물리적 특성

해설 소음의 노출기준

사업장에서 발생하는 소음의 노출기준은 각 나라마다 소음의 크기(dB)와 높낮이(Hz), 소음의 지속시간, 소음 작업의 근무년수, 개인의 감수성 등을 고려하여 정하고 있다.

37 특정과업에서 에너지소비량에 영향을 미치는 인자로 가장 거리가 먼 것은?

① 작업속도　② 작업자세
③ 작업순서　④ 작업방법

해설 에너지소비량에 영향을 미치는 인자

① 작업방법
② 작업자세
③ 작업속도
④ 도구설계

38 진동이 인체에 미치는 영향으로 옳지 않은 것은?

① 심박수가 증가한다.

해답 33. ① 34. ① 35. ② 36. ④ 37. ③ 38. ③

② 시성능은 10~25 Hz 대역의 경우 가장 심하게 영향을 받는다.
③ 진동수와 추적작업과의 상호연관성이 적어 운동성능에 영향을 미치지 않는다.
④ 중앙 신경계의 처리 과정과 관련되는 과업의 성능은 진동의 영향을 비교적 덜 받는다.

해설 진동의 영향
전신진동은 진폭에 비례하여 시력이 손상되고 추적작업에 대한 효율을 떨어뜨린다.

39 다음 중 고온 작업장에서의 작업 시 신체 내부의 체온조절 계통의 기능이 상실되어 발생하며, 체온이 과도하게 오를 경우 사망에 이를 수 있는 고열장해는?

① 열소모 ② 열사병
③ 열발진 ④ 참호족

해설 열사병(Heat Stroke)
고열작업에서 체온조절 기능에 장해가 생기거나 지나친 발한에 의한 탈수와 염분부족 등으로 인해 체온이 급격하게 오르고 사망에 이를 수 있는 열사병이 발생할 수 있다.

40 작업생리학 분야에서 신체활동의 부하를 측정하는 생리적 반응치가 아닌 것은?

① 심박수(heart rate)
② 혈류량(blood flow)
③ 폐활량(lung capacity)
④ 산소소비량(oxygen consumption)

해설 작업에 따른 인체의 생리적 반응
① 산소소비량의 증가
② 심박출량의 증가
③ 심박수의 증가
④ 혈류의 재분배

3 산업심리학 및 관련법규

41 산업재해의 발생형태 중 상호 자극에 의하여 순간적(일시적)으로 재해가 발생하는 유형은?

① 복합형
② 단순 자극형
③ 단순 연쇄형
④ 복합 연쇄형

해설 재해 발생형태
① 단순 자극형(집중형): 상호 자극에 의하여 순간적으로 재해가 발생하는 유형
② 연쇄형: 하나의 사고요인이 또 다른 요인을 발생시키면서 재해가 발생하는 유형
③ 복합형: 연쇄형과 단순 자극형의 복합적인 발생유형

42 단순반응시간을 a, 선택반응시간을 b, 움직인 거리를 A, 목표물의 넓이를 W라 할 때, 동작시간 예측에 관한 피츠의 법칙(Fitt's law)으로 옳은 것은?

① 동작시간 = $a+b\log_2(\frac{2A}{W})$

② 동작시간 = $b+a\log_2(\frac{2A}{W})$

③ 동작시간 = $a+b\log_2(\frac{2W}{A})$

④ 동작시간 = $b+a\log_2(\frac{2W}{A})$

해설 Fitts의 법칙
난이도(ID ; Index of Difficulty)와 이동시간(MT ; Movement Time)을 다음과 같이 정의한다.

ID (bits) = $\log_2(\frac{2A}{W})$

MT = $a+b \cdot ID$

해답 39. ② 40. ③ 41. ② 42. ①

43 보행 신호등이 바뀌었지만 자동차가 움직이기까지는 아직 시간이 있다고 주관적으로 판단하여 신호등을 건너는 경우는 어떤 상태인가?

① 억측판단 ② 근도반응
③ 초조반응 ④ 의식의 과잉

해설 억측판단
자기 멋대로 주관적인 판단이나 희망적인 관찰에 근거를 두고 다분히 이래도 될 것이라는 것을 확인하지 않고 행동으로 옮기는 판단이다.

44 갈등 해결방안 중 자신의 이익이나 상대방의 이익에 모두 무관심한 것은?

① 경쟁 ② 순응
③ 타협 ④ 회피

해설 회피
자신의 이익이나 상대방에 무관심하여 갈등을 무시하는 방안이다.

45 스트레스에 관한 설명으로 옳지 않은 것은?

① 스트레스 수준은 작업성과와 정비례의 관계에 있다.
② 위협적인 환경특성에 대한 개인의 반응이라고 볼 수 있다.
③ 적정수준의 스트레스는 작업성과에 긍정적으로 작용한다.
④ 지나친 스트레스를 지속적으로 받으면 인체는 자기조절능력을 상실할 수 있다.

해설 스트레스
스트레스가 적을 때나 많을 때도 작업성과가 떨어진다. 따라서 스트레스 수준과 작업성과는 정비례관계가 있지 않다.

46 재해예방의 4원칙에 해당하지 않는 것은?

① 손실 우연의 원칙
② 조직 구성의 원칙
③ 원인 계기의 원칙
④ 대책 선정의 원칙

해설 재해예방의 4원칙
① 예방 가능의 원칙
② 손실 우연의 원칙
③ 원인 계기의 원칙
④ 대책 선정의 원칙

47 제조물책임법에서 손해배상 책임에 대한 설명으로 옳지 않은 것은?

① 해당 제조물 결함에 의해 발생한 손해가 그 제조물 자체만에 그치는 경우에는 제조물 책임 대상에서 제외한다.
② 피해자가 제조물의 제조업자를 알 수 없는 경우 그 제조물을 영리 목적으로 판매한 공급자가 손해를 배상하여야 한다.
③ 제조자가 결함 제조물로 인하여 생명, 신체 또는 재산상의 손해를 입은 자에게 손해를 배상할 책임을 의미한다.
④ 제조업자가 제조물의 결함을 알면서도 필요한 조치를 취하지 아니하면 손해를 입은 자에게 발생한 손해의 2배 범위 내에서 배상책임을 진다.

해설 제조물책임법
제조업자가 제조물의 결함을 알면서도 그 결함에 대하여 필요한 조치를 취하지 아니한 결과 생명 또는 신체에 중대한 손해를 입은 자가 있는 경우에는 그 자에게 발생한 손해의 3배를 넘지 아니하는 범위에서 배상책임을 진다.

48 리더십(leadership)과 비교한 헤드십(headship)의 특징으로 옳은 것은?

① 민주주의적 지휘형태
② 개인능력에 따른 권한 근거
③ 구성원과의 사회적 간격이 넓음
④ 집단의 구성원들에 의해 선출된 지도자

해답 43. ① 44. ④ 45. ① 46. ② 47. ④ 48. ③

해설 헤드십과 리더십의 차이
헤드십은 부하와의 사회적 간격이 넓은 반면, 리더십은 부하와의 사회적 간격이 좁다.

49 하인리히는 재해연쇄론에서 재해가 발생하는 과정을 5단계 요인으로 나누어 설명하였다. 그 중 사고를 예방하기 위한 관리 활동들이 가장 효과적으로 적용될 수 있는 단계는 무엇이라고 주장하였는가?

① 개인적 결함
② 사고 그 자체
③ 사회적 환경(분위기)
④ 불안전행동 및 불안전상태

해설 하인리히의 도미노 이론
하인리히는 사고를 예방하기 위해 관리활동들이 가장 효과적으로 적용할 수 있는 단계를 불안전행동 및 불안전상태 단계라고 주장하였다.

50 다음 소시오그램에서 B의 선호신분지수로 옳은 것은?

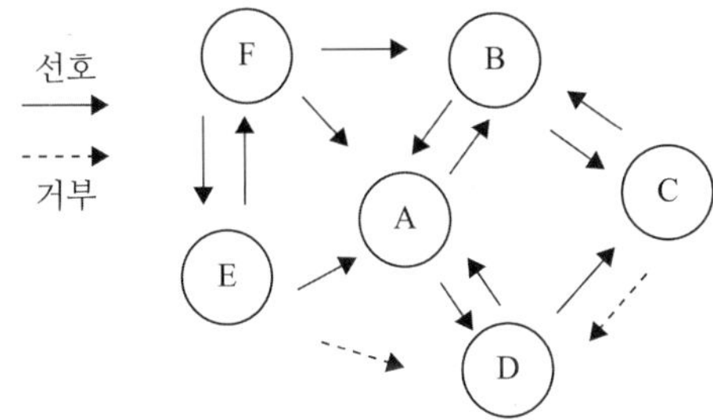

① $\frac{1}{5}$　　② $\frac{2}{5}$
③ $\frac{3}{5}$　　④ $\frac{4}{5}$

해설 선호신분지수

$$\text{선호신분지수} = \frac{\text{선호총계}}{\text{구성원}-1} = \frac{3}{6-1} = \frac{3}{5}$$

51 FTA(Fault Tree Analysis)에 대한 설명으로 옳지 않은 것은?

① 해석하고자 하는 정상사상(top event)과 기본사상(basic event)과의 인과관계를 도식화하여 나타낸다.
② 고장이나 재해요인의 정성적 분석뿐만 아니라 정량적 분석이 가능하다.
③ "사건이 발생하려면 어떤 조건이 만족되어야 하는가?"에 근거한 연역적 접근 방법을 이용한다.
④ 정성적 결함나무(FT: Fault Tree)를 작성하기 전에 정상사상이 발생할 확률을 계산한다.

해설 결함나무분석(Fault Tree Analysis ; FTA)
① FTA는 결함수분석법이라고도 하며, 기계설비 또는 인간-기계 시스템의 고장이나 재해발생 요인을 FT 도표에 의하여 분석하는 방법이다. 즉, 사건의 결과(사고)로부터 시작해 원인이나 조건을 찾아나가는 순서로 분석이 이루어진다.
② 사건의 결과(사고)로부터 시작해 원인이나 조건을 찾아나가는 순서로 분석이 이루어진다.
③ FTA는 고장이나 재해요인의 정성적인 분석뿐만 아니라 개개의 요인이 발생하는 확률을 얻을 수 있으며, 재해발생 후의 규명보다 재해발생 이전의 예측기법으로서 활용가치가 높은 유효한 방법이다.
④ 정상사상인 재해현상으로부터 기본사상인 재해원인을 향해 연역적인 분석을 행하므로 재해현상과 재해원인의 상호관련을 해석하여 안전대책을 검토할 수 있다.
⑤ 정량적 해석이 가능하므로 정량적 예측을 행할 수 있다.

52 다음 중 민주적 리더십과 관련된 이론이나 조직형태는?

① X이론　　② Y이론
③ 라인형 조직　　④ 관료주의 조직

해설 Y이론
① 인간행위는 경제적 욕구보다는 사회심리적 욕구에 의해 결정된다.
② 인간은 이기적 존재이기보다는 사회(타인) 중심의 존재이다.
③ 인간은 스스로 책임을 지며, 조직목표에 헌신하여

해답 49. ④ 50. ③ 51. ④ 52. ②

자기실현을 이루려고 한다.

④ 동기만 부여되면 자율적으로 일하며, 창의적 능력을 가지고 있다.

⑤ 관리전략: 민주적 리더십의 확립, 분권화와 권한의 위임, 목표에 의한 관리, 직무확장, 비공식적 조직의 활용, 자체평가제도의 활성화, 조직구조의 평면화 등

⑥ 해당이론: 인간관계론, 조직발전, 자아실현이론 등

53 피로의 생리학적(physiological) 측정방법과 거리가 먼 것은?

① 뇌파 측정(EEG)

② 심전도 측정(ECG)

③ 근전도 측정(EMG)

④ 변별역치 측정(촉각계)

(해설) 생리학적 측정방법

① 근전도(EMG): 근육활동의 전위차를 기록한다.

② 심전도(ECG): 심장근육활동의 전위차를 기록한다.

③ 뇌전도(EEG): 신경활동의 전위차를 기록한다.

④ 안전도(EOG): 안구운동의 전위차를 기록한다.

⑤ 산소소비량

⑥ 에너지소비량(RMR)

⑦ 전기피부 반응(GSR)

⑧ 점멸융합주파수(플리커법)

54 어느 작업자가 평균적으로 100개의 부품을 검사하여 불량품 5개를 검출해 내었으나 실제로는 15개의 불량품이 있었다. 이 작업자가 100개가 1로트로 구성된 로트 2개를 검사하면서 2개의 로트 모두에서 휴먼에러를 범하지 않을 확률은?

① 0.01 ② 0.1

③ 0.81 ④ 0.9

(해설) 반복되는 이산적 직무에서의 인간신뢰도

$R(n_1, n_2) = (1-p)^{(n_2 - n_1 + 1)}$,

[여기서, p: 실수확률]

$= (1-0.1)^{(2-1+1)}$

$= 0.81$

55 상시작업자가 1,000명이 근무하는 사업장의 강도율이 0.6이었다. 이 사업장에서 재해발생으로 인한 연간 총 근로손실일수는 며칠인가? (단, 작업자 1인당 연간 2,400시간을 근무하였다.)

① 1,220일 ② 1,320일

③ 1,440일 ④ 1,630일

(해설) 강도율(Severity Rate of Injury)

$$\text{강도율}(SR) = \frac{\text{근로손실일수}}{\text{연근로시간수}} \times 1,000$$

$$0.6 = \frac{X}{1,000 \times 2,400} \times 1,000$$

$\therefore X = 1,440$

56 라스무센(Rasmussen)은 인간 행동의 종류 또는 수준에 따라 휴먼 에러를 3가지로 분류하였는데 이에 속하지 않는 것은?

① 숙련기반 에러(skill-based error)

② 기억기반 에러(memory-based error)

③ 규칙기반 에러(rule-based error)

④ 지식기반 에러(knowledge-based error)

(해설) 라스무센의 인간행동 수준의 3단계

① 지식기반 에러(knowledge-based error)

② 규칙기반 에러(rule-based error)

③ 숙련기반 에러(skill-based error)

57 휴먼 에러 방지대책을 설비요인, 인적요인, 관리요인 대책으로 구분할 때 인적요인에 관한 대책으로 볼 수 없는 것은?

① 소집단 활동

② 작업의 모의훈련

③ 인체측정치의 적합화

④ 작업에 관한 교육훈련과 작업 전 회의

(해설) 인적요인에 관한 대책

① 작업에 대한 교육 및 훈련과 작업 전, 후 회의소집

② 작업의 모의훈련으로 시나리오에 의한 리허설

③ 소집단 활동의 활성화로 작업방법 및 순서, 안전

해답 53. ④ 54. ③ 55. ③ 56. ② 57. ③

포인터 의식, 위험예지활동 등을 지속적으로 수행
④ 숙달된 전문인력의 적재적소배치

58 관리그리드모형(management grid model)에서 제시한 리더십의 유형에 대한 설명으로 옳지 않은 것은?

① (9,1)형은 인간에 대한 관심은 높으나 과업에 대한 관심은 낮은 인기형이다.
② (1,1)형은 과업과 인간관계 유지 모두에 관심을 갖지 않는 무관심형이다.
③ (9,9)형은 과업과 인간관계 유지의 모두에 관심이 높은 이상형으로서 팀형이다.
④ (5,5)형은 과업과 인간관계 유지에 모두 적당한 정도의 관심을 갖는 중도형이다.

해설 관리그리드모형 이론
(9,1)형은 업적에 대하여 최대의 관심을 갖고, 인간에 대하여 무관심하다. 이는 과업형(task style)이다.

59 NIOSH의 직무스트레스 모형에서 직무스트레스 요인에 해당하지 않는 것은?

① 작업요인 ② 개인적요인
③ 조직요인 ④ 환경요인

해설 직무스트레스의 원인
① 작업요구
② 조직적 측면의 요인
③ 물리적인 환경

60 Herzberg의 동기위생 이론에서 위생요인에 대한 설명으로 옳지 않은 것은?

① 위생요인이 갖추어지지 않으면 구성원들은 불만족이 생긴다.
② 위생요인이 갖추어지지 않으면 조직을 떠날 수 있다.
③ 위생요인이 갖추어지지 않으면 성과에 좋지 않은 영향을 준다.
④ 위생요인이 잘 갖추어지게 되면 구성원들에게 열심히 일하도록 동기를 자극하게 된다.

해설 위생요인
위생요인의 욕구가 충족되지 않으면 직무불만족이 생기나, 위생요인이 충족되었다고 해서 직무만족이 생기는 것은 아니다. 다만, 불만이 없어진다는 것이다. 직무만족은 동기요인에 의해 결정된다.

4 근골격계질환 예방을 위한 작업관리

61 어떤 한 작업의 25회 시험관측치가 평균 0.35, 표준편차가 0.08일 때, 오차확률 5%에서 필요한 최소 관측횟수는 얼마인가? (단, $t_{25,0.05}$ = 2.069, $t_{24,0.05}$ = 2.064, $t_{26,0.05}$ = 2.056이다.)

① 89 ② 90
③ 91 ④ 92

해설 관측횟수의 결정

$$N=\left(\frac{t(n-1,0.05)\times s}{0.05\times \bar{x}}\right)^2$$
$$=\left(\frac{2.064\times 0.08}{0.05\times 0.35}\right)^2$$
$$=89.027$$
$$\fallingdotseq 90\text{회}$$

62 동작 경제의 3원칙 중 신체 사용에 원칙에 해당하지 않는 것은?

① 가능하다면 중력을 이용한 운반 방법을 사용한다.
② 두 손의 동작은 같이 시작하고 같이 끝나도록 한다.
③ 휴식시간을 제외하고는 양손이 동시에 쉬지 않도록 한다.
④ 두 팔의 동작은 동시에 서로 반대방향

해답 58. ① 59. ② 60. ④ 61. ② 62. ①

으로 대칭적으로 움직이도록 한다.

해설 작업역의 배치에 관한 원칙
중력을 이용한 부품상자나 용기를 이용하여 부품을 부품 사용장소에 가까이 보낼 수 있도록 한다.

63 작업장 시설의 재배치, 기자재 소통상 혼잡지역 파악, 공정과정 중 역류현상 점검 등에 가장 유용하게 사용할 수 있는 공정도는?

① Gantt Chart
② Flow Diagram
③ Man-Machine Chart
④ Operation Process Chart

해설 유통선도, 흐름도표(flow diagram)의 용도
① 시설재배치(운반거리의 단축)
② 기자재 소통상 혼잡지역 파악
③ 공정과정 중 역류현상 점검

64 산업안전보건법령상 근골격계 부담작업 유해요인조사에 관한 설명으로 옳지 않은 것은?

① 사업주는 유해요인조사에 근로자 대표 또는 해당 작업 근로자를 참여시켜야 한다.
② 사업주는 근로자가 근골격계 부담작업을 하는 경우 3년마다 유해요인조사를 하여야 한다.
③ 신규 입사자가 근골격계 부담작업에 배치되는 경우 즉시 유해요인조사를 실시해야 한다.
④ 신설되는 사업장의 경우 신설일로부터 1년 이내에 최초의 유해요인조사를 실시해야 한다.

해설 수시 유해요인조사의 사유 및 시기
신규 입사자가 부담작업에 처음 배치될 때에는 수시 유해요인조사의 사유에 해당되지 않는다.

65 표본의 크기가 충분히 크다면 모집단의 분포와 일치한다는 통계적 이론에 근거하여 인간 활동이나 기계의 가동상황 등을 무작위로 관측하여 측정하는 표준시간 측정방법은?

① Work-sampling 법
② Work Factor 법
③ PTS(Predetermined Time Standards) 법
④ MTM(Methods Time Measurement) 법

해설 워크샘플링(Work-sampling)
통계적 수법(확률의 법칙)을 이용하여 관측대상을 랜덤으로 선정한 시점에서 작업자나 기계의 가동상태를 스톱워치 없이 순간적으로 목시관측 하여 그 상황을 추정하는 방법이다.

66 문제분석 도구 중 빈도수가 큰 항목부터 차례대로 나열하는 방법으로 불량이나 사고의 원인이 되는 항목을 찾아내는 기법은?

① 간트 차트 ② 특성요인도
③ PERT 차트 ④ 파레토 차트

해설 파레토 분석(Pareto analysis)
문제가 되는 요인들을 규명하고 동일한 스케일을 사용하여 누적분포를 그리면서 오름차순으로 정리한다. 빈도수가 큰 항목부터 순서대로 항목들을 나열한 후에 항목별 점유비율과 누적비율을 구한다.

67 근골격계질환 예방·관리 교육에서 사업주가 모든 작업자 및 관리감독자를 대상으로 실시하는 기본교육 내용에 해당되지 않는 것은?

① 근골격계질환 발생 시 대처요령
② 근골격계 부담작업에서의 유해요인
③ 예방·관리 프로그램의 수립 및 운영 방법
④ 작업도구와 장비 등 작업시설의 올바른 사용 방법

해답 63. ② 64. ③ 65. ① 66. ④ 67. ③

(해설) 근골격계질환 예방·관리 작업자교육
① 근골격계 부담작업에서의 유해요인
② 작업도구와 장비 등 작업시설의 올바른 사용방법
③ 근골격계질환의 증상과 징후 식별방법 및 보고방법
④ 근골격계질환 발생 시 대처요령
⑤ 기타 근골격계질환 예방에 필요한 사항

68 근골격계질환의 발생원인을 개인적 특성요인과 작업 특성요인으로 구분할 때, 개인적 특성요인에 해당하는 것은?

① 반복적인 동작
② 무리한 힘의 사용
③ 작업방법 및 기술수준
④ 동력을 이용한 공구 사용 시 진동

(해설) 근골격계질환의 원인(작업특성 요인)
① 반복성
② 부자연스런 또는 취하기 어려운 자세
③ 과도한 힘
④ 접촉스트레스
⑤ 진동
⑥ 온도, 조명 등 기타 요인

69 근골격계질환의 예방원리에 관한 설명으로 옳은 것은?

① 예방보다는 신속한 사후조치가 더 효과적이다.
② 작업자의 신체적 특징 등을 고려하여 작업장을 설계한다.
③ 공학적 개선을 통해 해결하기 어려운 경우에는 그 공정을 중단해야 한다.
④ 사업장 근골격계 예방정책에 노사가 협의하면 작업자의 참여는 중요치 않다.

(해설) 근골격계질환 예방을 위한 관리방안
작업자의 신체적 특성을 고려한 인체공학 개념을 도입한 작업장을 설계하여야 한다.

70 작업관리에 관한 내용으로 옳지 않은 것은?

① 작업연구에는 시간연구, 동작연구, 방법연구가 있다.
② 방법연구는 테일러에 의해 시작, 길브레스에 의해 더욱 발전되었다.
③ 작업관리는 생산과정에서 인간이 관여하는 작업을 주 연구대상으로 한다.
④ 작업관리는 생산 활동의 여러 과정 중 작업 요소를 조사, 연구하여 합리적인 작업방법을 설정하는 것이다.

(해설) 작업관리
'방법연구'의 선구자는 길브레스로서 작업 중에 포함된 불필요한 동작을 제거하기 위하여 작업을 과학적으로 자세히 분석하여 필요한 동작만으로 구성된 효과적이고 합리적인 작업방법을 설계하는 기법이다.

71 입식 작업대에서 무거운 물건을 다루는 작업(중작업)을 할 때 다음 중 작업대의 높이로 가장 적절한 것은?

① 작업자의 팔꿈치 높이로 한다.
② 작업자의 팔꿈치 높이보다 10~20 cm 정도 높게 한다.
③ 작업자의 팔꿈치 높이보다 5~10 cm 정도 낮게 한다.
④ 작업자의 팔꿈치 높이보다 10~30 cm 정도 낮게 한다.

(해설) 입식 작업대의 높이
아래로 많은 힘을 필요로 하는 중작업(무거운 물건을 다루는 작업)은 팔꿈치 높이를 10~20 cm(30 cm) 정도 낮게 한다.

72 작업관리의 문제해결방법으로 전문가 집단의 의견과 판단을 추출하고 종합하여 집단적으로 판단하는 방법은?

① 브레인스토밍(Brainstorming)

해답 68. ③ 69. ② 70. ② 71. ④ 72. ④

② 마인드 맵핑(Mind mapping)

③ 마인드 멜딩(Mind melding)

④ 델파이 기법(Delphi Technique)

해설 델파이 기법(Delphi Technique)
쉽게 결정될 수 없는 정책이나 쟁점이 되는 사회문제에 대하여, 일련의 전문가집단의 의견과 판단을 추출하고 종합하여 집단적 합의를 도출해내는 방법이다.

73 Work Factor에서 고려하는 4가지 시간 변동 요인이 아닌 것은?

① 동작 타입 ② 신체 부위
③ 인위적 조절 ④ 중량이나 저항

해설 WF법의 시간 변동요인
① 사용하는 신체 부위
② 이동거리
③ 중량 또는 저항
④ 인위적 조절

74 영상표시 단말기(VDT) 취급근로자 작업관리 지침상 취급근로자의 작업자세로 적절하지 않은 것은?

① 손목은 일직선이 되도록 한다.

② 화면과의 거리는 최소 40 cm 이상이 확보되어야 한다.

③ 화면상의 시야범위는 수평선상에서 10~15° 위에 오도록 한다.

④ 윗팔(upper arm)은 자연스럽게 늘어뜨리고, 팔꿈치의 내각은 90° 이상이 되어야 한다.

해설 작업자의 시선 범위
① 화면상단과 눈높이가 일치해야 한다.
② 화면상의 시야범위는 수평선상에서 10~15° 밑에 오도록 한다.
③ 화면과의 거리는 최소 40 cm 이상이 확보되도록 한다.

75 각 한 명의 작업자가 배치되어 있는 3개의 라인으로 구성된 공정의 공정시간이 각각 3분, 5분, 4분일 때 공정효율은?

① 65% ② 70%
③ 75% ④ 80%

해설 균형효율(라인밸런싱 효율, 공정효율)

$$균형효율 = \frac{총작업시간}{총작업자수 \times 주기시간} \times 100$$
$$= \frac{12분}{3 \times 5분} \times 100$$
$$= 80\%$$

76 어느 회사가 외경법을 기준으로 10%의 여유율을 제공한다. 8시간 동안 한 작업자를 워크샘플링한 결과가 다음 표와 같다. 이 작업자의 수행도 평가 결과 110%였다. 청소 작업의 표준시간은 약 얼마인가?

요소 작업	관측횟수
적재	15
이동	15
청소	5
유휴	15
합계	50

① 7분 ② 58분
③ 74분 ④ 81분

해설 표준시간의 산정

① $평균시간 = \frac{총작업시간}{관측횟수} = 480 \times \frac{5}{50}$
$= 48분$

② $정미시간 = \frac{관측평균시간 \times 레이팅계수}{100}$
$= \frac{48 \times 110}{100} = 52.8분$

③ $표준시간 = 정미시간 \times (1 + 여유율)$
$= 52.8 \times (1 + 0.1)$
$= 58.08$

해답 73. ① 74. ③ 75. ④ 76. ②

77 NIOSH Lifting Equation의 변수와 결과에 대한 설명으로 옳지 않은 것은?

① 수평거리 요인이 변수로 작용한다.
② 권장무게한계(RWL)의 최대치는 23 kg이다.
③ LI(들기지수) 값이 1 이상이 나오면 안전하다.
④ 빈도 계수의 들기 빈도는 평균적으로 분당 들어 올리는 횟수(회/분)를 나타낸다.

해설 LI(Lifting Index, 들기지수)
LI가 1보다 크게 되는 것은 요통의 발생위험이 높은 것을 나타낸다. LI가 1 이하가 되도록 작업을 설계/재설계할 필요가 있다.

78 비효율적인 서블릭(Therblig)에 해당하는 것은?

① 계획(Pn) ② 조립(A)
③ 사용(U) ④ 쥐기(G)

해설 비효율적 서블릭
① 정신적 또는 반정신적인 부문
- 찾기(Sh)
- 고르기(St)
- 검사(I)
- 바로놓기(P)
- 계획(Pn)
② 정체적인 부문
- 휴식(R)
- 잡고 있기(H)
- 피할 수 있는 지연(AD)
- 불가피한 지연(UD)

79 작업방법 설계 시 고려해야 할 사항으로 옳지 않은 것은?

① 눈동자의 움직임을 최소화한다.
② 동작을 천천히 하여 최대 근력을 얻도록 한다.
③ 최대한 발휘할 수 있는 힘의 30% 이하로 유지한다.
④ 가능하다면 중력 방향으로 작업을 수행하도록 한다.

해설 지구력
최대근력으로 유지할 수 있는 것은 몇 초이며, 최대근력의 50% 힘으로는 약 1분간 유지할 수 있다. 최대근력의 15% 이하의 힘에서는 상당히 오래 유지할 수 있다.

80 근골격계 부담작업에 해당하지 않는 작업은?

① 하루에 10회 이상 25 kg 이상의 물체를 드는 작업
② 하루에 총 2시간 이상, 분당 2회 이상 4.5 kg 이상의 물체를 드는 작업
③ 하루에 2시간 이상 집중적으로 자료입력 등을 위해 키보드 또는 마우스를 조작하는 작업
④ 하루에 총 2시간 이상 목, 어깨, 팔꿈치, 손목 또는 손을 사용하여 같은 동작을 반복하는 작업

해설 근골격계 부담작업 제1호
하루에 4시간 이상 집중적으로 자료입력 등을 위해 키보드 또는 마우스를 조작하는 작업

해답 77. ③ 78. ① 79. ③ 80. ③

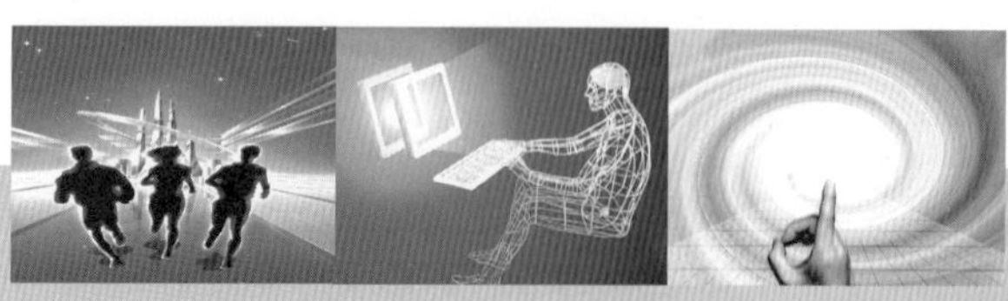

인간공학기사 필기시험 문제풀이 4회[193]

1 인간공학 개론

1 음량의 측정과 관련된 사항으로 적절하지 않은 것은?

① 물리적 소리강도는 지각되는 음의 강도와 비례한다.
② 소리의 세기에 대한 물리적 측정 단위는 데시벨(dB)이다.
③ 손(sone)과 폰(phon)은 지각된 음의 강약을 측정하는 단위이다.
④ 손(sone)의 값 1은 주파수가 1,000 Hz 이고, 강도가 40 dB인 지각되는 소리의 크기이다.

해설 음파의 진동수
물리적 음의 진동수는 인간이 감지하는 음의 높낮이와 관련되며, 물리적 소리강도의 증가는 지각되는 음의 강도증가와 동일하지 않다.

2 부품배치의 원칙이 아닌 것은?

① 중요성의 원칙
② 사용빈도의 원칙
③ 사용순서의 원칙
④ 크기별 배치의 원칙

해설 부품배치의 원칙
① 중요성의 원칙
② 사용빈도의 원칙
③ 기능별 배치의 원칙
④ 사용순서의 원칙

3 산업현장에서 필요한 인체치수와 같이 움직이는 자세에서 측정한 인체치수는?

① 기능적 인체치수
② 정적 인체치수
③ 구조적 인체치수
④ 고정 인체치수

해설 기능적 인체치수(동적측정)
일반적으로 상지나 하지의 운동, 체위의 움직임에 따른 상태에서 측정하는 것이며, 실제의 작업 혹은 실제조건에 밀접한 관계를 갖는 현실성 있는 인체 치수를 구하는 것이다.

4 청각적 표시장치에서 적용되는 지침으로 적절하지 않은 것은?

① 신호음은 배경소음과 다른 주파수를 사용한다.
② 신호음은 최소한 0.5~1초 동안 지속시킨다.
③ 300 m 이상 멀리 보내는 신호음은 1,000

해답 1. ① 2. ④ 3. ① 4. ④

Hz 이하의 주파수가 좋다.

④ 주변 소음은 주로 고주파이므로 은폐효과를 막기 위해 200 Hz 이하의 신호음을 사용하는 것이 좋다.

해설 신호의 검출
주변 소음은 주로 저주파이므로 은폐효과를 막기 위해 500~1,000 Hz의 신호를 사용하면 좋으며, 적어도 30 dB 이상 차이가 나야 한다.

5 인간과 기계의 역할분담에 있어 인간은 시스템 설치와 보수, 유지 및 감시 등의 역할만 담당하게 되는 시스템은?

① 수동시스템 ② 기계시스템
③ 자동시스템 ④ 반자동시스템

해설 자동시스템(automated system)
인간이 전혀 또는 거의 개입할 필요가 없으며, 감지, 의사결정, 행동기능의 모든 기능들을 수행할 수 있다.

6 연구조사에서 사용되는 기준척도의 요건에 대한 설명으로 옳은 것은?

① 타당성: 반복 실험 시 재현성이 있어야 한다.
② 민감도: 동일단위로 환산 가능한 척도여야 한다.
③ 신뢰성: 기준이 의도한 목적에 부합하여야 한다.
④ 무오염성: 기준 척도는 측정하고자 하는 변수 이외에 다른 변수의 영향을 받아서는 안된다.

해설 평가기준의 요건
① 실제적 요건(practical requirement): 객관적이고, 정량적이며, 강요적이 아니고, 수집이 쉬우며, 특수한 자료수집 기반이나 기기가 필요 없고, 돈이나 실험자의 수고가 적게 드는 것이어야 한다.
② 타당성(validity) 및 적절성(relevance): 어떤 변수가 실제로 의도하는 바를 어느 정도 평가하는지 결정하는 것이다.
③ 신뢰성(repeatability): 시간이나 대표적 표본의 선정에 관계없이, 변수측정의 일관성이나 안전성을 말한다.
④ 순수성 또는 무오염성(freedom from contamination): 측정하는 구조 외적인 변수의 영향을 받지 않는 것을 말한다.
⑤ 측정의 민감도(sensitivity of measurement): 실험변수 수준 변화에 따라 기준값의 차이가 존재하는 정도를 말하며, 피검자 사이에서 볼 수 있는 예상 차이점에 비례하는 단위로 측정해야 한다.

7 인간의 감각기관 중 작업자가 가장 많이 사용하는 감각은?

① 시각 ② 청각
③ 촉각 ④ 미각

해설 시각기능
인간의 감각 중 80%의 정보를 수집하는 기관이 시각이다. 눈을 통해 정보의 약 80%를 수집한다.

8 시각적 암호화(Coding) 설계 시 고려사항이 아닌 것은?

① 코딩 방법의 분산화
② 사용될 정보의 종류
③ 수행될 과제의 성격과 수행조건
④ 코딩의 중복 또는 결합에 대한 필요성

해설 시각적 암호화 설계 시 고려사항
① 이미 사용된 코딩의 종류
② 사용될 정보의 종류
③ 수행될 과제의 성격과 수행조건
④ 사용 가능한 코딩 단계나 범주의 수
⑤ 코딩의 중복 혹은 결합에 대한 필요성
⑥ 코딩 방법의 표준화

9 시식별에 영향을 주는 인자에 대한 설명으로 옳은 것은?

① 휘도의 척도로는 foot-candle과 lx가 흔히 쓰인다.
② 어떤 물체나 표면에 도달하는 광의 밀

해답 5. ③ 6. ④ 7. ① 8. ① 9. ③

도를 휘도라고 한다.

③ 과녁이나 관측자(또는 양자)가 움직일 경우에는 시력이 감소한다.

④ 일반적으로 조도가 큰 조건에서는 노출시간이 작을수록 식별력이 커진다.

(해설) 과녁의 이동
과녁이나 관측자(또는 양자)가 움직일 경우에는 시력이 감소한다. 이런 상황에서의 시식별 능력을 동적시력(dynamic visual acuity)이라 한다.

10 인체측정치의 응용원칙으로 적합한 것은?

① 침대의 길이는 5퍼센타일 치수를 적용한다.

② 비상버튼까지의 거리는 5퍼센타일 치수를 적용한다.

③ 의자의 좌판깊이는 95퍼센타일 치수를 적용한다.

④ 지하철의 손잡이 높이는 95퍼센타일 치수를 적용한다.

(해설) 최소집단값에 의한 설계
① 관련 인체측정 변수분포의 등과 같은 하위 백분위수를 기준으로 1%, 5%, 10%를 정한다.
② 선반의 높이, 조종장치까지의 거리 등을 정할 때 사용된다.
③ 예를 들어, 팔이 짧은 사람이 잡을 수 있다면, 이보다 긴 사람은 모두 잡을 수 있다.

11 인간공학의 목적에 관한 내용으로 틀린 것은?

① 사용편의성의 증대, 오류감소, 생산성 향상 등을 목적으로 둔다.

② 인간공학은 일과 활동을 수행하는 효능과 효율을 향상시키는 것이다.

③ 안전성 개선, 피로와 스트레스 감소, 사용자 수용성 향상, 작업 만족도 증대를 목적으로 한다.

④ Chapanis는 목적달성을 위해 구체적 응용에서 가장 중요한 목표는 몇 가지뿐이며, 그들의 상호연관성은 없다고 했다.

(해설) A. Chapanis 정의
인간공학은 기계와 조작 및 환경조건을 인간의 특성 및 능력과 한계에 잘 조화되도록 설계하는 수단을 연구하는 것으로 인간과 기계의 조화 있는 체계를 갖추기 위한 학문이다.

12 신호검출이론(SDT)에 관한 설명으로 틀린 것은? (단, β는 응답편견척도(response bias)이고, d는 감도척도(sensitivity)이다.)

① β값이 클수록 '보수적인 판단자'라고 한다.

② d값은 정규분포표를 이용하여 구할 수 있다.

③ 민감도는 신호와 잡음 평균 간의 거리로 표현한다.

④ 잡음이 많을수록, 신호가 약하거나 분명하지 않을수록 d값은 커진다.

(해설) 민감도(sensitivity)
① 민감도는 반응기준과는 독립적이며, 두 분포의 떨어진 정도(separation)를 말한다.
② 민감도는 d로 표현하며, 두 분포의 꼭짓점의 간격을 분포의 표준편차 단위로 나타낸다. 즉, 두 분포가 떨어져 있을수록 민감도는 커지며, 판정자는 신호와 잡음을 정확하게 판정하기가 쉽다.

13 제품의 행동유도성에 대한 설명으로 적절하지 않은 것은?

① 사용자의 행동에 단서를 제공한다.

② 행동에 제약을 주지 않는 설계를 해야 한다.

③ 제품에 물리적 또는 의미적 특성을 부여함으로써 달성이 가능하다.

④ 사용 설명서를 별도로 읽지 않아도 사용자가 무엇을 해야 할지 알게 설계해야 한다.

해답 10. ② 11. ④ 12. ④ 13. ②

해설 노먼의 설계원칙 중 행동유도성(affordance)
사물에 물리적, 의미적인 특성을 부여하여 사용자의 행동에 관한 단서를 제공하는 것으로 제품에 사용상 제약을 주어 사용방법을 유인하는 것도 바로 행동유도성에 관련되는 것이다.

14 시식별 요소에 대한 설명으로 옳지 않은 것은?

① 표면으로부터 반사되는 비율을 반사율이라 한다.

② 단위면적당 표면에서 반사되는 광량을 광도라 한다.

③ 광원으로부터 나오는 빛 에너지의 양을 휘도라 한다.

④ 어떤 물체나 표면에 도달하는 빛의 단위면적당 밀도를 조도라 한다.

해설 휘도(광도)
대부분의 표시장치에서 중요한 척도가 되는데, 단위면적당 표면에서 반사 또는 방출되는 광량을 말하며, 종종 휘도라고도 한다. 단위로는 L(Lambert)을 쓴다.

15 Fitts의 법칙과 관련이 없는 것은?

① 표적의 폭

② 표적의 개수

③ 이동소요 시간

④ 표적 중심선까지의 이동거리

해설 Fitts의 법칙
막대 꽂기 실험에서와 같이 A는 표적 중심선까지의 이동거리, W는 표적 폭이라 하고 난이도(Index of Difficulty ; ID)와 이동시간(Movement Time ; MT)을 밑의 식으로 정의한다.

$$ID(\text{bits}) = \log_2 \frac{2A}{W}$$

$$MT = a + b \cdot ID$$

16 배경 소음 하에서 신호의 발생 유무를 판정하는 경우 4가지 반응 결과에 대한 설명으로 틀린 것은?

① 허위경보(False Alarm): 신호가 없을 때 신호가 있다고 판단한다.

② 신호의 정확한 판정(Hit): 신호가 있을 때 신호가 있다고 판단한다.

③ 신호검출 실패(Miss): 정보의 부족으로 신호의 유무를 판단할 수 없다.

④ 잡음을 제대로 판정(Correct Rejection): 신호가 없을 때 신호가 없다고 판단한다.

해설 신호검출이론(SDT)
신호의 유무를 판정하는 과정에서 4가지의 반응대안이 있으며, 각각의 확률은 다음과 같이 표현한다.
① 신호의 정확한 판정(Hit): 신호가 나타났을 때 신호라고 판정, P(S/S)
② 허위경보(False Alarm): 잡음을 신호로 판정, P(S/N)
③ 신호검출 실패(Miss): 신호가 나타났는 데도 잡음으로 판정, P(N/S)
④ 잡음을 제대로 판정(Correct Noise): 잡음만 있을 때 잡음이라고 판정, P(N/N)

17 하나의 소리가 다른 소리의 청각감지를 방해하는 현상을 무엇이라 하는가?

① 기피(avoid) 효과

② 은폐(masking) 효과

③ 제거(exclusion) 효과

④ 차단(interception) 효과

해설 음의 은폐 효과(masking effect)
은폐(masking)란 음의 한 성분이 다른 성분의 청각감지를 방해하는 현상을 말한다.

18 회전운동을 하는 조종장치의 레버를 30° 움직였을 때 표시장치의 커서는 2 cm 이동하였다. 레버의 길이가 15 cm일 때 이 조종장치의 C/R비는 약 얼마인가?

① 2.62 ② 3.93

③ 5.24 ④ 8.33

해설 조종-반응비율

해답 14. ③ 15. ② 16. ③ 17. ② 18. ②

조종-표시장치 이동비율(Control-Display ratio)을 확장한 개념으로 조종장치의 움직이는 거리(회전수)와 체계반응이나 표시장치상의 이동요소의 움직이는 거리의 비이다.

$$C/R\text{비} = \frac{(a/360) \times 2\pi L}{\text{표시장치 이동거리}}$$

a: 조종장치가 움직인 각도

L: 반지름(지레의 길이)

$$C/R\text{비} = \frac{(30/360) \times 2 \times 3.14 \times 15}{2} = 3.93$$

19 기계화 시스템에 대한 설명으로 적절하지 않은 것은?

① 동력은 기계가 제공한다.
② 반자동화 시스템이라고도 부른다.
③ 인간은 조종장치를 통해 체계를 제어한다.
④ 무인공장이 기계화 시스템의 대표적 예이다.

해설 기계화 시스템(반자동화 시스템)
① 여러 종류의 동력 공작기계와 같이 고도로 통합된 부품들로 구성되어 있다.
② 일반적으로 이 시스템은 변화가 별로 없는 기능들을 수행하도록 설계되어 있다.
③ 동력은 전형적으로 기계가 제공하며, 운전자의 기능이란 조종장치를 사용하여 통제를 하는 것이다.

20 계기판에 등이 4개가 있고, 그중 하나에만 불이 켜지는 경우, 얻을 수 있는 정보량은 얼마인가?

① 2 bits ② 3 bits
③ 4 bits ④ 5 bits

해설 정보의 측정단위
일반적으로 실현 가능성이 같은 n개의 대안이 있을 때 총 정보량 H는 아래 공식으로부터 구한다.

$H = \log_2 n$, $n = 4$

$\therefore \log_2 4 = 2$

2 작업생리학

21 산업안전보건법령상 작업환경측정에 사용되는 단위로서 고열환경을 종합적으로 평가할 수 있는 지수는?

① 실효온도(ET)
② 열스트레스지수(ESI)
③ 습구흑구온도지수(WBGT)
④ 옥스퍼드지수(Oxford index)

해설 환경요소의 복합지수
① 습구흑구온도지수: 작업장 내의 열적환경을 평가하기 위한 지표 중의 하나로 고열작업장에 대한 허용기준으로 사용한다.
② 옥스퍼드지수: 건습지수로서 습구온도와 건구온도의 가중평균치로 나타낸다.
③ 실효온도: 온도, 습도 및 공기 유동이 인체에 미치는 열 효과를 하나의 수치로 통합한 경험적 감각지수이다.

22 신체동작 유형 중 관절의 각도가 감소하는 동작에 해당하는 것은?

① 굽힘(flexion)
② 내선(medial rotation)
③ 폄(extension)
④ 벌림(abduction)

해설 인체동작의 유형과 범위
① 굴곡(flexion): 팔꿈치로 팔굽혀펴기를 할 때처럼 관절에서의 각도가 감소하는 인체부분의 동작
② 신전(extension): 굴곡과 반대방향의 동작으로서 팔꿈치를 펼 때처럼 관절에서의 각도가 증가하는 동작
③ 외전(abduction): 팔을 옆으로 들 때처럼 인체 중심선에서 멀어지는 측면에서의 인체 부위의 동작
④ 내전(adduction): 팔을 수평으로 편 위치에서 수직위치로 내릴 때처럼 중심선을 향한 인체 부위의 동작

해답 19. ④ 20. ① 21. ③ 22. ①

⑤ 회전(rotation): 인체 부위 자체의 길이 방향 축 둘레에서 동작 인체의 중심선을 향하여 안쪽으로 회전하는 인체 부위의 동작을 내선(medial rotation)이라 하고 바깥쪽으로 회전하는 인체 부위의 동작을 외선(lateral rotation)이라 한다. 손과 전완의 회전의 경우에는 손바닥이 아래로 향하도록 하는 회전을 회내(pronation), 손바닥을 위로 향하도록 하는 회전을 회외(supination)라고 한다.
⑥ 선회(circumduction): 팔을 어깨에서 원형으로 돌리는 동작처럼 인체 부위의 원형 또는 원추형 동작

23 교대작업 근로자를 위한 교대제 지침으로 옳지 않은 것은?

① 4조 3교대보다 2조 2교대가 바람직하다.
② 잔업을 최소화한다.
③ 연속적인 야간교대작업은 줄인다.
④ 근무시간 종료 후 11시간 이상의 휴식시간을 둔다.

해설 교대작업자의 건강관리
① 2조 2교대보다 4조 3교대가 바람직하다.
② 긴 교대기간을 두고 잔업은 최소화한다.
③ 연속적인 야간근무를 최소화한다.
④ 적절한 휴식시간을 부여한다.

24 지면으로부터 가벼운 금속조각을 줍는 일에 대하여 취하는 다음의 자세 중 에너지소비량(kcal/min)이 가장 낮은 것은?

① 한 팔을 대퇴부에 지지하는 등 구부린 자세
② 두 팔의 지지가 없는 등 구부린 자세
③ 손을 지면에 지지하면서 무릎을 구부린 자세
④ 두 손을 지면에 지지하지 않고 무릎을 구부린 자세

해설 육체활동에 따른 에너지소비량

25 다음 중 객관적으로 육체적 활동을 측정할 수 있는 생리학적 측정방법으로 옳지 않은 것은?

① EMG ② 에너지대사량
③ RPE 척도 ④ 심박수

해설 생리학적 측정방법
① 근전도(EMG): 근육활동의 전위차를 기록한다.
② 심전도(ECG): 심장근육활동의 전위차를 기록한다.
③ 뇌전도(EEG): 신경활동의 전위차를 기록한다.
④ 안전도(EOG): 안구운동의 전위차를 기록한다.
⑤ 산소소비량
⑥ 에너지소비량(RMR)
⑦ 전기피부 반응(GSR)
⑧ 점멸융합주파수(플리커법)

26 산업안전보건법령상 영상표시 단말기(VDT) 취급 근로자의 건강장해를 예방하기 위한 방법으로 옳지 않은 것은?

① 작업물을 보기 쉽도록 주위 조명 수준을 1,000 lux 이상으로 높인다.
② 저휘도형 조명기구를 사용한다.
③ 빛이 작업화면에 도달하는 각도는 화면으로부터 45° 이내로 한다.
④ 화면상의 문자와 배경과의 휘도비를 낮춘다.

정답 23. ① 24. ③ 25. ③ 26. ①

해설 작업환경 관리
① VDT 작업의 사무환경의 추천 조도는 300~500 lux이다.
② 저휘도형 조명기구를 사용한다.
③ 빛이 작업화면에 도달하는 각도는 화면으로부터 45° 이내로 한다.
④ 화면상의 문자와 배경과의 휘도비를 최소화한다.

27 순환계의 기능 및 특성에 관한 설명으로 옳지 않은 것은?

① 심장으로부터 말초로 혈액을 운반하는 혈관을 정맥이라고 한다.
② 모세혈관은 소동맥과 소정맥을 연결하는 혈관이다.
③ 동맥은 혈액을 심장으로부터 직접 받아들이고 맥관계에서 가장 높은 압력을 유지한다.
④ 폐순환은 우심실, 폐동맥, 폐, 폐정맥, 좌심방 순의 경로로 혈액이 흐르는 것을 말한다.

해설 순환계의 구성
① 동맥: 심장에서 나와서 말초로 향하는 원심성 혈관
② 정맥: 말초에서 심장으로 되돌아가는 구심성 혈관
③ 모세혈관: 소동맥과 소정맥을 연결하는 매우 가늘고 얇은 혈관이며, 그물처럼 분포되어 있다.

28 다음 중 근육의 대사(metabolism)에 관한 설명으로 적절하지 않은 것은?

① 대사과정에 있어 산소의 공급이 충분하면 젖산이 축적된다.
② 산소를 이용하는 유기성과 산소를 이용하지 않는 무기성 대사로 나눌 수 있다.
③ 음식물을 섭취하여 기계적인 일과 열로 전환하는 화학적 과정이다.
④ 활동 수준이 평상시에 공급되는 산소 이상을 필요로 하는 경우, 순환계통은 이에 맞추어 호흡수와 맥박수를 증가시킨다.

해설 젖산의 축적
인체활동의 초기에서는 일단 근육 내의 당원을 사용하지만, 이후의 인체활동에서는 혈액으로부터 영양분과 산소를 공급받아야 한다. 이때 인체활동 수준이 너무 높아 근육에 공급되는 산소량이 부족한 경우에는 혈액 중에 젖산이 축적된다.

29 다음 중 모멘트(moment)에 관한 설명으로 옳지 않은 것은?

① 모멘트는 특정한 축에 관하여 회전을 일으키는 힘의 경향이다.
② 모멘트의 크기는 힘의 크기와 회전축으로부터 힘의 작용선까지의 거리에 의해 결정된다.
③ 모멘트의 단위는 N·m이다.
④ 힘의 방향과 관계없이 모멘트의 방향은 항상 일정하다.

해설 모멘트의 방향
① 한 점에서의 모멘트는 그 점과 힘이 놓인 면(plane)에 대해 수직으로 작용한다.
② 모멘트의 방향은 오른손의 법칙에 의하여 정해진다. 엄지손가락으로 힘을 가리키면 나머지 손가락은 모멘트의 방향을 가리키게 된다.
③ 모멘트벡터의 방향은 시계 방향이나 반시계 방향으로 표시된다.

30 다음 중 인간의 근육에 관한 설명으로 옳지 않은 것은?

① 근조직은 형태와 기능에 따라 골격근, 평활근, 심근으로 분류된다.
② 골격근의 수축은 운동신경의 지배를 받으며 수의적 조절에 따라 일어난다.
③ 평활근의 수축은 자율신경계, 호르몬, 화학신호의 지배를 받으며, 불수의적

해답 27. ① 28. ① 29. ④ 30. ④

조절에 따라 일어난다.

④ 적근은 체표면 가까이에 존재하며 주로 급속한 동작을 하기 때문에 쉽게 피로해진다.

해설 근섬유

FT섬유(백근)는 ST섬유(적근)보다 지름도 더 크며 고농축 미오신 ATP아제(myosin-ATPase)로 되어 있다. 이러한 차이 때문에 FT섬유(백근)가 더 높은 장력을 나타내지만, 피로도 빨리 오게 된다.

31 **다음 중 진동이 인체에 미치는 영향에 대한 설명으로 적절하지 않은 것은?**

① 진동은 시력, 추적 능력 등의 손상을 초래한다.

② 시간이 경과함에 따라 영구 청력손실을 가져온다.

③ 레이노증후군(Raynaud's phenomenon)은 진동으로 인한 말초혈관운동의 장해로 발생한다.

④ 정확한 근육조절을 요구하는 작업의 경우 그 효율이 저하된다.

해설 진동의 영향

① 심장: 혈관계에 대한 영향과 교감신경계의 영향으로 혈압상승, 심박수 증가, 발한 등의 증상을 보인다.

② 소화기계: 위장내압의 증가, 복압 상승, 내장하수 등의 증상을 보인다.

③ 기타: 내분비계 반응장애, 척수장애, 청각장애, 시각장애 등이 나타날 수 있다.

32 **작업장의 소음 노출정도를 측정한 결과가 다음과 같다면 이 작업장 근로자의 소음노출지수는 얼마인가?**

소음수준[dB(A)]	노출시간(h)	허용시간(h)
80	3	64
90	4	8
100	1	2

① 1.00　　② 1.05

③ 1.10　　④ 1.15

해설 소음노출지수

소음노출지수$(D)(\%)$

$$= \left(\frac{C_1}{T_1} + \frac{C_2}{T_2} + \cdots + \frac{C_n}{T_n}\right) \times 100$$

여기서, C_i: 특정 소음 내에 노출된 총 시간

T_i: 특정 소음 내에서의 허용노출기준

$$\therefore \frac{3}{64} + \frac{4}{8} + \frac{1}{2} = 1.05$$

33 **다음 인체해부학의 용어 중 몸을 전후로 나누는 가상의 면(plane)을 뜻하는 것은?**

① 정중면(medial plane)

② 시상면(sagittal plane)

③ 관상면(coronal plane)

④ 횡단면(transverse plane)

해설 인체의 면을 나타내는 용어

① 정중면: 인체를 좌우 대칭으로 나누는 면

② 시상면: 인체를 좌우로 양분하는 면

③ 관상면: 인체를 전후로 나누는 면

④ 횡단면: 인체를 상하로 나누는 면

34 **근수축 활동에 관한 설명으로 옳지 않은 것은?**

① 근수축은 액틴과 미오신 필라멘트의 미끄러짐 작용에 의해 이루어진다.

② 액틴과 미오신 필라멘트는 미끄러짐 작용을 통해 길이 자체가 짧아진다.

③ ATP의 분해 시 유리된 에너지가 근육에 이용된다.

④ 운동 시 부족했던 산소를 운동이 끝나고 휴식기간에 보충하는 것을 산소부채라 한다.

해설 근육수축의 원리

① 액틴과 미오신 필라멘트의 길이는 변하지 않는다.

해답 **31.** ② **32.** ② **33.** ③ **34.** ②

② 근섬유가 수축하면 I대와 H대가 짧아진다. 최대로 수축했을 때는 Z선이 A대에 맞닿고 I대는 사라진다.

35 일반적으로 눈을 감고 편안한 자세로 조용히 앉아 있는 사람에게 나타나며 안정파라고 불리는 뇌파 형태에 해당하는 것은?

① α파 ② β파

③ θ파 ④ δ파

해설 뇌파의 종류

① α파: 뇌는 안정상태이며, 가장 보통의 정신활동으로 인정되며, 휴식파라고도 부른다.

② β파: 뇌세포가 활발하게 활동하여 풍부한 정신기능을 발휘하며, 활동파라고도 부른다.

③ θ파: 의식이 멍청하고, 졸음이 심하여 에러를 일으키기 쉬우며, 방추파(수면상태)라고도 부른다.

④ δ파: 숙면상태이다.

36 작업자 A의 작업 중 평균 흡기량은 50 L/min, 배기량은 40 L/min이며 배기량 중 산소의 함량이 17%일 때 산소소비량은 얼마인가? (단, 공기 중 산소 함량은 21%이다.)

① 2.7 L/min ② 3.7 L/min

③ 4.7 L/min ④ 5.7 L/min

해설

산소소비량=(21%×분당흡기량)−(O_2%×분당배기량)

=(0.21×50)−(0.17×40)

=3.7 L/min

37 다음 중 작업부하 및 휴식시간 결정에 관한 설명으로 옳은 것은?

① 작업부하는 작업자 개인의 능력과 관계없이 산출된다.

② 정신적인 권태감은 주관적인 요소이므로 휴식시간 산정 시 고려할 필요가 없다.

③ 작업방법이나 설비를 재설계하는 공학적 대책으로 작업부하를 감소시킬 수 없다.

④ 장기적인 전신피로는 직무 만족감을 낮추고, 건강상의 위험을 증가시킬 수 있다.

해설 휴식시간의 산정 및 육체적 작업능력

정신적인 피로, 권태감 등을 피하기 위해서는 어떤 종류의 작업에도 어느 정도의 휴식시간이 필요하다. NIOSH에는 직무를 설계할 때 작업자의 육체적 작업능력의 33%보다 높은 조건에서 8시간 이상 계속 작업하지 않도록 권장한다.

38 다음의 산업안전보건법령상 "강렬한 소음작업" 정의에서 ( )에 적합한 수치는?

( ) 데시벨 이상의 소음이 1일 30분 이상 발생하는 작업

① 80 ② 90

③ 100 ④ 110

해설 강렬한 소음작업

① 90데시벨 이상의 소음이 1일 8시간 이상 발생하는 작업

② 95데시벨 이상의 소음이 1일 4시간 이상 발생하는 작업

③ 100데시벨 이상의 소음이 1일 2시간 이상 발생하는 작업

④ 105데시벨 이상의 소음이 1일 1시간 이상 발생하는 작업

⑤ 110데시벨 이상의 소음이 1일 30분 이상 발생하는 작업

⑥ 115데시벨 이상의 소음이 1일 15분 이상 발생하는 작업

39 조도(Illuminance)의 단위로 옳은 것은?

① m ② lumen

③ lux ④ candela

해설 조도(Illuminance)

어떤 물체나 표면에 도달하는 광의 밀도를 말한다. 척도로는 foot-candle과 lux가 흔히 쓰인다.

해답 35. ① 36. ② 37. ④ 38. ④ 39. ③

40 근육의 정적상태의 근력을 나타내는 용어는?

① 등속성 근력(isokinetic strength)
② 등장성 근력(isotonic strength)
③ 등관성 근력(isoinertial strength)
④ 등척성 근력(isometric strength)

해설 정적수축(static contraction)
물건을 들고 있을 때처럼 인체 부위를 움직이지 않으면서 고정된 물체에 힘을 가하는 상태로 이때의 근력을 등척성 근력(isometric strength) 이라고도 한다.

3 산업심리학 및 관련법규

41 산업안전보건법령상 유해요인조사 및 개선 등에 관한 내용으로 옳지 않은 것은?

① 법에 의한 임시건강진단 등에서 근골격계질환자가 발생한 경우에는 지체 없이 유해요인조사를 하여야 한다.
② 근골격계 부담작업에 근로자를 종사하도록 하는 신설 사업장의 경우에는 지체 없이 유해요인조사를 하여야 한다.
③ 근골격계 부담작업에 해당하는 새로운 작업, 설비를 도입한 경우에는 지체 없이 유해요인조사를 하여야 한다.
④ 근골격계 부담작업에 해당하는 업무의 양과 작업공정 등 작업환경을 변경한 경우에는 지체 없이 유해요인조사를 하여야 한다.

해설 유해요인조사 시기
신설되는 사업장의 경우에는 신설일부터 1년 이내에 최초의 유해요인조사를 실시하여야 한다.

42 조직차원에서의 스트레스 관리방안과 가장 거리가 먼 것은?

① 직무재설계
② 긴장완화훈련
③ 우호적인 직장 분위기 조성
④ 경력 계획과 개발 과정의 수립 및 상담 제공

해설 조직수준의 스트레스 관리방안
① 과업재설계
② 참여관리
③ 역할분석
④ 경력개발
⑤ 융통성 있는 작업계획
⑥ 목표설정
⑦ 팀 형성

43 개인의 성격을 건강과 관련하여 연구하는 성격 유형 중 아래와 같은 행동 양식을 가지는 유형으로 옳은 것은?

- 항상 분주하고, 시간에 강박관념을 가진다.
- 동시에 많은 일을 하려고 한다.
- 공격적이고 경쟁적이다.
- 양적인 면으로 성공을 측정한다.

① A형 행동양식 ② B형 행동양식
③ C형 행동양식 ④ D형 행동양식

해설 A형 성격소유자의 특성
A형 행동양식의 구성요소 중에 속도감, 조급함, 직장에의 열성 등은 사회적·조직적으로 유용한 측면이 있으나 지나친 적의나 공격성, 분노, 분노 표현의 억압, 신경질적 경향 등은 스트레스 관련 질환, 특히 관상동맥심질환 발병 위험요인으로 보고되고 있다.

44 산업안전보건법령상 산업재해조사에 관한 설명으로 옳은 것은?

① 재해 조사의 목적은 인적, 물적 피해 상황을 알아내고 사고의 책임자를 밝히는데 있다.
② 재해 발생 시, 가장 먼저 조치할 사항은 직접 원인, 간접 원인 등의 재해원인을

해답 40. ④ 41. ② 42. ② 43. ① 44. ③

조사하는 것이다.

③ 3개월 이상의 요양이 필요한 부상자가 동시에 2인 이상 발생했을 때 중대재해로 분류한다.

④ 사업주는 사망자가 발생했을 때에는 재해가 발생한 날로부터 10일 이내에 산업재해 조사표를 작성하여 관할 지방노동관서의장에게 제출해야 한다.

해설 중대재해

중대재해라 함은 산업재해 중 사망 등 재해의 정도가 심한 것으로서 고용노동부령이 정하는 다음과 같은 재해를 말한다.

① 사망자가 1인 이상 발생한 재해
② 3개월 이상 요양을 요하는 부상자가 동시에 2인 이상 발생한 재해
③ 부상자 또는 질병자가 동시에 10인 이상 발생한 재해

45 인적 요인 개선을 통한 휴먼에러 방지대책으로 적합한 것은?

① 작업자의 특성과 작업설비의 적합성 점검, 개선
② 인간공학적 설계 및 적합화
③ 모의훈련으로 시나리오에 따른 리허설
④ 안전 설계(Fail-safe design)

해설 인적 요인 개선을 통한 휴먼에러의 예방대책

① 작업에 대한 교육 및 훈련과 작업 전후 회의소집
② 작업의 모의훈련으로 시나리오에 의한 리허설(rehearsal)
③ 소집단 활동의 활성화로 작업방법 및 순서 안전 포인터 의식 위험예지활동 등을 지속적으로 수행
④ 숙달된 전문인력의 적재적소배치 등

46 작업자의 휴먼에러 발생확률은 매 시간마다 0.05로 일정하고 다른 작업과 독립적으로 실수를 한다고 가정할 때, 8시간 동안 에러의 발생 없이 작업을 수행할 신뢰도는 얼마인가?

① 0.60　　② 0.67
③ 0.86　　④ 0.95

해설 인간 신뢰도

$R(t_1, t_2) = e^{-\lambda(t_1 - t_2)}$

$R(t) = e^{-0.05 \times (8-0)} = 0.67$

47 반응시간(reaction time)에 관한 설명으로 옳은 것은?

① 자극이 요구하는 반응을 행하는 데 걸리는 시간을 의미한다.
② 반응해야 할 신호가 발생한 때부터 반응이 종료될 때까지의 시간을 의미한다.
③ 단순반응시간에 영향을 미치는 변수로는 자극 양식, 자극의 특성, 자극 위치, 연령 등이 있다.
④ 여러 개의 자극을 제시하고, 각각에 대한 서로 다른 반응을 한 과제를 준 후에 자극이 제시되어 반응할 때까지의 시간을 단순반응시간이라 한다.

해설 단순반응시간

단순반응시간에 영향을 미치는 변수에는 자극양식, 공간주파수, 신호의 대비 또는 예상, 연령, 자극위치, 개인차 등이 있다.

48 민주적 리더십에 관한 내용으로 옳은 것은?

① 리더에 의한 모든 정책의 결정
② 리더의 지원에 의한 집단 토론식 결정
③ 리더의 과업 및 과업 수행 구성원 지정
④ 리더의 최소 개입 또는 개인적인 결정의 완전한 자유

해설 민주적 리더십

참가적 리더십이라고도 하는데, 이는 조직의 방침, 활동 등을 될 수 있는 대로 조직구성원의 의사를 종합하여 결정하고, 그들의 자발적인 의욕과 참여에 의하여 조직목적을 달성하려는 것이 특징이다. 민주적 리더십에서는 각 구성원의 활동은 자신의 계획과 선

정답 45. ③ 46. ② 47. ③ 48. ②

택에 따라 이루어지지만, 그 지향점은 생산 향상에 있으며, 이를 위하여 리더를 중심으로 적극적인 참여와 협조를 아끼지 않는다.

49 어느 사업장의 도수율은 40이고, 강도율은 4이다. 이 사업장의 재해 1건당 근로손실일수는 얼마인가?

① 1 ② 10
③ 50 ④ 100

해설 평균강도율

$$평균강도율 = \frac{강도율}{도수율} \times 1,000$$
$$= \frac{4}{40} \times 1,000 = 100$$

50 교육 프로그램에 대한 평가 준거 중 교육 프로그램이 회사에 주는 경제적 가치와 가장 밀접한 관련이 있는 것은?

① 반응 준거 ② 학습 준거
③ 행동 준거 ④ 결과 준거

해설 교육 프로그램에 대한 평가 준거
결과 준거(results criteria)는 교육 프로그램이 회사에 가져다주는 경제적 가치와 관련이 있다. 그러나 교육의 전반적 목표 달성과 향상을 보여주는 것은 쉽지 않고 정확하지도 않다.

51 부주의에 의한 사고방지를 위한 정신적 측면의 대책으로 옳지 않은 것은?

① 작업 의욕의 고취
② 작업 환경의 개선
③ 안전 의식의 제고
④ 스트레스 해소 방안 마련

해설 정신적 측면에 대한 대책
① 주의력 집중훈련
② 스트레스 해소대책
③ 안전 의식의 제고
④ 작업 의욕의 고취

52 다음 중 산업재해방지를 위한 대책으로 적절하지 않은 것은?

① 산업재해 감소를 위하여 안전관리체계를 자율화하고 안전관리자의 직무권한을 최소화하여야 한다.
② 재해와 원인 사이에는 인과관계가 있으므로 재해의 원인분석을 통한 방지대책이 필요하다.
③ 재해방지를 위해서는 손실의 유무와 관계없는 아차사고(near accident)를 예방하는 것이 중요하다.
④ 불안전한 행동의 방지를 위해서는 심리적 대책과 공학적 대책이 동시에 필요하다.

해설 산업재해방지를 위한 대책
산업재해방지를 위하여 안전관리 체계를 강화하고 안전관리자의 직무권한을 확대한다.

53 호손(Hawthorne) 실험의 결과에 따라 작업자의 작업능률에 영향을 미치는 주요 요인은?

① 작업장의 온도
② 물리적 작업조건
③ 작업장의 습도
④ 작업자의 인간관계

해설 호손(Hawthorne) 연구
작업능률을 좌우하는 것은 단지 임금, 노동시간 등의 노동조건과 조명, 환기, 기타 작업환경으로서의 물적 조건만이 아니라 종업원의 태도, 즉 심리적, 내적 양심과 감정이 더 중요하다.

54 스웨인(Swain)의 휴먼에러 분류 중 다음 사례에서 재해의 원인이 된 동료작업자 B의 휴먼에러로 적합한 것은?

해답 49. ④ 50. ④ 51. ② 52. ① 53. ④ 54. ④

다음

컨베이어 벨트 위에 앉아 있는 작업자 A가 동료작업자 B에게 작동 버튼을 살짝 눌러서 벨트가 조금만 움직이다가 멈추게 하라고 요청했다. 동료작업자 B는 버튼을 누르던 중 균형을 잃고 버튼을 과도하게 눌러서 벨트가 전속력으로 움직여 작업자 A가 전도되는 재해가 발생하였다.

① time error
② sequential error
③ omission error
④ commission error

해설 휴먼에러의 분류(심리적 분류)
① 부작위 에러(omission error): 필요한 작업 또는 절차를 수행하지 않는 데 기인한 에러이다.
② 시간 에러(time error): 필요한 작업 또는 절차의 수행 지연으로 인한 에러이다.
③ 작위 에러(commission error): 필요한 작업 또는 절차의 불확실한 수행으로 인한 에러이다.
④ 순서 에러(sequential error): 필요한 작업 또는 절차의 순서착오로 인한 에러이다.
⑤ 불필요한 행동 에러(extraneous error): 불필요한 작업 또는 절차를 수행함으로써 기인한 에러이다.

55 뇌파의 유형에 따라 인간의 의식수준을 단계별로 분류할 때, 의식이 명료하며 가장 적극적인 활동이 이루어지고 실수의 확률이 가장 낮은 단계는?

① I 단계 ② II 단계
③ III 단계 ④ IV 단계

해설 뇌파의 의식단계
① 0단계: 의식을 잃은 상태이므로 작업수행과는 관계가 없다.
② I단계: 과로했을 때나 야간작업을 했을 때 볼 수 있는 의식수준으로, 부주의 상태가 강해서 인간의 에러가 빈발하며, 운전 작업에서는 전방주시 부주의나 졸음운전 등이 일어나기 쉽다.
③ II단계: 휴식 시에 볼 수 있는데, 주의력이 전향적으로 기능하지 못하기 때문에 무심코 에러를 저지르기 쉬우며, 단순반복작업을 장시간 지속할 경우도 여기에 해당한다.
④ III단계: 적극적인 활동 시의 명쾌한 의식으로, 대뇌가 활발히 움직이므로 주의의 범위도 넓고, 에러를 일으키는 일은 거의 없다.
⑤ IV단계: 과도한 긴장 시나 감정흥분 시의 의식수준으로, 대뇌의 활동력은 높지만 주의가 눈앞의 한 곳에만 집중되고 냉정함이 결여되어 판단은 둔화된다.

56 FTA(Fault Tree Analysis)에 관한 설명으로 옳은 것은?

① 연역적이며 톱다운(top-down) 접근방식이다.
② 귀납적이고, 위험 그 자체와 영향을 강조하고 있다.
③ 시스템 구상에 있어 가장 먼저 하는 분석으로 위험요소가 어떤 상태에 있는지를 정성적으로 평가하는 데 적합하다.
④ 한 사건에 대하여 실패와 성공으로 분개하고, 동일한 방법으로 분개된 각각의 가지에 대하여 실패 또는 성공의 확률을 구하는 것이다.

해설 FTA의 특징
정상사상인 재해현상으로부터 기본사상인 재해원인을 향해 연역적인 분석을 행하므로 재해현상과 재해원인의 상호관련을 해석하여 안전대책을 검토할 수 있다. 정량적 해석이 가능하므로 정량적 예측을 행할 수 있다.

57 직무스트레스 요인 중 역할 관련 스트레스 요인의 설명으로 옳지 않은 것은?

① 역할 모호성이 클수록 스트레스가 크다.
② 역할 부하가 적을수록 스트레스가 적다.
③ 조직의 중간에 위치하는 중간관리자 등은 역할갈등에 노출되기 쉽다.

해답 55. ③ 56. ① 57. ②

④ 역할 과부하는 직무요구가 능력을 초과하는 경우의 스트레스 요인이다.

해설 역할분석(role analysis)
역할분석은 개인의 역할을 명확히 정의하여 줌으로써 스트레스를 발생시키는 요인을 제거하여 주는 데 목적이 있다.

58 안전대책의 중심적인 내용이라 할 수 있는 3E에 포함되지 않는 것은?

① Education
② Engineering
③ Environment
④ Enforcement

해설 3E의 종류
① Engineering(기술)
② Education(교육)
③ Enforcement(강제)

59 매슬로우(Maslow)의 욕구위계설에서 제시한 인간 욕구들을 낮은 단계부터 높은 단계의 순서로 바르게 나열한 것은?

① 생리적 욕구 → 안전 욕구 → 사회적 욕구 → 존경 욕구 → 자아실현의 욕구
② 안전 욕구 → 생리적 욕구 → 사회적 욕구 → 존경 욕구 → 자아실현의 욕구
③ 생리적 욕구 → 사회적 욕구 → 존경 욕구 → 자아실현의 욕구 → 안전 욕구
④ 생리적 욕구 → 사회적 욕구 → 안전 욕구 → 존경 욕구 → 자아실현의 욕구

해설 매슬로우(Maslow)의 욕구단계이론
1단계: 생리적 욕구
2단계: 안전과 안정 욕구
3단계: 사회적 욕구
4단계: 존경의 욕구
5단계: 자아실현의 욕구

60 리더십의 이론 중, 경로-목표이론(path-goal theory)에서 리더 행동에 따른 4가지 범주의 설명으로 옳은 것은?

① 후원적 리더는 부하들의 욕구, 복지문제 및 안정, 온정에 관심을 기울이고 친밀한 집단 분위기를 조성한다.
② 성취지향적 리더는 부하들과 정보자료를 많이 활용하여 부하들의 의견을 존중하여 의사결정에 반영한다.
③ 주도적 리더는 도전적 목표를 설정하고, 높은 수준의 수행을 강조하여 부하들이 그러한 목표를 달성할 수 있다는 자신감을 갖게 한다.
④ 참여적 리더는 부하들의 작업을 계획하고 조정하며 그들에게 기대하는 바가 무엇인지 알려주고 구체적인 작업지시를 하며 규칙과 절차를 따르도록 요구한다.

해설 경로-목표이론(path-goal theory)
① 성취적 리더: 높은 목표를 설정하고 의욕적 성취동기 행동을 유도하는 리더이다.
② 배려적(후원적) 리더: 관계지향적이며, 부하의 요구와 친한 분위기를 중시하는 리더이다.
③ 주도적 리더: 구조주도적(initiating structure) 측면을 강조하며, 부하의 과업계획을 구체화하는 리더이다.
④ 참여적 리더: 부하의 정보자료를 활용하고 의사결정에 부하의 의견을 반영하며, 집단 중심 관리를 중시하는 리더이다.

4 근골격계질환 예방을 위한 작업관리

61 위험작업의 관리적 개선에 속하지 않는 것은?

① 위험표지 부착

정답 58. ③ 59. ① 60. ① 61. ④

② 작업자의 교육 및 훈련

③ 작업자의 작업속도 조절

④ 작업자의 신체에 맞는 작업장 개선

(해설) 위험작업의 관리적 개선
① 위험표지 부착
② 작업자의 교육 및 훈련
③ 작업자의 작업속도 조절
④는 공학적 개선에 대한 설명이다.

62 작업관리에서 결과에 대한 원인을 파악할 목적의 문제분석 도구는?

① 브레인스토밍

② 공정도(process chart)

③ 마인드 맵핑(Mind mapping)

④ 특성요인도

(해설) 특성요인도
원인결과도라고도 불리며, 결과를 일으킨 원인을 5~6개의 주요원인에서 시작하여 세부원인으로 점진적으로 찾아가는 기법이다.

63 NIOSH의 들기작업지침에 따른 중량물 취급작업에서 권장무게한계를 산정하는 데 고려해야 할 변수로 옳지 않은 것은?

① 상체의 비틀림 각도

② 작업자의 평균보폭거리

③ 물체를 이동시킨 수직이동거리

④ 작업자의 손과 물체 사이의 수직거리

(해설) 권장무게한계(Recommended Weight Limit ; RWL)

RWL
$= LC \times HM \times VM \times DM \times AM \times FM \times CM$

① LC(부하상수): RWL을 계산하는 데 있어서의 상수로 23 kg이다.
② HM(수평계수): 발의 위치에서 중량물을 들고 있는 손의 위치까지의 수평거리
③ VM(수직계수): 바닥에서 손까지의 거리
④ DM(거리계수): 중량물을 들고 내리는 수직방향의 이동거리의 절대값
⑤ AM(비대칭계수): 중량물이 몸의 정면에서 몇 도 어긋난 위치에 있는지 나타내는 각도
⑥ FM(빈도계수): 분당 드는 횟수
⑦ CM(결합계수): 작업물 손잡이 상태

64 근골격계질환 발생단계 가운데 2단계에 해당하는 것은?

① 작업 수행이 불가능함

② 휴식시간에도 통증을 호소함

③ 통증이 하룻밤 지나면 없어짐

④ 작업을 수행하는 능력이 저하됨

(해설) 근골격계질환의 발병단계
① 1단계
- 작업 중 통증을 호소, 피로감
- 하룻밤 지나면 증상 없음
- 작업능력 감소 없음

② 2단계
- 하룻밤이 지나도 통증 지속
- 화끈거려 잠을 설침
- 작업능력 감소

③ 3단계
- 휴식시간에도 통증
- 하루 종일 통증
- 통증으로 불면
- 작업수행 불가능

65 손가락을 구부릴 때 힘줄의 굴곡운동에 장애를 주는 근골격계질환의 명칭으로 옳은 것은?

① 회전근개 건염 ② 외상과염

③ 방아쇠 수지 ④ 내상과염

(해설) 방아쇠 수지(Trigger finger)
방아쇠 수지는 손가락 힘줄에 생긴 종창으로 인해 손가락을 움직일 때 힘줄이 마찰을 받아 딱 소리가 나면서 통증을 느끼는 질환이다.

66 워크샘플링에 대한 장단점으로 적합하지 않은 것은?

① 시간연구법보다 더 자세하다.

해답 62. ④ 63. ② 64. ④ 65. ③ 66. ①

② 특별한 측정 장치가 필요 없다.
③ 관측이 순간적으로 이루어져 작업에 방해가 적다.
④ 자료수집이나 분석에 필요한 순수시간이 다른 시간연구방법에 비하여 짧다.

해설 워크샘플링의 단점
① 한 명의 작업자나 한 대의 기계만을 대상으로 연구하는 경우 비용이 커진다.
② time study보다 덜 자세하다.
③ 짧은 주기나 반복작업인 경우 적당치 않다.
④ 작업방법 변화 시 전체적인 연구를 새로 해야 한다.

67 3시간 동안 작업 수행과정을 촬영하여 워크샘플링 방법으로 200회를 샘플링한 결과 30번의 손목꺾임이 확인되었다. 이 작업의 시간당 손목꺾임 시간은?

① 6분 ② 9분
③ 18분 ④ 30분

해설

손목꺾임 발생확률$=\dfrac{\text{관측된 횟수}}{\text{총 관측 횟수}}=\dfrac{30}{200}=0.15$

작업시간당 손목꺾임 시간$=$발생확률$\times 60$분
$=0.15\times 60$분$=9$분

68 동작경제의 원칙에 해당되지 않는 것은?

① 신체 사용에 관한 원칙
② 작업장의 배치에 관한 원칙
③ 제품과 공정별 배치에 관한 원칙
④ 공구 및 설비 디자인에 관한 원칙

해설 동작경제의 원칙
① 신체의 사용에 관한 원칙
② 작업역의 배치에 관한 원칙
③ 공구 및 설비의 설계에 관한 원칙

69 근골격계질환을 예방하기 위한 대책으로 적절하지 않은 것은?

① 작업방법과 작업공간을 재설계한다.
② 작업 순환(Job Rotation)을 실시한다.
③ 단순 반복적인 작업은 기계를 사용한다.
④ 작업속도와 작업강도를 점진적으로 강화한다.

해설 근골격계질환 예방을 위한 대책
작업속도와 작업강도를 점진적으로 강화하면 근골격계질환이 더욱 악화된다.

70 다음의 동작 중 주머니로 운반, 다시잡기, 볼펜회전은 동시에 수행되는 결합동작이다. 주머니로 운반의 시간은 15.2 TMU, 다시잡기는 5.6 TMU, 볼펜회전은 4.1 TMU일 때 다음의 왼손작업 정미시간(Normal Time)은 얼마인가?

왼손작업	동작	TMU	동작	오른손 작업
볼펜잡기 주머니로 운반 다시잡기 볼펜회전 주머니에 넣기	G3 M12C G2 T60S P1SE	5.6 15.2 5.6 4.1 5.6	RL1	볼펜놓기

① 11.2 TMU ② 26.4 TMU
③ 32.0 TMU ④ 36.1 TMU

해설 MTM-결합동작
왼손작업 정미시간
$=$볼펜잡기(5.6 TMU)$+$결합동작(15.2 TMU)
$+$주머니에 넣기(5.6 TMU)$=26.4$ TMU
결합동작에서의 소요시간은 작업자가 2개 이상의 기본 동작을 행할 때 가장 시간이 많이 소요되는 기본 동작의 시간치로서 모든 동작의 소요시간을 대표하도록 한다.

71 어느 작업시간의 관측평균시간이 1.2분, 레이팅계수가 110%, 여유율이 25%일 때 외경법에 의한 개당 표준시간은 얼마인가?

① 1.32분 ② 1.50분
③ 1.53분 ④ 1.65분

해설 표준시간(ST)

해답 67. ② 68. ③ 69. ④ 70. ② 71. ④

정미시간(NT)
$= 관측시간의\ 대푯값(T_0) \times \left(\frac{레이팅계수(R)}{100}\right)$
표준시간(ST) = 정미시간 × (1 + 여유율)
여유율$(A) = 25\% = \frac{25}{100} = 0.25$
정미시간$(NT) = 1.2 \times \frac{110}{100} = 1.32$분
표준시간$(ST) = 1.32 \times (1 + 0.25) = 1.65$분

72 설비의 배치 방법 중 공정별 배치의 특성에 대한 설명으로 틀린 것은?

① 작업 할당에 융통성이 있다.
② 운반거리가 직선적이며 짧아진다.
③ 작업자가 다루는 품목의 종류가 다양하다.
④ 설비의 보전이 용이하고 가동률이 높기 때문에 자본투자가 적다.

해설 공정별 배치의 장단점
① 장점
- 한 기계의 고장으로 인한 전체작업의 중단이 적고, 쉽게 극복할 수 있음
- 작업자의 자긍심 높음, 직무만족이 높음
- 제품설계, 작업순서 변경에 유연성 큼
- 전문화된 감독과 통제
② 단점
- 자재취급비용, 재고비용 등의 증가로 인한 단위당 생산원가가 높음
- 총 생산시간의 증가
- 숙련된 노동력 필요
- 생산일정계획 및 통제의 어려움

73 작업구분을 큰 것에서부터 작은 것 순으로 나열한 것은?

① 공정 → 단위작업 → 요소작업 → 동작요소 → 서블릭
② 공정 → 요소작업 → 단위작업 → 서블릭 → 동작요소
③ 공정 → 단위작업 → 동작요소 → 요소작업 → 서블릭
④ 공정 → 단위작업 → 요소작업 → 서블릭 → 동작요소

해설 작업 시스템의 분석
공정→단위작업→요소작업→동작요소

74 시계 조립과 같이 정밀한 작업을 위한 작업대의 높이로 가장 적절한 것은?

① 팔꿈치 높이로 한다.
② 팔꿈치 높이보다 5~15 cm 낮게 한다.
③ 팔꿈치 높이보다 5~15 cm 높게 한다.
④ 작업면과 눈의 거리가 30 cm 정도 되도록 한다.

해설 정밀작업(높은 정밀도 요구작업)
미세함을 필요로 하는 정밀한 조립작업인 경우 최적의 시야범위인 15°를 더 가깝게 하기 위하여 작업면을 팔꿈치높이보다 5~15 cm 정도 높게 하는 것이 유리하다.

75 유해요인조사 방법 중 OWAS(Ovako Working-Posture Analysing System)에 관한 설명으로 옳지 않은 것은?

① OWAS의 작업자세 수준은 4단계로 분류된다.
② OWAS는 작업자세로 인한 부하를 평가하는 데 초점이 맞추어져 있다.
③ OWAS는 신체 부위의 자세뿐만 아니라 중량물의 사용도 고려하여 평가한다.
④ OWAS는 작업자세를 허리, 팔, 손목으로 구분하여 각 부위의 자세를 코드로 표현한다.

해설 OWAS에 의한 작업자세의 기록법
작업시작점의 작업자세를 허리, 상지, 하지, 작업물의 4개 항목으로 나누어 근골격계에 미치는 영향에 따라 크게 4개 수준으로 분류하여 기록한다.

해답 72. ② 73. ① 74. ③ 75. ④

76 산업안전보건법령상 근로자가 근골격계 부담 작업을 하는 경우 유해요인조사의 실시주기는? (단, 신설되는 사업장은 제외한다.)

① 6개월　　② 1년
③ 2년　　④ 3년

(해설) 제 657조(유해요인조사)
사업주는 근로자가 근골격계 부담작업을 하는 경우에 3년마다 유해요인조사를 하여야 한다. 다만, 신설되는 사업장의 경우에는 신설일부터 1년 이내에 최초의 유해요인조사를 하여야 한다.

77 다음의 설명에 적합한 서블릭 용어는?

다음에 진행할 동작을 위하여 대상물을 정해진 장소에 놓는 동작

① 바로 놓기　　② 놓기
③ 미리 놓기　　④ 운반

(해설) 미리 놓기
다음에 사용하기 위하여 정해진 위치에 놓는 것과 같이 정해진 장소에 놓는 동작을 말하며 가능하면 없애는 것이 좋다.

78 표준시간의 산정 방법과 구체적인 측정기법의 연결이 옳지 않은 것은?

① 시간연구법 – 스톱워치법
② PTS법 – MTM법, Work factor 법
③ 워크샘플링법 – 직접 관찰법
④ 실적자료법 – 전자식 자료 집적기

(해설) 작업측정
① 시간연구법: 스톱워치법, 촬영법, VTR분석법, 컴퓨터 분석법
② PTS법: Work Factor, MTM, MODAPTS, BMT, DMT

79 상세한 작업 분석의 도구로 적합하지 않은 것은?

① 서블릭(Therblig)
② 파레토 차트
③ 다중활동분석표
④ 작업자 공정도

(해설) 파레토 차트
빈도수가 큰 항목부터 순서대로 항목들을 나열한 후에 항목별 점유비율과 누적비율을 구한다. 다음으로 이들 자료를 이용하여 x축에 항목과 y축에 점유비율 및 누적비율로 막대-꺾은선 혼합그래프를 그린다.

80 공정도에 관한 설명으로 옳지 않은 것은?

① 작업을 기본적인 동작요소로 나눈다.
② 부품의 이동을 확인할 수 있다.
③ 역류 현상을 점검할 수 있다.
④ 작업과 검사 과정을 표시할 수 있다.

(해설) 공정도에 관한 설명
① 부품의 이동을 확인할 수 있다.
② 역류 현상을 점검할 수 있다.
③ 작업과 검사 과정을 표시할 수 있다.

해답 76. ④ 77. ③ 78. ④ 79. ② 80. ①

인간공학기사 필기시험 문제풀이 5회[191]

1 인간공학 개론

1 인간의 피부가 느끼는 3종류의 감각에 속하지 않는 것은?

① 압각 ② 통각
③ 온각 ④ 미각

해설 피부의 3가지 감각 계통
① 압력수용
② 고통
③ 온도변화

2 각각의 변수가 다음과 같을 때, 정보량을 구하는 식으로 틀린 것은?

다음
n: 대안의 수
p: 대안의 실현확률
p_k: 각 대안의 실패확률
p_i: 각 대안의 실현확률

① $H = \log_2 n$

② $H = \log_2 \left(\frac{1}{p}\right)$

③ $H = \sum_{i=1}^{n} p_i \log_2 \left(\frac{1}{p_i}\right)$

④ $H = \sum_{k=0}^{n} p_k + \log_2 \left(\frac{1}{p_k}\right)$

해설 정보량을 구하는 식
① $H = \log_2 n$
② $H = \log_2 \frac{1}{p}$ (p: 각 대안의 실현확률)
③ $H = \sum_{i=1}^{n} p_i \log_2 \left(\frac{1}{p_i}\right)$ (p_i: 각 대안의 실현확률)

3 물리적 공간의 구성 요소를 배열하는 데 적용될 수 있는 원리에 대한 설명으로 틀린 것은?

① 사용빈도 원리 - 자주 사용되는 구성 요소를 편리한 위치에 두어야 한다.
② 기능성 원리 - 대표 기능을 수행하는 구성 요소를 편리한 위치에 배치해야 한다.
③ 중요도 원리 - 시스템 목표 달성에 중요한 구성 요소를 편리한 위치에 두어야 한다.
④ 사용순서 원리 - 구성 요소들 간의 사용순서나 사용 패턴에 따라 배치해야 한다.

해설 물리적 공간에서 부품배치의 원칙
① 중요성의 원칙: 부품을 작동하는 성능이 체계의

해답 1. ④ 2. ④ 3. ②

목표달성에 긴요한 정도에 따라 우선순위를 설정한다.

② 사용빈도의 원칙: 부품을 사용하는 빈도에 따라 우선순위를 설정한다.

③ 기능별 배치의 원칙: 기능적으로 관련된 부품들(표시장치, 조종장치) 등을 모아서 배치한다.

④ 사용순서의 원칙: 사용순서에 따라 장치들을 가까이에 배치한다.

4 어떤 시스템의 사용성을 평가하기 위해 사용하는 기준으로 적절하지 않은 것은?

① 효율성　② 학습용이성
③ 가격 대비 성능　④ 기억용이성

해설 닐슨(Nielsen)의 사용성 정의
사용성을 학습용이성, 효율성, 기억용이성, 에러 빈도 및 정도, 그리고 주관적 만족도로 정의하였다.

5 Fitts의 법칙에 관한 설명으로 맞는 것은?

① 표적이 작을수록, 이동거리가 짧을수록 작업의 난이도와 소요 이동시간이 증가한다.

② 표적이 작을수록, 이동거리가 길수록 작업의 난이도와 소요 이동시간이 증가한다.

③ 표적이 클수록, 이동거리가 길수록 작업의 난이도와 소요 이동시간이 증가한다.

④ 표적이 클수록, 이동거리가 짧을수록 작업의 난이도와 소요 이동시간이 증가한다.

해설 Fitts의 법칙
표적이 작을수록 또 이동거리가 길수록 작업의 난이도와 소요 이동시간이 증가한다.

6 귀의 청각 과정이 순서대로 올바르게 나열된 것은?

① 신경전도 → 액체전도 → 공기전도
② 공기전도 → 액체전도 → 신경전도
③ 액체전도 → 공기전도 → 신경전도
④ 신경전도 → 공기전도 → 액체전도

해설 귀의 청각 과정
귀의 청각 과정은 공기가 고막에서 진동하여 중이소골에서 고막의 진동을 내이의 난원창으로 전달한 후 음압의 변화에 반응하여 달팽이관의 림프액이 진동한다. 이 진동을 유모세포와 말초신경이 코르티기관에 전달하고 말초신경에서 포착된 신경충동은 청신경을 통해서 뇌에 전달된다.

7 신호검출이론을 적용하기에 가장 적합하지 않은 것은?

① 의료진단　② 정보량 측정
③ 음파탐지　④ 품질 검사과업

해설 신호검출이론의 응용
SDT는 음파탐지, 품질검사 임무, 의료진단, 증인증언, 항공기관제 등 광범위한 실제 상황에 적용된다.

8 회전운동을 하는 조종장치의 레버를 30° 움직였을 때 표시장치의 커서는 4 cm 이동하였다. 레버의 길이가 20 cm일 때, 이 조종장치의 C/R 비는 약 얼마인가?

① 2.62　② 5.24
③ 8.33　④ 10.48

해설 조종-반응비율

$$\text{C/R비} = \frac{(a/360) \times 2\pi L}{\text{표시장치이동거리}}$$

a: 조종장치가 움직인 각도
L: 반지름(레버의 길이)

$$\frac{(30/360) \times 2 \times 3.14 \times 20}{4} = 2.62$$

9 밀러(Miller)의 신비의 수(Magic Number) 7±2와 관련이 있는 인간의 정보처리 계통은?

① 장기기억　② 단기기억

해답 4. ③ 5. ② 6. ② 7. ② 8. ① 9. ②

③ 감각기관 ④ 제어기관

(해설) 단기기억의 용량은 7±2청크(chunk)이다.

10 인간공학 연구에 사용되는 기준(criterion, 종속변수) 중 인적 기준(human criterion)에 해당하지 않은 것은?

① 보전도 ② 사고빈도
③ 주관적 반응 ④ 인간 성능

(해설) 인적 기준: 인간성능 척도, 생리학적 지표, 주관적 반응, 사고빈도

11 시력에 관한 설명으로 틀린 것은?

① 근시는 수정체가 두꺼워져 먼 물체를 볼 수 없다.
② 시력은 시각(visual angle)의 역수로 측정한다.
③ 시각(visual angle)은 표적까지의 거리를 표적두께로 나누어 계산한다.
④ 눈이 파악할 수 있는 표적 사이의 최소 공간을 최소분간시력(minimum separable acuity)이라고 한다.

(해설) 시각(′)

$$시각(') = \frac{(57.3)(60)H}{D}$$

여기서, H: 시각자극(물체)의 크기(높이)
D: 눈과 물체 사이의 거리
(57.3)(60): 시각이 600′ 이하일 때 라디안(radian) 단위를 분으로 환산하기 위한 상수

시각(visual angle)은 시각자극(물체)의 크기(높이)를 눈과 물체 사이의 거리로 나누어 계산한다.

12 인간의 나이가 많아짐에 따라 시각 능력이 쇠퇴하여 근시력이 나빠지는 이유로 가장 적절한 것은?

① 시신경의 둔화로 동공의 반응이 느려지기 때문
② 세포의 팽창으로 망막에 이상이 발생하기 때문
③ 수정체의 투명도가 떨어지고 유연성이 감소하기 때문
④ 안구 내의 공막이 얇아져 영양 공급이 잘되지 않기 때문

(해설) 원시
나이가 들면서 수정체가 얇은 상태로 남아 있어서 근점이 너무 멀기 때문에 가까운 물체를 보기가 힘들다.

13 음 세기(sound intensity)에 관한 설명으로 맞는 것은?

① 음 세기의 단위는 Hz이다.
② 음 세기는 소리의 고저와 관련이 있다.
③ 음 세기는 단위시간에 단위 면적을 통과하는 음의 에너지이다.
④ 음압수준 측정 시에는 2,000 Hz의 순음을 기준음압으로 사용한다.

(해설) 음의 세기는 단위면적당의 에너지(Watt/㎡)로 정의된다.

14 청각적 코드화 방법에 관한 설명으로 틀린 것은?

① 진동수는 많을수록 좋으며, 간격은 좁을수록 좋다.
② 음의 방향은 두 귀 간의 강도차를 확실하게 해야 한다.
③ 강도(순음)의 경우는 1,000~4,000 Hz로 한정할 필요가 있다.
④ 지속시간은 0.5초 이상 지속시키고, 확실한 차이를 두어야 한다.

(해설) 청각적 코드화 방법에선 진동수가 적은 저주파가 좋다.

해답 10. ① 11. ③ 12. ③ 13. ③ 14. ①

15 인체측정 자료의 유형에 대한 설명으로 틀린 것은?

① 기능적 치수는 정적 자세에서의 신체치수를 측정한 것이다.
② 정적 치수에 의해 나타나는 값과 동적 치수에 의해 나타나는 값이 다르다.
③ 정적 치수에는 골격 치수(skeletal dimension)와 외곽 치수(contour dimension)가 있다.
④ 우리나라에서는 국가기술표준원 주관하에 'SIZE KOREA'라는 이름으로 인체치수조사 사업을 실시하여 인체측정에 관한 결과를 제공하고 있다.

해설 기능적 치수는 동적 자세에서의 신체치수를 측정한 것이다.

16 정량적 시각 표시장치의 기본 눈금선 수열로 가장 적당한 것은?

① 2, 4, 6⋯ ② 3, 6, 9⋯
③ 8, 16, 24⋯ ④ 0, 10, 20⋯

해설 정량적 눈금의 세부특성(눈금의 수열)
일반적으로 0, 1, 2, 3, ⋯처럼 1씩 증가하는 수열이 가장 사용하기 쉬우며, 색다른 수열은 특수한 경우를 제외하고는 피해야 한다.

17 인간공학을 지칭하는 용어로 적절하지 않은 것은?

① Biology
② Ergonomics
③ Human factors
④ Human factors engineering

해설 인간공학 관련 용어
① Ergonomics-인체 공학
② Human factors-인간 요인
③ Human factors engineering-인간공학

18 웹 네비게이션 설계 시 검토해야 할 인터페이스 요소로서 가장 적절하지 않은 것은?

① 일관성이 있어야 한다.
② 쉽게 학습할 수 있어야 한다.
③ 전체적인 문맥이 이해하기 쉬워야 한다.
④ 시각적 이미지가 최대한 많이 제공되어야 한다.

해설 Johnson의 설계원칙
① 사용자와 작업중심의 설계
② 기능성 중심의 설계
③ 사용자 관점에서의 설계
④ 사용자가 작업수행을 간단, 명료하게 진행하도록 설계
⑤ 배우기 쉬운 인터페이스의 설계
⑥ 데이터가 아닌 정보를 전달하는 인터페이스 설계
⑦ 적절한 피드백을 제공하는 인터페이스 설계
⑧ 사용자 테스트를 통한 설계보완

19 인간이 기계를 조종하여 임무를 수행해야 하는 직렬구조의 인간-기계 체계가 있다. 인간의 신뢰도가 0.9, 기계의 신뢰도 0.9라면 이 인간-기계 통합 체계의 신뢰도는 얼마인가?

① 0.64 ② 0.72
③ 0.81 ④ 0.98

해설 직렬구조의 인간-기계 통합체계신뢰도

$$R_S = R_1 \cdot R_2 \cdot R_3 \cdots R_n = \prod_{i=1}^{n} R_i$$

$$R = 0.9 \times 0.9 = 0.81$$

20 인체측정치의 응용원칙과 관계가 먼 것은?

① 극단치를 이용한 설계
② 평균치를 이용한 설계
③ 조절식 범위를 이용한 설계
④ 기능적 치수를 이용한 설계

해설 인체측정 자료의 응용원칙
① 극단치(최소, 최대)를 이용한 설계

해답 15. ① 16. ④ 17. ① 18. ④ 19. ③ 20. ④

② 조절식 설계
③ 평균치를 이용한 설계

2 작업생리학

21 점광원으로부터 어떤 물체나 표면에 도달하는 빛의 밀도를 나타내는 단위로 맞는 것은?

① nit ② Lambert
③ candela ④ lumen/m^2

해설 조도는 어떤 물체나 표면에 도달하는 광의 밀도를 말한다. (단위: lumen/m^2)

22 최대산소소비능력(MAP)에 관한 설명으로 틀린 것은?

① 산소섭취량이 일정하게 되는 수준을 말한다.
② 최대산소소비능력은 개인의 운동역량을 평가하는 데 활용된다.
③ 젊은 여성의 평균 MAP는 젊은 남성의 평균 MAP의 20~30% 정도이다.
④ MAP를 측정하기 위해서 주로 트레드밀(treadmill)이나 자전거 에르고미터(ergometer)를 활용한다.

해설 젊은 여성의 평균 MAP는 젊은 남성의 평균 MAP보다 15~30% 정도 낮게 나온다.

23 정적 자세를 유지할 때의 떨림(tremor)을 감소시킬 수 있는 방법으로 적당한 것은?

① 손을 심장 높이보다 높게 한다.
② 몸과 작업에 관계되는 부위를 잘 받친다.
③ 작업 대상물에 기계적인 마찰을 제거한다.
④ 시각적인 기준(reference)을 정하지 않는다.

해설 진전을 감소시키는 방법
① 시각적 참조(reference)
② 몸과 작업에 관계되는 부위를 잘 받친다.
③ 손이 심장 높이에 있을 때가 손 떨림이 적다.
④ 시작업 대상물에 기계적인 마찰이 있을 때

24 신경계에 관한 설명으로 틀린 것은?

① 체신경계는 피부, 골격근, 뼈 등에 분포한다.
② 자율신경계는 교감신경계와 부교감신경계로 세분된다.
③ 중추신경계는 척수신경과 말초신경으로 이루어진다.
④ 기능적으로는 체신경계와 자율신경계로 나눌 수 있다.

해설 중추신경계는 뇌와 척수로 구성된다.

25 어떤 작업자의 5분 작업에 대한 전체 심박수는 400회, 일박출량은 65 mL/회로 측정되었다면 이 작업자의 분당 심박출량(L/min)은?

① 4.5 L/min ② 4.8 L/min
③ 5.0 L/min ④ 5.2 L/min

해설 심박출량

$$\begin{aligned} \text{심박출량} &= \text{일박출량} \times \text{심장박동} \\ &= 0.065\ \text{L/회} \times 80\ \text{회/min} \\ &= 5.2\ \text{L/min} \end{aligned}$$

26 육체적인 작업을 할 경우 순환기계의 반응이 아닌 것은?

① 혈압의 상승
② 혈류의 재분배
③ 심박출량의 증가
④ 산소 소모량의 증가

해설 작업에 따른 인체의 생리적 반응
육체적인 작업을 할 경우 순환기계가 아닌 근육계에

정답 21. ④ 22. ③ 23. ② 24. ③ 25. ④ 26. ④

서 산소 소모량이 증가한다.

27 인체의 해부학적 자세에서 팔꿈치 관절의 굴곡과 신전 동작이 일어나는 면은?

① 시상면(sagittal plane)
② 정중면(median plane)
③ 관상면(coronal plan)
④ 횡단면(transverse plane)

해설 관절의 운동
① 굴곡(flexion): 팔꿈치로 팔굽혀펴기를 할 때처럼 관절에서의 각도가 감소하는 인체 부분의 동작
② 신전(extension): 굴곡과 반방향의 동작으로, 팔꿈치를 펼 때처럼 관절에서의 각도가 증가하는 동작
굴곡, 신전과 같이 앞뒤로 일어나는 움직임을 시상면에서의 움직임이라고 한다.

28 소음방지대책 중 다음과 같은 기법을 무엇이라 하는가?

다음
감쇠대상의 음파와 동위상인 신호를 보내어 음파 간에 간섭현상을 일으키면서 소음이 저감되도록 하는 기법

① 음원 대책 ② 능동제어 대책
③ 수음자 대책 ④ 전파경로 대책

해설 능동소음제어
감쇠대상의 음파와 역위상인 신호를 보내어 음파 간에 간섭현상을 일으키면서 소음이 저감되도록 하는 기법

29 기초대사량의 측정과 가장 관계가 깊은 자세는 무엇인가?

① 누워서 휴식을 취하고 있는 상태
② 앉아서 휴식을 취하고 있는 상태
③ 선 자세로 휴식을 취하고 있는 상태
④ 벽에 기대어 휴식을 취하고 있는 상태

해설 기초대사량
생명을 유지하기 위한 최소한의 에너지소비량을 의미하며, 성, 연령, 체중은 개인의 기초대사량에 영향을 주는 중요한 요인이다. 즉, 아무것도 안하고 누워만 있을 때 소모하는 칼로리를 의미한다.

30 소음에 의한 청력손실이 가장 크게 발생하는 주파수 대역은?

① 1,000 Hz ② 2,000 Hz
③ 4,000 Hz ④ 10,000 Hz

해설 청력장해
청력장해는 일시장해에서 회복 불가능한 상태로 넘어가는 상태로, 3,000~6,000 Hz 범위에서 영향을 받으며 4,000 Hz에서 현저히 커진다.

31 어떤 작업의 총 작업시간이 35분이고 작업 중 평균 에너지소비량이 분당 7 kcal라면 이때 필요한 휴식시간은 약 몇 분인가?(단, Murrell의 공식을 이용하며, 기초대사량은 분당 1.5 kcal, 남성의 권장 평균 에너지소비량은 분당 5 kcal이다.)

① 8분 ② 13분
③ 18분 ④ 23분

해설 Murrell의 공식 $R = \frac{T(E-S)}{E-1.5}$
R: 휴식시간(분),
T: 총 작업시간(분)
E: 평균작업 에너지소비량(kcal/min)
S: 권장 평균 에너지소비량(kcal/min)
R = 35(7−5)/(7−1.5) = 12.72 ≒ 13

32 정적 평형상태에 대한 설명으로 틀린 것은?

① 힘이 거리에 반비례하여 발생한다.
② 물체나 신체가 움직이지 않는 상태이다.
③ 작용하는 모든 힘의 총합이 0인 상태이다.

해답 27. ① 28. ② 29. ① 30. ③ 31. ② 32. ①

④ 작용하는 모든 모멘트의 총합이 0인 상태이다.

(해설) 정적 평형상태
주어진 힘들의 영향이 미치지 않는 경우, 한 점에 작용하는 모든 힘의 합력이 0이면 이 질점은 평형상에 있다. 이 경우, 모든 힘의 합력은 0이다($\Sigma F = 0$).

33 정신활동의 부담척도로 사용되는 시각적 점멸융합주파수(VFF)에 대한 설명으로 틀린 것은?

① 연습의 효과는 적다.
② 암조응 시는 VFF가 증가한다.
③ 휘도만 같으면 색은 VFF에 영향을 주지 않는다.
④ VFF는 조명 강도의 대수치에 선형적으로 비례한다.

(해설) VFF에 영향을 미치는 요소
① VFF는 조명강도의 대수치에 선형적으로 비례한다.
② 시표와 주변의 휘도가 같을 때 VFF는 최대로 영향을 받는다.
③ 휘도만 같으면 색은 VFF에 영향을 주지 않는다.
④ 암조응 시는 VFF가 감소한다.
⑤ VFF는 사람들 간에는 큰 차이가 있으나, 개인의 경우 일관성이 있다.
⑥ 연습의 효과는 아주 적다.

34 근세포막에 전달된 흥분을 근세포 내부로 전달하는 통로역할을 하는 것은?

① 근초(sarcolemma)
② 근섬유속(fasciculuse)
③ 가로세관(transverse tubules)
④ 근형질세망(sarcoplasmic reticulum)

(해설) 가로세관(transverse tubules)
가로세관은 세포 표면에서 세포막과 연접하여 세포 내 깊은 곳까지 연결된 미세한 튜브로 세포막과 동일한 인지질의 이중층으로 구성되어 있다. 가로세관의 기능은 근세포막에서 근세포 내부로 활동전위인 전기 충격을 빠르게 전달하고 세포 내 칼슘 농도를 조절하여 수축의 효율을 향상시킨다.

35 근육 대사작용에서 혐기성 과정으로 글루코오스가 분해되어 생성되는 물질은?

① 물 ② 피루브산
③ 젖산 ④ 이산화탄소

(해설) 무기성 환원과정
충분한 산소가 공급되지 않을 때, 에너지가 생성되는 동안 피루브산이 젖산으로 바뀐다. 활동 초기에 순환계가 필요한 충분한 산소를 공급하지 못할 때 일어난다.

36 근(筋)섬유에 관한 설명으로 틀린 것은?

① 적근섬유(slow twitch fiber)는 주로 작은 근육그룹에서 볼 수 있다.
② 백근섬유(fast twitch fiber)는 무산소 운동에 좋아 단거리 달리기 등에 사용된다.
③ 근섬유는 백근섬유(fast twitch fiber)와 적근섬유(slow twitch fiber)로 나눌 수 있다.
④ 운동이 격렬하여 근육에 산소공급이 원활하지 않은 경우에는 엽산이 생성되어 피곤함을 느낀다.

(해설) 인체활동의 초기에는 일단 근육 내의 당원을 사용하지만, 이후의 인체활동에서는 혈액으로부터 영양분과 산소를 공급받아야 한다. 이때 인체활동 수준이 너무 높아 근육에 공급되는 산소량이 부족한 경우에는 혈액 중에 젖산이 축적된다.

37 교대근무와 생체리듬과의 관계에서 야간근무를 하는 동안 근무시간이 길어질 때 졸음이 증가하고 작업능력이 저하되는 현상을 무엇이라 하는가?

① 항상성 유지기능
② 작업적응 유지기능
③ 생리적응 유지기능

해답 33. ② 34. ③ 35. ③ 36. ④ 37. ①

④ 야간적응 유지기능

해설 항상성
생체에 생리적 긴장을 일으키는 순환요인 영향을 감소시키기 위한 적응이라고 하며, 혈당치 조절, 체온조절 등을 예로 들 수 있다.

38 수술실과 같이 대비가 아주 낮고, 크기가 작은 아주 특수한 시각적 작업의 실행에 가장 적절한 조도는?

① 500~1,000럭스
② 1,000~2,000럭스
③ 3,000~5,000럭스
④ 10,000~20,000럭스

해설 작업의 종류와 조도의 기준
① 수술실(수술 국소 10,000 lux 이상): 구급처리, 수술, 분만개조
② 진료실, 처치실, 구급실, 약국(500 lux): 시진, 주사, 조제, 독서
③ 주사실, 의국, 외래복도, 대합실(200 lux): 붕대교환
④ 병실, 문진실, X-선실, 식당(100 lux): 조리

39 근력 및 지구력에 대한 설명으로 틀린 것은?

① 정적인 근력 측정치로부터 동적 작업에서 발휘할 수 있는 최대 힘을 정확히 추정할 수 있다.
② 근력 측정치는 작업 조건뿐만 아니라 검사자의 지시내용, 측정방법 등에 의해서도 달라진다.
③ 근육이 발휘할 수 있는 힘은 근육의 최대자율수축(MVC)에 대한 백분율로 나타난다.
④ 등척력(isometric strength)은 신체를 움직이지 않으면서 자발적으로 가할 수 있는 힘의 최대값이다.

해설 근력의 측정
정적상태에서의 근력은 피실험자가 고정물체에 대하여 최대 힘을 내도록 하여 측정하는 것이다. 정적인 근력 측정치로부터 동적 작업에서 발휘할 수 있는 최대 힘은 정확히 추정할 수 없다.

40 고온 스트레스의 개인차에 대한 설명 중 틀린 것은?

① 나이가 들수록 고온 스트레스에 적응하기 힘들다.
② 남자가 여자보다 고온에 적응하는 것이 어렵다.
③ 체지방이 많은 사람일수록 고온에 견디기 어렵다.
④ 체력이 좋은 사람일수록 고온 환경에서 작업할 때 잘 견딘다.

해설 고온 스트레스의 개인차
일반적으로 고온 스트레스는 성별 때문이 아니라 평소 생활 습관이나, 근육량, 체중에 따라 달라진다.

3 산업심리학 및 관련법규

41 검사작업자가 한 로트에 100개인 부품을 조사하여 6개의 부적합품을 발견했으나 로트에는 실제로 10개의 부적합품이 있었다면 이 검사작업자의 휴먼에러확률은 얼마인가?

① 0.04 ② 0.06
③ 0.1 ④ 0.6

해설 휴먼에러확률(HEP)

$$(HEP) \approx \hat{p} = \frac{\text{실제 인간의 에러횟수}}{\text{전체 에러기회의 횟수}} = \text{사건당 실패수}$$

실제 인간의 에러횟수 = 실제 10개의 불량품 − 발견한 6개의 불량품 = 4회

전체 에러기회의 횟수 = 한 로트에 100개인 부품

$$\text{휴먼에러확률}(HEP) \approx \hat{p} = \frac{4}{100} = 0.04$$

해답 38. ④ 39. ① 40. ② 41. ①

42 안전관리의 개요에 관한 설명으로 틀린 것은?

① 안전의 3요소는 Engineering, Education, Economy이다.
② 안전의 기본원리는 사고방지차원에서의 산업재해 예방활동을 통해 무재해를 추구하는 것이다.
③ 사고방지를 위해서 현장에 존재하는 위험을 찾아내고, 이를 제거하거나 위험성(risk)을 최소화한다는 위험통제의 개념이 적용되고 있다.
④ 안전관리란 생산성을 향상시키고 재해로 인한 손실을 최소화하기 위하여 행하는 것으로 재해의 원인 및 경과의 규명과 재해방지에 필요한 과학 기술에 관한 계통적 지식체계의 관리를 의미한다.

해설 안전의 3E 대책
① Engineering(기술)
② Education(교육)
③ Enforcement(강제)

43 주의의 범위가 높고 신뢰성이 매우 높은 상태의 의식수준으로 맞는 것은?

① phase 0　② phase Ⅰ
③ phase Ⅱ　④ phase Ⅲ

해설 인간의 의식수준 단계
① phase 0: 의식을 잃은 상태이므로 작업수행과는 관련이 없다.
② phase Ⅰ: 과로했을 때나 야간작업을 했을 때 볼 수 있는 의식수준으로 부주의 상태가 강해서 인간의 에러가 빈발하며, 운전작업에서는 전방주시 부주의나 졸음운전 등이 일어나기 쉽다.
③ phase Ⅱ: 휴식 시에 볼 수 있는데, 주의력이 전향적으로 기능하지 못하기 때문에 무심코 에러를 저지르기 쉬우며, 단순반복작업을 장시간 지속할 경우도 여기에 해당한다.
④ phase Ⅲ: 적극적인 활동 시에 명쾌한 의식으로 대뇌가 활발히 움직이므로 주의의 범위도 넓고, 에러를 일으키는 일은 거의 없다.
⑤ phase Ⅳ: 과도긴장 시나 감정흥분 시의 의식수준으로 대뇌의 활동력을 높지만 주의가 눈앞의 한 곳에만 집중되고 냉정함이 결여되어 판단은 둔화한다.

44 작업자가 400명이 작업하는 사업장에서 1일 8시간씩 연간 300일 근무하는 동안 10건의 재해가 발생하였다. 도수율(빈도율)은 얼마인가? (단, 결근율은 10%이다.)

① 2.50　② 10.42
③ 11.57　④ 12.54

해설 도수율

$$도수율(FR) = \frac{요양재해건수}{연근로시간수} \times 10^6$$
$$= \frac{10}{(400 \times 300 \times 8) \times (1-0.1)} \times 10^6$$
$$= 11.57$$

45 재해 발생 원인의 4M에 해당하지 않는 것은?

① Man　② Movement
③ Machine　④ Management

해설 4M의 종류
① Man(인간)
② Machine(기계)
③ Media(매체)
④ Management(관리)

46 인간과오를 방지하기 위하여 기계설비를 설계하는 원칙에 해당되지 않는 것은?

① 안전설계(fail-safe design)
② 배타설계(exclusion design)
③ 조절설계(adjustable design)
④ 보호설계(prevention design)

해설 휴먼에러 방지의 3가지 설계기법
① 배타설계(exclusion design): 휴먼에러의 가능성을 근원적으로 제거
② 보호설계(prevention design): Fool-proof 설계

해답 42. ① 43. ④ 44. ③ 45. ② 46. ③

③ 안전설계(Fail-safe design): Fail-safe design

47 부주의를 일으키는 의식수준에 대한 설명으로 틀린 것은?

① 의식의 저하: 귀찮은 생각에 해야 할 과정을 빠뜨리고 행동하는 상태
② 의식의 과잉: 순간적으로 의식이 긴장되고 한 방향으로만 집중되는 상태
③ 의식의 단절: 외부의 정보를 받아들일 수도 없고 의사결정도 할 수 없는 상태
④ 의식의 우회: 습관적으로 작업을 하지만 머릿속엔 고민이나 공상으로 가득 차있는 상태

(해설) 부주의의 현상
① 의식의 단절: 의식의 흐름에 단절이 생기고 공백 상태가 나타나는 경우(의식의 중단)이다.
② 의식의 우회: 의식의 흐름이 샛길로 빗나갈 경우로 작업 도중의 걱정, 고뇌, 욕구불만 등에 의해서 발생한다. 예로, 가정 불화나 개인적 고민으로 인하여 정서적 갈등을 하고 있을 때 나타나는 부주의 현상이다.
③ 의식수준의 저하: 뚜렷하지 않은 의식의 상태로 심신이 피로하거나 단조로움 등에 의해서 발생한다.
④ 의식의 혼란: 외부의 자극이 애매모호하거나, 자극이 강할 때 및 약할 때 등과 같이 외적조건에 의해 의식이 혼란하거나 분산되어 위험요인에 대응할 수 없을 때 발생한다.
⑤ 의식의 과잉: 돌발사태, 긴급이상사태 직면 시 순간적으로 의식이 긴장하고 한 방향으로만 집중되는 판단력정지, 긴급방위반응 등의 주의의 일점집중현상이 발생한다.

48 조직을 유지하고 성장시키기 위한 평가를 실행함에 있어서 평가자가 저지르기 쉬운 과오 중, 어떤 사람에 관한 평가자의 개인적 인상이 피평가자 개개인의 특징에 관한 평가에 영향을 미치는 영향을 설명하는 이론은?

① 할로 효과(halo effect)
② 대비오차(contrast error)
③ 근접오차(proximity error)
④ 관대화 경향(centralization tendency)

(해설) 조직에서의 업무평가
할로 효과(halo effect): 후광효과오류라고 한다. 단지 하나의 자질 또는 성격을 토대로 하여 개인의 모든 행동 측면을 평가하려는 경향을 말한다. 감독자가 어떤 작업자가 평가의 한 요소에서 매우 뛰어나다는 것을 발견하게 되면 그의 다른 요소도 높게 평가하는 오류이다.

49 집단 간 갈등원인과 이에 대한 대책으로 틀린 것은?

① 영역 모호성－역할과 책임을 분명하게 한다.
② 자원부족－계열회사나 자회사로의 전직 기회를 확대한다.
③ 불균형 상태－승진에 대한 동기를 부여하기 위하여 직급 간 처우에 차이를 크게 둔다.
④ 작업유동의 상호의존성－부서 간의 협조, 정보교환, 동조, 협력체계를 견고하게 구축한다.

(해설) 집단 간 갈등의 원인
① 역할(영역) 모호성: 개인 간에는 서로 일을 미루는 사태가, 집단 간에는 영역이나 관할권의 분쟁 사태가 발생한다. 즉, 누가 무엇에 대해 책임이 있는가를 분명히 이해하지 못할 때 갈등이 발생하기 쉽다.
② 자원부족: 부족한 자원에 대한 경쟁이 개인이나 집단 간의 작업관계에서 갈등을 유발시키는 원인이 된다. 한정된 예산, 한정된 예금, 컴퓨터 사용시간, 행정지원 등에 대한 경쟁이 갈등을 야기시킬 수 있다.
③ 불균형 상태: 한 개인이나 집단이 정기적으로 접촉하는 개인이나 집단이 권력, 가치, 지위 등에 있어서 상당한 차이가 있을 때, 두 집단 간의 관계는 불균형을 가져오고 이것이 갈등의 원인이 된다.
④ 작업유동의 상호의존성: 두 집단이 각각 다른 목

해답 **47.** ① **48.** ① **49.** ③

표를 달성하는 데 있어서 상호 간에 협조, 정보교환, 동조, 협력행위 등을 요하는 정도가 작업유동의 상호의존성이다.

50 제조업자가 합리적인 대체설계를 채용하였더라면 피해나 위험을 줄이거나 피할 수 있었음에도 대체설계를 채용하지 아니하여 해당 제조물이 안전하지 못하게 된 경우를 지칭하는 결함의 유형은?

① 제조상의 결함 ② 지시상의 결함
③ 경고상의 결함 ④ 설계상의 결함

해설 설계상의 결함
① 제조상의 결함: 제품의 제조과정에서 발생하는 결함으로, 원래의 도면이나 제조방법대로 제품이 제조되지 않았을 때도 여기에 해당된다.
② 지시, 경고상의 결함: 제품의 설계와 제조과정에 아무런 결함이 없다 하더라도 소비자가 사용상의 부주의나 부적당한 사용으로 발생할 위험에 대비하여 적절한 사용 및 취급 방법 또는 경고가 포함되어 있지 않을 때에는 지시, 경고상의 결함이 된다.
③ 설계상의 결함: 제품의 설계 그 자체에 내재하는 결함으로 설계대로 제품이 만들어졌더라도 결함으로 판정되는 경우이다.

51 테일러(F. W. Taylor)에 의해 주장된 조직형태로서 관리자가 일정한 관리기능을 담당하도록 기능별 전문화가 이루어진 조직은?

① 위원회 조직 ② 직능식 조직
③ 프로젝트 조직 ④ 사업부제 조직

해설 직능식 조직
관리자가 일정한 관리기능을 담당하도록 기능별 전문화가 이루어지고, 각 관리자는 자기의 관리직능에 관한 것인 한 다른 부문의 부하에 대하여도 명령·지휘하는 권한을 수여한 조직을 말한다. 테일러(F. W. Taylor)가 그의 과학적 관리법에서 주장한 조직형태로부터 비롯된 것이다.

52 어떤 사람의 행동이 "빨리빨리, 경쟁적으로, 여러 가지를 한꺼번에" 한다고 하면 어떤 성격 특성을 설명하는가?

① type-A 성격 ② type-B 성격
③ type-C 성격 ④ type-D 성격

해설 성격특성
type-A형 성격소유자의 특성
① 항상 분주하다.
② 음식을 빨리 먹는다.
③ 한꺼번에 많은 일을 하려 한다.
④ 수치계산에 민감하다.
⑤ 공격적이고 경쟁적이다.
⑥ 항상 시간에 강박관념을 가진다.
⑦ 여가시간을 활용하지 못한다.
⑧ 양적인 면으로 성공을 측정한다.

53 NIOSH 직무스트레스 모형에서 직무스트레스 요인과 성격이 다른 한 가지는?

① 작업 요인 ② 조직 요인
③ 환경 요인 ④ 상황 요인

해설 직무스트레스 요인
크게 작업요구, 조직적 요인 및 물리적 환경 등으로 구분될 수 있으며, 다시 작업요구에는 작업과부하, 작업속도 및 작업과정에 대한 작업자의 통제(업무재량도) 정도, 교대근무 등이 포함된다.

54 심리적 측면에서 분류한 휴먼에러의 분류에 속하는 것은?

① 입력오류 ② 정보처리오류
③ 생략오류 ④ 의사결정오류

해설 휴먼에러의 분류
심리적 측면의 휴먼에러 분류는 지연오류, 생략오류, 순서오류로 분류한다.

해답 50. ④ 51. ② 52. ① 53. ④ 54. ③

55 스트레스가 정보처리 수행에 미치는 영향에 대한 설명으로 거리가 가장 먼 것은?

① 스트레스 하에서 의사결정의 질은 저하된다.
② 스트레스는 효율적인 학습을 어렵게 할 수 있다.
③ 스트레스는 빠른 수행보다는 정확한 수행으로 편파시키는 경향이 있다.
④ 스트레스에 의해 인지적 터널링이 발생하여 다양한 가설을 고려하지 못한다.

해설 스트레스는 정확한 수행보다는 빠른 수행으로 편파시키는 경향이 있다.

56 여러 개의 자극을 제시하고 각각의 자극에 대하여 반응을 하는 과제를 준 후, 자극이 제시되어 반응할 때까지의 시간을 무엇이라 하는가?

① 기초반응시간 ② 단순반응시간
③ 집중반응시간 ④ 선택반응시간

해설 선택반응시간(choice reaction time)
여러 개의 자극을 제시하고, 각각에 대해 서로 다른 반응을 요구하는 경우의 반응 시간이다.

57 재해예방 원칙에 대한 설명 중 틀린 것은?

① 예방가능의 원칙－천재지변을 제외한 모든 인재는 예방이 가능하다.
② 손실우연의 원칙－재해손실은 우연한 사고원인에 따라 발생한다.
③ 원인연계의 원칙－사고에는 반드시 원인이 있고 원인은 대부분 복합적 연계 원인이 있다.
④ 대책선정의 원칙－사고의 원인이나 불안전 요소가 발견되면 반드시 대책을 선정하여 실시하여야 한다.

해설 재해예방의 4원칙
① 예방가능의 원칙: 천재지변을 제외한 모든 재해는 예방이 가능하다.
② 손실우연의 원칙: 사고의 결과 생기는 손실은 우연히 발생한다.
③ 원인연계의 원칙: 재해는 직접 원인과 간접 원인이 연계되어 일어난다.
④ 대책선정의 원칙: 재해는 적합한 대책이 선정되어야 한다.

58 휴먼에러확률에 대한 추정기법 중 Tree구조와 비슷한 그림을 이용하며, 사건들을 일련의 2지(binary) 의사결정 분지(分枝)들로 모형화하여 직무의 올바른 수행여부를 확률적으로 부여함으로 에러율을 추정하는 기법은?

① FMEA
② THERP
③ Fool Proof Method
④ Monte Carlo Method

해설 THERP
사건들을 일련의 2지(binary) 의사결정 분지들로 모형화하여 성공 혹은 실패의 조건부확률의 추정치가 각 가지에 부여함으로 에러율을 추정하는 기법이다.

59 동기이론 중 직무 환경요인을 중시하는 것은?

① 기대이론 ② 자기조절이론
③ 목표설정이론 ④ 작업설계이론

해설 작업설계이론
구성원의 업무 몰입도를 향상하기 위한 심리적인 접근 방법이다. 이 이론은 동기를 유발하는 근원이 업무수행자 자신보다도 작업이 수행되는 환경에 있다고 보면서, 직무가 적절하게 설계되어 있다면 작업 자체가 업무 동기와 열정을 증진시킬 수 있다고 주장한다.

60 리더가 구성원에 영향력을 행사하기 위한 9가지 영향 방략과 가장 거리가 먼 것은?

① 자문 ② 무시
③ 제휴 ④ 합리적 설득

해답 55. ③ 56. ④ 57. ② 58. ② 59. ④ 60. ②

해설 리더가 구성원에 영향력을 행사하기 위한 9가지 영향 방략은 ① 감흥, ② 합리적 설득, ③ 자문, ④ 합법적 권위, ⑤ 비위, ⑥ 집단형성, ⑦ 강요, ⑧ 고집, ⑨ 교환이다.

4 근골격계질환 예방을 위한 작업관리

61 근골격계질환 예방·관리 프로그램에서 추진팀의 구성원이 아닌 것은?

① 관리자 ② 작업자대표
③ 사용자대표 ④ 보건담당자

해설 사업장 특성에 맞는 근골격계질환 예방·관리 추진팀
근골격계질환 예방·관리 프로그램에서 중·소규모사업장의 추진팀 구성원은 작업자대표, 관리자, 정비·보수담당자, 보건담당자, 구매담당자가 있으며 대규모사업장의 추진팀 구성원은 소규모사업장 추진팀원 이외에 기술자, 노무담당자가 있다.

62 작업관리의 문제분석 도구로서, 가로축에 항목, 세로축에 항목별 점유비율과 누적비율로 막대-꺾은선 혼합 그래프를 사용하는 것은?

① 파레토차트 ② 간트차트
③ 특성요인도 ④ PERT 차트

해설 파레토분석
문제가 되는 요인들을 규명하고 동일한 스케일을 사용하여 누적분포를 그리면서 오름차순으로 정리한다.

63 작업분석에 사용되는 공정도나 차트가 아닌 것은?

① 유통선도(Flow Diagram)
② 활동분석표(Activity Chart)
③ 간접노동분석표(Indirect Labor Chart)
④ 복수작업자분석표(Gang Process Chart)

해설 방법연구의 제도표
방법연구 시의 사용도표에는 활동에 따라
① 전반적인 생산 시스템-흐름선도(FD), 흐름공정도(F.P.C)
② 고정된 작업장 내 부동의 작업자 작업분석도표, SIMO 차트, 동작경제의 원칙적용
③ 작업자-기계 시스템-활동도표, 작업자-기계분석도표
④ 다수의 작업자 시스템-활동도표, 갱공정도표(gang process chart)가 있다.

64 근골격계질환을 예방하기 위한 대책으로 적절하지 않은 것은?

① 단순반복작업은 기계를 사용한다.
② 작업방법과 작업공간을 재설계한다.
③ 작업순환(Job Rotation)을 실시한다.
④ 작업속도와 작업강도를 점진적으로 강화한다.

해설 작업속도와 작업강도를 점진적으로 감소하는 것이 근골격계질환을 예방하는 데 좋다.

65 요소작업이 여러 개인 경우의 관측횟수를 결정하고자 한다. 표본의 표준편차는 0.6이고, 신뢰도 계수는 2인 경우 추정의 오차범위 ±5%를 만족시키는 관측횟수(N)는 몇 번인가?

① 24번 ② 66번
③ 144번 ④ 576번

해설 관측횟수(N)

$$N=\left(\frac{t \cdot s}{e}\right)^2=\left(\frac{2\times 0.6}{0.05}\right)^2=576$$

66 개정된 NIOSH 들기작업 지침에 따라 권장무게 한계(RWL)를 산출하고자 할 때, RWL이 최적이 되는 조건과 거리가 먼 것은?

① 정면에서 중량물 중심까지의 비틀림이 없을 때

해답 61. ③ 62. ① 63. ③ 64. ④ 65. ④ 66. ③

② 작업자와 물체의 수평거리가 25 cm보다 작을 때
③ 물체를 이동시킨 수직거리가 75 cm보다 작을 때
④ 수직높이가 팔을 편안히 늘어뜨린 상태의 손 높이일 때

(해설) VM(Vertical Multiplier, 수직계수)
① 바닥에서 손까지의 거리(cm)로 들기작업의 시작점과 종점의 두 군데서 측정한다.
② Maximum은 175 cm이고, Minimum은 0 cm이다.
③ VM = 1-(0.003* | V-75 |) (0≤V≤175)
= 0 (V>175 cm)
RWL이 최적이 되는 조건은 VM이 1이 되는 값이므로 물체를 이동시킨 수직거리가 75 cm일 때 최적이다.

67 셀(Cell) 생산방식에 가장 적합한 제품은?

① 의류 ② 가구
③ 선박 ④ 컴퓨터

(해설) 셀 생산방식
자기완결형 생산방식으로, 숙련된 직원이 컨베이어 라인이 아닌 셀(cell) 안에서 전체 공정을 책임지기 때문에 다양한 종류의 제품을 대량생산할 수 있으며, 탄력적으로 제품생산 라인을 조정할 수 있고, 공정을 개선하기 쉽다.

68 근골격계질환 관련 위험작업에 대한 관리적 개선으로 볼 수 없는 것은?

① 작업의 다양성 제공
② 스트레칭 체조의 활성화
③ 작업도구나 설비의 개선
④ 작업 일정 및 작업속도 조절

(해설) 관리적 개선
① 작업의 다양성제공
② 직무순환
③ 작업일정 및 작업속도 조절
④ 회복시간 제공
⑤ 작업습관 변화
⑥ 작업공간, 공구 및 장비의 주기적 청소 및 유지보수
⑦ 작업자 적정배치
⑧ 직장체조(스트레칭) 강화

69 근골격계질환의 요인에 있어 작업 관련 요인에 해당하는 것은?

① 직장 경력
② 작업 만족도
③ 휴식 시간 부족
④ 작업의 자율적 조절

(해설) 작업 관련성 근골격계질환이란 작업과 관련하여 특정 신체 부위 및 근육의 과도한 사용으로 인해 근육, 연골, 건, 인대, 관절, 혈관, 신경 등에 미세한 손상이 발생하여 목, 허리, 무릎, 어깨, 팔, 손목 및 손가락 등에 나타나는 만성적인 건강장애를 말한다. 따라서 휴식시간이 부족한 경우 작업 관련요인에 해당한다.

70 간헐적으로 랜덤한 시점에서 연구대상을 순간적으로 관측하여 대상이 처한 상황을 파악하고 이를 토대로 관측시간 동안에 나타난 항목별로 차지하는 비율을 추정하는 방법은?

① PTS법
② 워크샘플링
③ 웨스팅하우스법
④ 스톱워치를 이용한 시간연구

(해설) 워크샘플링(Work-sampling)
워크샘플링이란 통계적 수법(확률의 법칙)을 이용하여 관측대상을 랜덤으로 선정한 시점에서 작업자나 기계의 가동상태를 스톱워치 없이 순간적으로 몹시 관측하여 그 상황을 추정하는 방법이다.

71 1 TMU(Time Measurement Unit)를 초단위로 환산한 것은?

① 0.0036초 ② 0.036초
③ 0.36초 ④ 1.667초

해답 67. ④ 68. ③ 69. ③ 70. ② 71. ②

해설
1 TMU = 0.00001시간 = 0.0006분 = 0.036초

72 **동작경제원칙 중 신체의 사용에 관한 원칙이 아닌 것은?**

① 두 손은 동시에 시작하고, 동시에 끝나도록 한다.
② 두 팔은 서로 반대 방향으로 대칭적으로 움직이도록 한다.
③ 가능하다면 쉽고 자연스러운 리듬이 생기도록 동작을 배치한다.
④ 타자 칠 때와 같이 각 손가락이 서로 다른 작업을 할 때에는 작업량을 각 손가락의 능력에 맞게 배분해야 한다.

해설 신체의 사용에 관한 원칙
① 양손은 동시에 동작을 시작하고, 또 끝마쳐야 한다.
② 휴식시간 이외에 양손이 동시에 노는 시간이 있어서는 안 된다.
③ 양팔은 각기 반대 방향에서 대칭적으로 동시에 움직여야 한다.
④ 손의 동작은 작업을 수행할 수 있는 최소동작 이상을 해서는 안 된다.
⑤ 작업자들을 돕기 위하여 동작의 관성을 이용하여 작업하는 것이 좋다.
⑥ 구속되거나 제한된 동작 또는 급격한 방향전환보다는 유연한 동작이 좋다.
⑦ 작업동작은 율동이 맞아야 한다.
⑧ 직선동작보다는 연속적인 곡선동작을 취하는 것이 좋다.
⑨ 탄도동작은 제한되거나 통제된 동작보다 더 신속·정확하다.

73 **설비의 배치 방법 중 제품별 배치의 특성에 대한 설명 중 틀린 것은?**

① 재고와 재공품이 적어 저장면적이 작다.
② 운반거리가 짧고 가공물의 흐름이 빠르다.
③ 작업 기능이 단순화되며 작업자의 작업지도가 용이하다.
④ 설비의 보전이 용이하고 가동률이 높기 때문에 자본투자가 적다.

해설 제품별 배치의 장점
① 작업순서에 따른 배치로 흐름이 부드럽고 논리적임
② 작업공간의 자재운반거리가 짧고, 대기시간이 줄어듦
③ 중간재고가 소량이며, 보관면적이 적음
④ 단위당 생산비용이 감소하고, 일정계획이 단순하여 관리가 용이
⑤ 작업자의 감독과 훈련이 쉬움

74 **작업분석의 활용 및 적용에 관한 사항 중 틀린 것은?**

① 조업정지의 손실이 큰 작업부터 대상으로 한다.
② 주기기간이 짧은 작업의 동작분석은 서블릭 분석법을 이용한다.
③ 사람의 동작이 많은 작업을 개선하려는 경우에 적용하는 것이 바람직하다.
④ 반복 작업이 많은 작업의 동작개선은 미세한 동작개선을 중심으로 한다.

해설 서블릭 분석은 대상 작업의 사이클 시간이 길거나 생산량이 적은 수작업의 경우에 적합한 동작연구이다.

75 **A작업의 관측평균시간이 25 DM이고, 제 1평가에 의한 속도평가계수는 120%이며, 제 2평가에 의한 2차 조정계수가 10%일 때 객관적 평가법에 의한 정미시간은 몇 초인가? (단, 1 DM = 0.6초이다.)**

① 19.8　　② 23.8
③ 26.1　　④ 28.8

해설 객관적 평가법
객관적 평가법은 속도평가법의 단점을 보완하기 위해 개발되었다. 객관적 평가법에서는 1차적으로 단순히 속도만을 평가하고, 2차적으로 작업난이도를 평가

해답 72. ④ 73. ④ 74. ② 75. ①

하여 작업의 난이도와 속도를 동시에 고려한다.
정미시간(NT)
= 관측시간 TIMES 속도평가계수 TIMES (1+2차 조정계수)
= 25 × 0.6초 × 1.20 × (1 + 0.1) = 19.8

76 보다 많은 아이디어를 창출하기 위하여 가능한 모든 의견을 비판 없이 받아들이고 수정 발언을 허용하며 대량 발언을 유도하는 방법은?

① Brainstorming ② SEARCH
③ Mind Mapping ④ ECRS 원칙

(해설) 브레인스토밍(Brainstorming)
브레인스토밍은 보다 많은 아이디어를 창출하기 위하여 가능한 한 자유분방하게 모든 의견을 비판 없이 청취하고, 수정발언을 허용하여 대량발언을 유도하는 방법이다.

77 작업관리의 목적에 부합하지 않는 것은?

① 안전하게 작업을 실시하도록 한다.
② 작업의 효율성을 높여 재고량을 확보한다.
③ 생산 작업을 합리적이고 효율적으로 개선한다.
④ 표준화된 작업의 실시과정에서 그 표준이 유지되도록 한다.

(해설) 작업관리의 목적
① 최선의 방법발견(방법개선)
② 방법, 재료, 설비, 공구 등의 표준화
③ 제품품질의 균일
④ 생산비절감 및 생산성 향상
⑤ 새로운 방법의 작업지도
⑥ 안전

78 어느 병원의 간호사에 대한 근골격계질환의 위험을 평가하기 위하여 인간공학분야에서 많이 사용되는 유해요인 평가도구 중 하나인 RULA(Rapid Upper Limb Assessment)를 적용하여 작업을 평가한 결과, 최종 점수가 4점으로 평가되었다. 평가 결과에 대한 해석으로 맞는 것은?

① 수용가능한 안전한 작업으로 평가됨
② 계속적 추적관찰을 요하는 작업으로 평가됨
③ 빠른 작업개선과 작업위험요인의 분석이 요구됨
④ 즉각적인 개선과 작업위험요인의 정밀조사가 요구됨

(해설) 조치단계의 결정
① 조치수준 1(최종점수 1~2점): 수용가능한 작업이다.
② 조치수준 2(최종점수 3~4점): 계속적 추적관찰을 요구한다.
③ 조치수준 3(최종점수 5~6점): 계속적 관찰과 빠른 작업개선이 요구된다.
④ 조치수준 4(최종점수 7점 이상): 정밀조사와 즉각적인 개선이 요구된다.

79 근골격계질환에 관한 설명으로 틀린 것은?

① 신체의 기능적 장해를 유발할 수 있다.
② 사전조사에 의하여 완전 예방이 가능하다.
③ 초기에 치료하지 않으면 심각해질 수 있다.
④ 미세한 근육이나 조직의 손상으로 시작된다.

(해설) 근골격계질환의 특성
① 미세한 근육이나 조직의 손상으로 시작된다.
② 보통 차츰차츰 발생하지만, 때때로 갑자기 나타날 수도 있다.
③ 초기에 치료하지 않으면 심각해질 수 있고, 완치가 어렵다.

정답 **76.** ① **77.** ② **78.** ② **79.** ②

80 **단위작업 장소 내에 4개, 8개의 동일작업으로 이루어진 부담 작업이 있다. 이러한 작업장에 대한 유해요인 조사 시 표본 작업 수는 각각 얼마 이상인가?**

① 2, 2 ② 2, 3

③ 2, 4 ④ 4, 8

해설 동일작업에 대한 유해요인 조사 방법
한 단위작업 장소 내에서 10개 이하의 부담작업이 동일작업으로 이루어지는 경우에는 작업강도가 가장 높은 2개 이상의 작업을 표본으로 선정하여 유해요인 조사를 실시해도 전체 동일 부담작업에 대한 유해요인 조사를 실시한 것으로 인정한다.

해답 80. ①

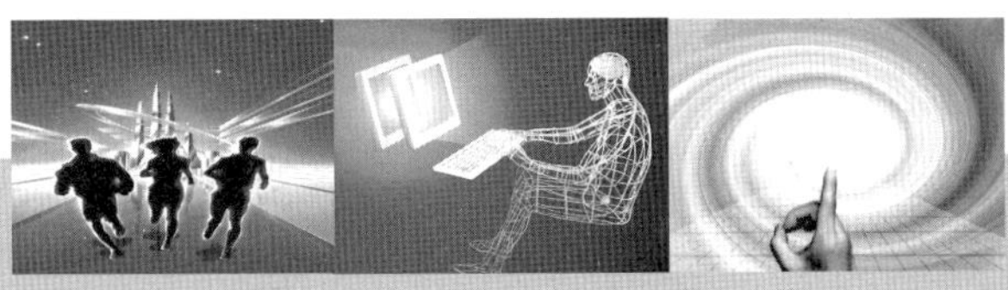

인간공학기사 필기시험 문제풀이 6회[183]

1 인간공학 개론

1 시스템 평가 척도의 요건에 대한 설명으로 적절하지 않은 것은?

① 신뢰성: 평가를 반복할 경우 일정한 결과를 얻을 수 있다.
② 실제성: 현실성을 가지며, 실질적으로 이용하기 쉽다.
③ 타당성: 측정하고자 하는 평가 척도가 시스템의 목표를 반영한다.
④ 무오염성: 측정하고자 하는 변수 이외의 외적 변수에 영향을 받는다.

해설 무오염성
기준척도는 측정하고자 하는 변수 외의 다른 변수들의 영향을 받아서는 안 된다.

2 광도(luminous intensity)를 측정하는 단위는?

① lux ② candela
③ lumen ④ lambert

해설 광도(luminous intensity)
빛의 세기를 광도라고 한다. 광량을 비교하기 위한 목적으로 제정된 표준은 고래기름으로 만든 국제표준 촛불(Candle)이었으나, 현재는 Candela(cd)를 채택하고 있다.

3 정신 작업 부하를 측정하는 척도로 적합하지 않은 것은?

① 심박수
② Cooper-Harper 축척(scale)
③ 주임무(primary task) 수행에 소요된 시간
④ 부임무(secondary task) 수행에 소요된 시간

해설 정신부하의 측정방법
정신부하 측정은 크게 네 부분으로 나뉘는데 주작업 측정, 부수작업 측정, 생리적 측정, 그리고 주관적 측정이다.

심박수는 육체작업 평가에 적합하다.

4 기계가 인간보다 더 우수한 기능이 아닌 것은? (단, 인공지능은 제외한다.)

① 자극에 대하여 연역적으로 추리한다.
② 이상하거나 예기치 못한 사건들을 감지한다.
③ 장시간에 걸쳐 신뢰성 있는 작업을 수행한다.
④ 암호화된 정보를 신속하고, 정확하게 회수한다.

해답 1. ④ 2. ② 3. ① 4. ②

해설 기계의 장점
① 초음파 등과 같이 인간이 감지하지 못하는 것에도 반응한다.
② 드물게 일어나는 현상을 감지할 수 있다.
③ 신속하면서 대량의 정보를 기억할 수 있다.
④ 신속·정확하게 정보를 꺼낸다.
⑤ 특정 프로그램에 대해서 수량적 정보를 처리한다.
⑥ 입력신호에 신속하고 일관된 반응을 한다.
⑦ 연역적인 추리를 한다.
⑧ 반복동작을 확실히 한다.
⑨ 명령대로 작동한다.
⑩ 동시에 여러 가지 활동을 한다.
⑪ 물리량을 셈하거나 측량한다.
예기치 못한 사건(자극)은 인간이 기계보다 우수하다.

5 **버스의 의자 앞뒤 사이의 간격을 설계할 때 적용하는 인체치수 적용원리로 가장 적절한 것은?**

① 평균치 원리 ② 최대치 원리
③ 최소치 원리 ④ 조절식 원리

해설 최대집단값에 의한 설계
① 통상 대상집단에 대한 관련 인체측정변수의 상위 백분위수를 기준으로 하여 90, 95 혹은 99%값이 사용된다.
② 문, 탈출구, 통로 등과 같은 공간여유를 정하거나 줄사다리의 강도 등을 정할 때 사용한다.
③ 예를 들어, 95%값에 속하는 큰 사람을 수용할 수 있다면, 이보다 작은 사람은 모두 사용된다.

6 **제어장치와 표시장치의 일반적인 설계원칙이 아닌 것은?**

① 눈금이 움직이는 동침형 표시장치를 우선 적용한다.
② 눈금을 조절 노브와 같은 방향으로 회전시킨다.
③ 눈금 수치는 왼쪽에서 오른쪽으로 돌릴 때 증가하도록 한다.
④ 증가량을 설정할 때 제어장치를 시계방향으로 돌리도록 한다.

해설 나타내고자 할 눈금이 많을 경우 동목형이 좋다.

7 **촉각적 표시장치에 대한 설명으로 맞는 것은?**

① 시각 및 청각 표시장치를 대체하는 장치로 사용할 수 없다.
② 3점 문턱값(Three-Point Threshold)을 척도로 사용한다.
③ 세밀한 식별이 필요한 경우 손가락보다 손바닥 사용을 유도해야 한다.
④ 촉감은 피부온도가 낮아지면 나빠지므로, 저온환경에서 촉감 표시장치를 사용할 때는 아주 주의하여야 한다.

해설 촉각의 온도 요인
작업을 수행하면서 극심한 저온에서 신체가 노출된다면 손의 감각과 민첩성에 피로를 불러올 수 있다. 이러한 곳에서 작업을 하게 되면 동작수행을 위해 필요한 힘을 증가시켜 손에 대한 혈액공급이 감소되면서 촉각이 둔해진다.

8 **소리의 차폐효과(masking)에 관한 설명으로 맞는 것은?**

① 주파수별로 같은 소리의 크기를 표시한 개념
② 하나의 소리가 다른 소리의 판별에 방해를 주는 현상
③ 내이(inner ear)의 달팽이관(Cochlea) 안에 있는 섬모(fiber)가 소리의 주파수에 따라 민감하게 반응하는 현상
④ 하나의 소리의 크기가 다른 소리에 비해 몇 배나 크게(또는 작게) 느껴지는지를 기준으로 소리의 크기를 표시하는 개념

해설 음의 차폐, 은폐효과(masking effect)
차폐 또는 은폐(masking)란 음의 한 성분이 다른 성분의 청각감지를 방해하는 현상을 말한다.

해답 5. ② 6. ① 7. ④ 8. ②

9 정상조명하에서 100 m 거리에서 볼 수 있는 원형시계탑을 설계하고자 한다. 시계의 눈금 단위를 1분 간격으로 표시하고자 할 때 원형문자판의 직경은 약 몇 cm인가?

① 250 ② 300
③ 350 ④ 400

해설
71 cm 거리일 때 문자판의 직경 원주
=1.3 mm×60 = 78 mm
원주 공식에 의해, 78 mm = 지름×3.14
지름 = 2.5 cm
100 m 거리에서 문자판의 직경
0.71 m : 2.5 cm = 100 m : X
X = 350 cm

10 시각의 기능에 대한 설명으로 틀린 것은?

① 밤에는 빨강색보다는 초록색이나 파란색이 잘 보인다.
② 눈이 초점을 맞출 수 있는 가장 가까운 거리를 근점이라 한다.
③ 근시인 사람은 수정체가 얇아져 가까운 물체를 제대로 볼 수 없다.
④ 간상체나 원추체가 빛을 흡수하면 화학반응이 일어나 뇌로 전달한다.

해설 근시
근시는 수정체가 두꺼워진 상태로 남아 있어 원점이 너무 가깝기 때문에 멀리 있는 물체를 볼 때에는 초점을 정확히 맞출 수 없다.

11 작업환경 측정법이나 소음 규제법에서 사용되는 음의 강도의 척도는?

① dB(A) ② dB(B)
③ Sone ④ Phon

해설 소음의 측정
소음계는 주파수에 따른 사람의 느낌을 감안하여 A, B, C 세 가지 특성에서 음압을 측정할 수 있도록 보정되어 있다. 일반적으로 소음레벨은 그 소리의 대소에 관계없이 원칙으로 A 특성으로 측정한다.

12 구성요소 배치의 원칙에 관한 기술 중 틀린 것은?

① 사용빈도를 고려하여 배치한다.
② 작업공간의 활용을 고려하여 배치한다.
③ 기능적으로 관련된 구성요소들을 한데 모아서 배치한다.
④ 시스템의 목적을 달성하는 데 중요한 정도를 고려하여 배치한다.

해설 구성요소(부품) 배치의 원칙
① 중요성의 원칙
② 사용빈도의 원칙
③ 기능별 배치의 원칙
④ 사용순서의 원칙

13 정보이론의 응용과 가장 거리가 먼 것은?

① 정보이론에 따르면 자극의 수와 반응시간은 무관하다.
② 주의를 번갈아가며 두 가지 이상의 일을 돌보아야 하는 것을 시배분이라 한다.
③ 단일 차원의 자극에서 확인할 수 있는 범위는 Magic number 7±2로 제시되었다.
④ 선택반응시간은 자극 정보량의 선형함수임을 나타낸 것이 Hick-Hyman 법칙이다.

해설 선택반응시간
일반적으로 정확한 반응을 결정해야 하는 중앙처리 시간 때문에 자극과 반응의 수가 증가할수록 반응시간이 길어진다. Hick-Hyman 법칙에 의하면 인간의 반응시간(RT: Reaction Time)은 자극정보의 양에 비례한다고 한다. 즉, 가능한 자극-반응 대안들의 수(N)가 증가함에 따라 반응시간(RT)이 대수적으로 증가한다. 이것은 $\mathrm{RT} = a + b\log_2 N$의 공식으로 표시될 수 있다.

해답 9. ③ 10. ③ 11. ① 12. ② 13. ①

14 회전운동을 하는 조종장치의 레버를 25° 움직였을 때 표시장치의 커서는 1.5 cm 이동하였다. 레버의 길이가 15 cm일 때 이 조종장치의 C/R비는 약 얼마인가?

① 2.09　　② 3.49
③ 4.36　　④ 5.23

(해설) C/R비

$$C/R\text{비} = \frac{(a/360) \times 2\pi L}{\text{표시장치 이동거리}}$$

$$= \frac{(25/360) \times 2\pi \times 15}{1.5}$$

$$= 4.36$$

여기서, a: 조종장치가 움직인 각도
L: 반지름

15 인체측정에 관한 설명으로 틀린 것은?

① 활동 중인 신체의 자세를 측정한 것을 기능적 치수라 한다.
② 일반적으로 구조적 치수는 나이, 성별, 인종에 따라 다르게 나타난다.
③ 인간-기계 시스템의 설계에서는 구조적 치수만을 활용하여야 한다.
④ 표준자세에서 움직이지 않는 상태를 인체측정기로 측정한 측정치를 구조적 치수라 한다.

(해설) 인간-기계 시스템 설계원칙
인간-기계 시스템의 설계 시 인체측정학적 특성인 구조적 인체치수와 기능적 인체치수 모두를 활용하여야 한다.

16 Wickens의 인간의 정보처리체계(human information processing) 모형에 의하면 외부자극으로 인한 정보가 처리될 때, 인간의 주의집중(attention resources)이 관여하지 않는 것은?

① 인식(perception)
② 감각저장(sensory storage)
③ 작업기억(working memory)
④ 장기기억(long-term memory)

(해설) 인간의 정보처리 과정
감각저장은 감각기관에서 일어난다.

17 인간공학의 정보이론에 있어 1 bit에 관한 설명으로 가장 적절한 것은?

① 초당 최대 정보 기억 용량이다.
② 정보 저장 및 회송(recall)에 필요한 시간이다.
③ 2개의 대안 중 하나가 명시되었을 때 얻어지는 정보량이다.
④ 일시에 보낼 수 있는 정보전달 용량의 크기로서 통신 채널의 Capacity를 의미한다.

(해설) Bit(Binary Digit)
Bit란 실현가능성이 같은 2개의 대안 중 하나가 명시되었을 때 우리가 얻는 정보량으로 정의된다.

18 인간-기계 시스템의 설계원칙으로 적절하지 않은 것은?

① 인체의 특성에 적합하여야 한다.
② 인간의 기계적 성능에 적합하여야 한다.
③ 시스템의 동작은 인간의 예상과 일치되어야 한다.
④ 단독의 기계를 배치하는 경우 기계의 성능을 우선적으로 고려하여야 한다.

(해설) 인간-기계 시스템 설계
단독의 기계에 대하여 수행해야 할 배치는 인간의 심리 및 기능에 부합되도록 한다.

19 신호 및 정보 등의 경우 빛의 검출성에 따라서 신호, 경보 효과가 달라지는데, 빛의 검출성에 영향을 주는 인자에 해당되지 않는 것은?

① 색광

해답 14. ③ 15. ③ 16. ② 17. ③ 18. ④ 19. ④

② 배경광

③ 점멸속도

④ 신호등 유리의 재질

해설 빛의 검출성에 영향을 주는 인자
① 크기, 광속발산도 및 노출시간
② 색광
③ 점멸속도
④ 배경광

20 인간공학의 목적과 가장 거리가 먼 것은?

① 생산성 향상 ② 안전성 향상
③ 사용성 향상 ④ 인간기능 향상

해설 인간공학의 목적
① 일과 활동을 수행하는 효능과 효율을 향상시키는 것으로, 사용편의성 증대, 오류감소, 생산성 향상 등을 들 수 있다.
② 바람직한 인간가치를 향상시키고자 하는 것으로, 안전성 개선, 피로와 스트레스 감소, 쾌적감증가, 사용자 수용성 향상, 작업만족도 증대, 생활의 질 개선 등을 들 수 있다.

2 작업생리학

21 신체부위를 움직이지 않으면서 고정된 물체에 힘을 가하는 상태의 근력을 의미하는 용어는?

① 등장성 근력(isotonic strength)
② 등척성 근력(isometric strength)
③ 등속성 근력(isokinetic strength)
④ 등관성 근력(isoinertial strength)

해설 근력의 발휘에서의 정적수축
물건을 들고 있을 때처럼 인체 부위를 움직이지 않으면서 고정된 물체에 힘을 가하는 상태로 이때의 근력을 등척성 근력(isometric strength)이라고도 한다.

22 어떤 들기작업을 한 후 작업자의 배기를 3분간 수집한 후 총 60리터(liter)의 가스를 가스분석기로 성분을 조사하였더니, 산소는 16%, 이산화탄소는 4%이었다. 분당 산소소비량과 에너지가(價)를 구한 것으로 맞는 것은? (단, 공기 중 산소는 21%, 질소는 79%를 차지하고 있다.)

① 1.053 L/min, 5.265 kcal/min
② 1.053 L/min, 10.525 kcal/min
③ 2.105 L/min, 5.265 kcal/min
④ 2.105 L/min, 10.525 kcal/min

해설 산소소비량의 측정
① 분당배기량 $= \frac{60\text{ L}}{3\text{분}} = 20\text{ L/분}$
② 분당흡기량 $= \frac{(100\% - 16\% - 4\%)}{79\%} \times 20\text{ L}$
$= 20.25\text{ L/분}$
③ 산소소비량 $= 21\% \times 20.25\text{ L/분} - 16\% \times 20\text{ L/분}$
$= 1.053\text{ L/분}$
④ 에너지가 $= 1.053 \times 5\text{ kcal/분}$
$= 5.265\text{ kcal/분}$

23 휴식을 취할 때나 힘든 작업을 수행할 때 혈류량의 변화가 없는 기관은?

① 뼈 ② 근육
③ 소화기계 ④ 심장

해설 혈류의 재분배
심장의 혈류량은 휴식을 취할 때나 힘든 작업을 수행할 때 항상 4~5% 비율을 유지한다.

24 근육이 피로해질수록 근전도(EMG) 신호의 변화로 맞는 것은?

① 저주파 영역이 증가하고 진폭도 커진다.
② 저주파 영역이 감소하나 진폭은 커진다.
③ 저주파 영역이 증가하나 증폭은 작아

해답 20. ④ 21. ② 22. ① 23. ④ 24. ①

진다.

④ 저주파 영역이 감소하고 진폭도 작아진다.

(해설) 근전도와 근육피로
정적수축으로 인한 피로일 경우 진폭의 증가와 저주파성분의 증가가 동시에 근전도상에 관측된다.

25 척추를 구성하고 있는 뼈 가운데 요추의 수는 몇 개인가?

① 5개 ② 6개
③ 7개 ④ 8개

(해설) 요추는 1~5번까지 5개로 구성되어 있다.

26 진동방지 대책으로 적합하지 않은 것은?

① 진동의 강도를 일정하게 유지한다.
② 작업자는 방진 장갑을 착용하도록 한다.
③ 공장의 진동 발생원을 기계적으로 격리한다.
④ 진동 발생원을 작동시키기 위하여 원격제어를 사용한다.

(해설) 진동의 대책
인체에 전달되는 진동을 줄일 수 있도록 기술적인 조치를 취하는 것과 진동에 노출되는 시간을 줄이도록 한다.

27 정신적 부하 측정치로 가장 거리가 먼 것은?

① 뇌전도 ② 부정맥지수
③ 근전도 ④ 점멸융합주파수

(해설) 근전도(EMG)
근전도는 육체적 작업부하에 관한 측정치로 근육활동의 전위차를 기록한 것이다.

28 환경요소와 관련한 복합지수 중 열과 관련된 것이 아닌 것은?

① 긴장지수(Strain Index)
② 습건지수(Oxford Index)
③ 열압박지수(heat stress index)
④ 유효온도(effective temperature)

(해설) 근력의 발휘
① 습건지수: 건습지수로서 습구온도와 건구온도의 가중평균치로 나타낸다.
② 열압박지수: 고열환경을 종합적으로 평가할 수 있는 지수이다.
③ 유효온도: 온도, 습도 및 공기 유동이 인체에 미치는 열 효과를 하나의 수치로 통합한 경험적 감각지수이다.
긴장지수(Strain Index)는 작업평가기법이다.

29 육체적인 작업을 수행할 때 생리적 변화에 대한 설명으로 틀린 것은?

① 작업부하가 지속적으로 커지면 산소 흡입량이 증가할 수 있다.
② 정적인 작업의 부하가 커지면 심박출량과 심박수가 감소한다.
③ 교대작업을 하는 작업자는 수면 부족, 식용 부진 등을 일으킬 수 있다.
④ 서서 하는 작업이 앉아서 하는 작업보다 심혈관계의 순환이 활발해질 수 있다.

(해설) 육체적 작업에 따른 생리적 반응
① 산소소비량의 증가
② 심박출량의 증가
③ 심박수의 증가
④ 혈류의 재분배

30 기초대사량(BMR)에 관한 설명으로 틀린 것은?

① 기초대사량은 개인차가 심하며 나이에 따라 달라진다.
② 일상생활을 하는 데 필요한 단위시간당 에너지양이다.
③ 일반적으로 체격이 크고 젊은 남성의 기초대사량이 크다.

해답 25. ① 26. ① 27. ③ 28. ① 29. ② 30. ②

④ 공복상태로 쾌적한 온도에서 신체적 휴식을 취하는 엄격한 조건에서 측정한다.

(해설) 기초대사량(BMR)
생명을 유지하기 위한 최소한의 에너지소비량을 의미하며, 성, 연령, 체중은 개인의 기초대사량에 영향을 주는 요인이다.

31 신체의 지지와 보호 및 조혈 기능을 담당하는 것은?

① 근육계 ② 순환계
③ 신경계 ④ 골격계

(해설) 골격계의 기능
① 인체의 지주 역할을 한다.
② 가동성 연결, 즉 관절을 만들고, 골격근의 수축에 의해 운동기로서 작용한다.
③ 체강의 기초를 만들고 내부의 장기들을 보호한다.
④ 골수는 조혈기능을 갖는다.
⑤ 칼슘, 인산의 중요한 저장고가 되며, 나트륨과 마그네슘 이온의 작은 저장고역할을 한다.

32 진동에 의한 영향으로 틀린 것은?

① 심박수가 감소한다.
② 약간의 과도(過度) 호흡이 일어난다.
③ 장시간 노출 시 근육 긴장을 증가시킨다.
④ 혈액이나 내분비의 화학적 성질이 변하지 않는다.

(해설) 진동의 영향
진동이 발생하면 인체의 심박수가 증가하게 된다.

33 실내표면의 추천 반사율이 높은 곳에서 낮은 순으로 맞게 나열된 것은?

① 창문 발(blind)-사무실 천정-사무용 기기-사무실 바닥
② 사무실 바닥-사무실 천정-창문 발(blind)-사무용 기기
③ 사무실 천정-창문 발(blind)-사무용 기기-사무실 바닥
④ 사무용 기기-사무실 바닥-사무실 천정-창문 발(blind)

(해설) 실내의 추천반사율
① 천장: 80~90%
② 벽: 40~60%
③ 가구, 사무용기기, 책상: 25~45%
④ 바닥: 20~40%

34 육체적 작업을 위하여 휴식시간을 산정할 때 가장 관련이 깊은 척도는?

① 눈 깜박임 수(blink rate)
② 점멸융합주파수(flicker test)
③ 부정맥 지수(cardiac arrhythmia)
④ 에너지 대사율(Relative Metabolic Rate)

(해설) 에너지 대사율(Relative Metabolic Rate)
작업부하량에 따라 휴식시간을 산정할 때, 가장 관련이 깊은 지수는 에너지대사율이다.

35 음식물을 섭취하여 기계적인 일과 열로 전환하는 화학적인 과정을 무엇이라 하는가?

① 에너지가 ② 산소 부채
③ 신진대사 ④ 에너지소비량

(해설) 신진대사(metabolism)
체내에 구성물질이나 축적되어 있는 단백질, 지방 등을 분해하거나 음식을 섭취하여 필요한 물질은 합성하여 기계적인 일이나 열을 만드는 화학적인 과정으로 신진대사라고 불린다.

36 작업장에서 8시간 동안 85 dB(A)로 2시간, 90 dB(A)로 3시간, 95 dB(A)로 3시간 소음에 노출되었을 경우 소음노출지수는?

① 0.975 ② 1.125
③ 1.25 ④ 1.5

(해설) 소음노출지수

해답 31. ④ 32. ① 33. ③ 34. ④ 35. ③ 36. ②

음압수준 dB(A)	노출 허용시간/일
90	8
95	4
100	2
105	1
110	0.5
115	0.25
–	0.125

누적소음노출지수

$$=\left(\frac{3}{8}\times 100\right)+\left(\frac{3}{4}\times 100\right)=1.125\%$$

37 근육의 수축에 대한 설명으로 틀린 것은?

① 근육이 최대로 수축할 때 Z선이 A대에 맞닿는다.
② 근섬유(muscle fiber)가 수축하면 I대 및 H대가 짧아진다.
③ 근육이 수축할 때 근세사(myofilament)의 원래 길이는 변하지 않는다.
④ 근육이 수축하면 굵은 근세사(myofilament)가 가는 근세사 사이로 미끄러져 들어간다.

해설 근육수축의 원리
① 액틴과 미오신 필라멘트의 길이는 변하지 않는다.
② 근섬유가 수축하면 I대와 H대가 짧아진다.
③ 최대로 수축했을 때는 Z선이 A대에 맞닿고 I대는 사라진다.
④ 각 섬유는 일정한 힘으로 수축하며, 근육 전체가 내는 힘은 활성화된 근섬유 수에 의해 결정된다.

38 교대작업에 대한 설명으로 틀린 것은?

① 일반적으로 야간 근무자의 사고 발생률이 높다.
② 교대작업은 생산설비의 가동률을 높이고자 하는 제도 중의 하나이다.
③ 교대작업 주기를 자주 바꿔주는 것이 근무자의 건강에 도움이 된다.
④ 상대적으로 가벼운 작업을 야간 근무조에 배치하고 업무 내용을 탄력적으로 조정한다.

해설 교대작업자의 건강관리
① 확정된 업무 스케줄을 계획하고 정기적으로 예측 가능하도록 한다.
② 연속적인 야간근무를 최소화한다.
③ 자유로운 주말계획을 갖도록 한다.
④ 긴 교대기간을 두고 잔업은 최소화한다.

39 생체역학 용어에 대한 설명으로 틀린 것은?

① 힘의 3요소는 크기, 방향, 작용점이다.
② 벡터(vector)는 크기와 방향을 갖는 양이다.
③ 스칼라(scalar)는 벡터량과 유사하나 방향이 다르다.
④ 모멘트(moment)란 변형시킬 수 있거나 회전시킬 수 있는 관절에 가해지는 힘이다.

해설 스칼라(scalar)
스칼라는 질량, 온도, 일, 에너지 등, 크기(magnitude)만을 지니고 있다.

40 눈으로 볼 수 있는 빛의 가시광선 파장에 속하는 것은?

① 250 nm ② 600 nm
③ 1,000 nm ④ 1,200 nm

해설 시감각
인간의 눈이 느낄 수 있는 빛(가시광선)의 파장은 380~780 nm이며, 그보다 긴 적외선과 전파, 또 이것보다 짧은 X선, Y선 등은 가시범위 밖에 있다.

3 산업심리학 및 관련법규

41 재해예방의 4원칙에 해당되지 않는 것은?

① 예방가능의 원칙

해답 37. ④ 38. ③ 39. ③ 40. ② 41. ③

② 손실우연의 원칙
③ 보상분배의 원칙
④ 대책선정의 원칙

해설 재해예방의 4원칙
① 예방가능의 원칙
② 손실우연의 원칙
③ 원인계기의 원칙
④ 대책선정의 원칙

42 원자력발전소 주제어실의 직무는 4명의 운전원으로 구성된 근무조에 의해 수행되고, 이들의 직무 간에는 서로 영향을 끼치게 된다. 근무조원 중 1차 계통의 운전원 A와 2차 계통의 운전원 B 간의 직무는 중간 정도의 의존성(15%)이 있다. 그리고 운전원 A의 기초 인간실수확률 HEP Prob{A} = 0.001일 때, 운전원 B의 직무실패를 조건으로 한 운전원 A의 직무실패확률은? (단, THERP 분석법을 사용한다.)

① 0.151　② 0.161
③ 0.171　④ 0.181

해설 THERP 분석법

$$\text{Prob}\{N \mid N-1\} = (\%\text{dep})1.0 + (1-\%\text{dep})\text{Prob}\{N\}$$

B가 실패일 때 A의 실패확률: Prob{A|B}
= (0.15) × 1.0 + (1 − 0.15) × (0.001)
= 0.15075
≒ 0.151

43 작업자의 인지과정을 고려한 휴먼에러의 정성적 분석방법이 아닌 것은?

① 연쇄적 오류모형
② GEMS(Generic Error Modeling System)
③ PHECA(Potential Human Error Cause Analysis)
④ CREAM(Cognitive Reliability Error Analysis Method)

해설 PHECA
PHECA는 인지과정이 아닌 작업수행단계에서 휴먼에러를 분석한다.

44 손과 발 등의 동작시간과 이동시간이 표적의 크기와 표적까지의 거리에 따라 결정된다는 법칙은?

① Fitts의 법칙
② Alderfer의 법칙
③ Rasmussen의 법칙
④ Hicks-Hymann의 법칙

해설 Fitts의 법칙
표적이 작을수록, 그리고 이동거리가 길수록 작업의 난이도와 소요 이동시간이 증가한다.

45 안전 수단을 생략하는 원인으로 적합하지 않은 것은?

① 감정　② 의식과잉
③ 피로　④ 주변의 영향

해설 안전 수단을 생략(단락)하는 경우
① 의식과잉
② 피로 또는 과로
③ 주변 영향

46 많은 동작들이, 바뀌는 신호등이나 청각적 경계 신호와 같은 외부자극을 계기로 하여 시작된다. 자극이 있은 후 동작을 개시할 때까지 걸리는 시간은 무엇이라 하는가?

① 동작시간　② 반응시간
③ 감지시간　④ 정보처리 시간

해설 반응시간
어떠한 자극을 제시하고 여기에 대한 반응이 발생하기까지의 소요시간을 반응시간(Reaction Time ; RT)이라고 한다.

해답 **42.** ① **43.** ③ **44.** ① **45.** ① **46.** ②

47 피로의 생리학적(physiological) 측정방법과 거리가 먼 것은?

① 뇌파 측정(EEG)
② 심전도 측정(ECG)
③ 근전도 측정(EMG)
④ 변별역치 측정(촉각계)

해설 피로의 생리학적 측정방법
① 근전도(EMG): 근육활동의 전위차를 기록한다.
② 심전도(ECG): 심장근육활동의 전위차를 기록한다.
③ 뇌전도(EEG): 신경활동의 전위차를 기록한다.
④ 안전도(EOG): 안구운동의 전위차를 기록한다.
⑤ 산소소비량
⑥ 에너지소비량(RMR)
⑦ 피부전기 반사(GSR)
⑧ 점멸융합주파수(플리커법)

48 통제적 집단행동 요소가 아닌 것은?

① 관습 ② 유행
③ 군중 ④ 제도적 행동

해설 통제 있는 집단행동
① 관습: 풍습, 도덕규범, 예의, 금기 등으로 나누어진다.
② 제도적 행동: 합리적으로 집단구성원의 행동을 통제하고 표준화함으로써 집단의 안정을 유지하려는 것이다.
③ 유행: 집단 내의 공통적인 행동양식이나 태도 등을 말한다.

49 A사업장의 도수율이 2로 계산되었다면, 이에 대한 해석으로 가장 적절한 것은?

① 근로자 1,000명당 1년 동안 발생한 재해자 수가 2명이다.
② 근로자 1,000명당 1년간 발생한 사망자 수가 2명이다.
③ 연 근로시간 1,000시간당 발생한 근로손실일수가 2일이다.
④ 연 근로시간 합계 100만(man-hour) 시간당 2건의 재해가 발생하였다.

해설 도수율

$$\text{도수율}(FR) = \frac{\text{재해발생 건수}}{\text{연근로시간수}} \times 10^6$$

도수율은 산업재해의 발생빈도를 나타내는 것으로 연 근로시간 합계 100만 시간당 발생건수이다.

50 제조물책임법에서 동일한 손해에 대하여 배상할 책임이 있는 사람이 최소한 몇 명 이상이어야 연대하여 그 손해를 배상할 책임이 있는가?

① 2인 이상 ② 4인 이상
③ 6인 이상 ④ 8인 이상

해설 손해배상의 범위
동일한 손해에 대하여 배상책임이 있는 자가 2인 이상인 경우 연대하여 손해를 배상한다.

51 동기를 부여하는 방법이 아닌 것은?

① 상과 벌을 준다.
② 경쟁을 자제하게 한다.
③ 근본이념을 인식시킨다.
④ 동기부여의 최적수준을 유지한다.

해설 동기부여를 위해서는 적절한 경쟁이 필요하다.

52 정서노동(emotional labor)의 정의를 가장 적절하게 설명한 것은?

① 스트레스가 심한 사람을 상대하는 노동
② 정서적으로 우울 성향이 높은 사람을 상대하는 노동
③ 조직에 부정적 정서를 갖고 있는 종업원들의 노동
④ 자신이 느끼는 원래 정서와는 다른 정서를 고객에게 의무적으로 표현해야 하는 노동

해설 정서노동(emotional labor)
조직 내 종업원이 자신이 실제로 느끼는 정서나 감정을 표현하지 않고 조직이 바람직하다고 여기는 정서

해답 47. ④ 48. ③ 49. ④ 50. ① 51. ② 52. ④

나 감정을 표현하기 위해 노력하는 것을 정서노동이라 한다.

53 다음은 인적 오류가 발생한 사례이다. Swain Guttman이 사용한 개별적 독립행동에 의한 오류 중 어느 것에 해당하는가?

다음

컨베이어 벨트 수리공이 작업을 시작하면서 동료에게 컨베이어 벨트의 작동버튼을 살짝 눌러서 벨트를 조금만 움직이라고 이른 뒤 수리작업을 시작하였다. 그러나 작동버튼 옆에서 서성이던 동료가 순간적으로 중심을 잃으면서 작동버튼을 힘껏 눌러 컨베이어벨트가 전속력으로 움직이며 수리공의 신체 일부가 끼이는 사고가 발생하였다.

① 시간 오류(timing error)
② 순서 오류(sequence error)
③ 부작위 오류(omission error)
④ 작위 오류(commission error)

해설 작위 오류(commission error)
작위 오류란 필요한 작업 또는 절차의 불확실한 수행으로 인한 에러이다.

54 재해 발생원인 중 불안전한 상태에 해당하는 것은?

① 보호구의 결함
② 불안전한 조장
③ 안전장치 기능의 제거
④ 불안전한 자세 및 위치

해설 물적원인: 불안전한 상태
① 물 자체의 결함
② 안전방호 장치의 결함
③ 복장, 보호구의 결함
④ 기계의 배치 및 작업장소의 결함
⑤ 작업환경의 결함
⑥ 생산 공정의 결함
⑦ 경계표시 및 설비의 결함

55 호손(Hawthorne) 연구의 내용으로 맞는 것은?

① 종업원의 이직률을 결정하는 중요한 요인은 임금 수준이다.
② 호손 연구의 결과는 맥그리거(McGregor)의 XY 이론 중 X 이론을 지지한다.
③ 작업자의 작업능률은 물리적인 작업조건보다는 인간관계의 영향을 더 많이 받는다.
④ 종업원의 높은 임금 수준이나 좋은 작업조건 등은 개인의 직무에 대한 불만족을 방지하고 직무동기 수준을 높인다.

해설 호손(Hawthorne) 연구
작업장의 물리적 환경보다는 작업자들의 동기부여, 의사소통 등 인간관계가 더 중요하다는 것을 밝힌 연구이다.

56 전술적(tactical) 에러, 전략적(operational) 에러, 그리고 관리구조(organizational) 결함 등의 용어를 사용하여 사고연쇄반응에 대한 이론을 제안한 사람은?

① 버드(Bird)
② 아담스(Adams)
③ 웨버(Weaver)
④ 하인리히(Heinrich)

해설 아담스(Adams)의 연쇄이론
① 관리구조: 목적(수행표준, 사정, 측정), 조직(명령체제, 관리의 범위, 권한과 임무의 위임, 스탭), 운영(설계, 설비, 조달, 계획, 절차, 환경등)
② 작전적(전략적) 에러: 관리자나 감독자에 의해서 만들어진 에러이다.
- 관리자의 행동: 정책, 목표, 권위, 결과에 대한 책임, 책무, 주위의 넓이, 권한 위임 등과 같은 영역에서 의사결정이 잘못 행해지든가 행해지지 않는다.
- 감독자의 행동: 행위, 책임, 권위, 규칙, 지도,

정답 53. ④ 54. ① 55. ③ 56. ②

주도성(솔선수범), 의욕, 업무(운영) 등과 같은 영역에서 관리상의 잘못 또는 생략이 행해진다.

③ 전술적 에러: 불안전한 행동 및 불안전한 상태를 전술적 에러라고 한다.

④ 사고: 사고의 발생 부상해 사고, 물적 손실사고

⑤ 상해 또는 손해: 대인, 대물

57 스트레스 수준과 수행(성능) 사이의 일반적 관계는?

① W형 ② 뒤집힌 U형

③ U자형 ④ 증가하는 직선형

(해설) 스트레스와 직무업적과의 관계

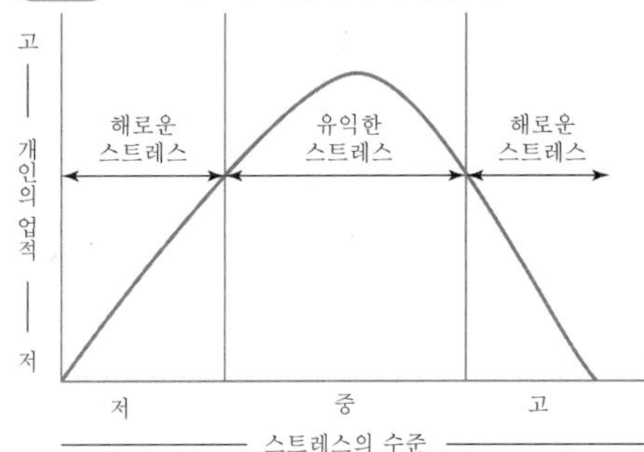

58 리더십 이론 중 관리 그리드 이론에서 인간에 대한 관심이 높은 유형으로만 나열된 것은?

① 인기형, 타협형 ② 인기형, 이상형

③ 이상형, 타협형 ④ 이상형, 과업형

(해설) 관리격자모형 이론

① (1,1)형: 인간과 업적에 모두 최소의 관심을 가지고 있는 무기력형(impoverished style)이다.

② (1,9)형: 인간중심 지향적으로 업적에 대한 관심이 낮다. 이는 컨트리클럽형(country-club style) 또는 인기형이라고 한다.

③ (9,1)형: 업적에 대하여 최대의 관심을 갖고, 인간에 대하여 무관심하다. 이는 과업형(task style)이다.

④ (9,9)형: 업적과 인간의 쌍방에 대하여 높은 관심을 갖는 이상형이다. 이는 팀형(team style) 또는 이상형이라고 한다.

⑤ (5,5)형: 업적 및 인간에 대한 관심도에 있어서 중간값을 유지하려는 리더형이다. 이는 중도형(middle-of-the road style)이다.

59 미사일을 탐지하는 경보 시스템이 있다. 조작자는 한 시간마다 일련의 스위치를 작동해야 하는데 휴먼에러확률(HEP)은 0.01이다. 2시간에서 5시간까지의 인간 신뢰도는 약 얼마인가?

① 0.9412 ② 0.9510

③ 0.9606 ④ 0.9703

(해설) 연속적 직무에서 인간신뢰도

연속적 직무에서 인간신뢰도는

$$R(t_1, t_2) = e^{-\lambda(t_2 - t_1)} = e^{-0.01(5-2)} = 0.9703$$

60 게스탈트 지각원리에 해당하지 않는 것은?

① 근접성의 원리

② 유사성의 원리

③ 부분 우세 원리

④ 대칭성 원리

(해설) 게스탈트의 7가지 원칙

① 근접성

② 유사성

③ 연속성

④ 폐쇄성

⑤ 단순성

⑥ 공동 운명성

⑦ 대칭성

4 근골격계질환 예방을 위한 작업관리

61 어느 회사의 컨베이어 라인에서 작업순서가 다음 표의 번호와 같이 구성되어 있을 때, 설명 중 맞는 것은?

작업	① 조립	② 납땜	③ 검사	④ 포장
작업시간(초)	10초	9초	8초	7초

해답 57. ② 58. ② 59. ④ 60. ③ 61. ①

① 공정 손실은 15%이다.

② 애로 작업은 검사작업이다.

③ 라인의 주기 시간은 7초이다.

④ 라인의 시간당 생산량은 6개이다.

해설 REBA

① $\text{공정 손실} = \dfrac{\text{총 유휴시간}}{\text{작업자 수} \times \text{주기시간}}$

$= \dfrac{6}{4 \times 10} = 0.15$

② 애로 작업: 조립작업(작업시간이 가장 긴 작업)

③ 주기 시간: 가장 긴 작업이 10초이므로 10초

④ 시간당 생산량

1개에 10초 걸리므로 $\dfrac{3.600\text{초}}{10\text{초}} = 360\text{개}$

62 1시간을 TMU(Time Measurement Unit)로 환산한 것은?

① 0.036 TMU ② 27.8 TMU

③ 1667 TMU ④ 100000 TMU

해설 TMU(Time Measurement Unit)

1 TMU = 0.00001시간 = 0.0006분 = 0.036초

1시간 = 100,000 TMU

63 들기작업의 안전작업 범위 중 주의작업 범위에 해당하는 것은?

① 팔을 몸체에 붙이고 손목만 위, 아래로 움직일 수 있는 범위

② 팔은 완전히 뻗쳐서 손을 어깨까지 올리고 허벅지까지 내리는 범위

③ 물체를 놓치기 쉽거나 허리가 안전하게 그 무게를 지탱할 수 없는 범위

④ 팔꿈치를 몸의 측면에 붙이고 손이 어깨 높이에서 허벅지 부위까지 닿을 수 있는 범위

해설 들기작업의 안전작업 범위

① 가장 안전한 작업 범위: 팔을 몸체부에 붙이고 손목만 위, 아래로 움직일 수 있는 범위이다.

② 안전작업 범위: 팔꿈치를 몸의 측면에 붙이고 손이 어깨 높이에서 허벅지 부위까지 닿을 수 있는 범위이다.

③ 주의작업 범위: 팔을 완전히 뻗쳐서 손을 어깨까지 올리고 허벅지까지 내리는 범위이다.

④ 위험작업 범위: 몸의 안전작업 범위에서 완전히 벗어난 상태에서 작업을 하면 물체를 놓치기 쉬울 뿐만 아니라 허리가 안전하게 그 무게를 지탱할 수가 없다.

64 근골격계질환의 예방 원리에 관한 설명으로 가장 적절한 것은?

① 예방이 최선의 정책이다.

② 작업자의 정신적 특징 등을 고려하여 작업장을 설계한다.

③ 공학적 개선을 통해 해결하기 어려운 경우에는 그 공정을 중단한다.

④ 사업장 근골격계질환의 예방정책에 노사가 협의하면 작업자의 참여는 중요하지 않다.

해설 효과적인 근골격계질환 관리를 위한 실행원칙

① 인식의 원칙

② 노사 공동참여의 원칙

③ 전사적 지원의 원칙

④ 사업장 내 자율적 해결의 원칙

⑤ 시스템적 접근의 원칙

⑥ 지속적 관리 및 사후평가의 원칙

⑦ 문서화의 원칙

65 작업관리의 궁극적인 목적인 생산성 향상을 위한 대상 항목이 아닌 것은?

① 노동 ② 기계

③ 재료 ④ 세금

해설 작업관리의 목적

① 최선의 방법발견(방법개선)

② 방법, 재료, 설비, 공구 등의 표준화

③ 제품품질의 균일

④ 생산비의 절감

⑤ 새로운 방법의 작업지도

⑥ 안전

해답 **62.** ④ **63.** ② **64.** ① **65.** ④

66 NIOSH의 들기작업 지침에서 들기지수 값이 1이 되는 경우 대상 중량물의 무게는 얼마인가?

① 18 kg　　② 21 kg
③ 23 kg　　④ 25 kg

해설 들기지수(LI) = 작업물 무게 / RWL

RWL
$= LC \times HM \times VM \times DM \times AM \times FM \times CM$

$LC = $ 부하상수 $= 23$ kg

$HM = $ 수평계수 $= 25/H$

$VM = $ 수직계수 $= 1-(0.003 \times |V-75|)$

$DM = $ 거리계수 $= 0.82+(4.5/D)$

$AM = $ 대칭계수 $= 1-(0.0032 \times A)$

$FM = $ 빈도계수(표 이용)

$CM = $ 결합계수(표 이용)

RWL을 계산하는 데 있어서의 상수로 23 kg이다. 다른 계수들은 전부 0~1 사이의 값을 가지므로 RWL은 어떤 경우에도 23 kg을 넘지 않는다.

67 작업연구의 내용과 가장 관계가 먼 것은?

① 재고량 관리
② 표준시간의 산정
③ 최선의 작업방법 개발과 표준
④ 최적 작업방법에 의한 작업자 훈련

해설 작업연구(Work Study)
낭비를 최소화하고 인간이 좀 더 편할 수 있는 작업방법을 연구하여, 이를 표준화하기 위한 방법론을 말한다.

68 설비배치를 분석하는 데 있어 가장 필요한 것은?

① 서블릭　　② 유통선도
③ 관리도　　④ 간트차트

해설 유통선도(flow diagram)
제조과정에서 발생하는 작업, 운반, 정체, 검사, 보관 등의 사항이 생산현장의 어느 위치에서 발생하는가를 알 수 있도록 부품의 이동 경로를 배치도 상에 선으로 표시한 후, 유통공정도에서 사용되는 기호와 번호를 발생위치에 따라 유통 선상에 표시한 도표이다.

유통선도의 용도
① 시설재배치(운반 거리의 단축)
② 기자재 소통상 혼잡지역 파악
③ 공정과정 중 역류 현상 점검

69 다음 중 작업 대상물의 품질 확인이나 수량의 조사, 검사 등에 사용되는 공정도 기호에 해당하는 것은?

① ○　　② □
③ △　　④ ⇨

해설 공정기호

가공	운반	정체	저장	검사
○	⇨	D	▽	□

70 작업개선에 따른 대안을 도출하기 위한 사항과 가장 거리가 먼 것은?

① 다른 사람에게 열심히 탐문한다.
② 유사한 문제로부터 아이디어를 얻도록 한다.
③ 현재의 작업방법을 완전히 잊어버리도록 한다.
④ 대안 탐색 시에는 양보다 질에 우선순위를 둔다.

해설 대안을 용이하고 효과적으로 탐색하는 방법
대안의 탐색 시에 질보다는 양에다 우선순위를 둔다.

71 근골격계질환 중 손과 손목에 관련된 질환으로 분류되지 않는 것은?

① 결절종(Ganglion)
② 수근관증후군(Carpal Tunnel Syndrome)
③ 회전근개증후군(Rotator Cuff Syndrome)
④ 드퀘르뱅 건초염(Dequervain's Syndrome)

해답 66. ③ 67. ① 68. ② 69. ② 70. ④ 71. ③

해설 손과 손목부위의 근골격계질환
① Guyon 골관에서의 척골신경 포착 신경병증
② Dequervain's Disease, 수근관터널증후군
③ 무지수근 중수관절의 퇴행성관절염
④ 수부의 퇴행성관절염
⑤ 방아쇠 수지 및 무지
⑥ 결절종
⑦ 수완·완관절부의 건염이나 건활막염

회전근개증후군은 어깨와 관련된 질환이다.

72 근골격계질환 발생의 주요한 작업 위험 요인으로 분류하기에 적절하지 않는 것은?

① 부적절한 휴식
② 과도한 반복 작업
③ 작업 중 과도한 힘의 사용
④ 작업 중 적절한 스트레칭의 부족

해설 근골격계질환의 작업특성 요인
① 반복성
② 부자연스런 또는 취하기 어려운 자세
③ 과도한 힘
④ 접촉스트레스
⑤ 진동
⑥ 온도, 조명 등 기타 요인

73 근골격계질환 예방·관리 프로그램의 실행을 위한 보건관리자의 역할과 가장 밀접한 관계가 있는 것은?

① 기본 정책을 수립하여 근로자에게 알려야 한다.
② 예방·관리 프로그램의 수립 및 수정에 관한 사항을 결정한다.
③ 예방·관리 프로그램의 개발·평가에 적극적으로 참여하고 준수한다.
④ 주기적인 근로자 면담 등을 통하여 근골격계질환 증상 호소자를 조기에 발견하는 일을 한다.

해설 보건관리자의 역할
① 주기적으로 작업장을 순회하여 근골격계질환을 유발하는 작업공정 및 작업유해 요인을 파악한다.
② 주기적인 작업자 면담 등을 통하여 근골격계질환 증상 호소자를 조기에 발견하는 일을 한다.
③ 7일 이상 지속되는 증상을 가진 작업자가 있을 경우 지속적인 관찰, 전문의 진단의뢰 등의 필요한 조치를 한다.
④ 근골격계 질환자를 주기적으로 면담하여 가능한 한 조기에 작업장에 복귀할 수 있도록 도움을 준다.
⑤ 예방·관리 프로그램 운영을 위한 정책결정에 참여한다.

74 유해요인의 공학적 개선사례로 볼 수 없는 것은?

① 로봇을 도입하여 수작업을 자동화하였다.
② 중량물 작업 개선을 위하여 호이스트를 도입하였다.
③ 작업량 조정을 위하여 컨베이어의 속도를 재설정하였다.
④ 작업피로감소를 위하여 바닥을 부드러운 재질로 교체하였다.

해설 공학적 개선
공학적 개선은 ① 공구·장비, ② 작업장, ③ 포장, ④ 부품, ⑤ 제품의 재배열, 수정, 재설계, 교체 등을 말한다. 작업량조정을 위하여 컨베이어의 속도를 재설정하는 것은 관리적 개선사례이다.

75 신체 사용에 관한 동작경제 원칙으로 틀린 것은?

① 두 손은 순차적으로 동작하도록 한다.
② 두 팔의 동작은 동시에 서로 반대방향에서 대칭적으로 움직이도록 한다.
③ 손과 신체의 동작은 작업을 원만하게 처리할 수 있는 범위 내에서 가장 낮은 동작등급을 사용한다.
④ 가능한 관성을 이용하여 작업을 하되, 작업자가 관성을 억제해야 하는 경우에

해답 **72.** ④ **73.** ④ **74.** ③ **75.** ①

는 발생하는 관성을 최소한으로 줄인다.

해설 신체의 사용에 관한 원칙
양손은 동시에 동작을 시작하고, 또 끝마쳐야 한다.

76 정미시간이 0.177분인 작업을 여유율 10%에서 외경법으로 계산하면 표준시간이 0.195분이 된다. 이를 8시간 기준으로 계산하면 여유시간은 총 44분이 된다. 같은 작업을 내경법으로 계산할 경우 8시간 기준으로 총 여유시간은 약 몇 분이 되겠는가?

① 12분 ② 24분
③ 48분 ④ 60분

해설 내경법
표준시간(ST)=정미시간(NT)×(1/1−여유율)
=0.177×(1/1−0.1)
=0.1967(분)
8시간 근무 중 총 정미시간
=480×(0.177/0.1967)=432(분)
8시간 근무 중 총 여유시간
=480−432=48(분)

77 작업측정에 관한 설명으로 틀린 내용은?

① 정미시간은 반복생산에 요구되는 여유시간을 포함한다.
② 인적여유는 생리적 욕구에 의해 작업이 지연되는 시간을 포함한다.
③ 레이팅은 측정 작업 시간을 정상작업 시간으로 보정하는 과정이다.
④ TV조립공정과 같이 짧은 주기의 작업은 비디오 촬영에 의한 시간연구법이 좋다.

해설 정미시간(Normal Time ; NT)
정미시간은 정상시간이라고도 하며, 매회 또는 일정한 간격으로 주기적으로 발생하는 작업요소의 수행시간이다. 표준시간은 정미시간에 여유시간을 더하여 구해진다.

78 워크샘플링 방법 중 관측을 등간격 시점마다 행하는 것은?

① 랜덤 샘플링
② 층별 비례 샘플링
③ 체계적 워크샘플링
④ 퍼포먼스 워크샘플링

해설 체계적 워크샘플링(Systematic Work-sampling)
체계적 워크샘플링은 관측시각을 균등한 시간 간격으로 만들어 워크샘플링 하는 방법으로, 편의의 발생 염려가 없는 경우나 각 작업요소가 랜덤하게 발생할 경우나 작업에 주기성이 있어도 관측간격이 작업요소의 주기보다 짧은 경우에 적용된다.

79 OWAS에 대한 설명이 아닌 것은?

① 핀란드에서 개발되었다.
② 중량물의 취급은 포함하지 않는다.
③ 정밀한 작업자세 분석은 포함하지 않는다.
④ 작업자세를 평가 또는 분석하는 checklist이다.

해설 OWAS(Ovako Working-posture Analysing System)는 핀란드의 철강회사인 Ovako사와 핀란드 노동위생연구소가 1970년 중반에 육체작업에 있어서 부적절한 작업자세를 구별해낼 목적으로 개발한 평가기법이다.

OWAS 특징
① 특별한 기구 없이 관찰에 의해서만 작업자세를 평가할 수 있다.
② 현장에서 기록 및 해석의 용이함 때문에 많은 작업장에서 작업자세를 평가한다.
③ 평가기준을 완비하여 분명하고 간편하게 평가할 수 있다.
④ 현장성이 강하면서도 상지와 하지의 작업분석이 가능하며, 작업 대상물의 무게를 분석요인에 포함한다.

해답 76. ③ 77. ① 78. ③ 79. ②

80 **문제분석을 위한 기법 중 원과 직선을 이용하여 아이디어 문제, 개념 등을 개괄적으로 빠르게 설정할 수 있도록 도와주는 연역적 추론 기법에 해당하는 것은?**

① 공정도(process chart)

② 마인드 맵핑(Mind mapping)

③ 파레토 차트(pareto chart)

④ 특성요인도(cause and effect diagram)

해설 마인드 맵핑(Mind mapping)

원과 직선을 이용하여 아이디어 문제, 개념 등을 객관적으로 빠르게 설정할 수 있도록 도와주는 연역적 추론 기법

① 공정도: 공정의 이해를 돕고 개선을 위해 간결하게 도표로 공정을 기록해 두는 방법

② 파레토 분석: 문제가 되는 요인들을 규명하고 동일한 스케일을 사용하여 누적분포를 그리면서 오름차순으로 정리한다.

③ 특성요인도: 원인 결과도라고도 부르며 바람직하지 않은 사건에 대한 결과를 물고기의 머리, 이러한 결과를 초래한 원인을 물고기의 뼈로 표현하여 분석하는 기법이다.

해답 80. ②

인간공학기사 필기시험 문제풀이 7회[181]

1 인간공학 개론

1 청각의 특성 중 2개음 사이의 진동수 차이가 얼마 이상이 되면 울림(beat)이 들리지 않고 각각 다른 두 개의 음으로 들리는가?

① 5 Hz ② 11 Hz
③ 22 Hz ④ 33 Hz

해설 청각의 특성
2개음 사이의 진동수 차이가 33 Hz 이상이 되면 울림(beat)이 들리지 않고 각각 다른 두 개의 음으로 들린다.

2 작업대 공간의 배치 원리와 가장 거리가 먼 것은?

① 기능성의 원리
② 사용순서의 원리
③ 중요도의 원리
④ 오류 방지의 원리

해설 작업대 공간배치의 원리
① 중요성의 원칙
② 사용빈도의 원칙
③ 기능별 배치의 원칙
④ 사용순서의 원칙

3 사용자의 기억단계에 대한 설명으로 맞는 것은?

① 잔상은 단기기억(short-term memory)의 일종이다.
② 인간의 단기기억(short-term memory) 용량은 유한하다.
③ 장기기억을 작업기억(working memory)이라고도 한다.
④ 정보를 수초 동안 기억하는 것을 장기기억(long-term memory)이라 한다.

해설 단기기억의 용량
단기기억의 용량은 7±2청크(chunk)이다.

4 시스템의 성능 평가척도의 설명으로 맞는 것은?

① 적절성-평가척도가 시스템의 목표를 잘 반영해야 한다.
② 실제성-기대되는 차이에 적합한 단위로 측정할 수 있어야 한다.
③ 무오염성-비슷한 환경에서 평가를 반복할 경우에 일정한 결과를 나타낸다.
④ 신뢰성-측정하려는 변수 이외의 다른 변수들의 영향을 받지 않아야 한다.

해답 1. ④ 2. ④ 3. ② 4. ①

해설 시스템의 성능 평가척도

① 적절성: 기준이 의도된 목적에 적당하다고 판단되는 정도를 말한다.
② 무오염성: 기준척도는 측정하고자 하는 변수 외의 다른 변수들의 영향을 받아서는 안 된다.
③ 기준척도의 신뢰성: 다루게 될 체계나 부품의 신뢰도 개념과는 달리 사용되는 척도의 신뢰성, 즉 반복성을 말한다.

5 최소치를 이용한 인체측정치 원리를 적용해야 할 것은?

① 문의 높이
② 안전대의 하중 강도
③ 비상탈출구의 크기
④ 기구조작에 필요한 힘

해설 최소집단값에 의한 설계
선반의 높이, 조작에 필요한 힘 등을 정할 때에는 최대집단값이 아닌 최소집단값을 사용하여 설계한다.

6 그림은 인간-기계 통합 체계의 인간 또는 기계에 의해서 수행되는 기본 기능의 유형이다. 그림의 A 부분에 가장 적합한 내용은?

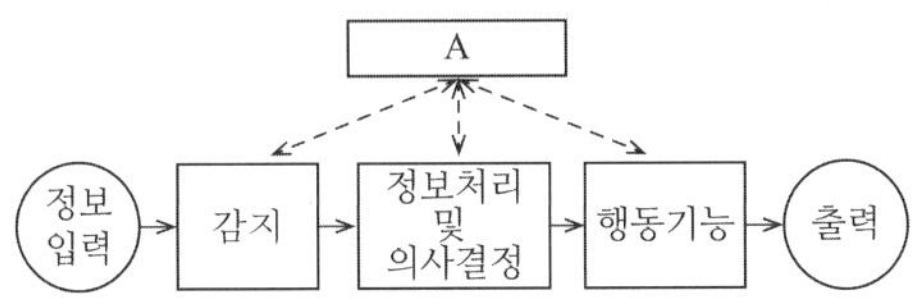

① 통신　　② 정보수용
③ 정보보관　　④ 신체제어

해설 정보의 보관(information storage)
인간기계 시스템에 있어서의 정보보관은 인간의 기억과 유사하며, 여러 가지 방법으로 기록된다. 또한 대부분은 코드화나 상징화된 형태로 저장된다.

7 동적 표시장치에 해당하는 것은?

① 도표　　② 지도
③ 속도계　　④ 도로표지판

해설 동적(dynamic) 표시장치
어떤 변수나 상황을 나타내는 표시장치 혹은 어떤 변수를 조종하거나 맞추는 것을 돕기 위한 것이다.
예) 온도계, 기압계, 속도계, 고도계, 레이더

8 조종장치에 대한 설명으로 맞는 것은?

① C/R비가 크면 민감한 장치이다.
② C/R비가 작은 경우에는 조종장치의 조종시간이 적게 필요하다.
③ C/R비가 감소함에 따라 이동시간은 감소하고, 조종시간은 증가한다.
④ C/R비는 반응장치의 움직인 거리를 조종장치의 움직인 거리로 나눈 값이다.

해설 C/R비가 감소함에 따라 이동시간은 감소하고, 조종시간은 증가한다.

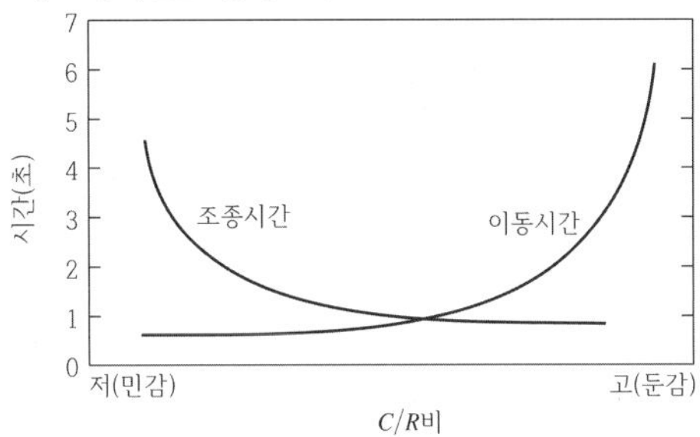

9 빛이 어떤 물체에 반사되어 나온 양을 지칭하는 용어는?

① 휘도(Brightness)
② 조도(Illumination)
③ 반사율(Reflectance)
④ 광량(Luminous intensity)

해설 휘도(Brightness)
표시장치에서 중요한 척도가 있는데, 단위면적당 표면에서 반사 또는 방출되는 광량을 말한다.

10 출입문, 탈출구, 통로의 공간, 줄사다리의 강도 등은 어떤 설계기준을 적용하는 것이 바람직한가?

① 조절식 원칙

해답 5. ④ 6. ③ 7. ③ 8. ③ 9. ① 10. ④

② 최소치수의 원칙

③ 평균치수의 원칙

④ 최대치수의 원칙

해설 최대집단값에 의한 설계
문, 탈출구, 통로 등과 같은 공간여유를 정하거나 줄사다리의 강도 등을 정할 때 사용한다.

11 음압수준이 100 dB인 1,000 Hz 순음이 sone값은 얼마인가?

① 32 ② 64
③ 128 ④ 256

해설 sone

sone값 $= 2^{(\text{phon값}-40)/10}$
$= 2^{(100-40)/10}$
$= 64$

12 인간공학과 관련된 용어로 사용되는 것이 아닌 것은?

① Ergonomics
② Just In Time
③ Human Factors
④ User Interface Design

해설 인간공학 관련 용어
- Ergonomics: 인간공학
- Human Factors: 인간과 기계 간의 관계와 상호작용을 연구하는 과학 또는 교육
- User Interface Design: 사용자 인터페이스 설계
- Just In time: 적시생산방식

13 양립성에 관한 설명으로 틀린 것은?

① 직무에 알맞은 자극과 응답방식에 대한 것을 직무 양립성이라고 한다.
② 표시장치와 제어장치의 움직임에 관련된 것을 운동 양립성이라고 한다.
③ 코드와 기호를 인간들의 사고에 일치시키는 것을 개념적 양립성이라고 한다.
④ 제어장치와 표시장치의 물리적 배열이 사용자 기대와 일치되도록 하는 것을 공간적 양립성이라고 한다.

해설 양립성(compatibility)
① 개념양립성(conceptual compatibility): 코드나 심벌의 의미가 인간이 갖고 있는 개념과 양립
② 운동양립성(movement compatibility): 조종기를 조작하거나 display상의 정보가 움직일 때 반응 결과가 인간의 기대와 양립
③ 공간양립성(spatial compatibility): 공간적 구성이 인간의 기대와 양립
④ 양식양립성(modality compatibility): 직무에 알맞은 자극과 응답의 양식의 존재에 대한 양립

14 반응시간이 가장 빠른 감각은?

① 미각 ② 후각
③ 시각 ④ 청각

해설 감각기관별 반응시간
① 청각: 0.17초
② 촉각: 0.18초
③ 시각: 0.20초
④ 미각: 0.29초
⑤ 통각: 0.70초

15 시스템의 평가척도 유형으로 볼 수 없는 것은?

① 인간 기준(human criteria)
② 관리 기준(management criteria)
③ 시스템 기준(system-descriptive criteria)
④ 작업성능 기준(task performance criteria)

해설 시스템 평가척도의 유형
① 시스템 기준: 시스템이 원래 의도하는 바를 얼마나 달성하는가를 나타내는 척도라고 할 수 있다.
② 작업성능 기준: 대개 작업의 결과에 관한 효율을 나타낸다.
③ 인간 기준: 작업실행 중의 인간의 행동과 응답을 다루는 것으로서 성능척도, 생리학적 지표, 주관적 반응 등으로 측정한다.

해답 11. ② 12. ② 13. ① 14. ④ 15. ②

16 시각장치를 사용하는 경우보다 청각장치가 더 유리한 경우는?

① 전언이 복잡할 때
② 전언이 후에 재참조될 때
③ 전언이 즉각적인 행동을 요구할 때
④ 직무상 수신자가 한곳에 머무를 때

해설 청각장치를 사용하는 경우
① 전달정보가 간단할 때
② 전달정보는 후에 재참조되지 않음
③ 전달정보가 즉각적인 행동을 요구할 때
④ 수신 장소가 너무 밝을 때
⑤ 직무상 수신자가 자주 움직이는 경우

17 표시장치를 사용할 때 자극 전체를 직접 나타내거나 재생시키는 대신, 정보나 자극을 암호화하는 경우가 흔하다. 이와 같이 정보를 암호화하는 데 있어서 지켜야 할 일반적 지침으로 볼 수 없는 것은?

① 암호의 민감성 ② 암호의 양립성
③ 암호의 변별성 ④ 암호의 검출성

해설 자극암호화의 일반적 지침
① 암호의 양립성
② 암호의 검출성
③ 암호의 변별성

18 암순응에 대한 설명으로 맞는 것은?

① 암순응 때에 원추세포는 감수성을 갖게 된다.
② 어두운 곳에서는 주로 간상세포에 의해 보게 된다.
③ 어두운 곳에서 밝은 곳으로 들어갈 때 발생한다.
④ 완전 암순응에는 일반적으로 5~10분 정도 소요된다.

해설 암순응(dark adaptation)
밝은 곳에서 어두운 곳으로 이동할 때의 순응을 암순응이라 하며, 두 가지 단계를 거치게 된다. 어두운 곳에서 원추세포는 색에 대한 감수성을 잃게 되고, 간상세포에 의존하게 된다.

※ 두 가지 순응단계
① 약 5분 정도 걸리는 원추세포의 순응단계
② 약 30~35분 정도 걸리는 간상세포의 순응단계

19 신호 검출이론에 의하면 시그널(Signal)에 대한 인간의 판정결과는 4가지로 구분되는데 이 중 시그널을 노이즈(Noise)로 판단한 결과를 지칭하는 용어는 무엇인가?

① 긍정(hit)
② 누락(miss)
③ 허위(false alarm)
④ 부정(correct rejection)

해설 신호검출이론
① 신호(시그널)의 정확한 판정: Hit
② 허위경보: False Alarm
③ 신호(시그널)검출 실패: Miss
④ 잡음을 제대로 판정: Correct Noise

20 발생확률이 0.1과 0.9로 다른 2개의 이벤트의 정보량은 발생 확률이 0.5로 같은 2개의 이벤트의 정보량에 비해 어느 정도 감소되는가?

① 51% ② 52%
③ 53% ④ 54%

해설 정보량
여러 개의 실현가능한 대안이 있을 경우

$$H=\sum_{i=1}^{n}P_i\log_2\left(\frac{1}{P_i}\right)$$
$$=0.1\times\log_2\left(\frac{1}{0.1}\right)+0.9\times\log_2\left(\frac{1}{0.9}\right)=0.47$$

실현가능성이 같은 n개의 대안이 있을 경우
$H=\log_2 N=\log_2 2=1$
∴ 1−0.47=0.53

해답 16. ③ 17. ① 18. ② 19. ② 20. ③

2 작업생리학

21 주파수가 가청영역 이하인 소음을 무엇이라고 하는가?

① 충격 소음 ② 초음파 소음
③ 간헐 소음 ④ 초저주파 소음

해설 가청주파수
가청주파수: 20~20,000 Hz
초저주파는 20 Hz 이하의 소리

22 한랭대책으로서 개인위생에 해당되지 않는 사항은?

① 과음을 피할 것
② 식염을 많이 섭취할 것
③ 더운 물과 더운 음식을 섭취할 것
④ 얼음 위에서 오랫동안 작업하지 말 것

해설 식염을 많이 섭취해야 하는 사항은 고열에 대한 대책이다.

23 최대산소소비능력(maximum aerobic power, MAP)에 대한 설명으로 틀린 것은?

① 근육과 혈액 중에 축적되는 젖산의 양이 감소
② 이 수준에서는 주로 혐기성 에너지 대사가 발생
③ 20세 전후로 최고가 되었다가 나이가 들수록 점차로 줄어듦
④ 산소섭취량이 일정수준에 도달하면 더 이상 증가하지 않는 수준

해설 산소부채(oxygen debt)
인체활동의 강도가 높아질수록 산소요구량은 증가된다. 이때 에너지 생성에 필요한 산소를 충분하게 공급해 주지 못하면 체내에 젖산이 축적되고 작업종료 후에도 체내에 쌓인 젖산을 제거하기 위하여 계속적으로 산소량이 필요하게 되며, 이에 필요한 산소량을 산소부채라고 한다.

24 정적 작업과 국소 근육피로에 대한 설명으로 적절하지 않은 것은?

① 근육이 발휘할 수 있는 힘의 최대치를 MVC라 한다.
② 국소 근육피로를 측정하기 위하여 산소 소비량이 측정된다.
③ 국소 근육피로는 정적인 근육수축을 요구하는 직무들에서 자주 관찰된다.
④ MVC의 10퍼센트 미만인 경우에만 정적 수축이 거의 무한하게 유지될 수 있다.

해설 근전도(electromyogram ; EMG)
근전도(electromyogram ; EMG)는 개별 근육이나 근육군의 국소 근육활동에 관한 척도로 이용된다.

25 장기간 침상 생활을 하던 환자의 뼈가 정상인의 뼈보다 쉽게 골절이 일어나는 이유는 뼈의 어떤 기능에 의해 설명 되는가?

① 재형성 기능 ② 조혈 기능
③ 지렛대 기능 ④ 지지 기능

해설 뼈의 기능
① 재형성 기능: 흡수와 형성을 반복해서 조직을 새롭게 구성한다.
② 조혈 기능: 혈액의 세포성분을 형성하는 것이다.
③ 지렛대 기능: 뼈에는 근육이 부착되어 있어 관절의 운동에 대해 지렛대의 역할 중 힘판의 작용을 한다.
④ 지지 기능: 코 등의 연부조직을 형태적으로 지지하는 것 외에 추골과 하지의 뼈는 체중을 지지하는 작용을 한다.

26 연축(twitch)이 일어나는 일련의 과정이 맞는 것은?

① 근섬유의 자극 → 활동전압 → 흥분수축연결 → 근원섬유의 수축
② 활동전압 → 근섬유의 자극 → 흥분수

해답 21. ④ 22. ② 23. ① 24. ② 25. ③ 26. ①

축연결 → 근원섬유의 수축

③ 흥분수축연결 → 활동전압 → 근섬유의 자극 → 근원섬유의 수축

④ 근원섬유의 수축 → 근섬유의 자극 → 활동전압 → 흥분수축연결

해설 연축(twitch)

골격근 또는 신경에 전기적인 단일자극을 가하면, 자극이 유효할 때 활동전위가 발생하여 급속한 수축이 일어나고 이어서 이완현상이 생기는 것을 말한다.

27 허리부위의 요추는 몇 개의 뼈로 구성되어 있는가?

① 4개 ② 5개

③ 6개 ④ 7개

해설 요추의 구성

요추는 1~5번까지 5개로 구성되어 있다.

28 근력에 관한 설명으로 틀린 것은?

① 근력이란 수의적인 노력으로 근육이 등장성으로 낼 수 있는 힘의 최대치이다.

② 정적 근력의 측정은 피검자가 고정 물체에 대하여 최대 힘을 내도록 하여 측정한다.

③ 동적 근력은 가속과 관절 각도변화가 힘의 발휘에 영향을 미치므로 측정에 어려움이 있다.

④ 근력의 측정은 자세, 관절각도, 동기 등의 인자가 영향을 미치므로 반복 측정이 필요하다.

해설 근력

근력이란 한 번의 수의적인 노력에 의하여 근육이 등척성(isometric)으로 낼 수 있는 힘의 최대치이며, 손, 팔, 다리 등의 특정 근육이나 근육군과 관련이 있다.

29 힘에 대한 설명으로 틀린 것은?

① 능동적 힘은 근수축에 의하여 생성된다.

② 힘은 근골격계를 움직이거나 안정시키는 데 작용한다.

③ 수동적 힘은 관절 주변의 결합조직에 의하여 생성된다.

④ 능동적 힘과 수동적 힘은 근절의 안정길이에서 발생한다.

해설 힘에 대한 설명

능동적인 힘은 근절의 안정길이에서 발생한다.

30 전신진동의 영향에 대한 설명으로 틀린 것은?

① 10~25 Hz에서 시성능이 가장 저하된다.

② 5 Hz 이하의 낮은 진동수에서 운동성능이 가장 저하된다.

③ 머리와 어깨 부위의 공명주파수는 20~30 Hz이다.

④ 등이나 허리뼈에 가장 위험한 주파수는 60~90 Hz이다.

해설 진동의 영향

진동이 신체에 미치는 영향은 진동주파수에 따라 달라진다. 몸통의 공진주파수는 4~8 Hz로 이 범위에서 내구수준이 가장 낮다.

31 자율신경계의 교감, 부교감 신경에 대한 설명 중 틀린 것은?

① 교감 신경은 동공을 축소시키고, 부교감 신경은 동공을 확대시킨다.

② 교감 신경은 심장 박동을 촉진시키고, 부교감 신경은 심장 박동을 억제시킨다.

③ 교감 신경은 심장 박동을 촉진시키고, 부교감 신경은 심장 박동을 억제시킨다.

④ 교감 신경은 소화 운동을 억제시키고, 부교감 신경은 소화 운동을 촉진시킨다.

해설 교감 신경

교감 신경은 심장박동 촉진(증가), 소화운동 억제, 동공 확대, 혈관(혈압) 수축(증가), 방광 이완, 침분비

해답 27. ② 28. ① 29. ④ 30. ④ 31. ①

억제, 심장축소속도를 감소시킨다. 부교감 신경은 심장박동 억제(감소), 소화운동 촉진, 동공 축소, 혈관(혈압) 이완(감소), 방광 수축, 침분비 촉진, 심장축소속도를 증가시킨다.

32 남성 작업자의 육체작업에 대한 에너지가를 평가한 결과 산소소모량이 1.5 L/min이 나왔다. 작업자의 4시간에 대한 휴식시간은 약 몇 분 정도인가? (단, Murrell의 공식을 이용한다.)

① 75분 ② 100분
③ 125분 ④ 150분

(해설) 휴식시간의 산정

$$R = \frac{T(E-S)}{E-1.5}$$

R: 휴식시간(분)
T: 총 작업시간(분): 240
E: 평균에너지소모량(kcal/min): 5 × 1.5 = 7.5
S: 권장 평균에너지소모량(kcal/min): 5

$$R = \frac{240(7.5-5)}{7.5-1.5} = 100분$$

33 근육이 수축할 때 생성 및 소모되는 물질(에너지원)이 아닌 것은?

① 글리코겐(glycogn)
② CP(creatine phosphate)
③ 글리콜리시스(glycolysis)
④ ATP(adenosine triphosphate)

(해설) 글리콜리시스(glycolysis)
glycolysis는 생물세포 내에서 당이 분해되어 에너지를 얻는 물질대사 과정을 말하며 근육의 사용 시 소모되는 물질과는 관련이 없다.

34 인간이 휴식을 취하고 있을 때 혈액이 가장 많이 분포하는 신체부위는?

① 뇌 ② 심장근육
③ 근육 ④ 소화기관

(해설) 휴식 시 혈액분포
휴식 시 혈액은 소화기관 > 콩팥 > 골격근 > 뇌 순으로 많이 분포한다.

35 일반적으로 소음계는 주파수에 따른 사람의 느낌을 감안하여 A, B, C 세 가지 특성에서 음압을 측정할 수 있도록 보정되어 있는데, A특성치란 몇 phon의 등음량곡선과 비슷하게 주파수에 따른 반응을 보정하여 측정한 음압수준을 말하는가?

① 20 ② 40
③ 70 ④ 100

(해설) 소음레벨의 3특성
지시소음계에 의한 소음레벨의 측정에는 A, B, C의 3특성이 있다. A는 플레처의 청감 곡선의 40 phon, B는 7 phon의 특성에 대강 맞춘 것이고, C는 10 phon의 특성에 대강 맞춘 것이다.

36 공기정화시설을 갖춘 사무실에서의 환기기준으로 맞는 것은?

① 환기횟수는 시간당 2회 이상으로 한다.
② 환기횟수는 시간당 3회 이상으로 한다.
③ 환기횟수는 시간당 4회 이상으로 한다.
④ 환기횟수는 시간당 6회 이상으로 한다.

(해설) 환기기준
노동부 고시 제2006-64호 사무실 공기관리 지침: 공기정화 시설을 갖춘 사무실에서 작업자 1인당 필요한 최소외기량은 0.57 ㎥/min이며, 환기횟수는 시간당 4회 이상으로 한다.

37 실내표면에서 추천 반사율이 낮은 것부터 높은 순서대로 나열한 것은?

① 벽 < 가구 < 천장 < 바닥
② 천장 < 벽 < 가구 < 바닥
③ 가구 < 바닥 < 벽 < 천장
④ 바닥 < 가구 < 벽 < 천장

해답 32. ② 33. ③ 34. ④ 35. ② 36. ③ 37. ④

해설 추천 반사율
① 천장: 80~90%
② 벽, 블라인드: 40~60%
③ 가구, 사무용기기, 책상: 25~45%
④ 바닥: 20~40%

38 일반적인 성인 남성 작업자의 산소소비량이 2.5 L/min일 때, 에너지소비량은 약 얼마인가?

① 7.5 kcal/min ② 10.0 kcal/min
③ 12.5 kcal/min ④ 15.0 kcal/min

해설 에너지소비량
작업의 에너지 값은 흔히 분당 또는 시간당 산소소비량으로 측정하며, 이 수치는 1 L O_2 소비=5 kcal의 관계를 통하여 분당 또는 시간당 kcal값으로 바꿀 수 있다.
에너지소비량 = 산소소비량 × 5 kcal

39 빛의 측정치를 나타내는 단위의 관계가 틀린 것은?

① 1 fc = 10 lux
② 반사율 = 휘도/조도
③ 1 candela = 10 lumen
④ 조도 = 광도/단위면적(m^2)

해설 Candela(cd)
1 candela(cd) = 4π(12.57) lumen

40 신체의 작업부하에 대하여 작업자들이 주관적으로 지각한 신체적 노력의 정도를 6~20의 값으로 평가한 척도는 무엇인가?

① 부정맥지수
② 점멸융합주파수(VFF)
③ 운동자각도(Borg's RPE)
④ 최대산소소비능력(maximum aerobic power)

해설 운동자각도(Borg's RPE)
Borg의 RPE 척도는 많이 사용되는 주관적 평정척도로서 작업자들이 주관적으로 지각한 신체적 노력의 정도를 6에서 20 사이의 척도로 평정한다. 이 척도의 양끝은 각각 최소심장박동률과 최대심장박동률을 나타낸다.

3 산업심리학 및 관련법규

41 제조물책임법상 제조업자가 제조물에 대하여 제조·가공상의 주의의무를 이행하였는지에 관계없이 제조물이 원래 의도한 설계와 다르게 제조·가공됨으로써 안전하지 못하게 된 경우에 해당되는 결함은?

① 제조상의 결함
② 설계상의 결함
③ 표시상의 결함
④ 기타 유형의 결함

해설 제조물책임에서 분류하는 세 가지 결함
① 제조상의 결함
② 설계상의 결함
③ 지시·경고상의 결함

42 사고의 유형, 기인물 등 분류항목을 큰 순서대로 분류하여 사고방지를 위해 사용하는 통계적 원인분석 도구는?

① 관리도(Control Chart)
② 크로스도(Cross Diagram)
③ 파레토도(Pareto Diagram)
④ 특성요인도(Cause and Effect Diagram)

해설 파레토도(Pareto Diagram)
① 문제가 되는 요인들을 규명하고 동일한 스케일을 사용하여 누적분포를 그리면서 오름차순으로 정리한다.
② 불량이나 사고의 원인이 되는 중요한 항목을 찾아내는 데 사용된다.

해답 38. ③ 39. ③ 40. ③ 41. ① 42. ③

43 리더십 이론 중 관리격자 이론에서 인간에 대한 관심이 낮은 유형은?

① 타협형　　② 인기형
③ 이상형　　④ 무관심형

해설 관리격자모형 이론
① (1,1)형: 인간과 업적에 모두 최소의 관심을 가지고 있는 무기력형(impoverished style)이다.
② (1,9)형: 인간중심 지향적으로 업적에 대한 관심이 낮다. 이는 컨트리클럽형(country-clubstyle)이다.
③ (9,1)형: 업적에 대하여 최대의 관심을 갖고, 인간에 대하여 무관심하다. 이는 과업형(task style)이다.
④ (9,9)형: 업적과 인간의 쌍방에 대하여 높은 관심을 갖는 이상형이다. 이는 팀형(team style)이다.
⑤ (5,5)형: 업적 및 인간에 대한 관심도에 있어서 중간값을 유지하려는 리더형이다. 이는 중도형(middle-of-the roadstyle)이다.

44 알더퍼(P. Alderfer)의 EGR 이론에서 3단계로 나눈 욕구 유형에 속하지 않는 것은?

① 성취욕구　　② 성장욕구
③ 존재욕구　　④ 관계욕구

해설 알더퍼의 ERG 이론
존재욕구, 관계욕구, 성장욕구

45 레빈(Lewin)의 인간행동에 관한 공식은?

① B=f(P · E)　　② E=f(P · B)
③ B=E(P · f)　　④ P=f(B · E)

해설 레빈(K. Lewin)의 인간행동 공식
레빈(K. Lewin)의 인간행동 공식: B=f(P · E)

46 막스 웨버(Max Weber)가 제시한 관료주의 조직을 움직이는 4가지 기본원칙으로 틀린 것은?

① 구조　　② 노동의 분업
③ 권한의 통제　　④ 통제의 범위

해설 Max Weber의 4가지 원칙
① 노동의 분업: 작업의 단순화 및 전문화
② 권한의 위임: 관리자를 소단위로 분산
③ 통제의 범위: 각 관리자가 책임질 수 있는 작업자의 수
④ 구조: 조직의 높이와 폭

47 집단역학에 있어 구성원 상호 간의 선호도를 기초로 집단 내부에서 발생하는 상호관계를 분석하는 기법을 무엇이라 하는가?

① 갈등 관리　　② 소시오메트리
③ 시너지 효과　　④ 집단의 응집력

해설 소시오메트리(Sociometry)
구성원 상호 간의 선호도를 기초로 집단 내부의 동태적 상호관계를 분석하는 기법이다. 소시오메트리는 구성원들 간의 좋고 싫은 감정을 관찰, 검사, 면접 등을 통하여 분석한다.

48 인간의 불안전행동을 예방하기 위해 Harvey에 의해 제안된 안전대책의 3E에 해당하지 않는 것은?

① Education　　② Enforcement
③ Engineering　　④ Environment

해설 3E의 종류
① Engineering(기술)
② Education(교육)
③ Enforcement(강제)

49 재해 발생에 관한 하인리히(H. W. Heinrich)의 도미노 이론에서 제시된 5가지 요인에 해당하지 않는 것은?

① 제어의 부족
② 개인적 결함
③ 불안전한 행동 및 상태
④ 유전 및 사회 환경적 요인

해설 하인리히의 도미노 이론
① 사회적 환경 및 유전적 요소

해답 43. ④ 44. ① 45. ① 46. ③ 47. ② 48. ④ 49. ①

② 개인적 결함
③ 불안전행동 및 불안전상태
④ 사고
⑤ 상해(산업재해)

50 휴먼에러로 이어지는 배경원인이 아닌 것은?

① 인간(Man)
② 매체(Media)
③ 관리(Management)
④ 재료(Manterial)

해설 4M
휴먼에러로 이어지는 배후의 4요인으로 인간(Man), 기계설비(Machine), 매체(Media), 관리(Management)가 있다.

51 선택반응시간(Hick의 법칙)과 동작시간(Fitts의 법칙)의 공식에 대한 설명으로 맞는 것은?

선택반응시간 = $a+b\log_2 N$ 동작시간 = $a+b\log_2(\frac{2A}{W})$

① N은 자극과 반응의 수, A는 목표물의 너비, W는 움직인 거리를 나타낸다.
② N은 감각기관의 수, A는 목표물의 너비, W는 움직인 거리를 나타낸다.
③ N은 자극과 반응의 수, A는 움직인 거리, W는 목표물의 너비를 나타낸다.
④ N은 감각기관의 수, A는 움직인 거리, W는 목표물의 너비를 나타낸다.

해설 선택반응시간과 동작시간
N은 가능한 자극-반응대안들의 수, A는 표적중심선까지의 이동거리, W는 표적폭으로 나타낸다.

52 연평균 근로자수가 2,000명인 회사에서 1년에 중상해 1명과 경상해 1명이 발생하였다. 연천인률은 얼마인가?

① 0.5　② 1　③ 2　④ 4

해설 연천인률

$$연천인률 = \frac{연간사상자수}{연평균근로자수} \times 1000 = \frac{2}{2000} \times 1000 = 1$$

53 작업수행에 의해 발생하는 피로를 방지, 경감시키고 효율적으로 회복시키는 방법으로 틀린 것은?

① 동일한 작업을 될 수 있는 한 적은 에너지로 수행할 수 있도록 한다.
② 정적 근작업을 하도록 하여 작업자의 에너지소비를 될 수 있는 한 줄인다.
③ 작업속도나 작업의 정확도가 작업자에게 너무 과중하게 되지 않도록 한다.
④ 작업방법을 개선하여 무리한 자세로 작업이 진행되지 않도록 하고 특히 정적 근작업을 배제한다.

해설 정적 작업
정적동작의 제거가 작업에 수반되는 피로를 줄이기 위한 대책이다. 부자연스런 또는 취하기 어려운 자세는 작업활동이 수행되는 동안 중립 자세로부터 벗어나는 부자연스러운 자세로 정적동작을 오래 하는 경우를 말한다.

54 리더십의 유형에 따라 나타나는 특징에 대한 설명으로 틀린 것은?

① 권위주의적 리더십－리더에 의해 모든 정책이 결정된다.
② 권위주의적 리더십－각 구성원의 업적을 평가할 때 주관적이기 쉽다.
③ 민주적 리더십－모든 정책은 리더에 의해서 지원을 받는 집단토론식으로 결정된다.
④ 민주적 리더십－리더는 보통 과업과 그

해답 50. ④ 51. ③ 52. ② 53. ② 54. ④

과업을 함께 수행할 구성원을 지정해 준다.

(해설) 민주적 리더십
참가적 리더십이라고도 하는데, 이는 조직의 방침, 활동 등을 될 수 있는 대로 조직구성원의 의사를 종합하여 결정하고, 그들의 자발적인 의욕과 참여에 의하여 조직목적을 달성하려는 것이 특징이다. 민주적 리더십에서는 각 성원의 활동은 자신의 계획과 선택에 따라 이루어지지만, 그 지향점은 생산향상에 있으며, 이를 위하여 리더를 중심으로 적극적인 참여와 협조를 아끼지 않는다.

55 인간오류확률 추정 기법 중 초기 사건을 이원적(binary) 의사결정(성공 또는 실패) 가지들로 모형화하고, 이 이후의 사건들의 확률은 모두 선행 사건에 대한 조건부 확률을 부여하여 이원적 의사결정 가지들로 분지해 나가는 방법은?

① 결함나무분석(Fault Tree Analysis)
② 조작자행동나무(Operator Action Tree)
③ 인간오류 시뮬레이터(Human Action Tree)
④ 인간실수율 예측기법(Technique for Human Error Rate Prediction)

(해설) 조작자행동나무(Operator Action Tree)
위급직무의 순서에 초점을 맞추어 조작자행동나무를 구성하고, 이를 사용하여 사건의 위급경로에서의 조작자의 역할을 분석하는 기법이다. OAT는 여러 의사결정의 단계에서 조작자의 선택에 따라 성공과 실패의 경로로 가지가 나누어지도록 나타내며, 최종적으로 주어진 직무의 성공과 실패확률을 추정해낼 수 있다.

56 오류를 범할 수 없도록 사물을 설계하는 기법은?

① Fail-Safe 설계 ② Interlock 설계
③ Exclusion 설계 ④ Prevention 설계

(해설) lock system
기계와 인간은 각각 기계 특수성과 생리적 관습에 의하여 사고를 일으킬 수 있는 불안정한요소를 지니고 있기 때문에 기계에 Interlock system, 인간의 중심에 Intralock system, 그 중간에 Translock system을 두어 불안전한 요소에 대해서 통제를 가한다.

57 인간 신뢰도에 대한 설명으로 맞는 것은?

① 반복되는 이산적 직무에서 인간실수확률은 단위시간당 실패수로 표현된다.
② 인간 신뢰도는 인간의 성능이 특정한 기간 동안 실수를 범하지 않을 확률로 정의된다.
③ THERP는 완전 독립에서 완전 정(正) 종속까지의 비연속을 종속정도에 따라 3수준으로 분류하여 직무의 종속성을 고려한다.
④ 연속적 직무에서 인간의 실수율이 불변(stationary)이고, 실수과정이 과거와 무관(independent)하다면 실수과정은 베르누이 과정으로 묘사된다.

(해설) 인간 신뢰도
① 반복되는 이산적 직무에서 인간실수확률은 사건당 실패수로 표현된다.
② THERP는 완전독립에서 완전 정(正)종속까지의 5 이상 수준의 종속도로 나누어 고려한다.
③ 연속적 직무에서 인간의 실수율이 불변(stationary)이고, 실수과정이 과거와 무관(independent)하다면 실수과정은 포아송 과정으로 묘사된다.

58 인간이 장시간 주의를 집중하지 못하는 것은 주의의 어떤 특성 때문인가?

① 선택성 ② 방향성
③ 변동성 ④ 대칭성

(해설) 변동성의 특성
① 주의력의 단속성(고도의 주의는 장시간 지속될 수 없다)
② 주의는 리듬이 있어 언제나 일정한 수준을 지키지는 못한다.

해답 55. ② 56. ② 57. ② 58. ③

59 미국의 산업안전보건연구원(NIOSH)에서 직무스트레스 요인에 해당하지 않는 것은?

① 성능 요인　　② 환경 요인
③ 작업 요인　　④ 조직 요인

(해설) 직무스트레스 요인
NIOSH 모형에서 직무스트레스 요인은 크게 작업요구, 조직적 요인 및 물리적 환경 등으로 구분될 수 있다.

60 스트레스에 관한 설명으로 틀린 것은?

① 위협적인 환경특성에 대한 개인의 반응이라고 볼 수 있다.
② 스트레스 수준은 작업성과와 정비례의 관계에 있다.
③ 적정수준의 스트레스는 작업성과에 긍정적으로 작용할 수 있다.
④ 지나친 스트레스를 지속적으로 받으면 인체는 자기조절능력을 상실할 수 있다.

(해설) 스트레스
스트레스가 적을 때나 많을 때도 작업성과가 떨어진다. 따라서 스트레스 수준과 작업성과는 정비례 관계가 있지 않다.

4 근골격계질환 예방을 위한 작업관리

61 파레토 차트에 관한 설명으로 틀린 것은?

① 재고관리에서는 ABC 곡선으로 부르기도 한다.
② 20% 정도에 해당하는 중요한 항목을 찾아내는 것이 목적이다.
③ 불량이나 사고의 원인이 되는 중요한 항목을 찾아 관리하기 위함이다.
④ 작성 방법은 빈도수가 낮은 항목부터 큰 항목 순으로 차례대로 나열하고, 항목별 점유비율과 누적비율을 구한다.

(해설) 파레토 차트
파레토 차트의 작성방법은 먼저 빈도수가 큰 항목부터 낮은 항목 순으로 차례대로 항목들을 나열한 후에 항목별 점유비율과 누적비율을 구하고, 이들 자료를 이용하여 x축에 항목, y축에 점유비율과 누적비율로 막대-꺾은선 혼합그래프를 그리면 된다.

62 유해요인조사 도구 중 JSI(Job Strain Index)의 평가 항목에 해당하지 않는 것은?

① 손/손목의 자세
② 1일 작업의 생산량
③ 힘을 발휘하는 강도
④ 힘을 발휘하는 지속시간

(해설) SI(Strain Index)
SI(Strain Index)란 생리학, 생체역학, 상지질환에 대한 병리학을 기초로 한 정량적 평가기법이다. 상지질환(근골격계질환)의 원인이 되는 위험요인들이 작업자에게 노출되어 있거나 그렇지 않은 상태를 구별하는 데 사용된다. 이 기법은 상지질환에 대한 정량적 평가기법으로 근육사용 힘(강도), 근육사용 기간, 빈도, 자세, 작업속도, 하루 작업시간 등 6개의 위험요소로 구성되어 있으며, 이를 곱한 값으로 상지질환의 위험성을 평가한다.

63 근골격계질환 예방을 위한 바람직한 관리적 개선 방안으로 볼 수 없는 것은?

① 규칙적이고 적절한 휴식을 통하여 피로의 누적을 예방한다.
② 작업 확대를 통하여 한 작업자가 할 수 있는 일의 다양성을 넓힌다.
③ 전문적인 스트레칭과 체조 등을 교육하고 작업 중 수시로 실시하도록 유도한다.
④ 중량물 운반 등 특정 작업에 적합한 작업자를 선별하여 상대적 위험도를 경감시킨다.

정답 59. ① 60. ② 61. ④ 62. ② 63. ④

해설 관리적 개선
① 작업의 다양성제공
② 작업일정 및 작업속도 조절
③ 회복시간 제공(적절한 휴식)
④ 작업습관 변화
⑤ 작업공간, 공구 및 장비의 정기적인 소비 및 유지 보수
⑥ 운동체조 강화 등

64 적절한 입식작업대 높이에 대한 설명으로 맞는 것은?

① 일반적으로 어깨 높이를 기준으로 한다.
② 작업자의 체격에 따라 작업대의 높이가 조정 가능하도록 하는 것이 좋다.
③ 미세부품 조립과 같은 섬세한 작업일수록 작업대의 높이는 낮아야 한다.
④ 일반적인 조립라인이나 기계 작업 시에는 팔꿈치 높이보다 5~10 cm 높아야 한다.

해설 입식작업대 높이
팔꿈치 높이보다 5~10 cm 정도 낮은 것이 조립작업이나 이와 비슷한 조작작업의 작업대 높이에 해당한다. 일반적으로 미세부품 조립과 같은 섬세한 작업일수록 높아야 하며, 힘든 작업에는 약간 낮은 편이 좋다. 작업자의 체격에 따라 팔꿈치 높이를 기준으로 하여 작업대 높이를 조정해야 한다.

65 손동작(manual operation)을 목적에 따라 효율적과 비효율적인 기본 동작으로 구분한 것은?

① Task ② Motion
③ Process ④ Therblig

해설 서블릭(Therblig)
서블릭(Therblig)은 인간이 행하는 손동작에서 분해 가능한 최소한의 기본단위 동작을 의미한다.

66 SEARCH 원칙에 대한 내용으로 틀린 것은?

① Composition: 구성
② How often: 얼마나 자주
③ After sequence: 순서의 변경
④ Simplify operation: 작업의 단순화

해설 SEARCH 원칙 6가지
① S: Simplify operations(작업의 단순화)
② E: Eliminate unnecessary work and material (불필요한 작업이나 자재의 제거)
③ A: Alter sequence(순서의 변경)
④ R: Requirements(요구조건)
⑤ C: Combine operations(작업의 결합)
⑥ H: How often(얼마나 자주?)

67 동작경제의 원칙 3가지 범주에 들어가지 않은 것은?

① 작업개선의 원칙
② 신체의 사용에 관한 원칙
③ 작업장의 배치에 관한 원칙
④ 공구 및 실비의 디자인에 관한 원칙

해설 동작경제의 원칙으로는 신체의 사용에 관한 원칙, 작업역의 배치에 관한 원칙, 공구 및 설비의 설계에 관한 원칙이 있다.

68 작업관리에 관한 설명으로 틀린 것은?

① Gilbreth 부부는 적은 노력으로 최대의 성과를 짧은 시간에 이룰 수 있는 작업방법을 연구한 동작연구(Motion Study)의 창시자로 알려져 있다.
② Taylor(Frederick W. Taylor)는 벽돌쌓기 작업을 대상으로 작업방법과 작업도구를 개선하였으며 이를 발전시켜 과학적 관리법을 주장하였다.
③ 작업관리는 생산성 향상을 목적으로 경제적인 작업방법을 연구하는 작업연구와 표준작업시간을 결정하기 위한 작업측정으로 구분할 수 있다.

해답 64. ② 65. ④ 66. ① 67. ① 68. ②

④ Hawthorn의 실험결과는 작업장의 물리적 조건보다는 인간관계와 같은 사회적 조건이 생산성에 더 큰 영향을 준다는 사실에 관심을 갖도록 한 시발점이 되었다.

해설 동작연구(motion study)
길브레스는 현장에서 벽돌쌓기 작업을 하는 동작을 보고 필요 없는 동작의 생략에 착안, '동작연구(motion study)'를 창안하였다.

69 워크샘플링 조사에서 초기 idle rate가 0.05라면, 99% 신뢰도를 위한 워크샘플링 횟수는 약 몇 회인가? (단, $u_{0.995}$는 2.58이다.)

① 1,232 ② 2,557
③ 3,060 ④ 3,162

해설 관측횟수의 결정

$$N=\frac{Z_{1-\alpha/2}^2\times\overline{P}(1-\overline{P})}{e^2}$$

(이때 e는 허용오차, $\overline{P}$는 idle rate이다.)

$$N=\frac{2.58^2\times0.05\times0.95}{0.01^2}=3,162$$

70 A공장의 한 컨베이어 라인에는 5개의 작업공정으로 이루어져 있다. 각 작업공정의 작업시간이 다음과 같을 때 이 공정의 균형효율은 약 얼마인가? (단, 작업은 작업자 1명이 맡고 있다.)

다음

㉠	㉡	㉢	㉣	㉤
5분	7분	6분	6분	3분

① 21.86% ② 22.86%
③ 78.14% ④ 77.14%

해설 균형효율(라인밸런싱 효율, 공정효율)
균형효율
= 총 작업시간 / (작업장 수 × 주기시간)

$$=\frac{27}{5\times7}=0.7714$$

$\therefore 77.14\%$

71 관측평균시간이 5분, 레이팅계수가 120%, 여유시간이 0.4분인 작업에서 제품의 개당 표준시간과 여유율(%)을 내경법에 의하여 구하면 각각 얼마인가?

① 4.5분, 2.20% ② 6.4분, 6.25%
③ 8.5분, 7.25% ④ 9.7분, 10.25%

해설 정미시간(NT)

$$=\text{관측시간의 대푯값}(T_0)\times\left(\frac{\text{레이팅계수}(R)}{100}\right)$$

$$\text{여유율}(A)=\frac{\text{여유시간}}{\text{정미시간}+\text{여유시간}}\times100$$

$$\text{표준시간}(ST)=\text{정미시간}\times\left(\frac{1}{1-\text{여유율}}\right)$$

$$\text{정미시간}(NT)=5\times\left(\frac{120}{100}\right)=6$$

$$\text{여유율}(A)=\frac{0.4}{6+0.4}\times100=6.25(\%)$$

$$\text{표준시간}(ST)=6\times\left(\frac{1}{1-0.0625}\right)=6.4\text{분}$$

72 공정도에 사용되는 공정도 기호인 "○"으로 표시하기에 가장 적합한 것은?

① 작업 대상물을 다른 장소로 옮길 때
② 작업 대상물이 분해되거나 조립될 때
③ 작업 대상물을 지정된 장소에 보관할 때
④ 작업 대상물이 올바르게 시행되었는지를 확인할 때

해설 "○" 가공
작업목적에 따라 물리적 또는 화학적 변화를 가한 상태 또는 다음 공정 때문에 준비가 행해지는 상태를 말한다.

73 사람이 행하는 작업을 기본 동작으로 분류하고, 각 기본 동작들은 동작의 성질과 조건에 따라 이미 정해진 기준 시간을 적용하여 전체 작업의 정미시간을 구하는 방법은?

① PTS 법
② Rating 법

해답 69. ④ 70. ④ 71. ② 72. ② 73. ①

③ Therblig 분석

④ Work-sampling 법

해설 PTS 법

PTS 법이란 기본동작 요소(Therblig)와 같은 요소동작이나, 또는 운동에 대해서 미리 정해놓은 일정한 표준요소 시간값을 나타낸 표를 적용하여 개개의 작업을 수행하는 데 소요되는 시간값을 합성하여 구하는 방법이다.

74 **근골격계질환 예방관리 프로그램의 기본 원칙에 속하지 않는 것은?**

① 인식의 원칙

② 시스템 접근의 원칙

③ 일시적인 문제 해결의 원칙

④ 사업장 내 자율적 해결 원칙

해설 효과적인 근골격계질환 관리를 위한 실행원칙

① 인식의 원칙
② 노사 공동참여의 원칙
③ 전사적 지원의 원칙
④ 사업장 내 자율적 해결의 원칙
⑤ 시스템적 접근의 원칙
⑥ 지속적 관리 및 사후평가의 원칙
⑦ 문서화의 원칙

75 **상완, 전완, 손목을 그룹 A로 목, 상체, 다리를 그룹 B로 나누어 측정, 평가하는 유해요인의 평가방법은?**

① RULA(Rapid Upper Limb Assessment)

② REBA(Rapid Entire Body Assessment)

③ OWAS(Ovako Working-posture Analysing System)

④ NIOSH 들기작업지침(Revised NIOSH Lifting Equation)

해설 RULA의 평가과정

RULA의 평가는 먼저 A그룹과 B그룹으로 나누는데 A그룹에서는 위팔, 아래팔, 손목, 손목 비틀림에 관해 자세 점수를 구하고, 거기에 근육사용과 힘에 대한 점수를 더해서 점수를 구하고, B그룹에서도 목, 몸통, 다리에 관한 점수에 근육과 힘에 대한 점수를 구해 A그룹에서 구한 점수와 B그룹에서 구한 점수를 가지고 표를 이용해 최종점수를 구한다.

76 **NOISH Lifting Equation(NLE) 평가에서 권장무게한계(Recommended Weight Limit)가 20 kg이고 현재 작업물의 무게가 23 kg일 때, 들기지수(Lifting Index)의 값과 이에 대한 평가가 맞는 것은?**

① 0.87, 요통의 발생위험이 낮다.

② 0.87, 작업을 재설계할 필요가 있다.

③ 1.15, 요통의 발생위험이 높다.

④ 1.15, 작업을 재설계할 필요가 없다.

해설 들기지수(Lifting Index)

LI(들기지수) = 작업물의 무게/RWL(권장무게한계)
= 23 kg/20 = 1.15

LI가 1보다 크게 되는 것은 요통의 발생위험이 높은 것을 나타낸다. 따라서 LI가 1보다 크게 되는 것은 요통의 발생위험이 높은 것을 나타낸다. 따라서 LI가 1 이하가 되도록 작업을 설계/재설계할 필요가 있다.

77 **근골격계질환 중 어깨 부위 질환이 아닌 것은?**

① 외상과염(lateral epicondylitis)

② 극상근 건염(supraspinatus tendinitis)

③ 견봉하 점액낭염(subacromial bursitis)

④ 상완이두 건막염(bicipital tenosynovitis)

해설 외상과염

외상과염은 손과 손목의 움직임을 제어하는 팔의 근육군들의 사용방법에 따라 발생한다.

78 **근골격계질환의 예방에서 단기적 관리방안으로 볼 수 없는 것은?**

① 안전한 작업방법의 교육

② 작업자에 대한 휴식시간의 배려

③ 근골격계질환 예방·관리 프로그램의 도입

해답 74. ③ 75. ① 76. ③ 77. ① 78. ③

④ 휴게실, 운동시설 등 기타 관리시설의 확충

(해설) 단기적 관리방안
① 인간공학 교육(관리자, 작업자, 노동조합, 보건관리자 등)
② 위험요인의 인간공학적 분석 후 작업장 개선
③ 작업자에 대한 휴식시간의 배려
④ 교대근무에 대한 고려
⑤ 안전예방 체조의 도입
⑥ 안전한 작업방법 교육
⑦ 재활복귀질환자에 대한 재활시설의 도입, 의료시설 및 인력확보
⑧ 휴게실, 운동시설 등 기타 관리시설 확충

79 다음 설명은 수행도 평가의 어느 방법을 설명한 것인가?

다음

- 작업을 요소작업으로 구분한 후, 시간연구를 통해 개별시간을 구한다.
- 요소작업 중 임의로 작업자 조절이 가능한 요소를 정한다.
- 선정된 작업에서 PTS 시스템 중 한 개를 적용하여 대응되는 시간치를 구한다.
- PTS 법에 의한 시간치와 관측시간 간의 비율을 구하여 레이팅계수를 구한다.

① 속도평가법 ② 객관적 평가법
③ 합성평가법 ④ 웨스팅하우스법

(해설) 합성평가법(synthetic rating)
① 레이팅 시 관측자의 주관적 판단에 의한 결함을 보정하고, 일관성을 높이기 위해 제안되었다.
② 레이팅계수 = PTS를 적용하여 산정한 시간치 / 실제 관측 평균치

80 근골격계질환을 유발시킬 수 있는 주요 부담작업에 대한 설명으로 맞는 것은?

① 충격 작업의 경우 분당 2회를 기준으로 한다.
② 단순반복작업은 대개 4시간을 기준으로 한다.
③ 들기작업의 경우 10 kg, 25 kg이 기준 무게로 사용된다.
④ 쥐기(grip) 작업의 경우 쥐는 힘 1 kg과 4.5 kg을 기준으로 사용한다.

(해설) 근골격계 부담작업 범위
① 하루에 4시간 이상 집중적으로 자료입력 등을 위해 키보드 또는 마우스를 조작하는 작업
② 하루에 총 2시간 이상 목, 어깨, 팔꿈치, 손목 또는 손을 사용하여 같은 동작을 반복하는 작업
③ 하루에 총 2시간 이상 머리 위에 손이 있거나, 팔꿈치가 어깨 위에 있거나, 팔꿈치를 몸통으로부터 들거나, 팔꿈치를 몸통 뒤쪽에 위치하도록 하는 상태에서 이루어지는 작업
④ 지지되지 않은 상태이거나 임의로 자세를 바꿀 수 없는 조건에서 하루에 총 2시간 이상 목이나 허리를 구부리거나 트는 상태에서 이루어지는 작업
⑤ 하루에 총 2시간 이상 쪼그리고 앉거나 무릎을 굽힌 자세에서 이루어지는 작업
⑥ 하루에 총 2시간 이상 지지되지 않은 상태에서 1 kg 이상의 물건을 한손의 손가락으로 집어 옮기거나, 2 kg 이상에 상응하는 힘을 가하여 한 손의 손가락으로 물건을 쥐는 작업
⑦ 하루에 총 2시간 이상 지지되지 않은 상태에서 4.5 kg 이상의 물건을 한 손으로 들거나 동일한 힘으로 쥐는 작업
⑧ 하루에 10회 이상 25 kg 이상의 물체를 드는 작업
⑨ 하루에 25회 이상 10 kg 이상의 물체를 무릎 아래에서 들거나, 어깨 위에서 들거나, 팔을 뻗은 상태에서 드는 작업
⑩ 하루에 총 2시간 이상, 분당 2회 이상 4.5 kg 이상의 물체를 드는 작업
⑪ 하루에 총 2시간 이상 시간당 10회 이상 손 또는 무릎을 사용하여 반복적으로 충격을 가하는 작업

정답 79. ③ 80. ③

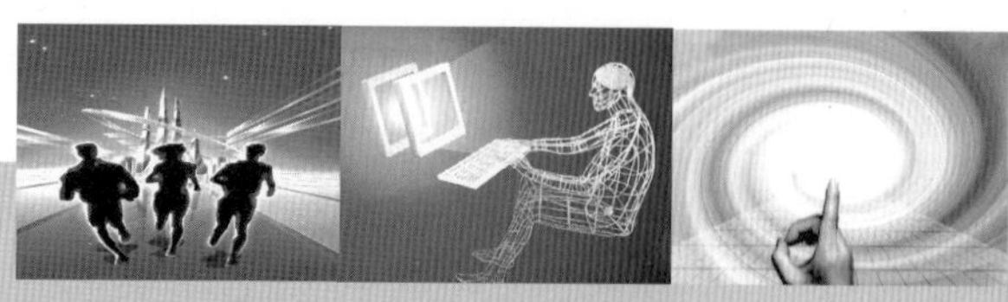

인간공학기사 필기시험 문제풀이 8회[173]

1 인간공학 개론

1 다음의 한 성분이 다른 성분의 청각감지를 방해하는 현상을 무엇이라 하는가?

① 밀폐효과
② 은폐효과
③ 소멸효과
④ 방해효과

(해설) 음의 은폐효과(masking effect)
은폐(masking)란 음의 한 성분이 다른 성분의 청각감지를 방해하는 현상을 말한다. 즉, 한 음(피은폐음)의 가청역치가 다른 음(은폐음) 때문에 높아지는 것을 말한다.

2 인간의 시식별 능력에 영향을 주는 외적 인자와 가장 거리가 먼 것은?

① 휘도
② 과녁의 이동
③ 노출시간
④ 최소분간시력

(해설) 시력은 외적인자가 아니라 내적인자이다.

3 코드화 시스템 사용상의 일반적인 지침과 가장 거리가 먼 것은?

① 정보를 코드화한 자극은 검출이 가능해야 한다.
② 2가지 이상의 코드차원을 조합해서 사용하면 정보전달이 촉진된다.
③ 자극과 반응 간의 관계가 인간의 기대와 모순되지 않아야 한다.
④ 모든 코드 표시는 감지장치에 의하여 다른 코드 표시와 구별되어서는 안 된다.

(해설) 암호체계 사용상의 일반적인 지침에서 암호의 변별성(discriminability)은 다른 암호 표시와 구별되어야 하는 것이다.

4 시배분(time-sharing)에 대한 설명으로 적절하지 않은 것은?

① 시배분이 요구되는 경우 인간의 작업능률은 떨어진다.
② 청각과 시각이 시배분되는 경우에는 일반적으로 시각이 우월하다.
③ 시배분 작업은 처리해야 하는 정보의 가지 수와 속도에 의하여 영향을 받는다.
④ 음악을 들으며 책을 읽는 것처럼 동시에 2가지 이상을 수행해야 하는 상황을 의미한다.

해답 1. ② 2. ④ 3. ④ 4. ②

해설 청각과 시각이 시배분되는 경우에는 보통 청각이 더 우월하다.

5 제품, 공구, 장비 등의 설계 시에 적용하는 인체측정 자료의 응용원칙에 해당하지 않는 것은?

① 조절식 설계
② 기계식 설계
③ 극단값을 기준으로 한 설계
④ 평균값을 기준으로 한 설계

해설 인체측정 자료의 응용원칙
① 극단치를 이용한 설계
② 조절식 설계
③ 평균치를 이용한 설계

6 실현 가능성이 같은 N개의 대안이 있을 때 총 정보량(H)을 구하는 식으로 맞는 것은?

① $H = \log N^2$
② $H = \log_2 N$
③ $H = 2\log N^2$
④ $H = \log 2N$

해설 정보량을 구하는 수식
일반적으로 실현 가능성이 같은 N개의 대안이 있을 때 총 정보량 H는 $H=\log_2 N$으로 구한다.

7 효율적인 공간의 배치를 위하여 적용되는 원리와 가장 거리가 먼 것은?

① 중요도의 원리
② 사용빈도의 원리
③ 사용순서의 원리
④ 작업방법의 원리

해설 작업 공간배치의 원리
① 중요성의 원칙
② 사용빈도의 원칙
③ 기능별 배치의 원칙
④ 사용순서의 원칙

8 인간-기계 시스템의 설계원칙으로 가장 거리가 먼 것은?

① 인간의 신체적 특성에 적합하여야 한다.
② 시스템은 인간의 예상과 양립하여야 한다.
③ 기계의 효율과 같은 경제적 원칙을 우선시한다.
④ 계기판이나 제어장치의 중요성, 사용빈도, 사용순서, 기능에 따라 배치가 이루어져야 한다.

해설 인간-기계 시스템 설계원칙
① 양립성
② 정합성
③ 계기판이나 제어장치의 배치는 중요성, 사용빈도, 사용순서, 기능에 따라 이루어져야 한다.
④ 인체 특성에 적합하여야 한다.
⑤ 인간의 기계적 성능에 부합되도록 설계하여야 한다.

9 인체치수 데이터가 개인에 따라 차이가 발생하는 요인과 가장 거리가 먼 것은?

① 나이　② 성별
③ 인종　④ 작업환경

해설 인체측정치는 나이, 성별, 인종 등 개인에 따라 다르게 나타난다.

10 인간의 오류모형에 있어 상황이나 목표해석은 제대로 하였으나 의도와는 다른 행동을 하는 경우에 발생하는 오류는?

① 실수(slip)
② 착오(mistake)
③ 위반(violation)
④ 건망증(forgetfulness)

해설 휴먼에러
실수는 의도는 올바른 것이지만 반응의 실행이 올바른 것이 아닌 경우이고, 착오는 부적합한 의도를 가지고 행동으로 옮긴 경우를 말한다.

해답 5. ② 6. ② 7. ④ 8. ③ 9. ④ 10. ①

11 인간의 후각 특성에 대한 설명으로 틀린 것은?

① 후각은 청각에 비해 반응속도가 더 빠르다.
② 훈련을 통하면 식별 능력을 향상시킬 수 있다.
③ 특정한 냄새에 대한 절대적 식별 능력은 떨어진다.
④ 후각은 특정 물질이나 개인에 따라 민감도에 차이가 있다.

(해설) 후각
① 후각의 수용기는 콧구멍 위쪽에 있는 4~6 cm^2의 작은 세포군이며, 뇌의 후각 영역에 직접 연결되어 있다.
② 인간의 후각은 특정 물질이나 개인에 따라 민감도의 차이가 있으며, 어느 특정 냄새에 대한 절대 식별능력은 다소 떨어지나, 상대적 기준으로 냄새를 비교할 때는 우수한 편이다.
③ 훈련되지 않은 사람이 식별할 수 있는 일상적인 냄새의 수는 15~32종류이지만, 훈련을 통하며 60종류까지도 식별 가능하다.
④ 강도의 차이만 있는 냄새의 경우에는 3~4가지 밖에 식별할 수 없다.
⑤ 후각은 특정자극을 식별하는 데 사용되기보다는 냄새의 존재 여부를 탐지하는 데 효과적이다.

12 통계적 분석에서 사용되는 제1종 오류를 설명한 것으로 틀린 것은?

① $1-\alpha$를 검출력(power)이라고 한다.
② 제1종 오류를 통계적 기각역이라고도 한다.
③ 발견한 결과가 우연에 의한 것일 확률을 의미한다.
④ 동일한 데이터의 분석에서 제1종 오류를 작게 설정할수록 제2종 오류가 증가할 수 있다.

(해설) 제1종 오류, 제2종 오류
① 제1종 오류(α): 귀무가설이 맞을 때, 귀무가설을 기각하는 확률이다.
② 제2종 오류(β): 귀무가설이 틀렸을 때, 귀무가설을 채택하는 확률로 $1-\beta$를 검출력(power)이라고 한다.

13 어떤 물체나 표면에 도달하는 빛의 밀도를 무엇이라 하는가?

① 시력 ② 순응
③ 조도 ④ 간상체

(해설) 조도
조도는 어떤 물체나 표면에 도달하는 광의 밀도를 말한다.

14 인간공학의 연구 목적과 가장 거리가 먼 것은?

① 인간오류의 특성을 연구하여 사고를 예방
② 인간의 특성에 적합한 기계나 도구의 설계
③ 병리학을 연구하여 인간의 질병 퇴치에 기여
④ 인간의 특성에 맞는 작업환경 및 작업방법의 설계

(해설) 인간공학의 목적
인간공학의 목적은 작업환경 등에서 작업자의 신체적인 특성이나 행동하는 데 받는 제약조건 등이 고려된 시스템을 디자인하여 인간과 기계 및 작업환경과의 조화가 잘 이루어질 수 있도록 하여 작업자의 안전, 작업능률을 향상시키는 데 있다.

15 정상조명하에서 5 m 거리에서 볼 수 있는 원형 바늘시계를 설계하고자 한다. 시계의 눈금 단위를 1분 간격으로 표시하고자 할 때, 권장되는 눈금 간의 간격을 최소 몇 mm 정도인가?

① 9.15 ② 18.31
③ 45.75 ④ 91.55

해답 11. ① 12. ① 13. ③ 14. ③ 15. ①

해설
정상시거리인 71 cm를 기준으로 정상조명에서는 1.3 mm, 낮은 조명에서는 1.8 mm가 권장된다.
정상조명이므로, 71 cm : 1.3 mm = 500 cm : X이다. 그러므로, X = 9.15

16 표시장치와 제어장치를 포함하는 작업장을 설계할 때 우선 고려사항에 해당되지 않는 것은?

① 작업시간
② 제어장치와 표시장치와의 관계
③ 주 시간 임무와 상호작용하는 주제어장치
④ 자주 사용되는 부품을 편리한 위치에 배치

해설 표시장치와 조종장치를 포함하는 작업장을 설계할 때 따를 수 있는 지침은 다음과 같다.
① 1순위: 주된 시각적 임무
② 2순위: 주 시각 임무와 상호작용하는 주조종장치
③ 3순위: 조종장치와 표시장치 간의 관계
④ 4순위: 순서적으로 사용되는 부품의 배치
⑤ 5순위: 체계 내 혹은 다른 체계의 여타 배치와 일관성 있게 배치
⑥ 6순위: 자주 사용되는 부품을 편리한 위치에 배치

17 sone과 phon에 대한 설명으로 틀린 것은?

① 20 phon은 0.5 sone이다.
② 10 phon 증가 시마다 sone은 2배가 된다.
③ phon은 1,000 Hz 순음과의 상대적인 음량비교이다.
④ phon은 음량과 주파수를 동시에 고려하여 도출된 수치이다.

해설 sone의 공식
20 phon일 경우, sone값 구하는 방법
sone값 $= 2^{(phon값 - 40)/10}$
$= 2^{(20-40)/10} = 0.25$ sone
phon값이 20일 경우, sone값은 0.25 sone이다.

18 신호검출이론(SDT)에서 신호의 유무를 판별함에 있어 4가지 반응 대안에 해당하지 않는 것은?

① 긍정(hit)
② 채택(acceptation)
③ 누락(miss)
④ 허위(false alarm)

해설 신호검출이론(SDT)
신호의 유무를 판정하는 과정에서 4가지의 반응 안이 있으며, 각각의 확률은 다음과 같이 표현한다.
① 신호의 정확한 판정(hit)
: 신호가 나타났을 때 신호라고 판정, P(S/S)
② 허위경보(false alarm)
: 잡음을 신호로 판정, P(S/N)
③ 신호검출 실패(miss)
: 신호가 나타났는 데도 잡음으로 판정, P(N/S)
④ 잡음을 제대로 판정(correct noise)
: 잡음만 있을 때 잡음이라고 판정, P(N/N)

19 선형 제어장치를 20 cm 이동시켰을 때 선형 표시장치에서 지침이 5 cm 이동되었다면, 제어반응(C/R)비는 얼마인가?

① 0.2　② 0.25
③ 4.0　④ 5.0

해설 조종-반응비율(Control-Response ratio)
$$C/R비 = \frac{조종장치의 움직이는 거리}{표시장치의 이동거리} = \frac{20}{5} = 4.0$$
$\therefore C/R비 = 4.0$

20 Norman이 제시한 사용자 인터페이스 설계 원칙에 해당하지 않는 것은?

① 가시성(visibility)의 원칙
② 피드백(feedback)의 원칙
③ 양립성(compatibility)의 원칙
④ 유지보수 경제성(maintenance economy)의 원칙

해답 16. ① 17. ① 18. ② 19. ③ 20. ④

해설 Norman의 설계원칙
① 가시성
② 대응의 원칙
③ 행동유도성
④ 피드백의 제공

2 작업생리학

21 다음 그림과 같이 작업할 때 팔꿈치의 반작용력과 모멘트 값은 얼마인가? (단 CG_1은 물체의 무게중심, CG_2는 하박의 무게중심, W_1은 물체의 하중, W_2는 하박의 하중이다.)

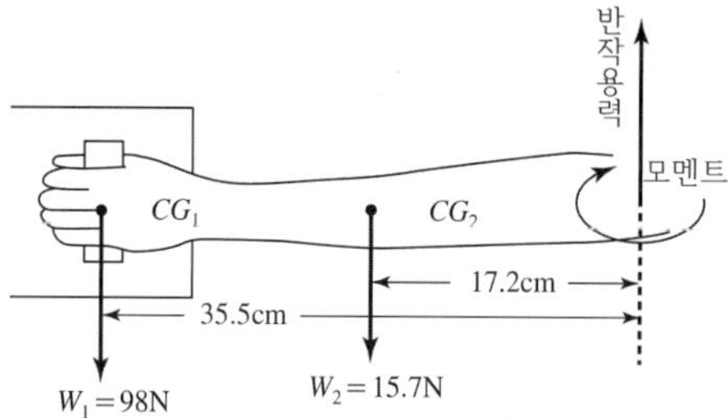

① 반작용력: 79.3 N, 모멘트: 22.42 N · m
② 반작용력: 79.3 N, 모멘트: 37.5 N · m
③ 반작용력: 113.7 N, 모멘트: 22.42 N · m
④ 반작용력: 113.7 N, 모멘트: 37.5 N · m

해설 팔꿈치의 반작용력
① 팔꿈치에 걸리는 반작용 힘(R_E)은 다음과 같다.
$\sum F=0$
$-98\text{ N}-15.7\text{ N}+R_E=0$
$R_E=113.7\text{ N}$
② 팔꿈치 모멘트 M_E는 다음과 같다
$\sum M=0$
$(-98\text{ N}\times 0.355\text{ m})+(-15.7\text{ N}\times 0.172\text{ m})+M_E=0$
$M_E=37.5\text{ N}\cdot\text{m}$

22 광원으로부터의 직사휘광 처리가 틀린 것은?

① 가리개, 갓, 차양을 사용한다.
② 광원을 시선에서 멀리 위치시킨다.
③ 광원의 휘도를 높이고 수를 줄인다.
④ 휘광원 주위를 밝게 하여 광도비를 줄인다.

해설 광원으로부터의 직사휘광 처리
① 광원의 휘도를 줄이고 광원의 수를 늘린다.
② 광원을 시선에서 멀리 위치시킨다.
③ 휘광원 주위를 밝게 하여 광속발산(휘도)비를 줄인다.
④ 가리개(shield) 혹은 차양(visor)을 사용한다.

23 교대작업의 주의사항에 관한 설명으로 틀린 것은?

① 12시간 교대제가 적정하다.
② 야간근무는 2~3일 이상 연속하지 않는다.
③ 야간근무의 교대는 심야에 하지 않도록 한다.
④ 야간근무 종료 후에는 48시간 이상의 휴식을 갖도록 한다.

해설 교대작업의 주의사항
① 확정된 업무 스케줄을 계획하고 정기적으로 예측 가능하도록 한다.
② 연속적인 야간근무를 최소화한다.
③ 자유로운 주말계획을 갖도록 한다.
④ 긴 교대기간을 두고 잔업은 최소화한다.
⑤ 가장 이상적인 교대제는 없다.
⑥ 작업자 개개인에게 적절한 교대제를 선택하는 것이 중요하다.
⑦ 오전근무 → 저녁근무 → 밤근무로 순환하는 것이 좋다.

24 산업안전보건법령상 소음작업이란 1일 8시간 작업을 기준으로 몇 데시벨 이상의 소음이 발생하는 작업을 말하는가?

해답 21. ④ 22. ③ 23. ① 24. ③

① 75 ② 80
③ 85 ④ 90

해설 소음작업
1일 8시간 작업을 기준으로 하여 85데시벨 이상의 소음이 발생하는 작업을 말한다.

25 골격근(skeletal muscle)에 대한 설명으로 틀린 것은?

① 골격근은 체중의 약 40%를 차지하고 있다.
② 골격근은 건(tendon)에 의해 뼈에 붙어 있다.
③ 골격근의 기본구조는 근원섬유(myofibril)이다.
④ 골격근은 400개 이상이 신체 양쪽에 쌍으로 있다.

해설 골격근에 대한 설명
근육은 근섬유(muscle fiber), 근원섬유(myofibril), 근섬유분절(sarcomere)로 구성되어 있고, 골격근의 기본구조 단위는 근섬유이다.

26 소음에 의한 청력손실이 가장 심하게 발생할 수 있는 주파수는?

① 1,000 Hz ② 4,000 Hz
③ 10,000 Hz ④ 20,000 Hz

해설 청력손실에 가장 영향을 미치는 주파수
청력손실의 정도는 노출소음 수준에 따라 증가하는데, 청력손실은 4,000 Hz에서 가장 크게 나타난다.

27 생리적 활동의 척도 중 Borg의 RPE (Ratings of Perceived Exertion)척도에 대한 설명으로 틀린 것은?

① 육체적 작업부하의 주관적 평가방법이다.
② NASA-TLX와 동일한 평가척도를 사용한다.
③ 척도의 양끝은 최소 심장 박동수과 최대 심장 박동수를 나타낸다.
④ 작업자들이 주관적으로 지각한 신체적 노력의 정도를 6~20 사이의 척도로 평정한다.

해설 보그 스케일(Borg's scale)
Borg의 RPE 척도는 많이 사용되는 주관적 평정척도로서 작업자들이 주관적으로 지각한 신체적 노력의 정도를 6~20 사이의 척도로 평정한다. 이 척도의 양끝은 각각 최소심장박동률과 최대심장박동률을 나타낸다.

28 근육 운동에 있어 장력이 활발하게 생기는 동안 근육이 가시적으로 단축되는 것을 무엇이라 하는가?

① 연축(twitch)
② 강축(tetanus)
③ 원심성 수축(eccentric contraction)
④ 구심성 수축(concentric contraction)

해설 근력의 발휘
구심성 수축(concentric contraction)은 근육이 저항보다 큰 장력(tension)을 발휘함으로써 근육의 길이가 짧아지는 수축이다.

29 저온 스트레스의 생리적 영향에 대한 설명 중 틀린 것은?

① 저온 환경에 노출되면 혈관수축이 발생한다.
② 저온 환경에 노출되면 발한(發汗)이 시작된다.
③ 저온 스트레스를 받으면 피부가 파랗게 보인다.
④ 저온 환경에 노출되면 떨기반사(shivering reflex)가 나타난다.

해설 저온 스트레스의 생리적 영향
저온에서 인체는 36.5°C의 일정한 체온을 유지하기 위하여 열을 발생시키고, 열의 방출을 최소화한다.

정답 25. ③ 26. ② 27. ② 28. ④ 29. ②

열을 발생시키기 위하여 화학적 대사 작용이 증가하고, 근육긴장의 증가와 떨림이 발생하며, 열의 방출을 최소화하기 위하여 체표면적의 감소와 피부의 혈관 수축 등이 일어난다.

30 인체활동이나 작업종료 후에도 체내에 쌓인 젖산을 제거하기 위해 산소가 더 필요하게 되는데 이를 무엇이라 하는가?

① 산소 빚(oxygen debt)
② 산소 값(oxygen value)
③ 산소 피로(oxygen fatigue)
④ 산소 대사(oxygen metabolism)

해설 산소 빚(oxygen debt)
육체적 근력작업 후 맥박이나 호흡이 즉시 정상으로 회복되지 않고 서서히 회복되는 것은 작업 중에 형성된 젖산 등의 노폐물을 재분해하기 위한 것으로 이 과정에서 소비되는 추가분의 산소량을 의미한다.

31 윤활관절(synovial joint)인 팔굽관절(elbow joint)은 연결 형태를 기준으로 어느 관절에 해당되는가?

① 관절구(condyloid)
② 경첩관절(hinge joint)
③ 안장관절(saddle joint)
④ 구상관절(ball and socket joint)

해설 경첩관절(hinge joint)
두 관절면이 원주면과 원통면 접촉을 하는 것이며, 한 방향으로만 운동할 수 있으며, 예로 들면 팔굽관절, 무릎관절, 발목관절이 이에 해당된다.

32 근력에 관련된 설명 중 틀린 것은?

① 여성의 평균 근력은 남성의 약 65% 정도이다.
② 50세가 지나면 서서히 근력이 감소하기 시작한다.
③ 성별에 관계없이 25~35세에서 근력이 최고에 도달한다.
④ 운동을 통해서 약 30~40%의 근력증가효과를 얻을 수 있다.

해설 근력에 대한 설명
보통 25~35세에서 최대근력이 최고에 도달하고, 40대에서부터 아주 서서히 감소하다가, 그 이후에는 급격히 감소한다.

33 중량물 취급 시 쪼그려 앉아(squat) 들기와 등을 굽혀(stoop) 들기를 비교할 경우 에너지소비량에 영향을 미치는 인자 중 가장 관련이 깊은 것은?

① 작업자세
② 작업방법
③ 작업속도
④ 도구설계

해설 작업자세
과업실행 중의 작업자의 자세도 에너지소비량에 영향을 미친다. 손으로 받치면서 무릎을 바닥에 댄 자세와 쪼그려 앉은 자세는 무릎을 펴고 허리를 굽힌 자세에 비해 에너지소비량이 작다.

34 생체반응 측정에 관한 설명으로 틀린 것은?

① 혈압은 대동맥에서의 압력을 의미한다.
② 심전도는 P, Q, R, S, T파로 구성된다.
③ 1리터의 산소소비는 4 kcal의 에너지소비와 같다.
④ 중간 정도의 작업에서 나타나는 심장박동률은 산소소비량과 선형적인 관계가 있다.

해설 에너지소비량 계산
작업의 에너지 값은 흔히 분당 또는 시간당 산소소비량으로 측정하며, 이 수치는 1 liter O_2 소비=5 kcal의 관계를 통하여 분당 또는 시간당 kcal값으로 바꿀 수 있다.

해답 30. ① 31. ② 32. ② 33. ① 34. ③

35 신체에 전달되는 진동은 전신진동과 국소진동으로 구분되는데 진동원의 성격이 다른 것은?

① 크레인
② 대형 운송차량
③ 지게차
④ 휴대용 연삭기

해설 진동의 정의와 종류
① 전신진동: 교통차량, 선박, 항공기, 기중기, 분쇄기 등에서 발생하며, 2~100 Hz에서 장해 유발
② 국소진동: 병타기, 착암기, 연마기, 자동식 톱 등에서 발생하며, 8~1,500 Hz에서 장해 유발

36 위치(positioning)동작에 관한 설명으로 틀린 것은?

① 반응시간은 이동거리와 관계없이 일정하다.
② 위치동작의 정확도는 그 방향에 따라 달라진다.
③ 오른손의 위치동작은 우하-좌상 방향의 정확도가 높다.
④ 주로 팔꿈치의 선회로만 팔 동작을 할 때가 어깨를 많이 움직일 때보다 정확하다.

해설 위치동작
일반적으로 위치동작의 정확도는 그 방향에 따라 달라진다. 오른손의 위치동작에서 좌하(左下)⇄우상(右上) 방향의 시간이 짧고, 정확도가 높다.

37 200 cd인 점광원으로부터의 거리가 2 m 떨어진 곳에서의 조도는 몇 럭스인가?

① 50 ② 100
③ 200 ④ 400

해설 조도

$$조도(\text{lux}) = \frac{광량}{거리^2} = \frac{200}{2^2} = 50\,\text{lux}$$

38 뇌파와 관련된 내용이 맞게 연결된 것은?

① α파: 2~5 Hz로 얕은 수면상태에서 증가한다.
② β파: 5~10 Hz의 불규칙적인 파동이다.
③ θ파: 14~30 Hz의 고(高)진폭파를 의미한다.
④ δ파: 4 Hz 미만으로 깊은 수면상태에서 나타난다.

해설 뇌파의 종류
① δ(델타)파: 4 Hz 미만의 진폭이 크게 불규칙적으로 흔들리는 파
② θ(세타)파: 4~8 Hz의 서파
③ α(알파)파: 8~14 Hz의 규칙적인 파동
④ β(베타)파: 14~30 Hz의 저진폭파
⑤ γ(감마)파: 30 Hz 이상의 파

39 호흡계의 기본적인 기능과 가장 거리가 먼 것은?

① 가스교환 기능
② 산 염기조절 기능
③ 영양물질 운반 기능
④ 흡입된 이물질 제거 기능

해설 호흡계의 기능
① 가스교환
② 공기의 오염물질, 먼지, 박테리아 등을 걸러내는 흡입 공기 정화작용
③ 흡입된 공기를 진동시켜 목소리를 내는 발성기관의 역할
④ 공기를 따뜻하고 부드럽게 함

40 육체활동에 따른 에너지소비량이 가장 큰 것은?

①

②

해답 35. ④ 36. ③ 37. ① 38. ④ 39. ② 40. ①

③ 

④ 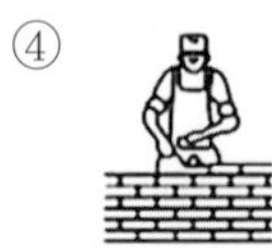

(해설) 인체활동에 따른 에너지소비량(kcal/분)

3 산업심리학 및 관련법규

41 사고의 특성에 해당되지 않는 사항은?

① 사고의 시간성
② 사고의 재현성
③ 우연성 중의 법칙성
④ 필연성 중의 우연성

(해설) 사고의 특성
똑같은 사고는 재현될 수 없어, 재현성은 사고의 특성이라 할 수 없다.

42 스트레스 요인에 관한 설명으로 틀린 것은?

① 성격유형에서 A형 성격은 B형 성격보다 스트레스를 많이 받는다.
② 일반적으로 내적 통제자들은 외적 통제자들보다 스트레스를 많이 받는다.
③ 역할 과부하는 직무기술서가 분명치 않은 관리직이나 전문직에서 더욱 많이 나타난다.
④ 집단의 압력이나 행동적 규범은 조직구성원에게 스트레스와 긴장의 원인으로 작용할 수 있다.

(해설) 스트레스 요인
스트레스는 내적 통제자들보다는 외적 통제자들에서 더 많이 발생하는 것을 볼 수 있다.

43 웨버(Max Weber)가 제창한 관료주의에 관한 설명으로 틀린 것은?

① 노동의 분업화를 전제로 조직을 구성한다.
② 부서장들의 권한 일부를 수직적으로 위임하도록 했다.
③ 단순한 계층구조로 상위 리더의 의사결정이 독단화되기 쉽다.
④ 산업화 초기의 비규범적 조직운영을 체계화시키는 역할을 했다.

(해설) 웨버의 관료주의 4가지 기본원칙
① 노동의 분업: 작업의 단순화 및 전문화
② 권한의 위임: 관리자를 소단위로 분산
③ 각 관리자가 책임질 수 있는 작업자의 수
④ 구조: 조직의 높이와 폭

44 인간실수와 관련된 설명으로 틀린 것은?

① 생활변화 단위 이론은 사고를 촉진시킬 수 있는 상황인자를 측정하기 위하여 개발되었다.
② 반복사고자 이론이란 인간은 개인별로 불변의 특성이 있으므로 사고는 일으키는 사람이 계속 일으킨다는 이론이다.
③ 인간성능은 각성수준(arousal level)이 낮을수록 향상되므로 실수를 줄이기 위해서는 각성수준을 가능한 낮추도록 한다.
④ 피터슨의 동기부여-보상-만족모델에 따르면, 작업자의 동기부여에는 작업자의

해답 41. ② 42. ② 43. ③ 44. ③

능력과 작업분위기, 그리고 작업 수행에 따른 보상에 대한 만족이 큰 영향을 미친다.

해설 인간실수에 관련된 설명
각성수준(arousal level)이 낮아지면 인간의 성능이 저하되고 휴먼에러가 생기기 쉬우며, 동시에 실수 경향이 커진다.

45 FTA에서 입력사상 중 어느 하나라도 발생하면 출력사상이 발생되는 논리 게이트는?

① OR gate
② AND gate
③ NOT gate
④ NOR gate

해설 OR gate
OR gate는 입력사상 중 어느 것이나 하나가 존재할 때 출력사상이 발생한다.

46 리더십 이론 중 관리 그리드 이론에서 인간관계의 유지에는 낮은 관심을 보이지만 과업에 대해서는 높은 관심을 보이는 유형은?

① 인기형
② 과업형
③ 타협형
④ 무관심형

해설 관리격자모형 이론
① (1,1)형: 인간과 업적에 모두 최소의 관심을 가지고 있는 무기력형이다.
② (1,9)형: 업적에 대한 인간중심 지향적으로 관심이 낮다. 이는 컨트리클럽형이다.
③ (9,1)형: 업적에 대하여 최대의 관심을 갖고, 인간에 대하여 무관심하다. 이는 과업형이다.
④ (9,9)형: 업적과 인간의 쌍방에 대하여 높은 관심을 갖는 이상형이다. 이는 팀형이다.
⑤ (5,5)형: 업적 및 인간에 대한 관심도에 있어서 중간값을 유지하려는 리더형이다. 이는 중도형이다.

47 매슬로우(Maslow)가 제시한 욕구단계에 포함되지 않는 것은?

① 안전 욕구
② 존경의 욕구
③ 자아실현의 욕구
④ 감성적 욕구

해설 매슬로우(A.H. Maslow)의 욕구단계이론
① 1단계: 생리적 욕구
② 2단계: 안전과 안정욕구
③ 3단계: 소속과 사랑의 사회적 욕구
④ 4단계: 자존(존경)의 욕구
⑤ 5단계: 자아실현의 욕구

48 갈등 해결방안 중 자신의 이익이나 상대방의 이익에 모두 무관심한 것은?

① 경쟁
② 순응
③ 타협
④ 회피

해설 회피
회피는 자신의 이익이나 상대방에 무관심하여 갈등을 무시하는 방안이다.

49 지능과 작업 간의 관계를 설명한 것으로 가장 적절한 것은?

① 작업수행자의 지능이 높을수록 바람직하다.
② 작업수행자의 지능과 사고율 사이에는 관계가 없다.
③ 각 작업에는 그에 적정한 지능수준이 존재한다.
④ 작업 특성과 작업자의 지능 간에는 특별한 관계가 없다.

해설 지능과 작업 간의 관계
각 작업에는 그에 적정한 지능수준이 존재한다.

해답 45. ① 46. ② 47. ④ 48. ④ 49. ③

50 하인리히(Heinrich)의 재해발생이론에 관한 설명으로 틀린 것은?

① 사고를 발생시키는 요인에는 유전적 요인도 포함된다.
② 일련의 재해요인들이 연쇄적으로 발생한다는 도미노이론이다.
③ 일련의 재해요인들 중 하나만 제거하여도 재해 예방이 가능하다.
④ 불안전한 행동 및 상태는 사고 및 재해의 간접원인으로 작용한다.

해설 하인리히(Heinrich)의 재해발생이론
불안전한 행동 및 상태는 사고 및 재해의 직접원인으로 작용한다.

51 집단 내에서 권한의 행사가 외부에 의하여 선출, 임명된 지도자에 의해 이루어지는 것은?

① 멤버십
② 헤드십
③ 리더십
④ 매니저십

해설 헤드십과 리더십의 차이

개인과 상황변수	헤드십	리더십
권한행사	임명된 헤드	선출된 리더
권한부여	위에서 위임	밑으로부터 동의
권한근거	법적 또는 공식적	개인능력
권한귀속	공식화된 규정에 의함	집단목표에 기여한 공로인정
상관과 부하와의 관계	지배적	개인적인 영향
책임귀속	상사	상사와 부하
부하와의 사회적 간격	넓음	좁음
지위형태	권위주의적	민주주의적

52 상시근로자 1,000명이 근무하는 사업장의 강도율이 0.60이었다. 이 사업장에서 재해발생으로 인한 연간 총 근로손실일수는 며칠인가? (단, 근로자 1인당 연간 2,400시간을 근무하였다.)

① 1,220일
② 1,320일
③ 1,440일
④ 1,630일

해설 강도율(Severity Rate of Injury)

$$\text{강도율}(SR) = \frac{\text{근로손실일수}}{\text{연근로시간수}} \times 1{,}000$$

$$\text{강도율}(SR) = \frac{X}{1{,}000 \times 2{,}400} \times 1{,}000 = 0.6$$

$\therefore X = 1{,}440$

53 대뇌피질의 활성 정도를 측정하는 방법은?

① EMG
② EOG
③ ECG
④ EEG

해설 근전도의 종류
① 심전도(ECG): 심장근육의 전위차를 기록한 근전도
② 뇌전도(EEG): 뇌의 활동에 따른 전위차를 기록한 것
③ 안전도(EOG): 안구를 사이에 두고 수평과 수직 방향으로 붙인 전위차를 기록한 것
④ 근전도(EMG): 근육활동의 전위차를 기록한 것

54 직무수행 준거 중 한 개인의 근무연수에 따른 변화가 비교적 적은 것은?

① 사고
② 결근
③ 이직
④ 생산성

해설 근무연수에 따른 변화
사고는 빈도가 낮아 한 개인 간의 변화는 적다.

해답 50. ④ 51. ② 52. ③ 53. ④ 54. ①

55 NIOSH의 직무스트레스 관리 모형에 관한 설명으로 틀린 것은?

① 직무스트레스 요인에는 크게 작업적 요인, 조직 요인 및 환경 요인으로 구분된다.
② 똑같은 작업스트레스에 노출된 개인들은 스트레스에 대한 지각과 반응에서 차이를 보이지 않는다.
③ 조직 요인에 의한 직무스트레스에는 역할 모호성, 역할 갈등, 의사 결정에의 참여도, 승진 및 직무의 불안정성 등이 있다.
④ 작업 요인에 의한 직무스트레스에는 작업부하, 작업속도 및 작업과정에 대한 작업자의 통제정도, 교대근무 등이 포함된다.

해설 NIOSH의 직무스트레스 관리 모형
똑같은 작업환경에 노출된 개인들이라도 지각하고 그 상황에 반응하는 방식에서 차이를 가져오는데, 이를 개인적인 요인이라 한다.

56 어떤 사업장의 생산라인에서 완제품을 검사하는데, 어느날 5,000개의 제품을 검사하여 200개를 부적합품으로 처리하였으나, 이 로트에 실제로 1,000개의 부적합품이 있었을 때, 로트당 휴먼에러를 범하지 않을 확률은 약 얼마인가?

① 0.16
② 0.20
③ 0.80
④ 0.84

해설 이산적 직무에서 인간신뢰도

$$\text{휴먼에러확률}(HEP) \approx \hat{p} = \frac{\text{실제 인간의 에러횟수}}{\text{전체 에러기회의 횟수}} = \frac{1000-200}{5000} = 0.16$$

$$\text{인간신뢰도 } R = 1 - HEP = 1 - p = 1 - 0.16 = 0.84$$

57 휴먼에러(human error) 예방 대책이 아닌 것은?

① 무결점에 대한 대책
② 관리요인에 대한 대책
③ 인적 요인에 대한 대책
④ 설비 및 작업환경적 요인에 대한 대책

해설 휴먼에러의 예방대책
① 휴먼에러를 줄이기 위한 일반적 고려사항 및 대책
② 인적 요인에 관한 대책(인간측면의 행동 감수성 고려)
③ 설비 및 작업 환경 요인에 관한 대책
④ 관리 요인에 의한 대책

58 새로운 작업을 수행할 때 근로자의 실수를 예방하고 정확한 동작을 위해 다양한 조건에서 연습한 결과로 나타나는 것은?

① 상기 스키마(recall schema)
② 동작 스키마(motion schema)
③ 도구 스키마(instrument schema)
④ 정보 스키마(information schema)

해설 상기 스키마(recall schema)
스키마(schema)란 움직임을 결정하는 데 필요한 모든 정보를 말하며, 이는 장기기억으로 뇌에 저장되어 있다. 상기 스키마(recall schema)는 여러 반응 중 특별한 반응을 선택하는 것을 말하며, 이는 움직임의 시작 전에 발생한다.

59 호손(Hawthorne)의 연구 결과에 기초한다면 작업자의 작업능률에 영향을 미치는 주요한 요인은?

① 작업조건
② 생산방식
③ 인간관계
④ 작업자 특성

해설 호손(Hawthorne) 실험

정답 55. ② 56. ④ 57. ① 58. ① 59. ③

작업능률을 좌우하는 요인은 작업환경이나 돈이 아니라 종업원의 심리적 안정감이며, 사내친구 관계, 비공식 조직, 친목회 등이 중요한 역할을 한다는 것이다.

60 물품의 중량과 무게중심에 대하여 작업장 주변에 안내표시를 해야 하는 중량물의 기준은?

① 5 kg 이상
② 10 kg 이상
③ 15 kg 이상
④ 20 kg 이상

해설 중량의 표시
사업주는 작업자가 5 kg 이상의 중량물을 들어 올리는 작업을 하는 경우에는 작업자가 쉽게 알 수 있도록 물품의 중량과 무게중심에 대하여 작업장 주변에 안내표시를 해야 한다.

4 근골격계질환 예방을 위한 작업관리

61 다양한 작업자세의 신체전반에 대한 부담정도를 분석하는 데 적합한 기법은?

① JSI ② QEC
③ NLE ④ REBA

해설 REBA
상지 작업을 중심으로 한 RULA와 비교하여 병원의 간호사, 수의사 등과 같이 예측이 힘든 다양한 자세에서 이루어지는 서비스업에서의 전체적인 신체에 대한 부담 정도와 유해인자의 노출 정도를 분석한다.

62 표준자료법에 대한 설명 중 틀린 것은?

① 표준자료 작성은 초기 비용이 적기 때문에 생산량이 적은 경우에 유리하다.
② 일단 한번 작성되면 유사한 작업에 대한 신속한 표준시간 설정이 가능하다.
③ 작업조건이 불안정하거나 표준화가 곤란한 경우에는 표준자료 설정이 곤란하다.
④ 정미시간을 종속변수, 작업에 영향을 주는 요인을 독립변수로 취급하여 두 변수 사이의 함수관계를 바탕으로 표준시간을 구한다.

해설 표준자료법(standard data system)
표준자료 작성의 초기비용이 크기 때문에 생산량이 적거나 제품이 큰 경우에는 부적합하다.

63 작업자가 동종의 기계를 복수로 담당하는 경우, 작업자 한 사람이 담당해야 할 이론적인 기계대수(n)를 구하는 식으로 맞는 것은? (단, a는 작업자와 기계의 동시 작업시간의 총합, b는 작업자만의 총 작업시간, t는 기계만의 총 가동 시간이다.)

① $n = \frac{(a+t)}{(a+b)}$ ② $n = \frac{(a+b)}{(a+t)}$
③ $n = \frac{(a+b)}{(b+t)}$ ④ $n = \frac{(b+t)}{(a+b)}$

해설 이론적 기계대수

$$n = \frac{(a+t)}{(a+b)}$$

여기서, a: 작업자와 기계의 동시작업 시간
b: 독립적인 작업자 활동시간
t: 기계가동 시간

64 워크샘플링 조사에서 주요작업의 추정비율(p)이 0.06이라면, 99% 신뢰도를 위한 워크샘플링 횟수는 몇 회인가? (단, $\mu_{0.05}$는 2.58, 허용오차는 0.01이다.)

① 3744 ② 3755
③ 3764 ④ 3745

해설 워크샘플링에 의한 관측횟수 결정

$$N = \frac{Z^2_{1-\alpha/2} \times \overline{P}(1-\overline{P})}{e^2}$$

$$= \frac{(2.58)^2 \times 0.06(1-0.06)}{0.01^2} = 3755$$

해답 60. ① 61. ④ 62. ① 63. ① 64. ②

65 공정도(process chart)에 사용되는 기호와 명칭이 잘못 연결된 것은?

① 저장 D ② 운반 ⇨
③ 검사 □ ④ 작업 ○

해설 공정기호
① 가공: ○
② 운반: ⇨
③ 정체: D
④ 저장: ▽
⑤ 검사: □

66 개선의 ECRS에 대한 내용으로 맞는 것은?

① Economic – 경제성
② Combine – 결합
③ Reduce – 절감
④ Specification – 규격

해설 작업개선의 원칙: ECRS 원칙
① Eliminate: 불필요한 작업·작업요소 제거
② Combine: 다른 작업·작업요소와의 결합
③ Rearrange: 작업순서의 변경
④ Simplify: 작업·작업요소의 단순화·간소화

67 NIOSH의 들기지수에 관한 설명으로 틀린 것은?

① 들기지수는 요추의 리스크 압력에 대한 기준치이다.
② 들기 횟수는 분당 들기 횟수를 기준으로 설정되어 있다.
③ 들기지수가 1 이상인 경우 추천 무게를 넘는 것으로 간주한다.
④ 들기 자세는 수평거리, 수직거리, 이동거리의 3개 요인으로 계산한다.

해설 NIOSH의 들기지수
NIOSH의 들기작업 지침에서 들기지수를 산정하는 식에 반영되는 변수로는 부하상수, 수평계수, 수직계수, 거리계수, 비대칭계수, 빈도계수, 결합계수가 있다.

68 어떤 결과에 영향을 미치는 크고 작은 요인들을 계통적으로 파악하기 위한 작업분석 도구로 적합한 것은?

① PERT/CPM ② 간트 차트
③ 파레토 차트 ④ 특성요인도

해설 특성요인도
원인결과도라고도 불리며, 바람직하지 않은 사건에 대한 결과를 물고기의 머리, 이러한 결과를 초래한 원인을 물고기의 뼈로 표현하여 분석하는 기법이다.

69 팔꿈치 부위에 발생하는 근골격계질환의 유형에 해당되는 것은?

① 외상과염
② 수근관 증후군
③ 추간판 탈출증
④ 바르텐베르그 증후군

해설 팔꿈치 부위의 근골격계질환 유형
외상과염은 손과 손목의 움직임을 제어하는 팔(상완)의 근육군들의 사용방법에 따라 발생한다.

70 관측평균은 1분, Rating계수는 120%, 여유시간은 0.05분이다. 내경법에 의한 여유율과 표준시간은?

① 여유율: 4.0%, 표준시간: 1.05분
② 여유율: 4.0%, 표준시간: 1.25분
③ 여유율: 4.2%, 표준시간: 1.05분
④ 여유율: 4.2%, 표준시간: 1.25분

해설 내경법에 의한 여유율과 표준시간

- 정미시간(NT)

$$= \text{관측시간의 대푯값}(T_0) \times \left(\frac{\text{레이팅계수}(R)}{100}\right)$$

$$\text{여유율}(A) = \frac{\text{여유시간}}{\text{정미시간} + \text{여유시간}} \times 100$$

$$\text{표준시간}(ST) = \text{정미시간} \times \left(\frac{1}{1 - \text{여유율}}\right)$$

- 정미시간(NT) $= 1 \times \left(\frac{120}{100}\right) = 1.2$

해답 65. ① 66. ② 67. ④ 68. ④ 69. ① 70. ②

$$여유율(A) = \frac{0.05}{1.2+0.05} \times 100 = 4(\%)$$

$$표준시간(ST) = 1.2 \times \left(\frac{1}{1-0.04}\right) = 1.25분$$

71 시설배치방법 중 공정별 배치방법의 장점에 해당하는 것은?

① 운반 길이가 짧아진다.
② 작업진도의 파악이 용이하다.
③ 전문적인 작업지도가 용이하다.
④ 재공품이 적고, 생산길이가 짧아진다.

해설 공정별 배치방법의 장점
공정별 배치는 작업형태로 설비를 배치함으로써 설비의 고장이나 작업자의 결근에 따라 작업이 중단될 가능성이 적으며, 전문적인 작업지도가 용이하다.

72 근골격계 부담작업 유해요인조사와 관련하여 틀린 것은?

① 사업주는 유해요인조사에 작업자 대표 또는 해당 작업 작업자를 참여시켜야 한다.
② 유해요인조사의 내용은 작업장 상황, 작업조건, 근골격계질환 증상 및 징후를 포함한다.
③ 신설되는 사업장의 경우에는 신설일로부터 2년 이내에 최초 유해요인조사를 실시하여야 한다.
④ 유해요인조사는 매 3년마다 실시되는 정기적 조사와 특정한 사유가 발생 시 실시하는 수시조사가 있다.

해설 근골격계 부담작업 유해요인조사
사업주는 근골격계 부담작업에 근로자를 종사하도록 하는 경우에는 3년마다 다음 사항에 대한 유해요인조사를 실시하여야 한다. 다만, 신설되는 사업장의 경우에는 신설일로부터 1년 이내에 최초의 유해요인조사를 실시하여야 한다.

73 레이팅 방법 중 Westinghouse 시스템은 4가지 측면에서 작업자의 수행도를 평가하여 합산하는데 이러한 4가지에 해당하지 않는 것은?

① 노력
② 숙련도
③ 성별
④ 작업환경

해설 웨스팅하우스(Westinghouse) 시스템
작업자의 수행도를 숙련도(skill), 노력(effort), 작업환경(conditions), 일관성(consistency) 등 4가지 측면을 평가하여, 각 평가에 해당하는 레벨점수를 합산하여 레이팅계수를 구한다.

74 근골격계질환의 원인으로 가장 거리가 먼 것은?

① 작업 특성 요인
② 개인적 특성 요인
③ 사회 심리적인 요인
④ 법률적인 기준에 따른 요인

해설 근골격계질환의 원인
① 작업특성 요인: 반복성, 부자연스런 자세, 과도한 힘, 접촉스트레스 등
② 개인적 특성 요인: 과거병력, 생활습관 및 취미, 작업경력, 작업습관 등
③ 사회심리학적 요인: 직무스트레스, 작업 만족도, 근무조건, 휴식시간 등

75 근골격계질환의 예방 대책으로 적절한 내용이 아닌 것은?

① 질환자에 대한 재활프로그램 및 산업재해 보험의 가입
② 충분한 휴식시간의 제공과 스트레칭 프로그램의 도입
③ 적절한 공구의 사용 및 올바른 작업방법에 대한 작업자 교육

정답 71. ③ 72. ③ 73. ③ 74. ④ 75. ①

④ 작업자의 신체적 특성과 작업내용을 고려한 작업장 구조의 인간공학적 개선

(해설) 근골격계질환의 예방 대책
질환자에 대한 재활프로그램 및 산업재해 보험의 가입은 예방이 아닌 사후대책이다.

76 사업장 근골격계질환 예방관리 프로그램에 있어 예방·관리추진팀의 역할이 아닌 것은?

① 교육 및 훈련에 관한 사항을 결정하고 실행한다.
② 예방·관리 프로그램의 수립 및 수정에 관한 사항을 결정한다.
③ 근골격계질환의 증상·유해요인 보고 및 대응체계를 구축한다.
④ 유해요인 평가 및 개선계획의 수립과 시행에 관한 사항을 결정하고 시행한다.

(해설) 근골격계질환 예방·관리추진팀의 역할
① 예방·관리 프로그램의 수립 및 수정에 관한 사항을 결정한다.
② 예방·관리 프로그램의 실행 및 운영에 관한 사항을 결정한다.
③ 교육 및 훈련에 관한 사항을 결정하고 실행한다.
④ 유해요인 평가 및 개선계획의 수립과 시행에 관한 사항을 결정하고 실행한다.
⑤ 근골격계질환자에 대한 사후조치 및 작업자 건강보호에 관한 사항 등을 결정하고 실행한다.

77 작업관리에서 사용되는 기본형 5단계 문제해결 절차로 가장 적절한 것은?

① 자료의 검토 → 연구대상 선정 → 개선안의 수립 → 분석과 기록 → 개선안의 도입
② 자료의 검토 → 연구대상 선정 → 분석과 기록 → 개선안의 수립 → 개선안의 도입
③ 연구대상 선정 → 자료의 검토 → 분석과 기록 → 개선안의 수립 → 개선안의 도입
④ 연구대상 선정 → 분석과 기록 → 자료의 검토 → 개선안의 수립 → 개선안의 도입

(해설) 문제해결 기본형 5단계 절차
① 연구대상 선정
② 분석과 기록
③ 자료의 검토
④ 개선안의 수립
⑤ 개선안의 도입

78 동작분석을 할 때 스패너에 손을 뻗치는 동작의 적절한 서블릭(Therblig)기호는?

① H
② P
③ TE
④ SH

(해설) 서블릭(Therblig)기호
① H: 잡고 있기
② P: 바로 놓기
③ TE: 빈손 이동
④ SH: 찾음

79 작업 개선의 일반적 원리에 대한 내용으로 틀린 것은?

① 충분한 여유 공간
② 단순 동작의 반복화
③ 자연스러운 작업자세
④ 과도한 힘의 사용 감소

(해설) 작업개선 원리
① 자연스러운 자세를 취한다.
② 과도한 힘을 줄인다.
③ 손이 닿기 쉬운 곳에 둔다.
④ 적절한 높이에서 작업한다.
⑤ 반복동작을 줄인다.
⑥ 피로와 정적부하를 최소화한다.
⑦ 신체가 압박받지 않도록 한다.
⑧ 충분한 여유공간을 확보한다.
⑨ 적절히 움직이고 운동과 스트레칭을 한다.
⑩ 쾌적한 작업환경을 유지한다.
⑪ 표시장치와 조종장치를 이해할 수 있도록 한다.
⑫ 작업조직을 개선한다.

해답 76. ③ 77. ④ 78. ③ 79. ②

80 **동작경제의 원칙에서 작업장 배치에 관한 원칙에 해당하는 것은?**

① 각 손가락이 서로 다른 작업을 할 때, 작업량을 각 손가락의 능력에 맞게 분배한다.

② 사용하는 장소에 부품이 가까이 도달할 수 있도록 중력을 이용한 부품 상자나 용기를 사용한다.

③ 손과 신체의 동작은 작업을 원만하게 처리할 수 있는 범위 내에서 가장 낮은 동작등급을 사용한다.

④ 눈의 초점을 모아야 할 수 있는 작업은 가능한 적게 하고, 이것이 불가피할 경우 두 작업 간의 거리를 짧게 한다.

해설 작업역의 배치에 관한 원칙

① 모든 공구와 재료는 일정한 위치에 정돈되어야 한다.
② 공구와 재료는 작업이 용이하도록 작업자의 주위에 있어야 한다.
③ 중력을 이용한 부품상자나 용기를 이용하여 부품을 부품 사용장소에 가까이 보낼 수 있도록 한다.
④ 가능하면 낙하시키는 방법을 이용하여야 한다.
⑤ 공구 및 재료는 동작에 가장 편리한 순서로 배치하여야 한다.
⑥ 채광 및 조명장치를 잘 하여야 한다.
⑦ 의자와 작업대의 모양과 높이는 각 작업자에게 알맞도록 설계되어야 한다.

해답 80. ②

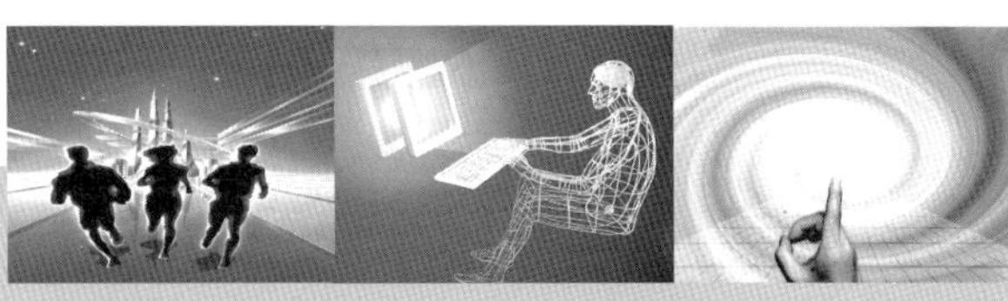

인간공학기사 필기시험 문제풀이 9회[171]

1 인간공학 개론

1 고령자를 위한 정보 설계 원칙으로 볼 수 없는 것은?

① 불필요한 이중 과업을 줄인다.
② 학습 및 적응 시간을 늘려 쓴다.
③ 신호의 강도와 크기를 보다 강하게 한다.
④ 가능한 세밀한 묘사와 상세 정보를 제공한다.

해설 고령자를 위한 정보 설계 원칙
고령자가 사용하는 표시장치는 이를 고려하여 과녁이 크고 조도가 적절한 설계가 이루어져야 한다.

2 제어-반응비율(C/R ratio)에 관한 설명으로 틀린 것은?

① C/R비가 증가하면 제어시간도 증가한다.
② C/R비가 작으면(낮으면) 민감한 장치이다.
③ C/R비가 감소함에 따라 이동시간은 감소한다.
④ C/R비는 제어장치의 이동거리를 표시장치의 이동거리로 나눈 값이다.

해설 제어-반응비율(C/R ratio)
C/R비가 증가하면 제어시간은 감소한다.

3 양립성의 종류가 아닌 것은?

① 주의 양립성
② 공간 양립성
③ 운동 양립성
④ 개념 양립성

해설 양립성의 종류
① 개념양립성(conceptual compatibility): 코드나 심벌의 의미가 인간이 갖고 있는 개념과 양립. 예로, 비행기 모형-비행장
② 운동양립성(movement compatibility): 조종기를 조작하여 표시장치상의 정보가 움직일 때 반응결과가 인간의 기대와 양립. 예로, 라디오의 음량을 줄일 때 조절장치를 반시계 방향으로 회전
③ 공간양립성(spatial compatibility): 공간적 구성이 인간의 기대와 양립. 예로, button의 위치와 관련 display의 위치가 양립
④ 양식양립성(modality compatibility): 직무에 알맞은 자극과 응답양식의 존재에 대한 것을 양식양립성이라 한다.

4 시각 표시장치보다 청각 표시장치를 사용하는 것이 유리한 경우는?

① 소음이 많은 경우
② 전하려는 정보가 복잡할 경우
③ 즉각적인 행동이 요구되는 경우

해답 1. ④ 2. ① 3. ① 4. ③

④ 전하려는 정보를 다시 확인해야 하는 경우

(해설) 청각장치가 이로운 경우
① 전달정보가 간단할 때
② 전달정보는 후에 재참조되지 않음
③ 전달정보가 즉각적인 행동을 요구할 때
④ 수신 장소가 너무 밝을 때
⑤ 직무상 수신자가 자주 움직이는 경우

5 동전던지기에서 앞면이 나올 확률은 0.4이고, 뒷면이 나올 확률은 0.6이다. 이때 앞면이 나올 정보량은 1.32 bit이고, 뒷면이 나올 정보량은 0.67 bit이다. 총 평균정보량은 약 얼마인가?

① 0.65 bit
② 0.88 bit
③ 0.93 bit
④ 1.99 bit

(해설) 평균정보량(Bit)
여러 개의 실현가능한 안이 있을 경우에는 평균정보량은 각 안의 정보량에 실현 확률을 곱한 것을 모두 합하면 된다.
$H=(0.4\times1.32)+(0.6\times0.67)$
$=0.93bit$

6 부품 배치의 원칙에 해당되지 않는 것은?

① 사용빈도의 원칙
② 사용순서의 원칙
③ 기능별 배치의 원칙
④ 크기별 배치의 원칙

(해설) 부품배치의 원칙
① 중요성의 원칙: 부품을 작동하는 성능이 체계의 목표달성에 긴요한 정도에 따라 우선순위를 설정한다.
② 사용빈도의 원칙: 부품을 사용하는 빈도에 따라 우선순위를 설정한다.
③ 기능별 배치의 원칙: 기능적으로 관련된 부품들(표시장치, 조종장치 등)을 모아서 배치한다.
④ 사용순서의 원칙: 사용순서에 따라 장치들을 가까이에 배치한다.

7 인간-기계 시스템 중 폐회로(closed loop) 시스템에 속하는 것은?

① 소총
② 모니터
③ 전자레인지
④ 자동차

(해설) 폐회로(closed-loop) 시스템
① 현재 출력과 시스템 목표와의 오차를 연속적으로 또는 주기적으로 피드백 받아 시스템의 목적을 달성할 때까지 제어하는 시스템이다.
② 예를 들면, 차량 운전과 같이 연속적인 제어가 필요한 것 등이다.

8 반응시간이 가장 빠른 감각은?

① 청각
② 미각
③ 시각
④ 후각

(해설) 감각별 반응속도
① 청각: 0.17초
② 촉각: 0.18초
③ 시각: 0.20초
④ 미각: 0.70초

9 음원의 위치 추정을 위한 암시 신호(cue)에 해당되는 것은?

① 위상차
② 음색차
③ 주기차
④ 주파수차

(해설) 암시 신호(cue)
고주파음원(3,000 Hz)의 방향을 결정하는 암시 신호는 양이 간의 강도차, 양이 간의 시간차, 양이 간의 위상차이다.

해답 5. ③ 6. ④ 7. ④ 8. ① 9. ①

10 비행기에서 20 m 떨어진 거리에서 측정한 엔진의 소음이 130 dB(A)이었다면, 100 m 떨어진 위치에서의 소음수준은 약 얼마인가?

① 113.5 dB(A) ② 116.0 dB(A)
③ 121.8 dB(A) ④ 130.0 dB(A)

해설 거리에 따른 음의 강도 변화

$$dB_2 = dB_1 - 20\log(d_2/d_1)$$
$$= 130 - 20\log(100/20)$$
$$= 116.0\,dB(A)$$

여기서, d_1, d_2: 음원으로부터 떨어진 거리

11 시스템의 사용성 검증 시 고려되어야 할 변인이 아닌 것은?

① 경제성
② 에러 빈도
③ 효율성
④ 기억용이성

해설 닐슨(Nielsen)의 사용성 정의
닐슨은 사용성을 학습용이성, 효율성, 기억용이성, 에러 빈도 및 정도, 그리고 주관적 만족도로 정의하였다.

12 Fitts의 법칙에 관한 설명으로 맞는 것은?

① 표적과 이동거리는 작업의 난이도와 소요 이동시간과 무관하다.
② 표적이 작을수록, 이동거리가 길수록 작업의 난이도와 소요 이동시간이 증가한다.
③ 표적이 클수록, 이동거리가 길수록 작업의 난이도와 소요 이동시간이 증가한다.
④ 표적이 작을수록, 이동거리가 짧을수록 작업의 난이도와 소요 이동시간이 증가한다.

해설 Fitts의 법칙
표적이 작을수록, 그리고 이동거리가 길수록 작업의 난이도와 소요 이동시간이 증가한다.

13 코드화(coding) 시스템 사용상의 일반적 지침으로 적합하지 않은 것은?

① 양립성이 준수되어야 한다.
② 차원의 수를 최소화해야 한다.
③ 자극은 검출이 가능하여야 한다.
④ 다른 코드 표시와 구별되어야 한다.

해설 입력자극 암호화의 일반적 지침
① 암호의 양립성
② 암호의 검출성
③ 암호의 변별성

14 움직이는 몸의 동작을 측정한 인체치수를 무엇이라고 하는가?

① 조절 치수
② 구조적 인체치수
③ 파악한계 치수
④ 기능적 인체치수

해설 동적측정(기능적 인체치수)
① 동적 인체측정은 일반적으로 상지나 하지의 운동, 체위의 움직임에 따른 상태에서 측정하는 것이다.
② 동적 인체측정은 실제의 작업 혹은 실제 조건에 밀접한 관계를 갖는 현실성 있는 인체치수를 구하는 것이다.
③ 동적측정은 마틴식 계측기로는 측정이 불가능하며, 사진 및 시네마 필름을 사용한 3차원(공간) 해석장치나 새로운 계측 시스템이 요구된다.
④ 동적측정을 사용하는 것이 중요한 이유는 신체적 기능을 수행할 때, 각 신체 부위는 독립적으로 움직이는 것이 아니라 조화를 이루어 움직이기 때문이다.

15 인간기계 통합체계에서 인간 또는 기계에 의해 수행되는 기본 기능이 아닌 것은?

① 정보처리 ② 정보생성
③ 의사결정 ④ 정보보관

해설 인간기계 시스템에서의 기본적인 기능
인간기계 시스템에서의 인간이나 기계는 감각을 통

해답 10. ② 11. ① 12. ② 13. ② 14. ④ 15. ②

한 정보의 수용, 정보의 보관, 정보의 처리 및 의사결정, 행동의 네 가지 기본적인 기능을 수행한다.

16 인간의 눈에 관한 설명으로 맞는 것은?

① 간상세포는 황반(fovea) 중심에 밀집되어 있다.
② 망막의 간상세포(rod)는 색의 식별에 사용된다.
③ 시각(視角)은 물체와 눈 사이의 거리에 반비례한다.
④ 원시는 수정체가 두꺼워져 먼 물체의 상이 망막 앞에 맺히는 현상을 말한다.

해설 최소분간시력

$$\text{시각}(') = \frac{(57.3)(60)H}{D}$$

H: 시각자극(물체)의 크기(높이)
D: 눈과 물체 사이의 거리
따라서, 시각은 물체와 눈 사이의 거리에 반비례한다.

17 시(視)감각 체계에 관한 설명으로 틀린 것은?

① 동공은 조도가 낮을 때는 많은 빛을 통과시키기 위해 확대된다.
② 1디옵터는 1미터 거리에 있는 물체를 보기 위해 요구되는 조절능력이다.
③ 안구의 수정체는 모양체근으로 긴장을 하면 얇아져 가까운 물체만 볼 수 있다.
④ 망막의 표면에는 빛을 감지하는 광수용기인 원추체와 간상체가 분포되어 있다.

해설 시(視)감각 체계
안구의 수정체는 모양체근으로 둘러싸여 있어서 긴장을 하면 두꺼워져 가까운 물체를 볼 수 있게 되고, 긴장을 풀면 납작해져서 원거리에 있는 물체를 볼 수 있게 된다.

18 인간의 정보처리과정, 기억의 능력과 한계 등에 관한 정보를 고려한 설계와 가장 관계가 깊은 것은?

① 제품 중심의 설계
② 기능 중심의 설계
③ 신체 특성을 고려한 설계
④ 인지 특성을 고려한 설계

해설 인지 특성을 고려한 설계
인간의 정보처리 과정, 기억의 능력과 한계 등은 인간의 인지 특성과 관련되므로 이에 관한 정보를 고려한 설계는 인지 특성을 고려한 설계이다.

19 인체 측정 자료를 설계에 응용할 때, 고려할 사항이 아닌 것은?

① 고정치 설계
② 조절식 설계
③ 평균치 설계
④ 극단치 설계

해설 인체 측정 자료의 응용원칙
① 극단치를 이용한 설계
② 조절식 설계
③ 평균치를 이용한 설계

20 인간공학에 관한 설명으로 틀린 것은?

① 인간의 특성 및 한계를 고려한다.
② 인간을 기계와 작업에 맞추는 학문이다.
③ 인간 활동의 최적화를 연구하는 학문이다.
④ 편리성, 안정성, 효율성을 제고하는 학문이다.

해설 인간공학의 정의
인간공학이란 기계와 작업의 특성을 인간에게 맞추는 방법을 연구하는 학문이다.

정답 16. ③ 17. ③ 18. ④ 19. ① 20. ②

2 작업생리학

21 작업강도의 증가에 따른 순환기 반응의 변화에 대한 설명으로 틀린 것은?

① 혈압의 상승
② 적혈구의 감소
③ 심박출량의 증가
④ 혈액의 수송량 증가

해설 작업강도 증가에 따른 순환기 반응 변화
작업 강도가 증가하면 심박출량이 증가하고 그에 따라 혈압이 상승하게 된다. 그리고 혈액의 수송량 또한 증가하며, 산소소비량도 증가하게 된다.

22 관절에 대한 설명으로 틀린 것은?

① 연골관절은 견관절과 같이 운동하는 것이 가장 자유롭다.
② 섬유질관절은 두개골의 봉합선과 같으며 움직임이 없다.
③ 경첩관절은 손가락과 같이 한쪽 방향으로만 굴곡 운동을 한다.
④ 활액관절은 대부분의 관절이 이에 해당하며, 자유로이 움직일 수 있다.

해설 연골관절
연결되는 뼈 사이에 연골조직이 끼어 있는 연골관절로서 약간의 운동이 가능하다. 두 뼈 사이에는 결합조직이나 연골이 개제되어 있다. 또, 두 개 이상이 완전히 골결합되어 있는 부위도 있다.

23 유산소(aerobic) 대사과정으로 인한 부산물이 아닌 것은?

① 젖산 ② CO_2
③ H_2O ④ 에너지

해설 유산소 대사과정으로 인한 부산물
충분한 산소가 공급되지 않을 때, 에너지가 생성되는 동안 피루브산이 젖산으로 바뀐다. 이는 활동 초기에 순환계가 대사에 필요한 충분한 산소를 공급하지 못할 때 일어난다.

24 광도비(luminance ratio)란 주된 장소와 주변 광도의 비이다. 사무실 및 산업 상황에서의 추천 광도비는 얼마인가?

① 1:1 ② 2:1
③ 3:1 ④ 4:1

해설 광도비(luminance ratio)
시야 내에 있는 주시영역과 주변 영역 사이의 광도의 비를 광도비라 하며, 사무실 및 산업 상황에서의 추천광도비는 보통 3 : 1이다.

25 반사 휘광의 처리 방법으로 적절하지 않은 것은?

① 간접 조명 수준을 높인다.
② 무광택 도료 등을 사용한다.
③ 창문에 차양 등을 사용한다.
④ 휘광원 주위를 밝게 하여 광도비를 줄인다.

해설 반사휘광의 처리
① 발광체의 휘도를 줄인다.
② 일반(간접) 조명수준을 높인다.
③ 산란광, 간접광, 조절판(baffle), 창문에 차양(shade) 등을 사용한다.
④ 반사광이 눈에 비치지 않게 광원을 위치시킨다.
⑤ 무광택도료, 빛을 산란시키는 표면색을 한 사무용 기기, 윤기를 없앤 종이 등을 사용한다.

26 심장의 1회 박출량이 70 mL이고, 1분간의 심박수가 70이면 분당 심박출량은?

① 70 mL/min
② 140 mL/min
③ 4200 mL/min
④ 4900 mL/min

해설 심박출량
평균심박수(회/min)×일회박출량(mL/회)
= 70 회/min × 70 mL/회 = 4900 mL/min

해답 21. ② 22. ① 23. ① 24. ③ 25. ④ 26. ④

27 총 작업시간이 5시간, 작업 중 평균 에너지소비량이 7 kcal/min이고, 권장 평균 에너지소비량이 5 kcal/min이었다. 휴식 중 에너지소비량이 1.5 kcal/min일 때 총 작업시간에 포함되어야 할 필요한 휴식시간은 얼마인가? (단, Murrell의 산정방법을 적용한다.)

① 약 84분
② 약 96분
③ 약 109분
④ 약 192분

해설 Murrell의 공식

$$R=\frac{T(E-S)}{E-1.5}$$

R: 휴식시간(분)
T: 총 작업시간(분)
E: 평균 에너지소모량(kcal/min)
S: 권장 평균 에너지소모량 = 5(kcal/min)

따라서, $R=\frac{300(7-5)}{7-1.5}$

$=109$분

28 신경계 가운데 반사와 통합의 기능적 특징을 갖는 것은?

① 중추신경계
② 운동신경계
③ 교감신경계
④ 감각신경계

해설 중추신경계의 기능

반사: 감각 → 구심성신경 → 반사중추 → 원심성 신경 → 효과기
통합: 어떤 목적을 위해 반사가 조합되어 조정되는 기능

29 RMR(Relative Metabolic Rate)의 값이 1.8로 계산되었다면 작업강도의 수준은?

① 아주 가볍다(very light)
② 가볍다(light)
③ 보통이다(moderate)
④ 아주 무겁다(very heavy)

해설 작업강도 RMR

초중작업: 7 이상 RMR
중(重)작업: 4~7 RMR
중(中)작업: 2~4 RMR
경(輕)작업: 0~2 RMR

30 힘에 대한 설명으로 틀린 것은?

① 힘은 벡터량이다.
② 힘의 단위는 N이다.
③ 힘은 질량에 비례한다.
④ 힘은 속도에 비례한다.

해설 힘에 대한 설명

F = ma(F: 힘, m: 질량, a: 가속도)
힘은 가속도에 비례한다.

31 작업환경 측정 결과 청력보존프로그램을 수립하여 시행하여야 하는 기준이 되는 소음수준은?

① 80 dB 초과 ② 85 dB 초과
③ 90 dB 초과 ④ 95 dB 초과

해설 청력보존프로그램 수립 기준 소음수준

청력보존프로그램의 기준이 되는 소음수준법 제42조의 규정에 의한 소음의 작업환경 측정 결과 소음수준이 90 dB을 초과하는 공정 또는 소음으로 인하여 작업자에게 건강장해가 발생한 공정

32 국소진동을 일으키는 진동원은 무엇인가?

① 크레인 ② 버스
③ 지게차 ④ 자동식 톱

해설 국소진동

착암기, 연마기, 자동식 톱 등에서 발생하며, 8~1,500 Hz에서 장애 유발

해답 27. ③ 28. ① 29. ② 30. ④ 31. ③ 32. ④

33 소음에 대한 대책으로 가장 효과적이고, 적극적인 방법은?

① 칸막이 설치
② 소음원의 제거
③ 보호구 착용
④ 소음원의 격리

(해설) 소음관리 대책
- 소음원의 제거: 소음관리 대책 중 가장 근원적인 대책은 소음원의 제거이다.
- 소음원의 통제: 기계의 적절한 설계, 적절한 정비 및 주유, 기계에 고무받침대(mounting) 부착, 차량에는 소기(muffler)를 사용한다.
- 소음의 격리: 덮개(enclosure), 방, 장벽을 사용(집의 창문을 닫으면 약 10 dB 감음된다)

34 중량물을 운반하는 작업에서 발생하는 생리적 반응으로 맞는 것은?

① 혈압이 감소한다.
② 심박수가 감소한다.
③ 혈류량이 재분배된다.
④ 산소소비량이 감소한다.

(해설) 육체적 작업에 따른 생리적 반응
① 산소소비량의 증가
② 심박출량의 증가
③ 심박수의 증가
④ 혈류의 재분배

35 근육에 관한 설명으로 틀린 것은?

① 근섬유의 수축단위는 근원섬유이다.
② 근섬유가 수축하면 A대가 짧아진다.
③ 하나의 근육은 수많은 근섬유로 이루어져 있다.
④ 근육의 수축은 근육의 길이가 단축되는 것이다.

(해설) 근육수축의 원리
근섬유가 수축하면 I대와 H대가 짧아진다. 최대로 수축했을 때는 Z선이 A대에 맞닿고 I대는 사라진다.

36 점멸융합주파수(flicker fusion frequency)에 관한 설명으로 맞는 것은?

① 중추신경계의 정신피로의 척도로 사용된다.
② 작업시간이 경과할수록 점멸융합주파수는 높아진다.
③ 쉬고 있을 때 점멸융합주파수는 대략 10～20 Hz이다.
④ 마음이 긴장되었을 때나 머리가 맑을 때의 점멸융합주파수는 낮아진다.

(해설) 점멸융합주파수(플리커치)
점멸융합주파수는 피곤함에 따라 빈도가 감소하기 때문에 중추신경계의 피로 즉, '정신피로'의 척도로 사용될 수 있다.

37 산소소비량에 관한 설명으로 틀린 것은?

① 산소소비량과 심박수 사이에는 밀접한 관련이 있다.
② 산소소비량은 에너지 소비와 직접적인 관련이 있다.
③ 산소소비량은 단위 시간당 흡기량만 측정한 것이다.
④ 심박수와 산소소비량 사이의 관계는 개인에 따라 차이가 있다.

(해설) 산소소비량 측정
산소소비량을 측정하기 위해서는 Douglas낭 등을 사용하여 배기를 수집한다. 질소는 체내에서 대사되지 않고, 또 배기는 흡기보다 적으므로 배기 중의 질소비율은 커진다. 이 질소 변화로 흡기의 부피(흡기 시: O_2 = 21%, CO_2 = 0%, N_2 = 79%)를 구할 수 있다.

38 열교환의 네 가지 방법이 아닌 것은?

① 복사(radiation)
② 대류(convection)
③ 증발(evaporation)

정답 33. ② 34. ③ 35. ② 36. ① 37. ③ 38. ④

④ 대사(metabolism)

해설 열교환 4가지 방법
신체와 환경 사이의 열교환 4가지 방법에는 대류, 증발, 복사, 전도가 있다.

39 컴퓨터 단말기(VDT) 작업의 사무환경을 위한 추천 조명은 얼마인가?

① 100～300 lux
② 300～500 lux
③ 500～700 lux
④ 700～900 lux

해설 VDT 작업환경 관리
VDT 작업의 사무환경 추천 조도는 300~500 lux이다.

40 근육운동 중 근육의 길이가 일정한 상태에서 힘을 발휘하는 운동을 나타내는 것은?

① 등척성 운동
② 등장성 운동
③ 등속성 운동
④ 단축성 운동

해설 등척성 운동
수축과정 중에 근육의 길이가 변하지 않는다.

3 산업심리학 및 관련법규

41 인간의 의식수준을 단계별로 분류할 때, 에러 발생 가능성이 낮은 것으로부터 높아지는 순서대로 연결된 것은?

① Ⅰ단계 - Ⅱ단계 - Ⅲ단계 - Ⅳ단계
② Ⅰ단계 - Ⅳ단계 - Ⅲ단계 - Ⅱ단계
③ Ⅱ단계 - Ⅰ단계 - Ⅳ단계 - Ⅲ단계
④ Ⅲ단계 - Ⅱ단계 - Ⅰ단계 - Ⅳ단계

해설 인간의 의식수준 단계
① phase 0 : 의식을 잃은 상태이므로 작업수행과는 관계가 없다.
② phase Ⅰ : 과로했을 때나 야간작업을 했을 때 볼 수 있는 의식수준으로 부주의 상태가 강해서 인간의 에러가 빈발하며, 운전 작업에서는 전방주시 부주의나 졸음운전 등이 일어나기 쉽다.
③ phase Ⅱ : 휴식 시에 볼 수 있는데, 주의력이 전향적으로 기능하지 못하기 때문에 무심코 에러를 저지르기 쉬우며, 단순반복작업을 장시간 지속할 경우도 여기에 해당한다.
④ phase Ⅲ : 적극적인 활동 시의 명쾌한 의식으로 대뇌가 활발히 움직이므로 주의의 범위도 넓고, 에러를 일으키는 일은 거의 없다.
⑤ phase Ⅳ : 과도 긴장 시나 감정 흥분 시의 의식수준으로 대뇌의 활동력은 높지만 주의가 눈앞의 한 곳에만 집중되고 냉정함이 결여되어 판단은 둔화된다.

42 제조물책임법에서 손해배상 책임에 대한 설명 중 틀린 것은?

① 물질적 손해뿐 아니라 정신적 손해도 손해배상 대상에 포함된다.
② 피해자가 손해배상 청구를 하기 위해서는 제조자의 고의 또는 과실을 입증해야 한다.
③ 해당 제조물 결함에 의해 발생한 손해가 그 제조물 자체만에 그치는 경우에는 제조물 책임 대상에서 제외한다.
④ 제조자가 결함 제조물로 인하여 생명, 신체 또는 재산상의 손해를 입은 자에게 손해를 배상할 책임을 의미한다.

해설 손해배상 책임에 대한 설명
피해자가 손해배상 청구를 위해서는 제조자의 고의 또는 과실을 입증하는 것이 아니라 제조물의 결함이 있다는 것을 입증해야 한다.

정답 39. ② 40. ① 41. ④ 42. ②

43 리더십 이론 중 특성 이론에 기초하여 성공적인 리더의 특성에 대한 기술로 틀린 것은?

① 강한 출세욕구를 지닌다.
② 미래보다는 현실지향적이다.
③ 부모로부터 정서적 독립을 원한다.
④ 상사에 대한 강한 동일 의식과 부하직원에 대한 관심이 많다.

해설 성공적인 리더의 특성
상사에 대한 강한 동일 의식은 성공적인 리더의 특성에 해당되지 않는다.

44 스트레스에 대한 설명으로 틀린 것은?

① 직무속도는 신체적, 정신적 스트레스에 영향을 미치지 않는다.
② 역할 과소는 권태, 단조로움, 신체적 피로, 정신적 피로 등을 유발할 수 있다.
③ 일반적으로 내적 통제자들은 외적 통제자들보다 스트레스를 적게 받는다.
④ A형 성격을 가진 사람이 B형 성격을 가진 사람보다 높은 스트레스를 받을 가능성이 있다.

해설 스트레스에 대한 설명
직무속도의 증가는 직무요구도를 증가시키며, 직무요구도는 스트레스의 주 요인이다.

45 휴먼에러의 배후요인 4가지(4M)에 속하지 않는 것은?

① Man
② Machine
③ Motive
④ Management

해설 4M의 종류
① Man(인간)
② Machine(기계)
③ Media(매체)
④ Management(관리)

46 다음 표는 동기부여와 관련된 이론의 상호 관련성을 서로 비교해 놓은 것이다. A~ E에 해당하는 용어가 맞는 것은?

위생요인과 동기요인 (Herzberg)	ERG 이론 (Alderfer)	X이론과 Y이론 (McGregor)
위생요인	A	D
	B	
동기요인	C	E

① A: 존재욕구, B: 관계욕구, D: X이론
② A: 관계욕구, C: 성장욕구, D: Y이론
③ A: 존재욕구, C: 관계욕구, E: Y이론
④ B: 성장욕구, C: 존재욕구, E: X이론

해설 동기부여와 관련된 이론

위생요인과 동기요인 (Herzberg)	ERG 이론 (Alderfer)	X이론과 Y이론 (McGregor)
위생요인	존재욕구	X이론
	관계욕구	
동기요인	성장욕구	Y이론

47 안전에 대한 책임과 권한이 라인 관리 감독자에게도 부여되며, 대규모 사업장에 적합한 조직 형태는?

① 라인형(line) 조직
② 스탭형(staff) 조직
③ 라인-스탭형(line-staff) 조직
④ 프로젝트(project team work) 조직

해설 직계참모 조직(line and staff organization)
직계참모 조직은 라인-스탭 조직이라고도 한다. 대규모 조직에 적합한 조직 형태이다.

48 군중보다 한층 합의성이 없고, 감정에 의해 행동하는 집단행동은?

① 모브(mob)

정답 43. ④ 44. ① 45. ③ 46. ① 47. ③ 48. ①

② 유행(fashion)

③ 패닉(panic)

④ 풍습(folkways)

해설 비통제의 집단행동

집단구성원의 감정, 정서에 좌우되고 연속성이 희박하다.

① 군중: 집단구성원 사이에 지위나 역할의 분화가 없고, 구성원 각자는 책임감을 가지지 않으며, 비판력도 가지지 않는다.
② 모브(mob): 폭동과 같은 것을 말하며 군중보다 한층 합의성이 없고 감정만으로 행동한다.
③ 패닉(panic): 이상적인 상황하에서 모브(mob)가 공격적인 데 비하여 패닉(panic)은 방어적인 것이 특징이다.
④ 심리적 전염

49 다음과 같은 재해 발생 시 재해조사분석 및 사후처리에 대한 내용으로 틀린 것은?

> 크레인으로 강재를 운반하던 도중 약해져있던 와이어 로프가 끊어지며 강재가 떨어졌다. 이때 작업구역 밑을 통행하던 작업자의 머리 위로 강재가 떨어졌으며, 안전모를 착용하지 않은 상태에서 발생한 사고라서 작업자는 큰 부상을 입었고, 이로 인하여 부상 치료를 위해 4일간의 요양을 실시하였다.

① 재해 발생형태는 추락이다.

② 재해의 기인물은 크레인이고, 가해물은 강재이다.

③ 산업재해조사표를 작성하여 관할 지방고용노동청장에게 제출하여야 한다.

④ 불안전한 상태는 약해진 와이어 로프이고, 불안전한 행동은 안전모 미착용과 위험구역 접근이다.

해설 낙하

재해 발생형태는 낙하이며 물건이 주체가 되어 사람이 맞은 경우를 뜻한다.

50 반응시간 또는 동작시간에 관한 설명으로 틀린 것은?

① 단순반응시간은 하나의 특정 자극에 대하여 반응하는 데 소요되는 시간을 의미한다.

② 선택반응시간은 일반적으로 자극과 반응의 수가 증가할수록 로그함수로 증가한다.

③ 동작시간은 신호에 따라 손을 움직여 동작을 실제로 실행하는 데 걸리는 시간을 의미한다.

④ 선택반응시간은 여러 가지의 자극이 주어지고, 모든 자극에 대하여 모두 반응하는 데까지의 총 소요시간을 의미한다.

해설 반응시간

하나의 자극만을 제시하고 여기에 반응하는 경우를 단순반응, 두 가지 이상의 자극에 대해 각각에 대응하는 반응을 고르는 경우를 선택반응이라고 한다. 이때 통상 되도록 빨리 반응 동작을 일으키도록 제시되어 최대의 노력을 해서 반응했을 때의 값으로 계측된다.

51 하인리히(Heinrich)가 제시한 재해발생 과정의 도미노 이론 5단계에 해당하지 않는 것은?

① 사고

② 기본원인

③ 개인적 결함

④ 불안전한 행동 및 불안전한 상태

해설 하인리히의 도미노 이론

① 사회적 환경 및 유전적 요소
② 개인적 결함
③ 불안전 행동 및 불안전 상태
④ 사고
⑤ 상해(산업재해)

해답 49. ① 50. ④ 51. ②

52 어느 사업장의 도수율은 40이고 강도율은 4이다. 이 사업장의 재해 1건당 근로손실일수는 얼마인가?

① 1 ② 10
③ 50 ④ 100

(해설) 재해율
① 환산도수율(F) = 도수율 / 10
② 환산강도율(S) = 강도율×100
S/F는 재해 1건당 근로손실일수
= 400(S: 4×100) / 4(F: 40/10) = 100

53 스트레스에 관한 일반적 설명 중 거리가 가장 먼 것은?

① 스트레스는 근골격계질환에 영향을 줄 수 있다.
② 스트레스를 받게 되면 자율 신경계가 활성화된다.
③ 스트레스가 낮아질수록 업무의 성과는 높아진다.
④ A형 성격의 소유자는 스트레스에 더 노출되기 쉽다.

(해설) 스트레스
적정수준의 스트레스는 작업성과에 긍정적으로 작용할 수 있다.

54 시스템 안전 분석기법 중 정량적 분석 방법이 아닌 것은?

① 결함나무분석(FTA)
② 사상나무분석(ETA)
③ 고장모드 및 영향분석(FMEA)
④ 휴먼에러율 예측기법(THERP)

(해설) 시스템 안전 분석기법
FMEA는 서브시스템 위험분석을 위하여 일반적으로 사용되는 전형적인 정성적, 귀납적 분석방법으로 시스템에 영향을 미치는 모든 요소의 고장을 형태별로 분석하여 그 영향을 검토하는 것이다.

55 조직이 리더에게 부여하는 권한의 유형으로 볼 수 없는 것은?

① 보상적 권한
② 강압적 권한
③ 합법적 권한
④ 작위적 권한

(해설) 리더의 권한 유형
조직이 리더에게 부여하는 권한으로는 보상적 권한, 강압적 권한, 합법적 권한, 위임된 권한, 전문성의 권한이 있다. 작위적 권한은 조직이 리더에게 부여하는 권한의 유형으로 볼 수 없다.

56 호손 실험 결과 생산성 향상에 영향을 주는 주요인은 무엇이라고 나타났는가?

① 자본
② 물류관리
③ 인간관계
④ 생산기술

(해설) 호손 실험
작업장의 물리적 환경보다는 작업자들의 동기부여, 의사소통 등 인간관계가 보다 중요하다는 것을 밝힌 연구이다. 이 연구 이후로 산업심리학의 연구방향은 물리적 작업환경 등에 대한 관심으로부터 현대 산업심리학의 주요 관심사인 인간관계에 대한 연구로 변경되었다.

57 Rasmussen의 인간행동 분류에 기초한 인간 오류가 아닌 것은?

① 규칙에 기초한 행동(rule-based behavior) 오류
② 실행에 기초한 행동(commission-based behavior) 오류
③ 기능에 기초한 행동(skill-based behavior) 오류
④ 지식에 기초한 행동(knowledge-based behavior) 오류

정답 52. ④ 53. ③ 54. ③ 55. ④ 56. ③ 57. ②

해설 라스무센의 휴먼에러 분류
① 숙련기반 에러(skill-based error)
② 규칙기반 에러(rule-based error)
③ 지식기반 에러(knowledge-based error)

58 보행 신호등이 바뀌었지만 자동차가 움직이기까지는 아직 시간이 있다고 판단하여 신호등을 건너는 경우는 어떤 상태인가?

① 근도반응 ② 억측판단
③ 초조반응 ④ 의식의 과잉

해설 억측판단
자기 멋대로 주관적인 판단이나 희망적인 관찰에 근거를 두고 다분히 이래도 될 것이라는 것을 확인하지 않고 행동으로 옮기는 판단이다.

59 2차 재해 방지와 현장 보존은 사고발생의 처리과정 중 어디에 해당하는가?

① 긴급 조치
② 대책 수립
③ 원인 강구
④ 재해 조사

해설 산업재해 발생 시 조치에서 긴급처리
① 피해자의 구조
② 피재기계의 정지
③ 피해자의 응급처치
④ 관계자의 통보
⑤ 2차 재해방지
⑥ 현장보존

60 조작자 한 사람의 성능 신뢰도가 0.8일 때 요원을 중복하여 2인 1조가 작업을 진행하는 공정이 있다. 전체 작업기간의 60% 정도만 요원을 지원한다면, 이 조의 인간 신뢰도는 얼마인가?

① 0.816 ② 0.896
③ 0.962 ④ 0.985

해설 병렬구조
$1-(1-0.8)\times(1-0.8\times0.6)=0.896$

4 근골격계질환 예방을 위한 작업관리

61 유해요인조사의 법적요구 사항이 아닌 것은?

① 사업주는 유해요인조사를 실시하는 경우, 해당 작업근로자를 배제하여야 한다.
② 사업주는 근골격계 부담작업에 근로자를 종사하도록 하는 경우 3년마다 유해요인조사를 실시해야 한다.
③ 사업주는 근골격계 부담작업에 해당하는 새로운 작업이나 설비를 도입한 경우 유해요인조사를 실시해야 한다.
④ 사업주는 법에 의한 임시건강진단 등에서 근골격계 부담작업 외의 작업에서 근골격계질환자가 발생하였더라도 유해요인조사를 실시해야 한다.

해설 유해요인조사의 법적요구 사항
사업주는 유해요인조사를 실시하는 경우, 해당 작업근로자를 참여시켜야 한다.

62 유해요인조사 방법 중 RULA에 관한 설명으로 틀린 것은?

① 각 작업자세는 신체 부위별로 A와 B그룹으로 나누어진다.
② 주로 하지 자세를 평가할 목적으로 개발된 유해요인조사방법이다.
③ RULA가 평가하는 작업부하인자는 동작의 횟수, 정적인 근육작업, 힘, 작업자세 등이다.
④ 작업에 대한 평가는 1점에서 7점 사이의 총적으로 나타나며, 점수에 따라 4개의 조치단계로 분류된다.

해답 58. ② 59. ① 60. ② 61. ① 62. ②

해설 RULA
RULA는 어깨, 팔목, 손목, 목 등 상지에 초점을 맞추어서 작업자세로 인한 작업부하를 쉽고 빠르게 평가하기 위해 만들어진 기법이다.

63 어느 요소 작업을 25번 측정한 결과, 평균이 0.5, 샘플 표준편차가 0.09라고 한다. 신뢰도 95%, 허용오차 ±5%를 만족시키는 관측횟수는 얼마인가? (단, t=2.06이다.)

① 15 ② 55
③ 105 ④ 185

해설 관측횟수

$$N=\left(\frac{t(n-1, 0.025)\times S}{0.05\bar{x}}\right)^2$$

$$=\left(\frac{2.06\times 0.09}{0.05\times 0.5}\right)^2 \fallingdotseq 55$$

64 서블릭(Therblig)에 관한 설명으로 틀린 것은?

① 조립(A)은 효율적 서블릭이다.
② 검사(I)는 비효율적 서블릭이다.
③ 빈손이동(TE)은 효율적 서블릭이다.
④ 미리놓기(PP)는 비효율적 서블릭이다.

해설 서블릭(Therblig)에 관한 설명
미리놓기(PP)는 효율적 서블릭이다.

65 유해도가 높은 근골격계 부담작업의 공학적 개선에 속하는 것은?

① 적절한 작업자의 선발
② 작업자의 교육 및 훈련
③ 작업자의 작업속도 조절
④ 작업자의 신체에 맞는 작업장 개선

해설 근골격계 부담작업의 공학적 개선
공학적 개선은 다음의 재배열, 수정, 재설계, 교체 등을 말한다.
① 공구, 장비
② 작업장
③ 포장
④ 부품
⑤ 제품

66 작업대의 개선방법으로 맞는 것은?

① 좌식작업대의 높이는 동작이 큰 작업에는 팔꿈치의 높이보다 약간 높게 설계한다.
② 입식작업대의 높이는 경작업의 경우 팔꿈치의 높이보다 5~10 cm 정도 높게 설계한다.
③ 입식작업대의 높이는 중작업의 경우 팔꿈치의 높이보다 10~30 cm 정도 낮게 설계한다.
④ 입식작업대의 높이는 정밀작업의 경우 팔꿈치의 높이보다 5~10 cm 정도 낮게 설계한다.

해설 입식작업대 높이
정밀작업: 팔꿈치 높이보다 5~15 cm 높게
경작업: 팔꿈치 높이보다 5~10 cm 낮게
중작업: 팔꿈치 높이보다 10~30 cm 낮게

67 근골격계질환의 예방원리에 관한 설명으로 맞는 것은?

① 예방보다는 신속한 사후조치가 효과적이다.
② 작업자의 신체적 특징 등을 고려하여 작업장을 설계한다.
③ 공학적 개선을 통해 해결하기 어려운 경우에는 그 공정을 중단한다.
④ 사업장 근골격계질환 예방정책에 노사가 협의하면 작업자의 참여는 중요하지 않다.

해답 63. ② 64. ④ 65. ④ 66. ③ 67. ②

(해설) 근골격계질환의 예방원리
근골격계질환을 예방하기 위해서는 작업자의 신체적 특성을 고려한 인체공학 개념을 도입한 작업장을 설계하여야 한다.

68 작업분석에서의 문제분석 도구 중에서 80-20의 원칙에 기초하여 빈도수별로 나열한 항목별 점유와 누적비율에 따라 불량이나 사고의 원인이 되는 중요 항목을 찾아가는 기법은?

① 특성요인도
② 파레토 차트
③ PERT 차트
④ 산포도 기법

(해설) 파레토 분석
문제가 되는 요인들을 규명하고 동일한 스케일을 사용하여 누적분포를 그리면서 오름차순으로 정리한다. 20%의 작업코드가 80%의 사고를 유발하는 경우를 80-20 rule이라 한다.

69 워크샘플링(Work-sampling)에 대한 설명으로 맞는 것은?

① 시간연구법보다 더 정확하다.
② 자료수집 및 분석시간이 길다.
③ 관측이 순간적으로 이루어져 작업에 방해가 적다.
④ 컨베이어 작업처럼 짧은 주기의 작업에 알맞다.

(해설) 워크샘플링 장점
① 관측을 순간적으로 하기 때문에 작업자를 방해하지 않으면서 용이하게 연구를 진행시킨다.
② 조사기간을 길게 하여 평상시의 작업 상황을 그대로 반영시킬 수 있다.
③ 사정에 의해 연구를 일시 중지하였다가 다시 계속할 수도 있다.
④ 여러 명의 작업자나 여러 대의 기계를 한 명 혹은 여러 명의 관측자가 동시에 관측할 수 있다.
⑤ 자료수집이나 분석에 필요한 순수시간이 다른 시간연구 방법에 비하여 적다.
⑥ 특별한 시간측정 설비가 필요 없다.

70 손과 손목 부위에 발생하는 근골격계질환이 아닌 것은?

① 결절종
② 수근관 증후군
③ 외상과염
④ 드퀘르뱅 건초염

(해설) 손과 손목 부위에 발생하는 근골격계질환
외상과염은 손과 손목의 움직임을 제어하는 팔(상완)의 근육군들의 사용방법에 따라 팔꿈치 부위에서 발생한다.

71 정미시간이 개당 3분이고, 준비시간이 60분이며 로트 크기가 100개일 때 개당 표준시간은 얼마인가?

① 2.5분
② 2.6분
③ 3.5분
④ 3.6분

(해설) 100개 총 작업시간
= (정미시간 개당 3분×100개) + 준비시간 60분
= 360분
개당 작업시간 = 360분/100개
= 3.6분

72 근골격계질환의 주요 발생요인이 아닌 것은?

① 넘어짐
② 잘못된 작업자세
③ 반복동작
④ 과도한 힘의 사용

(해설) 근골격계질환의 원인
① 부적절한 작업자세
② 과도한 힘
③ 접촉스트레스
④ 반복적인 작업

해답 68. ② 69. ③ 70. ③ 71. ④ 72. ①

73 디자인 프로세스 단계 중 대안의 도출을 위한 방법이 아닌 것은?

① 개선의 ECRS
② 5W1H 분석
③ SEARCH 원칙
④ Network Diagram

해설 디자인 프로세스 단계 중 대안 도출 방법
보다 많은 대안을 창출하는 것은 좋은 해를 얻기 위한 필수 조건이다. 대안의 도출 방법에는 브레인스토밍(Brainstorming), ECRS, SEARCH원칙, 5W1H분석, 마인드멜딩(Mindmelding)이 있다.

74 동작경제의 원칙이 아닌 것은?

① 공정 개선의 원칙
② 신체의 사용에 관한 원칙
③ 작업장의 배치에 관한 원칙
④ 공구 및 설비의 설계에 관한 원칙

해설 동작경제의 원칙
① 신체의 사용에 관한 원칙
② 작업역의 배치에 관한 원칙
③ 공구 및 설비의 설계에 관한 원칙

75 MTM(Method Time Measurement)법에서 사용되는 기호와 동작이 맞는 것은?

① P: 누름
② M: 회전
③ R: 손뻗침
④ AP: 잡음

해설 MTM 기본동작과 정의
R: 손을 뻗침(reach)
M: 운반(move)
T: 회전(turn)
AP: 누름(apply pressure)
G: 잡음(grasp)
P: 정치(position)
RL: 방치(release)
D: 떼어 놓음(disengage)

76 4개의 작업으로 구성된 조립공정의 조립시간은 다음과 같고, 주기시간(cycle time)은 40초일 때, 공정효율은 얼마인가?

공정	A	B	C	D
시간(초)	10	20	30	40

① 52.5%
② 62.5%
③ 72.5%
④ 82.5%

해설 공정효율

$$= \frac{\text{총작업시간}}{\text{총작업자수} \times \text{주기시간}} \times 100\%$$

$$= \frac{10+20+30+40}{4 \times 40} \times 100\%$$

$$= 62.5\%$$

77 중량물 취급 시 작업자세에 관한 내용으로 틀린 것은?

① 무릎을 곧게 펼 것
② 중량물은 몸에 가깝게 할 것
③ 발을 어깨넓이 정도로 벌릴 것
④ 목과 등이 거의 일직선이 되도록 할 것

해설 중량물 취급 시 작업자세
중량물 취급 시 무릎을 구부려서 작업한다.

78 사업장 근골격계질환 예방관리 프로그램에 관한 설명으로 적절하지 않은 것은?

① 의학적 관리를 포함한다.
② 팀으로 구성되어 진행된다.
③ 작업자가 직접 참여하는 프로그램이다.
④ 질환자가 3인 이상 발생될 경우 근골격계질환 예방관리 프로그램을 수립하여야 한다.

해답 73. ④ 74. ① 75. ③ 76. ② 77. ① 78. ④

해설 근골격계질환 예방관리 프로그램
근골격계질환으로 요양결정을 받은 근로자가 연간 10인 이상 발생한 사업장, 또는 요양결정을 받은 근로자가 5인 이상 발생한 사업장으로서 그 사업장 근로자수의 10% 이상인 경우

79 **작업분석을 통한 작업개선안 도출을 위해 문제가 되는 작업에 대하여 가장 우선적이고, 근본적으로 고려해야 하는 것은?**

① 작업의 제거
② 작업의 결합
③ 작업의 변경
④ 작업의 단순화

해설 개선의 ECRS
① 이 작업은 꼭 필요한가? 제거할 수 없는가?(eliminate)
② 이 작업을 다른 작업과 결합시키면 더 나은 결과가 생길 것인가?(combine)
③ 이 작업의 순서를 바꾸면 좀 더 효율적이지 않을까?(rearrange)
④ 이 작업을 좀 더 단순화할 수 있지 않을까?(simplify)

80 **공정도 중 소요시간과 운반거리도 함께 표현하고, 생산 공정에서 발생하는 잠복비용을 감소시키며, 사고의 원인을 파악하는 데 사용되는 기법은?**

① 작업공정도(operation process chart)
② 작업자공정도(operator process chart)
③ 흐름(유통)공정도(flow process chart)
④ 작업자흐름공정도(man flow process chart)

해설 유통공정도(flow process chart)의 용도
생산 공정에서 발생하는 잠복비용을 감소시키며, 사고의 원인을 파악하는 데 사용된다.

해답 79. ① 80. ③

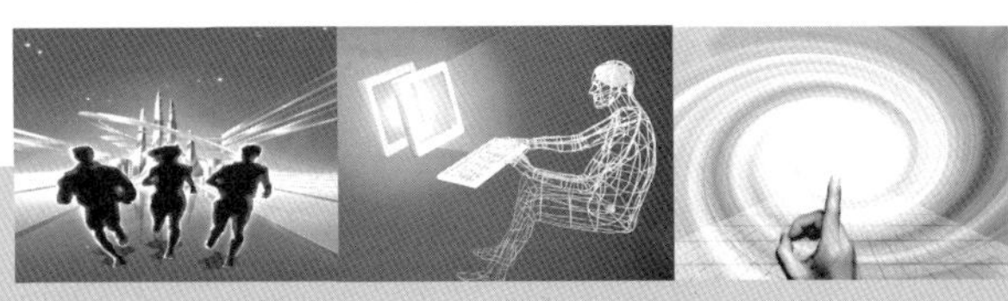

인간공학기사 필기시험 문제풀이 10회[163]

1 인간공학 개론

1 Fitts의 법칙에 관한 설명으로 맞는 것은?

① 표적과 이동거리는 작업의 난이도와 소요이동시간과 무관하다.
② 표적이 클수록, 이동거리가 짧을수록 작업의 난이도와 소요이동시간이 감소한다.
③ 표적이 클수록, 이동거리가 길수록 작업의 난이도와 소요이동시간이 증가한다.
④ 표적이 작을수록, 이동거리가 짧을수록 작업의 난이도와 소요이동시간이 증가한다.

해설 Fitts의 법칙
막대 꽂기 실험에서와 같이 A는 표적 중심선까지의 이동거리, W는 표적 폭이라 하고, 난이도(ID: Index of Difficulty)와 소요이동시간(MT: Movement Time)을 다음과 같이 정의한다.

$$ID(\text{bits}) = \log_2 \frac{2A}{W}$$

$$MT = a + b \cdot ID$$

이를 Fitts의 법칙이라 한다. 표적이 작을수록 또 이동거리가 길수록 작업의 난이도와 소요이동시간이 증가한다.

2 인체측정의 구조적 치수 측정에 관한 설명으로 틀린 것은?

① 형태학적 측정을 의미한다.
② 나체 측정을 원칙으로 한다.
③ 마틴식 인체측정 장치를 사용한다.
④ 상지나 하지의 운동범위를 측정한다.

해설 구조적 인체치수
① 형태학적 측정이라고도 하며, 표준자세에서 움직이지 않는 피측정자를 인체측정기로 구조적 인체치수를 측정하여 특수 또는 일반적 용품의 설계에 기초 자료로 활용한다.
② 사용 인체측정기: 마틴식 인체측정기(martintype anthropometer)
③ 측정원칙: 나체측정을 원칙으로 한다.

3 청각적 표시장치에 관한 설명으로 맞는 것은?

① 청각 신호의 지속시간은 최대 0.3초 이내로 한다.
② 청각 신호의 차원은 세기, 빈도, 지속기간으로 구성된다.
③ 즉각적인 행동이 요구될 때에는 청각적 표시장치보다 시각적 표시장치를 사용하는 것이 좋다.
④ 신호의 검출도를 높이기 위해서는 소음의

정답 1. ② 2. ④ 3. ②

세기가 높은 영역의 주파수로 신호의 주파수를 바꾼다.

해설 청각적 표시장치

① 청각 신호의 지속시간은 최소한 0.3초 지속되어야 한다.
② 즉각적인 행동이 요구될 때에는 시각적 표시장치보다 청각적 표시장치를 사용하는 것이 좋다.
③ 신호의 검출도를 높이기 위한 방법으로는 주파수 변환은 상관이 없다.

4 **인간-기계 시스템 설계 시 고려사항으로 적절하지 않은 것은?**

① 시스템 설계 시 동작경제의 원칙에 만족되도록 고려하여야 한다.
② 대상 시스템이 배치될 환경조건이 인간의 한계치를 만족하는가의 여부를 조사한다.
③ 단독의 기계에 대하여 수행해야 할 배치는 기계적 성능이 최대치가 되도록 해야 한다.
④ 시스템 설계의 성공적인 완료를 위해 조작의 능률성, 보존의 용이성, 제작의 경제성 측면이 검토되어야 한다.

해설 인간-기계 시스템 설계 시 고려사항

① 인간, 기계, 또는 목적 대상물의 조합으로 이루어진 종합적인 시스템에서 그 안에 존재하는 사실들을 파악하고 필요한 조건 등을 명확하게 표현한다.
② 인간이 수행해야 할 조작의 연속성 여부(연속적인가 아니면 불연속적인가)를 알아보기 위해 특성을 조사하여야 한다.
③ 시스템 설계 시 동작 경제의 원칙에 만족되도록 고려하여야 한다.
④ 대상 시스템이 배치될 환경조건이 인간의 한계치를 만족하는가의 여부를 조사한다.
⑤ 단독의 기계에 대하여 수행해야 할 배치는 인간의 심리 및 기능에 부합되도록 한다.
⑥ 인간과 기계가 다 같이 복수인 경우, 전체에 대한 배치로부터 발생하는 종합적인 효과가 가장 중요하며 우선적으로 고려되어야 한다.
⑦ 시스템 설계의 성공적인 완료를 위해 조작의 능률성, 보전의 용이성, 제작의 경제성 측면에서 재검토되어야 한다.
⑧ 최종적으로 완성된 시스템에 대해 불량여부의 결정을 수행하여야 한다.

5 **남녀 공용으로 사용하는 의자의 높이를 조절식으로 설계하고자 한다. 표를 참고하여 좌판높이의 조절범위에 대한 기준값으로 가장 적당한 것은? (단, 5퍼센타일 계수는 1.645이다.)**

척도	남성 오금높이	여성 오금높이
평균	41.3	38.0
표준편차	1.9	1.7

① (38.0 - 1.7×1.645) ~ (41.3 + 1.9×1.645)
② (38.0 + 1.7×1.645) ~ (41.3 + 1.9×1.645)
③ (38.0 - 1.7×1.645) ~ (41.3 - 1.9×1.645)
④ (38.0 + 1.7×1.645) ~ (41.3 - 1.9×1.645)

해설 조절식 설계

체격이 다른 여러 사람에게 맞도록 조절식으로 만드는 것을 말한다.

① 자동차 좌석의 전후 조절, 사무실 의자의 상하 조절 등을 정할 때 사용한다.
② 통상 여자의 5%값에서 남자의 95%값까지의 90% 범위를 수용대상으로 설계하는 것이 관례이다

최소치설계: 여자의 5%tile값을 이용
최소값 = 38.0−1.7×1.645 = 35.2
최대치설계: 남자의 95%tile값을 이용
최대값 = 41.3+1.9×1.645 = 44.4
조절범위: 38.0−1.7×1.645 ~ 41.3+1.9×1.645

해답 **4.** ③ **5.** ①

6 일반적인 시스템의 설계과정을 맞게 나열한 것은?

① 목표 및 성능명세 결정 → 체계의 정의 → 기본설계 → 계면설계 → 촉진물 설계 → 시험 및 평가
② 체계의 정의 → 목표 및 성능명세 결정 → 기본설계 → 계면설계 → 촉진물 설계 → 시험 및 평가
③ 목표 및 성능명세 결정 → 체계의 정의 → 계면설계 → 촉진물 설계 → 기본설계 → 시험 및 평가
④ 체계의 정의 → 목표 및 성능명세 결정 → 계면설계 → 촉진물 설계 → 기본설계 → 시험 및 평가

해설 기본단계와 과정

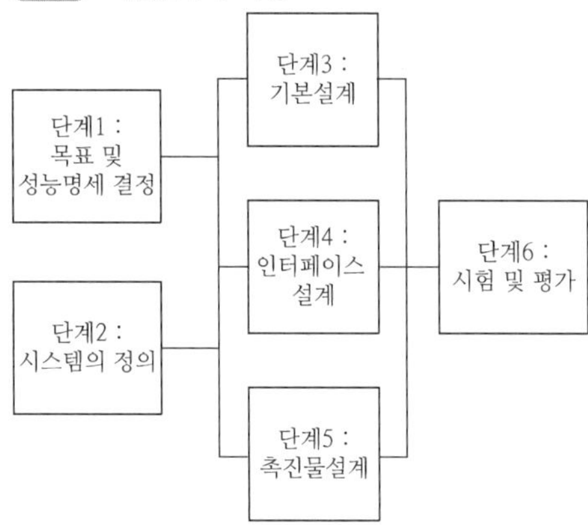

7 제어 시스템에서 제어장치에 의해 피제어 요소가 동작하지 않는 0점(null point)주위에서의 제어동작 공간을 지칭하는 용어는?

① 백래쉬(backlash)
② 사공간(deadspace)
③ 0점공간(null space)
④ 조정공간(adjustment space)

해설 사공간(deadspace)
조종장치를 움직여도 피제어 요소에 변화가 없는 곳을 말한다. 어떠한 조종장치에도 약간의 사공간은 피할 수 없다.

8 인간의 신뢰도가 70%, 기계의 신뢰도가 90%이면 인간과 기계가 직렬체계로 작업할 때의 신뢰도는 몇 %인가?

① 30% ② 54%
③ 63% ④ 98%

해설 직렬 연결

$$R_S = R_1 \cdot R_2 \cdot R_3 \cdots R_n = \prod_{i=1}^{n} R_i$$

$= 0.7 \times 0.9 = 0.63$
$= 63\%$

9 인간이 3차원 공간에서 깊이(depth)를 지각하기 위해 사용하는 단서로서 적절하지 않은 것은?

① 상대적 크기(relative size)
② 시각적 탐색(visual search)
③ 직선조망(linear perspective)
④ 빛과 그림자(light and shadowing)

해설 인간이 3차원 공간에 깊이를 지각하기 위해 사용되는 단서: 상대적 크기, 직선조망, 빛과 그림자

10 작업대 공간 배치의 원리와 거리가 먼 것은?

① 기능성의 원리
② 사용순서의 원리
③ 중요도의 원리
④ 오류방지의 원리

해설 작업대 공간 배치의 원리
① 중요성의 원칙
② 사용빈도의 원칙
③ 기능별 배치의 원칙
④ 사용순서의 원칙

해답 6. ① 7. ② 8. ③ 9. ② 10. ④

11 음의 한 성분이 다른 성분에 대한 귀의 감수성을 감소시키는 상황을 무슨 효과라 하는가?

① 기피(avoid)
② 방해(interrupt)
③ 밀폐(sealing)
④ 은폐(masking)

해설 은폐(masking)
은폐(masking)란 음의 한 성분이 다른 성분의 청각 감지를 방해하는 현상을 말한다. 즉, 은폐란 한 음(피은폐음)의 가청 역치가 다른 음(은폐음) 때문에 높아지는 것을 말한다.

12 폰(phon)에 관한 설명으로 틀린 것은?

① 1,000 Hz대의 20 dB 크기의 소리는 20 phon이다.
② 상이한 음의 상대적 크기에 대한 정보는 나타내지 못한다.
③ 40 dB의 1,000 Hz 순음을 기준으로 하여 다른 음의 상대적인 크기를 설정하는 척도의 단위이다.
④ 1,000 Hz의 주파수를 기준으로 각 주파수별 동일한 음량을 주는 음압을 평가하는 척도의 단위이다.

해설
① 두 소리가 있을 때 그중 하나를 조정해 나가면 두 소리를 같은 크기가 되도록 할 수 있는데, 이러한 기법을 사용하여 정량적 평가를 하기 위한 음량수준 척도를 만들 수 있다. 이때의 단위는 phon이다.
② 어떤 음의 음량 수준을 나타내는 phon값은 이 음과 같은 크기로 들리는 1,000 Hz 순음의 음압수준(dB)을 의미한다(예: 20 dB의 1,000 Hz는 20 phon이 된다).
③ 순음의 등음량 곡선
특정 세기의 1,000 Hz 순음의 크기와 동일하다고 판단되는 다른 주파수위 음의 세기를 표시한 등음량 곡선
④ phon은 여러 음의 주관적 등감도(equality)는 나타내지만, 상이한 음의 상대적 크기에 대한 정보는 나타내지 못하는 단점을 지니고 있다(예: 40 phon과 20 phon 음간의 크기 차이 정도)

13 인간의 기억체계에 관한 설명으로 맞는 것은?

① 단기 기억은 자극이 사라진 후에도 오랫동안 감각이 지속되도록 하는 역할을 한다.
② 작업기억 내에 정보를 저장하기 위해서는 정보의 의미적 코드화가 선행되어야 한다.
③ 작업기억은 감각저장소로부터 전이된 정보를 일시적으로 기억하기 위한 저장소의 역할을 한다.
④ 인간의 기억체계는 4개의 하부체계 혹은 과정단기 기억, 감각 저장, 작업기억, 장기기억으로 개념화되어 왔다.

해설 작업기억(working memory)
① 감각보관으로부터 정보를 암호화하여 작업기억 혹은 단기기억으로 이전하기 위해서는 인간이 그 과정에 주의를 집중해야 한다.
② 복송(rehearsal): 정보를 작업기억 내에 유지하는 유일한 방법
③ 작업기억 내의 정보는 시간이 흐름에 따라 쇠퇴할 수 있다.
④ 작업기억에 저장될 수 있는 정보량의 한계: 7±2 chunk
⑤ chunk: 의미 있는 정보의 단위를 말한다.
⑥ chunking(recoding): 입력 정보를 의미가 있는 단위인 chunk로 배합하고 편성하는 것을 말한다.

14 시(視)감각 체계에 관한 설명으로 틀린 것은?

① 동공은 조도가 낮을 때는 많은 빛을 통과시키기 위해 확대된다.
② 1디옵터는 1미터 거리에 있는 물체를 보기 위해 요구되는 조절능(調節能)이다.

해답 11. ④ 12. ③ 13. ③ 14. ④

③ 망막의 표면에는 빛을 감지하는 광수용기인 원추체와 간상체가 분포되어 있다.
④ 안구의 수정체는 공막에 정확한 이미지가 맺히도록 형태를 스스로 조절하는 일을 담당한다.

해설 수정체
수정체의 크기와 모양은 타원형의 알약같이 생겼으며, 그 속에 액체를 담고 있는 주머니 모양을 하고 있다.
① 수정체는 비록 작지만 모양체근으로 둘러싸여 있어서 긴장을 하면 두꺼워져 가까운 물체를 볼 수 있게 되고, 긴장을 풀면 납작해져서 원거리에 있는 물체를 볼 수 있게 된다.
② 수정체는 보통 유연성이 있어서 눈 뒤쪽의 감광표면인 망막에 초점이 맞추어지도록 조절할 수 있다.

15 누름단추식 전화기를 사용하여 7자리수를 암기하여 누를 경우 어떻게 나누어 누르는 것이 가장 효과적인가?

① 194 3421 ② 19 43421
③ 194342 1 ④ 1 943421

해설 청크수가 많은 것은 암기에 좋지 않다.

16 광삼현상(irradiation)에 관한 설명으로 맞는 것은?

① 조도가 낮은 표시장치에서 더욱 많이 나타난다.
② 암조응이 필요한 경우에는 흰 바탕에 검은 글자가 바람직하다.
③ 검은 모양이 주위의 흰 배경으로 번지어 보이는 현상을 말한다.
④ 검은 바탕에 흰 글자의 획폭은 흰 바탕의 검은 글자보다 가늘게 할 수 있다.

해설 광삼효과
흰 모양이 주위의 검은 배경으로 번져 보이는 현상

17 기준(표준)자극 100에 대한 최소변화감지역(JND)이 5라면 Weber비는 얼마인가?

① 0.02 ② 0.05
③ 20 ④ 50

해설 웨버의 법칙

$$\text{웨버의 비} = \frac{\text{변화 감지역}}{\text{기준 자극의 크기}}$$
$$= \text{웨버의 비} = \frac{5}{100}$$

18 인간공학의 정의에 대한 설명으로 틀린 것은?

① 인간을 작업에 맞추는 학문이다.
② 인간활동의 최적화를 연구하는 학문이다.
③ 인간능력, 인간한계, 그리고 인간특성을 설계에 응용하는 학문이다.
④ 기계와 그 조작 및 환경조건을 인간의 특성 및 능력과 한계에 잘 조화되도록 하는 수단을 연구하는 학문이다.

해설 인간공학
인간공학이란 인간활동의 최적화를 연구하는 학문으로 인간이 작업활동을 하는 경우에 인간으로서 가장 자연스럽게 일하는 방법을 연구하는 것이며, 인간과 그들이 사용하는 사물과 환경 사이의 상호작용에 대해 연구하는 것이다.

19 사용성 평가에 주로 사용되는 평가척도로 적합하지 않은 것은?

① 과제물 내용
② 에러의 빈도
③ 과제의 수행시간
④ 사용자의 주관적 만족도

해설 평가척도
① 에러의 빈도

해답 15. ① 16. ④ 17. ② 18. ① 19. ①

② 과제의 수행시간
③ 사용자들의 주관적인 만족도

20 정보이론에 있어 정보량에 관한 설명으로 틀린 것은?

① 단위는 bit이다.
② 2 bit는 두 가지 동일 확률하의 독립사건에 대한 정보량이다.
③ N을 대안의 수라 할 때, 정보량은 $\log_2 N$으로 구할 수 있다.
④ 출현 가능성이 동일하지 않은 사건의 확률을 p라 할 때, 정보량은 $\log_2 1/p$로 나타낸다.

해설
① Bit란 실현 가능성이 같은 2개의 대안 중 하나가 명시되었을 때 우리가 얻는 정보량으로 정의된다.
② 일반적으로 실현 가능성이 같은 n개의 대안이 있을 때 총 정보량 H는 아래 공식으로부터 구한다.

$$H = \log_2 n$$

그리고 각 대안의 실현 확률(즉, n의 역수)로 표현할 수 있다. 즉, p를 각 대안의 실현 확률이라 하면,

$$H = \log_2 \frac{1}{p}$$

2 작업생리학

21 인체의 척추를 구성하고 있는 뼈 가운데 경추, 흉추, 요추의 합은 몇 개인가?

① 19개
② 21개
③ 24개
④ 26개

해설 척추골
척추골은 위로부터
경추(cervical vertebrae) 7개,
흉추(thoracic vertebrae) 12개,
요추(lumbar vertebrae) 5개
.

22 노화로 인한 시각능력의 감소 시 조명수준을 결정할 때 고려해야 될 사항과 가장 거리가 먼 것은?

① 직무의 대비(對比) 뿐만 아니라 휘광(glare)의 통제도 아주 중요하다.
② 느려진 동공 반응은 과도(過渡, transient) 적응 효과의 크기와 기간을 증가시킨다.
③ 색 감지를 위해서는 색을 잘 표현하는 전대역(full-spectrum) 광원(光源)이 추천된다.
④ 과도 적응 문제와 눈의 불편을 줄이기 위해서는 보다 높은 광도비(光度比)가 필요하다.

해설 과도 적응 문제와 눈의 불편을 줄이기 위해서는 보다 낮은 광도비가 필요하다.

23 순환계 혈액의 기능에 해당하지 않는 것은?

① 운반작용 ② 연하작용
③ 조절작용 ④ 출혈방지

해설 순환계
심장, 혈액, 혈관, 림프, 림프관, 비장 및 흉선 등으로 구성되며, 영양분과 가스 및 노폐물 등을 운반하고, 림프구 및 항체의 생산으로 인체의 방어작용을 담당한다.

24 조도가 균일하고, 눈부심이 적지만 설치비용이 많이 소요되는 조명방식은?

① 직접조명 ② 간접조명
③ 반사조명 ④ 국소조명

해답 20. ② 21. ③ 22. ④ 23. ② 24. ②

(해설) 간접조명
등기구에서 나오는 광속의 90~100%를 천장이나 벽에 투사하여 여기에서 반사되어 퍼져 나오는 광속을 이용한다.
① 장점: 방 바닥면을 고르게 비출 수 있고 빛이 물체에 가려도 그늘이 짙게 생기지 않으며, 빛이 부드러워서 눈부심이 적고 온화한 분위기를 얻을 수 있다. 보통 천장이 낮고 실내가 넓은 곳에 높이감을 주기 위해 사용한다.
② 단점: 효율이 나쁘고 천장색에 따라 조명 빛깔이 변하며, 설치비가 많이 들고 보수가 쉽지 않다.

25 생체역학적 모형의 효용성으로 가장 적합한 것은?

① 작업 시 사용되는 근육 파악
② 작업에 대한 생리적 부하 평가
③ 작업의 병리학적 영향 요소 파악
④ 작업 조건에 따른 역학적 부하 추정

(해설) 생체역학적 모형
생체역학은 특히 근골격계 생체역학 연구에 있어서 작업 조건(근육의 운동과 관절에 작용하는 힘)에 따른 역학적 부하를 측정하는 것이 중요한 주제이다.

26 전체 환기가 필요한 경우로 적절하지 않은 것은?

① 유해물질의 독성이 적을 때
② 실내에 오염물 발생이 많지 않을 때
③ 실내 오염 배출원이 분산되어 있을 때
④ 실내에 확산된 오염물의 농도가 전체로 보아 일정하지 않을 때

(해설) 전체환기
유해물질을 오염원에서 완전히 제거하는 것이 아니라 신선한 공기를 공급하여 유해물 질의 농도를 낮추는 방법으로, 아래와 같은 경우에 적합하다.
① 물질의 독성이 비교적 낮아야 함
② 물질이 분진이 아닌 증기나 가스이어야 함
③ 오염물질이 균등하게 발생되어야 함
④ 오염물질이 널리 퍼져 있어야 함
⑤ 오염물질의 발생량이 적어야 함

27 일반적으로 소음계는 3가지 특성에서 음압을 측정할 수 있도록 보정되어 있는데 A특성치란 40 phon의 등음량 곡선과 비슷하게 보정하여 측정한 음압수준을 말한다. B특성치와 C특성치는 각각 몇 phon의 등음량곡선과 비슷하게 보정하여 측정한 값을 말하는가?

① B특성치: 50 phon, C특성치: 80 phon
② B특성치: 60 phon, C특성치: 100 phon
③ B특성치: 70 phon, C특성치: 100 phon
④ B특성치: 80 phon, C특성치: 150 phon

(해설) 소음의 측정
소음계는 주파수에 따른 사람의 느낌을 감안하여 A, B, C 세 가지 특성에서 음압을 측정할 수 있도록 보정되어 있다. A 특성치는 40 phon, B는 70 phon, C는 100 phon의 등음량 곡선과 비슷하게 주파수에 따른 반응을 보정하여 측정한 음압수준을 말한다. 일반적으로 소음 레벨은 그 소리의 대소에 관계없이 원칙으로 A특성으로 측정한다.

28 가동성 관절의 종류와 그 예(例)가 잘못 연결된 것은?

① 중쇠 관절(pivot joint) – 수근중수 관절
② 타원 관절(ellipsoid joint) – 손목뼈 관절
③ 절구 관절(ball-and-socket joint) – 대퇴관절
④ 경첩 관절(hinge joint) – 손가락 뼈 사이

(해설) 윤활관절 종류
① 구상(절구)관절(ball and socket joint): 관절머리와 관절오목이 모두 반구상의 것이며, 3개의 운동축을 가지고 있어 운동범위가 가장 크다.
예) 어깨관절, 대퇴관절
② 경첩관절(hinge joint): 두 관절면이 원주면과 원통면 접촉을 하는 것이며, 한 방향으로만 운동할 수 있다.
예) 무릎관절, 팔굽관절, 발목관절
③ 안장관절(saddle joint): 두 관절면이 말안장처럼 생긴 것이며, 서로 직각방향으로 움직이는 2축성 관절이다.

해답 25. ④ 26. ④ 27. ③ 28. ①

예) 엄지손가락의 손목손바닥뼈관절

④ 타원관절(condyloid joint): 두 관절면이 타원상을 이루고, 그 운동은 타원의 장단축에 해당하는 2축성 관절이다.

예) 요골손목뼈관절

⑤ 차축관절(pivot joint): 관절머리가 완전히 원형이며, 관절오목 내를 자동차 바퀴와 같이 1축성으로 회전운동을 한다.

예) 위아래 요골척골관절

⑥ 평면관절(gliding joint): 관절면이 평면에 가까운 상태로서, 약간의 미끄럼 운동으로 움직인다.

예) 손목뼈관절, 척추사이관절

29 열교환에 영향을 미치는 요소가 아닌 것은?

① 기압

② 기온

③ 습도

④ 공기의 유동

해설 열교환 과정

인간과 주위와의 열교환 과정은 다음과 같은 열균형 방정식으로 나타낼 수 있다. 신체가 열적 평형상태에 있으면 열합량의 변화는 없으며(ΔS=0), 불균형 상태에서는 체온이 상승하거나(ΔS>0) 하강한다(ΔS<0). 열교환 과정은 기온이나 습도, 공기의 흐름, 주위의 표면 온도에 영향을 받는다.

30 장력이 생기는 근육의 실질적인 수축성 단위(contractility unit)는?

① 근섬유(muscle fiber)

② 운동단위(motor unit)

③ 근원섬유(myofilament)

④ 근섬유분절(sarcomere)

해설 근섬유분절

장력이 생기는 근육의 실질적인 수축성 단위는 근섬유분절(sarcomere)이다.

31 어떤 작업에 대해서 10분간 산소소비량을 측정한 결과 100리터 배기량에 산소가 15%, 이산화탄소가 6%로 분석되었다. 분당 산소소비량은?

① 0.4 L/min ② 0.6 L/min

③ 0.8 L/min ④ 1.0 L/min

해설 산소소비량

① 분당배기량 = $\frac{100\text{ L}}{10} = 10\text{ L/min}$

② 분당흡기량 = $\frac{(100\% - 15\% - 6\%)}{79\%} \times 10\text{ L/min}$

$= 10\text{ L/min}$

③ 산소소비량 = $(21\% \times 10) - (15\% \times 10) \fallingdotseq 0.6\text{ L/min}$

32 어떤 작업자의 평균심박수는 90회/분이며 일박출량(stroke volume)이 70 mL로 측정되었다면 이 작업자의 심박출량(cardiac output)은 얼마인가?

① 0.8 L/min ② 1.3 L/min

③ 6.3 L/min ④ 378.0 L/min

해설 심박출량 = 90 × 70 = 6300 mL/min

= 6.3 L/min

33 막 전위차 발생 시 나타나는 현상이 아닌 것은?

① 평형상태에서 전위차는 −90 mV이다.

② K^+ 이온은 단백질 이온과는 달리 세포막을 투과할 수 있다.

③ 자극 발생 시 세포막을 K^+ 이온은 투과시키고 Na^+ 이온을 투과시키지 않는다.

④ 막 내부의 전위차가 음이기 때문에 신경세포내의 K^+ 이온의 농도는 외부 농도의 약 30배가 된다.

해설 활동전위차(action potential)

신경세포에 자극이 주어지면, 세포막은 갑자기 Na^+ 이온을 투과시키고, 그 후에 세포는 K^+ 이온을 투과시켜 평형전위차가 이루어지도록 한다.

해답 29. ① 30. ④ 31. ② 32. ③ 33. ③

34 점멸융합주파수(critical flicker fusion)에 대해 설명한 것 중 틀린 것은?

① 중추신경계의 정신피로의 척도로 사용된다.
② 작업시간이 경과할수록 CFF치는 낮아진다.
③ 쉬고 있을 때 CFF치는 대략 15~30 Hz이다.
④ 마음이 긴장되었을 때나 머리가 맑을 때의 CFF치는 높아진다.

해설 점멸융합주파수
① 점멸융합주파수(Critical Flicker Fusion Frequency: CFF, Visual Fusion Frequency: VFF)는 빛을 어느 일정한 속도로 점멸시키면 깜박거려 보이나 점멸의 속도를 빨리 하면 깜박임이 없고 융합되어 연속된 광으로 보일 때 점멸주파수이다.
② 점멸융합주파수는 피곤함에 따라 빈도가 감소하기 때문에 중추신경계의 피로, 즉 '정신피로'의 척도로 사용될 수 있다. 잘 때나 멍하게 있을 때에 CFF가 낮고, 마음이 긴장되었을 때나 머리가 맑을 때에 높아진다.

35 근육유형 중에서 의식적으로 통제가 가능한 근육은?

① 평활근
② 골격근
③ 심장근
④ 모든 근육은 의식적으로 통제가능하다.

해설 골격근
골격근은 인체의 근육 중 하나이며, 뼈에 부착되어 전신의 관절운동에 관여하며, 뜻대로 움직여지는 수의근(뇌척수신경의 운동신경이 지배)이다.

36 심박출량을 증가시키는 요인으로 볼 수 없는 것은?

① 휴식시간
② 근육활동의 증가
③ 덥거나 습한 작업환경
④ 흥분된 상태나 스트레스

해설 휴식은 심박출량을 증가시키지 않는다.

37 육체적 활동의 정적 부하에 대한 스트레인(strain)을 측정하는 데 가장 적합한 것은?

① 산소소비량
② 뇌전도(EEG)
③ 심박수(HR)
④ 근전도(EMG)

해설 근전도(EMG)는 개별 근육이나 근육군의 국소 근육활동에 관한 척도로 이용된다.

38 소음에 관한 정의에 있어 "강렬한 소음작업"이라 함은 얼마 이상의 소음이 1일 8시간 이상 발생하는 작업을 의미하는가?

① 85데시벨 이상
② 90데시벨 이상
③ 95데시벨 이상
④ 100데시벨 이상

해설 강렬한 소음작업
90데시벨 이상의 소음이 1일 8시간 이상 발생하는 작업

39 진동이 인체에 미치는 영향이 아닌 것은?

① 심박수 감소
② 산소소비량 증가
③ 근장력 증가
④ 말초혈관의 수축

해설 진동이 생리적 기능에 미치는 영향은 혈관계에 대한 영향과 교감신경계의 영향으로 혈압상승, 심박수증가, 발한 등의 증상을 보인다.

해답 34. ③ 35. ② 36. ① 37. ④ 38. ② 39. ①

40 근력(strength) 형태 중 근육이 등척성 수축을 하는 것에 해당하는 근력은?

① 정적 근력(static strength)
② 등장성 근력(isotonic strength)
③ 등속성 근력(isokinetic strength)
④ 등관성 근력(isoinertial strength)

해설 정적근력(static strength)을 등척력(isometric strength)이라 한다.

3 산업심리학 및 관련법규

41 산업재해 예방을 위한 안전대책 중 3E에 해당하지 않는 것은?

① 교육적 대책(Education)
② 공학적 대책(Engineering)
③ 환경적 대책(Environment)
④ 관리적 대책(Enforcement)

해설 3E의 종류
① Engineering(기술)
② Education(교육)
③ Enforcement(강제)

42 관리 그리드 이론(managerial grid theory)에 관한 설명으로 틀린 것은?

① 블레이크와 모우톤이 구조주도적-배려적 리더십 개념을 연장시켜 정립한 이론이다.
② 인기형은 (9,1)형으로 인간에 대한 관심은 매우 높은데 반해 과업에 관한 관심은 낮은 리더십 유형이다.
③ 중도형은 (5,5)형으로 과업과 인간관계 유지에 모두 적당한 정도의 관심을 갖는 리더십 유형이다.
④ 리더십을 인간중심과 과업중심으로 나누고 이를 9등급씩 그리드로 계량화하여 리더의 행동경향을 표현하였다.

해설 (9,1)형
업적에 대하여 최대의 관심을 갖고, 인간에 대하여 무관심하다. 이는 과업형(task style)이다.

43 입력사상 중 어느 하나라도 존재할 때 출력사상에 발생되는 논리조작을 나타내는 FTA 논리기호는?

① OR gate
② AND gate
③ 조건 gate
④ 우선적 AND gate

해설 OR gate
입력사상 중 어느 것이나 하나가 존재할 때 출력사상이 발생한다.

44 맥그리거(McGregor)의 X-Y이론 중 Y이론에 대한 관리처방으로 볼 수 없는 것은?

① 분권화와 권한의 위임
② 비공식적 조직의 활용
③ 경제적 보상체계의 강화
④ 자체 평가제도의 활성화

해설 McGregor의 X, Y이론

X이론	Y이론
인간 불신감	상호 신뢰감
성악설	성선설
인간은 원래 게으르고, 태만하여 남의 지배를 받기를 원한다.	인간은 부지런하고, 근면 적극적이며, 자주적이다.
물질 욕구 (저차원 욕구)	정신 욕구 (고차원 욕구)
명령 통제에 의한 관리	목표 통합과 자기 통제에 의한 자율 관리
저개발국형	선진국형

해답 40. ① 41. ③ 42. ② 43. ① 44. ③

45 피로의 생리학적(physiological) 측정방법과 거리가 먼 것은?

① 뇌파 측정(EEG)
② 심전도 측정(ECG)
③ 근전도 측정(EMG)
④ 변별역치 측정(촉각계)

해설 생리학적 측정방법
① 근전도(EMG): 근육활동의 전위차를 기록한다.
② 심전도(ECG): 심장근육활동의 전위차를 기록한다.
③ 뇌전도(EEG): 신경활동의 전위차를 기록한다.
④ 안전도(EOG): 안구운동의 전위차를 기록한다.
⑤ 산소소비량
⑥ 에너지소비량(RMR)
⑦ 피부전기반사(GSR)
⑧ 점멸융합주파수(플리커법)

46 휴먼에러(human error)로 이어지는 배후 요인으로 4M 중 매체(Media)에 적합하지 않은 것은?

① 작업의 자세
② 작업의 방법
③ 작업의 순서
④ 작업지휘 및 감독

해설 Media(매체)
① 작업의 자세
② 작업의 방법
③ 작업정보의 실태나 작업환경
④ 작업의 순서 등

47 NIOSH의 직무스트레스 관리모형 중 중재요인(moderating factors)에 해당되지 않는 것은?

① 개인적 요인
② 조직 외 요인
③ 완충작용 요인
④ 물리적 환경 요인

해설 NIOSH의 직무스트레스 관리모형 중 중재요인
① 개인적 요인
② 조직 외 요인
③ 완충작용 요인

48 시각을 통해 2가지 서로 다른 자극을 제시하고 선택반응시간을 측정한 결과가 1초였다면, 4가지 서로 다른 자극에 대한 선택반응시간은 몇 초인가? (단, 자극의 출현확률은 동일하고, 시각자극에 반응을 하는 데 소요되는 시간은 0.2초라 가정하며, Hick-Hyman의 법칙에 따른다.)

① 1초　② 1.4초
③ 1.8초　④ 2초

해설 Hick-Hyman의 법칙
$RT = a \times \log_2 N$(a: 상수, N: 자극정보의 수)
$\log_2 4 = 2$
시각자극에 반응하는 데 소요되는 시간 = 0.2
2−0.2 = 1.8초

49 재해의 발생 원인을 분석하는 방법에 관한 설명으로 틀린 것은?

① 특성요인도: 재해와 원인의 관계를 도표화하여 재해 발생 원인을 분석한다.
② 파레토도: flow-chart에 의한 분석방법으로, 원인 분석 중 원점으로 돌아가 재검토하면서 원인을 찾는다.
③ 관리도: 재해 발생건수 등의 추이를 파악하고 목표관리를 행하는 데 필요한 발생건수를 그래프화하여 관리한계를 설정한다.
④ 크로스도: 2개 이상의 문제관계를 분석하는 데 사용하는 것으로, 데이터를 집계하고 표로 표시하여 요인별 결과 내역을 교차시켜 분석한다.

해설 파레토 분석
문제가 되는 요인들을 규명하고 동일한 스케일을 사용하여 누적분포를 그리면서 오름차순으로 정리한다.

해답 45. ④ 46. ④ 47. ④ 48. ③ 49. ②

50 재해에 의한 상해의 종류에 해당하는 것은?

① 진폐　　② 추락
③ 비래　　④ 전복

해설 상해
추락, 비래, 전복은 사고의 형태지만 진폐는 상해의 종류에 속한다.

51 휴먼에러와 기계의 고장과의 차이점을 설명한 것으로 틀린 것은?

① 기계와 설비의 고장조건은 저절로 복구되지 않는다.
② 인간의 실수는 우발적으로 재발하는 유형이다.
③ 인간은 기계와는 달리 학습에 의해 계속적으로 성능을 향상시킨다.
④ 인간 성능과 압박(stress)은 선형관계를 가져 압박이 중간 정도일 때 성능수준이 가장 높다.

해설 인간의 성능과 압박(stress)은 선형관계가 아니다.

52 스트레스 상황하에서 일어나는 현상으로 틀린 것은?

① 동공이 수축된다.
② 스트레스는 정보처리의 효율성에 영향을 미친다.
③ 스트레스로 인한 신체 내부의 생리적 변화가 나타난다.
④ 스트레스 상황에서 심장박동수는 증가하나, 혈압은 내려간다.

해설 스트레스 상황에서 심장박동수는 증가하고, 혈압도 증가한다.

53 리더십의 유형은 리더가 처해 있는 상황에 의해서 결정된다고 할 수 있다. 각 상황적 요소와 리더십 유형 간의 연결이 잘못된 것은 무엇인가?

① 군 조직, 교도소 등은 권위형 리더십이 적절하다.
② 집단 구성원의 교육수준이 높을수록 민주형 리더십이 적절하다.
③ 조직을 둘러싸고 있는 환경상태가 불확실할 때는 권위형 리더십을 촉구하게 된다.
④ 기술의 발달은 개인의 전문화를 야기하므로 민주형의 리더십을 촉구하게 된다.

해설 전제적 리더십(권위형 리더십)
조직활동의 모든 것을 리더가 직접 결정, 지시하며, 리더는 자신의 신념과 판단을 최상의 것으로 믿고, 부하의 참여나 충고를 좀처럼 받아들이지 않으며, 오로지 복종만을 강요하는 스타일이다.

54 A사업장의 상시 작업자가 200명이고, 연간 3건의 재해가 발생했다면 이 사업장의 도수율은 약 얼마인가? (단, 작업자는 1일 9시간씩 연간 300일을 근무하였다.)

① 3.25　　② 5.56
③ 6.25　　④ 8.30

해설 도수율

$$도수율 = \frac{재해발생건수}{연근로시간수} \times 10^6 = \frac{3}{200 \times 9 \times 300} \times 10^6 = 5.56$$

55 사고의 요인 중 주의 환기물에 익숙해져서 더 이상 그것이 주의환기요인이 되지 않는 것을 무엇이라고 하는가?

① 습관화　　② 자극화
③ 적응화　　④ 반복화

해답 50. ① 51. ④ 52. ④ 53. ③ 54. ② 55. ①

해설 습관화
반복적으로 제시되는 자극에 주의를 덜 기울이고 반응이 감소하는 현상

56 집단 응집성에 관한 설명으로 틀린 것은?

① 집단 응집성은 절대적인 것이다.
② 응집성이 높은 집단일수록 결근율과 이직률이 낮다.
③ 일반적으로 집단의 구성원이 많을수록 응집력은 낮아진다.
④ 집단 응집성이란 구성원들이 서로에게 끌리어 그 집단목표를 공유하는 정도이다.

해설 집단 응집성은 상대적인 것이지 절대적인 것은 아니다.

57 제조물책임법상 결함의 종류에 해당하지 않는 것은?

① 사용상의 결함
② 제조상의 결함
③ 설계상의 결함
④ 표시상의 결함

해설 결함의 유형
① 제조상의 결함
② 설계상의 결함
③ 지시·경고상의 결함

58 작업자 한 사람의 성능 신뢰도가 0.95일 때, 요원을 중복하여 2인 1조로 작업을 할 경우 이 조의 인간 신뢰도는 얼마인가? (단, 작업 중에는 항상 요원지원이 되며, 두 작업자의 신뢰도는 동일하다고 가정한다.)

① 0.9025 ② 0.9500
③ 0.9975 ④ 1.0000

해설 신뢰도
$R_s = 1-\{(1-R_1)(1-R_2)\cdots(1-R_n)\}$
$= 1-\prod_{i=1}^{n}(1-R_i)$
$R_s = 1-(1-0.95)(1-0.95) = 0.9975$

59 호손(Hawthorne)의 연구에 관한 설명으로 맞는 것은?

① 동기부여와 직무만족도 사이의 관계를 밝힌 연구이다.
② 집단 내에서의 인간관계의 중요성을 증명한 연구이다.
③ 조명 조건 등 물리적 작업환경은 생산성에 큰 영향을 끼친다.
④ 미국 Western Electric 사를 대상으로 호손이 진행한 연구이다.

해설 호손(Hawthorne)의 연구
작업장의 물리적 환경보다는 작업자들의 동기부여, 의사소통 등 인간관계가 보다 중요하다는 것을 밝힌 연구이다. 이 연구 이후로 산업심리학의 연구방향은 물리적 작업환경 등에 대한 관심으로부터 현대 산업심리학의 주요 관심사인 인간관계에 대한 연구로 변경되었다.

60 집단 내에서 역할갈등이 나타나는 원인과 가장 거리가 먼 것은?

① 역할모호성
② 상호의존성
③ 역할무능력
④ 역할부적합

해설 역할갈등이 나타나는 원인
① 역할모호성
② 역할무능력
③ 역할부적합

해답 56. ① 57. ① 58. ③ 59. ② 60. ②

4 근골격계질환 예방을 위한 작업관리

61 관측 시간치의 평균이 0.6분이고 레이팅계수는 120%, 여유시간은 8시간 근무 중에서 24분일 때, 표준시간은 약 얼마인가?

① 0.62분 ② 0.68분
③ 0.76분 ④ 0.84분

(해설) 표준시간(내경법)

정미시간 $= 관측시간의대푯값 \times \frac{레이팅계수}{100}$

$= 0.6 \times \frac{120}{100} ≒ 0.72$

여유율 $= \frac{여유시간}{실동시간} \times 100$

$= \frac{24}{60 \times 8} \times 100 = 5\%$

표준시간 = 정미시간 × $(\frac{1}{1-여유율})$

$= 0.72 \times \frac{1}{1-0.05} = 0.76$

62 작업개선을 위한 개선의 ECRS에 해당하지 않는 것은?

① Eliminate ② Combine
③ Redesign ④ Simplify

(해설) ECRS 원칙
① Eliminate: 불필요한 작업·작업요소 제거
② Combine: 다른 작업·작업요소와의 결합
③ Rearrange: 작업순서의 변경
④ Simplify: 작업·작업요소의 단순화·간소화

63 17가지 서블릭을 이용하여 좀 더 상세하게 작업내용을 분석하고 시간까지 도시한 것은?

① 스트로보(strobo)
② 시모차트(SIMO chart)
③ 사이클 그래프(cycle graph)
④ 크로노 사이클 그래프(chrono cycle graph)

(해설) SIMO차트
작업을 서블릭의 요소 동작으로 분리하여 양손의 동작을 시간축에 나타낸 도표

64 NIOSH의 RWL(Recommended Weight Limit)를 계산하는 데 필요한 계수에 대한 상수의 범위를 잘못 나타낸 것은?

① 비대칭계수: 135° ~ 0°
② 수평계수: 63 ~ 25 cm
③ 거리계수: 175 ~ 25 cm
④ 수직계수: 175 ~ 50 cm

(해설) VM(Vertical Multiplier, 수직계수)
바닥에서 손까지 거리로 들기작업의 시작점과 종점의 두 군데서 측정, 범위는 $(0 \leq V \leq 175)$이다.

65 영상표시 단말기(VDT) 취급에 관한 설명으로 틀린 것은?

① 키보드와 키 윗부분의 표면은 무광택으로 할 것
② 빛이 작업 화면에 도달하는 각도는 화면으로부터 45° 이내일 것
③ 작업자의 손목을 지지해 줄 수 있도록 작업대 끝면과 키보드의 사이는 5 cm 이상을 확보할 것
④ 화면을 바라보는 시간이 많은 작업일수록 밝기와 작업대 주변 밝기의 차를 줄이도록 할 것

(해설) 작업자의 손목을 지지해 줄 수 있도록 작업대 끝면과 키보드의 사이는 15 cm 이상을 확보할 것

66 사무작업의 공정분석을 위해 사용되는 도표로 가장 적합한 것은?

① 시스템차트
② 유통공정도
③ 작업공정도
④ 다중활동분석표

해답 61. ③ 62. ③ 63. ② 64. ④ 65. ③ 66. ①

해설 사무공정 분석에서 사무작업의 흐름을 전체적으로 분석하는 데는 시스템차트(system chart)를 이용한다.

67 작업에 대한 유해요인의 관리적 개선방법으로 잘못된 것은?

① 작업의 다양성을 제공한다.
② 작업일정 및 작업속도를 조절한다.
③ 작업강도를 조절하여 작업시간을 단축시킨다.
④ 작업공간, 공구 및 장비의 정기적인 청소 및 유지보수를 한다.

해설 관리적 개선
① 작업의 다양성제공
② 작업일정 및 작업속도 조절
③ 회복시간 제공
④ 작업습관 변화
⑤ 작업공간, 공구 및 장비의 정기적인 청소 및 유지보수
⑥ 운동체조 강화

68 기계 가동시간이 25분, 적재(load 및 unloading) 시간이 5분, 기계와 독립적인 작업자 활동시간이 10분일 때 기계 양쪽 모두의 유휴시간을 최소화하기 위하여 한 명의 작업자가 담당해야 하는 이론적인 기계대수는?

① 1대 ② 2대
③ 3대 ④ 4대

해설 이론적 기계대수

$$n = \frac{a+t}{a+b}$$

a: 작업자와 기계의 동시작업시간 = 5분
b: 독립적인 작업자 활동시간 = 10분
t: 기계 가동시간 = 25분

$$n = \frac{5분+25분}{5분+10분} = \frac{30}{15} = 2$$

69 워크샘플링법의 장점으로 볼 수 없는 것은?

① 특별한 시간 측정 설비가 필요하지 않다.
② 관측이 순간적으로 이루어져 작업에 방해가 적다.
③ 짧은 주기나 반복적인 작업의 경우에 적합하다.
④ 조사기간을 길게 하여 평상시의 작업현황을 그대로 반영시킬 수 있다.

해설 워크샘플링 장점
① 관측을 순간적으로 하기 때문에 작업자를 방해하지 않으면서 용이하게 작업을 진행시킨다.
② 조사시간을 길게 하여 평상시의 작업상황을 그대로 반영시킬 수 있다.
③ 사정에 의해 연구를 일시 중지하였다가 다시 계속할 수도 있다.
④ 한 사람의 평가자가 동시에 여러 작업을 동시에 측정할 수 있다. 또한 여러 명의 관측자가 동시에 관측할 수 있다.
⑤ 분석자에 의해 소비되는 총 작업시간이 훨씬 적은 편이다.
⑥ 특별한 시간측정 장비가 필요 없다.

70 근골격계 부담작업 유해요인조사에 관한 설명으로 틀린 것은?

① 사업장 내 근골격계 부담작업에 대하여 전수조사를 원칙으로 한다.
② 사업주는 유해요인조사에 작업자 대표 또는 해당 작업 작업자를 참여시켜야 한다.
③ 신규 입사자가 근골격계 부담작업에 배치되는 경우 즉시 유해요인조사를 실시해야 한다.
④ 신설되는 사업장의 경우 신설일로부터 1년 이내에 최초의 유해요인조사를 실시해야 한다.

해답 67. ③ 68. ② 69. ③ 70. ③

해설 신규입사자가 근골격계 부담작업에 처음 배치될 때에는 수시 유해요인조사의 사유에 해당되지 않는다.

71 수공구의 설계 원리로 적절하지 않은 것은?

① 손목을 곧게 펼 수 있도록 한다.
② 지속적인 정적 근육부하를 피하도록 한다.
③ 특정 손가락의 반복적인 동작을 피하도록 한다.
④ 가능하면 손바닥으로 잡는 power grip보다는 손가락으로 잡는 pinch grip을 이용하도록 한다.

해설 일반적인 수공구 설계 가이드라인
① 손목을 곧게 유지한다.
② 힘이 요구되는 작업에는 파워그립(power grip)을 사용한다.
③ 지속적인 정적 근육부하를 피한다.
④ 반복적인 손가락 동작을 피한다.
⑤ 양손 중 어느 손으로도 사용이 가능하고 적은 스트레스를 주는 공구를 개인에게 사용되도록 설계한다.

72 동작경제의 법칙에 대한 설명으로 틀린 것은?

① 두 손의 동작은 같이 시작하고 같이 끝나도록 한다.
② 휴식시간을 제외하고 양손이 동시에 쉬지 않도록 한다.
③ 눈의 초점을 모아야 작업할 수 있는 경우는 가능하면 없앤다.
④ 탄도동작(ballistics movements)은 제한되거나 통제된 동작보다 더 느리고 부정확하다.

해설 탄도동작은 제한되거나 통제된 동작보다 더 신속·정확하다.

73 산업안전보건법령상 근골격계 부담작업에 해당하는 작업은?

① 하루에 25 kg의 물건을 5회 들어 올리는 작업
② 하루에 2시간씩 시간당 15회 손으로 쳐서 기계를 조립하는 작업
③ 하루에 2시간씩 집중적으로 키보드를 이용하여 자료를 입력하는 작업
④ 하루에 4시간씩 기계의 상태를 모니터링 하는 작업

해설 근골격계 부담작업
① 하루에 4시간 이상 집중적으로 자료입력 등을 위해 키보드 또는 마우스를 조작하는 작업
② 하루에 총 2시간 이상 목, 어깨, 팔꿈치, 손목 또는 손을 사용하여 같은 동작을 반복하는 작업
③ 하루에 총 2시간 이상 머리 위에 손이 있거나, 팔꿈치가 어깨 위에 있거나, 팔꿈치를 몸통으로부터 들거나, 팔꿈치를 몸통 뒤쪽에 위치하도록 하는 상태에서 이루어지는 작업
④ 지지되지 않은 상태이거나 임의로 자세를 바꿀 수 없는 조건에서 하루에 총 2시간 이상 목이나 허리를 구부리거나 트는 상태에서 이루어지는 작업
⑤ 하루에 총 2시간 이상 쪼그리고 앉거나 무릎을 굽힌 자세에서 이루어지는 작업
⑥ 하루에 총 2시간 이상 지지되지 않은 상태에서 1 kg 이상의 물건을 한손의 손가락으로 집어 옮기거나, 2 kg 이상에 상응하는 힘을 가하여 한손의 손가락으로 물건을 쥐는 작업
⑦ 하루에 총 2시간 이상 지지되지 않은 상태에서 4.5 kg 이상의 물건을 한손으로 들거나 동일한 힘으로 쥐는 작업
⑧ 하루에 10회 이상 25 kg 이상의 물체를 드는 작업
⑨ 하루에 25회 이상 10 kg 이상의 물체를 무릎 아래에서 들거나, 어깨 위에서 들거나, 팔을 뻗은 상태에서 드는 작업
⑩ 하루에 총 2시간 이상, 분당 2회 이상 4.5 kg 이상의 물체를 드는 작업
⑪ 하루에 총 2시간 이상 시간당 10회 이상 손 또는 무릎을 사용하여 반복적으로 충격을 가하는 작업

해답 **71.** ④ **72.** ④ **73.** ②

74 근골격계질환의 유형에 관한 설명으로 틀린 것은?

① 외상과염은 팔꿈치 부위의 인대에 염증이 생김으로써 발생하는 증상이다.
② 수근관증후군은 손의 손목뼈 부분의 압박이나 과도한 힘을 준 상태에서 발생한다.
③ 백색수지증은 손가락에 혈액의 원활한 공급이 이루어지지 않을 경우에 발생하는 증상이다.
④ 결절종은 반복, 구부림, 진동 등에 의하여 건의 섬유질이 손상되거나 찢어지는 등의 건에 염증이 생기는 질환이다.

해설 결절종
손에 발생하는 종양 중 가장 흔한 것으로, 얇은 섬유성 피막 내에 약간 노랗고 끈적이는 액체가 담긴 낭포성 종양

75 요소작업의 분할원칙에 관한 설명으로 적합하지 않은 것은?

① 불변 요소작업과 가변 요소작업으로 구분한다.
② 외적 요소작업과 내적 요소작업으로 구분한다.
③ 규칙적 요소작업과 불규칙적 요소작업으로 구분한다.
④ 숙련공 요소작업과 비숙련공 요소작업으로 구분한다.

해설 요소작업을 분할할 때 사람의 숙련도에 따라 분할하지 않고, 작업을 기준으로 분할한다.

76 근골격계질환을 예방하기 위한 대책으로 적절하지 않은 것은?

① 단순반복작업은 기계를 사용한다.
② 작업방법과 작업공간을 재설계한다.
③ 작업순환(job rotation)을 실시한다.
④ 작업속도와 작업강도를 점진적으로 강화한다.

해설 작업속도와 작업강도를 점진적으로 강화하는 것은 예방대책이 아니다.

77 7 TMU(Time Measurement Unit)를 초 단위로 환산하면 몇 초인가?

① 0.025초
② 0.252초
③ 1.26초
④ 2.52초

해설 MTM의 시간값
1 TMU = 0.00001시간 = 0.0006분 = 0.036초
7 TMU = 0.036×7 = 0.252초

78 인간공학에 있어 작업관리의 주요 목적으로 거리가 먼 것은?

① 공정관리를 통한 품질 향상
② 정확한 작업측정을 통한 작업개선
③ 공정개선을 통한 작업 편리성 향상
④ 표준시간 설정을 통한 작업효율 관리

해설 작업관리의 목적
① 최선의 방법발견(방법개선)
② 방법, 재료, 설비, 공구 등의 표준화
③ 제품품질의 균일
④ 생산비의 절감
⑤ 새로운 방법의 작업지도
⑥ 안전

79 대규모 사업장에서 근골격계질환 예방·관리 추진팀을 구성함에 있어서 중·소규모 사업장 추진팀원 외에 추가로 참여되어야 할 인력은?

① 노무담당자
② 보건담당자
③ 구매담당자

해답 74. ④ 75. ④ 76. ④ 77. ② 78. ① 79. ①

④ 예산결정권자

해설 사업장특성에 맞는 근골격계질환 예방·관리추진팀

중소규모 사업장	• 작업자대표 또는 대표가 위임하는 자 • 관리자(예산결정권자) • 정비 보수담당자 • 보건담당자(보건관리자 선임 사업장은 보건관리자) • 구매담당자
대규모 사업장	• 소규모사업장 추진팀원 이외에 다음의 인력을 추가함 • 기술자(생산, 설계, 보수기술자) • 노무담당자

80 파레토 원칙(Pareto principle)에 대한 설명으로 맞는 것은?

① 20%의 항목이 전체의 80%를 차지한다.
② 40%의 항목이 전체의 60%를 차지한다.
③ 60%의 항목이 전체의 40%를 차지한다.
④ 80%의 항목이 전체의 20%를 차지한다.

해설 파레토 원칙
파레토 원칙이란 20%의 항목이 전체의 80%를 차지한다는 의미이며, 일반사회 현상에서 많이 볼 수 있는 파레토 원칙은 생산작업 현장에서의 불량의 원인, 사고의 원인, 재고품목 등에서 찾아 볼 수 있다.

해답 80. ①

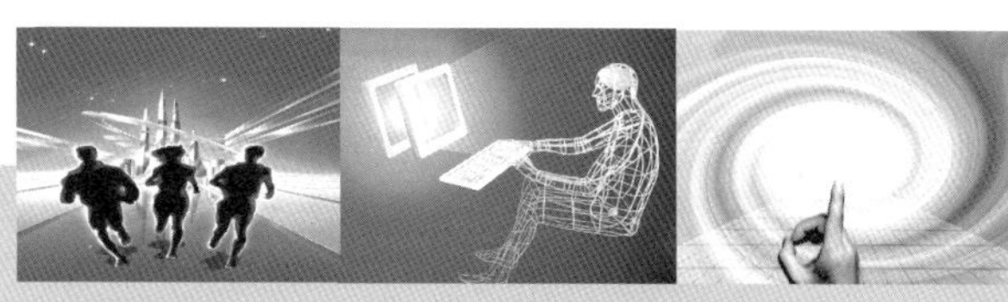

인간공학기사 필기시험 문제풀이 11회[161]

1 인간공학 개론

1 사용성에 관한 설명으로 틀린 것은?

① 실험 평가로 사용성을 검증할 수 있다.
② 편리하게 제품을 사용하도록 하는 원칙이다.
③ 비용절감 위주로 인간의 행동을 관찰하고 시스템을 설계한다.
④ 인간이 조작하기 쉬운 사용자 인터페이스를 고려하여 설계한다.

해설 사용성이란 사용자가 쉽고 효율적으로 기능을 사용할 수 있도록 사용자의 관점에서 제품을 디자인하는 개념으로 비용절감 위주로 사용성을 검증할 수는 없다.

2 정보이론의 응용과 거리가 먼 것은?

① 다중과업
② Hick-Hyman 법칙
③ Magic number = 7 ± 2
④ 자극의 수에 따른 반응시간 설정

해설 정보이론의 응용으로는 Hick-Hyman 법칙, Magic number, 자극의 수에 따른 반응시간 설정 등이 있다.

3 인간 기억 체계에 대한 설명 중 틀린 것은?

① 단위시간당 영구 보관할 수 있는 정보량은 7 bit/sec이다.
② 감각 저장(sensory storage)에서는 정보의 코드화가 이루어지지 않는다.
③ 장기기억(long-term memory)내의 정보는 의미적으로 코드화된 정보이다.
④ 작업기억(working memory)은 현재 또는 최근의 정보를 장기간 기억하기 위한 저장소의 역할을 한다.

해설 단위시간당 영구 보관할 수 있는 정보량은 0.7 bit/sec이다.

4 정보의 전달량에 관한 공식으로 맞는 것은?

① Noise = H(X) − T(X,Y)
② Noise = H(X) + T(X,Y)
③ Equivocation = H(X) + T(X,Y)
④ Equivocation = H(X) − T(X,Y)

해설
정보손실량
Equivocation = H(X) − T(X,Y) = H(X,Y) − H(Y)
정보소음량
Noise = H(Y) − T(X,Y) = H(X,Y) − H(X)

해답 1. ③ 2. ① 3. ① 4. ④

5 신호검출의 민감도를 늘리는 방법이 아닌 것은?

① 교육 훈련
② 결과의 피드백
③ 신호 검출 실패 비용의 증가
④ 신호와 비신호의 구별성 증가

해설 신호 검출 실패 비용의 증가는 민감도를 늘리는 방법으로는 적절하지 않다.

6 병렬 시스템의 특성에 관한 설명으로 틀린 것은?

① 요소의 중복도가 늘수록 시스템의 수명은 짧아진다.
② 요소의 개수가 증가될수록 시스템 고장의 기회는 감소된다.
③ 요소 중 어느 하나가 정상이면 시스템은 정상으로 작동된다.
④ 시스템의 수명은 요소 중 수명이 가장 긴 것에 의하여 결정된다.

해설 요소의 중복도가 늘수록 시스템의 수명은 늘어난다.

7 인간의 눈이 완전 암조응(암순응)되기까지 소요되는 시간은 어느 정도인가?

① 1 ~ 3분
② 10 ~ 20분
③ 30 ~ 40분
④ 60 ~ 90분

해설 암순응
밝은 곳에서 어두운 곳으로 이동할 때의 순응을 암순응이라 하며, 두 가지 단계를 거치게 된다.
가. 두 가지 순응 단계
① 약 5분 정도 걸리는 원추세포의 순응단계
② 약 30~35분 정도 걸리는 간상세포의 순응단계

8 회전운동을 하는 조종장치의 레버를 20° 움직였을 때 표시장치의 커서는 2 cm 이동하였다. 레버의 길이가 15 cm일 때 이 조종장치의 C/R비는 약 얼마인가?

① 2.62 ② 5.24
③ 8.33 ④ 10.48

해설

$$C/R\text{비} = \frac{(a/360) \times 2\pi L}{\text{표시장치 이동거리}}$$

여기서, $a=$ 조종장치가 움직인 각도
$L=$ 반지름(지레의 길이)

$$= \frac{(20/360) \times 2 \times 3.14 \times 15}{2} = 2.62$$

9 피험자 간 설계(between subject design)에 대한 설명 틀린 것은?

① 피험자 간 설계는 독립변인의 다른 수준들이 서로 다른 피험자 집단을 사용하여 평가하는 것을 뜻한다.
② 피험자 간 설계는 피험자 내 설계보다 실험조건들 사이의 통계적 유의미한 차이를 더 쉽고 더 민감하게 찾을 수 있다.
③ 자동차 운전 훈련에서 시뮬레이터를 사용하는 경우와 실제 자동차를 사용하는 경우의 효과를 비교하려고 한다면, 피험자 간 설계가 필요하다.
④ 교통이 혼잡한 지역에서 휴대폰을 사용한 피험자 집단과 교통 소통이 원활한 지역에서 휴대폰을 사용하는 또 다른 피험자 집단으로 구분하여 실험하는 것을 피험자 간 설계라 한다.

해설
가. 피험자 간 설계(between subject design)
피험자 간 설계는 서로 다른 수준의 피험자 집단을 대상으로 실험을 진행하는 것이다. 따라서, 집단 내 개인차(편향)로 인해 실험적 처리와 무관하게 집단

해답 5. ③ 6. ① 7. ③ 8. ① 9. ②

간에 유의미한 차이가 나타날 수 있다.

나. 피험자 내 설계(within subject design)
독립변인의 모든 처리가 한 피험자 혹은 피험자 집단에게 반복적으로 실험을 진행하는 것이므로, 집단 간의 차이가 없으며, 처리에 따른 유의미한 차이를 찾을 수 있다.

10 1,000 Hz, 80 dB인 음을 phon과 sone으로 환산한 것은?

① 40 phon, 4 sone
② 60 phon, 3 sone
③ 80 phon, 2 sone
④ 80 phon, 16 sone

해설
가. phon
어떤 음의 음량수준을 나타내는 phon값은 이 음과 같은 크기로 들리는 1,000 Hz 순음의 음압수준(dB)을 의미한다.

나. sone
음량(sone)과 음량수준(phon) 사이에는 다음과 같은 공식이 성립된다.
$sone\text{값} = 2^{(phon\text{값} - 40)/10}$
$= sone\text{값} = 2^{(80-40)/10}$

11 작업 공간 설계에 관한 설명으로 맞는 것은?

① 서서하는 작업에서 작업대의 높이는 최소치 설계를 기본으로 한다.
② 작업 표준 영역은 어깨를 중심으로 팔을 뻗어 닿을 수 있는 영역이다.
③ 서서하는 힘든 작업을 위한 작업대는 세밀한 작업보다 높게 설계한다.
④ 일반적으로 앉아서 하는 작업의 작업대 높이는 팔꿈치 높이가 적당하다.

해설 좌식작업대 높이는 일반적으로 작업자의 체격에 따라 팔꿈치높이를 기준으로 하여 작업대높이를 조정해야 한다.

12 통화이해도 측정을 위한 척도로 사용되지 않는 것은?

① 명료도지수
② 통화간섭 수준
③ 이해도점수
④ 인식 소음 수준

해설 통화이해도
여러 통신상황에서 음성통신의 기준의 수화자의 이해도이다. 통화이해도의 평가척도로서 명료도지수, 이해도점수, 통화간섭 수준 등이 있다.

13 인체 측정 방법에 대한 설명으로 틀린 것은?

① 둥근 수평자(spreading caliper)는 가슴 둘레를 측정할 때 사용한다.
② 수직자(anthropometer)는 키와 앉은 키를 측정할 때 사용한다.
③ 직접적인 인체 측정 방법은 주로 마틴(martin)식 인체 측정기를 사용하여 치수를 측정한다.
④ 실루에트(silhouette)법은 자동 촬영 장치를 사용하여 피측정자의 정면사진 및 측면사진을 촬영하고, 이 사진을 이용하여 인체 치수를 실치수로 환산한다.

해설 둥근 수평자 측정방법
측정자는 피측정자의 오른쪽 옆에서 둥근 수평자의 한쪽 끝을 뒤통수 등 측정지점의 돌출점에 대고 다른 한쪽 끝을 벌려 눈살점 등에 닿게 한 후 직선거리를 측정한다.

14 인간공학에 대한 설명으로 적절하지 않은 것은?

① 자신을 모형으로 사물을 설계에 반영한다.
② 사용 편의성 증대, 오류 감소, 생산성 향상에 목적이 있다.

해답 10. ④ 11. ④ 12. ④ 13. ① 14. ①

③ 인간과 사물의 설계가 인간에게 미치는 영향에 중점을 둔다.
④ 인간의 행동, 능력, 한계, 특성에 관한 정보를 발견하고자 하는 것이다.

해설 자신을 모형으로 사물을 설계에 반영하는 것은 인간공학에 대한 설명으로 적절하지 않다.

15 피부의 감각기 중 감수성이 제일 높은 감각기는?

① 온각　② 통각
③ 압각　④ 냉각

해설 피부감각기 중 통각의 감수성이 가장 높다.

16 인간-기계 통합체계의 유형으로 볼 수 없는 것은?

① 수동 시스템　② 자동화 시스템
③ 정보 시스템　④ 기계화 시스템.

해설 인간에 의한 제어의 정도에 따라 수동 시스템, 기계화 시스템, 자동화 시스템의 3가지로 분류한다. 감시제어 시스템은 자동화의 정도에 따른 분류에 속한다.

17 종이 반사율이 70%이고, 인쇄된 글자의 반사율이 15%일 경우 대비(contrast)는?

① 15%　② 21%
③ 70%　④ 79%

해설 대비(contrast)
(1) 과녁(target)과 배경 사이의 광도대비(luminance contrast)라 한다. 광도대비는 보통 과녁의 광도(L_t)와 배경의 광도(L_b)의 차를 나타내는 척도이다. 광도 대신 반사율을 사용하기도 한다.

$$대비(\%) = 100 \times \frac{L_b - L_t}{L_b}$$
$$= 100 \times \frac{70-15}{70}$$
$$= 79\%$$

18 주의(attention) 중 디스플레이 상의 다중정보를 병렬 처리하는 것이 가능하게 하는 것은?

① 분산주의(divided attention)
② 초점주의(focused attention)
③ 선택주의(selective attention)
④ 개별주의(individual attention)

해설 분산주의란 둘 이상의 대상에 동시에 주의를 주는 것이며, 주의를 분할하여 각 대상에 할당한다.

19 전력계와 같이 수치를 정확히 읽고자 할 때 가장 적합한 표시장치는?

① 동침형 표시장치
② 계수형 표시장치
③ 동목형 표시장치
④ 수직형 표시장치

해설 정량적인 동적 표시장치의 3가지
① 동침형: 눈금이 고정되고 지침이 움직이는 형
② 동목형: 지침이 고정되고 눈금이 움직이는 형
③ 계수형: 전력계나 택시요금 계기와 같이 기계, 전자적으로 숫자가 표시되는 형

20 전철이나 버스의 손잡이 설치 높이를 결정하는 데 적용하는 인체치수 적용원리는?

① 평균치 원리
② 최소치 원리
③ 최대치 원리
④ 조절식 원리

해설 최소집단값에 의한 설계
① 관련 인체측정 변수분포의 1%, 5%, 10% 등과 같은 하위 백분위수를 기준으로 정한다.
② 선반의 높이, 조종장치까지의 거리 등을 정할 때 사용된다.
③ 예를 들어, 팔이 짧은 사람이 잡을 수 있다면, 이보다 긴 사람은 모두 잡을 수 있다.

정답 15. ② 16. ③ 17. ④ 18. ① 19. ② 20. ②

2 작업생리학

21 근육원섬유마디(sarcomere)에서 근섬유가 수축하면 짧아지는 부분은?

① A밴드
② 액틴(actin)
③ 미오신(My)
④ Z선과 Z선 사이의 거리

해설 근육이 수축하면 액틴과 미오신의 길이는 변하지 않으며, A띠 또한 길이는 변하지 않는다. 하지만 2개의 Z선 사이의 거리가 짧아지는데 그것을 근섬유 분절 또는 근육원섬유마디(sarcomere)라고 한다.

22 어떤 작업자가 팔꿈치 관절에서부터 32 cm 거리에 있는 8 kg 중량의 물체를 한 손으로 잡고 있다. 팔꿈치 관절의 회전 중심에서 손까지의 중력중심 거리는 16 cm이며 이 부분의 중량은 12 N이다. 이때 팔꿈치에 걸리는 반작용의 힘(N)은 약 얼마인가?

① 38.2 ② 90.4
③ 98.9 ④ 114.3

해설
– 8 kg – 12 N + R_E = 0.1 kg = 9.8 N
– 78.4 N – 12 N + R_E = 0
따라서, R_E(반작용의 힘) = 90.4 N

23 습구온도가 43°C, 건구온도가 32°C일 때, Oxford 지수는 얼마인가?

① 38.50°C ② 38.15°C
③ 41.35°C ④ 41.53°C

해설 Oxford 지수
습건(WD) 지수라고도 하며, 습구온도(W)와 건구온도(D)의 가중 평균값으로서 다음과 같이 나타낸다.

$$WD = 0.85W + 0.15D$$
$$= 0.85 \times 43 + 0.15 \times 32$$
$$= 41.35$$

24 산업안전보건법령에서 정한 소음작업이란 1일 8시간 작업을 기준으로 얼마 이상의 소음이 발생하는 작업을 의미하는가?

① 80 dB(A) ② 85 dB(A)
③ 90 dB(A) ④ 100 dB(A)

해설 소음관리 대책
"소음작업"이란 1일 8시간 작업을 기준으로 하여 85 dB 이상의 소음이 발생하는 작업이다.

25 진동과 관련된 단위가 아닌 것은?

① nm ② gal
③ cm/s ④ sone

해설 sone
다른 음의 상대적인 주관적 크기에 대해서는 sone이라는 음량척도를 사용한다.

26 조도(illuminance)의 단위는?

① nit ② lumen
③ lux ④ candela

해설
① nit: MKS 단위계 중에서 휘도의 단위이다.
② lumen: 광속의 실용단위로 기호는 lm으로 나타낸다.
③ lux: 조도의 실용단위로 기호는 lx로 나타낸다.
④ candela: 광도의 실용단위로 기호는 cd로 나타낸다.

27 힘든 작업을 수행할 때가 휴식을 취하고 있을 때보다 혈류량이 더 감소하는 기관이 아닌 것은?

① 간 ② 신장
③ 뇌 ④ 소화기계

해설 힘든 작업을 수행할 때 혈액이 근육으로 많이 분포되어 내장기관에서의 혈액이 감소하므로 간, 신장, 소화기계는 혈액이 감소한다.

해답 **21.** ④ **22.** ② **23.** ③ **24.** ② **25.** ④ **26.** ③ **27.** ③

28 뇌파의 종류 중 알파(α)파에 관한 설명으로 맞는 것은?

① 빠르고 진폭이 작다.
② 수면초기에 발생한다.
③ 물질대사가 저하할 때 발생한다.
④ 출현율이 작을수록 각성상태가 증가되는 경향이 있다.

해설 알파(α)파
뇌는 안정상태이며, 가장 보통의 정신활동으로 인정되며, 휴식파라고도 부른다.

29 근육의 대사에 관한 설명으로 틀린 것은?

① 산소소비량을 측정하면 에너지소비량을 측정할 수 있다.
② 신체활동 수준이 아주 작은 작업의 경우에 젖산이 축적된다.
③ 근육의 대사는 음식물을 기계적인 에너지와 열로 전환하는 과정이다.
④ 탄수화물은 근육의 기본 에너지원으로서 주로 간에서 포도당으로 전환된다.

해설 육체적으로 격렬한 작업에서는 충분한 양의 산소가 근육활동에 공급되지 못해 무기성 환원과정에 의해 에너지가 공급되기 때문에 근육에 젖산이 축적되어 근육의 피로를 유발하게 된다.

30 작업생리학 분야에서 신체활동의 부하를 측정하는 생리적 반응치가 아닌 것은?

① 심박수(heart rate)
② 혈류량(blood flow)
③ 폐활량(lung capacity)
④ 산소소비량(oxygen consumption)

해설 작업에 따른 인체의 생리적 반응
① 산소소비량의 증가
② 심박출량의 증가
③ 심박수의 증가
④ 혈류의 재분배

31 심방수축 직전에 발생하는 파장(wave)은?

① P파 ② Q파
③ R파 ④ S파

해설
① P파: 심방탈분극, 동방결절 흥분직후에 시작

32 실내의 면에서 추천반사율이 가장 높은 곳은?

① 벽 ② 바닥
③ 가구 ④ 천장

해설 실내의 추천반사율
천장 > 벽 > 바닥의 순으로 추천반사율이 높다.
① 천장: 80~90%
② 벽, blind: 40~60%
③ 가구, 사무용기기, 책상: 25~45%
④ 바닥: 20~40%

33 신체부위의 동작 중 전완의 회전운동에 쓰이며, 손바닥을 위로 향하도록 하는 회전을 무엇이라 하는가?

① 굴곡(flexion)
② 회내(pronation)
③ 외전(abduction)
④ 회외(supination)

해설
① 굴곡(flexion): 팔꿈치로 팔 굽혀 펴기를 할 때처럼 관절에서의 각도가 감소하는 인체부분의 동작
② 회내(pronation): 손과 전완의 회전의 경우에는 손바닥이 아래로 향하도록 하는 회전
③ 외전(abduction): 팔을 옆으로 들 때처럼 인체 중심선에서 멀어지는 측면에서의 인체부위의 동작
④ 회외(supination): 손바닥을 위로 향하도록 하는 회전

해답 28. ④ 29. ② 30. ③ 31. ① 32. ④ 33. ④

34 소음에 대한 청력손실이 가장 크게 나타나는 진동수는?

① 1,000 Hz ② 2,000 Hz
③ 4,000 Hz ④ 20,000 Hz

해설 청력손실의 정도는 노출소음 수준에 따라 증가하는데, 청력손실은 4,000 Hz에서 가장 크게 나타난다.

35 일반적으로 최대근력의 50% 정도의 힘으로 유지할 수 있는 시간은?

① 1분 정도 ② 5분 정도
③ 10분 정도 ④ 15분 정도

해설 지구력
최대근력으로 유지할 수 있는 것은 몇 초이며, 최대근력의 50% 힘으로는 약 1분간 유지할 수 있다. 최대 근력의 15% 이하의 힘에서는 상당히 오래 유지할 수 있다.

36 동일한 관절 운동을 일으키는 주동근(agonist)과 반대되는 작용을 하는 근육은?

① 고정근(stabilizer)
② 중화근(neutralizer)
③ 길항근(antagonist)
④ 보조 주동근(assistant mover)

해설 길항근
주동근과 반대되는 작용을 하는 근육

37 교대작업에 관한 설명으로 맞는 것은?

① 교대작업은 야간 → 저녁 → 주간 순으로 하는 것이 좋다.
② 교대일정은 정기적이고, 작업자가 예측 가능하도록 해야 한다.
③ 신체의 적응을 위하여 야간근무는 7일 정도로 지속되어야 한다.
④ 야간 교대시간은 가급적 자정 이후로 하고, 아침 교대시간은 오전 5~6시 이전에 하는 것이 좋다.

해설 교대작업자의 건강관리
① 오전근무 → 저녁근무 → 밤근무로 순환하는 것이 좋다.
② 교대일정은 정기적이고, 작업자가 예측 가능하도록 해야 한다.
③ 연속적인 야간근무를 최소화한다.
④ 아침 교대는 밤잠이 모자랄 5~6시에 하는 것은 좋지 않다.

38 에너지대사율(RMR)에 관한 계산식으로 맞는 것은?

① RMR＝작업대사량 / 기초대사량
② RMR＝기초대사량 / 작업대사량
③ RMR＝(한 일 / 에너지 소비) × 100(%)
④ RMR＝안정 시 에너지 대사량 / 기초대사량

해설 에너지대사율(RMR)

$$R = \frac{\text{작업 시 소비에너지} - \text{안정 시 소비에너지}}{\text{기초대사량}} = \frac{\text{작업대사량}}{\text{기초대사량}}$$

39 최대산소소비능력(MAP)에 관한 설명으로 틀린 것은?

① 산소섭취량이 지속적으로 증가하는 수준을 말한다.
② 사춘기 이후 여성의 MAP는 남성의 65~75% 정도이다.
③ 최대산소소비능력은 개인의 운동역량을 평가하는 데 활용된다.
④ MAP를 측정하기 위해서 주로 트레드밀(treadmill)이나 자전거 에르고미터(ergometer)를 활용한다.

해설 최대산소소비량
작업의 속도가 증가하면 산소소비량이 선형적으로 증가하여 일정한 수준에 이르게 되고, 작업의 속도가 증

해답 34. ③ 35. ① 36. ③ 37. ② 38. ① 39. ①

가하더라도 산소소비량은 더 이상 증가하지 않고 일정하게 되는 수준에서의 산소소모량이다.

40 운동이 가장 자유롭고 다축성으로 이루어진 관절은?

① 견관절 ② 추간관절
③ 슬관절 ④ 요골수근관절

해설 견관절(어깨관절)
견관절(어깨관절)은 구상관절에 속하는데 구상관절은 관절머리와 관절오목이 모두 반구상의 것이며, 운동이 가장 자유롭고 다축성으로 이루어져있다.

3 산업심리학 및 관련법규

41 하인리히(H. W. Heinrich)의 재해예방의 원리 5단계를 올바르게 나열한 것은?

① 조직 → 평가분석 → 사실의 발견 → 시정책의 선정→ 시정책의 적용
② 조직 → 사실의 발견 → 평가분석 → 시정책의 선정 → 시정책의 적용
③ 평가분석 → 사실의 발견 → 조직 → 시정책의 선정 → 시정책의 적용
④ 평가분석 → 조직 → 사실의 발견 → 시정책의 선정 → 시정책의 적용

해설 하인리히의 재해예방 5단계
① 제1단계: 조직
② 제2단계: 사실의 발견
③ 제3단계: 평가분석
④ 제4단계: 시정책의 선정
⑤ 제5단계: 시정책의 적용

42 집단의 특성에 관한 설명과 가장 거리가 먼 것은?

① 집단은 사회적으로 상호 작용하는 둘 혹은 그 이상의 사람으로 구성된다.
② 집단은 구성원들 사이 일정한 수준의 안정적인 관계가 있어야 한다.
③ 구성원들이 스스로를 집단의 일원으로 인식해야 집단이라고 칭할 수 있다.
④ 집단은 개인의 목표를 달성하고, 각자의 이해와 목표를 추구하기 위해 형성된다.

해설 집단은 각자의 목표가 아닌 공통적인 목표를 가지고 있다.

43 데이비스(K. Davis)의 동기부여 이론에 대한 설명으로 틀린 것은?

① 능력 = 지식 × 노력
② 동기유발 = 상황 × 태도
③ 인간의 성과 = 능력 × 동기유발
④ 경영의 성과 = 인간의 성과 × 물질의 성과

해설 데이비스(K. Davis)의 동기부여이론
① 인간의 성과×물질의 성과=경영의 성과이다.
② 능력×동기유발
=인간의 성과(human performance)이다.
③ 지식(knowledge)×기능(skill)=능력(ability)이다.
④ 상황(situation)×태도(attitude)
=동기유발(motivation)이다.

44 재해율에 관한 설명으로 맞는 것은?

① 도수율은 연간 총 근로시간 합계에 10만 시간당 재해발생 건수이다.
② 강도율은 작업자 1,000명당 1년 동안에 발생하는 재해자수(사상자수)를 나타낸다.
③ 우리나라 산업재해율은 1년 동안에 4일 이상 요양을 당한 작업자 수를 백분율로 나타낸 것이다.
④ 연천인율은 연간 총 근로시간에 1,000

해답 40. ① 41. ② 42. ④ 43. ① 44. ③

시간당 재해 발생에 의해 잃어버린 근로손실일수를 의미한다.

해설
① 도수율은 연간 총 근로시간 합계에 100만 시간당 재해발생 건수이다.
② 강도율은 재해의 경중, 즉 강도를 나타내는 척도로서 연근로시간 1,000시간당 재해에 의해서 잃어버린 근로손실일수를 말한다.
④ 연천인율은 작업자 1,000명당 1년 동안 발생하는 사상자수를 나타낸다.

45 제조물책임법에서 손해배상 책임에 대한 설명 중 틀린 것은?

① 물질적 손해뿐 아니라 정신적 손해도 손해배상 대상에 포함된다.
② 피해자가 손해배상 청구를 위해서는 제조자의 고의 또는 과실을 입증해야 한다.
③ 제조자가 결함 제조물로 인하여 생명, 신체 또는 재산상의 손해를 입은 자에게 손해를 배상할 책임을 말한다.
④ 당해 제조물 결함에 의해 발생한 손해가 그 제조물 자체에만 그치는 경우에는 제조물 책임 대상에서 제외한다.

해설 피해자가 손해배상 청구를 위해서는 제조자의 고의 또는 과실을 입증하는 것이 아니라 제조물에 결함이 있다는 것을 입증해야 한다.

46 어느 검사자가 한 로트에 1,000개의 부품을 검사하면서 100개의 불량품을 발견하였다. 하지만 이 로트에는 실제 200개의 불량품이 있었다면, 동일한 로트 2개에서 휴먼에러를 범하지 않을 확률은 얼마인가?

① 0.01 ② 0.1
③ 0.5 ④ 0.81

해설 반복되는 이산적 직무에서의 인간신뢰도

$$R(n_1, n_2) = (1-p)^{(n_2 - n_1 + 1)},\ [\text{여기서}, p: \text{실수확률}]$$
$$= (1-0.1)^{[2-1+1]}$$
$$= 0.81$$

47 작업에 수반되는 피로를 줄이기 위한 대책으로 적절하지 않은 것은?

① 작업부하의 경감
② 작업속도의 조절
③ 동적 동작의 제거
④ 작업 및 휴식시간의 조절

해설 부자연스런 또는 취하기 어려운 자세는 작업 활동이 수행되는 동안 중립자세로부터 벗어나는 자세로 정적동작을 오래 하는 경우를 말한다. 따라서 정적동작의 제거가 작업에 수반되는 피로를 줄이기 위한 대책이다.

48 다음의 각 단계를 하인리히의 재해발생이론(도미노 이론)에 적합하도록 나열한 것은?

[보기]
㉠ 개인적 결함
㉡ 불안전한 행동 및 불안전한 상태
㉢ 재해
㉣ 사회적 환경 및 유전적 요소
㉤ 사고

① ㉠ → ㉣ → ㉡ → ㉢ → ㉤
② ㉣ → ㉠ → ㉡ → ㉤ → ㉢
③ ㉣ → ㉡ → ㉠ → ㉢ → ㉤
④ ㉤ → ㉠ → ㉣ → ㉡ → ㉢

해설 하인리히의 도미노 이론
① 사회적 환경 및 유전적 요소
② 개인적 결함
③ 불안전한 행동 및 불안전한 상태
④ 사고
⑤ 상해(산업재해)

해답 45. ② 46. ④ 47. ③ 48. ②

49 관리 그리드 모형(management grid model)에서 제시한 리더십의 유형에 대한 설명으로 틀린 것은?

① (9,1)형은 인간에 대한 관심은 높으나 과업에 대한 관심은 낮은 인기형이다.
② (1,1)형은 과업과 인간관계 유지 모두에 관심을 갖지 않는 무관심형이다.
③ (9,9)형은 과업과 인간관계 유지 모두에 관심이 높은 이상형으로서 팀형이다.
④ (5,5)형은 과업과 인간관계 유지 모두에 적당한 정도의 관심을 갖는 중도형이다.

해설 (9,1)형은 업적에 대하여 최대의 관심을 갖고, 인간에 대하여 무관심하다. 이는 과업형이다.

50 산업재해조사에 관한 설명으로 맞는 것은?

① 재해 조사의 목적은 인적, 물적 피해 상황을 알아내고 사고의 책임자를 밝히는 데 있다.
② 재해 발생 시 제일 먼저 조치해야 할 사항은 직접 원인, 간접 원인 등 재해 원인을 조사하는 것이다.
③ 3개월 이상의 요양이 필요한 부상자가 2인 이상 발생했을 때 중대재해로 분류한 후 피해자의 상병의 정도를 중상해로 기록한다.
④ 사업주는 사망자가 발생했을 때에는 재해가 발생한 날로부터 10일 이내에 산업재해 조사표를 작성하여 관할 지방노동관서의 장에게 제출해야 한다.

해설 중대재해
중대재해라 함은 산업재해 중 사망 등 재해의 정도가 심한 것으로서 고용노동부령이 정하는 다음과 같은 재해를 말한다.
① 사망자가 1인 이상 발생한 재해
② 3개월 이상의 요양이 필요한 부상자가 2인 이상 발생했을 때 중대재해로 분류한 후 피해자의 상병의 정도를 중상해로 기록
③ 부상자 또는 질병자가 동시에 10인 이상 발생한 재해

51 인간오류(human error)의 분류에서 필요한 행위를 실행하지 않은 오류는 무엇인가?

① 시간오류(timing error)
② 순서오류(sequence error)
③ 작위오류(commission error)
④ 부작위오류(omission error)

해설 부작위 에러, 누락(생략) 에러
필요한 작업 또는 절차를 수행하지 않는 데 기인한 에러이다. 예로 자동차 전조등을 끄지 않아서 방전되어 시동이 걸리지 않는 에러이다.

52 레빈(Lewin)의 인간행동 법칙 "B=f(P·E)"의 각 인자와 리더십의 관계를 설명한 것으로 적절하지 않은 것은?

① f는 리더십의 형태이다.
② P는 집단을 구성하는 구성원의 특징이다.
③ B는 리더십 발휘에 따른 집단의 활동을 의미한다.
④ E는 집단의 과제, 구조, 사회적 요인 등 환경적 요인이다.

해설 레빈(K. Lewin)의 인간행동 법칙
$B=f(P \cdot E)$
B: behavior(인간의 행동)
f: function(함수관계)
P: person(인간: 연령, 경험, 심신 상태, 성격, 지능 등)
E: enviroment(환경: 인간관계, 작업환경 등)

53 10명으로 구성된 집단에서 소시오메트리(Sociometry) 연구를 사용하여 조사한 결과 긍정적인 상호작용을 맺고 있는 것이 16쌍일 때 이 집단의 응집성지수는 약 얼마인가?

해답 49. ① 50. ③ 51. ④ 52. ① 53. ②

① 0.222　　② 0.356
③ 0.401　　④ 0.504

해설 응집성지수
이 지수는 집단 내에서 가능한 두 사람의 상호작용의 수와 실제의 수를 비교하여 구한다.

가능한 상호작용의 수 $= {}_{10}C_2 = \frac{10 \times 9}{2} = 45$

$$\text{응집성지수} = \frac{\text{실제 상호작용의 수}}{\text{가능한 상호작용의 수}} = \frac{16}{45} = 0.356$$

54 스트레스를 받을 때 몸에서 생성되는 호르몬으로 스트레스 정도를 파악하는 데 사용되는 것은?

① 코티졸　　② 환경호르몬
③ 인슐린　　④ 스테로이드

해설 코티졸
스트레스를 받을 때 몸에서 생성되는 호르몬으로 스트레스 정도를 파악하는 데 사용된다. 코티졸은 부신피질에서 생성되는 스테로이드 호르몬 일종으로 신체기관의 포도당 사용을 억제하는 데 사용되는 호르몬이다.

55 조직의 지도자들이 부하직원들을 승진시킬 수 있고 봉급을 인상해 주는 등의 능력이 있으므로 통제가 가능한 권한은?

① 합법적 권한　　② 위임적 권한
③ 강압적 권한　　④ 보상적 권한

해설 보상적 권한
① 조직의 리더들은 그들의 부하들에게 보상할 수 있는 능력을 가지고 있다. 예를 들면, 봉급의 인상이나 승진 등이다.
② 이로 인해 리더들은 부하직원들을 매우 효과적으로 통제할 수 있으며, 부하들의 행동에 대해 여러 가지로 영향을 끼칠 수 있다.

56 휴먼에러 예방대책 중 인적요인에 대한 대책이 아닌 것은?

① 소집단 활동
② 작업의 모의훈련
③ 안전 분위기 조성
④ 작업에 관한 교육훈련

해설 인적 요인에 관한 대책(인간측면의 행동감수성 고려)
① 작업에 대한 교육 및 훈련과 작업 전, 후 회의소집
② 작업의 모의훈련으로 시나리오에 의한 리허설
③ 소집단 활동의 활성화로 작업방법 및 순서, 안전 포인터 의식, 위험예지활동 등을 지속적으로 수행
④ 숙달된 전문인력의 적재적소 배치 등

57 모든 입력이 동시에 발생해야만 출력이 발생되는 논리조작을 나타내는 FT도의 논리기호 명칭은?

① 기본사상　　② OR 게이트
③ 부정 게이트　　④ AND 게이트

해설 AND 게이트
모든 입력사상이 공존할 때에만 출력사상이 발생한다.

58 주의의 특성을 설명한 것으로 가장 거리가 먼 것은?

① 고도의 주의는 장시간 지속할 수 없다.
② 한 지점에 주의를 하면 다른 곳의 주의는 약해진다.
③ 동시에 시각적 자극과 청각적 자극에 주의를 집중할 수 없다.
④ 사람은 한 번에 여러 종류의 자극을 지각하거나 수용하는 데 한계가 있다.

해설 사람은 동시에 시각적 자극과 청각적 자극에 주의를 집중할 수 있다.

59 반응시간에 관한 설명으로 맞는 것은?

① 자극이 요구하는 반응을 행하는 데 걸

정답 54. ① 55. ④ 56. ③ 57. ④ 58. ③ 59. ③

리는 시간을 말한다.

② 반응해야 할 신호가 발생한 때부터 반응이 종료될 때까지의 시간을 말한다.

③ 단순반응시간에 영향을 미치는 변수로는 자극양식, 자극의 특성, 자극 위치, 연령 등이 있다.

④ 여러 개의 자극을 제시하고, 각각에 대한 서로 다른 반응을 할 과제를 준 후에 자극이 단순반응시간이라 한다.

해설 단순반응시간

① 하나의 특정자극에 대해 반응을 시작하는 시간으로 항상 같은 반응을 요구한다.

② 통제된 실험실에서의 실험을 수행하는 것과 같은 상황을 제외하고 단순반응시간과 관련된 상황은 거의 없다. 실제 상황에서는 대개 자극이 여러 가지이고, 이에 따라 다른 반응이 요구되며, 예상도 쉽지 않다.

③ 단순반응시간에 영향을 미치는 변수에는 자극의 양식과 특성(강도, 지속시간, 크기 등), 공간주파수, 신호의 예상, 연령, 자극위치, 개인차 등이 있다.

60 NIOSH의 직무스트레스 평가모델에서 직무스트레스 요인과 급성반응 사이의 중재요인에 해당하지 않는 것은?

① 완충요소
② 조직적 요소
③ 비직업적 요소
④ 개인적 요소

해설 직무스트레스 요인과 급성반응 사이에는 개인적 요인과 조직 외 요인, 완충요인 등이 중재요인으로 작용한다.

4 근골격계질환 예방을 위한 작업관리

61 유해요인조사 방법 중 OWAS(Ovako Working Posture Analysing System)에 관한 설명으로 틀린 것은?

① OWAS 활동점수표는 4단계의 조치단계로 분류된다.

② OWAS는 작업자세로 인한 작업부하를 평가하는 데 초점이 맞추어져 있다.

③ OWAS는 신체 부위의 자세뿐만 아니라 중량물의 사용도 고려하고 평가한다.

④ OWAS는 작업자세를 허리, 팔, 손목으로 구분하여 각 부위의 자세를 코드로 표현한다.

해설 OWAS의 작업자세에는 허리, 팔, 다리, 하중으로 구분하여 각 부위의 자세를 코드로 표현한다.

62 워크샘플링 조사에서 초기 idle rate가 0.06이라면, 99% 신뢰도를 위한 워크샘플링 횟수는 몇 회인가? (단, $Z_{0.005}$는 2.580이다.)

① 151 ② 936
③ 3,162 ④ 3,754

해설 워크샘플링 관측횟수 결정

$$N=\frac{Z_{1-\alpha/2}^2\times P(1-P)}{e^2}$$
$$=\frac{(2.58)^2\times 0.06(1-0.06)}{0.01^2}$$
$$=3{,}754$$

63 근골격계질환의 유형에 대한 설명으로 틀린 것은?

① 외상과염은 팔꿈치 부위의 인대에 염증이 생김으로써 발생하는 증상이다.

② 백색수지증은 손가락에 혈액의 원활한 공급이 이루어지지 않을 경우에 발생하는 증상이다.

③ 수근관 증후군은 손목이 꺾인 상태나 과도한 힘을 준 상태에서 반복적 손 운

해답 60. ② 61. ④ 62. ④ 63. ④

동을 할 때 발생한다.

④ 결절종은 반복, 구부림, 진동 등에 의하여 건의 섬유질이 손상되거나 찢어지는 등의 건에 염증이 생기는 질환이다.

해설 결절종
손에 발생하는 종양 중 가장 흔한 것으로, 얇은 섬유성 피막 내에 약간 노랗고 끈적이는 액체가 담긴 낭포성 종양

64 중량물 들기작업방법에 대한 설명 중 틀린 것은?

① 허리를 구부려서 작업을 수행한다.
② 가능하면 중량물을 양손으로 잡는다.
③ 중량물 밑을 잡고 앞으로 운반하도록 한다.
④ 손가락만으로 잡지 말고 손 전체로 잡아서 작업한다.

해설 중량물 작업할 때의 일반적인 방법
① 허리를 곧게 유지하고 무릎을 구부려서 들도록 한다.
② 손가락만으로 잡아서 들지 말고 손 전체로 잡아서 들도록 한다.
③ 중량물 밑을 잡고 앞으로 운반하도록 한다.
④ 중량물을 테이블이나 선반 위로 옮길 때 등을 곧게 펴고 옮기도록 한다.
⑤ 가능한 한 허리부분에서 중량물을 들어 올리고, 무릎을 구부리고 양손을 중량물 밑에 넣어서 중량물을 지탱시키도록 한다.

65 작업대의 개선으로 맞는 것은?

① 좌식작업대의 높이는 동작이 큰 작업에는 팔꿈치의 높이보다 약간 높게 설정한다.
② 입식작업대의 높이는 경작업의 경우 팔꿈치의 높이보다 5～10 cm 정도 높게 설계한다.
③ 입식작업대의 높이는 중작업의 경우 팔꿈치의 높이보다 10～20 cm 정도 낮게 설계한다.
④ 입식작업대의 높이는 정밀작업의 경우 팔꿈치의 높이보다 5～10 cm 정도 낮게 설계한다.

해설 입식작업대 높이
근전도, 인체측정, 무게중심 결정 등의 방법으로 서서 작업하는 사람에 맞는 작업대의 높이를 구해보면 팔꿈치 높이보다 5~10 cm 정도 낮은 것이 조립작업이나 이와 비슷한 조작작업의 작업대 높이에 해당한다. 일반적으로 미세부품 조립과 같은 섬세한 작업일수록 높아야 하며, 힘든 작업에는 약간 낮은 편이 좋다. 작업자의 체격에 따라 팔꿈치 높이를 기준으로 하여 작업대 높이를 조정해야 한다.
① 전자조립과 같은 정밀작업(높은 정밀도 요구작업): 미세함을 필요로 하는 정밀한 조립작업인 경우 최적의 시야범위인 15°를 더 가깝게 하기 위하여 작업면을 팔꿈치 높이보다 5~15 cm 정도 높게 하는 것이 유리하다. 더 좋은 대안은 약 15° 정도의 경사진 작업면을 사용하는 것이다.
② 조립라인이나 기계적인 작업과 같은 경작업(손을 자유롭게 움직여야 하는 작업)은 팔꿈치 높이보다 5~10 cm 정도 낮게 한다.
③ 아래로 많은 힘을 필요로 하는 중작업(무거운 물건을 다루는 작업)은 팔꿈치 높이를 20~30 cm 정도 낮게 한다.

66 작업구분을 큰 것에서부터 작은 순으로 나열한 것은?

① 공정 → 단위작업 → 요소작업 → 단위동작 → 서블릭
② 공정 → 요소작업 → 단위작업 → 서블릭 → 단위동작
③ 공정 → 단위작업 → 단위동작 → 요소작업 → 서블릭
④ 공정 → 단위작업 → 요소작업 → 서블릭 → 단위동작

해설 작업 시스템의 분석
공정 > 단위작업 > 요소작업 > 동작요소 > 서블릭

해답 **64.** ① **65.** ③ **66.** ①

67 여러 개의 스패너 중 1개를 선택하여 고르는 것을 의미하는 서블릭 기호는?

① H ② P
③ ST ④ PP

해설 서블릭 기호
① H: 잡고 있기
② P: 바로 놓기
③ ST: 고르기
④ PP: 미리 놓기

68 준비시간을 단축하는 방법에 대한 설명 중 맞는 것은?

① 외준비 작업은 표준화하기 어렵다.
② 내준비 작업보다는 외준비 작업을 먼저 개선한다.
③ 기계를 멈추어야만 할 수 있는 작업이 외준비 작업이다.
④ 작업이 개선되어도 표준작업 조합표는 그대로 유지한다.

해설 외준비 시간은 기계가 가동하고 있을 때 기계 밖에서 준비교체를 위한 사전 준비 시간 또는 후처리를 하는 시간을 말한다.
내준비 시간은 현재의 가공이 끝났을 때부터 다음 가공을 하여 양품이 나올 때까지의 시간, 기계나 설비를 세워야만 할 수 있는 작업에 소요되는 시간을 말한다. 그러므로 내준비 작업보다는 외준비 작업을 먼저 개선한다.

69 WF(Work Factor)법의 표준 요소가 아닌 것은?

① 쥐기(Grasp, Gr)
② 결정(Decide, Dc)
③ 조립(Assemble, Asy)
④ 정신과정(Mental Process, MP)

해설 WF법 8가지 표준요소
① 동작이동: T
② 쥐기: Gr
③ 미리놓기: PP
④ 조립: Asy
⑤ 사용: Use
⑥ 분해: Dsy
⑦ 내려놓기: Rl
⑧ 정신과정: MP

70 산업안전보건법령에 따라 사업주가 근골격계 부담작업 종사자에게 반드시 주지시켜야 하는 내용과 거리가 먼 것은?

① 근골격계 부담작업의 유해요인
② 근골격계질환의 요양 및 보상
③ 근골격계질환의 징후 및 증상
④ 근골격계질환 발생 시 대처 요령

해설 사업주는 근로자가 근골격계 부담작업을 하는 경우에 다음 각 호의 사항을 근로자에게 알려야 한다.
① 근골격계 부담작업의 유해요인
② 근골격계질환의 징후와 증상
③ 근골격계질환 발생 시의 대처요령
④ 올바른 작업자세와 작업도구, 작업시설의 올바른 사용방법
⑤ 그 밖에 근골격계질환 예방에 필요한 사항

71 근골격계질환 예방관리 프로그램의 기본 원칙에 속하지 않는 것은?

① 인식의 원칙
② 시스템 접근의 원칙
③ 사업장 내 자율적 해결원칙
④ 일시적인 문제 해결의 원칙

해설 효과적인 근골격계질환 관리를 위한 실행원칙
① 인식의 원칙
② 노사 공동참여의 원칙
③ 전사적 지원의 원칙
④ 사업장 내 자율적 해결의 원칙
⑤ 시스템 접근의 원칙
⑥ 지속성 및 사후평가의 원칙
⑦ 문서화의 원칙

해답 **67.** ③ **68.** ② **69.** ② **70.** ② **71.** ④

72 근골격계질환의 주요 사회심리적 요인인 것은?

① 작업 습관
② 접촉스트레스
③ 직무스트레스
④ 부적절한 자세

해설 사회심리적 요인
① 직무스트레스
② 작업 만족도
③ 근무조건
④ 휴식시간
⑤ 대인관계
⑥ 사회적 요인: 작업조직 및 방식의 변화, 노동강도

73 다중활동분석표의 사용 목적으로 적절하지 않은 것은?

① 조작업의 작업 현황 파악
② 수작업을 기본적인 동작요소로 분류
③ 기계 혹은 작업자의 유휴 시간 단축
④ 한 명의 작업자가 담당할 수 있는 기계 대수의 산정

해설 다중활동 분석
가. 정의: 작업자와 작업자 사이의 상호관계 또는 작업자와 기계 사이의 상호관계에 대하여 다중활동 분석기호를 이용해서 이들 간의 단위작업 또는 요소작업의 수준으로 분석하는 수법이다.

나. 용도
① 가장 경제적인 작업조편성
② 적정 인원수결정
③ 작업자 한 사람이 담당할 기계 소요대수나 적정기계 담당대수의 결정
④ 작업자와 기계의(작업효율 극대화를 위한) 유휴시간 단축

74 다음 중 중립자세가 아닌 것은?

① 어깨가 이완된 상태
② 고개가 직립인 상태
③ 팔꿈치가 45°를 이루고 있는 상태
④ 손목이 일직선(180°)으로 펴진 상태

해설 중립자세란 관절의 각도가 0°나 180°인 상태를 말하며 팔꿈치가 45°인 경우는 중립자세가 아니다.

75 문제분석도구에 관한 설명으로 틀린 것은?

① 파레토 차트(Pareto chart)는 문제의 인자를 파악하고 그것들이 차지하는 비율을 누적분포의 형태로 표현한다.
② 간트 차트(Gantt chart)는 여러 가지 활동 계획의 시작시간과 예측 완료시간을 병행하여 시간축에 표시하는 도표이다.
③ PERT(Program Evaluation and Review Technique)는 어떤 결과의 원인을 역으로 추적해 나가는 방식의 분석도구이다.
④ 특성요인도는 바람직하지 못한 사건이나 문제의 결과를 물고기의 머리로 표현하고 그 결과를 초래하는 원인을 인간, 기계, 방법, 자재, 환경 등의 종류로 구분하여 표시한다.

해설 PERT Chart는 목표달성을 위한 적정해를 그래프로 추적해 가는 계획 및 조정도구이다.

76 A제품을 생산한 과거자료가 표와 같을 때 실적자료법에 의한 1개당 표준시간은 얼마인가?

일자	완제품 개수 (개)	소요시간 (단위: 시간)
3월 3일	60	6
7월 7일	100	10
9월 9일	40	4

① 0.10시간/개
② 0.15시간/개
③ 0.20시간/개
④ 0.25시간/개

해답 72. ③ 73. ② 74. ③ 75. ③ 76. ①

해설 실적자료법에 의한 표준시간

$= \frac{\text{소요작업시간}}{\text{생산된수량}} = \frac{20}{200} = \frac{1}{10} = 0.1\text{시간}$

77 동작경제의 원칙에 속하지 않는 것은?

① 공정 개선의 원칙
② 신체의 사용에 관한 원칙
③ 작업장의 배치에 관한 원칙
④ 공구 및 설비의 디자인에 관한 원칙

해설 동작경제의 원칙
① 신체의 사용에 관한 원칙
② 작업역의 배치에 관한 원칙
③ 공구 및 설비의 설계에 관한 원칙

78 유통선도(flow diagram)에 관한 설명으로 적절하지 않은 것은?

① 자재흐름의 혼잡지역 파악
② 시설물의 위치나 배치관계 파악
③ 공정과정의 역류현상 발생유무 점검
④ 운반과정에서 물품의 보관 내용 파악

해설 flow diagram(유통선도)
제조과정에서 발생하는 작업, 운반, 정체, 검사, 보관 등의 사항이 생산현장의 어느 위치에서 발생 하는가를 알 수 있도록 부품의 이동경로를 배치도 상에 선으로 표시한 후, 유통공정도에서 사용되는 기호와 번호를 발생위치에 따라 유통선상에 표시한 도표이다.

79 대안의 도출방법으로 가장 적당한 것은?

① 공정도
② 특성요인도
③ 파레토차트
④ 브레인스토밍

해설 브레인스토밍(Brainstorming)
① 브레인스토밍은 보다 많은 아이디어를 창출하기 위하여 가능한 한 자유분방하게 모든 의견을 비판 없이 청취하고, 수정발언을 허용하여 대량발언을 유도하는 방법이다.
② 수행절차는 리더가 문제를 요약하여 설명한 후에 구성원들에게 비평이 없는 자유로운 발언을 유도하고, 리더는 구성원들이 모두 볼 수 있도록 청취된 의견들을 다양한 단어를 이용하여 칠판 등에 표시한다. 이를 토대로 다양한 수정안들을 발언하도록 유도하고, 도출된 의견은 제약조건 등을 고려하여 수정보완하는 과정을 거쳐서 그중에서 선호되는 대안을 최종안으로 채택하는 방법이다.

80 3시간 동안 작업 수행과정을 촬영하여 워크샘플링 방법으로 200회를 샘플링한 결과 이 중에서 30번의 손목꺾임이 확인되었다. 이 작업의 시간당 손목꺾임시간은 얼마인가?

① 6분　　② 9분
③ 18분　　④ 30분

해설
손목꺾임발생확률
$= \frac{\text{관측된 횟수}}{\text{총관측횟수}} = \frac{30}{200} = 0.15$

시간당 손목꺾임 시간
$= \text{발생확률} \times 60\text{분} = 9\text{분}$

정답 77. ① 78. ④ 79. ④ 80. ②

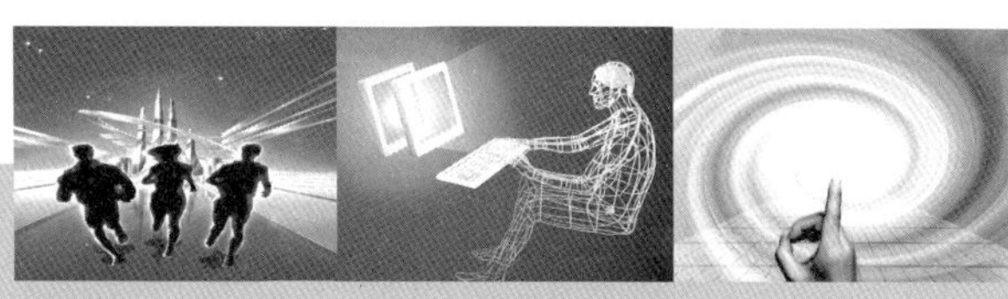

인간공학기사 필기시험 문제풀이 12회[153]

1 인간공학 개론

1 다음 중 인간공학에 관한 설명으로 가장 적절하지 않은 것은?

① 인간을 둘러싸고 있는 환경적 요인을 고려한다.

② 인간의 특성이나 행동에 관한 적절한 정보를 활용한다.

③ 비용절감 위주로 인간의 행동을 관찰하고 시스템을 설계한다.

④ 인간이 조작하기 쉬운 사용자 인터페이스를 고려하여 설계한다.

(해설) 인간공학이란 인간활동의 최적화를 연구하는 학문으로 인간이 작업활동을 하는 경우에 인간으로서 가장 자연스럽게 일하는 방법을 연구하는 것이며, 인간과 그들이 사용하는 사물과 환경 사이의 상호작용에 대해 연구하는 것이다. 또한, 인간공학은 인간의 행동, 능력, 한계, 특성 등에 관한 정보를 발견하고, 이를 도구, 기계, 시스템, 과업, 직무, 환경의 설계에 응용함으로써, 인간이 생산적이고 안전하며 쾌적하고 효과적으로 이용할 수 있도록 하는 것이다.

2 다음 중 조종-반응비율(Control-Response ratio)에 대한 설명으로 옳은 것은?

① 조종-반응비율이 낮을수록 둔감하다.

② 조종-반응비율이 높을수록 조종시간은 증가한다.

③ 표시장치의 이동거리를 조종장치의 이동거리로 나눈 비율을 말한다.

④ 회전 꼭지(knob)의 경우 조종-반응비율은 손잡이 1회전에 상당하는 표시장치 이동거리의 역수이다.

(해설)
① 조종-반응비율이 낮을수록 민감하다.
② 조종-반응비율이 높을수록 조종시간은 감소한다.
③ 조종장치의 이동거리를 표시장치의 이동거리로 나눈 비율을 말한다.

3 인체측정자료의 응용원칙 중 출입문, 통로등의 설계 시 가장 적합한 원칙은?

① 조절식 범위를 이용한 설계

② 최소치를 이용한 설계

③ 평균치를 이용한 설계

④ 최대치를 이용한 설계

(해설) 최대집단값에 의한 설계
① 통상 대상집단에 대한 관련 인체측정 변수의 상위 백분위수를 기준으로 하여 90, 95 혹은 99% 값이 사용된다.
② 문, 탈출구, 통로 등과 같은 공간여유를 정하거나 줄사다리의 강도 등을 정할 때 사용한다. 예를 들

해답 1. ③ 2. ④ 3. ④

어, 95%값에 속하는 큰 사람을 수용할 수 있다면 이보다 작은 사람은 모두 사용된다.

4 다음 중 인간의 제어 정도에 따른 인간-기계 시스템의 일반적인 분류에 속하지 않은 것은?

① 수동 시스템
② 기계화 시스템
③ 자동 시스템
④ 감시제어 시스템

해설 인간에 의한 제어의 정도에 따라 수동 시스템, 기계화 시스템, 자동화 시스템의 3가지로 분류한다. 감시제어 시스템은 자동화의 정도에 따른 분류에 속한다.

5 의미 있고 적절한 가능성이 있는 정보가 여러 근원으로부터 동일한 감각 경로나 둘 이상의 감각 경로를 통해 들어오는 것을 무엇이라 하는가?

① 양립성(compatibility)
② 시배분(time-sharing)
③ 정보 보관(information storage)
④ 정보 응축(information condensation)

해설 시배분(time-sharing)
음악을 들으며 책을 읽는 것처럼 주의를 번갈아 가며 2가지 이상을 돌보아야하는 상황을 말한다.

6 다음 중 눈의 구조 가운데 빛이 도달하여 초점이 가장 선명하게 맺히는 부위는?

① 동공 ② 홍채 ③ 황반 ④ 수정체

해설
① 동공: 홍채의 중앙에 구멍이 나 있는 부위를 말한다.
② 홍채: 각막과 수정체 사이에 위치하며, 홍채의 색은 인종별, 개인적으로 차이가 있을 수 있다.
색소가 많으면 갈색, 적으면 청색으로 보이며, 홍채의 기능은 빛의 양을 조절하는 조리개 역할을 한다.
③ 수정체: 수정체는 비록 작지만 모양체근으로 둘러싸여 있어서 긴장을 하면 두꺼워져 가까운 물체를 볼 수 있게 되고, 긴장을 풀면 납작해져서 원거리에 있는 물체를 볼 수 있게 된다. 수정체는 보통 유연성이 있어서 눈 뒤쪽의 감광표면인 망막에 초점이 맞추어지도록 조절할 수 있다.

7 신호검출이론(signal detection theory)에서 판정기준을 나타내는 가능성비(likeli hood ration) β와 민감도(Sen-sitivity) d에 대한 설명으로 옳은 것은?

① β가 클수록 보수적이고, d가 클수록 민감함을 나타낸다.
② β가 작을수록 보수적이고, d가 클수록 민감함을 나타낸다.
③ β가 클수록 보수적이고, d가 클수록 둔감함을 나타낸다.
④ β가 작을수록 보수적이고, d가 클수록 둔감함을 나타낸다.

해설 반응기준이 오른쪽으로 이동할 경우($\beta>1$): 판정자는 신호라고 판정하는 기회가 줄어들게 되므로 신호가 나타났을 때 신호의 정확한 판정은 적어지나 허위경보를 덜하게 된다. 이런 사람을 일반적으로 보수적이라고 한다.
민감도는 d로 표현하며, 두 분포의 꼭짓점의 간격을 분포의 표준편차 단위로 나타낸다. 즉, 두 분포가 떨어져 있을수록 민감도는 커지며, 판정자는 신호와 잡음을 정확하게 판정하기가 쉽다.

8 다음 중 1,000 Hz, 40 dB을 기준으로 음의 상대적인 주관적 크기를 나타내는 단위는?

① Sone ② siemens ③ dB ④ phon

해설 40 dB의 1,000 Hz 순음을 기준으로 하여 다른 음의 상대적인 크기를 설정하는 척도의 단위는 sone에 대한 설명이다.

해답 4. ④ 5. ② 6. ③ 7. ① 8. ①

9 다음 중 경계 및 경보신호에 사용되는 청각적 표시장치가 가져야 할 특징으로 옳은 것은?

① 300 m 이상의 장거리용 신호에서는 4 kHz 이상의 주파수를 사용한다.
② 경계신호는 가급적 통일해서 사용자에게 혼란을 야기하지 말아야 한다.
③ 장애물이나 칸막이를 넘어가야 하는 신호는 1 kHz 이상의 주파수를 사용한다.
④ 주의를 끄는 목적으로 신호를 사용할 때에는 변조신호를 사용한다.

해설 청각을 이용한 경계 및 경보신호의 선택 및 설계

① 귀는 중음역에 가장 민감하므로 500~3,000 Hz의 진동수를 사용한다.
② 중음은 멀리 가지 못하므로 장거리(>300 m)용으로는 1,000 Hz 이하의 진동수를 사용한다.
③ 신호가 장애물을 돌아가거나 칸막이를 통과해야 할 때는 500 Hz 이하의 진동수를 사용한다.
④ 주의를 끌기 위해서는 초당 1~8번 나는 소리나 초당 1~3번 오르내리는 변조된 신호를 사용한다.
⑤ 배경소음의 진동수와 다른 신호를 사용한다.
⑥ 경보효과를 높이기 위해서 개시시간이 짧은 고강도 신호를 사용하고, 소화기를 사용하는 경우에는 좌우로 교번하는 신호를 사용한다.
⑦ 가능하면 다른 용도에 쓰이지 않는 확성기(speaker), 경적(horn) 등과 같은 별도의 통신계통을 사용한다.

10 10 m 떨어진 곳에서 높이 2 cm의 물체(snellen letter)를 겨우 볼 수 있을 때, 이 사람의 시력은 얼마 정도인가?

① 0.15 ② 0.3 ③ 0.5 ④ 0.75

해설

• 시각 : $\frac{(57.3)(60)H}{D}$

H: 시각자극(물체)의 크기(높이)
D: 눈과 물체 사이의 거리
(57.3)(60): 시각이 600′ 이하일 때 라디안(radian) 단위를 분으로 환산하기 위한 상수

$$시각 = \frac{(57.3)(60)\times 2\ \text{cm}}{1{,}000\ \text{cm}} = 6.88$$

• 시력(최소가분시력) = $\frac{1}{시각} = \frac{1}{6.88} = 0.15$

11 다음 중 기능적 인체지수(functional body dimension) 측정에 대한 설명으로 가장 적절한 것은?

① 앉은 상태에서만 측정하여야 한다.
② 5~95%tile에 대해서만 정의된다.
③ 신체 부위의 동작범위를 측정하여야 한다.
④ 움직이지 않는 표준자세에서 측정하여야 한다.

해설 기능적 측정(동적측정)

기능적 측정(동적측정)은 일반적으로 상지나 하지의 운동, 체위의 움직임에 따른 상태에서 측정하는 것이며, 실제의 작업 혹은 실제조건에 밀접한 관계를 갖는 현실성 있는 인체치수를 구하는 것이다.

12 주사위를 던질 때 각 눈금이 나올 확률이 다음과 같을 때 전체 정보량(bit)은 약 얼마인가?

눈금	1	2	3	4	5	6
확률	2/10	1/10	3/10	1/10	1/10	2/10

① 2.0 ② 2.4 ③ 2.6 ④ 3.0

해설

$$H=\sum_{i=1}^{n} P_i \log_2\left(\frac{1}{P_i}\right) \quad (P_i\text{: 각 대안의 실현확률})$$

$$H=\frac{2}{10}\times\log_2\left(\frac{1}{\frac{2}{10}}\right)+\frac{1}{10}\times\log_2\left(\frac{1}{\frac{1}{10}}\right)+\frac{3}{10}\times\log_2\left(\frac{1}{\frac{3}{10}}\right)+\frac{1}{10}\times\log_2\left(\frac{1}{\frac{1}{10}}\right)+\frac{1}{10}\times\log_2\left(\frac{1}{\frac{1}{10}}\right)+\frac{2}{10}\times\log_2\left(\frac{1}{\frac{2}{10}}\right)$$

$$= 2.44$$

해답 9. ④ 10. ① 11. ③ 12. ②

13 다음 중 차폐 또는 은폐(masking)와 관련된 원리를 설명한 것으로 틀린 것은?

① 남성의 목소리가 여성의 목소리에 비해 더 잘 차폐된다.
② 차폐효과가 가장 큰 것은 차폐음과 배음의 주파수가 가까울 때이다.
③ 소리가 들린다는 것을 확신할 수 있는 최소한의 음 강도는 차폐음보다 15 dB 이상이어야 한다.
④ 차폐되는 소리의 임계주파수대(critical frequency band) 주변에 있는 소리들에 의해 가장 많이 차폐된다.

(해설) 여성의 목소리가 남성의 목소리에 비해 더 잘 차폐된다.

14 다음 중 인간-기계 비교의 한계점을 지적한 내용과 가장 거리가 먼 것은?

① 상대적 비교는 항상 변할 수 있다.
② 언제나 최고의 성능이 우선적이다.
③ 기능의 할당에서 사회적인 가치도 고려해야한다.
④ 가용도, 가격, 신뢰도와 같은 가치기준도 고려되어야 한다.

(해설) 인간-기계 비교의 한계점
① 일반적인 인간-기계 비교가 항상 적용되지 않는다.
② 상대적인 비교는 항상 변하기 마련이다.
③ 최선의 성능을 마련하는 것이 항상 중요한 것은 아니다.
④ 기능의 수행이 유일한 기준은 아니다.
⑤ 기능의 할당에서 사회적인 또는 이에 관련된 가치들을 고려해야 한다.

15 다음 중 인간공학 연구에 사용되는 기준에서 성격이 다른 하나는?

① 생리학적 지표 ② 기계 신뢰도
③ 인간성능 척도 ④ 주관적 반응

(해설) 인간공학 연구에 사용되는 인간기준에는 인간성능 척도, 생리학적 지표, 주관적 반응, 사고빈도가 있다.

16 다음 중 암호의 사용에 있어 일반적인 지침에 대한 설명으로 옳은 것은?

① 모든 암호표시는 다른 암호표시와 비슷하여 변별이 되지 않아야 한다.
② 암호체계는 사람들이 이미 지니고 있는 연상을 이용해서는 안 된다.
③ 암호를 사용할 때 사용자는 그 뜻을 알 수 없어야 한다.
④ 암호를 표준화하여 사람들이 어떤 상황에서 다른 상황으로 옮기더라도 쉽게 이용할 수 있어야 한다.

(해설)
① 암호의 변별성(discriminability): 다른 암호표시와 구별되어야 한다.
② 암호의 양립성(compatibility): 자극들 간의, 반응들 간의 혹은 자극-반응 조합의 관계가 인간의 기대와 모순되지 않는다.
③ 암호의 검출성(detectability)I: 검출이 가능하여야 한다.

17 실제 사용자들의 행동 분석을 위해 사용자가 생활하는 자연스러운 생활환경에서 관찰하는 사용성 평가기법은?

① heuristic evaluation
② observation ethnography
③ usability lab testing
④ focus group interview

(해설) Observation Ethnography
실제 사용자들의 행동을 분석하기 위하여 이용자가 생활하는 자연스러운 생활환경에서 비디오, 오디오에 녹화하여 시험하는 사용성 평가방법이다.

해답 13. ① 14. ② 15. ② 16. ④ 17. ②

18 다음 중 책상과 의자의 설계에 필요한 인체치수 기준으로 적절하지 않은 것은?

① 의자 높이: 오금 높이를 기준으로 한다.
② 의자 깊이: 엉덩이에서 무릎 뒤까지의 길이를 기준으로 한다.
③ 책상 높이: 선 자세의 팔꿈치 높이를 기준으로 한다.
④ 의자 너비: 엉덩이 너비를 기준으로 한다.

해설 책상의 높이는 앉은 자세의 팔꿈치 높이를 기준으로 한다.

19 다음과 같은 인간의 정보처리모델에서 구성요소의 위치(A~D)와 해당 용어가 잘못 연결된 것은?

① A – 주의 ② B – 작업기억
③ C – 단기기억 ④ D – 피드백

해설 C는 장기보관(기억)이다.

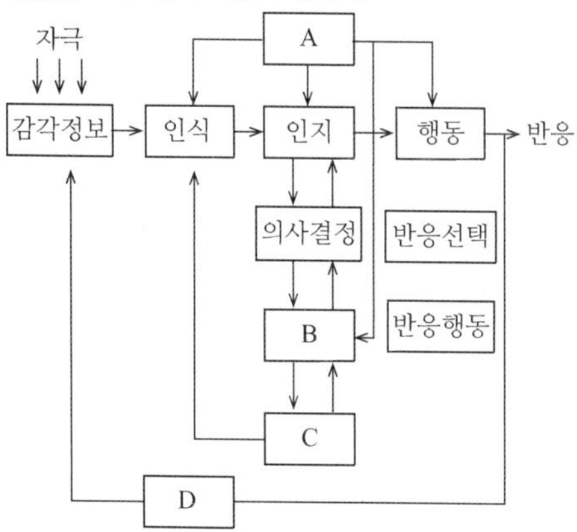

20 다음 중 인간의 후각 특성에 관한 설명으로 틀린 것은?

① 훈련을 통하면 식별 능력을 향상시킬 수 있다.
② 특정한 냄새에 대한 절대적 식별 능력은 떨어진다.
③ 후각은 특정 물질이나 개인에 따라 민감도의 차이가 있다.
④ 훈련을 통하여 식별이 가능한 일상적인 냄새의 수는 최대 7가지 종류이다.

해설 후각의 특성
훈련되지 않은 사람이 식별할 수 있는 일상적인 냄새의 수는 15~32종류이지만, 훈련을 통하면 60종류까지도 식별가능하다.

2 작업생리학

21 작업자 A가 작업할 때 측정한 평균 흡기량과 배기량이 각각 50 L/min과 40 L/min이며 평균 배기량 중 산소의 함량이 17%였다면 이때 분당 산소소비량은 약 얼마인가? (단, 공기 중 산소의 함량 21%이다.)

① 2.5 L/min ② 3.7 L/min
③ 4.0 L/min ④ 4.5 L/min

해설
산소소비량 $=(21\% \times \text{흡기량})-(O_2\% \times \text{배기량})$
$=(21\% \times 50)-(17\% \times 40)$
$=3.7\ \text{L/min}$

22 다음 중 에너지소비율(Relative Metabolic Rate)에 관한 설명으로 옳은 것은?

① 작업 시 소비된 에너지에서 안정 시 소비된 에너지를 공제한 값이다.
② 작업 시 소비된 에너지를 기초대사량으로 나눈 값이다.
③ 작업 시와 안정 시 소비에너지의 차를 기초대사량으로 나눈 값이다.
④ 작업강도가 높을수록 에너지소비율은 낮아진다.

해설 에너지소비율(에너지대사율)

해답 18. ③ 19. ③ 20. ④ 21. ② 22. ③

RMR = $\frac{\text{작업 시 소비에너지} - \text{안정 시 소비에너지}}{\text{기초대사량}}$

23 다음 중 뼈와 근육을 연결하며 근육에서 발휘된 힘을 뼈에 전달하는 근골격계 조직은?

① 건 ② 혈관 ③ 인대 ④ 신경

해설 힘줄(건, tendons)
근육을 뼈에 부착시키고 있는 조밀한 섬유 연결 조직으로 근육에 의해 발휘된 힘을 뼈에 전달해 주는 기능을 한다.

24 1 cd의 점광원으로부터 4 m 거리에 떨어진 구면의 조도는 몇 럭스(lux)가 되겠는가?

① $\frac{1}{16}$ ② $\frac{1}{9}$ ③ $\frac{1}{6}$ ④ $\frac{1}{3}$

해설

조도 = $\frac{\text{광량}}{\text{거리}^2} = \frac{1}{4^2} = \frac{1}{16}$

25 산업안전보건법령상 "소음작업"이란 1일 8시간 작업을 기준으로 얼마 이상의 소음이 발생하는 작업을 말하는가?

① 80데시벨 ② 85데시벨
③ 90데시벨 ④ 95데시벨

해설 소음작업
1일 8시간 작업을 기준으로 하여 85데시벨 이상의 소음이 발생하는 작업을 말한다.

26 다음 중 근력에 있어서 등척력(isometric strength)에 대한 설명으로 가장 적절한 것은?

① 신체부위가 동적인 상태에서 물체에 동일한 힘을 가하는 상태의 근력이다.
② 물체를 들어올려 일정시간 내에 일정거리를 이동시킬 때 힘을 가하는 상태의 근력이다.
③ 물체를 들어올릴 때처럼 팔이나 다리의 신체부위를 실제로 움직이는 상태의 근력이다.
④ 물체를 들고 있을 때처럼 신체부위를 움직이지 않으면서 고정된 물체에 힘을 가하는 상태의 근력이다.

해설 등척성 근력
근육의 길이가 변하지 않고 수축하면서 힘을 발휘하는 근력을 말한다.

27 다음 중 육체적 강도가 높은 작업에 있어 혈액의 분포비율이 가장 높은 것은?

① 소화기관 ② 골격
③ 피부 ④ 근육

해설 휴식 시 근육(20%), 뇌, 신장 및 소화기관으로 흐르던 혈류를 작업 시에는 근육쪽으로 집중(70%)시킨다.

28 다음 중 낮은 진동수에서의 진동에 가장 영향을 많이 받는 것은?

① 감시 ② 의사 표시
③ 반응 시간 ④ 추적 능력

해설 전신진동
전신진동은 진폭에 비례하여 추적작업에 대한 효율을 떨어뜨리며, 교통차량, 선박, 항공기, 기중기, 분쇄기 등에서 발생하며, 2~100 Hz에서 장해유발

29 다음 중 근육의 수축원리에 관한 설명으로 틀린 것은?

① 근섬유가 수축하면 I대와 H대가 짧아진다.
② 최대로 수축했을 때는 Z선이 A대에 맞닿는다.
③ 액틴과 미오신 필라멘트의 길이는 변하

해답 23. ① 24. ① 25. ② 26. ④ 27. ④ 28. ④ 29. ④

지 않는다.

④ 근육 전체가 내는 힘은 비활성화된 근섬유수에 의해 결정된다.

해설 각 섬유는 일정한 힘으로 수축하며, 근육 전체가 내는 힘은 활성화된 근섬유 수에 의해 결정된다.

30 다음 중 고열환경을 종합적으로 평가할 수 있는 지수로 사용되는 것은?

① 실효온도(ET)
② 열스트레스지수(HSI)
③ 습구흑구온도지수(WBGT)
④ 옥스퍼드지수(Oxford index)

해설 습구흑구온도지수
작업장 내의 열적환경을 평가하기 위한 지표 중의 하나로 고열작업장에 대한 허용기준으로 사용한다.

31 다음 중 반사 눈부심의 처리로 가장 적절하지 않은 것은?

① 창문을 높이 설치한다.
② 간접조명 수준을 좋게 한다.
③ 휘도 수준을 낮게 유지한다.
④ 조절판, 차양 등을 사용한다.

해설 반사휘광의 처리
① 발광체의 휘도를 줄인다.
② 일반(간접)조명 수준을 높인다.
③ 산란광, 간접광, 조절판(baffle), 창문에 차양(shade) 등을 사용한다.
④ 반사광이 눈에 비치지 않게 광원을 위치시킨다.
⑤ 무광택도료, 빛을 산란시키는 표면색을 한 사무용기기, 윤기를 없앤 종이 등을 사용한다.

32 신체동작의 유형 중 팔꿈치를 굽히는 동작과 같이 관절에서 각도가 감소하는 동작을 무엇이라 하는가?

① 상향(supination) ② 외전(abduction)
③ 신전(extension) ④ 굴곡(flexion)

해설 인체동작의 유형과 범위
① 상향(supination): 손바닥을 위로 향하도록 하는 회전
② 외전(abduction): 팔을 옆으로 들 때처럼 인체 중심선에서 멀어지는 측면에서의 인체부위의 동작
③ 신전(extension): 굴곡과 반대방향의 동작으로, 팔꿈치를 펼 때처럼 관절에서의 각도가 증가하는 동작
④ 굴곡(flexion): 팔꿈치로 팔 굽혀 펴기 할 때처럼 관절에서의 각도가 감소하는 인체부분의 동작

33 다음 중 작업자세를 생체역학적으로 분석하는 데 사용되는 지표와 가장 관계가 먼 것은?

① 각 신체부위의 길이
② 각 신체부위의 무게
③ 각 신체부위의 근력
④ 각 신체부위의 무게중심점

해설 인체측정학과 밀접한 관계를 가지고 있는 생체역학(Biomechanics)에서는 신체부위의 길이, 무게, 부피, 운동범위 등을 포함하여 신체모양이나 기능을 측정하는 것을 다룬다.

34 휴식 중의 에너지소비량이 1.5 kcal/min인 작업자가 분당 평균 8 kcal의 에너지를 소비한 작업을 60분 동안 했을 경우 총 작업시간 60분에 포함되어야 하는 휴식 시간은 몇 분인가? (단, Murrell의 식을 적용하며, 작업 시 권장 평균에너지소비량은 5 kcal/min으로 가정한다.)

① 22분 ② 28분 ③ 34분 ④ 40분

해설

Murrell의 공식: $R = \frac{T(E-S)}{E-1.5}$

R: 휴식시간(분)
T: 총 작업시간(분)
E: 평균에너지소모량(kcal/min)
S: 권장 평균에너지소모량

따라서, $\frac{60(8-5)}{8-1.5}$ = 28분

해답 30. ③ 31. ① 32. ④ 33. ③ 34. ②

35 다음 중 신체를 전·후로 나누는 면을 무엇이라 하는가?

① 시상면 ② 관상면
③ 정중면 ④ 횡단면

해설 인체의 면을 나타내는 용어
① 시상면(sagittal plane): 인체를 좌우로 양분하는 면을 시상면이라 하고, 정중면(medianplane)은 인체를 좌우대칭으로 나누는 면이다.
② 관상면(frontal 또는 coronal plane): 인체를 전후로 나누는 면이다.
③ 횡단면, 수평면(transverse 또는 horizontal plane): 인체를 상하로 나누는 면이다.

36 다음 중 소음방지 대책으로 가장 적합하지 않은 것은?

① 전파경로를 차단하기 위해 흡음처리를 하고 거리감쇠를 시행한다.
② 음원에 대한 대책으로는 발생원을 제거하고, 방진 및 제진 재료를 사용한다.
③ 장시간 소음노출작업 시 수음자를 격리하고 차음 보호구를 착용하도록 한다.
④ 감쇠대상의 음파에 대한 음파간 간섭현상을 이용하여 능동적인 제어를 시행한다.

해설 소음관리 대책
① 소음원의 통제: 기계의 적절한 설계, 적절한 정비 및 주유, 기계에 고무받침대(mounting) 부착, 차량에는 소음기(muffler)를 사용한다.
② 소음의 격리: 덮개(enclosure), 방, 장벽을 사용
③ 차폐장치(baffle) 및 흡음재료 사용
④ 능동제어: 감쇠대상의 음파와 동위상인 신호를 보내어 음파 간에 간섭현상을 일으키면서 소음이 저감되도록 하는 기법
⑤ 적절한 배치(layout)
⑥ 방음보호구 사용: 귀마개와 귀덮개
가. 차음보호구 중 귀마개의 차음력은 2,000 Hz에서 20 dB, 4,000 Hz에서 25 dB의 차음력을 가져야 한다.
나. 귀마개와 귀덮개를 동시에 사용해도 차음력은 귀마개의 차음력과 귀덮개의 차음력의 산술적 상가치(相加置)가 되지 않는다. 이는 우리 귀에 전달되는 음이 외이도만을 통해서 들어오는 것이 아니고 골 전도음도 있으며, 새어 들어오는 음도 있기 때문이다.
⑦ BGM(Back Ground Music): 배경음악(60±3 dB)

37 다음 중 정신적 작업부하에 대한 생리적 측정 척도로 볼 수 없는 것은?

① 뇌전위(EEG) ② 동공지름
③ 눈꺼풀 깜박임 ④ 폐활량

해설 주로 단일 감각기관에 의존하는 경우에 작업에 대한 정신부하를 측정할 때 이용되는 방법이다. 부정맥, 점멸융합주파수, 전기피부 반응, 눈깜박거림, 뇌파 등이 정신 작업부하 평가에 이용된다.

38 다음 중 교대작업 설계 시 주의할 사항으로 거리가 먼 것은?

① 교대주기는 3~4개월 단위로 적용한다.
② 가능한 한 고령의 작업자는 교대작업에서 제외한다.
③ 교대 순서는 주간 → 야간 → 심야의 순서로 교대한다.
④ 작업자가 예측할 수 있는 단순한 교대작업 계획을 수립한다.

해설 빠른 교대주기(2~3일마다 교대주기)는 변화에 대한 생체적응이 시작되기 전에 근무가 바뀌므로 생체리듬 교란을 최소화할 수 있으며, 2~3일마다 교대주기를 바꾸는 것이 불가능하다면 2~3주 간격의 교대주기로 바꾸는 것이 좋다.

39 다음 중 운동을 시작한 직후의 근육 내 혐기성 대사에서 가장 먼저 사용되는 것은?

① CP ② ATP ③ 글리코겐 ④ 포도당

해설 혐기성 운동이 시작되고 처음 몇 초 동안 근육에 필요한 에너지는 이미 저장되어 있던 ATP나 CP를 이용하며 5~10초 정도 경과되면 근육 내의 당원(glycogen)이나 포도당이 혐기성 해당과정을 거

해답 35. ② 36. ③ 37. ④ 38. ① 39. ②

쳐 유산으로 분해되면서 에너지를 발생한다.

40 다음 중 생리적 스트레인의 척도에 대한 측정 단위의 설명으로 옳은 것은?

① 1 N이란 1 kg의 질량에 1 m/s^2의 가속도가 생기게 하는 힘이다.
② 1 J이란 1 kg을 작용하여 1 m를 움직이는 데 필요한 에너지이다.
③ 1 kcal란 물 1 kg을 0°C에서 100°C까지 올리는 데 필요한 열이다.
④ 동력이란 단위시간당의 일로서 단위는 dyne이 사용된다.

해설
② 1 J이란 1 N의 물체를 1 m를 이동시키는 데 하는 일이다.
③ 1 kcal란 물 1 kg을 0°C에서 1°C까지 올리는 데 필요한 열량이다.
④ 동력이란 단위시간당의 일로서 단위는 W가 사용된다.

3 산업심리학 및 관련법규

41 위험성을 모르는 아이들이 세제나 약병의 마개를 열지 못하도록 안전마개를 부착하는 것처럼, 신체적 조건이나 정신적 능력이 낮은 사용자라 하더라도 사고를 낼 확률을 낮게 설계해 주는 것은?

① fail-safe 설계원칙
② fool-proof 설계원칙
③ error-proof 설계원칙
④ error-recovery 설계원칙

해설 Fool-proof 설계원칙
풀(fool)은 어리석은 사람으로 번역되며, 제어장치에 대하여 인간의 오동작을 방지하기 위한 설계를 말한다.

42 다음 중 하인리히(Heinrich)의 재해발생이론에 관한 설명으로 틀린 것은?

① 일련의 재해요인들이 연쇄적으로 발생한다는 도미노 이론이다.
② 일련의 재해요인들 중 어느 하나라도 제거하면 재해예방이 가능하다.
③ 불안전한 행동 및 상태는 사고 및 재해의 간접원인으로 작용한다.
④ 개인적 결함은 인간의 결함을 의미하며 5단계 요인 중 제2단계 요인이다.

해설 불안전행동 및 불안전상태는 재해의 직접원인이다.

43 인간의 행동과정을 통한 휴먼에러의 분류에 해당하지 않는 것은?

① 입력오류 ② 정보처리오류
③ 출력오류 ④ 조작오류

해설

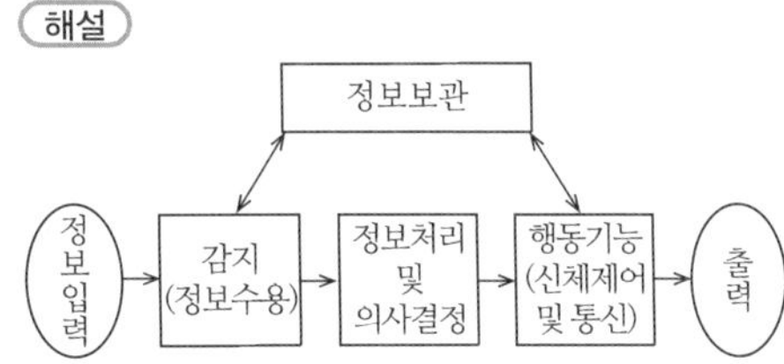

44 인간의 경우에 어떠한 자극을 제시하고 이에 대한 동작을 시작하기까지의 소요시간을 무엇이라 하는가?

① 반응시간 ② 자극시간
③ 단순시간 ④ 선택시간

해설 반응시간
어떠한 자극을 제시하고 여기에 대한 반응이 발생하기까지의 소요시간을 반응시간(Reaction Time: RT)이라고 하며, 반응시간은 감각기관의 종류에 따라서 달라진다.

해답 40. ① 41. ② 42. ③ 43. ④ 44. ①

45 소비자의 생명이나 신체, 재산의 피해를 끼치거나 끼칠 우려가 있는 제품에 대하여 제조업자 또는 유통업자가 자발적 또는 의무적으로 대상 제품의 위험성을 소비자에게 알리고 제품은 회수하여 수리, 교환, 환불 등의 직절한 시정조치를 해주는 제도는?

① 애프터서비스(after service)제도
② 제조물책임법
③ 소비자기본법
④ 리콜(recall)제도

해설 리콜(recall)제도
소비자의 생명이나 신체, 제산상의 피해를 끼치거나 끼칠 우려가 있는 제품에 대하여 제조 또는 유통시킨 업자가 자발적 또는 의무적으로 대상 제품의 위험성을 소비자에게 알리고 제품을 회수하여 수리, 교환, 환불, 등의 적절한 시정조치를 해주는 제도

46 Y이론에 대한 설명으로 옳은 것은?

① 사람은 무엇보다도 안정을 원한다.
② 인간의 본성은 나태하다.
③ 사람은 작업 수행에 자율성을 발휘한다.
④ 대다수의 사람들은 명령받는 것을 선호한다.

해설

X이론	Y이론
인간불신감	상호신뢰감
성악설	성선설
인간은 원래 게으르고, 태만하여 남의 지배를 받기를 원한다.	인간은 부지런하고, 근면적이며, 자주적이다.
물질욕구 (저차원욕구)	정신욕구 (고차원욕구)
명령통제에 의한 관리	목표통합과 자기통제에 의한 자율관리
저개발국형	선진국형

47 다음 중 레빈(Lewin)의 행동방정식 B = f(P · E)에서 E가 나타내는 것은?

① Environment ② Energy
③ Emotion ④ Education

해설 B = f(P · E)
B: behavior(인간의 행동)
f: function(함수관계)
P: person(개체)
E: environment(심리적 환경)

48 일반적으로 카페인이 포함된 음료를 마신 후 효과가 나타나는 시간은?

① 즉시 ② 10분 ③ 30분 ④ 60분

해설 카페인효과는 섭취 후 30분이 지난 다음 나타난다.

49 작업자가 제어반의 압력계를 계속적으로 모니터링하는 작업에서 압력계를 잘못 읽어 에러를 범할 확률이 100시간에 1회로 일정한 것으로 조사되었다. 작업을 시작한 후 200시간 시점에서의 인간신뢰도는 약 얼마로 추정되는가?

① 0.02 ② 0.98 ③ 0.135 ④ 0.865

해설 신뢰도 $R(t) = e^{-\lambda t} = e^{-\frac{1}{100}\times 200} = 0.135$

50 다음 중 대표적인 연역적 방법이며, 톱-다운(top-down) 방식의 접근방법에 해당하는 시스템 안전 분석기법은?

① FTA ② ETA ③ PHA ④ FMEA

해설 결함나무분석(FTA)
결함나무분석(FTA)는 결함수분석법이라고도 하며, 기계설비 또는 인간-기계 시스템의 고장이나 재해발생 요인을 FT 도표에 의하여 분석하는 방법이다.

해답 45. ④ 46. ③ 47. ① 48. ③ 49. ③ 50. ①

51 조직차원에서의 스트레스 관리방안과 가장 거리가 먼 것은?

① 경력계획과 개발
② 사회적 지원의 제공
③ 조직구조나 기능의 변화
④ 긴장완화훈련

해설 조직차원의 스트레스 대처방법

구 분	내 용
종업원	참여정도, 의사소통, 목표설정, 업무설계의 충실화, 여가계획, 조직 외 활동, 독립성, 자기개발, 사회적 지지 등
관리자	경영계획의 지원, 선발, 직무배치의 적절성, 종업원 지원 프로그램, 융통성, 정서적 지원, 복지계획, 지원 시스템, 갈등 감소, 임무의 명료성, 참여적 의사결정, 환경변화, 역할분석, 적응 프로그램, 보상계획 등

52 다음 중 제조물책임법에서 정의한 결함의 종류에 해당하지 않는 것은?

① 제조상의 결함
② 기능상의 결함
③ 설계상의 결함
④ 표시상의 결함

해설 제조물책임법에서의 결함 유형
① 제조상의 결함
② 설계상의 결함
③ 표시상의 결함

53 인간의 수면은 일반적으로 하루 밤에 몇 분 간격의 사이클로 이루어지는가?

① 60분 ② 90분 ③ 120분 ④ 150분

해설 첫 REM 단계는 보통 수면 90분 정도 후에 나타난다. 비렘수면 - 렘수면 - 비렘수면 순환이 하루 밤에 몇 번이고 반복되며, 각각의 순환은 90분가량 걸리고 평균적으로 매일 밤 다섯 번의 꿈을 꾸게 된다.

54 재해예방을 위하여 안전기준을 정비하는 것은 안전의 4M 중 어디에 해당되는가?

① Man ② Machine
③ Media ④ Management

해설 management(관리)
① 관리조직
② 관리규정 및 수칙
③ 관리계획
④ 교육
⑤ 건강관리
⑥ 작업지휘 및 감독
⑦ 법규준수
⑧ 단속 및 점검 등

55 조직에서 직능별 전문화의 원리와 명령 일원화의 원리를 조화시킬 목적으로 형성한 조직은?

① 직계참모 조직 ② 위원회 조직
③ 직능식 조직 ④ 직계식 조직

해설 직계참모 조직
① 직계참모 조직은 라인-스탭 조직이라고도 한다. 대규모 조직에 적합한 조직형태이다.
② 직능별 전문화의 원리와 명령 일원화의 원리를 조화할 목적으로 라인과 스탭을 결합하여 형성한 조직이다.

56 다음 중 오하이오 주립대학의 리더십 연구에서 주장하는 구조주도적(initiating structure) 리더와 배려적(consideration) 리더에 관한 설명으로 틀린 것은?

① 배려적 리더는 관계지향적, 인간중심적으로 인간에 관심을 가지고 있다.
② 구조주도적 리더십은 구성원들의 성과 환경을 구조화하는 리더십 행동이다.
③ 구조적 리더십은 성과를 구체적으로 정확하게 평가하는 행동 유형을 말한다.
④ 배려적 리더는 구성원의 과업을 설정,

해답 51. ④ 52. ② 53. ② 54. ④ 55. ① 56. ④

배정하고 구성원과의 의사소통 네트워크를 명백히 한다.

(해설) 배려적(후원적) 리더
배려적(후원적) 리더: 관계지향적이며, 부하의 요구와 친밀한 분위기를 중시하는 리더이다.

57 조직의 리더(leader)에게 부여하는 권한 중 구성원을 징계 또는 처벌할 수 있는 권한은?

① 보상적 권한
② 강압적 권한
③ 합법적 권한
④ 전문성의 권한

(해설) 강압적 권한
① 리더들이 부여받은 권한 중에서 보상적 권한만큼 중요한 것이 바로 강압적 권한인데 이 권한으로 부하들을 처벌할 수 있다.
② 예를 들면, 승진 누락, 봉급 인상 거부, 원하지 않는 일을 시킨다든지 아니면 부하를 해고시키는 등이다.

58 다음 중 집단 간의 갈등 해결기법으로 가장 적절하지 않은 것은?

① 자원의 지원을 제한한다.
② 집단들의 구성원들 간의 직무를 순환한다.
③ 갈등 집단의 통합이나 조직 구조를 개편한다.
④ 갈등관계에 있는 당사자들이 함께 추구하여야 할 새로운 상위의 목표를 제시한다.

(해설) 부족한 자원에 대한 경쟁이 개인이나 집단 간의 작업관계에서 갈등을 유발시키는 원인이 된다.

59 다음 [그림]은 스트레스 수준과 성과수준과의 관계를 나타낸 것이다. A, B, C에 해당하는 스트레스의 종류를 올바르게 나열한 것은?

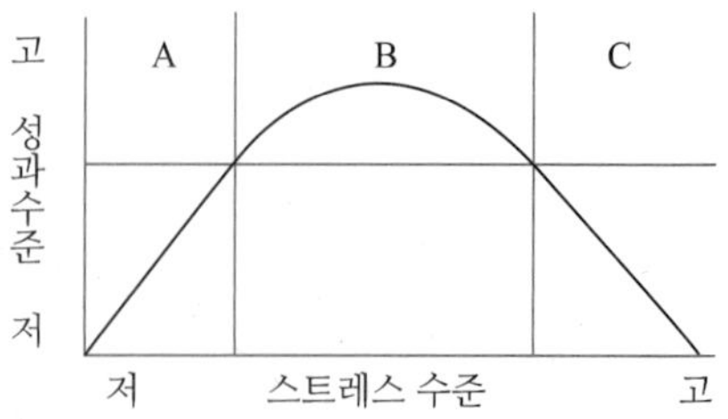

① A: 순기능, B: 역기능, C: 순기능
② A: 직무, B: 역기능, C: 직무
③ A: 역기능, B: 순기능, C: 역기능
④ A: 직무, B: 순기능, C: 개인

(해설) 스트레스와 직무업적과의 관계

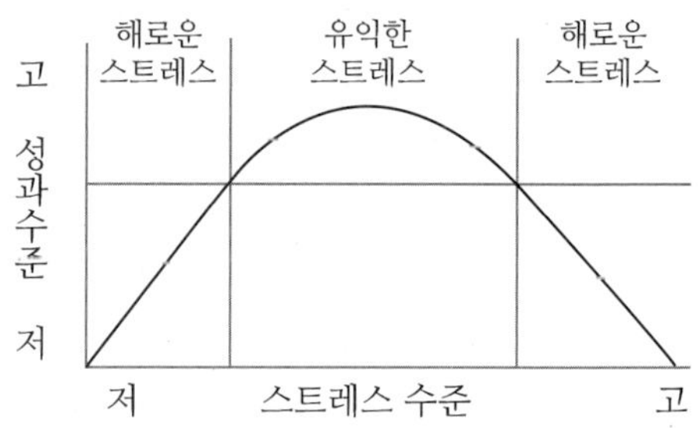

60 재해원인 중 간접 원인이 아닌 것은?

① 교육적 원인
② 인적, 물적 원인
③ 기술적 원인
④ 관리적 원인

(해설) 인적, 물적 원인은 직접 원인이다.

4 근골격계질환 예방을 위한 작업관리

61 작업분석에 있어서 개선 활동을 위한 원칙 중 ECRS에 해당되지 않는 것은?

① Element ② Combine
③ Rearrange ④ Simplify

해답 57. ② 58. ① 59. ③ 60. ② 61. ①

해설 작업개선의 원칙: ECRS 원칙
① Eliminate(불필요한 작업·작업요소 제거)
② Combine(다른 작업·작업요소와의 결합)
③ Rearrange(작업순서의 변경)
④ Simplify(작업·작업요소의 단순화·간소화)

62 **공정별 소요시간은 다음과 같고, 각 공정에는 1명씩 배정되어 있다. 몇 번째 분할에서 효율이 가장 높은가?**

공정별	A	B	C	D	E
시간(단위: 분)	12	16	14	16	12

① 현재 분할 ② 1회 분할
③ 2회 분할 ④ 3회 분할

해설 공정효율

$= \frac{\text{총작업시간}}{\text{총작업자수} \times \text{주기시간}} \times 100$

현재 분할: $\frac{70}{5 \times 16} = 0.88$

1회 분할: $\frac{70}{2 \times 42} = 0.83$

2회 분할: $\frac{70}{3 \times 30} = 0.78$

3회 분할: $\frac{70}{4 \times 30} = 0.58$

따라서, 현재 분할이 가장 높다.

63 **A작업 한 사이클의 정미시간(Normal Time)이 5분, 레이팅 계수는 110%, 여유율 10%일 때 표준시간(standard time)은 약 몇 분인가? (단, 여유율은 정미시간을 기준으로 계산한 것이다.)**

① 6분 ② 8분
③ 10분 ④ 12분

해설
표준시간(ST)
=정미시간(NT)×(1+여유율)
=5×(1+0.1)
=5.5

64 **다음 중 시간 연구에서 다루는 내용과 관련성이 가장 적은 것은?**

① 정미시간 ② 표준시간
③ 여유율 ④ 오차율

해설 시간연구(time study)
시간연구란 잘 훈련된 자격을 갖춘 작업자가 정상적인 속도로 완료하는 특정한 작업결과의 표본을 추출하여 이로부터 표준시간을 설정하는 기법이다.
표준시간을 설정하는 기법에는 정미시간, 표준시간, 여유율이 관련되어 있다.

65 **사업장 근골격계질환 예방·관리 프로그램에 있어 근로자 교육에 관한 설명으로 옳은 것은?**

① 최초교육은 예방, 관리 프로그램이 도입된 후 6개월 이내에 실시한다.
② 근로자를 채용한 때에는 작업배치 후 1개월 이내에 교육을 실시한다.
③ 교육시간은 1시간 이상 실시하되, 새로운 설비가 도입되었을 때에는 1시간 이상의 추가교육을 실시한다.
④ 교육은 반드시 관련 분야의 전문가에게 의뢰하여 실시한다.

해설 근골격계질환 예방·관리 교육
① 최초 교육은 예방·관리 프로그램이 도입된 후 6개월 이내에 실시하고 이후 매 3년마다 주기적으로 실시한다.
② 작업자를 채용한 때와 다른 부서에서 이 프로그램의 적용대상 작업장에 처음으로 배치된 자 중 교육을 받지 아니한 자에 대하여는 작업배치 전에 교육을 실시한다.
③ 교육시간은 2시간 이상 실시하되 새로운 설비의 도입 및 작업방법에 변화가 있을 때에는 유해요인의 특성 및 건강장해를 중심으로 1시간 이상의 추가교육을 실시한다.
④ 교육은 근골격계질환 전문교육을 이수한 예방·관리추진팀원이 실시하며 필요시 관계전문가에게 의뢰할 수 있다.

해답 62. ① 63. ① 64. ④ 65. ①

66 다음 중 작업관리용 도표의 사용으로 가장 적절하지 않은 것은?

① 파레토 차트를 이용하여 문제점의 원인을 파악한다.
② Man-machine chart를 이용하여 표준시간을 결정한다.
③ 흐름도를 이용하여 병목(bottleneck) 공정을 파악한다.
④ 다중활동분석표를 이용하여 기계와 인력배치균형을 분석한다.

해설 Man-machine chart
① 작업자가 여러 대의 기계를 조작하는 경우에 이용되는 도표이다.
② 작업자와 기계의 가동률 저하의 원인발견, 작업자의 담당 기계대수의 산정, 이동중점, 안전성, 기계의 개선, 배치검토 등에 활용된다.

67 Work Factor에서 동작시간 결정 시 고려하는 4가지 요인에 해당하지 않는 것은?

① 인위적 조절　② 동작 거리
③ 중량이나 저항　④ 수행도

해설 4가지 주요변수
① 사용하는 신체부위(7가지): 손가락과 손, 팔, 앞팔회전, 몸통, 발, 다리, 머리회전
② 이동거리
③ 중량 또는 저항(W)
④ 인위적 조절(동작의 곤란성)
가. 방향 조절(S)
나. 주의(P)
다. 방향의 변경(U)
라. 일정한 정지(D)

68 다음 조건에서 NIOSH Lifting Equation (NLE)에 의한 권장 한계 무게(RWL)와 들기지수(LI)는 각각 얼마인가?

* 취급물의 하중: 10 kg　* 수평계수 = 0.4
* 수직계수 = 0.95　* 거리계수 = 0.6
* 비대칭계수 = 1　* 빈도계수 = 0.8
* 커플링계수 = 0.9

① RWL = 1.64 kg, LI = 6.1
② RWL = 2.65 kg, LI = 3.78
③ RWL = 3.78 kg, LI = 2.65
④ RWL = 6.1 kg, LI = 1.64

해설 RWL과 LI
RWL=LC×HM×VM×DM×AM×FM×CM
LC=부하상수=23 kg　HM=수평계수
VM=수직계수　DM=거리계수
AM=비대칭계수　FM=빈도계수
CM=결합계수
RWL=23 kg×0.4×0.95×0.6×1×0.8×0.9
=3.78 kg
LI = 작업물무게/RWL
= 10 kg/3.78 kg
= 2.65

69 다음 중 근골격계질환을 예방하기 위한 대책으로 적절하지 않은 것은?

① 작업방법과 작업공간을 재설계한다.
② 작업 순환(job rotation)을 실시한다.
③ 단순 반복적인 작업은 기계를 사용한다.
④ 작업속도와 작업강도를 점진적으로 강화한다.

해설 작업속도와 작업강도를 점진적으로 감소하는 것이 근골격계질환을 예방하는 데 좋다.

70 다음 중 신체사용에 관한 동작경제의 원칙에 관한 설명으로 틀린 것은?

① 휴식시간을 제외하고는 양손이 동시에 쉬지 않도록 한다.
② 가능한 한 관성을 이용하여 작업을 하도록 한다.
③ 두 손의 동작은 같이 시작하고 같이 끝나도록 한다.
④ 양팔은 동시에 같은 방향으로 움직이도

해답 66. ② 67. ④ 68. ③ 69. ④ 70. ④

록 한다.

(해설) 양팔은 각기 반대방향에서 대칭적으로 동시에 움직여야 한다.

71 다음 중 작업방법에 관한 설명으로 틀린 것은?

① 서 있을 때는 등뼈가 S 곡선을 유지하는 것이 좋다.
② 섬세한 작업 시 power grip보다 pinch grip을 이용한다.
③ 부적절한 자세는 신체 부위들이 중립적인 위치를 취하는 자세이다.
④ 부적절한 자세는 강하고 큰 근육들을 이용하여 작업하는 것을 방해한다.

(해설) 신체부위들이 중립적인 위치를 취하는 것은 적절한 자세에 대한 설명이다.

72 다음 중 미세동작연구의 장점과 가장 거리가 먼 것은?

① 서블릭(Therblig) 기호를 사용함으로써 작업시간 간의 비교와 추정에 유용하다.
② 과거의 작업개선의 경험을 다른 작업에도 그대로 응용하기 용이하다.
③ 어느 정도 숙달되면 눈으로도 서블릭으로 해석이 가능하며, 그에 따른 작업개선능력이 향상된다.
④ SIMO 차트를 이용하여 이상적 작업동작의 습득에는 다소 시간이 걸리지만 상대적으로 정확하다.

(해설) 미세동작연구의 장점
① 작업내용 설명 동시에 작업시간 추정가능
② 관측자 들어가기 곤란한 곳 분석가능
③ 미세동작 분석과정을 그대로 다른 작업에 응용하기 용이
④ 기록의 재현성, 복잡하고 세밀한 작업 분석가능

73 다음 중 시간 축 위에 수행할 활동에 대한 필요한 시간과 일정을 표시한 문제의 분석 도구는?

① 파레토 차트　② 특성요인도
③ 간트 차트　④ 마인드 맵핑

(해설) Gantt Chart
각 활동별로 일정계획 대비 완성현황을 막대모양으로 표시하는 것으로 각 과제 간의 상호 연관사항을 파악하기는 어렵다.

74 다음 중 입식 작업보다는 좌식 작업이 더 적절한 경우는?

① 큰 힘을 요하는 경우
② 작업반경이 큰 경우
③ 정밀 작업을 해야 하는 경우
④ 작업 시 이동이 많은 경우

(해설) 앉아서 하는 작업
작업수행에 의자 사용이 가능하다면 반드시 그 작업은 앉은 자세에서 수행되어야 한다. 특히 정밀한 작업은 앉아서 작업하는 것이 좋다.

75 다음 중 OWAS 자세평가에 의한 조치 수준에서 각 수준에 대한 평가내용이 올바르게 연결된 것은?

① 수준 1: 즉각적인 자세의 교정이 필요
② 수준 2: 가까운 시기에 자세의 교정이 필요
③ 수준 3: 조치가 필요 없는 정상 작업자세
④ 수준 4: 가능한 빨리 자세의 변경이 필요

(해설) OWAS 조치단계 분류
① Action category 1: 이 자세는 근골격계에 문제없다. 개선 불필요하다.
② Action category 2: 이 자세는 근골격계에 유해하다. 가까운 시일 내에 개선해야 한다.
③ Action category 3: 이 자세는 근골격계에 유해하다. 가능한 한 빠른 시일 내에 개선해야 한다.

해답 71. ③ 72. ④ 73. ③ 74. ③ 75. ②

④ Action category 4: 이 자세는 근골격계에 매우 유해하다. 즉시 개선해야 한다.

76 다음 중 [보기]와 같은 디자인 개념의 문제해결 절차를 올바른 순서로 나열한 것은?

> [보기]
> ㉮ 문제의 분석 ㉯ 문제의 형성
> ㉰ 대안의 탐색 ㉱ 선정안의 제시
> ㉲ 대안의 평가

① ㉮ → ㉯ → ㉰ → ㉲ → ㉱

② ㉯ → ㉮ → ㉰ → ㉲ → ㉱

③ ㉰ → ㉯ → ㉮ → ㉱ → ㉲

④ ㉱ → ㉰ → ㉲ → ㉯ → ㉮

해설 디자인 사이클
문제점의 형성 → 문제분석 → 대안 탐색 → 대안평가 → 선정안의 명시

77 다음 중 손과 손목 부위에 발생하는 작업 관련성 근골격계질환이 아닌 것은?

① 방아쇠 손가락(trigger finiger)

② 외상과염(lateral epicondy litis)

③ 가이언 증후군(canal of guyon)

④ 수근관증후군(Carpal Tunnel Syndrome)

해설 외상과염과 내상과염은 팔과 팔목 부위의 근골격계질환이다.

78 다음 중 유해요인의 공학적 개선사례로 볼 수 없는 것은?

① 중량물 작업 개선을 위하여 호이스트를 도입하였다.

② 작업피로감소를 위하여 바닥을 부드러운 재질로 교체하였다.

③ 작업량 조정을 위하여 컨베이어의 속도를 재설정하였다.

④ 로봇을 도입하여 수작업을 자동화하였다.

해설 공학적 개선은 ① 공구·장비, ② 작업장, ③ 포장, ④ 부품, ⑤ 제품의 재배열, 수정, 재설계, 교체 등을 말한다. 작업량 조정을 위하여 컨베이어의 속도를 재설정하는 것은 관리적 개선사례이다.

79 다음 중 워크샘플링에 관한 설명으로 옳은 것은?

① 확률이론인 포아송 분포를 따른다.

② 자료수집 및 분석시간이 길게 소요된다.

③ 짧은 주기나 반복작업인 경우 적당하다.

④ 샘플링오차는 관측횟수를 증가시킴으로써 감소될 수 있다.

해설 워크샘플링
간헐적으로 랜덤한 시점에서 연구대상을 순간적으로 관측하여 대상이 처한 상황을 파악하고, 이를 토대로 관측기간 동안에 나타난 항목별로 차지하는 비율을 추정하는 방법이다.

80 다음 중 산업안전보건법령상 근골격계 부담작업에 해당하지 않는 것은?

① 하루 1시간 동안 허리높이 작업대에서 전동 드라이버로 자동차 부품을 조립하는 작업

② 자동차 조립라인에서 하루 4시간 동안 머리위에 위치한 부속품을 볼트로 체결하는 작업

③ 하루 6시간 동안 컴퓨터를 이용하여 자료 입력과 문서 편집을 하는 작업

④ 하루에 15 kg의 쌀을 무릎 아래에서 허리높이의 선반에 30회 올리는 작업

해설 근골격계 부담작업의 범위
① 하루에 4시간 이상 집중적으로 자료입력 등을 위해 키보드 또는 마우스를 조작하는 작업
② 하루에 총 2시간 이상 목, 어깨, 팔꿈치, 손목 또는 손을 사용하여 같은 동작을 반복하는 작업
③ 하루에 총 2시간 이상 머리 위에 손이 있거나, 팔꿈치가 어깨 위에 있거나, 팔꿈치를 몸통으로부터

정답 76. ② 77. ② 78. ③ 79. ④ 80. ①

들거나, 팔꿈치를 몸통 뒤쪽에 위치하도록 하는 상태에서 이루어지는 작업

④ 지지되지 않은 상태이거나 임의로 자세를 바꿀 수 없는 조건에서 하루에 총 2시간 이상 목이나 허리를 구부리거나 트는 상태에서 이루어지는 작업

⑤ 하루에 총 2시간 이상 쪼그리고 앉거나 무릎을 굽힌 자세에서 이루어지는 작업

⑥ 하루에 총 2시간 이상 지지되지 않은 상태에서 1 kg 이상의 물건을 한손의 손가락으로 집어 옮기거나, 2 kg 이상에 상응하는 힘을 가하여 한손의 손가락으로 물건을 쥐는 작업

⑦ 하루에 총 2시간 이상 지지되지 않은 상태에서 4.5 kg 이상의 물건을 한손으로 들거나 동일한 힘으로 쥐는 작업

⑧ 하루에 10회 이상 25 kg 이상의 물체를 드는 작업

⑨ 하루에 25회 이상 10 kg 이상의 물체를 무릎 아래에서 들거나, 어깨 위에서 들거나, 팔을 뻗은 상태에서 드는 작업

⑩ 하루에 총 2시간 이상, 분당 2회 이상 4.5 kg 이상의 물체를 드는 작업

⑪ 하루에 총 2시간 이상 시간당 10회 이상 손 또는 무릎을 사용하여 반복적으로 충격을 가하는 작업

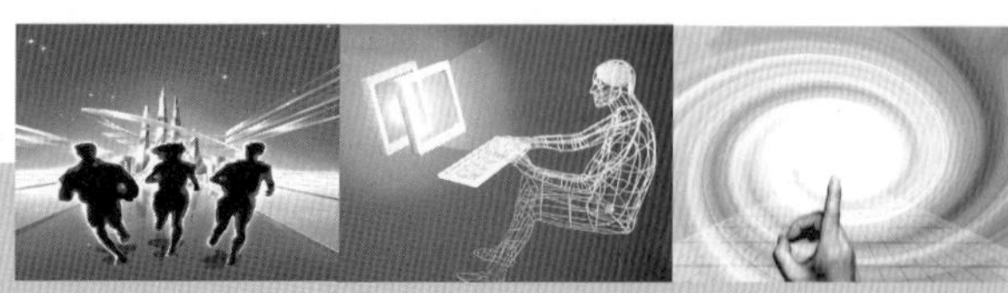

인간공학기사 필기시험 문제풀이 13회[151]

1 인간공학 개론

1 다음 중 은행이나 관공서의 접수창구의 높이를 설계하는 기준으로 가장 적절한 것은?

① 조절범위의 원칙
② 최소집단치를 위한 원칙
③ 최대집단치를 위한 원칙
④ 평균치를 위한 원칙

해설 평균치를 이용한 설계
① 인체측정학 관점에서 볼 때 모든 면에서 보통인 사람이란 있을 수 없다. 따라서 이런 사람을 대상으로 장비를 설계하면 안 된다는 주장에도 논리적 근거가 있다.
② 특정한 장비나 설비의 경우, 최대집단치나 최소집단치를 기준으로 설계하기도 부적절하고 조절식으로 하기도 불가능할 경우 평균값을 기준으로 하여 설계하는 경우가 있다.
③ 평균 신장의 손님을 기준으로 만들어진 은행의 계산대가 난장이나 거인을 기준으로 해서 만드는 것보다는 대다수의 일반 손님에게 덜 불편할 것이다.

2 검은 상자 안에 붉은 공, 검은 공, 그리고 흰 공이 있다. 각 공의 추출 확률은 붉은 공 0.25, 검은 공 0.125, 그리고 흰 공 0.5이다. 추출될 공의 색을 예측하는 데 필요한 평균(bit)은 약 얼마인가?

① 0.875 ② 1.375 ③ 1.5 ④ 1.75

해설

$$H=\sum_{i=1}^{n} P_i \log_2\left(\frac{1}{P_i}\right),\ (P_i: \text{각 대안의 실현확률})$$

$$=0.25\times\log_2\left(\frac{1}{0.25}\right)+0.125\times\log_2\left(\frac{1}{0.125}\right)+0.5\times\log_2\left(\frac{1}{0.5}\right)$$

$$=1.375$$

3 체계분석 시에 인간공학으로부터 얻는 보상 및 가치와 거리가 가장 먼 것은?

① 인력 이용률 향상
② 사고 및 오용으로부터의 손실감소
③ 기계 및 설비 활용의 감소
④ 생산 및 보전의 경제성 증대

해설 인간공학의 기업적용에 따른 기대효과
① 생산성의 향상
② 작업자의 건강 및 안전 향상
③ 직무 만족도의 향상
④ 제품과 작업의 질 향상
⑤ 이직률 및 작업손실 시간의 감소
⑥ 산재 손실비용의 감소

정답 1. ④ 2. ② 3. ③

⑦ 기업 이미지와 상품선호도 향상
⑧ 노사간의 신뢰 구축
⑨ 선진 수준의 작업환경과 작업조건을 마련함으로써 국제적 경쟁력의 확보

4 다음 중 시력의 척도와 그에 대한 설명으로 틀린 것은?

① Vernier시력 – 한 선과 다른 선의 측방향 범위(미세한 치우침)를 식별하는 능력
② 최소가분시력 – 대비가 다른 두 배경의 접점을 식별하는 능력
③ 최소인식시력 – 배경으로부터 한 점을 식별하는 능력
④ 입체시력 – 깊이가 있는 하나의 물체에 대해 두 눈의 망막에서 수용할 때 상이나 그림의 차이를 분간하는 능력

해설 최소가분시력
최소가분시력은 눈이 식별할 수 있는 표적의 최소 공간을 말한다.

5 다음 중 전문가에 의한 사용성 평가방법은?

① 표적집단면접법(Focus Group Interview)
② 사용자테스트(User Test)
③ 휴리스틱 평가(Heuristic Evaluation)
④ 설문조사(Questionnaire Survey)

해설 휴리스틱 평가(Heuristic Evaluation)
전문가가 평가대상을 보면서 체크리스트나 평가기준을 가지고 평가하는 방법이다.

6 다음 중 인간이 기계를 능가하는 기능에 해당하는 것은?

① 암호화된 정보를 신속하게 대량으로 보관한다.
② 완전히 새로운 해결책을 찾아낸다.
③ 입력신호에 대해 신속하고 일관성 있게 반응한다.
④ 주위가 소란하여도 효율적으로 작동한다.

해설 인간과 기계의 능력
인간의 장점
① 시각, 청각, 촉각, 후각, 미각 등의 작은 자극도 감지한다.
② 각각으로 변화하는 자극패턴을 인지한다.
③ 예기치 못한 자극을 탐지한다.
④ 기억에서 적절한 정보를 꺼낸다.
⑤ 결정시에 여러 가지 경험을 꺼내 맞춘다.
⑥ 귀납적으로 추리한다.
⑦ 원리를 여러 문제해결에 응용한다.
⑧ 주관적인 평가를 한다.
⑨ 아주 새로운 해결책을 생각한다.
⑩ 조작이 다른 방식에도 몸으로 순응한다.

7 다음 중 정적 인체측정 자료를 동적 자료로 변환할 때 활용될 수 있는 크로머(Kroemer)의 경험 법칙을 설명한 것으로 틀린 것은?

① 키, 눈, 어깨, 엉덩이 등의 높이는 3% 정도 줄어든다.
② 팔꿈치 높이는 대개 변화가 없지만, 작업 중 5%까지 증가하는 경우가 있다.
③ 앉은 무릎높이 또는 오금높이는 굽 높은 구두를 신지 않는 한 변화가 없다.
④ 전방 및 측방 팔 길이는 편안한 자세에서 30% 정도 늘어나고, 어깨와 몸통을 심하게 돌리면 20% 정도 감소한다.

해설 ④ 상체의 움직임을 편안하게 하면 30% 줄고, 어깨와 몸통을 심하게 돌리면 20% 늘어난다.

8 회전운동을 하는 조종장치의 레버를 60° 움직였을 때 표시장치의 커서는 10 cm 이동하였다. 레버의 길이가 10 cm일 때 이 조종장치의 C/R비는 약 얼마인가?

① 1.05 ② 1.51 ② 5.42 ④ 8.33

해답 4. ② 5. ③ 6. ② 7. ④ 8. ①

해설

$$C/R비 = \frac{(a/360)\times 2\pi L}{표시장치 이동거리} = \frac{(60/360)\times 2\times 3.14\times 10}{10} = 1.05$$

(a는 각도, L은 반지름)

9 실험연구에서 실험자가 연구하고 싶은 대상이 되는 변수를 무엇이라 하는가?

① 종속 변수
② 독립 변수
③ 통제 변수
④ 환경 변수

해설 종속 변수는 독립 변수의 가능한 '효과'의 척도이다. 반응시간과 같은 성능의 척도일 경우가 많다. 종속 변수는 보통 기준이라고도 부른다.

10 다음 중 신호검출이론에서 판정기준(criterion)이 오른쪽으로 이동할 때 나타나는 현상으로 옳은 것은?

① 허위경보(false alarm)가 줄어든다.
② 신호(signal)의 수가 증가한다.
③ 소음(noise)의 분포가 커진다.
④ 적중, 확률(실제 신호를 신호로 판단)이 높아진다.

해설 반응기준의 오른쪽으로 이동할 경우 ($\beta>1$): 판정자는 신호라고 판정하는 기회가 줄어들게 되므로 신호가 나타났을 때 신호의 정확한 판정은 적어지나 허위경보를 덜하게 된다.

11 다음 중 눈의 구조에 관한 설명으로 옳은 것은?

① 망막은 카메라의 필름처럼 상이 맺혀지는 곳이다.
② 수정체는 눈에 들어오는 빛의 양을 조절한다.
③ 동공은 홍채의 중심에 있는 부위로 시신경세포가 분포한다.
④ 각막은 카메라의 렌즈와 같은 역할을 한다.

해설 눈의 구조
① 망막은 안구 뒤쪽 2/3를 덮고 있는 투명한 신경조직으로 카메라의 필름에 해당하는 부위로 눈으로 들어온 빛이 최종적으로 도달하는 곳이며, 망막의 시세포들이 시신경을 통해 뇌로 신호를 전달하는 기능을 한다.
② 수정체는 비록 작지만 모양체 근으로 둘러싸여 있어서 긴장을 하면 두꺼워져 가까운 물체를 볼 수 있게 되고, 긴장을 풀면 납작해져서 원거리에 있는 물체를 볼 수 있게 된다.
③ 동공은 홍채의 중앙에 구멍이 나 있는 부위를 말한다.
④ 각막의 기능은 안구를 보호하는 방어막의 역할과 광선을 굴절시켜 망막으로 도달시키는 창의 역할을 한다.

12 [그림]은 인간-기계 통합 체계의 인간 또는 기계에 의해서 수행되는 기본 기능의 유형이다. 다음 중 [그림]의 A 부분에 가장 적합한 내용은?

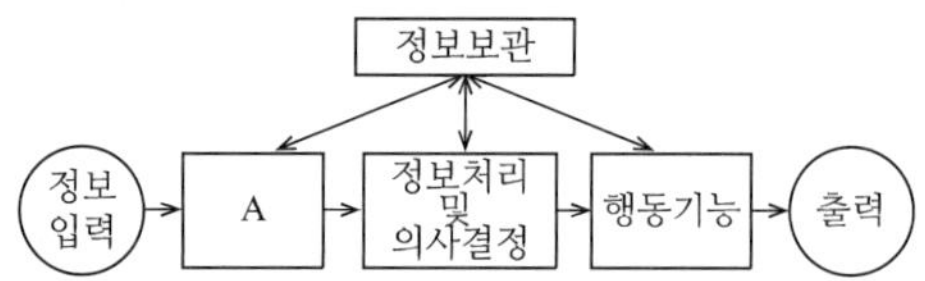

① 통신 ② 확인
③ 감지 ④ 신체제어

해설 인간기계 시스템의 기본 기능

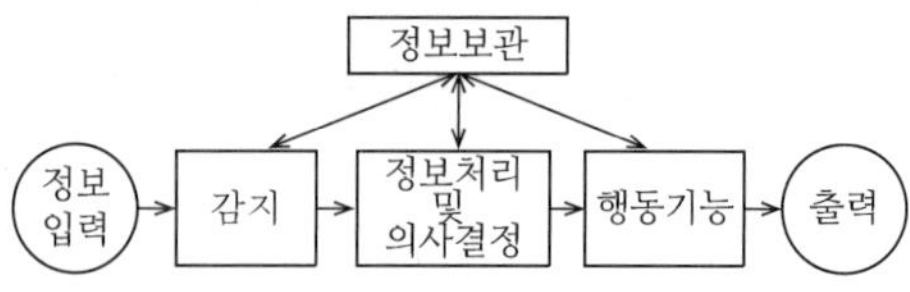

해답 9. ① 10. ① 11. ① 12. ③

13 다음 중 웨버(Weber)의 법칙을 따를 때 자극 감지 능력이 가장 뛰어난 것은?

① 미각 ② 청각 ③ 무게 ④ 후각

해설 웨버의 법칙을 따를 때 자극 감지 능력은 무게가 가장 뛰어나다.

14 다음 중 정량적인 동적 표시 장치에 대한 설명으로 옳은 것은?

① 표시장치 설계 시 끝이 둥근 지침이 권장된다.

② 계수형 표시장치는 자동차 속도계에 적합하다.

③ 동침(動針)형 표시장치는 인식적 암시 신호를 나타내는 데 적합하다.

④ 눈금이 고정되고 지침이 움직이는 표시장치를 동목형 표시장치라 한다.

해설

① 표시장치 설계 시 끝이 뾰족한 지침을 사용하라.

② 계수형 표시장치는 전력계나 택시요금 계기에 적합하다

④ 눈금이 고정되고 지침이 움직이는 표시장치를 동침형 표시장치라 한다.

15 다음 중 음압수준(SPL)을 나타내는 공식으로 옳은 것은? (단, p_0는 기준 음압. p_1은 측정하고자 하는 음압이다)

① $SPL(dB) = 20\log_{10}(\frac{p_0}{p_1})$

② $SPL(dB) = 20\log_{10}(\frac{p_1}{p_0})$

③ $SPL(dB) = 10\log_{10}(\frac{p_1}{p_0})$

④ $SPL(dB) = 10\log_{10}(\frac{p_0}{p_1})$

해설 음압 출력은 음압비의 제곱에 비례하므로, 음압수준은 다음과 같이 정의될 수 있다.

$$SPL(dB) = 10\log_{10}(\frac{p_1^2}{p_0^2}) = 20\log_{10}(\frac{p_1}{p_0})$$

16 앉아서 작업하는 사람의 작업 공간 설계 시 고려하여야 할 사항과 가장 거리가 먼 것은?

① 작업공간 포락면은 팔을 뻗는 방향에 영향을 받는다.

② 실행하는 수작업의 성질에 따라 작업공간 포락면의 경계가 달라진다.

③ 작업복장은 작업공간 포락면에 영향을 미친다.

④ 신체 평형에 영향을 미치는 인자가 작업공간 포락면에 영향을 미친다.

해설 작업공간 포락면(work space envelope) 한 장소에서 앉아서 수행하는 작업활동에서 사람이 작업하는 데 사용하는 공간을 말한다. 포락면을 설계할 때에는 수행해야 하는 특정 활동과 공간을 사용할 사람의 유형을 고려하여 상황에 맞추어 설계해야 한다.

17 다음 중 정보 이론(information theory)에 관한 설명으로 옳은 것은?

① 정보를 정량적으로 측정할 수 있다.

② 정보의 기본 단위는 바이트(byte)이다.

③ 확실한 사건의 출현에는 많은 정보가 담겨있다.

④ 정보란 불확실성의 증가(addition of uncertainty)라 정의한다.

해설

② 정보의 기본 단위는 bit(Binary Digit)이다.

③ 확실한 사건의 출현에는 정보가 별로 담겨있지 않다.

④ 정보란 불확실성의 감소(Reduction of uncertainty)라 정의한다.

정답 13. ③ 14. ③ 15. ② 16. ④ 17. ①

18 인체의 감각기능 중 후각에 대한 설명으로 옳은 것은?

① 후각에 대한 순응은 느린 편이다.
② 후각은 훈련을 통해 식별능력을 기르지 못한다.
③ 후각은 냄새 존재 여부보다 특정 자극을 식별하는 데 효과적이다.
④ 특정 냄새의 절대 식별 능력은 떨어지나 상대적 비교능력은 우수한 편이다.

해설 인간의 후각은 특정 물질이나 개인에 따라 민감도의 차이가 있으며, 어느 특정 냄새에 대한 절대 식별능력은 다소 떨어지나, 상대적 기준으로 냄새를 비교할 때는 우수한 편이다.

19 다음 중 외이와 중이의 경계가 되는 것은?

① 기저막
② 고막
③ 정원창
④ 난원창

해설 외이와 중이는 고막을 경계로 하여 분리된다.

20 다음 중 정보처리과정에서 정보 전달의 신뢰성을 높이기 위한 설명 방법으로 가장 적당한 것은?

① 시배분을 이용한다.
② 자극의 차원을 줄인다.
③ 상대식별보다 절대식별을 이용한다.
④ 청킹(chunking)을 이용한다.

해설 chunking(recoding): 입력 정보를 의미가 있는 단위인 chunk로 배합하고 편성하는 것을 말한다.

2 작업생리학

21 트레드밀(treadmill) 위를 5분간 걷게 하여 배기를 더글라스 백(douglas bag)을 이용하여 수집하고 가스분석기로 성분을 조사한 결과 배기량이 75L, 산소가 16%, 이산화탄소(CO_2)가 4%이었다. 이 피험자의 분당 산소소비량(L/min)과 에너지가(價, kcal/min)는 각각 얼마인가? (단, 흡기 시 공기 중의 산소는 21%, 질소는 79%이다.)

① 산소소비량: 0.7377, 에너지가: 3.69
② 산소소비량: 0.7899, 에너지가: 3.95
③ 산소소비량: 1.3088, 에너지가: 6.54
④ 산소소비량: 1.3988, 에너지가: 6.99

해설

① 분당배기량 $= \dfrac{\text{배기량}}{\text{시간(분)}} = \dfrac{75\text{L}}{5\text{분}} = 15\text{L/분}$

② 분당흡기량 $= \dfrac{(100 - O_2\% - CO_2\%)}{N_2\%} \times \text{분당배기량} = \dfrac{(1 - 0.16 - 0.04)}{0.79} \times 15 = 15.18$

③ 산소 소비량
$= (21\% \times \text{분당흡기량}) - (O_2\% \times \text{분당배기량})$
$= (0.21 \times 15.18) - (0.16 \times 15) = 0.79$

④ 에너지가 $= 0.79 \times 5 = 3.95$

22 다음 중 신체 동작의 유형에 있어 허리를 굽혀 몸의 앞쪽으로 숙이는 동작과 가장 관련이 깊은 것은?

① 굴곡(flexion)
② 신전(extension)
③ 회전(rotation)
④ 외전(abduction)

해답 18. ④ 19. ② 20. ④ 21. ② 22. ①

해설

① 굴곡(flexion): 팔꿈치로 팔굽히기할 때처럼 관절에서의 각도가 감소하는 인체부분의 동작
② 신전(extension): 굴곡과 반대방향의 동작으로서, 팔꿈치를 펼 때처럼 관절에서의 각도가 증가하는 동작
③ 회전(rotation): 인체부위 자체의 길이 방향 축 둘레에서 동작. 인체의 중심선을 향하여 안쪽으로 회전하는 인체부위의 동작을 내선(medial rotation)이라 하고, 바깥쪽으로 회전하는 인체부위의 동작을 외선(lateral rotation)이라 한다.
④ 외전(abduction): 팔을 옆으로 들 때처럼 인체 중심선(midline)에서 멀어지는 측면에서의 인체부위의 동작

23 다음 중 소음관리 대책의 단계로 가장 적절한 것은?

① 소음원의 제거 → 개인보호구 착용 → 소음수준의 저감 → 소음의 차단
② 개인보호구 착용 → 소음원의 제거 → 소음수준의 저감 → 소음의 차단
③ 소음원의 제거 → 소음의 차단 → 소음수준의 저감 → 개인보호구 착용
④ 소음의 차단 → 소음원의 제거 → 소음수준의 저감 → 개인보호구 착용

해설

① 소음원의 통제: 기계의 적절한 설계, 적절한 정비 및 주유, 기계에 고무 받침대(mounting) 부착, 차량에는 소음기(muffler)를 사용한다.
② 소음의 격리: 덮개(enclosure), 방, 장벽을 사용 (집의 창문을 닫으면 약 10 dB 감음된다.)
③ 차폐장치(baffle) 및 흡음재료 사용
④ 음향 처리제 사용
⑤ 적절한 배치(layout)
⑥ 방음 보호구 사용: 귀마개와 귀덮개

24 [그림]과 같이 작업자가 한 손을 사용하여 무게(W_L)가 98 N인 작업물을 수평선을 기준으로 30도 팔꿈치 각도로 들고 있다. 물체를 쥔 손에서 팔꿈치까지의 거리는 0.35 m이고, 손과 아래팔의 무게(W_L)는 16 N이며, 손과 아래팔의 무게중심은 팔꿈치로부터 0.17 m에 위치해 있다. 팔꿈치에 작용하는 모멘트는 얼마인가?

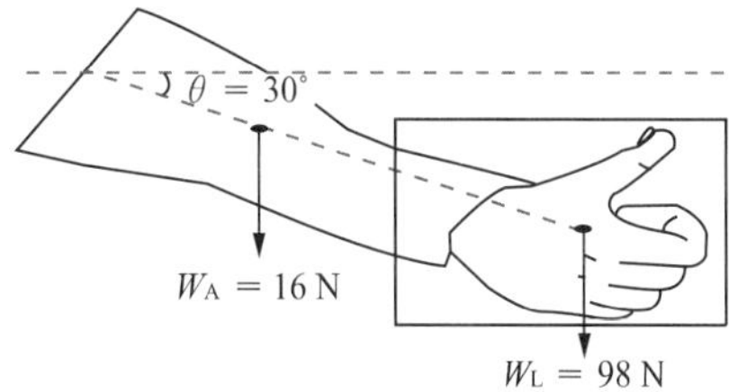

① 32 Nm ② 37 Nm
③ 42 Nm ④ 47 Nm

해설

ΣM=0(모멘트 평형 방정식)
=)(F_1(= W_L)× d_1 ×cosθ)+(F_2(= W_A)× d_2 ×cosθ)+ M_E(팔꿈치모멘트)=0
=)(−98 N×0.35 m×cos30°)+(−16 N×0.17 m ×cos30°)+ M_E(팔꿈치모멘트)=0
∴ M_E=32.06 Nm

25 다음 중 근육의 생리적 스트레인 측정 시 대상 근육에 표면 전극을 부착하여 근수축 시 발생하는 전기적 활성도를 기록하는 방법은?

① EEG(electroencephalogram)
② ECG(electrocardiogram)
③ EOG(electrooculogram)
④ EMG(electromyogram)

해설

① 뇌전도(EEG): 뇌의 활동에 따른 전위차를 기록한 것
② 심전도(ECG): 심장근육의 전위차를 기록한 근전도
③ 안전도(EOG): 안구를 사이에 두고 수평과 수직방향으로 붙인 전위차를 기록한 것
④ 근전도(EMG): 근육활동의 전위차를 기록한 것

해답 23. ③ 24. ① 25. ④

26 다음 중 신경계에 대한 설명으로 틀린 것은?

① 체신경계는 평활근, 심장근에 분포한다.
② 기능적으로는 체신경계와 자율신경계로 나눌 수 있다.
③ 자율신경계는 교감신경계와 부교감신경계로 세분된다.
④ 신경계는 구조적으로 중추신경계와 말초신경계로 나눌 수 있다.

해설 체신경계는 머리와 목 부위의 근육, 샘, 피부, 점막 등에 분포하는 12쌍의 뇌신경을 말한다.

27 다음 중 근력에 대한 설명으로 틀린 것은?

① 훈련(운동)을 통해 근력을 증가시킬 수 있다
② 동적근력은 등척력이라 하며, 정적근력보다 측정하기 어렵다.
③ 근력은 보통 25~35세에 최고에 도달하고, 40세 이후 서서히 감소한다.
④ 정적근력은 신체부위를 움직이지 않으면서 물체에 힘을 가할 때 발생한다.

해설 정적근력(static strength)을 등척력(isometric strength)이라 하며, 동적근력은 정적근력보다 측정이 어렵다.

28 다음 중 진동 공구(power hand tool)의 사용으로 인한 부하를 줄이기 위한 방법으로 적절하지 않은 것은?

① 진동 공구를 정기적으로 보수한다.
② 진동을 흡수할 수 있는 재질의 손잡이를 사용한다.
③ 진동에 접촉되는 신체 부위의 면적을 감소시킨다.
④ 신체에 전달되는 진동의 크기를 줄이도록 큰 힘을 사용한다.

해설 신체에 전달되는 진동을 줄일 수 있도록 기술적인 조치를 취하는 것과 진동에 노출되는 시간을 줄이도록 한다.

29 소리 크기의 지표로서 사용하는 단위에 있어서 8 sone은 몇 phon인가?

① 60 ② 70
③ 80 ④ 90

해설 sone과 phon 사이에는 다음과 같은 공식이 성립된다.

$sone값 = 2^{(phon값-40)/10}$
$2^3 = 2^{(x-40)/10}$
$3 = (x-40)/10$
$x = 70$

30 일반적으로 1 L의 신소(O_2)는 몇 kcal 정도의 에너지를 생성할 수 있는가?

① 1 ② 2.5 ③ 5 ④ 10

해설 1 L의 산소가 소비될 때 약 5 kcal의 에너지가 방출된다.

31 다음 중 근육수축 시 근절 내 영역에서 일어나는 현상으로 적합하지 않은 것은?

① A대(band)가 짧아진다.
② I대(band)가 짧아진다.
③ H영역(zone)이 짧아진다.
④ Z선(line)과 Z선(line) 사이가 가까워진다.

해설 근섬유가 수축하면 I대와 H대가 짧아진다. 최대로 수축했을 때는 Z선이 A대에 맞닿고 I대는 사라진다.

32 다음 중 작업부하 및 휴식시간 결정에 관한 설명으로 옳은 것은?

① 작업부하는 작업자의 능력과 관계없이 절대적으로 산출된다.

해답 26. ① 27. ② 28. ④ 29. ② 30. ③ 31. ① 32. ④

② 정신적인 권태감은 주관적인 요소이므로 휴식시간 산정 시 고려할 필요가 없다.
③ 친교를 위한 작업자들 간의 대화시간도 휴식시간 산정 시 반드시 고려되어야 한다.
④ 조명 및 소음과 같은 환경적 요소도 작업부하 및 휴식시간 산정 시 고려해야 한다.

해설 휴식시간의 산정
인간은 요구되는 육체적 활동수준을 오랜 시간동안 유지할 수 없다. 작업부하 수준이 권장 한계를 벗어나면, 휴식시간을 삽입하여 초과분을 보상하여야 한다. 피로를 가장 효과적으로 푸는 방법은 총 작업시간 동안 휴식을 짧게 여러 번 주는 것이다.

33 다음 중 교대작업의 관리방법으로 적절하지 않은 것은?

① 일정하지 않은 연속근무는 피한다.
② 근무 적응을 위하여 야간근무는 4일 이상 연속한다.
③ 근무반 교대방향은 아침반 → 저녁반 → 야간반으로 정방향 순환이 되게 한다.
④ 야간근무 후의 다음 근로시작 시간까지는 48시간 이상의 휴식을 갖는다.

해설 연속적인 야간근무를 최소화한다.
어떤 연구자들은 2~4일 밤 연속 근무 후 2일의 휴일을 제안한다. 중요한 것은 너무 짧은 간격으로 근무시간이 교대되는 것을 피해야 하며, 같은 날 아침 근무에서 저녁 근무로 가는 등 7~10시 간의 짧은 휴식시간은 좋지 않다. 야간 근무 후 다른 근무로 가기 전에는 적어도 24시간 이상의 휴식이 있어야 한다.

34 다음 중 골격의 역할로 옳지 않은 것은?

① 신체 활동의 수행
② 신체 주요 부분의 보호
③ 신체의 지지 및 형상
④ 운동 명령 정보의 전달

해설 골격의 역할
① 인체의 지주 역할을 한다.
② 가동성 연결, 즉 관절을 만들고 골격근의 수축에 의해 운동기로서 작용한다.
③ 체강의 기초를 만들고 내부의 장기들을 보호한다.
④ 골수는 조혈기능을 갖는다.
⑤ 칼슘, 인산의 중요한 저장고가 되며, 나트륨과 마그네슘 이온의 작은 저장고 역할을 한다

35 다음 중 육체적 활동 또는 정신적 활동에 따른 생체의 반응을 설명한 것으로 틀린 것은?

① 부정맥(sinus arrhythmia)이란 심장 활동의 불규칙성의 척도로 일반적으로 정신부하가 증가하면 부정맥점수가 감소한다.
② 점멸융합주파수는 중추신경계의 피로, 즉 정신피로의 척도로 사용될 수 있으며 피곤함에 따라 빈도가 올라간다.
③ 근전도는 근육이 피로하기 시작하면 저주파수 범위의 활성이 증가하고 고주파수 범위의 활성이 감소한다.
④ 산소소비량(oxygen consumption)을 측정하여 에너지소비량(energy expenditure)을 평가할 수 있는데 육체적 작업 특히 큰 근육의 움직임을 요구하는 동적작업(dynamic work)을 많이 하면 산소소비량이 증가한다.

해설 점멸융합주파수(CFF)
① 점멸융합주파수는 빛을 어느 일정한 속도로 점멸시키면 깜박거려 보이나 점멸의 속도를 빨리하면 깜박임이 없고 융합되어 연속된 광으로 보일 때 점멸주파수이다.
② 점멸융합주파수는 피곤함에 따라 빈도가 감소하기 때문에 중추신경계의 피로, 즉 '정신피로'의 척도로 사용될 수 있다. 잘 때나 멍하게 있을 때에 CFF가 낮고, 마음이 긴장되었을 때나 머리가 맑을 때에 높아진다.

해답 33. ② 34. ④ 35. ②

36 다음 중 실내의 면에서 추천 반사율이 가장 낮은 곳은?

① 바닥 ② 천장
③ 가구 ④ 벽

해설 실내의 추천 반사율(IES)
① 천장: 80~90%
② 벽, 블라인드: 40~60%
③ 가구, 사무용기기, 책상: 25~45%
④ 바닥: 20~40%

37 체내에서 유기물의 합성 또는 분해에 있어서는 반드시 에너지의 전환이 따르게 되는데 이것을 무엇이라 하는가?

① 산소부채(oxygen debt)
② 근전도(electromyogram)
③ 심전도(electrocardiogram)
④ 에너지 대사(energy metabolism)

해설 에너지 대사(energy metabolism)
체내에 구성 물질이나 축적되어 있는 단백질, 지방 등을 분해하거나 음식을 섭취하여 필요한 물질은 합성하여 기계적인 일이나 열을 만드는 화학적인 과정으로 신진대사라고 불린다.
① 산소 빚(oxygen debt): 인체활동의 강도가 높아질수록 산소 요구량은 증가된다. 이때 에너지 생성에 필요한 산소를 충분하게 공급해주지 못하면 체내에 젖산이 축적되고 작업종료 후에도 체내에 쌓인 젖산을 제거하기 위하여 계속적으로 필요로 하는 산소량을 말한다.
② 근전도(EMG): 근육활동의 전위차를 기록한 것
③ 심전도(ECG): 심장근육의 전위차를 기록한 근전도

38 다음 중 지름이 2.54 cm 되는 촛불이 수평 방향으로 비칠 때의 빛의 광도를 나타내는 단위는?

① 램버트(lambert)
② 럭스(lux)
③ 루멘(lumen)
④ 촉광(candle)

해설
① 램버트(lambert): 광속의 실용단위로 기호는 L로 나타낸다.
② 럭스(lux): 조도는 어떤 물체나 표면에 도달하는 광의 밀도를 말하며 조도의 실용단위로 기호는 lx로 나타낸다.
③ 루멘(lumen): 광속의 실용단위로 기호는 lm으로 나타낸다.
④ 촉광(candle): 광도의 실용단위로 기호는 cd로 나타낸다.

39 다음 중 순환계의 기능 및 특성에 관한 설명으로 옳은 것은?

① 혈압은 좌심실에서 멀어질수록 높아진다.
② 동맥, 정맥, 모세혈관 중 혈관의 단면적은 모세혈관이 가장 작다.
③ 모세혈관 내외의 물질(산소, 이산화탄소 등) 이동은 혈압과 혈장 삼투압의 차이에 의해 이루어진다.
④ 체순환(systemic circulation)은 우심실, 폐동맥, 폐포 모세혈관, 우심방 순의 경로로 혈액이 흐르는 것을 말한다.

해설
① 혈압은 좌심실에서 멀어질수록 낮아진다.
② 동맥, 정맥, 모세혈관 중 혈관의 단면적은 모세혈관이 가장 넓다.
④ 체순환(systemic circulation)은 좌심실, 대동맥, 동맥, 소동맥, 모세혈관, 소정맥, 대정맥, 우심방 순의 경로로 혈액이 흐르는 것을 말한다.

40 고열 작업장에서 방열복의 착용은 신체와 환경 사이의 열 교환 경로 중 어떠한 경로를 차단하기 위한 것인가?

① 전도(conduction)
② 대류(convection)
③ 복사(radiation)
④ 증발(evaporation)

해답 36. ① 37. ④ 38. ② 39. ③ 40. ③

해설 복사(radiation)
광속으로 공간을 퍼져나가는 전자에너지

3 산업심리학 및 관련법규

41 다음 중 휴먼에러로 이어지는 배후의 4요인(4M)에 해당 하지 않는 것은?

① Media ② Machine
③ Material ④ Management

해설 4M의 종류
① Man(인간): 인간적 인자, 인간관계
② Machine(기계): 방호설비, 인간공학적 설계
③ Media(매체): 작업방법, 작업환경
④ Management(관리): 교육훈련, 안전법규 철저, 안전기준의 정비

42 Hick's Law에 따르면 인간의 반응시간은 정보량에 비례한다. 단순반응에 소요되는 시간이 150 ms이고, 단위 정보량당 증가되는 반응시간이 200 ms라고 한다면, 2 bits의 정보량을 요구하는 작업에서의 예상 반응시간은 몇 ms인가?

① 400 ② 500 ③ 550 ④ 700

해설 단순반응에 소요되는 시간은 150 ms이며, 1 bit당 증가되는 반응시간이 200 ms이므로 2 bit에서는 반응시간이 400 ms이다.
예상반응시간
= 150 ms+(2 bit × 200 ms) = 550 ms

43 NIOSH의 직무스트레스 모형에서 직무스트레스 요인을 크게 작업요인, 조직요인, 환경요인으로 나눌 때 다음 중 환경요인에 해당하는 것은?

① 조명, 소음, 진동
② 가족상황, 교육상태, 결혼상태
③ 작업 부하, 작업속도, 교대 근무
④ 역할 갈등, 관리 유형, 고용불확실

해설 직무스트레스 원인
① 작업요인: 작업부하, 작업속도·과정에 대한 조절 권한, 교대근무
② 조직요인: 역할 모호성·갈등, 역할요구, 관리 유형, 의사결정참여, 경력·직무 안전성, 고용의 불확실성
③ 환경요인: 소음, 한랭, 환기불량·부적절한 조명

44 다음 중 민주적 리더십에 관한 설명과 가장 거리가 먼 것은?

① 생산성과 사기가 높게 나타난다.
② 맥그리거의 Y 이론에 근거를 둔다.
③ 구성원에게 최대의 자유를 허용한다.
④ 모든 정책이 집단 토의나 결정에 의해서 이루어진다.

해설 민주적 리더십
참가적 리더십이라고도 하는데, 이는 조직의 방침, 활동 등을 될 수 있는 대로 조직구성원의 의사를 종합하여 결정하고, 그들의 자발적인 의욕과 참여에 의하여 조직목적을 달성하려는 것이 특징이다. 민주적 리더십에서는 각 성원의 활동은 자신의 계획과 선택에 따라 이루어지지만, 그 지향점은 생산 향상에 있으며, 이를 위하여 리더를 중심으로 적극적인 참여와 협조를 아끼지 않는다.

45 레빈(Lewin)이 제안한 인간의 행동특성에 관한 설명으로 틀린 것은?

① 인간의 행동은 개인적 특성(P: Person) 및 주어진 환경(E: Environment)과 함수관계가 있다.
② 태도는 인간행동의 표상으로 어떤 자극이나 상황에 대하여 좋고 나쁨을 평가하는 개인의 선호 경향이다.
③ 개인적 특성(P: Person)은 연령, 경험, 심신상태, 성격, 지능 등에 의해 결정된다.
④ 주어진 환경(E: Environment)의 주요 대상 중 인적환경은 제외된다.

해답 41. ③ 42. ③ 43. ① 44. ③ 45. ④

(해설)
B = f(P·E)
B: behavior(인간의 행동)
f: function(함수 관계)
P: person(인간: 연령, 경험, 심신상태, 성격 지능 등)
E: environment(환경: 인간관계, 작업환경 등)

46 다음 중 막스 웨버(Max Weber)에 의해 제시된 관료주의의 특징과 가장 거리가 먼 것은?

① 수직적으로 하부조직에 적절한 권한 위임을 가정한다.
② 조직 구조에 있어 노동의 통합화를 가정한다.
③ 법과 규정에 의한 운영으로 예측 가능한 조직운영을 가정한다.
④ 하부조직과 인원을 적절한 크기가 되도록 가정한다.

(해설) 웨버는 관료주의 조직을 움직이는 네 가지 기본원칙을 다음과 같이 설명하였다.
① 노동의 분업 : 작업의 단순화 및 전문화
② 권한의 위임 : 관리자를 소단위로 분산
③ 통제의 범위 : 각 관리자가 책임질 수 있는 작업자의 수
④ 구조 : 조직의 높이와 폭

47 설문조사에 의한 스트레스 평가법 중에서 주관적인 스트레스 평가방법이 아닌 것은?

① 생활사건 척도법
② Lazarus의 일상 골칫거리 척도법
③ 지각된 스트레스 척도법
④ DASS(우울분노스트레스 척도법)

(해설) 생활사건 척도법
생활사건을 이용하여 스트레스를 측정하는 척도이다. 생활사건은 일반적으로 일상생활에서 개인이 보편적으로 경험할 수 있는 긍정적, 부정적 사건으로서 생활 변화와 적응이 요구되는 사건으로 정의된다.

48 다음 중 안전대책의 중심적인 내용이라 할 수 있는 "3E"에 포함되지 않는 것은?

① Engineering ② Environment
③ Education ④ Enforcement

(해설) 3E의 종류
① Engineering(기술)
② Education(교육)
③ Enforcement(강제)

49 다음 중 부주의에 대한 사고방지 대책으로 적절하지 않는 것은?

① 적성배치
② 작업의 표준화
③ 주의력 분산훈련
④ 스트레스 해소대책

(해설) 부주의 발생원인과 대책
외적원인 및 대책
① 작업환경, 조건 불량 : 환경 정비
② 작업순서의 부적당 : 작업순서 정비
내적원인 및 대책
① 소질적 문제 : 적성 배치
② 의식의 우회 : 상담(카운슬링)
③ 경험과 미경험 : 안전 교육, 훈련
정신적 측면에 대한 대책
① 주의력 집중 훈련
② 스트레스 해소 대책
③ 안전 의식의 제고
④ 작업 의욕의 고취
기능 및 직업 측면의 대책
① 적성 배치
② 안전작업방법 습득
③ 표준작업의 습관화
④ 적응력 향상과 작업조건의 개선
설비 및 환경 측면의 대책
① 표준작업 제도의 도입
② 설비 및 작업의 안전화
③ 긴급 시 안전대책 수립

해답 46. ② 47. ① 48. ② 49. ③

50 다음 중 리더십의 권한에서 부하직원들이 상사를 존경하여 스스로 따른다고 할 때의 상사의 권한을 무엇이라 하는가?

① 합법적 권한　② 강압적 권한
③ 보상적 권한　④ 위임된 권한

해설 위임된 권한
① 부하직원들이 리더의 생각과 목표를 얼마나 잘 따르는지와 관련된 것이다.
② 진정한 리더십으로 파악되며, 부하직원들이 리더가 정한 목표를 자신의 것으로 받아들이고, 목표를 성취하기 위해 리더와 함께(리더를 위해서라기보다는) 일하는 것이다.

51 인간의 실수를 심리학적으로 분류한 스웨인(Swain)의 분류 중에서 필요한 작업이나 절차를 수행하였으나 잘못 수행한 오류에 해당하는 것은?

① omission error
② commission error
③ timing error
④ sequential error

해설 작위 실수(commission error)
필요한 작업 또는 절차의 불확실한 수행으로 인한 에러이다.

52 신뢰도가 0.85인 작업자가 혼자서 검사하는 공정에 동일한 신뢰도를 가진 요원을 중복으로 지원하여 2인 1조로 검사를 한다면 이 공정에서의 신뢰도는 얼마가 되겠는가?(단, 전체 작업기간 동안 요원은 지원된다.)

① 0.7225　② 0.8500
③ 0.9775　④ 0.9801

해설 병렬연결(parallel system 또는 fail safety)

$R_P = 1-(1-R_1)(1-R_2)\cdots(1-R_n)$

$= 1-\prod_{i=1}^{n}(1-R_i)$

$R_1 = R_2 = 0.85$

$1-(1-0.85)(1-0.85) = 0.9775$

53 하인리히는 재해 연쇄론에서 재해가 발생하는 과정을 5단계 요인으로 나누어 설명하였다. 그중 사고를 예방하기 위한 관리 활동들이 가장 효과적으로 적용될 수 있는 단계는 무엇이라고 주장하였는가?

① 개인적 결함
② 사고 그 자체
③ 사회적 환경(분위기)
④ 불안전 행동 및 불안전 상태

해설 불안전 행동 및 불안전 상태
① 불안전 행동: 위험 장소 접근, 안전장치의 기능 제거, 복장·보호구의 잘못 사용, 기계·기구의 잘못 사용, 운전 중인 기계장치의 손실, 불안전한 속도조작, 위험물 취급부주의, 불안전한 상태 방치, 불안전한 자세동작 등
② 불안전한 상태: 물 자체의 결함, 안전방호 장치의 결함, 복장·보호구의 결함, 기계의 배치 및 작업 장소의 결함, 작업환경의 결함, 생산공정의 결함, 경계표시 및 설비의 결함 등

54 다음 중 집단 구성원들이 서로에게 매력적으로 끌리어 그 집단목표를 효율적으로 달성하는 정도를 무엇이라고 하는가?

① 집단 소집성　② 집단 응집성
③ 집단 선호성　④ 집단 협력성

해설 집단 응집성
집단 응집성은 구성원들이 서로에게 매력적으로 끌리어 그 집단목표를 공유하는 정도라고 할 수 있다. 응집성은 집단이 개인에게 주는 매력의 소산, 개인이 이런 이유로 집단에 이끌리는 결과이기도 하다. 집단 응집성의 정도는 집단의 사기, 팀 정신, 성원에게 주는 집단 매력의 강도, 집단과업에 대한 성원의 관심도를 나타내 주는 것이다.

55 다음 중 매슬로우(A. H. Maslow)의 인간욕구 5단계를 올바르게 나열한 것은?

① 생리적 욕구 → 사회적 욕구 → 안전 욕

정답 50. ④ 51. ② 52. ③ 53. ④ 54. ② 55. ③

구 → 자아실현의 욕구 → 존경의 욕구

② 생리적 욕구 → 안전 욕구 → 사회적 욕구 → 자아실현의 욕구 → 존경의 욕구

③ 생리적 욕구 → 안전 욕구 → 사회적 욕구 → 존경의 욕구 → 자아실현의 욕구

④ 생리적 욕구 → 사회적 욕구 → 안전 욕구 → 존경의 욕구 → 자아실현의 욕구

해설 매슬로우(A. H. Maslow)의 욕구단계 이론

① 제1단계: 생리적 욕구
② 제2단계: 안전 욕구
③ 제3단계: 사회적 욕구
④ 제4단계: 존경의 욕구
⑤ 제5단계: 자아실현의 욕구

56 다음 중 하인리히(Heinrich) 재해코스트 평가방식에서 "1 : 4"의 원칙에 관한 설명으로 옳은 것은?

① 간접비용의 정확한 산출이 어려운 경우에는 직접비용의 4배를 간접비용으로 추산한다.

② 직접비용의 정확한 산출이 어려운 경우에는 간접비용의 4배를 직접비용으로 추산한다.

③ 인적비용의 정확한 산출이 어려운 경우에는 물적비용의 4배를 인적비용으로 추산한다.

④ 물적비용의 정확한 산출이 어려운 경우에는 인적비용의 4배를 물적비용으로 추산한다.

해설

총 재해코스트
= 직접비 + 간접비(직접비의 4배)

57 다음 중 과도로 긴장하거나 감정 흥분 시의 의식수준 단계로 대뇌의 활동력은 높지만 냉정함이 결여되어 판단이 둔화되는 의식수준의 단계는?

① phase Ⅰ ② phase Ⅱ

③ phase Ⅲ ④ phase Ⅳ

해설 인간의 의식수준 단계

① phase 0: 의식을 잃은 상태이므로 작업수행과는 관계가 없다.
② phase Ⅰ: 과로했을 때나 야간작업을 했을 때 볼 수 있는 의식수준으로 부주의 상태가 강해서 인간의 에러가 빈발하며, 운전 작업에서는 전방주시 부주의나 졸음운전 등이 일어나기 쉽다.
③ phase Ⅱ: 휴식 시에 볼 수 있는데, 주의력이 전향적으로 기능하지 못하기 때문에 무심코 에러를 저지르기 쉬우며, 단순반복작업을 장시간 지속할 경우도 여기에 해당한다.
④ phase Ⅲ: 적극적인 활동 시의 명쾌한 의식으로 대뇌가 활발히 움직이므로 주의의 범위도 넓고, 에러를 일으키는 일이 거의 없다.
⑤ phase Ⅳ: 과도 긴장 시나 감정 흥분 시의 의식수준으로 대뇌의 활동력은 높지만 주의가 눈앞의 한곳에만 집중되고 냉정함이 결여되어 판단은 둔화된다.

58 오토바이 판매광고 방송에서 모델이 안전모를 착용하지 않은 채 머플러를 휘날리면서 오토바이를 타는 모습을 보고 따라하다가 머플러가 바퀴에 감겨 사고를 당하였다. 이는 제조물책임법상 어떠한 결함에 해당하는가?

① 표시상의 결함
② 책임상의 결함
③ 제조상의 결함
④ 설계상의 결함

해설 표시상의 결함

① 취급(사용)설명서(manual) 및 경고 사항 미비 등
② 팜플렛, 광고선전, 판매원의 설명 및 약속 위반 등

59 다음은 재해의 발생 사례이다. 재해의 원인 분석 및 대책으로 적절하지 않은 것은?

해답 56. ① 57. ④ 58. ① 59. ④

ㅇㅇ유리(주)내의 옥외작업장에서 강화유리를 출하하기 위해 지게차로 강화유리를 운반전용 파렛트에 싣고 작업자가 2명이 지게차 포크 양쪽에 타고 강화 유리가 넘어지지 않도록 붙잡고 가던 중 포크진동에 의해 강화유리가 전도되면서 지게차 백레스트와 유리 사이에 끼여 1명이 사망, 1명이 부상을 당하였다.

① 불안전한 행동 - 지게차 승차석 외의 탑승
② 예방대책 - 중량물 등의 이동시 안전조치교육
③ 재해유형 - 협착
④ 기인물 - 강화유리

해설 기인물
재해를 가져오게 한 근원이 된 기계, 장치 기타의 물(物) 또는 환경을 말한다. 여기서는 지게차가 기인물이 된다.

60 의사결정나무를 작성하여 재해 사고를 분석하는 방법으로 확률적 분석이 가능하며 문제가 되는 초기사항을 기준으로 파생되는 결과를 귀납적으로 분석하는 방법은?

① THERP ② ETA
③ FTA ④ FMEA

해설 ETA(Event Tree Analysis)
초기사건이 발생했다고 가정한 후 후속사건이 성공했는지 혹은 실패했는지를 가정하고 이를 최종결과가 나타날 때까지 계속적으로 분지해 나가는 방식

4 근골격계질환 예방을 위한 작업관리

61 다음 중 근골격계질환 예방을 위한 방안으로 거리가 먼 내용은?

① 어깨 높이 위에서의 작업을 피한다.
② 연약한 피부 조직에 가해지는 압박을 피한다.
③ 진동을 줄이기 위한 방진용 장갑 등을 착용한다.
④ 운반상자는 무게 중심이 분산되도록 가능한 깊고 넓게 만든다.

해설 운반상자는 가능한 깊지 않게 만들고 상자에는 알맞은 손잡이를 만든다.

62 다음 중 워크샘플링(Work-sampling)에 관한 설명으로 옳은 것은?

① 반복 작업인 경우 적당하다.
② 표준시간 설정에 이용할 경우 레이팅이 필요 없다.
③ 작업자가 의식적으로 행동하는 일이 적어 결과의 신뢰수준이 높다.
④ 작업순서를 기록할 수 있어 개개의 작업에 대한 깊은 연구가 가능하다.

해설 워크샘플링의 장점
① 관측을 순간적으로 하기 때문에 작업자를 방해하지 않으면서 용이하게 연구를 진행시킨다.
② 조사기간을 길게 하여 평상시의 작업상황을 그대로 반영시킬 수 있다.
③ 사정에 의해 연구를 일시 중지하였다가 다시 계속할 수도 있다.
④ 여러 명의 작업자나 여러 대의 기계를 한 명 혹은 여러 명의 관측자가 동시에 관측할 수 있다.
⑤ 자료수집이나 분석에 필요한 순수시간이 다른 시간연구방법에 비하여 적다.
⑥ 특별한 시간측정 설비가 필요 없다.

해답 60. ② 61. ④ 62. ③

63 요소작업을 20번 측정한 결과 관측평균시간은 0.20분, 표준편차는 0.08분이었다. 신뢰도 95%, 허용오차 ±5%를 만족시키는 관측횟수는 얼마인가? $t_{(0.025,19)}$는 2.09이다.

① 260회 ② 270회
③ 280회 ④ 290회

(해설) 관측횟수의 결정
신뢰도 95%, 허용오차 ±5%인 경우

$$N=\left(\frac{t(n-1,0.025)\times s}{0.05\bar{x}}\right)^2$$

$$N=\left(\frac{2.09\times 0.08}{0.05\times 0.2}\right)^2=279.5584=280\text{회}$$

64 다음 중 수공구의 개선원리로 적절하지 않은 것은?

① 힘이 요구되는 작업에 대해서는 파워그립(Power Grip)을 사용한다.
② 손목을 똑바로 펴서 사용할 수 있도록 한다.
③ 적합한 모양의 손잡이를 사용하되, 가능하면 접촉면을 좁게 한다.
④ 양손 중 어느 손으로도 사용이 가능하고, 대부분의 사람들이 사용할 수 있도록 설계한다.

(해설) 가능한 손잡이의 접촉면을 넓게 한다.

65 다음 중 비효율적인 서블릭(Therblig)에 해당하는 것은?

① 계획(Pn)
② 빈손이동(TE)
③ 사용(U)
④ 쥐기(G)

(해설) 서블릭 분석의 개선요령(동작 경제의 원칙)
① 제3류(정체적인 서블릭)의 동작을 없앨 것
② 제2류의 동작, 특히 정신적 서블릭인 찾음, 선택, 계획은 되도록 없애도록 연구할 것
③ 제1류의 동작일지라도 특히 반정신적 서블릭인 바로놓기, 검사는 없앨 수 있다면 없애도록 할 것 (정신적 및 반정신적 서블릭은 비효율적인 서블릭으로 제거 하도록 한다.)

66 다음 중 근골격계 부담작업에 근로자를 종사하도록 하는 경우 유해인조사의 실시주기로 옳은 것은?

① 6월 ② 1년
③ 2년 ④ 3년

(해설) 사업주는 근골격계 부담작업에 근로자를 종사하도록 하는 경우에는 3년마다 유해요인조사를 실시하여야 한다. 다만, 신설되는 사업장의 경우에는 신설일부터 1년 이내에 최초의 유해요인조사를 실시히여야 한다.

67 다음 중 근골격계 부담작업에 해당하지 않는 것은?

① 하루에 6시간 동안 집중적으로 자료입력 등을 위해 키보드와 마우스를 조작하는 작업
② 하루에 15회, 10 kg의 물체를 무릎 아래에서 드는 작업
③ 하루에 총 4시간 동안 지지되지 않은 상태에서 5 kg의 물건을 한 손으로 들거나 동일한 힘으로 쥐는 작업
④ 하루에 총 4시간 동안 팔꿈치가 어깨 위에 있는 상태에서 이루어지는 작업

(해설) 근골격계 부담작업 제9호
하루에 25회 이상 10 kg 이상의 물체를 무릎 아래에서 들거나, 어깨 위에서 들거나, 팔을 뻗은 상태에서 드는 작업이다.

68 다음 중 작업연구의 목적과 가장 거리가 먼 것은?

① 무결점 달성

정답 63. ③ 64. ③ 65. ① 66. ④ 67. ② 68. ①

② 표준시간의 설정
③ 생산성 향상
④ 최선의 작업방법 개발

해설 작업연구의 목적
① 최선의 작업방법 개발과 표준화
② 표준시간의 산정
③ 최적 작업방법에 의한 작업자 훈련
④ 생산성 향상

69 다음 중 MTM(Methods Time Measurement)법의 용도와 가장 거리가 먼 것은?

① 현상의 발생비율 파악
② 능률적인 설비, 기계류의 선택
③ 표준시간에 대한 불만 처리
④ 작업개선의 의미를 향상시키기 위한 교육

해설 MTM법의 용도
① 작업착수 전에 능률적인 작업방법 결정
② 현행작업방법 개선
③ 표준시간 설정

70 다음 중 동작경제의 원칙에 해당되지 않는 것은?

① 작업장의 배치에 관한 원칙
② 신체 사용에 관한 원칙
③ 공정 및 작업 개선에 관한 원칙
④ 공구 및 설비 디자인에 관한 원칙

해설 동작경제의 원칙
① 신체의 사용에 관한 원칙
② 작업역의 배치에 관한 원칙
③ 공구 및 설비 디자인에 관한 원칙

71 다음 중 근골격계질환과 가장 관련이 없는 것은?

① VDT 증후군
② 반복긴장성손상(RSI)
③ 누적외상성질환(CTDs)
④ 외상 후 스트레스 증후군(PTSD)

해설 외상 후 스트레스 증후군(PTSD)
심각한 외상을 보거나 직접 관련되거나 또는 들은 후에 불안 증상이 지속적으로 나타나는 것을 말한다. 이때 심각한 외상이란, 죽음이나 신체적 손상을 초래하는 충격적인 사건을 의미하며 전쟁, 자연 재앙, 사고, 폭력 등이다.

72 작업자-기계 작업 분석 시 작업자와 기계의 동시작업 시간이 1.8분, 기계와 독립적인 작업자의 활동시간이 2.5분, 기계만의 가동시간이 4.0분일 때, 동시성을 달성하기 위한 이론적 기계대수는 얼마인가?

① 0.28 ② 0.74 ③ 1.35 ④ 3.61

해설 이론적 기계대수

이론적 기계대수$(n)=\dfrac{a+t}{a+b}$

여기서,
a: 작업자와 기계의 동시작업시간
b: 독립적인 작업자 활동시간
t: 기계 가동시간

$$n=\frac{1.8+4}{1.8+2.5}=1.35$$

73 다음 중 NIOSH의 들기작업지침에 따른 중량물 취급 작업에서 권장무게한계를 산정하는 데 고려해야 할 변수가 아닌 것은?

① 작업자와 물체 사이의 수직거리
② 작업자의 평균보폭거리
③ 물체를 이동시킨 수직이동거리
④ 상체의 비틀림 각도

해설 권장무게한계(RWL)

$$RWL = LC\times HM\times VM\times DM\times AM\times FM\times CM$$

① LC: 부하상수, ② HM: 수평계수
③ VM: 수직계수, ④ DM: 거리계수
⑤ AM: 대칭계수, ⑥ FM: 빈도계수
⑦ CM: 결합계수

해답 69. ① 70. ③ 71. ④ 72. ③ 73. ②

74 다음 중 표준 공정도 기호와 그 내용의 연결이 틀린 것은?

① □: 지연　② ○: 가공(작업)
③ ▽: 저장　④ ⇨: 운반

(해설) 공정도 기호
① ○: 가공(작업)
② ⇨: 운반
③ D: 정체
④ ▽: 저장
⑤ □: 검사

75 실측시간의 평균이 120분이고, 여유율은 9%이며, 레이팅계수가 110%일 때 내경법에 의한 표준시간은 약 얼마인가?

① 170.57분　② 150.09분
③ 166.78분　④ 145.05분

(해설) 표준시간의 산정

$$표준시간(ST) = 정미시간 \times \left(\frac{1}{1-여유율}\right)$$

정미시간(단위당)
= 단위당 실제작업시간 × 레이팅계수(%)

$$표준시간 = 120 \times 1.1 \times \left(\frac{1}{1-0.09}\right) = 145.05$$

76 다음 중 근골격계 유해요인 기본조사에 대한 설명으로 틀린 것은?

① 유해요인 기본조사의 내용은 작업장 상황 및 작업조건조사로 구성된다.
② 작업조건조사 항목으로는 반복성, 과도한 힘, 접촉스트레스, 부자연스러운 자세, 진동 등의 내용을 포함한다.
③ 유해도 평가는 유해요인기본조사 총점수가 높거나 근골격계질환 증상 호소율이 다른 부서에 비해 높은 경우에는 유해도가 높다고 할 수 있다.
④ 사업장 내 근골격계 부담작업에 대하여 샘플링 조사를 원칙으로 한다.

(해설) 유해요인조사 원칙
① 근골격계 부담작업에 대하여 전수조사를 원칙으로 한다.
② 동일한 작업조건의 근골격계 부담작업이 존재하는 경우에는 일부 작업에 대해서 유해요인을 수행할 수 있다.

77 제조업의 단순 반복 조립 작업에 대하여 RULA(Rapid Upper Limb Assessment) 평가기법을 적용하여 작업을 평가한 결과 최종 점수가 5점으로 평가되었다. 다음 중 이 결과에 대한 가장 올바른 해석은?

① 빠른 작업개선과 작업위험요인의 분석이 요구된다.
② 수용가능한 안전한 작업으로 평가된다.
③ 계속적 추적관찰을 요하는 작업으로 평가된다.
④ 즉각적인 개선과 작업위험요인의 정밀조사가 요구된다.

(해설) 조치단계
① 조치수준 1(최종점수 1~2점): 수용가능한 작업이다.
② 조치수준 2(최종점수 3~4점): 계속적 추적관찰을 요구한다.
③ 조치수준 3(최종점수 5~6점): 계속적 관찰과 빠른 작업개선이 요구된다.
④ 조치수준 4(최종점수 7점 이상): 정밀조사와 즉각적인 개선이 요구된다.

78 다음 중 동작분석에 관한 설명으로 틀린 것은?

① 비디오 분석은 즉시성과 재현성을 모두 구비한 방법이다.
② 칸트 차트, 다중활동분석, 서블릭 분석 등이 있다.
③ 미세동작분석은 작업주기가 긴 작업이나 불규칙한 작업의 동작분석에 적합

정답 74. ① 75. ④ 76. ④ 77. ① 78. ②

하다.

④ SIMO chart는 미세동작연구인 동시에 동작 사이클 차트이다.

해설 칸트 차트는 동작분석이 아닌 일정계획 차트이다.

79 **다음 중 작업개선을 위해 검토할 착안 사항과 가장 거리가 먼 항목은?**

① "이 작업은 꼭 필요한가? 제거할 수는 없는가?"

② "이 작업을 기계화 또는 자동화할 경우의 투자효과는 어느 정도인가?"

③ "이 작업을 다른 작업과 결합시키면 더 나은 결과가 생길 것인가?"

④ "이 작업의 순서를 바꾸면 좀 더 효율적이지 않을까?"

해설 작업개선의 원칙(ECRS 원칙)

① 제거(Eliminate): 이 작업은 꼭 필요한가? 제거할 수 없는가?

② 결합(Combine): 이 작업을 다른 작업과 결합시키면 더 나은 결과가 생길 것인가?

③ 재배열(Rearrange): 이 작업의 순서를 바꾸면 좀 더 효율적이지 않을까?

④ 단순화(Simplify): 이 작업을 좀 더 단순화할 수 있지 않을까?

80 **다음 중 근골격계 유해요인의 개선방법에 있어 관리적 개선으로 볼 수 없는 것은?**

① 작업습관 변화

② 작업장 재배열

③ 직장체조 강화

④ 작업자 적정 배치

해설 관리적 개선

① 작업의 다양성 제공

② 작업일정 및 작업속도 조절

③ 회복시간 제공

④ 작업습관 변화

⑤ 작업공간, 공구 및 장비의 정기적인 청소 및 유지보수

⑥ 운동체조 강화 등

해답 79. ② 80. ②

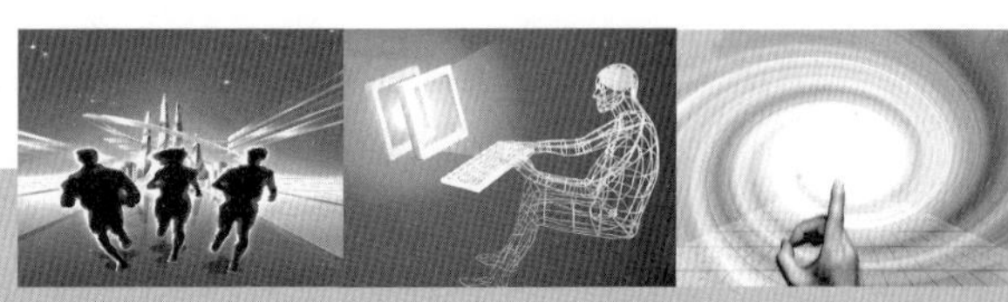

인간공학기사 필기시험 문제풀이 14회[143]

1 인간공학 개론

1 다음 중 시스템의 평가척도 요건에 대한 설명으로 적절하지 않은 것은?

① 실제성 : 현실성을 가지며, 실질적으로 이용하기 쉽다.
② 무오염성 : 측정하고자 하는 변수 이외의 외적 변수에 영향을 받는다.
③ 신뢰성 : 평가를 반복할 경우 일정한 결과를 얻을 수 있다.
④ 타당성 : 측정하고자 하는 평가척도가 시스템의 목표를 반영한다.

해설 무오염성
기준척도는 측정하고자 하는 변수 외의 다른 변수들의 영향을 받아서는 안 된다.

2 신호검출이론에 의하면 시그널(Signal)에 대한 인간의 판정결과는 4가지로 구분되는데, 이 중 시그널을 노이즈(Noise)로 판단한 결과를 지칭하는 용어는 무엇인가?

① 누락(miss)
② 긍정(hit)
③ 허위(false Alarm)
④ 부정(correct rejection)

해설 신호검출이론
① 신호검출 실패(Miss) : 신호가 나타났는 데도 잡음으로 판정

3 다음 중 음량의 측정과 관련된 사항으로 적절하지 않은 것은?

① 소리의 세기에 대한 물리적 측정단위는 데시벨(dB)이다.
② 물리적 소리강도의 일정량 증가는 지각되는 음의 강도에 동일한 양의 증가를 유발한다.
③ 손(sone)의 값 1은 주파수가 1,000 Hz이고, 강도가 40 dB인 음이 지각되는 소리의 크기이다.
④ 손(sone)과 폰(phon)은 지각된 음의 강약을 측정하는 단위다.

해설 물리적 음의 진동수는 인간이 감지하는 음의 높낮이와 관련되며, 물리적 소리강도의 증가는 지각되는 음의 강도증가와 동일하지 않다.

4 너비가 2 cm인 버튼을 누르기 위해 손가락을 8 cm 이동시키려고 한다. Fitts' law에서 로그함수의 상수가 10이고, 이동을 위한 준비시간과 관련된 상수가 5이다. 이동시간(ms)은 얼마인가?

해답 1. ② 2. ① 3. ② 4. ③

① 10 ms ② 15 ms
③ 35 ms ④ 55 ms

해설 Fitts의 법칙
A는 표적중심선까지의 이동거리, W는 표적폭이라 하고, 난이도(index of difficulty)를 다음과 같이 정의하면,

$$ID(\text{bits}) = \log_2 \frac{2A}{W}$$

$$MT = a + b \cdot ID$$

의 형태를 취하며, 이를 Fitts의 법칙이라 한다.

따라서, $ID(\text{bits}) = \log_2 \frac{2 \times 8}{2} = 3$

$MT = 5 + 10 \cdot 3 = 35$

5 다음 중 조종장치에 흔한 비선형요소로 조종장치를 움직여도 피제어요소에 변화가 없는 공간이 발생하는 현상을 무엇이라 하는가?

① 이력현상 ② 사공간현상
③ 반발현상 ④ 점성저항현상

해설 사공간현상
조종장치를 움직여도 피제어요소에 변화가 없는 곳을 말한다. 어떠한 조종장치에도 약간의 사공간은 피할 수 없으며, 성능에 미치는 효과나 대처방법은 이력현상의 것과 같다.

6 다음 중 인간공학이 추구하는 목표로 가장 적절한 것은?

① 인간의 기능향상
② 설비의 생산성증가
③ 제품 이미지와 판매량제고
④ 기능적 효율과 인간가치(human value) 향상

해설 인간공학은 시스템, 설비, 환경의 창조과정에서 기본적인 인간의 가치기준(human value)에 초점을 두어 개인을 중시하는 것이다.

7 다음 중 직렬시스템과 병렬시스템의 특성에 대한 설명으로 옳은 것은?

① 직렬시스템에서 요소의 개수가 증가하면 시스템의 신뢰도도 증가한다.
② 병렬시스템에서 요소의 개수가 증가하면 시스템의 신뢰도는 감소한다.
③ 시스템의 높은 신뢰도를 안정적으로 유지하기 위해서는 병렬시스템으로 설계하여야 한다.
④ 일반적으로 병렬시스템으로 구성된 시스템은 직렬시스템으로 구성된 시스템보다 비용이 감소한다.

해설 병렬연결(parallel system or fail safety)
항공기나 열차의 제어장치처럼 한 부분의 결함이 중대한 사고를 일으킬 염려가 있을 경우에는 병렬연결을 사용한다. 이는 결함이 생긴 부품의 기능을 대체시킬 수 있는 장치를 중복 부착시켜 두는 시스템이다.

8 정량적 동적 표시장치 중 지침이 고정되고 눈금이 움직이는 형태를 무엇이라 하는가?

① 계수형 ② 원형눈금
③ 동침형 ④ 동목형

해설 동목(moving scale)형
지침이 고정되고 눈금이 움직이는 형

9 다음 중 인체측정 방법의 선택기준과 가장 거리가 먼 것은?

① 경제성
② 계측자료의 융통성
③ 계측기기의 정밀성
④ 조사대상자의 선정용이성

해설 인체측정 방법의 선택기준
① 경제성
② 계측기기의 정밀성
③ 조사대상자의 선정용이성

해답 5. ② 6. ④ 7. ③ 8. ④ 9. ②

10 다음 중 인간공학의 정보이론에 있어 1 bit에 관한 설명으로 가장 적절한 것은?

① 초당 최대정보 기억용량이다.

② 정보저장 및 회송(recall)에 필요한 시간이다.

③ 2개의 대안 중 하나가 명시되었을 때 얻어지는 정보량이다.

④ 일시에 보낼 수 있는 정보전달 용량의 크기로서 통신채널의 capacity를 말한다.

해설 Bit란 실현가능성이 같은 2개의 대안 중 하나가 명시되었을 때 우리가 얻는 정보량으로 정의된다.

11 다음 중 암순응에 대한 설명으로 옳은 것은?

① 암순응 때에 원추세포는 감수성을 갖게 된다.

② 어두운 곳에서 밝은 곳으로 들어갈 때 발생한다.

③ 어두운 곳에서는 주로 간상세포에 의해 보게 된다.

④ 완전 암순응에는 일반적으로 5 ~ 10분 정도 소요된다.

해설 암순응(dark adaptation)
밝은 곳에서 어두운 곳으로 이동할 때의 순응을 암순응이라 하며, 두 가지 단계를 거치게 된다.
두 가지 순응단계
① 약 5분 정도 걸리는 원추세포의 순응단계
② 약 30~35분 정도 걸리는 간상세포의 순응단계
어두운 곳에서 원추세포는 색에 대한 감수성을 잃게 되고, 간상세포에 의존하게 된다.

12 다음 중 실제 사용자들의 행동을 분석하기 위하여 이용자가 생활하는 자연스러운 생활환경에서 비디오, 오디오에 녹화하여 시험하는 사용성 평가방법은?

① F.G.I.(Focus Group Interview)

② 사용성 평가실험(usability lab testing)

③ 관찰 에쓰노그라피(observation ethnography)법

④ 종이모형(paper mockup) 평가법

해설 관찰에쓰노그라피(observation ethnography) 실제 사용자들의 행동을 분석하기 위하여 이용자가 생활하는 자연스러운 생활환경에서 비디오, 오디오에 녹화하여 시험하는 사용성 평가방법

13 실체적인 체계나 장치의 설계 시 인간을 고려할 때 '보통사람'이라는 말을 흔히 쓰는데, 이와 관련된 '평균치의 모순(average person fallacy)'에 대한 설명으로 가장 적절한 것은?

① 모든 치수가 평균범위에 드는 평균치 인간은 존재하지 않는다.

② 평균은 모집단분포의 치우침을 나타낸다.

③ 평균치를 기준으로 한 설계는 제품설계에서 제일 먼저 적용하는 원칙이다.

④ 신체치수는 평균주위에 많이 분포한다.

해설 인체측정학 관점에서 볼 때 모든 면에서 보통인 사람이란 있을 수 없다. 따라서, 이런 사람을 대상으로 장비를 설계하면 안 된다는 주장에도 논리적 근거가 있다.

14 다음 중 일반적으로 부품의 위치를 정하고자 할 때 활용되는 부품배치의 원칙을 올바르게 나열한 것은?

① 중요성의 원칙과 사용빈도의 원칙

② 중요성의 원칙과 기능별 배치의 원칙

③ 사용빈도의 원칙과 사용순서의 원칙

④ 기능별 배치의 원칙과 사용빈도의 원칙

해설 부품배치의 원칙
① 중요성의 원칙(1순위): 부품을 작동하는 성능이 체계의 목표 달성에 긴요한 정도에 따라 우선순위를 설정한다.
② 사용빈도의 원칙(2순위): 부품을 사용하는 빈도에 따라 우선순위를 설정한다.

해답 10. ③ 11. ③ 12. ③ 13. ① 14. ①

③ 기능별 배치의 원칙(3순위): 기능적으로 관련된 부품들(표시장치, 조종장치 등)을 모아서 배치한다.
④ 사용순서의 원칙(4순위): 사용순서에 따라 가까이에 배치한다.

15 청각적 신호를 설계하는 데 고려되어야 하는 원리 중 검출성(detectability)에 대한 설명으로 옳은 것은?

① 사용자에게 필요한 정보만을 제공한다.
② 동일한 신호는 항상 동일한 정보를 지정하도록 한다.
③ 사용자가 알고 있는 친숙한 신호의 차원과 코드를 선택한다.
④ 신호는 주어진 상황 하에서 감지장치나 사람이 감지할 수 있어야 한다.

해설 검출성(Detectability)
모든 신호는 주어진 상황 하에서 감지장치나 사람이 감지할 수 있어야 한다.

16 다음 중 인간의 정보처리 과정에서 중요한 역할을 하는 양립성(compatibility)에 관한 설명으로 옳은 것은?

① 인간이 사용할 코드와 기호가 얼마나 의미를 가진 것인가를 다루는 것을 공간적 양립성이다.
② 표시장치와 제어장치의 움직임, 사용 시스템의 반응 등과 관련된 것을 개념적 양립성이라 한다.
③ 제어장치와 표시장치의 공간적 배열에 관한 것을 운동양립성이라 한다.
④ 직무에 알맞은 자극과 응답양식의 존재에 대한 것을 양식양립성이라 한다.

해설 양립성
자극들 간의, 반응들 간의 혹은 자극-반응조합의 공간, 운동 혹은 개념적 관계가 인간의 기대와 모순되지 않는 것을 말한다. 표시장치나 조종장치가 양립성이 있으면 인간성능은 일반적으로 향상되므로 이 개념은 이들 장치의 설계와 밀접한 관계가 있다.
① 개념양립성(conceptual compatibility): 코드나 심볼의 의미가 인간이 갖고 있는 개념과 양립
② 운동양립성(movement compatibility): 조종기를 조작하거나 display상의 정보가 움직일 때 반응 결과가 인간의 기대와 양립
③ 공간양립성(spatial compatibility): 공간적 구성이 인간의 기대와 양립
④ 양식양립성(modality compatibility): 직무에 알맞은 자극과 응답의 양식의 존재에 대한 양립

17 인간이 기계를 조정하여 임무를 수행하여야 하는 인간-기계체계(man-machine system)가 있다. 만일 이 인간-기계통합 체계의 신뢰도(R_S)가 0.85 이상이어야 하고, 인간의 신뢰도(R_i)가 0.9라고 한다면 기계의 신뢰도(R_ϵ)는 얼마 이상이어야 하는가? (단, 인간-기계체계는 직렬체계이다.)

① $R_\epsilon \geq 0.877$ ② $R_\epsilon \geq 0.831$
③ $R_\epsilon \geq 0.944$ ④ $R_\epsilon \geq 0.915$

해설 직렬연결

$$R_S = R_1 \cdot R_2 \cdot R_3 \cdots R_n = \prod_{i=1}^{n} R_i$$

인간-기계 통합체계의 신뢰도(R_S)
R_S = 인간의 신뢰도(R_i)×기계의 신뢰도(R_ϵ)
따라서, R_S=0.9×기계의 신뢰도(R_ϵ)≥0.85
기계의 신뢰도(R_ϵ)≥0.944

18 다음 중 반응시간이 가장 빠른 감각은?

① 청각 ② 미각
③ 통각 ④ 시각

해설 감각별 반응속도
① 청각: 0.17초
② 촉각: 0.18초
③ 시각: 0.20초
④ 미각: 0.70초

해답 15. ④ 16. ④ 17. ③ 18. ①

19 다음 중 시식별에 영향을 주는 인자와 가장 거리가 먼 것은?

① 조도 ② 반사율
③ 대비 ④ 온·습도

해설 시식별에 영향을 주는 인자
조도, 대비, 노출시간, 광도비, 과녁의 이동, 휘광, 연령, 훈련

20 다음 중 정보이론의 응용과 가장 거리가 먼 것은?

① Hick-Hyman 법칙
② Magic number = 7±2
③ 주의 집중과 이중과업
④ 자극의 수에 따른 반응시간 설정

해설 정보이론의 응용으로는 Hick-Hyman 법칙, Magic number, 자극의 수에 따른 반응시간 설정 등이 있다.

2 작업생리학

21 [그림]과 같은 심전도에서 나타나는 T파는 심장의 어떤 상태를 의미하는 것인가?

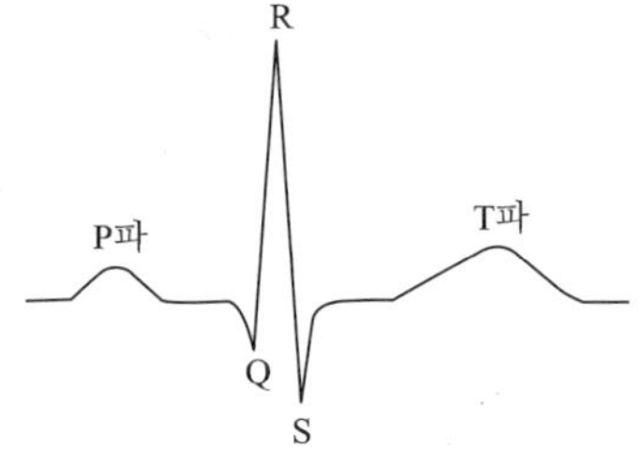

① 심방의 탈분극 ② 심실의 재분극
③ 심실의 탈분극 ④ 심방의 재분극

해설 P파는 심방 탈분극, QRS파는 심실탈분극, T파는 심실재분극 이다.

22 다음 중 근육의 활동에 대하여 근육에서의 전기적 신호를 기용하는 방법은?

① Electromyograph(EMG)
② Electrooculogram(EOG)
③ Electroencephalograph(EEG)
④ Electrocardiograph(ECG)

해설 근육이 움직일 때 나오는 미세한 전기신호를 근전도 Electromyograph(EMG)라 한다.

23 공기정화 시설을 갖춘 사무실에서의 환기기준으로 옳은 것은?

① 환기횟수는 시간당 2회 이상으로 한다.
② 환기횟수는 시간당 3회 이상으로 한다.
③ 환기횟수는 시간당 4회 이상으로 한다.
④ 환기횟수는 시간당 6회 이상으로 한다.

해설 노동부 고시 제2006-64호 사무실 공기관리 지침: 공기정화 시설을 갖춘 사무실에서 근로자 1인당 필요한 최소외기량은 0.57 m^3/min이며, 환기횟수는 시간당 4회 이상으로 한다.

24 남성작업자의 육체작업에 대한 에너지가를 평가한 결과 산소소모량이 1.5 L/min이 나왔다. 작업자의 4시간에 대한 휴식시간은 약 몇 분 정도인가? (단, Murrell의 공식을 이용한다.)

① 75분 ② 100분
③ 125분 ④ 150분

해설 Murrell의 공식 $R=\dfrac{T(E-S)}{E-1.5}$

R: 휴식시간(분)
T: 총 작업시간(분)
E: 평균에너지소모량(kcal/min)
S: 권장 평균에너지소모량(kcal/min)

R: $\dfrac{4\times 60(7.5-5)}{7.5-1.5}=100$분

25 다음 중 시각적 점멸융합주파수(VFF)에 영향을 주는 변수에 대한 설명으로 틀린 것은?

① 암조응 시는 VFF가 증가한다.

해답 19. ④ 20. ③ 21. ② 22. ① 23. ③ 24. ② 25. ①

② 연습의 효과는 아주 작다.
③ 휘도만 같으면 색은 VFF에 영향을 주지 않는다.
④ VFF는 조명강도의 대수치에 선형적으로 비례한다.

해설 암조응 시는 VFF가 감소한다.

26 다음 중 근육계에 관한 설명으로 옳은 것은?

① 수의근은 자율신경계의 지배를 받는다.
② 골격근은 줄무늬가 없는 민무늬근이다.
③ 불수의근과 심장근은 중추신경계의 지배를 받는다.
④ 내장근은 피로 없이 지속적으로 운동을 함으로써 서화, 분비 등 신체 내부 환경의 조절에 중요한 역할을 한다.

해설 근육의 종류
① 수의근은 자율신경계의 지배를 받는 것이 아니라, 뇌척수신경의 운동신경이 지배한다.
② 민무늬근은 골격근이 아닌 평활근에 해당한다.
③ 불수의근과 심장근은 자율신경이 지배한다.

27 다음 중 작업에 따른 에너지소비량에 영향을 미치는 주요인자로 볼 수 없는 것은?

① 작업방법 ② 작업 도구
③ 작업속도 ④ 최대산소섭취능력

해설 에너지소비량에 영향을 미치는 인자는 작업방법, 작업자세, 작업속도, 도구설계가 있다.

28 인체의 척추구조에서 경추는 몇 개로 구성되어 있는가?

① 5개 ② 7개
③ 9개 ④ 12개

해설 척추골은 위로부터 경추 7개, 흉추 12개, 요추 5개, 선추 5개, 미추 3~5개로 구성된다.

29 어떤 작업자의 8시간 작업 시 평균흡기량은 40 L/min, 배기량은 30 L/min으로 측정되었다. 만일 배기량에 대한 산소함량이 15%로 측정되었다고 가정하면 이때의 분당 산소소비량은?

① 3.3 L/min ② 3.5 L/min
③ 3.7 L/min ④ 3.9 L/min

해설 산소소비량
= (21% × 분당흡기량) − (O_2% × 분당배기량)
= (0.21 × 40) − (0.15 × 30)
= 3.9 L/min

30 다음 중 윤활관절(synovial joint)인 팔굽관절(elbow joint)은 연결형태로 구분하여 어느 관절에 해당되는가?

① 구상관절(ball and socket joint)
② 경첩관절(hinge joint)
③ 안장관절(saddle joint)
④ 관절구(condyloid)

해설 경첩관절의 예로는 무릎관절, 팔굽관절, 발목관절이 있다.

31 다음 중 힘과 모멘트에 대한 설명으로 옳은 것은?

① 힘의 3요소는 크기, 방향, 작용선이다.
② 스칼라(scalar)량은 크기는 없으며 방향만 존재한다.
③ 벡터(vector)량은 방향은 없으며 크기만 존재한다.
④ 모멘트란 회전시킬 수 있는 물체에 가해지는 힘이다.

해설 모멘트
변형시킬 수 있거나 회전시킬 수 있는 물체에 가해지는 힘

정답 26. ④ 27. ④ 28. ② 29. ④ 30. ② 31. ④

32 다음 중 가시도(visibility)에 영향을 미치는 요소가 아닌 것은?

① 조명기구
② 대비(contrast)
③ 과녁의 종류
④ 과녁에 대한 노출시간

해설 가시도(visibility)
대상물체가 주변과 분리되어 보이기 쉬운 정도. 일반적으로 가시도는 대비, 광속발산도, 물체의 크기, 노출시간, 휘광, 움직임(관찰자, 또는 물체의) 등에 의해 영향을 받는다.

33 강도 높은 작업을 마친 후 휴식 중에도 근육에 추가적으로 소비되는 산소량을 무엇이라 하는가?

① 산소부채 ② 산소결핍
③ 산소결손 ④ 산소요구량

해설 산소부채(oxygen debt)
인체활동의 강도가 높아질수록 산소요구량은 증가된다. 이때 에너지 생성에 필요한 산소를 충분하게 공급해 주지 못하면 체내에 젖산이 축척되고 작업종료 후에도 체내에 쌓인 젖산을 제거하기 위하여 계속적으로 산소량이 필요하게 되며, 이에 필요한 산소량을 산소부채라고 한다.

34 다음 중 근력 및 지구력에 대한 설명으로 틀린 것은?

① 근력측정치는 작업조건뿐만 아니라 검사자의 지시내용, 측정방법 등에 의해서도 달라진다.
② 등척력(isometric strength)은 신체를 움직이지 않으면서 자발적으로 가할 수 있는 힘의 최대값이다.
③ 정적인 근력측정자로부터 동작작업에서 발휘할 수 있는 최대힘을 정확히 추정할 수 있다.
④ 근육이 발휘할 수 있는 힘은 근육의 최대자율수축(MVC)에 대한 백분율로 나타내어진다.

해설 정적 근력측정
정적 상태에서의 근력은 피실험자가 고정 물체에 대하여 최대 힘을 내도록 하여 측정한다. AIHA(미국 산업위생학회)나 Chaffin에 따르면, 4~6초 동안 정적 힘을 발휘하게 하고, 이때의 순간 최대힘과 3초 동안의 평균 힘을 기록하도록 권장한다.

35 어떤 산업현장에서는 작업을 통하여 95 dB(A)에서 3시간, 100 dB(A)에서 0.5시간, 85 dB(A)에서 5시간을 소음수준에 노출되었다면 총 소음투여량은 약 얼마인가?(단, OSHA의 소음관련 기준을 따른다.)

① 65.62% ② 163.5%
③ 81.25% ④ 131.25%

해설

$$\text{누적 소음노출지수} = \frac{\text{실제노출시간}}{\text{최대허용시간}} \times 100$$

$$= (\frac{3}{4} \times 100) + (\frac{0.5}{2} \times 100) + (\frac{5}{16} \times 100)$$

$$= 131.25\%$$

36 소음대책의 방법 중 "감쇠대상의 음파와 동위상인 신호를 보내어 음파 간에 간섭현상을 일으키면서 소음이 저감되도록 하는 기법"을 무엇이라 하는가?

① 흡음처리 ② 거리감쇠
③ 능동제어 ④ 수동제어

해설 능동제어
감쇠대상의 음파와 동위상인 신호를 보내어 음파 간에 간섭현상을 일으키면서 소음이 저감되도록 하는 기법

37 다음 중 광도와 거리에 관한 조도의 공식으로 옳은 것은?

① 조도 $= \frac{\text{광도}}{\text{거리}}$ ② 조도 $= \frac{\text{거리}}{\text{광도}}$

해답 32. ③ 33. ① 34. ③ 35. ④ 36. ③ 37. ③

③ 조도 = $\frac{광도}{거리^2}$ ④ 조도 = $\frac{거리}{광도^2}$

해설 조도 = $\frac{광도}{거리^2}$

38 정적자세를 유지할 때의 진전(tremor)을 감소시킬 수 있는 방법으로 적당한 것은?

① 손을 심장높이보다 높게 한다.
② 몸과 작업에 관계되는 부위를 잘 받친다.
③ 작업 대상물에 기계적인 마찰을 제거한다.
④ 시각적인 참조(reference)를 정하지 않는다.

해설 진전을 감소시키는 방법
① 시각적 참조
② 몸과 작업에 관계되는 부위를 잘 받친다.
③ 손이 심장 높이에 있을 때가 손떨림이 적다.
④ 작업 대상물에 기계적인 마찰이 있을 때

39 다음 중 근육피로의 1차적 원인으로 옳은 것은?

① 젖산 축적 ② 글리코겐 축적
③ 미오산 축적 ④ 피루브산 축적

해설 육체적으로 격렬한 작업에서는 충분한 양의 산소가 근육활동에 공급되지 못해 무기성 환원과정에 의해 에너지가 공급되기 때문에 근육에 젖산이 축적되어 근육의 피로를 유발하게 된다.

40 다음 중 고열발생원에 대한 대책으로 볼 수 없는 것은?

① 고온순환 ② 전체환기
③ 복사열차단 ④ 방열재사용

해설 고열작업에 대한 대책으로는 발생원에 대한 공학적 대책, 방열보호구에 의한 관리대책, 작업자에 대한 보건관리상의 대책 등을 들 수 있다.
① 발생원에 대한 공학적 대책: 방열재를 이용한 방열 방법, 작업장 내 공기를 환기시키는 전체환기, 특정한 작업장 주위에만 환기를 하는 국소환기, 복사열의 차단, 냉방 등
② 방열보호구에 의한 관리대책 : 방열복과 얼음(냉각)조끼, 냉풍조끼, 수냉복 등의 보조 냉각보호구 사용 등
③ 작업자에 대한 보건관리상의 대책: 개인의 질병이나 연령, 적성, 고온순화 능력 등을 고려한 적성배치, 작업자들을 점진적으로 고열작업장에 노출시키는 고온순화, 작업주기 단축 및 휴식시간, 휴게실의 설치 및 적정온도 유지, 물과 소금의 적절한 공급 등

3 산업심리학 및 관련법규

41 다음 중 인간의 불안전행동을 예방하기 위해 Harvey에 의해 제안된 안전대책의 3E에 해당하지 않는 것은?

① Engineering
② Environment
③ Education
④ Enforcement

해설 안전의 3E 대책
① Engineering(기술)
② Education(교육)
③ Enforcement(강제)

42 다음 중 개인의 성격을 건강과 관련시켜 연구하는 성격유형에 있어 B형 성격소유자의 특성과 가장 관련이 깊은 것은?

① 수치계산에 민감하다.
② 공격적이며 경쟁적이다.
③ 문제의식을 느끼지 않는다.
④ 시간에 강박관념을 가진다.

해설 B형 성격
① 시간관념이 없다.
② 자만하지 않는다.
③ 문제의식을 느끼지 않는다.
④ 온건한 방법을 택한다.

해답 38. ② 39. ① 40. ① 41. ② 42. ③

⑤ 느긋하다.
⑥ 승부에 집착하지 않는다.
⑦ 마감시간에 대한 압박감이 없다.
⑧ 서두르지 않는다.

43 A 사업장의 도수율이 2로 계산되었다면 다음 중 이에 대한 해석으로 가장 적절한 것은?

① 근로자 1,000명당 1년 동안 발생한 재해자 수가 2명이다.
② 연근로시간 1,000시간당 발생한 근로손실일수가 2일이다.
③ 근로자 10,000명당 1년간 발생한 사망자 수가 2명이다.
④ 연근로시간 합계 100만인시(man-hour)당 2건의 재해가 발생하였다.

해설 도수율은 산업재해의 발생빈도를 나타내는 것으로 연근로시간 합계 100만 시간당 발생건수이다.

44 다음 중 부주의의 원인과 대책이 가장 적합하게 연결된 것은?

① 의식의 우회: 카운슬링
② 경험 또는 무경험: 적성배치
③ 의식의 우회: 작업환경 정비
④ 소질적 문제: 교육 또는 훈련

해설 부주의 발생원인과 대책
① 의식의 우회: 상담(카운슬링)
② 경험과 미경험: 안전교육, 훈련
③ 소질적 문제: 적성배치

45 다음 중 20세기 초 수행된 호손(Hawthorne)의 연구에 관한 설명으로 가장 적절한 것은?

① 조명조건 등 물리적 작업환경의 개선으로 생산성 향상이 가능하다는 것을 밝혔다.
② 연구가 수행된 포드(Ford) 자동차사에 컨베이어벨트가 도입되어 노동의 분업화가 가속화되었다.
③ 산업심리학의 관심이 물리적 작업조건에서 인간관계 등으로 바뀌게 되었다.
④ 연구결과 조직 내에서의 리더십의 중요성을 인식하는 계기가 되었다.

해설 호손(Hawthorne) 실험
미국의 Elton Mayo 교수가 주축이 되어 시카고 교외의 Hawthorne 공장에서 시행한 Hawthorne 실험은 작업자의 작업능률은 물리적인 작업조건(온도, 습도, 조명, 환기, 장비)보다는 작업자의 인간관계에 의하여 영향을 받으므로, 인간관계의 기초 위에서 관리를 추진해야 한다고 주장하였다.

46 재해의 기본원인을 조사하는 데에는 관련 요인들을 4M 방식으로 분류하는데, 다음 중 4M에 해당하지 않는 것은?

① Machine ② Material
③ Management ④ Media

해설 휴먼에러의 배후요인(4M)
① Man(인간)
② Machine(기계나 설비)
③ Media(매체)
④ Management(관리)

47 다음 중 데이비스(K. Davis)의 동기부여 이론에서 인간의 성과(human performance)를 올바르게 나타낸 것은?

① 지식(knowledge)×기능(skill)
② 상황(situation)×태도(attitude)
③ 능력(ability)×동기유발(motivation)
④ 인간조건(human condition)×환경조건(environment condition)

해설 데이비스(K. Davis)의 동기부여 이론
① 인간의 성과 × 물질의 성과 = 경영의 성과
② 지식(knowledge) × 기능(skill) = 능력
③ 상황(situation) × 태도(attitude)= 동기유발
④ 능력 × 동기유발 = 인간의 성과

정답 43. ④ 44. ① 45. ③ 46. ② 47. ③

48 다음 중 산업안전보건법령상 재해발생 시 작성하여야 하는 산업재해 조사표에서 재해의 발생형태에 따른 재해분류가 아닌 것은?

① 폭발　② 협착
③ 진폐　④ 감전

해설 발생형태(사고형태)에 따른 재해분류
① 추락: 사람이 건축물, 비계, 기계, 사다리, 나무 등에서 떨어지는 것
② 전도: 사람이 평면상에 넘어졌을 때를 말함
③ 충돌: 사람이 정지물에 부딪친 경우
④ 낙하, 비래: 물건이 주체가 되어 사람이 맞은 경우
⑤ 붕괴, 도괴: 적재물, 비계 건축물 등이 넘어진 경우
⑥ 협착: 물건에 끼워진 상태, 말려든 상태
⑦ 감전: 전기접촉이나 방전에 의해 사람이 충격을 받는 경우
⑧ 폭발: 압력의 급격한 발생 또는 개방으로 폭음을 수반한 팽창이 일어난 경우
⑨ 파열: 용기 또는 장치가 물리적 압력에 의해 파열된 경우
⑩ 화재
⑪ 무리한 동작: 부자연스런 자세 또는 동작의 반복으로 상해를 입은 경우
⑫ 이상온도 접촉: 고온이나 저온에 접촉한 경우
⑬ 유해물접촉: 유해물접촉으로 중독이나 질식된 경우

49 다음 중 통제적 집단행동이 아닌 것은?

① 모브(mob)
② 관습(custom)
③ 유행(fashion)
④ 제도적 행동(institutional behavior)

해설 통제의 집단행동
① 관습: 풍습, 도덕 규범, 예의, 금기 등으로 나누어 진다.
② 제도적 행동: 합리적으로 집단구성원의 행동을 통제하고 표준화함으로써 집단의 안정을 유지하려는 것이다.
③ 유행: 집단 내의 공통적인 행동양식이나 태도 등을 말한다.

50 검사작업자가 한 로트에 100개인 부품을 조사하여 6개의 불량품을 발견하였으나 로트에는 실제로 10개의 불량품이 있었다면 이 검사작업자의 휴먼에러확률은 얼마인가?

① 0.04　② 0.06
③ 0.1　④ 0.6

해설 휴먼에러확률

$$HEP \approx \hat{p} = \frac{\text{실제 인간의 에러 횟수}}{\text{전체 에러 기회의 횟수}}$$

= 사건당 실패수

실제 인간의 에러 횟수 = 실제 10개의 불량품 − 발견한 6개의 불량품 = 4회
전체 에러 기회의 횟수 = 한 로트에 100개인 부품

$$\text{휴먼에러확률}(HEP) \approx \hat{p} = \frac{4}{100} = 0.04$$

51 다음 중 인간의 정보처리 과정 측면에서 분류한 휴먼에러에 해당하는 것은?

① 생략오류(omission error)
② 작위적 오류(commission error)
③ 부적절한 수행오류(extraneous error)
④ 의사결정 오류(decision making error)

해설 정보처리 과정을 통한 휴먼에러의 분류
① 입력 에러
② 정보처리 에러
③ 출력 에러
④ 피드백 에러
⑤ 의사결정 에러

52 힉-하이만(Hick-Hyman)의 법칙에 의하면 인간의 반응시간(RT)은 자극정보의 양에 비례한다고 한다. 인간의 반응시간이 다음 식과 같이 예견된다고 하면, 자극정보의 개수가 2개에서 8개로 증가한다면 반응시간은 몇 배 증가하겠는가? (단, a는 상수, N은 자극정보의 수를 의미한다.)

$$RT = a \times \log_2 N$$

정답 48. ③　49. ①　50. ①　51. ④　52. ①

① 3배　　② 4배
③ 16배　　④ 32배

해설 a는 상수이므로 자극정보의 수만으로 계산을 한다. $\log_2 2 = 1$이고, $\log_2 8 = 3$이므로, 3배 증가

53 다음 중 휴먼에러 방지의 3가지 설계기법으로 볼 수 없는 것은?

① 배타설계(exclusion design)
② 제품설계(products design)
③ 보호설계(prevention design)
④ 안전설계(fail-safe design)

해설 휴먼에러 방지의 3가지 설계기법
① 배타설계(exclusion design)
② 보호설계(prevention design)
③ 안전설계(fail-safe design)

54 다음 중 제조물책임법상 손해배상 책임을 지는 자(제조업자)의 면책사유에 해당하지 않는 경우는?

① 제조업자가 당해 제조물을 공급하지 아니한 사실을 입증하는 경우
② 제조업자가 당해 제조물을 공급한 때의 과학기술 수준으로는 결함의 존재를 발견할 수 없었다는 사실을 입증하는 경우
③ 제조물의 결함이 제조업자가 당해 제조물을 공급할 당시의 법령이 정하는 기준을 준수함으로써 발생한 사실을 입증하는 경우
④ 제조물을 공급한 후에 당해 제조물에 결함이 존재한다는 사실을 알거나 알 수 없었다는 사실을 입증하는 경우

해설 제조물책임이 면책되는 경우
① 당해 제품을 공급하지 아니한 경우
② 당해 제품을 공급한 때의 과학, 기술수준으로는 결함의 존재를 알 수 없는 경우
③ 당해 제품을 공급할 당시의 법령이 정하는 기준을 준수함으로써 결함이 발생한 경우
④ 당해 원재료 또는 부품을 사용한 완성품 제조업자의 설계 또는 제작에 관한 지시로 결함이 발생한 경우

55 다음 중 집단 간의 갈등을 해결함과 동시에 갈등을 촉진시킬 수 있는 방법으로 가장 적절한 것은?

① 조직구조의 변경
② 전제적 명령
③ 상위목표의 도입
④ 커뮤니케이션의 증대

해설 조직구조의 변경
조직의 공식적 구조를 집단 간 갈등이 발생하지 않도록 변경하는 것이다. 예컨대 집단구성원의 이동이나 집단 간 갈등을 중재하는 지위를 새로 만드는 것 등을 말한다.

56 인간이 과도로 긴장하거나 감정흥분 시의 의식수준 단계로서 대뇌의 활동력은 높지만 냉정함이 결여되어 판단이 둔화되는 의식수준 단계는?

① Ⅰ단계
② Ⅱ단계
③ Ⅲ단계
④ Ⅳ단계

해설 Ⅳ단계
과도긴장 시나 감정흥분 시의 의식수준으로 대뇌의 활동력은 높지만 주의가 눈앞의 한곳에만 집중되고 냉정함이 결여되어 판단은 둔화된다.

57 다음 중 리더십 이론에 있어 관리격자이론에서 인간중심 지향적으로 직무에 대한 관심이 가장 낮은 유형은?

① (1,1)형　　② (1,9)형
③ (9,1)형　　④ (9,9)형

해답 53. ② 54. ④ 55. ① 56. ④ 57. ②

해설
① (1,1)형: 인간과 업적에 모두 최소의 관심을 가지고 있는 무기력형(impoverished style)이다.
② (1,9)형: 인간중심 지향적으로 업적에 대한 관심이 낮다. 이는 컨트리클럽형(country-club style)이다.
③ (9,1)형: 업적에 대하여 최대의 관심을 갖고, 인간에 대하여 무관심하다. 이는 과업형(task style)이다.
④ (9,9)형: 업적과 인간의 쌍방에 대하여 높은 관심을 갖는 이상형이다. 이는 팀형(team style)이다.
⑤ (5,5)형: 업적 및 인간에 대한 관심도에 있어서 중간값을 유지하려는 리더형이다. 이는 중도형(middle-of-the road style)이다.

58 다음 중 NIOSH의 직무스트레스 모형에서 직무스트레스 요인과 성격이 다른 한 가지는?

① 작업요인
② 조직요인
③ 환경요인
④ 행동적 반응요인

해설 직무스트레스 요인에는 크게 작업요구, 조직적 요인 및 물리적 환경 등으로 구분될 수 있으며, 다시 작업요구에는 작업과부하, 작업속도 및 작업과정에 대한 작업자의 통제(업무재량도) 정도, 교대근무 등이 포함된다.

59 다음 중 FTA(Fault Tree Analysis)에 관한 설명으로 옳은 것은?

① 연역적 방법 또는 톱다운(top-down) 접근방식이다.
② 귀납적이고, 위험 그 자체와 영향을 강조하고 있다.
③ 시스템 구상에 있어 가장 먼저 하는 분석으로 위험요소가 어떤 상태에 있는지를 정성적으로 평가하는 데 적합하다.
④ 한 사건에 대하여 실패와 성공으로 분개하고, 동일한 방법으로 분개된 각각의 가지에 대하여 실패 또는 성공의 확률을 구하는 것이다.

해설 결함나무분석(Fault Tree Analysis)
① FTA는 고장이나 재해요인의 정성적인 분석뿐만 아니라 개개의 요인이 발생하는 확률을 얻을 수 있으며, 재해발생 후의 규명보다 재해발생 이전의 예측기법으로서 활용가치가 높은 유효한 방법이다.
② 정상사상인 재해현상으로부터 기본사상인 재해원인을 향해 연역적인 분석을 행하므로 재해현상과 재해원인의 상호관련을 해석하여 안전대책을 검토할 수 있다.
③ 정량적 해석이 가능하므로 정량적 예측을 행할 수 있다.

60 다음 중 리더십의 유형에 따라 나타나는 특징에 대한 설명으로 틀린 것은?

① 권위주의적 리더십 - 리더에 의해 모든 정책이 결정 된다.
② 권위주의적 리더십 - 각 구성원의 업적을 평가할 때 주관적이기 쉽다.
③ 민주적 리더십 - 리더는 보통 과업과 그 과업을 함께 수행할 구성원을 지정해 준다.
④ 민주적 리더십 - 모든 정책은 리더에 의해서 지원을 받는 집단토론식으로 결정된다.

해설 민주적 리더십
참가적 리더십이라고도 하는데, 이는 조직의 방침, 활동 등을 될 수 있는 대로 조직구성원의 의사를 종합하여 결정하고, 그들의 자발적인 의욕과 참여에 의하여 조직목적을 달성하려는 것이 특징이다. 민주적 리더십에서는 각 성원의 활동은 자신의 계획과 선택에 따라 이루어지지만, 그 지향점은 생산향상에 있으며, 이를 위하여 리더를 중심으로 적극적인 참여와 협조를 아끼지 않는다.

해답 58. ④ 59. ① 60. ③

4 근골격계질환 예방을 위한 작업관리

61 다음 중 허리부위와 중량물취급 작업에 대한 유해요인의 주요 평가기법은?

① REBA ② JSI ③ RULA ④ NLE

해설 NLE는 들기작업에 대한 권장무게한계(RWL)를 쉽게 산출하도록 하여 작업의 위험성을 예측하여 인간공학적인 작업방법의 개선을 통해 작업자의 직업성 요통을 사전에 예방하는 것이다.

62 다음 중 [보기]와 같은 작업표준의 작성 절차를 올바르게 나열한 것은?

> [보기]
> a. 작업분해
> b. 작업의 분류 및 정리
> c. 작업표준안 작성
> d. 작업표준의 채점과 교육실시
> e. 동작순서 설정

① a → b → c → e → d

② a → e → b → c → d

③ b → a → e → c → d

④ b → a → c → e → d

해설 작업표준 작성절차

① 작업의 분류 및 정리
② 작업분해
③ 동작순서 설정
④ 작업표준안 작성
⑤ 작업표준의 채점과 교육실시

63 다음 중 작업대 및 작업공간에 관한 설명으로 틀린 것은?

① 가능하면 작업자가 작업 중 자세를 필요에 따라 변경할 수 있도록 작업대와 의자 높이를 조절할 수 있는 방식을 사용한다.

② 가능한 낙하식 운반방법을 사용한다.

③ 작업점의 높이는 팔꿈치높이를 기준으로 설계한다.

④ 정상작업역이란 작업자가 위팔과 아래팔을 곧게 펴서 파악할 수 있는 구역으로 조립작업에 적절한 영역이다.

해설 정상 작업영역
상완을 자연스럽게 수직으로 늘어뜨린 채, 전완만으로 편하게 뻗어 파악할 수 있는 구역(34~45 cm)이다.

64 평균관측시간이 0.9분, 레이팅계수가 120%, 여유시간이 하루 8시간 근무시간 중에 28분으로 설정되었다면 표준시간은 약 몇 분인가?

① 0.926 ② 1.080

③ 1.147 ④ 1.151

해설

$$\text{여유율}(A) = \frac{\text{여유시간}}{\text{실동시간}} = \frac{28}{480-28} = 0.062$$

$$\text{정미시간}(NT) = \text{관측시간 대푯값} \times \left(\frac{\text{레이팅계수}}{100}\right) = 0.9 \times \left(\frac{120}{100}\right) = 1.08\text{분}$$

$$\text{표준시간}(ST) = \text{정미시간} \times (1+\text{여유율}) = 1.08 \times (1+0.062) = 1.147\text{분}$$

65 다음 중 작업측정에 대한 설명으로 적절한 것은?

① 반드시 비디오촬영을 병행하여야 한다.

② 측정 시 작업자가 모르게 비밀촬영을 하여야 한다.

③ 작업측정은 자격을 가진 전문가만이 수행하여야 한다.

④ 측정 후 자료는 그대로 사용하지 않고,

해답 61. ④ 62. ③ 63. ④ 64. ③ 65. ④

작업능률에 따라 자료를 조정할 수 있다.

해설
① 비디오촬영을 병행하지 않아도 되는 작업측정 기법이 있다.
② 비밀촬영을 하지 않는 작업측정 기법이 있다.
③ 자격을 가진 전문가가 아니더라도 작업측정을 하는 작업측정 기법이 있다.

66 다음 중 작업분석 시 문제분석 도구로 적합하지 않은 것은?

① 작업공정도 ② 다중활동분석표
③ 서블릭분석 ④ 간트차트

해설 서블릭분석
작업자의 작업을 요소동작으로 나누어 관측용지에 18종류의 서블릭 기호로 분석·기록하는 방법으로 동작분석에 해당한다.

67 다음 중 작업관리의 문제분석 도구로서, 가로축에 항목, 세로축에 항목별 점유비율과 누적비율로 막대-꺾은선 혼합그래프를 사용하는 것은?

① 특성요인도 ② 파레토차트
③ PERT차트 ④ 간트차트

해설 파레토분석
문제가 되는 요인들을 규명하고 동일한 스케일을 사용하여 누적분포를 그리면서 오름차순으로 정리한다.

68 다음 중 근골격계질환의 예방에서 단기적 관리방안이 아닌 것은?

① 교대근무에 대한 고려
② 안전한 작업방법 교육
③ 근골격계질환 예방·관리 프로그램의 도입
④ 관리자, 작업자, 보건관리자 등에 인간공학 교육

해설 단기적 관리방안
① 인간공학 교육(관리자, 작업자, 노동조합, 보건관리자 등)
② 위험요인의 인간공학적 분석 후 작업장 개선
③ 작업자에 대한 휴식시간의 배려
④ 교대근무에 대한 고려
⑤ 안전예방 체조의 도입
⑥ 안전한 작업방법 교육
⑦ 재활복귀질환자에 대한 재활시설의 도입, 의료시설 및 인력 확보
⑧ 휴게실, 운동시설 등 기타 관리시설 확충

69 다음 중 1 TMU(Time Measurement Unit)를 초단위로 환산한 것은?

① 0.0036초 ② 0.036초
③ 0.36초 ④ 1.667초

해설
1 TMU = 0.00001시간 = 0.0006분 = 0.036초

70 다음 중 근골격계질환의 발생에 기여하는 작업적 유해요인과 가장 거리가 먼 것은?

① 과도한 힘의 사용
② 개인보호구의 미착용
③ 불편한 작업자세의 반복
④ 부적절한 작업/휴식비율

해설 작업특성 요인
① 반복성
② 부자연스런 또는 취하기 어려운 자세
③ 접촉스트레스
④ 진동
⑤ 온도, 조명 등 기타요인

71 어느 기계가공작업에 대한 작업내용과 소요시간, 비용 등이 다음과 같을 때 해당 작업에서 작업자가 몇 대의 동일한 기계를 담당하는 것이 가장 경제적인가?

해답 66. ③ 67. ② 68. ③ 69. ② 70. ② 71. ③

작업자: - 가공될 재료를 로딩(0.6분) - 가공품을 꺼냄(0.3분) - 가공품을 검사(0.5분) - 마무리작업(0.2분) - 다른 기계 쪽으로 걸어감(0.05분) 기계: 가공시간(3.95분)
인건비: 3,000원/시간 기계비용: 4,800원/시간

① 1대 ② 2대 ③ 3대 ④ 4대

해설 이론적 기계대수

$$n = \frac{a+t}{a+b}$$

a: 작업자와 기계의 동시작업시간 = 0.9분
b: 독립적인 작업자활동시간 = 0.75분
t: 기계 가동시간 = 3.95분

$$n = \frac{0.9+3.95\text{분}}{0.9+0.75\text{분}} = 2.94$$

2대일 경우와 3대일 경우 비용비교

구분	2대	3대
Cycle time	$a+t=4.85$	$n(a+b)=3(1.65)$ $=4.95$
시간당 비용	$3000+2\times4800$ $=12600$	$3000+3\times4800$ $=17400$
시간당 생산량	$2/(0.9+3.95)$ $\times60$ $=24.74$	$[3/((0.9+0.75)$ $\times3)]\times60$ $=36.36$
단위제품당 비용=시간당 비용/시간당 생산량	$\frac{12600}{24.74}=509.25$	$\frac{17400}{36.36}=478.5$

따라서 기계 3대가 가장 경제적이다.

72 다음 중 근골격계질환 예방·관리 프로그램에 대한 설명으로 옳은 것은?

① 사업주와 근로자는 근골격계질환의 조기 발견과 조기치료 및 조속한 직장복귀를 위하여 가능한 한 사업장 내에서 재활프로그램 등의 의학적 관리를 받을 수 있도록 한다.

② 사업주는 효율적이고 성공적인 근골격계질환의 예방·관리를 위하여 사업장 특성에 맞게 근골격계질환 예방·관리 추진팀을 구성하되 예방·관리추진팀에는 예산 등에 대한 결정권한이 있는 자가 참여하는 것을 권고할 수 있다.

③ 근골격계질환 예방·관리 최초교육은 예방·관리 프로그램이 도입된 후 1년 이내에 실시하고 이후 3년마다 주기적으로 실시한다.

④ 유해요인 개선방법 중 작업의 다양성 제공, 작업속도 조절 등은 공학적 개선에 속한다.

해설 근골격계질환 예방·관리 프로그램의 기본 방향
사업주와 작업자는 근골격계질환의 조기발견과 조기치료 및 조속한 직장복귀를 위하여 가능한 한 사업장 내에서 의학적 관리를 받을 수 있도록 한다.

73 다음 중 작업개선의 ECRS 기본원칙과 가장 거리가 먼 것은?

① 작업방법을 바꾸거나 변경한다.

② 다른 작업이나 작업요소를 결합한다.

③ 불필요한 작업이나 작업요소를 제거한다.

④ 작업이나 작업요소를 단순화 및 간소화한다.

해설 작업개선의 원칙: ECRS 원칙
① Eliminate(불필요한 작업·작업요소 제거)
② Combine(다른 작업·작업요소와의 결합)
③ Rearrange(작업순서의 변경)
④ Simplify(작업·작업요소의 단순화·간소화)

해답 72. ① 73. ①

74 다음 중 작업측정 방법의 성격이 다른 하나는?

① PTS법
② 표준자료법
③ 실적기록법 및 통계적 표준
④ 워크샘플링

해설 작업측정 기법
① 직접측정법: 시간연구법, 워크샘플링법
② 간접측정법: 표준자료법, PTS법, 실적기록법

75 조립작업 등과 같이 엄지와 검지로 집는 작업자세가 많은 경우 손목의 정중신경압박으로 증상이 유발하는 질환은?

① 근막통증후군 ② 외상과염
③ 수완진동증후군 ④ 수근관증후군

해설 수근관증후군
손목의 수근터널을 통과하는 신경을 압박함으로써 발생하며, 손목의 굽힘이나 비틀림 또는 특별하게 힘을 아래로 가하는 경우 유발될 수 있음

76 다음 중 RULA(Rapid Upper Limb Assesment)의 평가요소에 포함되지 않는 것은?

① 발목각도 ② 손목각도
③ 전완자세 ④ 몸통자세

해설 RULA(Rapid Upper Limb Assessment)
RULA는 어깨, 팔목, 손목, 목 등 상지(upper limb)에 초점을 맞추어서 작업자세로 인한 작업부하를 쉽고 빠르게 평가하기 위해 만들어진 기법이다.

77 다음 중 작업장시설의 재배치, 기자재 소통상 혼잡지역 파악, 공정과정 중 역류현상 점검 등에 가장 유용하게 사용할 수 있는 공정도는?

① Gantt Chart
② Flow Diagram
③ Man-Machine Chart
④ Operation Process Chart

해설 유통선도(flow diagram)
제조과정에서 발생하는 작업, 운반, 정체, 검사, 보관 등의 사항이 생산현장의 어느 위치에서 발생하는가를 알 수 있도록 부품의 이동경로를 배치도상에 선으로 표시한 후, 유통공정도에서 사용되는 기호와 번호를 발생위치에 따라 유통선상에 표시한 도표이다.

78 다음 중 작업관리(Work Study)에 관한 설명으로 옳은 것은?

① 가치공학이라고도 한다.
② 방법연구와 작업측정을 주대상으로 하는 명칭이다.
③ 작업관리의 주목적은 작업시간 단축과 노동강도 증가에 있다.
④ 제조공장을 주요 대상으로 개발되어 사무작업에는 적용이 불가능하다.

해설 작업관리는 개개 작업의 합리화나 능률뿐만 아니라 공정계열 전체로서의 작업의 합리화, 능률화를 추구한다. 작업관리의 범위는 지금까지는 동작연구와 시간연구가 주가 되었으나 현재는 작업의 안전, 특히 근골격계질환의 관리가 포함되는 추세이다.

79 다음 중 "동작경제의 원칙"의 3가지 범주에 들어가지 않은 것은?

① 작업개선의 원칙
② 신체의 사용에 관한 원칙
③ 작업장의 배치에 관한 원칙
④ 공구 및 설비의 디자인에 관한 원칙

해설 동작경제의 원칙
① 신체의 사용에 관한 원칙
② 작업역의 배치에 관한 원칙
③ 공구 및 설비의 설계에 관한 원칙

해답 74. ④ 75. ④ 76. ① 77. ② 78. ② 79. ①

80 근골격계 부담작업의 유해요인조사의 내용 중 작업장 상황조사 항목에 해당되지 않는 것은?

① 근무형태 ② 작업량
③ 작업설비 ④ 작업공정

해설 유해요인조사내용(작업장상황)
① 작업공정 변화
② 작업설비 변화
③ 작업량변화
④ 작업속도 및 최근업무의 변화

해답 80. ①

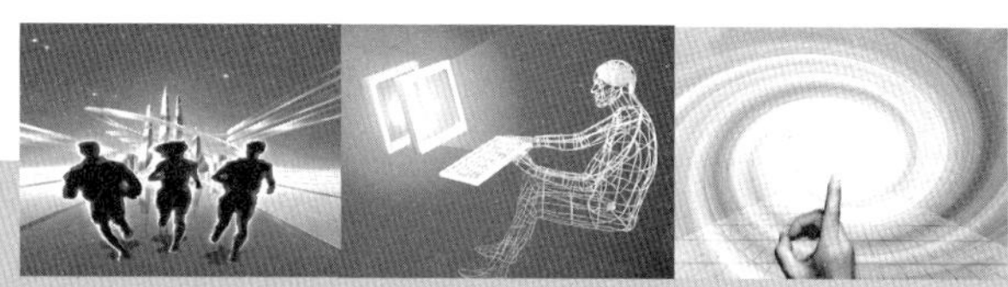

인간공학기사 필기시험 문제풀이 15회[141]

1 인간공학 개론

1 인간-기계 시스템에서 정보 전달과 조종이 이루어지는 접합면인 인간-기계 인터페이스(man-machine interface)의 종류에 해당하지 않는 것은?

① 지적 인터페이스 ② 역학적 인터페이스
③ 감성적 인터페이스 ④ 신체적 인터페이스

해설 인간-기계 인터페이스는 사용자의 특성을 고려하여 신체적 인터페이스, 지적 인터페이스, 감성적 인터페이스로 분류할 수 있다.

2 다음 중 최적의 C/R비 설계 시 고려사항으로 틀린 것은?

① 계기의 조절시간이 가장 짧게 소요되는 크기를 선택한다.
② 짧은 주행시간 내에서 공차의 안전범위를 초과하지 않는 계기를 마련한다.
③ 작업자의 눈과 표시장치의 거리는 주행과 조절에 크게 관계된다.
④ 조종장치의 조작시간 지연은 직접적으로 C/R비와 관계없다.

해설 조작시간
조종장치의 조작시간 지연은 직접적으로 C/R비가 가장 크게 작용하고 있다. 작업자의 조절동작과 계기의 반응운동 간에 지연시간을 가져오는 경우에는 C/R비를 감소시키는 것 이외에 방법이 없다.

3 다음 중 인간의 후각 특성에 대한 설명으로 틀린 것은?

① 훈련을 통하면 식별 능력을 향상시킬 수 있다.
② 특정한 냄새에 대한 절대적 식별 능력은 떨어진다.
③ 후각은 특정 물질이나 개인에 따라 민감도의 차이가 있다.
④ 후각은 냄새 존재 여부보다는 특정 자극을 식별하는 데 사용되는 것이 효과적이다.

해설 후각은 특정 자극을 식별하는 데 사용되기보다는 냄새의 존재 여부를 탐지하는 데 효과적이다.

4 다음 중 음 세기(sound intensity)에 관한 설명으로 옳은 것은?

① 음 세기의 단위는 Hz이다.
② 음 세기는 소리의 고저와 관련이 있다.
③ 음 세기는 단위시간에 단위 면적을 통과하는 음의 에너지를 말한다.

정답 1. ② 2. ④ 3. ④ 4. ③

④ 음압수준(sound pressure level) 측정 시 주로 1,000 Hz 순음을 기준 음압으로 사용한다.

(해설) 음의 강도는 단위 면적당의 에너지($Watt/m^2$)로 정의되며, 일반적으로 음에 대한 값은 그 범위가 매우 넓기 때문에 로그(log)를 사용한다.

5 다음 중 시각적 표시장치보다 청각적 표시장치를 사용해야 유리한 경우는?

① 정보의 내용이 긴 경우
② 정보의 내용이 복잡한 경우
③ 정보의 내용이 후에 재참조되는 경우
④ 정보의 내용이 시간적 사상을 다루는 경우

(해설)
※청각장치가 이로운 경우
① 전달정보가 간단하다.
② 전달정보는 후에 재참조되지 않음
③ 전달정보가 즉각적인 행동을 요구할 때
④ 수신 장소가 너무 밝을 때
⑤ 직무상 수신자가 자주 움직이는 경우
⑥ 정보의 내용이 시간적 사상을 다루는 경우

※시각장치가 이로운 경우
① 전달정보가 복잡할 때
② 전달정보 후에 재참조될 때
③ 수신자의 청각계통이 과부화일 때
④ 수신 장소가 시끄러울 때
⑤ 직무상 수신자가 한곳에 머무르는 경우

6 다음 중 인체계측지에 있어 기능적(functional) 치수를 사용하는 이유로 가장 올바른 것은?

① 인간은 닿는 한계가 있기 때문
② 사용 공간의 크기가 중요하기 때문
③ 인간이 다양한 자세를 취하기 때문
④ 각 신체부위는 조화를 이루면서 움직이기 때문

(해설) 기능적 치수를 사용하는 것이 중요한 이유는 신체적 기능을 수행할 때, 각 신체 부위는 독립적으로 움직이는 것이 아니라 조화를 이루어 움직이기 때문이다.

7 다음 중 인간공학의 개념과 가장 거리가 먼 것은?

① 효율성 제고　② 안전성 제고
③ 독창성 제고　④ 편리성 제고

(해설) 인간공학의 정의: 인간 활동의 최적화를 연구하는 학문으로 인간이 작업 활동을 하는 경우에 인간으로서 가장 자연스럽게 일하는 방법을 연구 하는 것이며, 인간과 그들이 사용하는 사물과 환경 사이의 상호작용에 대해 연구하는 것이다.

8 동일한 조건에서 선택가능한 대안의 수가 2에서 8로 증가하였다. 선택반응시간은 몇 배 늘었는가? (단, 대안의 수가 없을 때 반응시간은 0이라고 가정한다.)

① 1　② 2　③ 3　④ 4

(해설)
정보량 $H = \log_2 n$, n = 대안의 수이므로
$\log_2 2 = 1$, $\log_2 8 = 3$
따라서, 3배가 증가하였다.

9 각각의 변수가 다음과 같을 때 정보량을 구하는 식으로 틀린 것은?

n: 대안의 수
p: 대안의 실현확률
P_k: 각 대안의 실패확률
P_i: 각 대안의 실현확률

① $H = \log_2 n$
② $H = \sum_{k=0}^{n} p_k + \log_2 \frac{1}{p_k}$
③ $H = \log_2 \frac{1}{p}$
④ $H = \sum_{i=1}^{n} p_i \log_2 \frac{1}{p_i}$

해답 5. ④ 6. ④ 7. ③ 8. ③ 9. ②

해설

정보량을 구하는 식

$H=\log_2 n$

$H=\log_2 \frac{1}{p}$ (p: 각 대안의 실현확률)

$H=\sum_{i=1}^{n} P_i \log_2 (\frac{1}{P_i})$ (P_i: 각 대안의 실현확률)

10 다음 중 청각적 신호의 식별에 관한 설명으로 틀린 것은?

① JND가 클수록 자극 차원의 변화를 쉽게 검출할 수 있다.

② 1 kHz 이하의 순음들에 대한 JND는 작으나, 그 이상의 주파수에서 JND는 급격히 커진다.

③ 청각적 코드로 전달할 정보량이 많을 때에는 다차원 코드 시스템을 사용한다.

④ 주변 소음이 있는 경우 음의 은폐효과가 나타날 수 있다.

해설 JND(Just Noticeable Difference): 심리학 용어로 최소한의 감지 가능한 차이를 의미한다.

11 다음 중 작업공간에 각종 장비 및 장치들의 배치하기 위해 사용하는 원칙이 아닌 것은?

① 비용 절감의 원리

② 중요성의 원리

③ 사용순서의 원리

④ 사용빈도의 원리

해설 부품 배치의 원칙

① 중요성의 원칙

② 사용빈도의 원칙

③ 기능별 배치의 원칙

④ 사용순서의 원칙

12 다음 중 시식별에 영향을 주는 요소로서 관련이 가장 적은 것은?

① 시력 ② 표적의 형태

③ 밝기 ④ 물체 크기

해설 시식별에 영향을 주는 인자는 조도, 밝기, 대비, 노출시간, 시력, 물체의 크기, 광도비, 과녁의 이동, 휘광, 연령, 훈련이 있다.

13 다음 중 시스템의 성능 평가척도를 옳게 설명한 것은?

① 적절성 – 평가척도가 시스템의 목표를 잘 반영해야 한다.

② 신뢰성 – 측정하려는 변수 이외의 다른 변수들의 영향을 받지 않아야 한다.

③ 무오염성 – 비슷한 환경에서 평가를 반복할 경우에 일정한 결과를 나타낸다.

④ 실제성 – 기대되는 차이에 적합한 단위로 측정할 수 있어야 한다.

해설

적절성: 기준이 의도된 목적에 적당하다고 판단되는 정도를 말한다.

무오염성: 기준 척도는 측정하고자 하는 변수 외의 다른 변수들의 영향을 받아서는 안 된다.

기준 척도의 신뢰성: 다루게 될 체계나 부품의 신뢰도 개념과는 달리 사용되는 척도의 신뢰성, 즉 반복성을 말한다.

14 다음 중 일반적인 인간–기계 시스템 내에서의 기본 4가지 기능에 해당되지 않는 것은?

① 정보저장(information storage)

② 정보감지(information sensing)

③ 정보처리(information processing)

④ 정보변환(information transformation)

해설 인간기계 시스템에서의 인간이나 기계는 감각을 통한 정보의 수용, 정보의 보관, 정보의 처리 및 의사결정, 행동의 네 가지 기본적인 기능을 수행한다.

해답 10. ① 11. ① 12. ② 13. ① 14. ④

15 다음 중 눈의 구조와 관련된 시각기능에 대한 설명으로 올바르지 않은 것은?

① 빛에 대한 감도변화를 '조응'이라 한다.
② 디옵터(diopter)는 '1/초점거리(m)'로 정의된다.
③ 정상인에게 정상 시각에서의 원점은 거의 무한하다.
④ 암순응은 명순응보다 빨리 진행되어 1분 정도에 끝난다.

해설 완전 암순응에는 보통 30~40분이 걸리지만, 명순응은 몇 초밖에 안 걸리며, 넉넉잡아 1~2분이다.

16 다음 중 인간의 작업기억(working memory)에 관한 설명으로 틀린 것은?

① 정보를 감지하여 작업기억으로 이전하기 위해서 주의(attention) 자원이 필요하다.
② 청각정보보다 시각정보를 작업기억 내에 더 오래 기억할 수 있다.
③ 작업기억의 정보는 감각, 신체, 작업코드의 세 가지로 코드화된다.
④ 작업기억 내에 정보의 의미 있는 단위(chunk)로 저장이 가능하다.

해설 정보를 감지하여 작업기억으로 이전하기 위해서는 주의 자원이 필요하다. 그리고 작업기억은 청각정보보다 시각정보를 더 오래 기억할 수 있으며, 작업기억 내에 정보의 의미 있는 단위(chunk)로 저장이 가능하다.

17 다음 중 암호체계 사용상의 일반적인 지침과 가장 거리가 먼 것은?

① 정보를 암호화한 자극은 검출이 가능해야 한다.
② 모든 암호 표시는 감지장치에 의하여 다른 암호표시와 구별되어서는 안 된다.
③ 자극과 반응간의 관계가 인간의 기대와 모순되지 않아야 한다.
④ 2가지 이상의 암호차원을 조합해서 사용하면 정보전달이 촉진된다.

해설 자극 암호화의 일반적 지침
① 암호의 검출성
③ 암호의 양립성
④ 암호의 변별성

18 청각의 특성 중 2개음 사이의 진동수 차이가 얼마 이상이 되면 울림(beat)이 들리지 않고 각각 다른 두 개의 음으로 들리는가?

① 33 Hz ② 50 Hz ③ 81 Hz ④ 101 Hz

해설 2개음 사이의 진동수 차이가 33 Hz 이상이 되면 울림(beat)이 들리지 않고 각각 다른 두 개의 음으로 들린다.

19 어떤 인체측정 데이터가 정규분포를 따른다고 한다. 제50백분위수(percentile)가 100 mm이고, 표준편차가 5 mm일 때 정규분포곡선에서 제95백분위수는 얼마인가?

구분	1%tile	5%tile	10%tile
F	-2.326	-1.645	-1.282

① 88.37 mm ② 91.775 mm
③ 106.41 mm ④ 108.225 mm

해설
%tile = 평균 ± (표준편차 x %tile 계수)
$\bar{x} = 100\text{ mm}$
$$95\%\text{tile} = 100\text{ mm} + (5\text{ mm} \times 1.645) = 108.225\text{ mm}$$

20 글자체의 인간공학적 설계에 관한 설명으로 적합하지 않은 것은?

① 문자나 숫자의 높이에 대한 획 굵기의 비를 획폭비라 한다.

해답 15. ④ 16. ③ 17. ② 18. ① 19. ④ 20. ②

② 흰 숫자의 경우, 최적 독해성을 주는 획폭비는 1:3정도이다.
③ 흰 모양이 주위의 검은 배경으로 번지어 보이는 현상을 광삼(irradiation) 현상이라 한다.
④ 숫자의 경우, 표준 종횡비로 약 3:5를 권장하고 있다.

해설 획폭(strokewidth)
양각(black on white) 1:6~1:8
음각(white on black) 1:8~1:10

2 작업생리학

21 일정(constant) 부하를 가진 작업수행 시 인체의 산소 소비변화를 나타낸 그래프는?

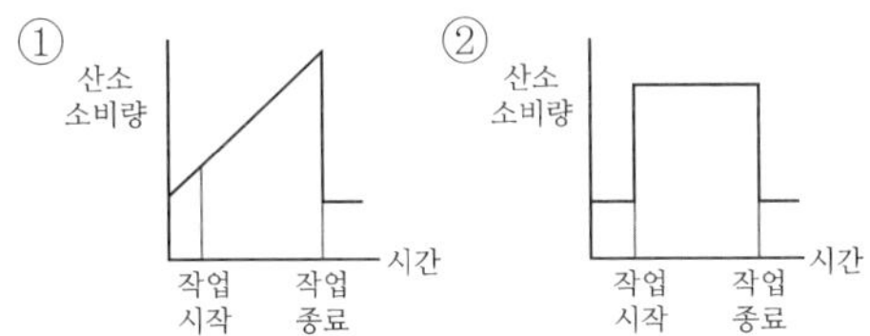

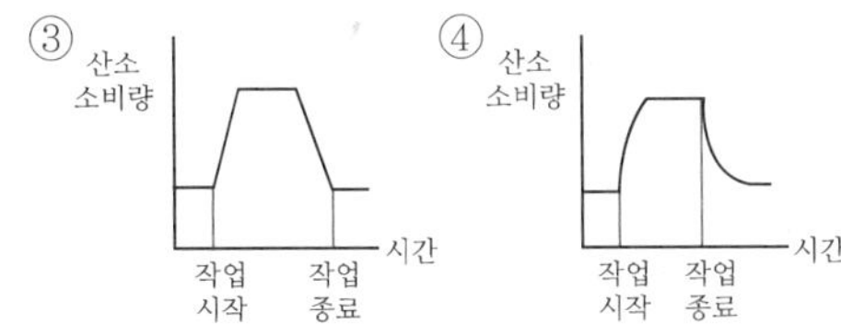

해설 산소소비량 변화 그래프

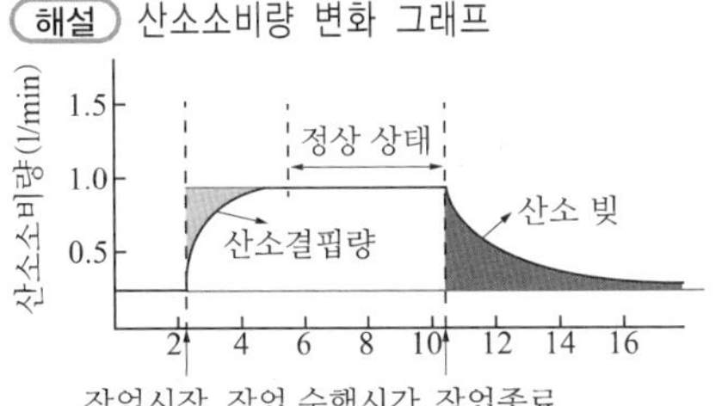

22 다음 중 산소를 이용한 유기성(호기성) 대사 과정으로 인한 부산물이 아닌 것은?

① H_2O　　② 젖산
③ CO_2　　④ 에너지

해설 충분한 산소가 공급되지 않을 때, 에너지가 생성되는 동안 피루브산이 젖산으로 바뀐다. 활동 초기에 순환계가 대사에 필요한 충분한 산소를 공급하지 못할 때 일어난다.

23 다음 중 1촉광(candle power)이 발하는 광량은 약 어느 정도인가?

① 1π루멘　　② 2π루멘
③ 4π루멘　　④ 8π루멘

해설 1 cd는 1촉광과 거의 같으며, 1 cd의 광원이 발하는 광량은 4π(12.57)lumen이다.

24 생리적 활동의 척도 중 Borg의 RPE척도에 대한 설명으로 적절하지 않은 것은?

① 육체적 작업부하의 주관적 평가기법이다.
② NASA-TLX와 동일한 평가척도를 사용한다.
③ 척도의 양끝은 최소 심장 박동률과 최대 심장박동률을 나타낸다.
④ 작업자들이 주관적으로 지각한 신체적 노력의 정도를 6~20 사이의 척도로 평정한다.

해설 Borg의 RPE 척도는 많이 사용되는 주관적 평정척도로서 작업자들이 주관적으로 지각한 신체적 노력의 정도를 6에서 20 사이의 척도로 평정한다. 이 척도의 양끝은 각각 최소 심장 박동률과 최대 심장 박동률을 나타낸다.

25 다음 중 작업장 실내에서 일반적으로 추천반사율이 가장 높은 곳은?

① 천장　　② 바닥
③ 벽　　④ 책상면

해설
① 천장 : 80~90%

해답 21. ④ 22. ② 23. ③ 24. ② 25. ①

② 벽, 블라인드 : 40~60%
③ 가구, 사무용기기, 책상 : 25~45%
④ 바닥 : 20~40%

26 네 모서리에 저울 역할을 하는 무게 센서가 설치된 힘판(force plate) 위에 한 사람이 서 있다. 네 모서리에서의 무게가 각각 20, 20, 30, 30 kg이라면 이 사람의 몸무게는 얼마인가? (단, 아무런 물체가 없을 때의 네 모서리 무게는 0으로 설정되어 있다.)

① 50 kg ② 75 kg ③ 100 kg ④ 120 kg

해설 무게 중심은 물체의 무게가 집중된 것으로 이 점을 중심으로 물체는 완전한 균형을 이룬다. 몸의 모든 부분은 따로 무게 중심을 구할 수 있으며, 이를 모두 합하여 전체 무게 중심을 구할 수 있다. 따라서 20 kg+20 kg+30 kg+30 kg = 100 kg이다.

27 다음 중 신체의 관상 면을 따라 팔이나 다리를 옆으로 들어 올리는 동작 유형을 무엇이라 하는가?

① 외전(abduction) ② 회전(rotation)
③ 굴곡(flexion) ④ 내전(adduction)

해설 인체동작의 유형과 범위
① 굴곡(flexion): 팔꿈치로 팔 굽혀 펴기 할 때처럼 관절에서의 각도가 감소하는 인체부분의 동작
② 신전(extension): 굴곡과 반대방향의 동작으로, 팔꿈치를 펼 때처럼 관절에서의 각도가 증가하는 동작
③ 외전(abduction): 팔을 옆으로 들 때처럼 인체 중심선에서 멀어지는 측면에서의 인체부위의 동작
④ 내전(adduction): 팔을 수평으로 편 위치에서 내릴 때처럼 중심선을 향한 인체부위의 동작
⑤ 회전(rotation): 인체부위의 자체의 길이 방향 축 둘레에서 동작, 인체의 중심선을 향하여 안쪽으로 회전하는 인체부위의 동작을 내선이라 하고, 바깥쪽으로 회전하는 인체 부위의 동작을 외선이라 한다.
⑥ 선회(circumduction): 팔을 어깨에서 원형으로 돌리는 동작처럼 인체 부위의 원형 또는 원추형 동작

28 다음 중 육체 활동에 따른 에너지소비량이 가장 큰 것은?

① ② ③ ④

해설 인체활동에 따른 에너지소비량(kcal/분)

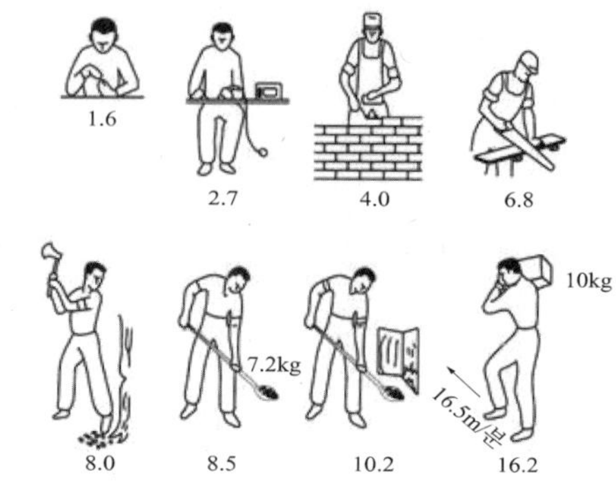

29 다음 중 은폐(masking) 현상에 관한 설명으로 옳은 것은?

① 일정한 강도 및 진동수 이상의 소음에 노출되었을 때 점차 청각 기능을 잃게 되는 현상이다.
② 음의 한 성분이 다른 성분에 대한 귀의 감수성을 감소시키는 상황이다.
③ 동일한 소음을 내는 설비 2대가 동시에 가동될 때 소음 수준이 3 dB 정도 증가하는 현상이다.
④ 소음 수준(dB)이 같은 3가지 음이 합쳐졌을 때 음의 강도가 일정하게 증가되는 현상이다.

해설 은폐(masking)현상
한쪽 음의 강도가 약할 때는 강한 음에 숨겨져 들리지 않게 되는 현상

해답 26. ③ 27. ① 28. ① 29. ②

30 다음 중 상온에서 추운 환경으로 바뀔 때 신체의 조절 작용이 아닌 것은?

① 피부 온도가 내려간다.
② 몸이 떨리고 소름이 돋는다.
③ 직장(直腸)온도가 약간 올라간다.
④ 피부를 순환하는 혈액량은 증가한다.

해설 적온에서 추운 환경으로 바뀔 때
① 피부 온도가 내려간다.
② 피부를 경유하는 혈액 순환량이 감소하고, 많은 양의 혈액이 몸의 중심부를 순환한다.
③ 직장(直腸)온도가 약간 올라간다.
④ 소름이 돋고 온몸이 떨린다.

31 다음 중 점멸융합주파수에 관한 설명으로 옳은 것은?

① 중추신경계의 정신피로의 척도로 사용된다.
② 마음이 긴장되었을 때나 머리가 맑을 때의 점멸융합주파수는 낮아진다.
③ 쉬고 있을 때 점멸융합주파수는 대략 10~20 Hz이다.
④ 작업시간이 경과할수록 점멸융합주파수는 높아진다.

해설 점멸융합주파수(flicker fusion frequency)는 피곤함에 따라 빈도가 감소하기 때문에 중추신경계의 피로, 즉 '정신피로'의 척도로 사용될 수 있다.

32 다음 중 기체 교환에 의해 혈액으로 유입된 산소가 전신으로 운반되는 형태로 올바른 것은?

① 산화 혈색소 형태
② 중탄산 이온 형태
③ 용해 이산화탄소 형태
④ 혈장단백질과 결합된 형태

해설 산소는 혈액에서 혈색소(Hb)와 결합한 상태로 체내의 각 조직으로 운반된다.

33 유세포 기능이 정상적으로 움직이기 위해서는 내부 환경이 적정한 범위 내에서 조절되어야 한다. 이것은 자율신경에 의한 신경성 조절과 내분비계에 의한 체액성 조절에 의해서 유지되고 있는데 다음 중 그 특징으로 옳은 것은?

① 신경성 조절은 조절속도가 빠르고 효과가 길다.
② 신경성 조절은 조절속도가 빠르고 효과가 짧다.
③ 내분비계 조절은 조절속도가 빠르고 효과가 짧다.
④ 내분비계 조절은 조절속도가 빠르고 효과가 길다.

해설 신경계는 세포 항상성의 변화에 매우 빠르게 반응하는 것으로서 외부환경의 변화와 감정 변화에 직접 반응을 하며 그것의 효과는 짧다. 내분비계는 변화에 대해 매우 느리게 반응하지만 효과는 장시간 오래 지속된다.

34 근육운동 중 근육의 길이가 일정한 상태에서 힘을 발휘하는 운동을 나타내는 것은?

① 등장성 운동
② 등축성 운동
③ 등척성 운동
④ 단축성 운동

해설 등척성 운동
수축과정 중에 근육의 길이가 변하지 않는다.

35 하루 8시간 근무시간 중 6시간 동안 철판조립 작업을 수행하고, 2시간 동안 서류 작업 및 휴식을 하는 작업자가 있다. 작업자의 산소소비량은 철판조립 작업 시 2.1 L/min 서류 작업 및 휴식 시 0.2 L/min인 것으로 측정되었다. 이 작업자가 하루 근무 시간 중 소비하는 에너지소비량은 얼마인가? (단, 산소소비량 1 L의 에너지

해답 30. ④ 31. ① 32. ① 33. ② 34. ③ 35. ②

등가는 5 kcal이다.)

① 3,800 kcal

② 3,900 kcal

③ 4,400 kcal

④ 4,500 kcal

해설
① 철판조립 작업 시 에너지소비량
$360\ min \times 2.1\ L/min \times 5\ kcal = 3,780\ kcal$
② 서류작업 및 휴식 시 에너지소비량
$120\ min \times 0.2 L/min \times 5\ kcal = 120\ kcal$
따라서, 하루 근무 시간 중 소비하는 에너지소비량은
3,780 kcal + 120 kcal = 3,900 kcal

36 다음 중 음(音)에 관한 설명으로 옳은 것은?

① sone과 phon의 환산식
$sone = 2^{[(phon - 20)/10]}$ 이다.

② 1,000 Hz 순음의 60 dB 음의 세기 레벨의 음의 크기를 1sone이라고 한다.

③ sone의 값이 2배로 증가하면 감각의 양은 4배로 증가한다.

④ 어떤 음의 음량 수준을 나타내는 phon 값은 이음과 같은 크기로 들리는 1,000 Hz 순음의 음압수준(dB)을 의미한다.

해설 음량(phon)
어떤 음의 음량 수준을 나타내는 phon값은 이 음과 같은 크기로 들리는 1,000 Hz 순음의 음압수준(dB)을 의미한다.
(예: 20 dB의 1,000 Hz는 20 phon이 된다.)

37 다음 중 평활근과 관련이 없는 것은?

① 민무늬근

② 내장근

③ 불수의근

④ 골격근

해설 골격근은 인체의 근육 중 하나이며, 뼈에 부착되어 전신의 관절운동에 관여하며 뜻대로 움직여지는 수의근(뇌척수신경의 운동신경이 지배)이다. 명령을 받으면 짧은 시간에 강하게 수축하며 그만큼 피로도 쉽게 온다. 체중의 약 40%를 차지한다.

38 다음 중 근육 운동에 있어 장력이 활발하게 생기는 동안 근육이 가시적으로 단축되는 수축을 무엇이라 하는가?

① 연축(twitch)

② 강축(tetanus)

③ 편심성 수축(eccentric contraction)

④ 동심성 수축(concentric contraction)

해설 동심성 수축은 근육이 저항보다 큰 장력을 발휘함으로써 근육의 길이가 짧아지는 수축이다.

39 다음 중 조명 또는 진동에 관한 설명으로 틀린 것은?

① 산업안전보건법령상 상시 작업하는 장소와 초정밀작업 시 작업면의 조도는 750럭스 이상으로 한다.

② 전신진동은 진폭에 반비례하여 추적작업에 대한 효율을 떨어뜨리며, 20~25 Hz 범위에서 심해진다.

③ 진동을 측정하는 방법은 주파수 분석계, 가속도계 등이 있다.

④ 반사 휘광의 처리 방법으로는 간접 조명 수준을 높이고 발광체의 강도를 줄인다.

해설 전신진동은 진폭에 비례하여 추적작업에 대한 효율을 떨어뜨리며, 교통 차량, 선박, 항공기, 기중기, 분쇄기 등에서 발생하며, 2~100 Hz에서 장해유발

해답 36. ④ 37. ④ 38. ④ 39. ②

40 다음 중 사무실공기관리지침에 따라 사무실의 공기를 관리하고자 할 때 오염물질의 관리 기준이 잘못된 것은?

① 석면은 0.01개/cc 이하이어야 한다.
② 일산화탄소(CO)는 10 ppm 이하이어야 한다.
③ 이산화탄소(CO_2)의 농도는 100 ppm 이하이어야 한다.
④ 포름알데히드(HCHO)의 농도가 0.1 ppm 이하이어야 한다.

해설 당해 실내 공기 중 이산화탄소 농도가 1,000 ppm 이하가 되도록 하여야 한다.

3 산업심리학 및 관련법규

41 다음 중 안전관리의 개요에 관한 설명으로 틀린 것은?

① 안전의 3요소로는 Engineering, Education, Economy를 말한다.
② 안전의 기본원리는 사고방지차원에서의 산업재해 예방활동을 통해 무재해를 추구하는 것이다.
③ 사고방지를 위해서 현장에 존재하는 위험을 찾아내어 이를 제거하거나 위험성(lisk)을 최소화한다는 위험통제의 개념이 적용되고 있다.
④ 안전관리란 생산성 향상과 재해로부터 손실을 최소화하기 위하여 행하는 것으로 재해의 원인 및 경과의 규명과 재해방지에 필요한 과학 기술에 관한 개봉적 지식체계의 관리를 말한다.

해설 안전의 3E 대책
안전대책의 중심적인 내용에 대해서는 3E가 강조되어 왔다.
① Engineering(기술)
② Education(교육)
③ Enforcement(강제)

42 다음 중 인간수행에 스트레스가 미치는 영향을 극소화 하는 방법으로 옳은 것은?

① 스트레스 대처법은 디자인 해결법과 개인적인 해결법이 있다.
② 응급상황에 대처하기 위해 분산적인 훈련이 매우 유용하다.
③ 정보 지원에 대한 지각적 해소화가 일어나면 정보를 다양화시킨다.
④ 규칙적인 호흡을 이용한 정상적 이완은 각성상태를 유지할 수 없어 수행을 저해시킨다.

해설 스트레스 대처법은 조직수준(디자인), 개인수준, 사회적 지원의 관리방안이 있다.

43 다음 중 민주형 리더십의 특징에 관한 설명으로 틀린 것은?

① 자발적 행동이 나타났다.
② 구성원 간의 상호관계가 원만하다.
③ 맥그리거의 X이론에 근거를 둔다.
④ 모든 정책이 집단 토의나 결정에 의해서 이루어진다.

해설 맥그리거의 X, Y이론은 작업동기에 관한 이론이다.

44 다음 중 직무스트레스에 관한 설명으로 틀린 것은?

① 성격이 A형인 사람들은 B형에 비해 스트레스에 노출될 가능성이 훨씬 높다.
② 스트레스가 아주 없는 상황에서는 순기능 스트레스로 작용한다.

해답 40. ③ 41. ① 42. ① 43. ③ 44. ②

③ 내적 통제자들은 외적 통제자들보다 스트레스를 적게 받는다.

④ 스트레스 수준의 측정방법으로 생리적 변환 측정, 설문조사법 등이 있다.

해설 스트레스는 건강 및 작업 실적으로 인해 생기는데 스트레스가 아주 없는 상황에서는 순기능이 아닌 역기능 작용한다.

45 다음 중 안전관리조직에 있어 명령계통이 일원화되는 반면에 전문적 기술의 확보가 어렵고, 소규모 조직에 적용하기 용이한 조직의 형태는?

① 라인 조직 ② 스텝조직
③ 관음 조직 ④ 위원회 조직

해설 라인조직(직계식 조직)

① 장점: 명령계통이 매우 간단하면서 일관성을 가진다. 책임과 권한의 구속이 분명하다. 경영 전체의 질서유지가 잘 된다.

② 단점: 상위자 1인에 권한이 집중되어 있기 때문에 과중한 책임을 지게 된다. 권한을 위양하여 관리단계가 길어지면 상하 커뮤니케이션에 시간이 걸린다. 횡적 커뮤니케이션이 어렵다.

46 다음 중 선택반응시간(Hick의 법칙)과 동작시간(Fitts의 법칙)의 공식에 대한 설명으로 옳은 것은?

선택반응시간 $= a + b\log_2 N$

동작시간 $= a + b\log_2(\frac{2A}{W})$

① N은 감각기관의 수, A는 목표물의 너비, W는 움직인 거리를 나타낸다.

② N은 자극과 반응의 수, A는 목표물의 너비, W는 움직인 거리를 나타낸다.

③ N은 감각기관의 수, A는 움직인 거리, W는 목표물의 너비를 나타낸다.

④ N은 자극과 반응의 수, A는 움직인 거리, W는 목표물의 너비를 나타낸다.

해설 N은 자극과 반응의 수(선택의 수)이고, A는 표적 중심선까지의 이동거리, W는 표적 폭으로 나타낸다.

47 다음 중 강도율(Severity Rate of Injury)에 관한 설명으로 옳은 것은?

① 연간근로시간 1,000,000시간당 발생한 재해발생건수를 말한다.

② 개인이 평생 근무 시 발생할 수 있는 근로손실일수를 말한다.

③ 재해 사건당 발생한 평균근로손실일수를 말한다.

④ 연간근로시간 1,000시간당 발생한 근로손실일수를 말한다.

해설 강도율

재해의 경중, 즉 강도를 나타내는 척도로서 연 근로시간 1,000시간당 재해에 의해서 잃어버린 근로손실일수를 말한다.

48 다음 중 집단행동에 있어 이성적 집단보다는 감정에 의해 좌우되며 공격적이라는 특징을 갖는 행동은?

① crowd ② mob
③ panic ④ fashion

해설 모브(mob): 폭동과 같은 것을 말하며 군중보다 한층 합의성이 없고 감정만으로 행동한다.

49 리더십은 교육 훈련에 의해서 향상되므로, 좋은 리더는 육성할 수 있다는 가정을 하는 리더십 이론은?

① 특성접근법 ② 상황접근법
③ 행동접근법 ④ 제한적 특질접근법

해설 행동접근법(behavior approach)

리더가 취하는 행동에 중점을 두고서 리더십을 설명하는 이론이고, 이 이론에 입각한 리더는 그 자신의 행동에 따라 집단구성원에 의해 리더로 선정되며, 나아가 리더로서의 역할과 리더십이 결정된다고 한다.

해답 **45.** ① **46.** ④ **47.** ④ **48.** ② **49.** ③

50 다음과 같은 재해발생 시 재해 조사 분석 및 사후처리에 대한 내용으로 틀린 것은?

> 크레인으로 강재를 운반하던 도중 약해져 있던 와이어로프가 끊어지며 강재가 떨어졌다.
> 이때 작업구역 아래를 통행하던 작업자의 머리 위로 강재가 떨어졌으며, 안전모를 착용하지 않은 상태에서 발생한 사고라서 작업자는 큰 부상을 입었고, 이로 인하여 부상치료를 위해 4일간의 요양을 실시하였다.

① 재해 발생형태는 추락이다.
② 재해의 기인물은 크레인이고, 가해물은 강재이다.
③ 불안전한 상태는 약해진 와이어로프이고, 불안전한 행동은 안전모 미착용과 위험구역 접근이다.
④ 산업재해조사표를 작성하여 관할 지방고용노동청장에게 제출하여야 한다.

해설
추락: 사람이 건축물, 비계, 기계, 사다리, 나무 등에서 떨어지는 것
낙하, 비래: 물건이 주체가 되어 사람이 맞은 경우추락은 사람이 주체이지만 보기의 내용은 물건이 주체이므로 추락이 아닌 낙하라고 볼 수 있다.

51 작업자의 휴먼에러 발생확률이 0.05로 일정하고, 다른 작업과 독립적으로 실수를 한다고 가정할 때, 8시간 동안 에러의 발생 없이 작업을 수행할 신뢰도는 약 얼마인가?

① 0.60 ② 0.67 ③ 0.66 ④ 0.95

해설
에러확률 λ일 때, 주어진 기간 t_1에서 t_2 사이의 기간 동안 작업을 성공적으로 수행할 인간신뢰도는 다음과 같다.

$$R(t_1, t_2) = e^{-\lambda(t_1 - t_2)}$$

$$R(t) = e^{-0.05\times(8-0)} = 0.6703 \fallingdotseq 0.67$$

52 다음 중 인간의 행동이 어떻게 동기유발이 되는가에 중점을 둔 과정이론(process theory)이 아닌 것은?

① 공정성이론(equity theory)
② 기대이론(expectancy theory)
③ X, Y이론(theory X and theory Y)
④ 목표설정이론(goal-setting theory)

해설 맥그리거의 X, Y 이론은 작업동기 이론이다.

53 평정오류 중 평가자가 평가대상자의 수행에 대하여 제한된 지식을 가지고 있음에도 불구하고 다양한 수행차원 모두에서 획일적으로 좋거나 또는 나쁜 수행을 나타낸다고 평가하는 것은?

① 후광 오류
② 확증편파 오류
③ 중앙집중 오류
④ 과잉확신 오류

해설 후광효과 오류
단지 하나의 자질 또는 성격을 토대로 하여 개인의 모든 행동측면을 평가하려는 경향을 말한다. 감독자가 어떤 작업자가 평가의 한 요소에서 매우 뛰어나다는 것을 발견하게 되면 그의 다른 요소도 높게 평가하는 오류이다.

54 뇌파의 유형에 따라 인간의 의식수준을 단계별로 분류할 수 있다. 다음 중 의식이 명료하며 가장 적극적인 활동이 이루어지고 실수의 확률이 가장 낮은 단계는?

① Ⅰ단계 ② Ⅱ단계

해답 50. ① 51. ② 52. ③ 53. ① 54. ③

③ Ⅲ단계　　④ Ⅳ단계

(해설) Ⅲ단계
적극적인 활동시의 명쾌한 의식으로 대뇌가 활발히 움직이므로 주의의 범위도 넓고, 에러를 일으키는 일은 거의 없다.

55 **다음 설명에 해당하는 시스템안전 분석기법은?**

사고의 발단이 되는 초기사상의 시스템으로 입력될 경우 그 영향이 계속해서 어떤 부적합한 사상으로 발전해 가는 과정을 나뭇가지로 갈라지는 식으로 추구해 분석하는 방법

① ETA　② FTA　③ FMEA　④ THERP

(해설) ETA(Event Tree Analysis)
초기 사건이 발생했다고 가정한 후 후속 사건이 성공했는지 혹은 실패했는지를 가정하고 이를 최종 결과가 나타날 때까지 계속적으로 분지해 나가는 방식

56 **다음 중 집단 간 갈등의 원인과 가장 거리가 먼 것은?**

① 영역 모호성
② 집단 간의 목표차이
③ 제한된 자원
④ 조직구조의 개편

(해설) 집단과 집단 사이에는 다음과 같은 여러 가지 요인이 복합적으로 작용하여 갈등을 야기한다고 보아야 한다.
① 작업유동의 상호의존성
② 불균형 상태
③ 영역 모호성
④ 자원 부족
⑤ 집단 간의 목표차이

57 **보행 신호등이 막 바뀌어도 자동차가 움직이기까지는 아직 시간이 있다고 스스로 판단하여 건널목을 건너는 것과 같은 부주의 행위와 가장 관계가 깊은 것은?**

① 근도반응　② 생력행위
③ 억측판단　④ 초조반응

(해설) 억측판단
자기 멋대로 주관적인 판단이나 희망적인 관찰에 근거를 두고 다분히 이래도 될 것이라는 것을 확인하지 않고 행동으로 옮기는 판단이다.

58 **작업 후 가스밸브를 잠그는 것을 잊었다. 이로 인해 사고가 발생할 뻔 했으나 안전밸브장치에 의해 가스가 자동으로 차단되었다. 이런 경우 작업자가 범한 휴먼에러의 종류와 안전밸브 장치에 작용한 안전설계의 원칙이 올바르게 나열된 것은?**

① Omission error와 Inter lock 설계원칙
② Omission error와 Fail-safe 설계
③ Commission error와 Inter lock 설계원칙
④ Commission error와 Fail-safe 설계원칙

(해설) 부작위 실수(omission error)
필요한 작업 또는 절차를 수행하지 않는 데 기인한 에러이다.
Fail safe는 기계의 에러나 동작상의 에러가 있어도 안전사고를 발생시키지 않도록 2중 또는 3중으로 통제를 가하는 것을 말한다.

59 **제조, 유통, 판매된 제조물의 경향으로 인해 발생한 사고에 의해 소비자나 사용자 또는 제3자의 생명, 신체, 재산 등에 손해가 발생한 경우에 그 제조물을 제조, 판매한 공급업자가 법률상의 손해배상 책임을 지도록 하는 것은?**

① 제조물 기술　② 제조물 결함
③ 제조물 배상　④ 제조물 책임

(해설) 제조물책임은 제조, 유통, 판매된 제조물의 결함으로 인해 발생한 사고에 의해 소비자나 사용자, 또는 제3자의 생명, 신체, 재산 등에 손해가 발생한 경우에 그 제조물을 제조, 판매한 공급업자가 법률상의 손해배상 책임을 지도록 하는 것을 말한다.

정답　55. ①　56. ④　57. ③　58. ②　59. ④

60 다음 중 사고예방 대책을 위한 기본원리 5단계를 올바르게 나열한 것은?

① 사실의 발견 → 안전조직→ 분석평가 → 시정책 선정 → 시정책 적용
② 안전조직 → 사실의 발견 → 분석평가 → 시정책 선정 → 시정책 적용
③ 안전조직 → 분석평가 → 사실의 발견 → 시정책 선정 → 시정책 적용
④ 사실의 발견 → 분석평가 → 안전조직 → 시정책 선정 → 시정책 적용

해설 하인리히는 산업안전 원칙의 기초 위에서 사고예방 원리라는 5단계적인 방법을 제시하였다.
제1단계(조직) → 제2단계(사실의 발견) → 제3단계(평가분석) → 제4단계(시정책의 선정) → 제5단계(시정책의 적용)

4 근골격계질환 예방을 위한 작업관리

61 다음 중 1시간을 TMU로 환산한 것은?

① 0.036 TMU ② 27.8 TMU
③ 1667 TMU ④ 100,000 TMU

해설 1 TMU = 0.00001시간

62 평균관측시간이 1분, 레이팅계수가 110%, 여유시간이 하루 8시간 근무 중에서 24분일 때 외경법을 적용하면 표준시간은 약 얼마인가?

① 1.235분 ② 1.135분
③ 1.255분 ④ 1.155분

해설

$$여유율(A) = \frac{여유시간}{실동시간} = \frac{24}{480-24} = 0.05$$

$$정미시간(NT) = 관측시간\,대푯값 \times \left(\frac{레이팅계수}{100}\right) = 1 \times \left(\frac{110}{100}\right) = 1.1분$$

$$표준시간(ST) = 정미시간 \times (1+여유율) = 1.1 \times (1+0.05) = 1.155분$$

63 다음 중 NIOSH의 들기작업 지침에서 들기지수(LI)를 올바르게 나타낸 것은? (단, HM은 수평계수, VM은 수직계수, DM은 거리계수, AM은 비대칭계수, FM은 빈도계수, CM은 결합계수를 의미한다.)

① $\mathrm{LI} = \dfrac{25 \times HM \times VM \times DM \times AM \times FM \times CM}{중량물무게}$

② $\mathrm{LI} = \dfrac{중량물무게}{25 \times HM \times VM \times DM \times AM \times FM \times CM}$

③ $\mathrm{LI} = \dfrac{중량물무게}{23 \times HM \times VM \times DM \times AM \times FM \times CM}$

④ $\mathrm{LI} = \dfrac{23 \times HM \times VM \times DM \times AM \times FM \times CM}{중량물무게}$

해설
LI = 작업물무게/ RWL
RWL = LC X HM X VM X DM X AM X FM X CM
(LC=부하상수=23 kg)

64 동작경제의 원칙 중 신체사용에 관한 원칙에서 손목을 축으로 하는 손동작은 몇 등급에 해당되는가?

① 1등급

해답 60. ② 61. ④ 62. ④ 63. ③ 64. ②

② 2등급
③ 3등급
④ 4등급

해설

동작등급	축
1	손가락관절
2	손목
3	팔꿈치
4	어깨
5	허리

65 다음 중 수행도 평가기법이 아닌 것은?

① 속도 평가법
② 평준화 평가법
③ 합성 평가법
④ 사이클 그래프 평가법

해설 사이클 그래프 평가법은 동작 분석 중에 필름(영화) 분석법이다

66 다음 중 손과 손목 부위에 발생하는 근골격계 질환이 아닌 것은?

① 경견증 ② 건초염
③ 외상과염 ④ 수근관 증후군

해설 외상과염은 팔과 팔목 부위의 근골격계질환이다.

67 유해요인조사 방법 중 RULA에 관한 설명으로 틀린 것은?

① 각 작업자세는 신체 부위별로 A와 B그룹으로 나누어진다.
② 전신 자세를 평가할 목적으로 개발된 유해요인조사 방법이다.
③ 작업에 대한 평가는 1점에서 7점 사이의 총점으로 나타내어, 점수에 따라 4개의 조치단계로 분류된다.
④ RULA를 평가하는 작업부하인자는 동작의 횟수, 정적의 근육작업, 힘, 작업자세 등이다.

해설 RULA는 어깨, 팔목, 손목, 목 등 상지에 초점을 맞추어서 작업자세로 인한 작업 부하를 쉽고 빠르게 평가하기 위해 만들어진 기법이다.

68 다음 중 근골격계질환의 직접적인 유해 요인과 가장 거리가 먼 것은?

① 야간 교대작업
② 무리한 힘의 사용
③ 높은 빈도의 반복성
④ 부자연스러운 자세

해설 유해요인으로는 반복성, 부자연스러운 자세 또는 취하기 어려운 자세, 과도한 힘, 접촉스트레스, 진동, 정적자세 가 있다.

69 다음 중 근골격계 부담작업의 유해요인조사를 해야 하는 상황이 아닌 것은?

① 근골격계질환자가 발생한 경우
② 근골격계 부담작업에서 해당하는 기존의 동일한 설비가 도입된 경우
③ 근골격계 부담작업에 해당하는 업무의 양과 작업 공정 등 작업환경이 바뀐 경우
④ 법에 의한 임시건강진단 등에서 근골격계질환자가 발생하였거나 근로자가 근골격계질환으로 업무상 질병으로 인정받은 경우

해설 유해요인조사를 해야 하는 상황은 근골격계 부담작업에 해당하는 새로운 작업, 설비를 도입한 경우이다.

70 다음 중 수공구의 설계관리로 적절하지 않은 것은?

① 손목 대신 손잡이를 굽히도록 한다.

정답 65. ④ 66. ③ 67. ② 68. ① 69. ② 70. ④

② 지속적인 정적 근육부하를 피하도록 한다.

③ 특정 손가락의 반복동작을 피하도록 한다.

④ 손끝이 표면의 홈은 되도록 깊게 하고, 그 수는 가능한 많이 제작한다.

해설 자세에 관한 수공구 개선

① 손목을 곧게 유지한다(손목을 꺾지 말고 손잡이를 꺾어라).
② 힘이 요구되는 작업에 파워그립을 사용한다.
③ 지속적인 정적 근육부하를 피한다.
④ 반복적인 손가락 동작을 피한다.
⑤ 양손 중 어느 손으로도 사용이 가능하고 적은 스트레스를 주는 공구를 개인에게 사용되도록 설계한다.

71 동작분석의 종류 중에서 미세 동작분석에 관한 설명으로 틀린 것은?

① 복잡하고 세밀한 작업 분석이 가능하다.

② 직접 관측자가 옆에 없어도 측정이 가능하다.

③ 작업 내용과 작업시간을 동시에 측정할 수 있다.

④ 타 분석법에 비하여 작은 시간과 비용으로 연구가 가능하다.

해설 미세동작 분석에는 많은 비용과 시간이 소요된다.

72 각각 한 명의 작업자가 배치되어 있는 3개의 라인으로 구성된 공정에서 각 공정시간이 2분, 3분, 4분일 때, 공정효율은 얼마인가?

① 85% ② 70%
③ 75% ④ 80%

해설

공정효율%

$$= \frac{\text{총작업시간}}{\text{총작업자수} \times \text{주기시간}} \times 100\%$$

$$= \frac{2+3+4}{3 \times 4} \times 100\%$$

$$= 75\%$$

73 다음 중 디자인 개념의 문제 해결 방식에 있어서 문제의 특성을 파악하기 위한 척도로서 가장 거리가 먼 것은?

① 체크리스트

② 제약조건

③ 연구기간

④ 평가기준

해설 문제의 특성을 파악하기 위한 척도로는 두 가지 상태, 제약조건, 대안, 판단기준, 연구시한이 있다.

74 다음 중 앉아서 작업을 해야 하는 경우로 가장 적절한 것은?

① 정밀 작업을 해야 하는 경우

② 작업 시 큰 힘이 요구되는 경우

③ 신체 동작이 아래 위로 큰 경우

④ 작업 중 자주 움직여야 하는 경우

해설 앉아서 하는 작업

작업 수행에 의자 사용이 가능하다면 반드시 그 작업은 앉은 자세에서 수행되어야 한다. 앉는 자세의 목적은 작업자로 하여금 작업에 필요한 안정된 자세를 갖게 하여 작업에 직접 필요치 않는 신체 부위(다리, 발, 몸통 등)를 휴식시키자는 것이다. 그러나 하루 종일 앉아 있는 것은 좋지 않다. 따라서, 근로자가 앉아서만 일하지 않도록 여러 가지 일을 병행해야 한다.

75 다음 중 근골격계질환의 예방에서 단기적 관리방안으로 볼 수 없는 것은?

① 안전한 작업방법의 교육

② 작업자에 대한 휴식시간의 배려

해답 71. ④ 72. ③ 73. ① 74. ① 75. ③

③ 근골격계질환 예방·관리 프로그램의 도입
④ 휴게실, 운동시설 등 기타 관리시설의 확충

(해설) 근골격계질환 예방·관리 프로그램의 도입은 중장기적 관리방안이다.

76 **다음 중 동작연구를 통한 작업개선안 도출을 위해 문제가 되는 작업에 대하여 가장 우선적이고, 근본적으로 고려해야 하는 것은?**

① 작업의 제거 ② 작업의 결합
③ 작업의 변경 ④ 작업의 단순화

(해설) 개선의 ECRS
① 이 작업은 꼭 필요한가? 제거할 수 없는가? (Eliminate)
② 이 작업을 다른 작업과 결합시키면 더 나은 결과가 생길 것인가?(Combine)
③ 이 작업의 순서를 바꾸면 좀 더 효율적이지 않을까?(Rearrange)
④ 이 작업을 좀 더 단순화할 수 있지 않을까? (Simplify)

77 **간헐적으로 랜덤한 시점에서 연구대상을 순간적으로 관측하여 대상이 처한 상황을 파악하고 이를 토대로 관측시간 동안에 나타난 항목별로 차지하는 비율을 추정하는 방법은?**

① PIS법
② 워크샘플링
③ 웨스팅하우스법
④ 스톱워치를 이용한 시간연구

(해설) 워크샘플링(Work-sampling)이란 통계적 수법(확률의 법칙)을 이용하여 관측대상을 랜덤으로 선정한 시점에서 작업자나 기계의 가동상태를 스톱워치 없이 순간적으로 관측하여 그 상황을 추정하는 방법이다.

78 **다음 중 공정도에 사용되는 공정 도시기호인 "○"으로 표시하기에 가장 적합한 것은?**

① 작업 대상물을 다른 장소로 옮길 때
② 작업 대상물이 분해되거나 조합될 때
③ 작업 대상물을 지정된 장소에 보관할 때
④ 작업 대상물이 올바르게 시행되었는지를 확인할 때

(해설) ○ 가공
작업목적에 따라 물리적 또는 화학적 변화를 가한상태 또는 다음 공정 때문에 준비가 행해지는 상태를 말한다.

79 **다음 중 근골격계질환 예방·관리 교육에서 근로자에 대한 필수적인 교육내용으로 틀린 것은?**

① 근골격계질환 발생 시 대처요령
② 근골격계 부담작업에서의 유해요인
③ 예방·관리 프로그램의 수립 및 운영방법
④ 작업도구와 장비 등 작업시설의 올바른 사용 방법

(해설) 근로자에 대한 필수적인 교육 내용
① 근골격계 부담작업에서의 유해요인
② 작업도구와 장비 등 작업시설의 올바른 사용방법
③ 근골격계질환의 증상과 징후 식별방법 및 보고방법
④ 근골격계질환 발생 시 대처요령
⑤ 기타 근골격계질환 예방에 필요한 사항

80 **다음 중 파레토 차트에 관한 설명으로 틀린 것은?**

① 재고관리에서는 ABC 곡선으로 부르기도 한다.
② 20% 정도에 해당하는 중요한 항목을

해답 76. ① 77. ② 78. ② 79. ③ 80. ④

찾아내는 것이 목적이다.

③ 불량이나 사고의 원인이 되는 중요한 항목을 찾아 관리하기 위함이다.

④ 작성 방법은 빈도수가 낮은 항목부터 큰 항목 순으로 차례대로 나열하고, 항목별 점유비율과 누적비율을 구한다.

해설 파레토 분석

파레토 분석의 작성 방법은 빈도수가 높은 항목부터 낮은 항목 순으로 막대그래프로 차례대로(내림차순으로) 나열하고, 누적분포의 경우에는 오름차순으로 정리한다.

인간공학기사 필기시험 문제풀이 16회[133]

1 인간공학 개론

1 정상조명 하에서 100 m 거리에서 볼 수 있는 원형시계탑을 설계하고자 한다. 시계의 눈금 단위를 1분 간격으로 표시하고자 할 때 원형 문자판의 직경은 어느 정도가 가장 적합한가?

① 250 cm
② 300 cm
③ 350 cm
④ 400 cm

해설
71 cm 거리일 때 문자판의 직경 원주
= 1.3 mm × 60 = 78 mm
원주 공식에 의해, 78 mm = 지름 × 3.14
지름 = 2.5 cm
100 m 거리에서 문자판의 직경
0.71 m: 2.5 cm = 100 m: X
X = 350 cm

2 다음 중 신호검출이론(SDT)과 관련이 없는 것은?

① 민감도는 신호와 소음분포의 평균 간의 거리이다.
② 신호검출이론 응용분야의 하나는 품질 검사 능력의 측정이다.
③ 신호검출이론이 적용될 수 있는 자극은 시각적 자극에 국한된다.
④ 신호검출이론은 신호와 잡음을 구별할 수 있는 능력을 측정하기 위한 이론의 하나이다.

해설 신호검출이론의 적용은 시각적 자극에 국한되는 것이 아니라 청각적, 지각적 자극에도 적용이 된다.

3 다음 중 시스템 개발 단계에 있어 기본설계 과정에서 수행되는 인간공학 활동과 가장 거리가 먼 것은?

① 직무분석
② 인간성능요건 명세
③ 표준시간 측정
④ 인간의 기능 할당

해설 기본 설계과정에서 수행되는 활동으로는 인간 또는 물리적 부품에게 특정 기능 할당, 인간-기계 비교의 한계점, 인간 성능 요건 명세, 직무분석, 작업 설계가 있다.

해답 1. ③ 2. ③ 3. ③

4 다음 중 추적작업(tracking task)의 특징에 관한 설명으로 옳은 것은?

① 자동차의 속도를 증가시키는 추적작업은 2차 제어에 속한다.
② 1초에 2회를 초과하여 수정해야 하는 경우 추적작업에 어려움을 느낀다.
③ 일반적으로 추종표시장치(pursuit display)가 보정표시장치(compensatory display)보다 오류가 많다.
④ 보정표시장치(compensatory display)는 과녁(target)과 제어요소(controlled element)가 모두 움직인다.

해설 추적작업은 한 주기당 2회의 교정이 필요하므로, 1 Hz 한계는 초당 약 2회의 교정한계에 해당한다. 따라서 1초에 2회를 초과하여 수정해야 하는 경우 추적작업에 어려움을 느낀다.

5 다음 설명에 해당하는 것은?

제어기구가 표시장치 옆에 설치될 때 표시장치의 지침은 이것과 가장 가까운 쪽의 제어장치와 같은 방향으로 움직일 것으로 예상한다.

① Fitt's law
② Hick's law
③ Weber's law
④ Warrick's principle

해설 워릭의 원리(Warrick's principle)
표시장치의 지침(pointer)의 설계에 있어서 양립성(兩立性, compatibility)을 높이기 위한 원리로서, 제어기구가 표시장치 옆에 설치될 때는 표시장치상의 지침의 운동방향과 제어기구의 제어방향이 동일하도록 설계하는 것이 바람직하다는 것을 말한다.

6 다음 중 청각적 표시장치에 관한 설명으로 옳은 것은?

① 청각 신호의 지속시간은 최대 0.3초 이내로 한다.
② 소음이 심한 경우 귀 위치에서 신호강도는 110 dB과 은폐가청역치의 중간정도가 적당하다.
③ 즉각적인 행동이 요구될 때에는 청각적 표시장치보다 시각적 표시장치를 사용하는 것이 좋다.
④ 신호의 검출도를 높이기 위해서는 소음세기가 높은 영역의 주파수로 신호의 주파수를 바꾼다.

해설
① 청각적 신호, 특히 소음의 경우에는 최소한 0.3초 지속해야 하며, 이보다 짧아질 경우에는 가청성의 감소를 보상하기 위해서 강도를 증가시켜 주어야 한다.
③ 즉각적인 행동을 요구하는 경우 청각적 표시장치를 사용하는 것이 좋다.
④ 신호의 검출도를 높이기 위한 방법으로 주파수 변환은 상관이 없다.

7 인체 측정치의 적용 절차가 다음과 같을 때 순서를 가장 올바르게 나열한 것은?

① 인체측정자료의 선택 ② 설계치수 결정 ③ 설계에 필요한 인체 치수의 결정 ④ 적절한 여유치 고려 ⑤ 모형에 의한 모의실험 ⑥ 인체자료 적용원리 결정 ⑦ 설비를 사용할 집단 정의

① ③ → ⑦ → ⑥ → ① → ④ → ② → ⑤
② ③ → ⑥ → ⑦ → ① → ④ → ⑤ → ②
③ ① → ⑦ → ③ → ⑥ → ④ → ② → ⑤
④ ① → ⑥ → ⑦ → ④ → ③ → ⑤ → ②

해설 인체 측정치의 적용 절차
① 설계에 필요한 인체 치수의 결정
② 설비를 사용할 집단의 정의
③ 적용할 인체 자료 응용 원리를 결정

해답 **4.** ② **5.** ④ **6.** ② **7.** ①

④ 적절한 인체 측정 자료의 선택
⑤ 특수 복장 착용에 대한 적절한 여유 고려
⑥ 설계할 치수의 결정
⑦ 모형을 제작하여 모의실험

8 **다음 중 인간과 기계의 성능 비교에 관한 설명으로 옳은 것은?**

① 장시간에 걸쳐 작업을 수행하는 데에는 기계가 인간보다 우수하다.
② 완전히 새로운 해결책을 찾아내는 데에는 기계가 인간보다 우수하다.
③ 반복적인 작업을 신뢰성 있게 수행하는 데에는 인간이 기계보다 우수하다.
④ 입력에 대하여 빠르고 일관되게 반응하는 데에는 인간이 기계보다 우수하다.

해설
② 아주 새로운 해결책을 생각하는 데에는 인간이 더 우수하다.
③ 반복적인 작업을 신뢰성 있게 수행하는 데에는 기계가 더 우수하다.
④ 입력신호에 신속하고 일관된 반응을 하는 데에는 기계가 더 우수하다.

9 **다음과 같이 4가지 자극에 대하여 4가지 반응이 나타날 확률이 주어질 때 전달된 정보량은 얼마인가?**

구 분		반 응(Y)			
		1	2	3	4
자극(X)	1	0.25	0.0	0.0	0.0
	2	0.25	0.0	0.0	0.0
	3	0.0	0.0	0.25	0.0
	4	0.0	0.0	0.0	0.25

① 0.5 bit ② 1.0 bit
③ 1.5 bit ④ 2.0 bit

해설 정보량을 구하는 식

$H=\sum_{i=1}^{n} P_i \log_2(\frac{1}{P_i})$, ($P_i$: 각 대안의 실현확률)

전달된 정보량

$T(X, Y) = H(X) + H(Y) - H(X, Y)$

$$H(X) = 0.25\log_2(1/0.25) + 0.25\log_2(1/0.25) + 0.25\log_2(1/0.25) + 0.25\log_2(1/0.25) = 2 \text{ bit}$$

$$H(Y) = 0.5\log_2(1/0.5) + 0 + 0.25\log_2(1/0.25) + 0.25\log_2(1/0.25) = 1.5 \text{ bit}$$

$$H(X, Y) = 0.25\log_2(1/0.25) + 0.25\log_2(1/0.25) + 0.25\log_2(1/0.25) + 0.25\log_2(1/0.25) = 2 \text{ bit}$$

따라서, 전달된 정보량

$T(X, Y) = 2 + 1.5 - 2 = 1.5$ bit

10 **인간의 감각기관 중 작업자가 가장 많이 사용하는 감각은?**

① 시각 ② 청각 ③ 촉각 ④ 미각

해설 인간은 주로 시각에 의존하여 외부세계의 상태에 대한 정보를 수집하며, 약 80%의 정보를 눈을 통해 수집한다.

11 **인간-기계 인터페이스를 설계할 때 편리성, 신뢰성 그리고 기능 등을 고려하는 설계 요소 중 가장 우선하여 설계되어야 하는 특성항목은?**

① 기계 특성 ② 사용자 특성
③ 작업장 환경 특성 ④ 운용 환경 특성

해설 사용자를 이해하고 사용자의 특성을 파악하며 사용자와 협력하는 것이 인터페이스 설계의 핵심적인 부분이다.

12 **다음 중 상완을 자연스럽게 수직으로 늘어뜨린 상태에서 전완을 뻗어 파악할 수 있는 영역을 무엇이라 하는가?**

① 파악 한계역 ② 정상 작업역
③ 작업 한계역 ④ 공간 한계역

해설 정상 작업역이란 상완을 자연스럽게 수직으

해답 8. ① 9. ③ 10. ① 11. ② 12. ②

로 늘어뜨린 채, 전완만으로 편하게 뻗어 파악할 수 있는 구역(34~45 cm)이다.

13 다음 중 손으로 작동시켜야 하는 조작공구로서 가장 적합하지 않은 경우는?

① 조작을 빠르게 하여야 하는 경우
② 힘을 적게 가할 필요가 있는 경우
③ 조작을 정확하게 하여야 하는 경우
④ 조작 중 누르고 있어야 하는 경우

해설 조작 중 누르고 있어야 하는 경우는 자동차 패달과 같이 발로 작동시켜야 한다.

14 다음 중 하나의 소리가 다른 소리의 청각감지를 방해 하는 현상을 무엇이라 하는가?

① 기피(avoid)효과
② 은폐(masking)효과
③ 제거(exclusion)효과
④ 차단(interception)효과

해설 은폐(masking)란 음의 한 성분이 다른 성분의 청각감지를 방해하는 현상을 말한다. 즉, 은폐란 한 음(피은폐음)의 가청 역치가 다른 음(은폐음) 때문에 높아지는 것을 말한다.

15 다음 중 인간공학에 대한 견해와 가장 거리가 먼 것은?

① 상식에 기초하여 사물을 설계한다.
② 사물과 사람을 하나의 시스템으로 고려한다.
③ 사물 설계 시 인간의 능력 및 한계에 개인차가 있음을 인식한다.
④ 인간에게 쓸모가 있는 사물을 만들되, 항상 사용자를 염두에 둔다.

해설 인간활동의 최적화를 연구하는 학문으로 인간에 기초하여 사물을 설계한다.

16 인체 측정자료를 이용한 설계원칙 중 극단치 설계에 관한 설명으로 틀린 것은?

① 극단치 설계는 집단 내의 사용자 대부분을 수용하고자 할 때 사용한다.
② 대상 집단 관련 인체 측정 변수의 상위 혹은 하위 백분위수를 기준으로 한다.
③ 극단치 설계에 있어 대상 집단의 비율은 비용적인 면 등을 고려하여 결정한다.
④ 선반의 높이, 조작에 필요한 힘 등을 정할 때에는 최대집단치를 사용하여 설계한다.

해설 선반의 높이, 조작에 필요한 힘 등을 정할 때에는 최대집단치가 아닌 최소집단치를 사용하여 설계한다.

17 피아노 건반 중 한 음의 주파수가 256 Hz이다. 이 음이 1옥타브가 올라가면 주파수는 얼마인가?

① 64 Hz ② 128 Hz
③ 512 Hz ④ 1,024 Hz

해설 음이 한 옥타브 높아질 때마다 진동수는 2배씩 높아진다.

18 다음 중 시(視)감각 체계에 관한 설명으로 틀린 것은?

① 안구의 수정체는 모양체근으로 긴장을 하면 얇아져 가까운 물체만 볼 수 있다.
② 망막의 표면에는 빛을 감지하는 광수용기인 원추체와 간상체가 분포되어 있다.
③ 동공은 조도가 낮을 때는 많은 빛을 통과시키기 위해 확대된다.
④ 1디옵터는 1미터 거리에 있는 물체를 보기위해 요구되는 조절능(調節能)이다.

해설 안구의 수정체는 모양체근으로 둘러싸여 있어서 긴장을 하면 두꺼워져 가까운 물체를 볼 수 있게 되고, 긴장을 풀면 납작해져서 원거리에 있는 물체를 볼 수 있게 된다.

해답 13. ④ 14. ② 15. ① 16. ④ 17. ③ 18. ①

19 다음 중 정보이론에 관한 설명으로 틀린 것은?

① 인간에게 입력되는 것은 감각기관을 통해서 받은 정보이다.

② 간접적인 원자극의 경우 암호화된 자극과 재생된 자극의 2가지 유형이 있다.

③ 자극은 크게 원자극(distal stimuli)과 근자극(proximal stimuli)으로 나눌 수 있다.

④ 암호화(coded)된 자극이란 현미경, 보청기 같은 것에 의하여 감지되는 자극을 말한다.

해설 재생된 자극: TV, 라디오, 현미경, 보청기 같은 것에 의하여 감지되는 자극

20 인간의 눈이 완전 암조응(암순응)되기까지 소요되는 시간은 어느 정도인가?

① 1~3분 ② 10~20분

③ 30~40분 ④ 60~90분

해설 암순응은 아래의 두 단계를 거치게 된다.
① 약 5분 정도 걸리는 원추세포의 순응단계
② 약 30~35분 정도 걸리는 간상세포의 순응단계
즉, 완전 암조응(암순응)이 되기까지 약 30~40분 정도의 시간이 소요된다.

2 작업생리학

21 일반적인 성인 남성 작업자의 산소소비량이 2.5 L/min일 때 에너지소비량은 약 얼마인가?

① 7.5 kcal/min ② 10.0 kcal/min

③ 12.5 kcal/min ④ 15.0 kcal/min

해설 작업의 에너지값은 흔히 분당 또는 시간당 산소소비량으로 측정하며, 이 수치는 1 liter O_2 소비 =5 kcal의 관계를 통하여 분당 또는 시간당 kcal값으로 바꿀 수 있다.

22 Douglas bag을 사용하여 5분간 용접 작업을 수행하는 작업자의 배기 표본을 채집하고 배기량을 측정하였다. 흡기 가스의 O_2, CO_2, N_2의 비율은 21%, 0%, 79%인데 반해 배기가스는 15%, 5%, 80%인 것으로 분석되었으며, 배기량은 100 L인 것으로 측정되었다. 이 용접 작업자의 분당 산소소비량(L/min)은 얼마인가?

① 1.15 ② 1.20

③ 1.25 ④ 1.30

해설

$$분당배기량 = \frac{100\text{ L}}{5분} = 20\text{ L}/분$$

$$분당흡기량 = \frac{1-0.15-0.05}{0.79} \times 20\text{ L} = 20.25\text{ L}/분$$

$$산소소비량: 0.21 \times 20.25 - 0.15 \times 20 = 1.25$$

23 다음 중 사무실의 오염물질 관리기준에서 이산화탄소의 관리기준으로 옳은 것은?

① 1,000 ppm 이하 ② 2,000 ppm 이하

③ 3,000 ppm 이하 ④ 5,000 ppm 이하

해설 사무실 오염물질별 관리기준: 당해 실내 공기 중 이산화탄소(CO_2)의 농도가 1,000 ppm 이하가 되도록 하여야 한다.

24 다음 중 휴식을 취하고 있을 때 평소보다 혈액이 가장 적게 분포하는 신체부위는?

① 근육 ② 소화기관

③ 뇌 ④ 심장근육

해설 휴식 시에는 근육의 혈류량은 20%이고 뇌, 신장, 소화기관으로 혈류가 흐르며, 심박수는 줄어들어 심장 근육에 혈액이 평소보다 가장 적게 분포한다.

해답 19. ④ 20. ③ 21. ③ 22. ③ 23. ① 24. ④

25 다음 중 오른손과 전완(forearm)을 이용하여 드라이버를 반시계방향으로 회전시켜 나사를 풀 때의 동작유형에 해당하는 것은?

① 외전(abduction) ② 내전(adduction)
③ 회외(supination) ④ 회내(pronation)

해설 손과 전완의 회전의 경우에는 손바닥이 아래로 향하도록 하는 회전을 회내(하향, pronation)라 한다.

26 다음 중 진동방지 대책으로 가장 적합하지 않는 것은?

① 진동의 강도를 일정하게 유지한다.
② 작업자에게는 방진 장갑을 착용하도록 한다.
③ 공장에서의 진동 발생원을 기계적으로 격리한다.
④ 진동을 줄일 수 있는 충격흡수 장치들을 장착한다.

해설 인체에 전달되는 진동을 줄일 수 있도록 기술적인 조치를 취하는 것과 진동에 노출되는 시간을 줄이도록 한다.

27 다음 중 지구력에 대한 설명으로 옳은 것은?

① 지구력은 근력과 상관관계가 높지 않다.
② 지구력은 근수축시간이 경과할수록 커진다.
③ 지구력이란 근육을 사용하여 특정한 힘을 유지할 수 있는 능력이다.
④ 지구력이란 특정 근육을 사용하여 고정된 물체에 대하여 최대한 발휘할 수 있는 힘의 크기를 말한다.

해설
① 지구력(endurance)이란 근력을 사용하여 특정 힘을 유지할 수 있는 능력이다.
② 지구력은 힘의 크기와 관계가 있다.
③ 최대근력으로 유지할 수 있는 것은 몇 초이며, 최대근력의 50% 힘으로는 약 1분간 유지할 수 있다. 최대 근력의 15% 이하의 힘에서는 상당히 오래 유지할 수 있다.
④ 반복적인 동적작업에서는 힘과 반복주기의 조합에 따라 그 활동의 지속시간이 달라진다.
⑤ 최대근력으로 반복적 수축을 할 때는 피로 때문에 힘이 줄어들지만 어떤 수준 이하가 되면 장시간 동안 유지할 수 있다.
⑥ 수축횟수가 10회/분일 때는 최대근력의 80% 정도를 계속 낼 수 있지만, 30회/분일 때는 최대근력의 60% 정도밖에 지속할 수 없다.

28 인체의 조직을 형태나 기능에 따라 나눌 때 다음 중 결합조직(connective tissue)에 속하지 않는 것은?

① 뼈 ② 수상돌기
③ 연골 ④ 조혈조직

해설 수상돌기
자극을 받아들여서 신경세포에 전달하는 신경조직에 속한다.

29 다음 중 육체적 활동의 정적 부하에 대한 스트레인(strain)을 측정하는 데 가장 적합한 것은?

① 근전도(EMG) ② 산소소비량
③ 심박수(HR) ④ 뇌전도(EEG)

해설 근전도(electromyogram; EMG)
개별 근육이나 근육군의 국소 근육활동에 관한 척도로 이용된다.

30 다음 중 교감신경이 흥분할 때 심장의 현상으로 옳은 것은?

① 심박수 증가, 심수축력 증가, 수축속도 감소
② 심박수 감소, 심수축력 증가, 수축속도 증가
③ 심박수 감소, 심수축력 감소, 수축속도 증가
④ 심박수 증가, 심수축력 감소, 수축속도 증가

해설 교감신경이 흥분하면 심박수와 심수축력이 증가하고 수축속도는 감소한다.

해답 25. ④ 26. ① 27. ③ 28. ② 29. ① 30. ①

31 다음 중 생체역학에 활용되는 자유물체도(FBD)의 정의로 가장 적절하지 않은 것은?

① 구조물이 외적 하중을 받을 때 그 지점의 내적 하중을 결정하는 기법이다.
② 시스템의 전체 구성요소에 작용하는 힘만을 파악하기 위하여 그리는 것이다.
③ 모든 해석 대상물체에 대하여 작용하는 힘과 물체의 일부를 분리된 선도로 나타낸 그림이다.
④ 해당 대상물체를 이상화시켜 물체에 작용하고 있는 기지의 힘과 미지의 힘 모두를 상세히 기술하는 최상의 방법이다.

해설 자유물체도(FBD)는 시스템의 개별적 구성요소들에 작용하는 힘과 모멘트를 파악하는 것을 돕기 위해 그리게 된다.

32 다음 중 산업안전보건법령상 "소음작업"이란 1일 8시간 작업을 기준으로 몇 dB(A) 이상의 소음이 발생하는 작업을 말하는가?

① 80 ② 85
③ 90 ④ 95

해설 소음관리 대책
"소음작업"이란 1일 8시간 작업을 기준으로 하여 85 dB 이상의 소음이 발생하는 작업

33 다음 중 저온에서의 신체반응에 대한 설명으로 틀린 것은?

① 체표면적이 감소한다.
② 피부의 혈관이 수축된다.
③ 화학적 대사작용이 감소한다.
④ 근육긴장의 증가와 떨림이 발생한다.

해설 적온에서 추운 환경으로 바뀔 때
① 피부온도가 내려간다.
② 피부를 경유하는 혈액 순환량이 감소하고, 많은 양의 혈액이 몸의 중심부를 순환한다.
③ 직장(直腸)온도가 약간 올라간다.
④ 소름이 돋고 몸이 떨린다.
⑤ 체표면적이 감소하고, 피부의 혈관이 수축된다.

34 다음 중 장력이 생기는 근육의 실질적인 수축성 단위(Contractility unit)는?

① 근섬유(muscle fiber)
② 근원세사(myofilament)
③ 운동단위(motor unit)
④ 근섬유분절(sarcomere)

해설 근섬유분절은 근원섬유를 따라 반복적인 형태로 배열되어 있는데 골격근의 수축단위가 된다.

35 다음 중 조도가 균일하고, 눈이 부시지 않지만 설치비용이 많이 소요되는 조명방식은?

① 직접조명 ② 간접조명
③ 반사조명 ④ 국소조명

해설 간접조명
등기구에서 나오는 광속의 90~100%를 천장이나 벽에 투사하여 여기에서 반사되어 퍼져 나오는 광속을 이용한다.
장점: 방 바닥면을 고르게 비출 수 있고 빛이 물체에 가려도 그늘이 짙게 생기지 않으며, 빛이 부드러워서 눈부심이 적고 온화한 분위기를 얻을 수 있다. 보통 천장이 낮고 실내가 넓은 곳에 높이감을 주기 위해 사용한다.
단점: 효율이 나쁘고 천장색에 따라 조명 빛깔이 변하며, 설치비가 많이 들고 보수가 쉽지 않다.

36 다음 중 중추신경계의 피로, 즉 정신피로의 측정척도로 사용할 때 가장 적합한 것은?

① 혈압(blood pressure)
② 근전도(electromyogram)
③ 산소소비량(oxygen consumption)
④ 점멸융합주파수(flicker fusion frequency)

해설 점멸융합주파수는 피곤함에 따라 빈도가 감소하기 때문에 중추신경계의 피로, 즉 '정신피로'의 척도로 사용될 수 있다.

해답 31. ② 32. ② 33. ③ 34. ④ 35. ② 36. ④

37 다음 중 조명에 관한 용어의 설명으로 틀린 것은?

① 조도는 광도에 비례하고, 광원으로부터의 거리의 제곱에 반비례한다.
② 휘도는 단위 면적당 표면에 반사 또는 방출되는 빛의 양을 말한다.
③ 조도는 점광원에서 어떤 물체나 표면에 도달하는 빛의 양을 말한다.
④ 광도(luminous intensity)는 단위 입체각당 물체나 표면에 도달하는 광속으로 측정하며, 단위는 램버트(Lambert)이다.

해설 광도는 대부분의 표시장치에서 중요한 척도가 되는데, 단위 면적당 표면에서 반사 또는 방출되는 광량(luminous intensity)을 말하며, 단위로는 L(Lambert)을 쓴다.

38 다음 중 젖산의 축적 및 근육의 피로에 관한 설명으로 틀린 것은?

① 젖산이 누적되면 결국 근육은 반응을 하지 않게 된다.
② 무기성 환원과정은 산소가 충분히 공급될 때 일어난다.
③ 축적된 젖산은 산소와 결합하여 물과 이산화탄소로 분해되어 배출된다.
④ 계속적인 활동 시 혈액으로부터 양분과 산소를 공급받아야 하며 이때 충분한 산소 공급이 되지 않을 경우 젖산은 축적된다.

해설 육체적으로 격렬한 작업에서는 충분한 양의 산소가 근육활동에 공급되지 못해 무기성 환원과정에 의해 에너지가 공급되기 때문에 근육에 젖산이 축적되어 근육의 피로를 유발하게 된다.

39 다음 중 인체의 해부학적 자세에 있어 인체를 좌우로 수직 이등분한 면을 무엇이라 하는가?

① 시상면(sagittal plane)
② 관상면(frontal plane)
③ 횡단면(transverse plane)
④ 수직면(vertical plane)

해설 인체를 좌우로 양분하는 면을 시상면이라 하고, 정중면은 인체를 좌우대칭으로 나누는 면이다.

40 다음 중 소음에 의한 C5-dip현상이 발생하는 주파수는?

① 500 Hz ② 1,000 Hz
③ 4,000 Hz ④ 10,000 Hz

해설 일시장해에서 회복 불가능한 상태로 넘어가는 상태로 3,000~6,000 Hz 범위에서 영향을 받으며 4,000 Hz에서 현저히 커지고 음압수준도 0~30 dB의 광범위한 차이를 보인다. 이러한 소음성 난청의 초기단계를 보이는 현상을 C5-dip현상이라고 한다.

3 산업심리학 및 관련법규

41 다음 중 무의식상태로 작업수행이 불가능한 상태의 의식 수준으로 옳은 것은?

① phase 0 ② phase Ⅰ
③ phase Ⅱ ④ phase Ⅲ

해설 0단계(phase 0)
의식을 잃은 상태이므로 작업수행과는 관계가 없다

42 다음 중 집단의 특성에 관한 설명과 가장 거리가 먼 것은?

① 집단은 사회적으로 상호 작용하는 둘 혹은 그 이상의 사람으로 구성된다.
② 집단은 구성원들 사이에 일정한 수준의 안정적인 관계가 있어야 한다.
③ 집단은 개인의 목표를 달성하고, 각자

해답 37. ④ 38. ② 39. ① 40. ③ 41. ① 42. ③

의 이해와 목표를 추구하기 위해 형성된다.

④ 구성원들이 스스로를 집단의 일원으로 인식해야 집단이라고 칭할 수 있다.

해설

① 집단은 둘 이상의 사람의 모임으로 공통목적을 가지고 있다.
② 집단의 목적은 조직의 목적보다 더욱 구체적이고 실질적이며 명확해야 한다.
③ 집단은 구성원의 동기와 요구만족을 강조하며, 구성원 간의 상호의존관계에서 구두, 서신 혹은 직접적인 접촉을 통한 상호작용이 일어난다.
④ 집단은 일반적으로 심리적 집단과 사회적 집단으로 유형화할 수 있다.
⑤ 집단이 형성되어 발전함에 따라 모든 집단 내에는 어떠한 형태의 구조가 생기게 된다.
⑥ 구성원들은 그들이 가지고 있는 전문지식, 권력, 지위 등의 요인에 따라 서로 구별되며, 그 집단 내에서 어떤 직위를 차지하게 된다.
⑦ 집단의 구조를 형성하는 중요한 요소는 역할, 규범, 지위, 목표 등이 있다.
⑧ 집단은 자생적 내부조직을 갖고 있으며, 이 내부구조를 통하여 구성원들의 상호관계가 형성된다.
⑨ 개인의 행위는 집단에서 주어진 역할과 규범에 의해서 이루어지면서 구성원들 상호 간의 영향관계가 조성되고, 상호 간의 영향관계는 지위관계와 밀접한 관계를 갖게 된다.
⑩ 지위신분의 결정요인을 중심으로 공식적인 권한계층(authority hierarchy)과 자생적인 영향력 서열(influence ranking)이 일치될 수 있는 방안을 모색함으로써 보다 자연적이고 효율적인 집단을 운영해 나갈 수 있다.

43 **직무스트레스에 관한 이론 중 ( ) 안에 가장 적절한 용어는?**

> Karasek 등의 직무스트레스에 관한 이론에 의하면 직무스트레스의 발생은 직무요구도와 ( )의 불일치에 의해 나타난다고 보았다.

① 조직구조도 ② 직무분석도
③ 인간관계도 ④ 직무재량도

해설 Karasek은 직무스트레스의 발생은 직무요구도와 직무 재량의 불일치에 의해 나타난다고 보았다.

44 **다음 중 스트레스 요인에 관한 설명으로 옳지 않은 것은?**

① 성격유형에 있어 A형 성격은 B형 성격보다 스트레스를 많이 받는다.
② 일반적으로 내적 통제자들은 외적 통제자들보다 스트레스를 많이 받는다.
③ 역할 과부하는 직무기술서가 분명치 않은 관리직이나 전문직에서 더욱 많이 나타난다.
④ 조직 내에 존재하는 집단들은 조직 구성원에게 집단의 압력이나 행동적 규범에 의하여 스트레스와 긴장의 원인으로 작용할 수 있다.

해설 스트레스는 내적 통제자들보다는 외적 통제자들에서 더 많이 발생하는 것을 볼 수 있다.

45 **인간오류의 분류에 있어 원인에 의한 분류 방법으로 작업자가 기능을 움직이려 해도 필요한 물건, 정보, 에너지 등의 공급이 없는 것처럼 작업자가 움직이려 하여도 움직일 수 없으므로 발생하는 오류를 무엇이라 하는가?**

① primary error
② omission error
③ command error
④ commision error

해설 command error
요구되는 것을 실행하고자 하여도 필요한 물품 정보 에너지 등이 공급되지 않아서 작업자가 움직일 수 없는 상태에서 발생한 에러이다.

해답 43. ④ 44. ② 45. ③

46 인간실수의 요인 중 내적요인에 해당하는 것은?

① 체험적 습관
② 단조로운 작업
③ 양립성에 맞지 않는 상황
④ 동일 형상, 유사 형상의 배열

해설 체험적 습관은 휴먼에러의 심리적 요인(내적 요인)이나 나머지 보기들은 휴먼에러의 물리적 요인이다.

47 제조물책임법에 의한 손해배상의 청구권은 피해자 또는 그 법정대리인이 손해 및 관련 규정에 의하여 손해배상책임을 지는 자를 안 날부터 얼마간 이를 행사하지 아니하면 시효로 인하여 소멸하는가?

① 1년　　② 3년
③ 5년　　④ 7년

해설 제조물책임의 소멸시효
피해자가 손해 및 손해배상책임자를 안 날로부터 3년간 행사하지 않으면 시효가 소멸된다.

48 휴먼에러확률에 대한 추정기법 중 Tree 구조와 비슷한 그림을 이용하며, 사건들을 일련의 2지(binary) 의사결정 분지(分枝)들로 모형화하여 직무의 올바른 수행여부를 확률적으로 부여함으로써 에러율을 추정하는 기법은?

① FMEA
② Fool proof method
③ THERP
④ Monte Carlo method

해설 THERP
사건들을 일련의 2지(binary) 의사결정 분지들로 모형화하여 성공 혹은 실패의 조건부 확률의 추정치를 각 가지에 부여함으로써 에러율을 추정하는 기법이다.

49 다음 중 산업재해방지를 위한 대책으로 가장 적절하지 않은 것은?

① 산업재해를 줄이기 위해서는 안전관리 체계를 자율화하고, 안전관리자의 직무 권한을 최소화하여야 한다.
② 사고와 원인 간의 관계는 우연이라기보다 필연적 인과 관계가 있으므로 사고의 원인분석을 통한 적절한 방지 대책이 필요하다.
③ 재해방지에 있어 근본적으로 중요한 것은 손실의 유무에 관계없이 아차사고(near accident)의 발생을 미리 방지하는 것이다.
④ 불안전한 행동의 방지를 위해서는 적성배치, 동기부여와 심리적 대책과 함께 인간공학적 작업장 설계 등과 같은 공학적 대책이 필요하다.

해설 산업재해방지를 위하여 안전관리체계를 강화하고 안전관리자의 직무권한을 확대한다.

50 다음 중 조직의 리더(leader)에게 부여하는 권한으로 구성원을 징계 또는 처분할 수 있는 권한은?

① 강압적 권한　　② 보상적 권한
③ 위임된 권한　　④ 전문성의 권한

해설 강압적 권한
리더들이 부여받은 권한 중에서 보상적 권한만큼 중요한 것이 바로 강압적 권한인데 이 권한으로 부하들을 처벌할 수 있다.

51 리더십의 이론 중 경로-목표이론(path-goal theory)에서 리더 행동에 따른 4가지 범주를 올바르게 설명한 것은?

해답 46. ① 47. ② 48. ③ 49. ① 50. ① 51. ②

① 성취 지향적 리더는 부하들과 정보자료를 많이 활용하여 부하들의 의견을 존중하여 의사결정에 반영한다.
② 후원적 리더는 부하들의 욕구, 복지문제 및 안정, 온정에 관심을 기울이고, 친밀한 집단 분위기를 조성한다.
③ 주도적 리더는 도전적 목표를 설정하고, 높은 수준의 수행을 강조하여 부하들이 그러한 목표를 달성할 수 있다는 자신감을 갖게 한다.
④ 참여적 리더는 부하들의 작업을 계획하고 조정하며 그들에게 기대하는 바가 무엇인지 알려주고, 구체적인 작업지시를 하며 규칙과 절차를 따르도록 요구한다.

해설
① 성취적 리더: 높은 목표를 설정하고 의욕적 성취동기 행동을 유도하는 리더십의 유형
② 후원적 리더: 배려적 측면을 강조하며, 부하의 요구와 친밀한 분위기를 중시 한다.
③ 주도적 리더: 구조 주도적 측면을 강조하며, 부하의 과업계획을 구체화하는 스타일이다.
④ 참여적 리더: 부하 정보자료를 활용하고 의사결정에 부하의 의견을 반영, 집단 중심 관리를 중시하는 유형

52 다음 중 직무 기술서의 내용이 분명하지 않거나 직무내용이 명확히 전달되지 않음으로 인해 발생될 수 있는 역할 갈등의 원인은?

① 역할 간 마찰
② 역할 내 마찰
③ 역할 부적합
④ 역할 모호성

해설 역할 모호성
한 개인이나 집단(부서)이 역할을 수행함에 있어서 방향이 분명하지 못하고 목표나 과업이 명료하지 못할 때 갈등이 생기게 된다.

53 어느 공장에서 사용 중인 자동검사기기의 신뢰도는 0.9이다. 이 검사기 다음 단계로 2명의 검사원이 병렬로 육안 검사를 실시하고 있으며, 이들의 신뢰도는 각각 0.8, 0.7이다. 이 인간-기계 시스템의 신뢰도는 얼마인가?

① 0.396 ② 0.504
③ 0.846 ④ 0.916

해설
직렬연결(R_s)
$= R_1 \times R_2 \times R_3 \times \ldots R_n = \prod_{i=1}^{n} R_i$
병렬연결(R_p)
$= 1-(1-R_1)(1-R_2)\ldots(1-R_n) = 1-\prod_{i=1}^{n}(1-R_i)$
$= 0.9 \times [1-(1-0.8)(1-0.7)] = 0.846$

54 다음 중 주의력의 특징에 관한 설명으로 틀린 것은?

① 고도의 주의력은 장시간 지속할 수 없다.
② 주의력은 일반적으로 동시에 2개 방향에 집중하지 못한다.
③ 한곳에 주의력을 집중하면 다른 곳의 주의력은 약해진다.
④ 전체를 파악하고자 할 때에는 주의력을 집중하는 것이 최상이다.

해설 주의를 집중한다는 것은 좋은 태도라고 볼 수 있으나 반드시 최상이라고 할 수는 없다.

55 재해 발생에 관한 하인리히(H.W. Heinrich)의 도미노 이론에서 제시된 5가지 요인에 해당하지 않는 것은?

① 제어의 부족
② 개인적 결함
③ 불안전한 행동 및 상태

해답 52. ④ 53. ③ 54. ④ 55. ①

④ 유전 및 사회 환경적 요인

해설 하인리히(H.W. Heinrich)의 재해발생 5단계
제1단계: 사회적 환경과 유전적 요소
제2단계: 개인적 결함
제3단계: 불안전 행동 및 불안전 상태
제4단계: 사고
제5단계: 상해(산업재해)

56 다음 중 불안전한 행동에 해당되지 않는 것은?

① 보호구 미착용
② 안전장치 결함
③ 불안전한 조작
④ 안전장치 기능 제거

해설 안전장치의 결함은 물적원인으로 불안전한 상태에 해당된다.

57 다음 중 재해율에 관한 설명으로 틀린 것은?

① 연천인율은 근로자 1,000명당 1년 동안 발생하는 재해자 수의 비율을 의미한다.
② 도수율은 연간총근로시간 합계 100만 시간당 재해발생 건수이다.
③ 재해의 경중, 즉 강도를 나타내는 척도로서 연간총근로시간 1,000시간당 재해 발생에 의해서 근로일수를 말한다.
④ 환산강도율은 근로자가 평생 근무 시 부상당하는 횟수를 표현한다.

해설 환산강도율
10만 시간당 근로손실일수

58 다음 중 알더퍼(P. Alderfer)의 ERG이론에서 3단계로 나눈 욕구 유형에 속하지 않는 것은?

① 성장욕구 ② 존재욕구
③ 관계욕구 ④ 성취욕구

해설
① 존재욕구: 생존에 필요한 물적 자원의 확보와 관련된 욕구
② 관계욕구: 사회적 및 지위상의 욕구로서 다른 사람과의 주요한 관계를 유지하고자 하는 욕구
③ 성장욕구: 내적 자기개발과 자기실현을 포함한 욕구

59 다음 중 레빈(K. Lewin)의 인간행동 법칙 B=f(P·E)에 관한 설명으로 틀린 것은?

① B는 행동을 나타낸다.
② P는 개체를 나타낸다.
③ E는 자극을 나타낸다.
④ f는 P와 E의 함수관계를 나타낸다.

해설 E: environment(환경: 인간관계, 작업 환경 등)

60 Hick's Law에 따르면 인간의 반응시간은 정보량에 비례한다. 단순반응에 소요되는 시간이 200 ms이고, 단위 정보량당 증가되는 반응시간이 150 ms이라고 한다면, 2 bits의 정보량을 요구하는 작업에서의 예상 반응시간은 몇 ms인가?

① 400 ② 500
③ 550 ④ 700

해설 단순반응에 소요되는 시간 200 ms + 2 bit ×(단위 정보량당 증가되는 반응시간 150 ms) = 500 ms

4 근골격계질환 예방을 위한 작업관리

61 다음에 사용하기 위하여 지우개를 정해진 위치에 놓는 것과 같이 정해진 장소에 놓는 동작을

해답 56. ② 57. ④ 58. ④ 59. ③ 60. ② 61. ②

나타내는 서블릭(Therblig)의 기호는?

① G　　② PP
③ P　　④ RL

해설
G=쥐다, PP=미리놓기, RL=내려놓기, P=바로놓기

62 다음 중 근골격계질환 예방을 위한 수공구(hand tool)의 인간공학적 설계 원칙으로 적합하지 않은 것은?

① 손목을 곧게 유지한다.
② 손바닥에 과도한 압박은 피한다.
③ 반복적인 손가락 운동을 활용한다.
④ 사용자의 손 크기에 적합하게 디자인한다.

해설 자세에 관한 수공구 개선
① 손목을 곧게 유지한다(손목을 꺾지 말고 손잡이를 꺾어라).
② 힘이 요구되는 작업에는 파워그립(power grip)을 사용한다.
③ 지속적인 정적 근육부하(loading)를 피한다.
④ 반복적인 손가락 동작을 피한다.
⑤ 양손 중 어느 손으로도 사용이 가능하고 적은 스트레스를 주는 공구를 개인에게 사용되도록 설계한다.

63 다음 중 근골격계질환의 원인과 거리가 먼 것은?

① 반복적인 동작
② 과도한 힘의 사용
③ 고온의 작업환경
④ 부적절한 작업자세

해설 근골격계질환 원인
① 반복성
② 부자연스런 또는 취하기 어려운 자세
③ 과도한 힘
④ 접촉스트레스
⑤ 진동
⑥ 온도, 조명 등 기타 요인

64 다음의 조건에서 NIOSH Lifting Equation(NLE)에 의한 들기지수(LI)와 작업의 위험도 평가를 올바르게 나타낸 것은?

현재 취급물의 하중 = 14 kg	
수평계수 = 0.4	수직계수 = 0.95
거리계수 = 1.0	대칭계수 = 0.8
빈도계수 = 0.8	손잡이계수 = 0.9

① LI = 2.78, 개선이 요구되는 작업
② LI = 0.36, 개선이 요구되지 않는 작업
③ LI = 0.77, 개선이 요구되는 작업
④ LI = 2.01, 요통 위험이 낮은 작업

해설 LI(들기지수)=작업물무게 / RWL

$RWL = LC \times HM \times VM \times DM \times AM \times FM \times CM$
$= 23 \times 0.4 \times 0.95 \times 1.0 \times 0.8 \times 0.8 \times 0.9$
$= 5.03$

$LI =$ 작업물무게$/RWL$

$LI = 14/5.03 = 2.78$

65 다음 중 문제해결을 위해 이해해야 하는 문제 자체가 가지는 일반적인 다섯 가지 특성을 나타낸 것은?

① 선행조건, 제약조건, 대안, 인력, 연구시한
② 선행조건, 제약조건, 대안, 작업환경, 개선방향
③ 두 가지 상태, 제약조건, 대안, 판단기준, 연구시한
④ 두 가지 상태, 제약조건, 대안, 판단기준, 작업환경

해설 문제의 특성
① 두 가지 상태
② 제약조건
③ 대안
④ 판단기준
⑤ 연구시한

해답 62. ③ 63. ③ 64. ① 65. ③

66 다음 중 어깨, 팔목, 손목, 목 등 상지에 초점을 맞추어 작업자세로 인한 작업 부하를 빠르고 상세하게 분석할 수 있는 근골격계질환의 위험 평가기법으로 가장 적절한 것은?

① OWAS ② WAC
③ RULA ④ NLE

해설 RULA는 어깨, 팔목, 손목, 목 등 상지에 초점을 맞추어서 작업자세로 인한 작업부하를 쉽고 빠르게 평가하기 위해 만들어진 기법이다.

67 다음 중 잠복비용(hidden cost)을 발견하고 감소시키기 위한 공정도로 가장 적합한 것은?

① flow diagram
② flow process chart
③ product process chart
④ operation process chart

해설 유통공정도(flow process chart)의 용도는 잠복비용을 발견하고 감소시키는 역할을 한다.

68 다음 중 JSI(Job Strain Index)가 작업을 평가하는 기준 6가지에 해당하지 않는 것은?

① 손/손목의 자세
② 1일 작업의 생산량
③ 힘을 발휘하는 강도
④ 힘을 발휘하는 지속시간

해설 JSI(Job Strain Index)란 생리학, 생체역학, 상지질환에 대한 병리학을 기초로 한 정량적 평가기법이다. 상지질환(근골격계질환)의 원인이 되는 위험요인들이 작업자에게 노출되어 있거나 그렇지 않은 상태를 구별하는 데 사용된다. 이 기법은 상지질환에 대한 정량적 평가기법으로 근육사용 힘(강도), 근육사용 기간, 빈도, 자세, 작업속도, 하루 작업시간 등 6개의 위험요소로 구성되어 있으며, 이를 곱한 값으로 상지질환의 위험성을 평가한다.

69 다음 중 Work Factor(WF)에서 동작의 인위적 조절정도를 나타낸 것으로 틀린 것은?

① 방향 변경: U ② 주의: P
③ 일정한 정지: D ④ 조절: W

해설 인위적 조절(동작의 곤란성)
① 방향조절: S
② 주의: P
③ 방향의 변경: U
④ 일정한 정지: D

70 다음 중 방법 연구(method engineering)와 관련이 가장 적은 것은?

① 신체 활동 분석
② 작업 및 공정 연구
③ 작업시간의 측정 및 응용
④ 재료, 공구설비 및 작업조건 분석

해설 작업시스템이나 작업방법의 분석·검토·개선에 사용되는 방법연구의 주요 기법
① 공정분석 ② 작업분석 ③ 동작분석

71 다음 중 시간연구 시 비디오 측정의 요령으로 가장 적합한 것은?

① 가능한 한 작업자의 좌, 우 측면에서 측정한다.
② 공정성을 위하여 작업당 1회 촬영하는 것이 원칙이다.
③ 작업자에게 사전 설명 없이 직접 촬영하는 것이 좋다.
④ 가능한 세밀한 측정을 위해 작업자와 1 m 이내로 근접 촬영한다.

해설 비디오 측정 시 가능한 한 작업자의 좌, 우 측면에서 측정한다.

해답 66. ③ 67. ② 68. ② 69. ④ 70. ③ 71. ①

72 **어느 작업시간의 관측평균시간이 1.2분, 레이팅계수가 110%, 여유율이 25%일 때, 외경법에 의한 개당 표준시간은?**

① 1.32분 ② 1.50분
③ 1.53분 ④ 1.65분

해설 표준시간(ST)=정미시간×(1+여유율)
=(관측평균시간×레이팅계수)×(1+여유율)
=(1.2×1.1)(1+0.25)
=1.65

73 **다음 중 근골격계질환의 예방원리에 관한 설명으로 가장 적절한 것은?**

① 예방이 최선의 정책이다.
② 작업자의 정신적 특징 등을 고려하여 작업장을 설계한다.
③ 공학적 개선을 통해 해결하기 어려운 경우에는 그 공정을 중단한다.
④ 사업장 근골격계 예방정책에 노사가 협의하면 작업자의 참여는 중요하지 않다.

해설 효과적인 근골격계질환 관리를 위한 실행원칙
① 인식의 원칙
② 노사 공동참여의 원칙
③ 전사적 지원의 원칙
④ 사업장 내 자율적 해결의 원칙
⑤ 시스템적 접근의 원칙
⑥ 지속적 관리 및 사후평가의 원칙
⑦ 문서화의 원칙

74 **다음 중 동작경제의 원칙에 해당하지 않는 것은?**

① 신체의 사용에 관한 원칙
② 작업장의 배치에 관한 원칙
③ 공구 및 설비 디자인에 관한 원칙
④ 인간·기계시스템의 정합성의 원칙

해설 동작경제의 원칙은 신체의 사용에 관한 원칙, 작업역의 배치에 관한 원칙, 공구 및 설비의 설계에 관한 원칙이다.

75 **어느 회사의 컨베이어 라인에서 작업순서가 다음 [표]의 번호와 같이 구성되어 있다. 다음 설명 중 옳은 것은?**

작업	① 조립	② 납땜	③ 검사	④ 포장
시간(초)	10초	9초	8초	7초

① 공정 손실은 15%이다.
② 애로작업은 검사작업이다.
③ 라인의 주기시간은 7초이다.
④ 라인의 시간당 생산량은 6개이다.

해설
① $\text{공정손실} = \dfrac{\text{총유휴시간}}{\text{작업자수} \times \text{주기시간}} = \dfrac{6}{4 \times 10} = 0.15$
② 애로작업: 조립작업
③ 주기시간: 가장 긴 작업이 10초이므로 10초
④ 시간당 생산량
1개에 10초 걸리므로 $\dfrac{3,600\text{초}}{10\text{초}}$ = 360개

76 **작업분석의 문제분석 도구 중에서 "원인결과도"라고도 불리며 결과를 일으킨 원인을 5~6개의 주요 원인에서 시작하여 세부 원인으로 점진적으로 찾아가는 기법은?**

① 간트 차트
② 특성요인도
③ PERT 차트
④ 파레토분석 차트

해설 특성요인도
"원인결과도"라고도 불리며 결과를 일으킨 원인을 5~6개의 주요 원인에서 시작하여 세부 원인으로 점진적으로 찾아가는 기법이다.

77 **다음 중 워크샘플링(Work-sampling)에 대한 설명으로 옳은 것은?**

① 시간연구법보다 더 정확하다.

해답 72. ④ 73. ① 74. ④ 75. ① 76. ② 77. ④

② 자료수집 및 분석시간이 길다.
③ 컨베이어 작업처럼 짧은 주기의 작업에 알맞다.
④ 관측이 순간적으로 이루어져 작업에 방해가 적다.

해설 워크샘플링의 장점은 관측을 순간적으로 하기 때문에 작업자를 방해하지 않으면서 용이하게 연구를 진행시킨다.

78 근골격계질환 중 어깨 부위의 질환이 아닌 것은?

① 근막통증후근(MPS)
② 외상과염(lateral epicondylitis)
③ 극상근 건염(supraspinatus tendinitis)
④ 상완이두 건막염(bicipital tenosynovitis)

해설 외상과염과 내상과염은 팔과 팔목 부위의 근골결계질환이다.

79 다음 중 사업장 근골격계질환 예방·관리 프로그램에 있어 예방·관리추진팀의 역할이 아닌 것은?

① 교육 및 훈련에 관한 사항을 결정하고 실행한다.
② 유해요인 평가 및 개선계획의 수립과 시행에 관한 사항을 결정하고 실행한다.
③ 예방·관리 프로그램의 수립 및 수정에 관한 사항을 결정한다.
④ 근골격계질환의 증상·유해요인 보고 및 대응체계를 구축한다.

해설 근골격계질환의 증상, 유해요인 보고 및 대응체계를 구축하는 것은 사업주의 역할이다.

80 다음 중 SEARCH 원칙에 대한 내용으로 틀린 것은?

① Composition: 구성
② How often: 얼마나 자주?
③ Alter sequence: 순서의 변경
④ Simplify operations: 작업의 단순화

해설 SEARCH 원칙 6가지
S = Simplify operations(작업의 단순화)
E = Eliminate unnecessary work and material (불필요한 작업이나 자재의 제거)
A = Alter sequence(순서의 변경)
R = Requirements(요구조건)
C = Combine operations(작업의 결합)
H = How often(얼마나 자주?)

해답 78. ② 79. ④ 80. ①

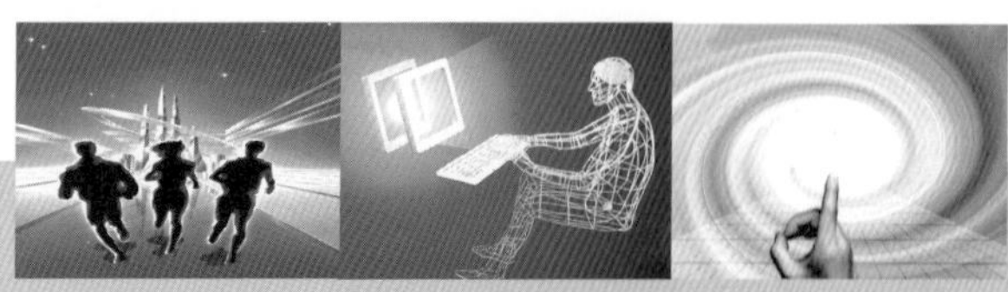

인간공학기사 필기시험 문제풀이 17회[131]

1 인간공학 개론

1 **다음 중 인간공학에 관한 설명으로 가장 적절하지 않은 것은?**

① 인간의 특성 및 한계를 고려한다.
② 인간을 기계와 작업에 맞추는 학문이다.
③ 인간 활동의 최적화를 연구하는 학문이다.
④ 편리성, 안정성, 효율성을 제고하는 학문이다.

해설 인간공학은 사람들에게 알맞도록 작업을 맞추어 주는 과학(지식)이다.

2 **다음 중 귀의 청각 과정이 순서대로 올바르게 나열된 것은?**

① 공기전도 → 액체전도 → 신경전도
② 신경전도 → 액체전도 → 공기전도
③ 액체전도 → 공기전도 → 신경전도
④ 신경전도 → 공기전도 → 액체전도

해설 귀의 청각 과정은 공기가 고막에서 진동하여 중이소골에서 고막의 진동을 내이의 난원창으로 전달한 후 음압의 변화에 반응하여 달팽이관의 림프액이 진동한다. 이 진동을 유모세포와 말초신경이 코르티 기관에 전달하고 말초신경에서 포착된 신경충동은 청신경을 통해서 뇌에 전달된다.

3 **다음 중 인체측정 자료를 이용한 설계원칙에 있어 조절식 설계에 관한 설명으로 옳은 것은?**

① 대상 집단 내의 일부 사용자만 수용할 수 있는 설계 원리이다.
② 최대치나 최소치를 사용하는 것이 기술적으로 어려운 경우에 활용한다.
③ 문의 높이, 비상 탈출구의 크기 등의 설계에 적용할 수 있다.
④ 인체측정 자료의 복잡성을 다루지 않아도 된다는 장점이 있다.

해설 조절식 설계는 최대치나 최소치를 사용하는 것이 기술적으로 어려운 경우에 활용되고, 체격이 다른 여러 사람에게 맞도록 조절식으로 만드는 것을 말한다.

4 **다음 중 조종장치와 표시장치에 대한 통제비와 관련된 설명으로 틀린 것은?**

① C/D비 혹은 C/R비라 한다.
② 매슬로우(Maslow)에 의하여 개발된 이론이다.
③ 통제기기와 시각 표시기기 간의 조작 민감성 정도를 나타낸다.
④ 최적 통제비는 제어장치의 종류, 표시

정답 1. ② 2. ① 3. ② 4. ②

크기, 허용오차 등 시스템 매개변수에 영향을 받는다.

해설 매슬로우(Maslow)는 욕구계층이론을 개발한 사람이다.

5 반사경 없이 모든 방향으로 빛을 발하는 점광원에서 2 m 떨어진 곳의 조도가 100 lux라면 3 m 떨어진 곳에서의 조도는 약 얼마인가?

① 44.4 lux
② 66.7 lux
③ 100 lux
④ 150 lux

해설

조도$=\frac{광량}{거리^2}$, $\frac{x}{2^2}$=100 lux, x=400

$\frac{400}{3^2}$=44.4 lux

6 다음 중 실험실이 아닌 현장에서 실시되는 인간공학 연구의 일반적인 특징에 해당하는 것은?

① 실험 변수 제어가 용이하다.
② 많은 횟수의 반복적 실험이 가능하다.
③ 좀 더 정확한 자료를 수집할 수 있다.
④ 연구 결과를 현실 세계의 작업 환경에 일반화시키기가 용이하다.

해설 실험실이 아닌 현장에서 실시되는 인간공학 연구의 일반적인 특징은 연구 결과를 현실 세계의 작업 환경에 일반화시키기가 용이하다는 특징을 가진다. 보기 ①, ②, ③은 실험실에서 인간공학 연구를 할 때의 특징이다.

7 다음 중 인간 기억의 여러 가지 형태에 대한 설명으로 틀린 것은?

① 단기기억의 용량은 보통 7청크(chunk)이며 학습에 의해 무한히 커질 수 있다.
② 자극을 받은 후 단기기억에 저장되기 전에 시각적인 정보는 아이코닉 기억(Iconic memory)에 잠시 저장된다.
③ 계속해서 갱신해야 하는 단기기억의 용량은 보통의 단기기억 용량보다 작다.
④ 단기기억에 있는 내용을 반복하여 학습(research)하면 장기기억으로 저장된다.

해설 단기기억(작업기억)의 용량은 보통 7±2 chunk이다.

8 다음 중 사용자 인터페이스에 대한 정의로 가장 적절하지 않은 것은?

① 사용성이란 사용자가 의도한 대로 제품을 사용할 수 있는 정도이다.
② 최고 경영자의 관점에서 제품을 설계하는 것을 사용자 중심 설계라고 한다.
③ 사용성은 학습용이성, 효율성, 기억용이성, 주관적 만족도와 관련이 크다.
④ 사용자가 어떤 장비를 사용하여 작업할 경우 정보의 상호전달이 이루어지는 부분을 사용자 인터페이스라고 한다.

해설 사용자의 관점에서 제품을 설계하는 것을 사용자 중심 설계라도 한다.

9 다음 중 표시장치에 관한 설명으로 옳은 것은?

① 정보가 복잡한 경우 시각적 표시장치보다 청각적 표시장치가 더 유리하다.
② 정보의 내용이 짧은 경우 청각적 표시장치보다 시각적 표시장치가 더 유리하다.
③ 정보가 후에 재참조되지 않는 경우 청각적 표시장치보다 시각적 표시장치가 더 유리하다.
④ 정보가 즉각적인 행동을 요구하는 경우에는 시각적 표시장치보다 청각적 표시장치가 더 유리하다.

해답 5. ① 6. ④ 7. ① 8. ② 9. ④

해설

가. 청각장치가 이로운 경우
① 전달정보가 간단할 때
② 전달정보는 후에 재참조되지 않을 때
③ 전달정보가 즉각적인 행동을 요구할 때
④ 수신 장소가 너무 밝을 때
⑤ 직무상 수신자가 자주 움직이는 경우

나. 시각장치가 이로운 경우
① 전달정보가 복잡할 때
② 전달정보 후에 재참조될 때
③ 수신자의 청각계통이 과부하일 때
④ 수신 장소가 시끄러울 때
⑤ 직무상 수신자가 한곳에 머무르는 경우

10 다음 중 음에 관련된 단위가 아닌 것은?

① dB　② sone
③ fL　④ phon

해설 fL은 빛의 광도에서 나오는 단위이다.

11 다음 중 작업공간에 관한 설명으로 가장 적절하지 않은 것은?

① 한 장소에 앉아서 수행하는 작업 활동에서, 사람이 작업하는 데 사용하는 공간을 "작업 공간 포락면"(work-space envelope)이라 부른다.
② "정상 작업역"은 윗 팔을 자연스럽게 수직으로 늘어뜨린 채, 아래팔만으로 편하게 뻗어 파악할 수 있는 구역이다.
③ "최대 작업역"은 아래팔과 윗 팔을 곧게 펴서 파악할 수 있는 구역이다.
④ 접근 가능 거리는 필요한 인체치수의 95%tile 치수를 이용한다.

해설

① "작업 공간 포락면"은 한 장소에 앉아서 수행하는 작업 활동에서, 사람이 작업하는 데 사용하는 공간을 말한다.
② "정상 작업역"은 위팔을 자연스럽게 수직으로 늘어뜨린 채, 아래팔만 편하게 뻗어 작업을 진행할 수 있는 구역이다.
③ "최대 작업역"은 작업자가 정상적인 작업자세에서 쉽게 손이 닿을 수 있는 동작역의 최대 부분을 말한다.

12 다음 중 인간의 감지능력에 대한 설명으로 틀린 것은?

① JND가 클수록 감각의 변화를 검출하기 쉽다.
② Weber비는 감각의 감지에 대한 민감도를 나타낸다.
③ 특정 감각의 감지능력은 JND(Just Noticeable Difference)로 표현된다.
④ Weber비가 작을수록 분별력이 뛰어난 감각이라 할 수 있다.

해설 JND는 두 자극 사이의 차이를 식별할 수 있는 최소 강도 차이를 말하며 JND가 작을수록 감각의 변화를 검출하기 쉽다.

13 표시장치를 사용할 때 자극 전체를 직접 나타내거나 재생시키는 대신, 정보나 자극을 암호화하는 데 있어서 지켜야 할 일반적 지침으로 볼 수 없는 것은?

① 암호의 민감성　② 암호의 양립성
③ 암호의 변별성　④ 암호의 검출성

해설 자극 암호화의 일반적 지침으로는 암호의 양립성, 암호의 검출성, 암호의 변별성이 있다.

14 다음 중 기능적 인체치수(functional body dimension)측정에 대한 설명으로 가장 적절한 것은?

① 앉은 상태에서만 측정하여야 한다.
② 5~95%tile에 대해서만 정의된다.
③ 신체부위의 동작범위를 측정하여야 한다.
④ 움직이지 않는 표준자세에서 측정하여

정답 10. ③ 11. ④ 12. ① 13. ① 14. ③

야 한다.

(해설) 기능적 측정(동적측정)은 일반적으로 상지나 하지의 운동, 체위의 움직임에 따른 상태에서 측정하는 것이며, 실제의 작업 혹은 실제 조건에 밀접한 관계를 갖는 현실성 있는 인체 치수를 구하는 것이다.

15 한 사람이 손바닥에 100 g의 추를 놓고 이 추와 구별할 수 있는 최소한의 무게 증가를 알아보았더니 10 g으로 판정되었다. Weber의 법칙을 따를 경우 동일한 사람이 1,000 g짜리 추와 구분할 수 있는 최소한의 무게 증가는 얼마인가?

① 10 g ② 50 g
③ 100 g ④ 150 g

(해설)
웨버의 비 = $\frac{\text{변화감지역}}{\text{기준자극의크기}} = \frac{10}{100} = 0.1$
1,000 g × 0.1 = 100 g

16 다음 중 인간의 후각 특성에 대한 설명으로 틀린 것은?

① 훈련을 통하면 식별 능력을 향상시킬 수 있다.
② 특정한 냄새에 대한 절대적 식별 능력은 떨어진다.
③ 후각은 특정 물질이나 개인에 따라 민감도의 차이가 있다.
④ 후각은 훈련을 통하여 일상적인 냄새의 수를 최대 10가지 종류에 대하여 식별이 가능하다.

(해설) 인간의 후각은 훈련되지 않은 사람이 식별할 수 있는 일상적인 냄새의 수는 15~32종류이지만, 훈련을 통하여 60종류까지도 식별 가능하다.

17 다음 중 인간의 정보처리과정, 기억의 능력과 한계 등에 관한 정보를 고려한 설계와 가장 관계가 깊은 것은?

① 계면 설계
② 사용자 중심의 설계
③ 인지 특성을 고려한 설계
④ 신체 특성을 고려한 설계

(해설) 인간의 정보처리과정, 기억의 능력과 한계 등은 인간의 인지 특성과 관련되므로 이에 관한 정보를 고려한 설계는 인지 특성을 고려한 설계이다.

18 각각의 변수가 다음과 같을 때 정보량을 구하는 식으로 틀린 것은?

n: 대안의 수 p: 대안의 실현확률
P_k: 각 대안의 실패확률 P_i: 각 대안의 실현확률

① $H = \log_2 n$

② $H = \sum_{i=1}^{n} P_i + \log_2 \frac{1}{n}$

③ $H = \log_2 \frac{1}{p}$

④ $H = \sum_{i=1}^{n} P_i \log_2 \frac{1}{P_i}$

(해설) 정보량을 구하는 수식
① 실현 가능성이 같은 n개의 대안이 있을 때 총 정보량
H = $\log_2 n$
② 각 대안의 실현 확률로 표현하였을 때 총 정보량
H = $\log_2 \frac{1}{p}$
③ 여러 개의 실현 가능한 대안이 있을 경우 평균정보량은 각 대안의 정보량에 실현확률을 곱한 것을 모두 합하면 된다.
H = $\sum_{i=0}^{n} p_i \log_2 \frac{1}{p_i}$

해답 15. ③ 16. ④ 17. ③ 18. ②

19 다음 중 인간-기계의 체계에서 인간이 표시장치를 감지한 후에 발생하는 것은?

① 제어　② 출력
③ 입력　④ 정보처리

해설 인간과 기계 사이에는 어떤 기능적 상호작용이 존재하는데, 기계의 표시장치의 정보가 인간의 감각기관을 통해 자극으로 입력되면, 이 자극은 정보처리 과정을 거친 후, 다시 기계의 조작을 위한 기기로의 명령으로 출력되는 과정을 거친다.

20 다음 중 시력에 관한 설명으로 틀린 것은?

① 눈의 조절능력이 불충분한 경우, 근시 또는 원시가 된다.
② 시력은 세부적인 내용을 시각적으로 식별할 수 있는 능력을 말한다.
③ 눈이 초점을 맞출 수 없는 가장 먼 거리를 원점이라 하는데 정상 시각에서 원점은 거의 무한하다.
④ 여러 유형의 시력은 주로 망막 위에 초점이 맞추어지도록 홍채의 근육에 의한 눈의 조절능력에 달려있다.

해설 여러 유형의 시력은 주로 망막 위에 초점이 맞추어 지도록 수정체의 근육에 의한 눈의 조절능력에 달려있다.

2 작업생리학

21 다음 중 사무실 내의 추천반사율(reflectance)의 크기가 큰 것부터 작은 순서대로 올바르게 나열된 것은?

① 천장 > 바닥 > 벽
② 바닥 > 벽 > 천장
③ 천장 > 벽 > 바닥
④ 벽 > 천장 > 바닥

해설 실내추천반사율(IES)
천장: 80~90%
벽 : 40~60%
가구, 사무용기기, 책상: 25~45%
바닥: 20~40%

22 다음 중 단일자극에 의해 발생하는 1회의 수축과 이완 과정을 무엇이라 하는가?

① 강축(tetanus)　② 연축(twitch)
③ 긴장(tones)　④ 강직(rigor)

해설 골격근에 직접, 또는 신경-근접합부 부근의 신경에 전기적인 단일자극을 가하면, 자극이 유효할 때는 활동전위가 발생하여 급속한 수축이 일어나고 이어서 이완현상이 생기는데, 이것을 연축이라고 한다.

23 작업장의 소음 노출정도를 측정한 결과 다음 [표]와 같은 결과를 얻었다. 이 작업장에서 근무하는 작업자의 소음노출지수는 약 얼마인가?

소음수준[dB(A)]	노출시간(h)	허용시간(h)
80	3	64
90	4	8
100	1	2

① 1.01　② 1.05
③ 1.10　④ 1.15

해설

소음노출지수 = $\frac{\text{노출시간}}{\text{허용시간}}$

소음노출지수가 80 dB인 경우 $\frac{3}{64}$ = 0.05

90 dB인 경우 $\frac{4}{8}$ = 0.5

100 dB인 경우 $\frac{1}{2}$ = 0.5이므로, 이 작업장에서 근무하는 작업자의 총 소음노출지수는 0.05+0.5+0.5=1.05가 된다.

해답 19. ④ 20. ④ 21. ③ 22. ② 23. ②

24 다음 중 신체 반응 측정 장비와 내용을 잘못 짝지은 것은?

① EMG－정신적 스트레스를 측정, 기록한다.
② EEG－뇌의 활동에 따른 전위 변화를 기록한다.
③ ECG－심장근의 수축에 따른 전기적 변화를 피부에 부착한 전극들로 검출, 증폭 기록한다.
④ EOG－안구를 사이에 두고 수평과 수직 방향으로 붙인 전극 간의 전위차를 증폭시켜 여러 방향에서 안구 운동을 기록한다.

해설 근전도(EMG)는 근육활동의 전위차를 기록한 것으로 심장근의 근전도를 특히 심전도(ECG)라 한다.

25 다음 중 실효온도(effective temperature)에 관한 설명으로 틀린 것은?

① 실효온도가 증가할수록 육체작업의 기능은 저하된다.
② 상대습도가 75%일 때의 특정 온도로 느끼는 열적 온감이다.
③ 온도, 습도 및 공기 이동이 인체에 미치는 효과를 나타내는 경험적 감각지수이다.
④ 실효온도는 저온조건에서는 습도의 영향을 과대평가하고, 고온조건에서는 과소평가한다.

해설 실효온도는 온도, 습도 및 공기 유동이 인체에 미치는 열 효과를 하나의 수치로 통합한 경험적 감각지수로 상대습도 100%일 때 이 (건구)온도에서 느끼는 동일한 온감이다.

26 다음 중 정신부하의 측정에 사용되는 것은?

① 부정맥 ② 산소소비량
③ 혈압 ④ 에너지소비량

해설 산소소비량, 에너지소비량, 혈압 등은 생리적 부하 측정에 사용되는 척도들이다.
부정맥: 심장박동이 비정상적으로 늦어지거나 빨라지는 등 불규칙해지는 현상을 부정맥이라 한다.

27 다음 중 진동이 인체에 미치는 영향이 아닌 것은?

① 산소소비량 증가 ② 심박수 감소
③ 근장력 증가 ④ 말초혈관의 수축

해설 진동이 발생하면 인체의 심박수가 증가하게 된다.

28 다음 중 관절의 연결형태가 안장관절(saddle joint)에 해당하는 것은?

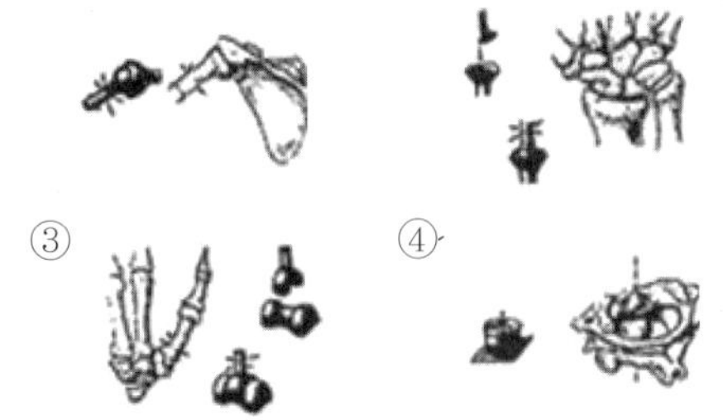

해설 안장관절
두 관절 면이 말안장처럼 생긴 것으로 서로 직각방향으로 움직이는 2축성 관절이다.
예) 엄지손가락의 손목손바닥뼈관절

29 다음 중 정적 평형상태에 대한 설명으로 틀린 것은?

① 힘이 거리에 반비례하여 발생한다.
② 물체나 신체가 움직이지 않는 상태이다.
③ 작용하는 모든 힘의 총합이 0인 상태이다.
④ 작용하는 모든 모멘트의 총합이 0인 상태이다.

해설 주어진 힘들의 영향이 미치지 않는 경우, 한

해답 **24.** ① **25.** ② **26.** ① **27.** ② **28.** ③ **29.** ①

점에 작용하는 모든 힘의 합력이 0이면 이 질점은 평형상태에 있다. 이 경우, 모든 힘의 합력은 0이다 ($\sum F=0$).

30 다음 중 전체 환기가 필요한 경우로 가장 적절하지 않은 것은?

① 유해물질의 독성이 적을 때
② 실내에 오염물 발생이 많지 않을 때
③ 실내 오염 배출원이 분산되어 있을 때
④ 실내에 확산된 오염물의 농도가 전체로 보아 일정하지 않을 때

(해설) 전체 환기
유해물질을 오염원에서 완전히 제거하는 것이 아니라 신선한 공기를 공급하여 유해물질의 농도를 낮추는 방법
① 오염물질의 독성이 비교적 낮아야 함
② 오염물질이 분진이 아닌 증기나 가스여야 함
③ 오염물질이 균등하게 발생되어야 함
④ 오염물질이 널리 퍼져 있어야 함
⑤ 오염물질의 발생량이 적어야 함

31 다음 중 생리적 측정을 주관적 평점등급으로 대체하기 위하여 개발된 평가척도는?

① Likert Scale ② Garg Scale
③ Fitts Scale ④ Borg-RPE Scale

(해설) Borg의 RPE Scale은 자신의 운동부하가 어느 정도 힘든가를 주관적으로 평가해서 언어적으로 표현할 수 있도록 척도화한 것이다.

32 작업자의 배기를 10분 동안 수집한 결과 200 L이었고, 총 배기량 중 산소는 15%, 이산화탄소는 5%였다. 분당 산소소비량은 얼마인가? (단, 공기 중 산소는 21vol%, 질소는 79vol%가 존재하는 것으로 한다.)

① 1.25 L ② 12.5 L
③ 20.25 L ④ 202.5 L

(해설)
① 분당 배기량
$$\frac{\text{배기량}}{\text{시간(분)}} = \frac{200}{10} = 20\ \text{L/분}$$
② 분당 흡기량
$$\frac{(100 - O_2\% - CO_2\%)}{N_2\%} \times \text{분당 배기량}$$
$$= \frac{(1 - 0.15 - 0.05)}{0.79} \times 20 = 20.25$$
③ 산소소비량
$$(21\% \times \text{분당 흡기량}) - (O_2\% \times \text{분당 배기량})$$
$$= (0.21 \times 20.25) - (0.15 \times 20) = 1.25\ \text{L}$$

33 다음 중 팔을 수평으로 편 위치에서 수직위치로 내릴 때처럼 신체 중심선을 향한 신체부위의 동작은?

① flexion ② adduction
③ extension ④ abduction

(해설) 내전(adduction)
팔을 수평으로 편 위치에서 수직위치로 내릴 때처럼 중심선을 향한 인체부위의 동작

34 다음 중 점광원으로부터 어떤 물체나 표면에 도달하는 빛의 밀도를 나타내는 단위로 옳은 것은?

① Lambert ② candela
③ nit ④ lumen/m^2

(해설) lumen/m^2은 빛의 밀도 즉 조도를 나타내는 단위이다.

35 다음 중 사업장에서 발생하는 소음의 노출기준을 정할 때 고려대상과 가장 거리가 먼 것은?

① 소음의 크기
② 소음의 높낮이
③ 소음의 지속시간
④ 소음 발생체의 물리적 특성

해답 30. ④ 31. ④ 32. ① 33. ② 34. ④ 35. ④

해설 소음의 노출기준을 정할 때에는 소음의 크기, 소음의 높낮이, 소음의 지속시간 등을 고려한다.

36 다음 중 근육 수축 또는 이완 시 생성 및 소모되는 물질(에너지원)이 아닌 것은?

① ATP(adenosine triphosphate)
② CP(creatine phosphate)
③ 글리콜리시스(glycolysis)
④ 글리코겐(glycogen)

해설 글리콜리시스(glycolysis)는 생물세포 내에서 당이 분해되어 에너지를 얻는 물질 대사과정을 말하며 근육의 사용 시 소모되는 물질과는 관련이 없다.

37 다음 중 근력(strength)과 지구력(endurance)에 대한 설명으로 틀린 것은?

① 동적근력(dynamic strength)을 등속력(isokinetic strength)이라 한다.
② 정적근력(static strength)을 등척력(isometric strength)이라 한다.
③ 지구력(endurance)이란 근육을 사용하여 간헐적인 힘을 유지할 수 있는 활동을 말한다.
④ 근육이 발휘하는 힘은 근육의 최대자율수축(MVC, maximum voluntary contraction)에 대한 백분율로 나타낸다.

해설 지구력이란 근육을 사용하여 특정 힘을 유지할 수 있는 능력을 말한다.

38 다음 중 에너지소비량에 관한 설명으로 틀린 것은?

① 휴식 시의 에너지소비량은 대략 분당 0.1 kcal 정도이다.
② 작업의 에너지소비량으로 단위시간당 산소소비량을 고려한다.
③ 작업방법, 작업자세, 작업속도 등은 에너지 소비수준에 영향을 미치는 인자이다.
④ 에너지소비량은 단위시간당 산소소비량에 대하여 일반적으로 5 kcal를 곱하여 산출한다.

해설 휴식 시의 에너지소비량은 1.5 kcal/분 정도이다.

39 다음 중 근육 구조에 관한 설명으로 틀린 것은?

① 수축이나 이완 시 actin이나 myosin의 길이가 변한다.
② 골격근의 기본구조단위는 근세포인 근섬유(muscle fiber)이다.
③ myosin은 두꺼운 필라멘트로 근섬유 분절의 가운데 위치하고 있다.
④ 골격근은 그 종류에 따라 외관상 색으로 구별이 가능하며, 적근, 백근, 중간근으로 구별할 수 있다.

해설 근육수축이론
근육은 자극을 받으면 수축을 하는데, 이러한 수축은 근육의 유일한 활동으로 근육의 길이는 단축된다. 근육이 수축할 때 짧아지는 것은 myosin필라멘트 속으로 actin필라멘트가 미끄러져 들어간 결과로서 myosin과 actin필라멘트의 길이가 변화하는 것이 아니다.

40 다음 중 육체적 작업에 필요한 산소와 포도당이 근육에 원활히 공급되기 위해 나타나는 순환기 계통의 생리적 반응이 아닌 것은?

① 심박출량 증가
② 심박수의 증가
③ 혈압감소
④ 혈류의 재분배

해설 혈압은 증가한다.

해답 36. ③ 37. ③ 38. ① 39. ① 40. ③

3 산업심리학 및 관련법규

41 다음 중 민주적 리더십에 관한 내용으로 옳은 것은?

① 리더에 의한 모든 정책의 결정
② 리더의 지원에 의한 집단 토론식 결정
③ 리더의 과업 및 과업 수행 구성원 지정
④ 리더의 최고 개입 또는 개인적인 결정의 완전한 자유

해설 민주적 리더십
참가적 리더십이라고도 하는데, 이는 조직의 방침, 활동 등을 될 수 있는 대로 조직구성원의 의사를 종합하여 결정하고, 그들의 자발적인 의욕과 참여에 의하여 조직목적을 달성하려는 것이 특징이다.

42 10명으로 구성된 집단에서 소시오메트리(Sociometry)연구를 사용하여 조사한 결과 긍정적인 상호작용을 맺고 있는 것이 16쌍일 때 이 집단의 응집성지수는 약 얼마인가?

① 0.222 ② 0.356
③ 0.401 ④ 0.504

해설

가능한상호작용의 수 = $_{10}C_2 = \frac{10\times 9}{2} = 45$

$$응집성지수 = \frac{실제상호작용의수}{가능한상호작용의수} = \frac{16}{45} = 0.356$$

43 다음 중 작업에 수반되는 피로를 줄이기 위한 대책으로 적절하지 않은 것은?

① 작업부하의 경감
② 작업속도의 조절
③ 동적 동작의 제거
④ 작업 및 휴식시간의 조절

해설 정적 동작의 제거가 작업에 수반되는 피로를 줄이기 위한 대책이다.
부자연스런 또는 취하기 어려운 자세: 작업활동이 수행되는 동안 중립자세로부터 벗어나는 부자연스러운 자세로 정적 동작을 오래하는 경우를 말한다.

44 다음 중 주의의 특성을 설명한 것으로 가장 거리가 먼 것은?

① 고도의 주의는 장시간 지속할 수 없다.
② 한 지점에 주의를 하면 다른 곳의 주의는 약해진다.
③ 동시에 시각적 자극과 청각적 자극에 주의를 집중할 수 없다.
④ 사람은 한 번에 여러 종류의 자극을 지각하거나 수용하는 데 한계가 있다.

해설 사람은 동시에 시각적 자극과 청각적 자극에 주의를 집중할 수 있다.

45 다음 중 산업안전보건법령에서 정의한 중대재해에 해당하지 않는 것은?

① 사망자가 1인 이상 발생한 재해
② 부상자가 동시에 10인 이상 발생한 재해
③ 직업성질병자가 동시에 5인 이상 발생한 재해
④ 3개월 이상 요양을 요하는 부상자가 동시에 2인 이상 발생한 재해

해설 중대재해라 함은 산업재해 중 사망 등 재해의 정도가 심한 것으로서 노동부령이 정하는 다음과 같은 재해를 말한다.
① 사망자가 1인 이상 발생한 재해
② 3개월 이상 요양을 요하는 부상자가 동시에 2인 이상 발생한 재해
③ 부상자 또는 질병자가 동시에 10인 이상 발생한 재해

해답 41. ② 42. ② 43. ③ 44. ③ 45. ③

46 레빈(Lewin)이 "인간의 행동(B)은 개인적 특성(P)과 주어진 환경(E)과의 함수 관계에 있다."라고 주장한 것을 토대로 다음 중 개인적 특성(P)에 해당하지 않는 것은?

① 연령　② 경험
③ 기질　④ 인간관계

(해설) 인간관계는 주어진 환경에 포함된다.

47 미사일을 탐지하는 경보 시스템이 있다. 조작자는 한 시간마다 일련의 스위치를 작동해야 하는데 휴먼에러확률(HEP)은 0.01이다. 2시간에서 5시간까지의 인간신뢰도는 약 얼마인가?

① 0.9412　② 0.9510
③ 0.9606　④ 0.9703

(해설) 연속적 직무에서 인간신뢰도는

$$R(t_1,\ t_2) = e^{-\lambda(t_2 - t_1)}$$
$$= e^{-0.01(5-2)}$$
$$= 0.9703$$

48 다음 중 대표적인 연역적 방법이며, 톱-다운(top-down)방식의 접근방법에 해당하는 시스템 안전 분석기법은?

① FTA　② ETA
③ PHA　④ FMEA

(해설) 결함나무분석(FTA)는 결함수분석법이라고도 하며, 기계 설비 또는 인간-기계 시스템의 고장이나 재해발생 요인을 FT 도표에 의하여 분석하는 연역적 방법이다.

49 다음 중 특정목적을 위해 공동의사를 결정하는 회의체로서 현대에 많은 기업체에서 경영의 실천과정으로 도입하고 있는 조직의 형태를 무엇이라 하는가?

① 직능식 조직　② 직계식 조직
③ 위원회 조직　④ 직계참모 조직

(해설) 위원회 조직은 특정목적을 위하여 집단으로서 공동의사를 결정하는 회의체이다. 현대의 많은 기업체에서 경영의 실천과정에서 이 조직형태가 활용되고 있다.

50 다음 중 재해율에 관한 설명으로 옳은 것은?

① 강도율은 근로시간, 출근율과는 상관관계가 거의 없다.
② 도수율은 산업재해의 강도를 나타내는 척도로 사용된다.
③ 연천인율은 1,000명당 1년 동안 발생한 근로손실일수를 나타낸 것이다.
④ 연간총근로시간의 정확한 산출이 곤란한 경우에는 1일 8시간, 연간 2,400시간으로 한다.

(해설)
① 강도율은 재해의 경중, 즉 강도를 나타내는 척도로서 연 근로시간 1,000시간당 재해에 의해서 잃어버린 근로손실일수를 말한다.
② 도수율은 산업재해의 발생빈도를 나타내는 것으로 연 근로시간 합계 100만 시간당 발생건수이다.
③ 연천인율은 근로자 1,000명을 1년간 기준으로 발생하는 사상자수를 나타낸다.

51 다음 중 NIOSH의 직무스트레스 관리 모형의 연결이 잘못된 것은?

① 조직 요인 - 교대근무
② 조직 외 요인 - 가족상황
③ 개인적인 요인 - 성격경향
④ 완충작용 요인 - 대처능력

(해설) 조직적 측면의 요인으로는 역할 모호성/갈등, 역할요구, 관리 유형, 의사결정 참여, 경력/직무 안전성, 고용의 불확실성이 있다.

정답　46. ④ 47. ④ 48. ① 49. ③ 50. ④ 51. ①

52 다음 중 스트레스를 받을 때 몸에서 생성되는 호르몬으로 스트레스 정도를 파악하는 데 사용되는 것은?

① 코티졸
② 환경호르몬
③ 인슐린
④ 스테로이드

해설 코티졸은 부신피질에서 생성되는 스테로이드 호르몬의 일종으로 신체기관의 포도당 사용을 억제할 때 사용하는 호르몬이다.

53 다음 중 제조물책임법에서 정의한 결함의 종류에 해당하지 않는 것은?

① 제조상의 결함
② 기능상의 결함
③ 설계상의 결함
④ 표시상의 결함

해설 제조물 책임에서 분류하는 세 가지 결함으로는 설계상의 결함, 제조상의 결함, 표시상의 결함이 있다.

54 재해 원인을 불안전한 행동과 불안전한 상태로 구분할 때 다음 설명 중 틀린 것은?

① 불안전한 행동과 불안전한 상태로 직접 원인이라 한다.
② 재해조사 시 재해의 원인을 불안전한 행동이나 불안전한 상태 중 한 가지로 분류한다.
③ 보호구의 결함은 불안전한 상태, 보호구의 미착용은 불안전한 행동으로 분류한다.
④ 하인리히는 재해예방을 위해 불안전한 행동과 불안전한 상태의 제거가 가장 중요하다고 보았다.

해설 재해원인은 통상적으로 직접원인과 간접원인으로 나누어지며, 직접원인은 불안전한 행동과 불안전한 상태로 나누어진다. 불안전한 상태로는 안전방호 장치의 결함, 복장, 보호구의 결함, 작업환경의 결함 등이 있고 불안전한 행동으로는 위험장소 접근, 복장과 보호구의 잘못 사용, 위험물 취급 부주의 등이 있다.

55 다음 중 직무만족과 직무불만족은 서로 다른 독립된 차원이며, 직무만족을 높이기 위해서는 동기 요인을 강화해야 한다고 설명하는 이론은?

① Alderfer의 ERG이론
② McGregor의 X, Y이론
③ Herzberg의 2요인 이론
④ Maslow의 욕구위계 이론

해설 허즈버그의 2요인 이론은 위생요인과 동기요인으로 나눌 수 있다. 위생요인으로는 회사 정책과 관리, 개인 상호 간의 관계, 감독, 임금, 보수, 작업조건, 지위, 안전이 있고 동기요인으로는 성취감, 책임감, 안정감, 성장과 발전, 도전감, 일 그 자체가 있다.

56 다음 중 하인리히(H. W. Heinrich)의 재해예방의 원리 5단계를 올바르게 나열한 것은?

① 평가분석 → 사실의 발견 → 조직 → 시정책의 선정 → 시정책의 적용
② 조직 → 사실의 발견 → 평가분석 → 시정책의 선정 → 시정책의 적용
③ 조직 → 평가분석 → 사실의 발견 → 시정책의 선정 → 시정책의 적용
④ 평가분석 → 조직 → 사실의 발견 → 시정책의 선정 → 시정책의 적용

해설 하인리히의 재해예방의 원리 5단계는 조직 → 사실의 발견 → 평가분석 → 시정책의 선정 → 시정책의 적용이다.

해답 52. ① 53. ② 54. ② 55. ③ 56. ②

57 다음 중 인간의 경우에 어떠한 자극을 제시하고 이에 대한 동작을 시작하기까지의 소요시간을 무엇이라 하는가?

① 반응시간　　② 자극시간
③ 단순시간　　④ 선택시간

해설 인간의 경우에 어떠한 자극을 제시하고 이에 대한 동작을 시작하기까지의 소요시간을 반응시간이라고 한다.

58 위험성을 모르는 아이들이 세제나 약병의 마개를 열지 못하도록 안전마개를 부착하는 것처럼, 신체적 조건이나 정신적 능력이 낮은 사용자라 하더라도 사고를 낼 확률을 낮게 설계해 주는 것은?

① fail-safe 설계원칙
② fool-proof 설계원칙
③ error proof 설계원칙
④ error recovery 설계원칙

해설 fool-proof 설계원칙은 인간이 오동작을 하더라도 안전하게 해주는 기능으로 인간이 위험구역이나 위험물질에 접근하지 못하게 하는 것이다. 예로서, 격리, 기계화, 시건(lock) 장치가 있다.

59 다음 중 오하이오 주립대학의 리더십 연구에서 주장하는 구조 주도적(initiating structure) 리더와 배려적(consideration) 리더에 관한 설명으로 틀린 것은?

① 배려적 리더는 관계 지향적, 인간중심적으로 인간에 관심을 가지고 있다.
② 구조 주도적 리더십은 구성원들의 성과 환경을 구조화하는 리더십 행동이다.
③ 구조적 리더십은 성과를 구체적으로 정확하게 평가하는 행동 유형을 말한다.
④ 배려적 리더는 구성원의 과업을 설정, 배정하고 구성원과의 의사소통 네트워크를 명백히 한다.

해설 구조적 리더는 구성원의 과업을 설정, 배정하고 구성원과의 의사소통 네트워크를 명백히 한다.

60 근로자 A는 작업공정 중 불필요한 작업을 수행함으로써 실수(에러)를 범하였다. 다음 중 이러한 휴먼에러에 해당하는 것은?

① ommission error
② time error
③ extraneous error
④ sequential error

해설
① omission error: 필요한 작업 또는 절차를 수행하지 않는 데 기인한 에러
② time error: 불필요한 작업 또는 절차의 수행지연으로 인한 에러
③ extraneous error: 불필요한 작업 또는 절차를 수행함으로써 기인한 에러
④ sequential error: 필요한 작업 또는 절차의 순서착오로 인한 에러

4 근골격계질환 예방을 위한 작업관리

61 다음 중 RULA에서 사용하는 그룹 A의 평가대상으로 옳은 것은?

① 목, 손목, 발목
② 목, 몸통, 다리
③ 목, 팔, 다리
④ 윗팔, 아래팔, 손목

해설 RULA에서 사용하는 그룹 A의 평가 대상으로는 윗팔, 아래팔, 손목, 손목 비틀림에 관한 자세를 평가한다.

해답 57. ① 58. ② 59. ④ 60. ③ 61. ④

62 4개의 작업으로 구성된 조립공정의 주기시간(Cycle Time)이 40초일 때 공정효율은 얼마인가?

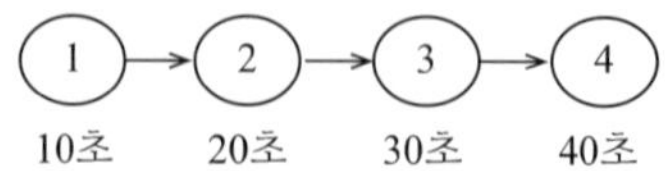

① 40.0% ② 57.5%
③ 62.5% ④ 72.5%

해설
작업 중 가장 긴 시간(사이클 타임) = 40초

$$공정효율 = \frac{총작업시간}{작업자수 \times 사이클타임} \times 100 = \frac{100초}{4명 \times 40초} \times 100 = 62.5\%$$

63 다음 중 작업대상물의 품질 확인이나 수량의 조사, 검사 등에 사용되는 공정도 기호에 해당하는 것은?

① ○ ② □
③ △ ④ ⇨

해설 검사(□)
물품을 어떠한 방법으로 측정하여 그 결과를 비교하여 합부 또는 적부를 판단한다.

64 워크샘플링 조사에서 $\overline{P}$ = 0.1867, 95% 신뢰수준, 절대오차 $\pm 2\%$ 경우 워크샘플링 횟수는 약 몇 회인가? (단, $Z_{0.025}$는 1.960이다.)

① 150 ② 936
③ 1459 ④ 3754

해설

$$N = \frac{Z^2_{1-2/\alpha} \times \overline{P}(1-\overline{P})}{e^2} = \frac{(1.96)^2 \times 0.1867(1-0.1867)}{(0.02)^2} = 1{,}458.3$$

65 A 작업의 관측평균시간이 15초, 제1평가에 의한 속도평가계수는 120%이며, 제2평가에 의한 2차 조정계수가 10%일 때 객관적 평가법에 의한 정미시간은 몇 초인가?

① 19.8 ② 23.8
③ 26.1 ④ 28.8

해설
객관적 평가법에 의한 정미시간
= 관측시간평균값×속도평가계수×(1+2차 조정계수)
= $15 \times 1.2 \times (1+0.1)$ = 19.8

66 다음 중 유해요인조사결과 근골격계질환이 발생할 우려가 있는 경우 사업장 근골격계질환 예방·관리 프로그램의 기본 진행 순서로 가장 올바른 것은?

① 예방·관리정책수립 → 교육/훈련실시 → 초기증상자 및 유해요인관리 → 의학적 관리 또는 환경 개선 → 프로그램 평가
② 교육/훈련실시 → 예방·관리정책수립 → 프로그램 평가 → 초기증상자 및 유해요인관리 → 의학적 관리 또는 환경 개선
③ 초기증상자 및 유해요인관리 → 교육/훈련실시 → 예방·관리정책수립 → 프로그램 평가 → 의학적 관리 또는 환경 개선
④ 예방·관리정책수립 → 초기증상자 및 유해요인관리 → 의학적 관리 또는 환경 개선 → 교육/훈련실시 → 프로그램 평가

해설 근골격계질환 예방·관리 프로그램의 기본 진행 순서는 예방·관리정책수립 → 교육/훈련실시 → 초기 증상자 및 유해요인관리 → 의학적 관리 또는 환경 개선 → 프로그램 평가 순이다.

해답 62. ③ 63. ② 64. ③ 65. ① 66. ①

67 다음 중 NIOSH의 들기작업 지침에서 들기지수를 산정하는 식에 반영되는 변수가 아닌 것은?

① 표면계수 ② 비대칭계수
③ 수직계수 ④ 빈도계수

해설 NIOSH의 들기작업 지침에서 들기지수를 산정하는 식에 반영되는 변수로는 부하상수, 수평계수, 수직계수, 거리계수, 비대칭계수, 빈도계수, 작업시간, 결합계수가 있다.

68 작업분석에서의 문제분석 도구 중에서 80-20의 원칙에 기초하여 빈도수별로 나열한 항목별 점유와 누적비율에 따라 불량이나 사고의 원인이 되는 중요 항목을 찾아가는 기법은?

① 특성요인도
② 산포도 기법
③ PERT 차트
④ 파레토 차트

해설 파레토 분석
문제가 되는 요인들을 규명하고 동일한 스케일을 사용하여 누적분포를 그리면서 오름차순으로 정리한다. 20%의 작업코드가 80%의 사고를 유발하는 경우를 80-20 rule이라 한다.

69 다음 중 수공구를 이용한 작업의 개선 원리에 관한 설명으로 틀린 것은?

① 양손잡이를 모두 고려한 수공구를 선택한다.
② 동력공구는 그 무게를 지탱할 수 있도록 매달아서 사용한다.
③ 손바닥 전체에 골고루 부하를 분포시키는 손잡이를 가진 것이 바람직하다.
④ 손가락으로 잡는 power grip보다 손바닥으로 감싸 안아 잡는 pinch grip을 이용한다.

해설 수공구 개선
① 손목을 곧게 유지한다(손목을 꺾지 말고 손잡이를 꺾어라).
② 힘이 요구되는 작업에는 파워그립을 사용한다.
③ 지속적인 정적 근육부하를 피한다.
④ 반복적인 손가락 동작을 피한다.
⑤ 양손 중 어느 손으로도 사용이 가능하고 적은 스트레스를 주는 공구를 개인에게 사용되도록 설계한다.
power grip: 힘이 요구되는 작업에 사용하며, 모든 손가락으로 핸들을 감싸쥐듯이 잡는 것
pinch grip: 엄지와 나머지 손가락을 역방향으로 작용시켜 꼬집듯이 잡는 것

70 다음 중 위험작업의 공학적 개선에 속하는 것은?

① 적절한 작업자의 선발
② 작업자의 교육 및 훈련
③ 작업자의 작업속도 조절
④ 작업자의 신체에 맞는 작업장 개선

해설 공학적 개선은 다음의 재배열, 수정, 재설계, 교체 등을 말한다.
① 공구, 장비
② 작업장
③ 포장
④ 부품
⑤ 제품

71 다음 중 동작 분석의 목적과 가장 거리가 먼 것은?

① 최적 동작의 구성을 위하여
② 작업 동작의 표준화를 위하여
③ 작업자의 합리적 배치를 위하여
④ 작업 동작의 각 요소에 대한 분석을 위하여

해설 동작분석의 목적
① 작업동작의 각 요소에 대한 분석과 능률향상
② 작업동작과 인간공학의 관계분석에 의한 동작개선
③ 작업동작의 표준화

해답 67. ① 68. ④ 69. ④ 70. ④ 71. ③

④ 최적동작의 구성

72 다음 중 MTM(Method Time Measurement)법에서 12 lb의 물건을 대략적인 위치로 20인치 운반하는 것을 올바르게 표시한 것은?

① M20B12 ② M12B20
③ M20B12/2 ④ M12B20/2

해설 기본동작 + 이동거리 + case + 중량 혹은 저항
운반(M) + 이동거리(20) + case(B) + 중량(12)
= M20B12

73 표준시간 설정을 위하여 작업을 요소 작업으로 분할하여야 한다. 다음 중 요소 작업으로 분할시 유의 사항으로 가장 적절하지 않은 것은?

① 작업의 진행 순서에 따라 분할한다.
② 상수 요소작업과 변수 요소작업으로 구분한다.
③ 측정 범위 내에서 요소 작업을 크게 분할한다.
④ 규칙적인 요소 작업과 불규칙적인 요소 작업으로 구분한다.

해설 요소작업은 측정 가능 범위 내에서 작게 분할하는 것이 바람직하다.

74 다음 중 산업안전보건법령에 따라 사업주가 근골격계 부담작업 종사자에게 반드시 주지시켜야 하는 내용과 가장 거리가 먼 것은?

① 근골격계 부담작업의 유해요인
② 근골격계질환의 징후 및 증상
③ 근골격계질환의 요양 및 보상
④ 근골격계질환 발생 시 대처 요령

해설 제2절 제147조(유해성등의 주지)
사업주는 근골격계 부담작업에 근로자를 종사하도록 하는 때에는 다음 각 호의 사항을 근로자에게 널리 알려주어야 한다.
① 근골격계 부담작업의 유해요인
② 근골격계질환의 징후 및 증상
③ 근골격계질환 발생 시 대처요령
④ 올바른 작업자세 및 작업도구, 작업시설의 올바른 사용방법
⑤ 그밖에 근골격계질환 예방에 필요한 사항

75 다음 중 유해요인조사 방법에 관한 설명으로 틀린 것은?

① NIOSH Guideline은 중량물 작업의 분석에 이용된다.
② RULA, OWAS는 자세 평가를 주목적으로 한다.
③ REBA는 상지, RULA는 하지자세를 평가하기 위한 방법이다.
④ JSI(Job Strain Index)는 작업의 재설계 등을 검토할 때에 이용한다.

해설 RULA는 어깨, 팔목, 손목, 목 등 상지에 초점을 맞추어서 작업자세로 인한 작업부하를 쉽고 빠르게 평가하기 위해 만들어진 기법이다.
REBA는 예측이 힘든 다양한 자세에서 이루어지는 서비스업에서의 전체적인 신체에 대한 부담정도와 유해인자의 노출정도를 분석한다.

76 다음 중 동작경제의 원칙에 속하지 않는 것은?

① 공정 개선의 원칙
② 신체의 사용에 관한 원칙
③ 작업장의 배치에 관한 원칙
④ 공구 및 설비의 디자인에 관한 원칙

해설 동작경제의 원칙으로는 신체의 사용에 관한 원칙, 작업역의 배치에 관한 원칙, 공구 및 설비의 설계에 관한 원칙이 있다.

77 근골격계질환 중 손과 손목에 관련된 질환으로 분류되지 않는 것은?

① 결절종(Ganglion)

해답 72. ① 73. ③ 74. ③ 75. ③ 76. ① 77. ②

② 회전근개증후군(Rotator Cuff Syndrome)

③ 수근관증후군(Carpal Tunnel Syndrome)

④ 드퀘르뱅 건초염(Dequervain's Syndrome)

해설 손과 손목 부위의 근골격계질환
① Guyon 골관에서의 척골신경 포착 신경병증
② Dequervain's Disease, 수근관 터널증후군
③ 무지 수근 중수관절의 퇴행성 관절염
④ 수부의 퇴행성 관절염
⑤ 방아쇠 수지 및 무지
⑥ 결절종
⑦ 수완·수완관절부의 건염이나 건활막염
* 회전근개증후군은 어깨와 관련된 질환이다.

78 다음 중 작업관리에서 작업 상황을 개선하기 위해 필수적으로 거쳐야 하는 단계로 가장 적절하지 않은 것은?

① 연구대상의 선정

② 과거 작업방법의 분석

③ 분석 자료의 검토

④ 개선안의 수립 및 도입

해설 작업관리의 절차
① 조사·연구할 작업 내지 공정의 선정
② 대상작업 내지 공정에 관한 사실의 수집 또는 관찰·기록
③ 사실의 분석·검토
④ 모든 제약조건을 고려하여 작업표준의 설정
⑤ 작업표준에 따라 표준시간의 산정
⑥ 작업의 표준시간의 설정(작업측정)
⑦ 표준을 토대로 한 작업관리의 실시(작업통제)

79 다음 중 개선의 ECRS에 대한 내용으로 옳은 것은?

① Economic - 경제성

② Combine - 결합

③ Reduce - 절감

④ Specification - 규격

해설 작업개선의 원칙: ECRS 원칙
① Eliminate - 불필요한 작업·작업요소 제거
② Combine - 다른 작업·작업요소와의 결합
③ Rearrange - 작업순서의 변경
④ Simplify - 작업·작업요소의 단순화·간소화

80 다음 중 근골격계질환의 요인에 있어 작업 관련 요인에 해당하는 것은?

① 직장 경력

② 휴식 시간 부족

③ 작업 만족도

④ 작업의 자율적 조절

해설 작업관련성 근골격계질환이란 작업과 관련하여 특정 신체 부위 및 근육의 과도한 사용으로 인해 근육, 연골, 건, 인대, 관절, 혈관, 신경 등에 미세한 손상이 발생하여 목, 허리, 무릎, 어깨, 팔, 손목 및 손가락 등에 나타나는 만성적인 건강장해를 말한다. 따라서 휴식 시간이 부족한 경우 작업 관련 요인에 해당한다.

해답 78. ② 79. ② 80. ②

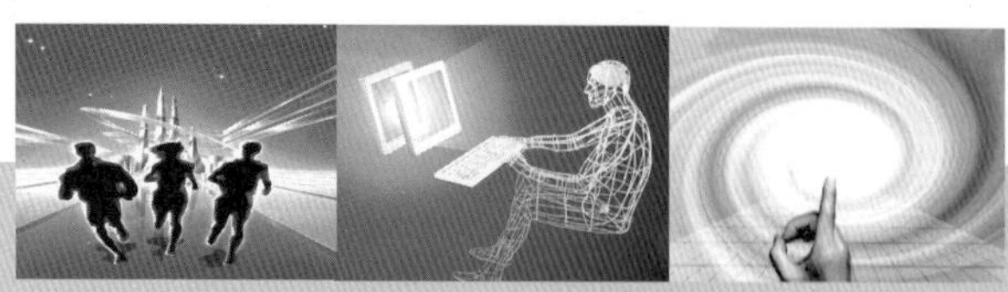

인간공학기사 필기시험 문제풀이 18회[123]

1 인간공학 개론

1 다음 중 음량의 기본속성에 관한 척도인 phon과 sone에 관한 설명으로 틀린 것은?

① 1,000 Hz의 20 dB은 20 phon이다.
② sone은 40 dB의 1,000 Hz의 순음을 기준으로 하여 다른 음의 상대적인 크기를 설정하는 척도의 단위이다.
③ phon은 1,000 Hz의 음의 강도를 기준으로 각 주파수별 동일한 음량을 주는 음압을 평가하는 척도의 단위이다.
④ sone은 여러 음의 주관적인 같기만을 말할 뿐 다른 음과의 상대적인 주관적 크기에 대해서는 말하는 바가 없다.

해설 다른 음의 상대적인 주관적 크기에 대해서는 sone이라는 음량 척도를 사용한다.

2 다음 중 인간의 눈에 관한 설명으로 옳은 것은?

① 간상세포는 황반(fovea) 중심에 밀집되어 있다.
② 망막의 간상세포(rod)는 색의 식별에 사용된다.
③ 시각(視角)은 물체와 눈 사이의 거리에 반비례한다.
④ 원시는 수정체가 두꺼워져 먼 물체의 상이 망막 앞에 맺히는 현상을 말한다.

해설

$$\text{시각}(') = \frac{(57.3)(60)H}{D}$$

H: 시각자극(물체)의 크기(높이)
D: 눈과 물체 사이의 거리
따라서, 시각은 물체와 눈 사이의 거리에 반비례한다.

3 다음 중 피부의 감각수용 기관의 종류에 해당되지 않는 것은?

① 압력수용 감각
② 진동감지 감각
③ 온도변화 감각
④ 고통감각

해설 피부의 세 가지 감각계통
① 압력수용 감각
② 고통감각
③ 온도변화 감각

4 다음 중 인체측정에 관한 설명으로 틀린 것은?

① 표준자세에서 움직이지 않는 상태를 인

해답 1. ④ 2. ③ 3. ② 4. ④

체측정기로 측정한 측정치를 구조적 치수라 한다.

② 활동 중인 신체의 자세를 측정한 것을 기능적 치수라 한다.

③ 일반적으로 구조적 치수는 나이, 성별, 인종에 따라 다르게 나타난다.

④ 인간-기계 시스템의 설계에서는 구조적 치수만을 활용하여야 한다.

해설 인간-기계 시스템의 설계 시 인체측정학적 특성인 구조적 인체치수와 기능적 인체치수 모두를 활용하여야 한다.

5 회전운동을 하는 조종장치의 레버를 20° 움직였을 때 표시장치의 커서는 2 cm 이동하였다. 레버의 길이가 15 cm일 때 이 조종장치의 *C/R* 비는 약 얼마인가?

① 2.62 ② 5.24

③ 10.48 ④ 8.33

해설

$$C/R\text{비} = \frac{(a/360) \times 2\pi L}{\text{표시장치 이동거리}}$$

a: 조종장치가 움직인 각도

L: 반지름(레버의 길이)

$$\frac{(20/360) \times 2 \times 3.14 \times 15}{2} = 2.62$$

6 다음 중 인간의 시각능력의 척도가 아닌 것은?

① 휘도(luminance)

② 시력(visual acuity)

③ 조절능(accommodation)

④ 대비감도(contrast sensitivity)

해설 시력, 조절능, 대비감도는 인간의 시각능력의 척도이나, 휘도는 단위면적당 표면에서 반사 또는 방출되는 광량(luminous intensity)으로 표시장치에서 중요한 척도가 된다.

7 남녀공용으로 사용하는 의자의 높이를 조절식으로 설계하고자 한다. 다음 [표]를 참고하여 좌판높이의 조절 범위에 대한 기준값으로 가장 적당한 것은? (단, 5퍼센타일 계수는 1.645이다.)

척도	남성 오금높이	여성 오금높이
평균	41.3	38.0
표준편차	1.9	1.7

① (38.0+1.7×1.645)~(41.3+1.9×1.645)

② (38.0－1.7×1.645)~(41.3+1.9×1.645)

③ (38.0+1.7×1.645)~(41.3－1.9×1.645)

④ (38.0－1.7×1.645)~(41.3－1.9×1.645)

해설

① 최소치설계: 여자의 5%tile값을 이용
최소값 = 38.0−1.7×1.645 = 35.2

② 최대치설계: 남자의 95%tile값을 이용
최대값 = 41.3+1.9×1.645 = 44.4

③ 조절범위:
(38.0−1.7×1.645)~(41.3+1.9×1.645)

8 [그림]은 인간-기계 통합체계의 인간 또는 기계에 의해서 수행되는 기본기능의 유형이다. 다음 중 [그림]의 A 부분에 가장 적합한 내용은?

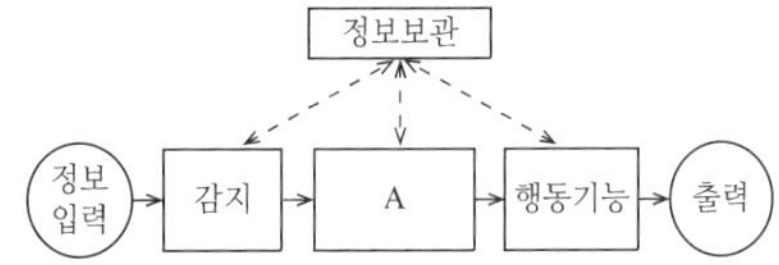

① 확인 ② 정보처리

③ 통신 ④ 정보수용

해설 정보처리란 받은 정보를 가지고 수행하는 여러 종류의 조작을 말한다.

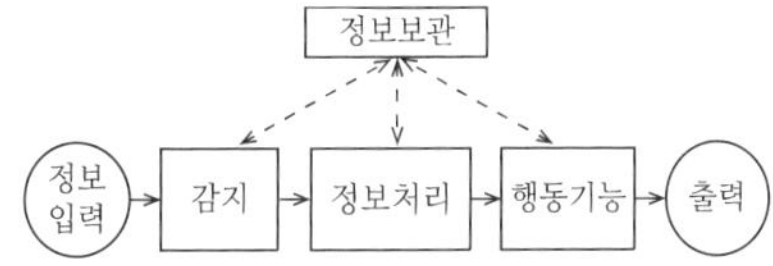

해답 5. ① 6. ① 7. ② 8. ②

9 다음 중 일반적으로 청각적 표시장치에 적용되는 지침으로 적절하지 않은 것은?

① 신호음은 최소한 0.5~1초 동안 지속시킨다.
② 신호음은 배경소음과 다른 주파수를 사용한다.
③ 300 m 이상 멀리 보내는 신호음은 1,000 Hz 이하의 주파수를 사용한다.
④ 주변소음은 주로 고주파이므로 은폐효과를 막기 위해 200 Hz 이하의 신호음을 사용하는 것이 좋다.

해설 주변소음은 주로 저주파이므로 은폐효과를 막기 위해 500~1,000 Hz의 신호를 사용하면 좋으며, 적어도 30 dB 이상 차이가 나야 한다.

10 자동차운전과 같이 어떤 과정이나 가동 상태를 연속적으로 제어하는 시스템은 제어계수(control order)에 의하여 연속제어 조작형태가 결정되는데 다음 중 이 시스템의 제어계수에 관한 설명으로 옳은 것은?

① 0계(위치제어)가 가장 긴 인간의 처리시간을 요한다.
② 1계(올 또는 속도제어)가 가장 긴 인간의 처리시간을 요한다.
③ 2계(가속도제어)가 가장 긴 인간의 처리시간을 요한다.
④ 모든 계에 있어 인간의 처리시간은 동일하다.

해설 2계(가속도제어)가 가장 긴 인간의 처리시간을 요한다.

11 다음 중 정보이론에 있어 정보량에 관한 설명으로 틀린 것은?

① 단위는 bit이다.
② N을 대안의 수라할 때, 정보량은 $\log_2 N$으로 구할 수 있다.
③ 2 bit는 두 가지 동일확률 하의 독립사건에 대한 정보량이다.
④ 출현가능성이 동일하지 않은 사건의 확률은 p라 할 때, 정보량은 $\log_2 1/p$로 나타낸다.

해설 bit란 실현가능성이 같은 2개의 대안 중 하나가 명시되었을 때 우리가 얻는 정보량이다. 대안이 2가지뿐이면 정보량은 1 bit이다.

12 정상조명 하에서 10 m 거리에서 볼 수 있는 시계를 설계하고자 한다. 시계의 눈금단위가 1분일 때 문자판의 직경은 얼마 정도로 해야 하는가? (단, 일반적으로 눈금 단위의 길이 1.3 mm로 한다.)

① 17.5 cm ② 18.31 cm
③ 35 cm ④ 70 cm

해설
원주 = 1.3 mm × 60 = 78 mm
원주공식에 의해 78 = 지름 × 3.14
따라서, 지름 = 2.5 cm = 0.025 m
10 m 거리에서 문자판의 직경
0.71 m: 0.025 m = 10 m: X
X = 0.35 m = 35 cm

13 다음 중 암호체계의 사용상 일반적 지침에서 암호의 변별성에 대한 설명으로 옳은 것은?

① 정보를 암호화한 자극은 검출이 가능하여야 한다.
② 자극과 반응 간의 관계가 인간의 기대와 모순되지 않아야 한다.
③ 두 가지 이상의 암호차원으로 조합하여 사용하면 정보전달이 촉진된다.
④ 모든 암호표시는 감지장치에 의하여 다른 암호표시와 구별될 수 있어야 한다.

정답 9. ④ 10. ③ 11. ③ 12. ③ 13. ④

(해설) 암호체계 사용상의 일반적인 지침에서 암호의 변별성(Discriminability)은 다른 암호표시와 구별되어야 하는 것이다.

14 다음 중 인간공학(ergonomics)의 정의에 관한 설명으로 가장 적절하지 않은 것은?

① 인간이 포함된 환경에서 그 주변의 환경조건이 인간에게 맞도록 설계·재설계되는 것이다.
② 인간의 작업과 작업환경을 인간의 정신적, 신체적 능력에 적응시키는 것을 목적으로 하는 과학이다.
③ 건강, 안전, 복지, 작업성과 등의 개선을 요구하는 작업, 시스템, 제품, 환경을 인간의 신체·정신적 능력과 한계에 부합시키기 위해 인간과학으로부터 지식을 생성·통합한다.
④ 인간에게 질병, 건강장해와 안녕방해, 심각한 불쾌감 및 능률저하 등을 초래하는 작업환경 요인과 스트레스를 예측, 인식(측정), 평가, 관리(대책)하는 과학인 동시에 기술이다.

(해설) 인간공학이란 인간활동의 최적화를 연구하는 학문으로 인간이 작업활동을 하는 경우에 인간으로서 가장 자연스럽게 일하는 방법을 연구하는 것이며, 인간과 그들이 사용하는 사물과 환경 사이의 상호작용에 대해 연구하는 것이다. 또한, 인간공학은 사람들에게 알맞도록 작업을 맞추어 주는 과학(지식)이다.

15 다음 중 작업공간의 구성요소에 관한 설명으로 틀린 것은?

① 시각적 표시장치는 일반적으로 수평선 아래쪽으로 15° 정도인 정상시선 주변 영역에 위치하도록 한다.
② 큰 힘을 필요로 하는 발 조작 제어장치의 경우 신체중심의 뒤쪽에 위치하도록 한다.
③ 손 조작 제어장치의 최적위치는 제어의 유형, 조작방법, 정확도 등의 성능기준에 의해 결정된다.
④ 순차적 링크를 가지는 구성요소 간에는 거리를 최소화하여 배치한다.

(해설) 큰 힘을 필요로 하는 발 조작 제어장치의 경우 신체중심의 앞쪽에 위치하도록 한다.

16 다음 중 통화이해도를 평가하는 척도가 아닌 것은?

① 명료도지수(articulation index)
② 이해도점수(intelligibility score)
③ 소음은폐지수(noise masking score)
④ 통화간섭 수준(speech interference level)

(해설) 통화이해도는 여러 통신상황에서 음성통신의 기준은 수화자의 이해도이다. 여러 조건에서 음성통신을 평가하고 연구하기 위한 통화이해도 척도로서 명료도지수, 이해도점수, 통화간섭 수준 등이 있다.

17 다음과 같이 직렬로 나열된 모터 중 ⑧의 모터에서 고장이 발생하여 수리할 때 숫자를 확인하지 않고 맨 끝의 모터를 수리하였다고 한다. 이때 발생한 인간의 오류모형은?

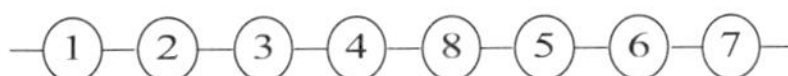

① 착오(mistake) ② 건망증(lapse)
③ 실수(slip) ④ 위반(violation)

(해설) 착오(Mistake)
착오 또는 오인의 메커니즘으로서 위치의 착오, 순서의 착오, 패턴의 착오, 형태의 착오, 기억의 잘못 등이 있다.

해답 14. ④ 15. ② 16. ③ 17. ①

18 다음 중 신호검출이론(SDT)에서 반응기준을 구하는 식으로 옳은 것은?

① (소음분포의 높이) × (신호분포의 높이)
② (소음분포의 높이) ÷ (신호분포의 높이)
③ (신호분포의 높이) ÷ (소음분포의 높이)
④ (신호분포의 높이) ÷ (소음분포의 높이)^2

해설 반응기준을 나타내는 값을 β라고 하며, 반응기준점에서의 두 분포의 높이의 비로 나타낸다.
$\beta = b/a$
여기서, a: 소음분포의 높이
b: 신호분포의 높이

19 제어장치의 버튼을 누르기 위해 손가락이 움직이는 시간은 Fitts' law에 의해 설명될 수 있는데, 다음 중 이에 대한 설명으로 적절하지 않은 것은?

① 난이도지수는 상용로그함수이다.
② 동작시간은 버튼의 너비와 반비례한다.
③ 손가락이 움직이는 거리가 길수록 동작시간은 길어진다.
④ 난이도지수가 같다면 버튼의 너비와 이동거리가 달라도 이동시간은 같다.

해설 Fitts' law
난이도 $ID(bits) = \log_2 \frac{2A}{W}$
이동시간$(MT) = a + b \cdot ID$

20 인간공학 연구에 사용되는 기준에서 다음 중 성격이 다른 하나는?

① 생리학적 지표 ② 기계신뢰도
③ 인간성능 척도 ④ 주관적 반응

해설 인간공학 연구에 사용되는 인간기준에는 인간성능 척도, 생리학적 지표, 주관적 반응, 사고빈도가 있다.

2 작업생리학

21 혈액 중 유형성분의 특성에 관한 설명으로 틀린 것은?

① 백혈구는 골수, 림프절 등에서 생성되고, 비장에서 파괴된다.
② 백혈구에는 핵이 있지만, 적혈구와 혈소판에는 핵이 없다.
③ 적혈구, 백혈구, 혈소판 중 단위면적당 개수는 혈소판이 가장 많다.
④ 적혈구의 수명은 100~120일이지만 혈소판의 수명은 7일 정도이다.

해설 단위면적당 개수가 가장 많은 것은 적혈구이다. 정상 성인남자의 혈액 1 mL에는 40~60억 개가량의 적혈구가 들어 있다.

22 천칭저울 위에 올려놓은 물체 A와 B는 평형을 이루고 있다. 물체 A는 저울의 중심에서 10 cm 떨어져 있고 무게는 10 kg이며 물체 B는 중심에서 20 cm 떨어져 있다고 가정하였을 때 물체 B의 무게는 얼마인가?

① 3 kg ② 5 kg
③ 7 kg ④ 10 kg

해설
$\sum M = 0$
$(w_A \times d_A) = (w_B \times d_B)$
$10\,\text{kg} \times 0.1 = X \times 0.2$
$X = 5\,\text{kg}$

23 다음 중 산업현장에서 열스트레스(heat stress)를 결정하는 주요 요소가 아닌 것은?

① 전도(conduction)
② 대류(convection)
③ 복사(radiation)

해답 18. ③ 19. ① 20. ② 21. ③ 22. ② 23. ①

④ 증발(evaporation)

해설 열스트레스에 영향을 끼치는 주요 요소로서는 대사, 증발, 복사, 대류가 있다.

24 다음 중 유산소대사의 하나인 크렙스 사이클(kreb's cycle)에서 일어나는 반응이 아닌 것은?

① 산화가 발생한다.
② 젖산이 생성된다.
③ 이산화탄소가 생성된다.
④ 구아노신 3인산(GTP)의 전환을 통하여 ATP가 생성된다.

해설 젖산은 근육 내 탄수화물 분해 시에 크렙스 사이클(유산소대사)이 원활히 돌지 않을 때 발생한다. 즉, 유산소대사가 아닌 무산소대사에서 젖산이 생성되는 것이다.

25 다음 중 최대산소소비능력(MAP)에 관한 설명으로 틀린 것은?

① 산소섭취량이 지속적으로 증가하는 수준을 말한다.
② 사춘기 이후 여성의 MAP는 남성의 65~75% 정도이다.
③ 최대산소소비능력은 개인의 운동역량을 평가하는 데 활용된다.
④ MAP를 측정하기 위해서 주로 트레드밀(treadmill)이나 자전거 에르고미터(ergometer)를 활용한다.

해설 최대산소소비량
작업의 속도가 증가하면 산소소비량이 선형적으로 증가하여 일정한 수준에 이르게 되고, 작업의 속도가 증가하더라도 산소소비량은 더 이상 증가하지 않고 일정하게 되는 수준에서의 산소소모량이다.

26 작업의 효율은 작업의 출력 대비 에너지소비량의 비율을 말하는데, 다음 중 에너지소비량에 영향을 가장 적게 미치는 요인은?

① 작업장소 ② 작업방법
③ 작업도구 ④ 작업자세

해설 에너지소비량에 영향을 미치는 인자
① 작업방법
② 작업자세
③ 작업속도
④ 작업도구

27 다음 중 뇌파와 관련된 내용이 올바르게 연결된 것은?

① β파: 5~10 Hz의 불규칙적인 파동이다.
② θ파: 14~30 Hz의 고(高)진폭파를 말한다.
③ α파: 2~5 Hz로 얕은 수면상태에서 증가한다.
④ δ파: 4 Hz 이하로 깊은 수면상태에서 나타난다.

해설 뇌파의 종류
① δ(델타)파 : 4 Hz 이하의 진폭이 크게 불규칙적으로 흔들리는 파
② θ(세타)파 : 4~8 Hz의 서파
③ α(알파)파 : 8~14 Hz의 규칙적인 파동
④ β(베타)파 : 14~30 Hz의 저진폭파

28 다음 중 인간의 근육에 관한 설명으로 틀린 것은?

① 근조직은 형태와 기능에 따라 골격근, 평활근, 심근으로 분류된다.
② 골격근은 육안으로 식별이 가능하며, 적근, 백근, 중간근으로 분류된다.
③ 근수축에 직접 사용되는 에너지원은 ATP이다.
④ 적근은 체표면 가까이에 존재하며, 주로 급속한 동작을 하기 때문에 쉽게 피로해진다.

해설 FT(백근)섬유는 무산소성 운동에 동원되며

해답 24. ② 25. ① 26. ① 27. ④ 28. ④

단거리 달리기와 같이 단시간운동에 많이 사용되는 반면, ST(적근)섬유는 유산소성 운동에 동원되며 장시간 지속되는 운동에 사용된다.

29 일반적으로 소음계는 주파수에 따른 사람의 느낌을 감안하여 A, B, C 세 가지 특성에서 음압을 측정할 수 있도록 보정되어 있는데, A 특성치란 몇 phon의 등음량곡선과 비슷하게 주파수에 따른 반응을 보정하여 측정한 음압수준을 말하는가?

① 20　　② 40
③ 70　　④ 100

해설 소음레벨의 3특성
지시소음계에 의한 소음레벨의 측정에는 A, B, C의 3특성이 있다. A는 플레처의 청감곡선의 40 phon, B는 70 phon의 특성에 대강 맞춘 것이고, C는 100 phon의 특성에 대강 맞춘 것이다. JIS Z8371-1966은 소음레벨은 그 소리의 대소에 관계없이 원칙으로 A특성으로 측정한다.

30 다음 중 진동이 인체에 미치는 영향에 대한 설명으로 적절하지 않은 것은?

① 진동은 시력, 추적능력 등의 손상을 초래한다.
② 시간이 경과함에 있어 영구 청력손실을 가져온다.
③ 진동으로 인해 내분비계 반응장애가 나타날 수 있다.
④ 정확한 근육조절을 요구하는 작업의 경우 그 효율이 저하된다.

해설 진동의 영향
① 진동은 진폭에 비례하여 시력손상, 추적능력 손상을 가져온다.
② 내분비계 반응장애, 척수장애, 청각장애 등이 나타날 수 있다.
③ 안정되고 정확한 근육조절을 요하는 작업은 진동에 의하여 저하된다.

31 [그림]과 같은 심전도에서 나타나는 P파는 심장의 어떤 상태를 의미하는 것인가?

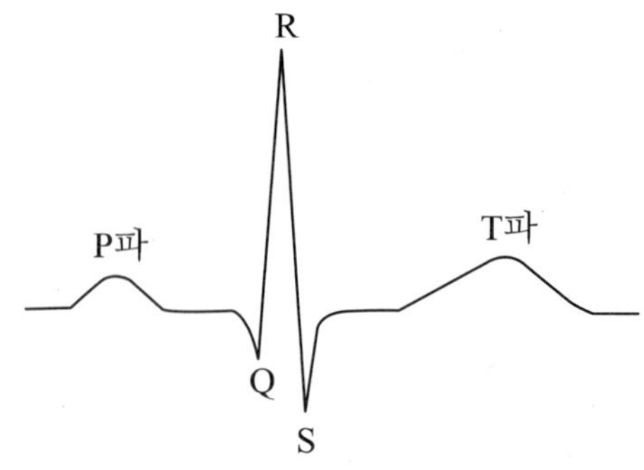

① 심방의 탈분극
② 심실의 재분극
③ 심실의 탈분극
④ 심방의 재분극

해설
① P파 : 심방의 탈분극
② QRS파 : 심실의 탈분극
③ T파 : 심실의 재분극

32 다음 중 최대근력의 50% 정도의 힘으로 유지할 수 있는 시간은?

① 1분　　② 5분
③ 10분　　④ 15분

해설 부하와 근력의 비에 따른 지속시간의 변화에 따르면 최대근력의 50% 정도의 힘으로는 1분 정도 유지할 수 있다.

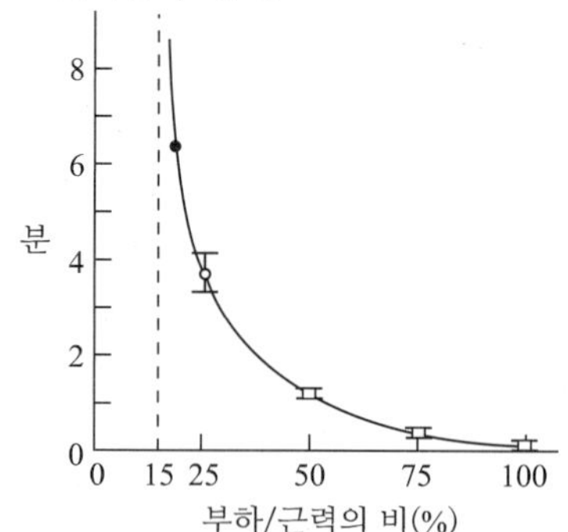

해답 29. ② 30. ② 31. ① 32. ①

33 다음 중 교대작업에 관한 설명으로 옳은 것은?

① 교대작업은 야간 → 저녁 → 주간의 순으로 하는 것이 좋다.
② 교대일정은 정기적이고, 근로자가 예측 가능하도록 해야 한다.
③ 신체의 적응을 위하여 야간근무는 7일 정도로 지속되어야 한다.
④ 야간 교대시간은 가급적 자정 이후로 하고, 아침 교대시간은 오전 5~6시 이전에 하는 것이 좋다.

(해설) 교대작업자의 건강관리
① 확정된 업무 스케줄을 계획하고 정기적으로 예측 가능하도록 한다.
② 연속적인 야간근무를 최소화한다.
③ 자유로운 주말계획을 갖도록 한다.
④ 긴 교대기간을 두고 잔업은 최소화한다.

34 다음 중 작업부하량에 따라 휴식시간을 산정할 때 가장 관련이 깊은 지수는?

① 눈깜박임수(blink rate)
② 점멸융합주파수(flicker test)
③ 부정맥지수(cardiac arrhythmia)
④ 에너지대사율(Relative Metabolic Rate)

(해설) 작업부하량에 따라 휴식시간을 산정할 때 가장 관련이 깊은 지수는 에너지대사율이다.

35 다음 중 소음에 의한 청력손실이 가장 크게 발생하는 주파수대역은?

① 1,000 Hz ② 2,000 Hz
③ 4,000 Hz ④ 10,000 Hz

(해설) 청력장해는 일시장해에서 회복 불가능한 상태로 넘어가는 상태로, 3,000~6,000 Hz 범위에서 영향을 받으며 4,000 Hz에서 현저히 커진다.

36 습구온도가 25°C며, 건구온도가 30°C일 때 Oxford 지수는 얼마인가?

① 25.75 ② 26.5
③ 28.5 ④ 29.25

(해설)
Oxford 지수 $= 0.85\text{W} + 0.15\text{D}$
W : 습구온도
D : 건구온도
Oxford 지수 $= 0.85 \times 25 + 0.15 \times 30$
$= 25.75$

37 다음 중 조도(illuminance)의 단위는?

① lumen(lm) ② candela(cd)
③ lux(lx) ④ foot-lambert(fL)

(해설) 조도의 실용단위로 기호는 lux(lx)로 나타낸다.

38 다음 중 동일한 관절운동을 일으키는 주동근(agonist)과 반대되는 작용을 하는 근육은?

① 고정근(stabilizer)
② 중화근(neutralizer)
③ 길항근(antagonist)
④ 보조주동근(assistant mover)

(해설) 길항근은 주동근과 서로 반대방향으로 작용하는 근육이다.

39 다음 중 신경계에 관한 설명으로 틀린 것은?

① 체신경계는 피부, 골격근, 뼈 등에 분포한다.
② 중추신경계는 척수신경과 말초신경으로 이루어진다.
③ 자율신경계는 교감신경계와 부교감신경계로 세분된다.

해답 33. ② 34. ④ 35. ③ 36. ① 37. ③ 38. ③ 39. ②

④ 기능적으로는 체신경계와 자율신경계로 나눌 수 있다.

해설 중추신경계는 뇌와 척수로 구성된다.

40 다음 중 신체부위가 몸의 중심선을 향하여 안쪽으로 회전하는 동작을 나타내는 용어는?

① 신전(extension)
② 외전(abduction)
③ 내선(medial rotation)
④ 외선(lateral rotation)

해설 내선은 인체의 중심선을 향하여 안쪽으로 회전하는 인체부위의 동작이다.

3 산업심리학 및 관련법규

41 피들러(F. E. Fiedler)의 상황적합적 리더십 특성이론에서 리더에게 호의성 여부를 결정하는 리더십 상황이 아닌 것은?

① 리더-구성원 관계
② 과업구조
③ 리더의 직위권한
④ 부하의 수

해설

① 리더-구성원 관계: 리더가 집단의 구성원들과 좋은 관계를 갖느냐 나쁜 관계를 갖느냐 하는 것이 상황이 리더에게 호의적이냐의 여부를 결정하는 중요한 요소가 된다.
② 과업구조: 한 과업이 보다 구조화되어 있을수록 그 상황은 리더에게 호의적이다. 리더가 무엇을 해야 하고, 누구에 의하여 무엇 때문에 해야 하는가를 쉽게 결정할 수 있기 때문이다. 과업의 구조화 정도는 목표의 명확성, 목표에 이르는 수단의 다양성 정도, 의사결정의 검증가능성이다.
③ 리더의 직위권한: 리더의 직위가 구성원들로 하여금 명령을 받아들이게끔 만들 수 있는 정도를 말한다. 따라서 권위와 보상권한들을 가질 수 있는 공식적인 역할을 가진 직위가 상황에 제일 호의적이다.

42 다음 중 귀납적 추론을 통한 시스템 안전분석 기법이 아닌 것은?

① ETA　② FTA
③ PHA　④ FMEA

해설 결함나무분석(Fault Tree Analysis; FTA)
결함수분석법이라고도 하며, 정상사상인 재해현상으로부터 기본사상인 재해원인을 향해 연역적인 분석을 행하므로 재해현상과 재해원인의 상호 관련을 해석하여 안전대책을 검토할 수 있다.

43 다음 중 레빈(Lewin)의 인간행동에 대한 설명으로 옳은 것은?

① 인간의 행동은 개인적 특성(P)과 환경(E)의 상호 함수관계이다.
② 인간의 욕구(needs)는 1차적 욕구와 2차적 욕구로 구분된다.
③ 동작시간은 동작의 거리와 종류에 따라 다르게 나타난다.
④ 집단행동은 통제적 집단행동과 비통제적 집단행동으로 구분할 수 있다.

해설 레빈(K. Lewin)의 인간행동 법칙
인간의 행동은 주변환경의 자극에 의해서 일어나며, 또한 언제나 환경과의 상호작용의 관계에서 전개되고 있다. 인간의 행동(B)은 그 자신이 가진 자질, 즉 인간(P)과 환경(E)과의 상호관계에 있다고 하였다.

44 다음 중 맥그리거(McGregor)가 주장한 Y이론의 관리처방에 해당되지 않은 것은?

① 목표에 의한 관리
② 민주적 리더십의 확립
③ 분권화와 권한의 위임
④ 경제적 보상체제의 강화

해답 40. ③ 41. ④ 42. ② 43. ① 44. ④

해설 Y이론의 관리전략
① 민주적 리더십의 확립
② 분권화와 권한의 위임
③ 목표에 의한 관리
④ 직무확장
⑤ 비공식적 조직의 활용
⑥ 자체 평가제도의 활성화
⑦ 조직구조의 평면화

45 상시근로자 1,000명이 근무하는 사업장의 강도율이 0.6이었다. 이 사업장에서 재해발생으로 인한 연간 총 근로손실일수는 며칠인가? (단, 근로자 1인당 연간 2,400시간을 근무하였다.)

① 1,220일　② 1,440일
③ 1,630일　④ 1,320일

해설

$$강도율(SR) = \frac{근로손실일수}{연근로시간수} \times 1000$$

$$강도율(SR) = \frac{x}{1,000 \times 2,400} \times 1,000 = 0.6$$

$$x = 1,440$$

46 다음 중 스트레스에 관한 설명으로 틀린 것은?

① 스트레스 수준은 작업성과와 정비례의 관계에 있다.
② 위협적인 환경특성에 대한 개인의 반응이라고 볼 수 있다.
③ 지나친 스트레스를 지속적으로 받으면 인체는 자기조절 능력을 상실할 수 있다.
④ 적정수준의 스트레스는 작업성과에 긍정적으로 작용할 수 있다.

해설 스트레스가 적을 때나 많을 때도 작업성과가 떨어진다. 따라서 스트레스 수준과 작업성과는 정비례관계가 있지 않다.

47 다음 중 상해의 종류에 해당하지 않는 것은?

① 협착　② 골절
③ 중독 · 질식　④ 부종

해설 골절, 중독, 질식, 부종은 상해의 종류이며, 협착은 발생형태(사고형태)에 해당한다.

48 다음 중 재해예방의 4원칙에 해당되지 않는 것은?

① 보상분배의 원칙
② 예방가능의 원칙
③ 손실우연의 원칙
④ 대책선정의 원칙

해설 재해예방의 4원칙
① 예방가능의 원칙
② 손실우연의 원칙
③ 원인계기의 원칙
④ 대책선정의 원칙

49 다음 중 호손(Hawthorne) 연구결과 작업자의 작업능률에 영향을 미치는 것이라고 주장한 내용과 가장 거리가 먼 것은?

① 동기부여
② 의사소통
③ 인간관계
④ 물리적 작업조건

해설 호손(Hawthorne) 실험
작업능률을 좌우하는 요인은 작업환경이나 돈이 아니라 종업원의 심리적 안정감이며, 동기부여, 의사소통, 인간관계, 비공식조직, 친목회 등이 중요한 역할을 한다는 것이다.

50 다음 중 실수(slip)와 착오(mistake)에 관한 설명으로 옳은 것은?

① 실수와 착오는 의식적인 행동에서 발생하는 오류이다.
② 실수와 착오는 불안전행동으로 인한 오류이다.

해답 45. ② 46. ① 47. ① 48. ① 49. ④ 50. ③

③ 실수는 의도는 올바른 것이지만 반응의 실행이 올바른 것이 아닌 경우이고, 착오는 부적합한 의도를 가지고 행동으로 옮긴 경우를 말한다.
④ 착오와 위반은 불안전행동으로 인한 오류이다.

해설 실수는 의도는 올바른 것이지만 반응의 실행이 올바른 것이 아닌 경우이고, 착오는 부적합한 의도를 가지고 행동으로 옮긴 경우를 말한다.

51 다음 설명에 해당하는 제조물책임법상 결함의 종류는?

"제조업자가 합리적인 설명·지시·경고 기타의 표시를 하였더라면 당해 제조물에 의하여 발생될 수 있는 피해나 위험을 줄이거나 피할 수 있었음에도 이를 하지 아니한 경우"

① 제조상의 결함 ② 설계상의 결함
③ 표시상의 결함 ④ 검사상의 결함

해설 표시상의 결함
제품의 설계와 제조과정에 아무런 결함이 없다하더라도 소비자가 사용상의 부주의나 부적당한 사용으로 발생할 위험에 대비하여 적절한 사용 및 취급방법 또는 경고가 포함되어 있지 않을 때에는 표시상의 결함이 된다.

52 다음 중 휴먼에러의 배후요인 4가지(4M)에 속하지 않는 것은?

① Man ② Machine
③ Motive ④ Management

해설 휴먼에러의 배후요인(4M)
① Man(인간)
② Machine(기계나 설비)
③ Media(매체)
④ Management(관리)

53 다음 중 산업재해 발생 시 처리과정에 있어 가장 먼저 실시하여야 하는 사항은?

① 피해자 응급조치 ② 사상자보고
③ 원인강구 ④ 대책수립

해설 산업재해 발생 시 조치에서 긴급처리
① 피해자의 구조
② 피재기계의 정지
③ 피해자의 응급처치
④ 관계자의 통보
⑤ 2차 재해방지
⑥ 현장보존

54 다음 중 헤드십(headship)과 리더십(leadership)을 상대적으로 비교, 설명한 것으로 헤드십의 특징에 해당되는 것은?

① 민주주의적인 지휘형태이다.
② 구성원과의 사회적 간격이 넓다.
③ 권한의 근거는 개인의 능력에 따른다.
④ 집단의 구성원들에 의해 선출된 지도자이다.

해설 헤드십 하에서는 지도자와 부하 간의 사회적 간격이 넓은 반면, 리더십 하에서는 사회적 간격이 좁다.

55 테일러(F. W. Taylor)에 의해 주장된 조직형태로서 관리자가 일정한 관리기능을 담당하도록 기능별 전문화가 이루어진 조직은?

① 위원회 조직 ② 직능식 조직
③ 프로젝트 조직 ④ 사업부제 조직

해설 직능식 조직(기능식 조직)
테일러가 그의 과학적 관리법에서 주장한 조직형태로부터 비롯된 것이다. 이 조직은 관리자가 일정한 관리기능을 담당하도록 기능별 전문화가 이루어지고, 각 관리자는 자기의 관리직능에 관한 것인 한 다른 부문의 부하에 대하여도 명령·지휘하는 권한을 수여

해답 51. ③ 52. ③ 53. ① 54. ② 55. ②

한 조직을 말한다.

56 작업자가 제어반의 압력계를 계속적으로 모니터링하는 작업에서 압력계를 잘못 읽어 에러를 범할 확률이 100시간에 1회로 일정한 것으로 조사되었다. 작업을 시작한 후 200시간 시점에서의 인간신뢰도는 약 얼마로 추정되는가?

① 0.02 ② 0.98
③ 0.135 ④ 0.865

해설
$R(t)=e^{-\lambda t}=e^{-0.01\times200}=e^{-2}=0.135$

57 시각을 통해 2가지 서로 다른 자극을 제시하고 선택반응시간을 측정한 결과가 1초였다면, 4가지 서로 다른 자극에 대한 선택반응시간은 몇 초이겠는가? (단, 각 자극의 출현확률은 동일하고, 시각자극에 반응을 하는 데 소요되는 시간은 0.2초라 가정하며, Hick-Hyman의 법칙에 따른다.)

① 1초 ② 1.4초
③ 1.8초 ④ 2초

해설
① 두 가지 서로 다른 자극일 때
$RT=a+b\log_2N$
$1=0.2+b\log_2 2$
$b=0.8$
② 네 가지 서로 다른 자극일 때
$RT=0.2+0.8\log_2 4$
$=1.8$

58 스트레스의 관리방안 중 조직수준의 관리 방안과 가장 거리가 먼 것은?

① 조직구성원에게 이미 할당된 과업을 변경시킨다.
② 권한을 분권화시키고 의사결정에의 참여기회를 확대한다.
③ 융통성 있는 작업계획을 통하여 개인의 재량권과 통제권을 확대시킨다.
④ 보살핌, 금전적 지원의 필요성이 있는 사람에게 도움을 준다.

해설 조직수준의 관리방안에는 과업재설계, 참여관리, 역할분석, 경력개발, 융통성 있는 작업계획, 목표설정, 팀 형성 등이 있다.

59 다음 중 에러 발생가능성이 가장 낮은 의식수준은?

① 의식수준 0 ② 의식수준 Ⅰ
③ 의식수준 Ⅱ ④ 의식수준 Ⅲ

해설 의식수준의 단계
① 의식수준 0: 의식을 잃은 상태이므로 작업수행과는 관련이 없다.
② 의식수준 Ⅰ: 과로했을 때나 야간작업을 했을 때 볼 수 있는 의식수준으로 부주의 상태가 강해서 인간의 에러가 빈발하며, 운전 작업에서는 전방주시 부주의나 졸음운전 등이 일어나기 쉽다.
③ 의식수준 Ⅱ: 휴식 시에 볼 수 있는데, 주의력이 전향적으로 기능하지 못하기 때문에 무심코 에러를 저지르기 쉬우며, 단순반복작업을 장시간 지속할 경우도 여기에 해당한다.
④ 의식수준 Ⅲ: 적극적인 활동 시의 명쾌한 의식으로 대뇌가 활발히 움직이므로 주의의 범위도 넓고, 에러를 일으키는 일은 거의 없다.
⑤ 의식수준 Ⅳ: 과도긴장 시나 감정흥분 시의 의식수준으로 대뇌의 활동력은 높지만 주의가 눈앞의 한곳에만 집중되고 냉정함이 결여되어 판단은 둔화된다.

60 보행신호등이 막 바뀌어도 자동차가 움직이기까지는 아직 시간이 있다고 스스로 판단하여 신호등을 건너는 경우는 어떤 부주의 상태인가?

① 근도반응 ② 억측판단
③ 초조반응 ④ 의식의 과잉

해설 억측판단
자기 멋대로 주관적인 판단이나 희망적인 관찰에 근거를 두고 다분히 이래도 될 것이라는 것을 확인하지

해답 56. ③ 57. ③ 58. ④ 59. ④ 60. ②

않고 행동으로 옮기는 판단이다. 위험감각의 문제와 함께 관련되는 것이며, 안전행동은 안전 확인에 의해 보장되어야 한다.

4 근골격계질환 예방을 위한 작업관리

61 다음 중 근골격계질환 예방을 위한 개선 방안으로 적절하지 않은 것은?

① 높이와 각도가 조절 가능한 작업대를 제공한다.
② 직무확대를 통하여 한 작업자가 할 수 있는 일의 다양성을 넓힌다.
③ 전문적인 스트레칭과 체조 등을 교육하고 작업 중 수시로 실시하게 유도한다.
④ 중량물운반 등 특정작업에 적합한 작업자를 선별하여 상대적 위험도를 경감시킨다.

해설 중량물운반에 적합한 작업자는 없다.

62 다음 중 동작경제의 원칙에 있어 작업장 배치에 관한 원칙에 해당하는 것은?

① 각 손가락이 서로 다른 작업을 할 때 작업량을 각 손가락의 능력에 맞게 배분한다.
② 사용하는 장소에 부품이 가까이 도달할 수 있도록 중력을 이용한 부품상자나 용기를 사용한다.
③ 손과 신체의 동작은 작업을 원만하게 처리할 수 있는 범위 내에서 가장 낮은 동작등급을 사용한다.
④ 눈의 초점을 모아야 할 수 있는 작업은 가능한 적게 하고, 이것이 불가피할 경우 두 작업 간의 거리를 짧게 한다.

해설 작업역의 배치에 관한 원칙 중 중력을 이용한 부품상자나 용기를 이용하여 부품을 부품 사용장소에 가까이 보낼 수 있도록 한다.

63 다음 중 작업관리의 목적으로 가장 적절한 것은?

① 공정의 재배치를 목적으로 한다.
② 자동화를 통한 위험작업의 제거를 목적으로 한다.
③ 표준시간을 선정하여 동일임금 지급을 목적으로 한다.
④ 작업을 체계적으로 하여 생산성 향상을 목적으로 한다.

해설 작업관리의 목적
① 최선의 방법발견(방법개선)
② 방법, 재료, 설비, 공구 등의 표준화
③ 제품품질의 균일
④ 생산비절감 및 생산성 향상
⑤ 새로운 방법의 작업지도
⑥ 안전

64 관측평균은 1분, Rating계수는 120%, 여유시간은 0.05분이다. 다음 중 내경법에 의한 여유율과 표준시간을 올바르게 나열한 것은?

① 여유율: 4.0%, 표준시간: 1.05분
② 여유율: 4.0%, 표준시간: 1.25분
③ 여유율: 4.2%, 표준시간: 1.05분
④ 여유율: 4.2%, 표준시간: 1.25분

해설
정미시간(NT)
$= \text{관측시간의 대푯값}(T_0) \times (\frac{\text{레이팅계수}(R)}{100})$

$\text{여유율}(A) = \frac{\text{여유시간}}{\text{정미시간} + \text{여유시간}} \times 100$

$\text{표준시간}(ST) = \text{정미시간} \times (\frac{1}{1 - \text{여유율}})$

$\text{정미시간}(NT) = 1 \times (\frac{120}{100}) = 1.2$

정답 61. ④ 62. ② 63. ④ 64. ②

$$여유율(A) = \frac{0.05}{1.2+0.05} \times 100 = 4(\%)$$

$$표준시간(ST) = 1.2 \times (\frac{1}{1-0.04}) = 1.25분$$

65 다음 중 병원의 간호사 또는 간호조무사, 수의사 등의 근골격계 부담작업의 유해요인조사 시 작업분석·평가 도구로 가장 적절한 것은?

① JSI(Job Strain Index)

② ACGIH Hand/Arm Vibration TLV

③ REBA(Rapid Entire Body Assessment)

④ NIOSH 들기작업지침(Revised NIOSH Lifting Equation)

해설 REBA 개발목적은 근골격계질환과 관련한 유해인자에 대한 개인작업자의 노출정도를 평가하는 것으로, 상지작업을 중심으로 한 RULA와 비교하여 간호사, 수의사 등과 같이 예측이 힘든 다양한 자세에서 이루어지는 서비스업에서의 전체적인 신체에 대한 부담정도와 유해인자의 노출정도를 분석한다.

66 다음 중 간트차트(Gantt Chart)에 관한 설명으로 옳지 않은 것은?

① 각 과제 간의 상호 연관사항을 파악하기에 용이하다.

② 계획 활동의 예측완료 시간은 막대모양으로 표시된다.

③ 기계의 사용에 대한 필요시간과 일정을 표시할 때 이용되기도 한다.

④ 예정사항과 실제 성과를 기록 비교하여 작업을 관리하는 계획도표이다.

해설 Gantt Chart는 각 활동별로 일정계획 대비 완성현황을 막대모양으로 표시하는 것으로 각 과제 간의 상호 연관사항을 파악하기는 어렵다.

67 다음 중 유통선도(flow diagram)에 관한 설명으로 적절하지 않은 것은?

① 자재흐름의 혼잡지역 파악

② 시설물의 위치나 배치관계 파악

③ 공정과정의 역류현상 발생유무 점검

④ 운반과정에서 물품의 보관내용 파악

해설 유통선도의 용도
① 시설재배치(운반거리의 단축)
② 기자재 소통상 혼잡지역 파악
③ 공정과정 중 역류현상 점검

68 NIOSH의 들기작업 지침에서 들기지수 값이 1이 되는 경우 대상의 무게는 얼마인가? (단, RWL의 각 계수가 1일 경우)

① 18 kg	② 21 kg
③ 23 kg	④ 25 kg

해설 들기지수(*LI*) = 작업물 무게 / RWL

$$RWL = LC \times HM \times VM \times DM \times AM \times FM \times CM$$

$$LC = 부하상수 = 23\,\text{kg}$$

$$HM = 수평계수 = 25/H$$

$$VM = 수직계수 = 1-(0.003 \times |V-75|)$$

$$DM = 거리계수 = 0.82 + (4.5/D)$$

$$AM = 대칭계수 = 1-(0.0032 \times A)$$

$$FM = 빈도계수(표이용)$$

$$CM = 결합계수(표이용)$$

LC(부하상수)
*RWL*을 계산하는 데 있어서의 상수로 23 kg이다. 다른 계수들은 전부 0~1 사이의 값을 가지므로 *RWL*은 어떤 경우에도 23 kg을 넘지 않는다.

69 다음 중 개선의 ECRS에 해당하는 것은?

① Eliminate	② Collect
③ Reduction	④ Standardization

해설 작업개선의 원칙(ECRS 원칙)
① Eliminate(불필요한 작업·작업요소 제거)
② Combine(다른 작업·작업요소와의 결합)
③ Rearrange(작업순서의 변경)
④ Simplify(작업·작업요소의 단순화·간소화)

해답 65. ③ 66. ① 67. ④ 68. ③ 69. ①

70 다음 중 근골격계질환 발생의 작업요인으로서 직접적인 위험요인이 아닌 것은?

① 작업자의 숙련정도
② 부자연스런 작업자세
③ 과도한 힘의 사용
④ 높은 빈도의 반복성

해설 근골격계질환의 원인(작업특성 요인)
① 반복성
② 부자연스런 또는 취하기 어려운 자세
③ 과도한 힘
④ 접촉스트레스
⑤ 진동
⑥ 온도, 조명 등 기타 요인

71 다음 중 7 TMU(Time Measurement Unit)를 초단위로 환산하면 몇 초인가?

① 0.025초 ② 0.252초
③ 1.26초 ④ 2.52초

해설
TMU=0.00001시간=0.0006분=0.036초
7 TMU=7×0.036= 0.252초

72 다음 설명은 수행도평가의 어느 방법을 설명한 것인가?

- 작업을 요소작업으로 구분한 후 시간연구를 통해 개별시간을 구한다.
- 요소작업 중 임의로 작업자조절이 가능한 요소를 정한다.
- 선정된 작업 중 PTS시스템 중 한 개를 적용하여 대응되는 시간치를 구한다.
- PTS법에 의한 시간치와 관측시간 간의 비율을 구하여 레이팅계수를 구한다.

① 객관적 평가법
② 합성평가법
③ 속도평가법
④ 웨스팅하우스 시스템

해설 합성평가법(synthetic rating)
레이팅시 관측자의 주관적 판단에 의한 결함을 보정하고, 일관성을 높이기 위한 레이팅 방법이다.

73 다음 중 수공구의 개선방법과 가장 관계가 먼 것은?

① 손목을 똑바로 펴서 사용한다.
② 수공구 대신 동력공구를 사용한다.
③ 지속적인 정적근육 부하를 방지한다.
④ 가능하면 손잡이의 접촉면을 작게 한다.

해설 수공구의 기계적인 부분 개선에서는 가능한 손잡이의 접촉면을 넓게 한다.

74 다음 중 사업장 근골격계질환 예방·관리 프로그램에 있어 예방·관리추진팀의 구성 요령으로 가장 적절한 것은?

① 회사대표가 반드시 참석하여야 한다.
② 사업장별로 예방·관리추진팀을 구성하여야 하며, 대규모사업장이라도 부서별로는 구성할 수 없다.
③ 예방·관리추진팀에는 예산 및 별도 회계권을 부여하는 것이 일반적이다.
④ 산업안전보건위원회가 구성된 사업장은 예방·관리추진팀의 업무를 위원회에 위임할 수 있다.

해설 대규모사업장은 부서별로 예방·관리 추진팀을 구성할 수 있으며, 이 경우 관리자는 부서의 예산결정권자 또는 부서장으로 할 수 있다. 그리고 산업안전보건위원회가 구성된 사업장은 예방·관리추진팀의 업무를 산업안전보건위원회에 위임할 수 있다.

75 WS(Work-sampling)법에 있어 샘플링의 종류 중 계층별 샘플링(stratified sampling)의 장점으로 적합하지 않은 것은?

해답 70. ① 71. ② 72. ② 73. ④ 74. ④ 75. ③

① 일정 계획을 수정하기가 용이하다.
② 완전한 랜덤 샘플링보다 관측일정을 계획하기 쉽다.
③ 주기성과 영향력에 관한 문제를 배제하는 데 가장 효과적이다.
④ 적합하게 계층을 분류하면 층별로 하지 않은 경우보다 분산이 적어진다.

해설 주기성과 영향력에 관한 문제를 배제하는 것은 랜덤 샘플링의 원칙이다.

76 다음 중 서블릭(Therblig)에 관한 설명으로 틀린 것은?

① 빈손이동(TE)은 효율적 서블릭이다.
② 작업측정을 통한 시간산출의 단위이다.
③ 분석과정에서 시간은 스톱워치로 측정한다.
④ 18개의 동작 중 17가지만 기호로 이용된다.

해설 서블릭(Therblig)은 인간이 행하는 손동작에서 분해가능한 최소한의 기본단위 동작을 의미한다.

77 다음 중 근골격계질환의 정의로 가장 적절한 것은?

① 작업장의 불안전요소로 인한 사고성 재해를 말한다.
② 과도한 직무스트레스에 의한 뇌심혈관계의 이상증상을 말한다.
③ 부적절한 작업환경과 과도한 작업부하가 원인이 된 작업관련성 질환이다.
④ 직업병, 안전사고를 모두 포함하는 포괄적 개념의 산업재해를 말한다.

해설 작업관련성 근골격계질환이란 작업과 관련하여 특정 신체부위 및 근육의 과도한 사용으로 인해 근육, 연골, 건, 인대, 관절, 혈관, 신경 등에 미세한 손상이 발생하여 목, 허리, 무릎, 어깨, 팔, 손목 및 손가락 등에 나타나는 만성적인 건강장해를 말한다.

78 다음 중 근골격계질환의 관리방안에 있어 공학적 개선방안에 해당되지 않는 것은?

① 작업속도의 조절
② 작업공구의 개선
③ 작업대높이의 조절
④ 자재운반 시 동력기계 장치의 사용

해설 공학적 개선은 ① 공구·장비, ② 작업장, ③ 포장, ④ 부품, ⑤ 제품 등의 재배열, 수정, 재설계, 교체 등을 말한다. 작업속도 등의 조절은 관리적 개선이다.

79 생수회사의 한 공정에서 이루어지는 생수 제조를 위한 요소작업 시간의 합은 0.8분이다. 회사에서는 한 달간 50,000개의 생수를 제조하려 할 때 이 공정의 한 달 평균작업시간이 200시간이라면 이 회사는 최소 몇 개의 공정을 구성해야 하는가?

① 1개 ② 2개
③ 4개 ④ 6개

해설 1개의 공정으로 1달간 생산량
200시간 × 60분 / 0.8분 = 15,000개
그러므로, 50,000 / 15,000 = 3.33 = 4개

80 다음 중 상완, 전완, 손목을 그룹 A로, 목, 상체, 다리를 그룹 B로 나누어 측정, 평가하는 유해요인의 평가기법은?

① RULA(Rapid Upper Limb Assessment)
② REBA(Rapid Entire Body Assessment)
③ OWAS(Ovako Working-posture Analysing System)
④ NIOSH 들기작업지침(Revised NIOSH Lifting Equation)

해답 **76.** ② **77.** ③ **78.** ① **79.** ③ **80.** ①

해설 RULA의 평가는 먼저 A 그룹과 B 그룹으로 나누는데 A 그룹에서는 위팔, 아래팔, 손목, 손목 비틀림에 관해 자세점수를 구하고 거기에 근육사용과 힘에 대한 점수를 더해서 점수를 수하고, B 그룹에서도 목, 몸통, 다리에 관한 점수에 근육과 힘에 대한 점수를 구해 A 그룹에서 구한 점수와 B 그룹에서 구한 점수를 가지고 표를 이용해 최종점수를 구한다.

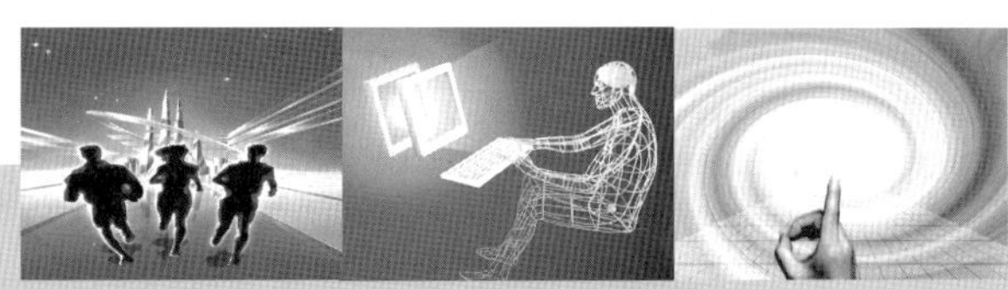

인간공학기사 필기시험 문제풀이 19회[121]

1 인간공학 개론

1 다음 중 양립성에 적합하게 조종장치와 표시장치를 설계할 때 얻는 효과로 볼 수 없는 것은?

① 반응시간의 감소
② 학습시간의 단축
③ 사용자만족도 향상
④ 인간실수 증가

해설 양립성이란 자극들 간의, 반응들 간의 혹은 자극-반응조합의 공간, 운동 혹은 개념적 관계가 인간의 기대와 모순되지 않는 것을 말한다. 표시장치나 조종장치가 양립성이 있으면 인간성능은 일반적으로 향상되므로 이 개념은 이들 장치의 설계와 밀접한 관계가 있다.

2 다음 중 인간의 기억을 증진시키는 방법으로 적절하지 않은 것은?

① 가급적이면 절대식별을 늘이는 방향으로 설계하도록 한다.
② 기억에 의해 판별하도록 하는 가짓수는 5가지 미만으로 한다.
③ 여러 자극차원을 조합하여 설계하도록 한다.
④ 개별적인 정보는 효과적인 청크(chunk)로 조직되게 한다.

해설 인간이 한 자극차원 내의 자극을 절대적으로 식별할 수 있는 능력은 대부분의 자극차원의 경우 크지 못하므로 절대 식별을 늘리는 것은 좋지 않다.

3 다음 중 청각적 암호화 방법에 관한설명으로 틀린 것은?

① 진동수가 많을수록 좋다.
② 음의 방향은 두 귀 간의 강도차를 확실하게 해야 한다.
③ 지속시간은 2~3수준으로 하고, 확실한 차이를 두어야 한다.
④ 강도는 4~5수준이 좋고, 순음의 경우는 1,000~4,000 Hz로 한정할 필요가 있다.

해설 청각적 암호화 방법에서 진동수가 적은 저주파가 좋다.

4 다음 중 Weber의 법칙에 관련된 사항을 올바르게 설명한 것은?

① 특정 감각기관의 기준자극과 변화를 감지하기 위해 필요한 자극의 차이는 원래 제시된 자극의 수준에 비례한다.
② 자극 사이의 변화를 감지할 수 있는 두

해답 1. ④ 2. ① 3. ① 4. ①

자극 사이의 가장 큰 차이 값을 변화감지역이라 한다.

③ Weber비는 기준자극을 변화감지역으로 나눈 값이다.

④ 특정 감각기관의 변화감지역이 클수록 감지능력은 높아진다.

해설 웨버의 법칙

물리적 자극을 상대적으로 판단하는 데 있어 특정 감각의 변화감지역은 기준자극의 크기에 비례한다.

$$웨버의\ 비 = \frac{변화감지역}{기준자극의 크기}$$

5 다음 중 음압수준이 120 dB인 1,000 Hz 순음의 sone값은?

① 256 ② 128

③ 64 ④ 32

해설

$$\begin{aligned} sone &= 2^{(phon값-40)/10} \\ &= 2^{(120-40)/10} \\ &= 256 \end{aligned}$$

6 다음 중 인체측정의 정적치수 측정에 관한 설명으로 틀린 것은?

① 형태학적 측정을 의미한다.

② 마틴식 인체측정 장치를 사용한다.

③ 나체 측정을 원칙으로 한다.

④ 상지나 하지의 운동범위를 측정한다.

해설 정적측정 방법

① 형태학적 측정이라고도 하며, 표준자세에서 움직이지 않는 피측정자를 인체측정기로 구조적 인체치수를 측정하여 특수 또는 일반적 용품의 설계에 기초자료로 활용

② 사용 인체측정기 : 마틴식 인체측정 장치

③ 측정항목에 따라 표준화된 측정점과 측정방법을 적용한다.

④ 측정원칙 : 나체측정을 원칙으로 한다.

7 다음 중 시력의 척도와 그에 대한 설명으로 틀린 것은?

① Vernier 시력 – 한 선과 다른 선의 측방향 변위(미세한 치우침)를 식별하는 능력

② 최소가분시력 – 대비가 다른 두 배경의 접점을 식별하는 능력

③ 최소인식시력 – 배경으로부터 한 점을 식별하는 능력

④ 입체시력 – 깊이가 있는 하나의 물체에 대해 두 눈의 망막에서 수용할 때 상이나 그림의 차이를 분간하는 능력

해설 최소가분시력

최소가분시력은 눈이 식별할 수 있는 과녁이 최소 특징이나 과녁부분들 간의 최소공간을 말한다.

8 다음 중 인간공학 연구에 사용되는 변수에 관한 설명으로 옳은 것은?

① 독립변수는 평가척도로 관심의 대상이 되는 변수이다.

② 종속변수는 조사 연구되어야 할 인자(factor)이다.

③ 조명수준, 작업자세, 정보전달 방법은 독립변수이다.

④ 종속변수의 값은 연구자가 변화시킬 수 있다.

해설

① 독립변수: 조명, 기기의 설계, 정보경로, 중력 등과 같이 조사 연구되어야 할 인자이다.

② 종속변수: 독립변수의 가능한 '효과'의 척도이다. 반응시간과 같은 성능의 척도일 경우가 많다. 종속변수는 보통 기준이라고도 부른다.

9 인체측정 자료의 응용원칙 중 출입문, 통로등의 설계 시 가장 적합한 원칙은?

① 조절식 범위를 이용한 설계

정답 5. ① 6. ④ 7. ② 8. ③ 9. ④

② 최소치를 이용한 설계

③ 평균치를 이용한 설계

④ 최대치를 이용한 설계

(해설) 최대집단값에 의한 설계

① 통상 대상집단에 대한 관련 인체측정 변수의 상위 백분위수를 기준으로 하여 90%, 95% 혹은 99% tile값이 사용된다.

② 문, 탈출구, 통로 등과 같은 공간여유를 정하거나 줄사다리의 강도 등을 정할 때 사용한다.

③ 예를 들어, 95%tile값에 속하는 큰 사람을 수용할 수 있다면 이보다 작은 사람은 모두 사용된다.

10 다음 중 최적의 조종-반응비율(*C/R* 비) 설계 시 고려해야 할 사항으로 적절하지 않은 것은?

① 목시거리가 길면 길수록 조절의 정확도는 낮아진다.

② 작업자의 조절동작과 계기의 반응 사이에 지연이 발생한다면 *C/R*비를 높여야 한다.

③ 조종장치의 조작방향과 표시장치의 운동방향을 일치시켜야 한다.

④ 계기의 조절시간이 가장 짧아지는 크기를 선택하되 크기가 너무 작아지는 단점도 고려해야 한다.

(해설) 조작시간-조종장치의 조작시간 지연은 직접적으로 *C/R* 비가 가장 크게 작용하고 있다. 작업자의 조절동작과 계기의 반응운동 간에 지연시간을 가져오는 경우에는 *C/R* 비를 감소시키는 것 이외에 방법이 없다.

11 다음 중 Fitts의 법칙에 관한 설명으로 틀린 것은?

① 반응시간에 대한 법칙이다.

② 거리에 비례하고, 타겟의 폭에 반비례한다.

③ 조작장치의 설계에 광범위하게 이용한다.

④ 동작시간을 동작에 관련된 정보와 연관시킬 수 있다.

(해설) Fitts의 법칙

A는 표적중심선까지의 이동거리, *W*는 표적폭이라고 하고, 난이도를 다음과 같이 정의하면,

$$ID(bits) = \log_2 \frac{2A}{W}$$

$MT = a + b \cdot ID$의 형태를 취하며, 이를 Fitts의 법칙이라고 한다.

① 표적이 작을수록 또 이동거리가 길수록 작업의 난이도와 소요 이동시간이 증가한다.

② 사람들이 신체적 반응을 통하여 전송할 수 있는 정보량은 상황에 따라 다르지만, 대체적으로 그 상한 값은 약 10 bit/sec 정도로 추정된다.

12 다음 중 인간공학에 대한 설명으로 적절하지 않은 것은?

① 인간과 사물의 설계가 인간에게 미치는 영향에 중점을 둔다.

② 자신을 모형으로 사물을 설계에 반영한다.

③ 인간의 행동, 능력, 한계, 특성에 관한 정보를 발견하고자 하는 것이다.

④ 사용 편의성 증대, 오류 감소, 생산성 향상에 목적이 있다.

(해설) 자신을 모형으로 사물을 설계에 반영하는 것은 인간공학에 대한 설명으로 적절하지 않다.

13 다음 중 안경은 눈의 어떤 기관을 보조하기 위하여 사용되는가?

① 동공 ② 수정체

③ 망막 ④ 홍채

(해설) 수정체는 카메라의 렌즈와 같이 빛을 굴절시켜 초점을 정확히 맞출 수 있도록 하는 기능을 가지고 있다. 안경은 수정체를 보조하는 기능으로 사용된다.

해답 10. ② 11. ① 12. ② 13. ②

14 다음 중 정량적 시간 표시장치의 기본 눈금선 수열로 가장 적당한 것은?

① 0, 10, 20, …

② 2, 4, 6, …

③ 3, 6, 9, …

④ 8, 16, 24, …

해설 정량적 눈금의 세부특성(눈금의 수열)
일반적으로 0, 1, 2, 3, … 처럼 1씩 증가하는 수열이 가장 사용하기 쉬우며, 색다른 수열은 특수한 경우를 제외하고는 피해야 한다.

15 인체의 감각기능 중 후각에 대한 설명으로 옳은 것은?

① 후각에 대한 순응은 느린 편이다.

② 후각은 훈련을 통해 식별능력을 기르지 못한다.

③ 후각은 냄새 존재여부보다 특정자극을 식별하는 데 효과적이다.

④ 특정냄새의 절대식별 능력은 떨어지나 상대적 비교능력은 우수한 편이다.

해설 인간의 후각은 특정물질이나 개인에 따라 민감도의 차이가 있으며, 어느 특정냄새에 대한 절대 식별 능력은 다소 떨어지나, 상대식별 능력은 우수한 편이다.

16 다음 중 시스템의 평가척도 유형으로 볼 수 없는 것은?

① 인간기준(human criteria)

② 관리기준(management criteria)

③ 시스템 기준(system-descriptive criteria)

④ 작업성능 기준(task performance criteria)

해설 시스템 평가척도의 유형

① 시스템 기준 : 시스템이 원래 의도하는 바를 얼마나 달성하는가를 나타내는 척도라고 할 수 있다.

② 작업성능 기준 : 대개 작업의 결과에 관한 효율을 나타낸다.

③ 인간기준 : 작업실행 중의 인간의 행동과 응답을 다루는 것으로서 성능척도, 생리학적 지표, 주관적 반응 등으로 측정한다.

17 다음과 같은 확률로 발생하는 4가지 대안에 대한 중복률(%)은 약 얼마인가?

결과	확률(p)	$-\log_2 p$
A	0.1	3.32
B	0.3	1.74
C	0.4	1.32
D	0.2	2.32

① 1.8　　② 2.0

③ 7.7　　④ 8.7

해설 중복률

중복률 = $\left(1-\dfrac{\text{총 평균정보량}}{\text{최대 정보량}}\right)\times 100(\%)$

총 평균정보량: $\sum p_i \log_2(p_i)$ = (0.1×3.32+0.3×1.74+0.4×1.32+0.2×2.32) = 1.846

최대 정보량: $\log_2 n$ = $\log_2 4$ = 2

따라서, 중복률 = $\left(1-\dfrac{1.846}{2}\right)\times 100(\%)$ = 7.7(%)

18 다음 중 차폐 또는 은폐(masking)와 관련된 원리를 설명한 것으로 틀린 것은?

① 소리가 들린다는 것을 확실할 수 있는 최소한의 음감도는 차폐음보다 15 dB 이상이어야 한다.

② 차폐효과가 가장 큰 것은 차폐음과 배음의 주파수가 가까울 때이다.

③ 차폐되는 소리의 임계주파수대(critical frequency band) 주변에 있는 소리들에 의해 가장 많이 차폐된다.

④ 남성의 목소리가 여성의 목소리에 의해 더 잘 차폐된다.

해설 여성의 목소리가 남성의 목소리에 의해 더 잘 차폐된다.

정답 14. ① 15. ④ 16. ② 17. ③ 18. ④

19 다음 중 부품배치의 원칙이 아닌 것은?

① 중요성의 원칙
② 사용빈도의 원칙
③ 사용순서의 원칙
④ 검출성의 원칙

해설 부품배치의 원칙
① 중요성의 원칙
② 사용빈도의 원치
③ 기능별 배치의 원칙
④ 사용순서의 원칙

20 다음 중 병렬시스템의 특성에 관한 설명으로 틀린 것은?

① 요소 중 어느 하나가 정상이면 시스템은 정상적으로 작동된다.
② 시스템의 수명은 요소 중 수명이 가장 긴 것에 의하여 결정된다.
③ 요소의 중복도가 늘수록 시스템의 수명은 짧아진다.
④ 요소의 개수가 증가될수록 시스템 고장의 기회는 감소된다.

해설 요소의 중복도가 늘수록 시스템의 수명은 길어진다.

2 작업생리학

21 5분 동안의 들기작업 중 피실험자의 배기가스를 Douglas bag을 이용하여 수집하였더니 79 L였다. 이 배기가스를 가스 분석기를 이용하여 분석한 결과 O_2는 12%, CO_2는 6%로 나타났다. 이 들기작업의 분당 산소소비량(O_2–L/min)은 약 얼마인가? (단, 공기 중 산소의 비율은 21vol%이다.)

① 5.74　　② 3.74
③ 1.55　　④ 1.94

해설

$$분당\ 배기량 = \frac{배기량}{시간(분)}$$

$$분당\ 흡기량 = \frac{(100 - O_2\% - CO_2\%)}{N_2\%} \times 분당\ 배기량$$

$$산소소비량 = (21\% \times 분당\ 흡기량) - (O_2\% \times 분당\ 배기량)$$

① $분당\ 배기량 = \frac{79L}{5분} = 15.8L/분$

② $분당\ 흡기량 = \frac{(1 - 0.12 - 0.06)}{0.79} \times 15.8 = 16.4$

③ $산소소비량 = (0.21 \times 16.4) - (0.12 \times 15.8) = 1.55$

22 다음 중 근육이 피로해짐에 따라 근전도(EMG)신호의 변화로 옳은 것은?

① 저주파성분이 감소하나 진폭은 커진다.
② 저주파성분이 감소하고 진폭도 작아진다.
③ 저주파성분이 증가하고 진폭도 커진다.
④ 저주파성분이 증가하나 진폭은 작아진다.

해설 정적수축으로 인한 피로일 경우 진폭의 증가와 저주파성분의 증가가 동시에 근전도상에 관측된다.

23 남성근로자의 육체작업에 대한 에너지대사량을 측정한 결과 분당 작업 시 산소소비량이 1.2 L/min, 안정 시 산소소비량이 0.5 L/min, 기초대사량이 1.5 kcal/min이었다. 이 작업에 대한 에너지대사율(RMR)은 약 얼마인가?

① 0.47　② 0.80　③ 1.25　④ 2.33

해설 에너지소비량은 산소소비량으로부터 계산할 수 있다(1 L=5 kcal).

$$RMR = \frac{작업\ 시\ 소비에너지 - 안정\ 시\ 소비에너지}{기초대사량} = \frac{작업대사량}{기초대사량}$$

해답 19. ④ 20. ③ 21. ③ 22. ③ 23. ④

$$= \frac{(1.2\times 5)-(0.5\times 5)}{1.5}$$
$$= 2.33$$

24 [그림]과 같이 신장이 180 cm인 사람이 두 개의 저울을 머리끝과 다리끝에 받치고 누워 있다. 머리 쪽의 눈금이 50 kg, 다리 쪽의 눈금이 40 kg일 때 이 사람의 머리와 무게중심 간의 거리(A)는 얼마인가?

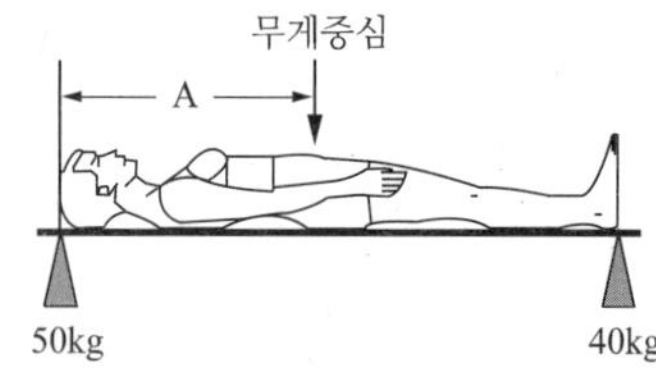

① 70 cm ② 75 cm
③ 80 cm ④ 85 cm

해설
① 먼저 힘의 평형조건에 의하여 $\sum F = 0$을 만족해야한다. 따라서
$\sum F_y = 50 + 40 - W = 0$
② 또한 모멘트 평형조건을 만족해야 하므로
$\sum M = x \times W - 180 \times 40 = 0$이 되므로
$$x = \frac{180\times 40}{90} = 80$$

25 다음 중 작업부하량에 따른 휴식시간 설정과 가장 관련이 있는 것은?

① 에너지소비량 ② 부정맥지수
③ 점멸융합지수 ④ 뇌전도

해설 인간은 요구되는 육체적 활동수준을 오랜 시간동안 유지할 수 없다. 작업부하 수준이 권장한계를 벗어나면, 휴식시간을 삽입하여 초과분을 보상하여야 한다.

$$\text{휴식시간}(R) = \frac{60(E-5)}{E-1.5}$$

여기서, E는 작업에 소요되는 에너지가, 1.5는 휴식시간 중의 에너지소비량 추산값이고, 5는 평균에너지이다.

26 다음 중 정신적 작업부하에 관한 생리적 측정치로 사용되지 않는 것은?

① 부정맥지수(cardiac arrhythmia)
② 눈꺼풀의 깜박임률(blink rate)
③ 뇌전도(EEG)
④ 심박수(heart beats)

해설 심박수는 정신적 작업부하에 관한 생리적 측정치로 사용되지 않는다.

27 다음 중 어떤 물체나 표면에 도달하는 빛의 밀도를 무엇이라 하는가?

① 조도(照度) ② 광도(光度)
③ 반사율(反射律) ④ 점광원(點光源)

해설 조도는 빛이 어떤 물체나 표면에 도달하는 광의 밀도를 말한다.

28 다음 중 소음에 관한 정의에 있어 "강렬한 소음작업"이라 함은 얼마 이상의 소음이 1일 8시간 이상 발생하는 작업을 의미하는가?

① 85데시벨 이상 ② 90데시벨 이상
③ 95데시벨 이상 ④ 100데시벨 이상

해설 산업안전 보건기준에 관한 규칙에서는 90데시벨 이상의 소음이 1일 8시간 이상 발생하는 작업을 "강렬한 소음작업"이라고 정의하고 있다.

29 신체에 전달되는 진동은 전신진동과 국소진동으로 구분되는데 다음 중 진동원의 성격이 다른 것은?

① 크레인 ② 지게차
③ 그라인더 ④ 대형운송차량

해설 진동의 구분
① 전신진동 : 교통차량, 선박, 항공기, 기중기, 분쇄기 등에서 발생하며, 2~100 Hz에서 장애유발
② 국소진동 : 착암기, 연마기, 자동식 톱 등에서 발생하며, 8~1,500 Hz에서 장애유발

해답 24. ③ 25. ① 26. ④ 27. ① 28. ② 29. ③

30 다음 중 운동범위가 가장 크며 세 개의 운동축을 가진 관절은?

① 구상관절 ② 접번관절
③ 차축관절 ④ 평면관절

해설 구상관절(ball-and-socker joint)
관절머리와 관절오목이 모두 반구상의 것이며, 운동가동범위가 가장 크며, 세 개의 운동축으로 이루어져 있다. 예) 어깨관절, 대퇴관절

31 다음 중 연속적 소음으로 인한 청력손실에 해당하는 것은?

① 방직공정 작업자의 청력손실
② 밴드부 지휘자의 청력손실
③ 사격교관의 청력손실
④ 낙하단조(drop-forge) 장치 조작자의 청력손실

해설 연속소음 노출로 인한 청력손실
① 청력손실의 정도는 노출소음 수준에 따라 증가
② 청력손실은 4,000 Hz에서 크게 나타남
③ 강한 소음에 대해서는 노출기간에 따라 청력손실이 증가

32 다음 중 근력 및 지구력에 대한 설명으로 틀린 것은?

① 근력측정치는 작업조건뿐만 아니라 검사자의 지시내용, 측정방법 등에 의해서도 달라진다.
② 등척력(isometric strength)은 신체를 움직이지 않으면서 자발적으로 가할 수 있는 힘의 최대값이다.
③ 정적인 근력측정치로부터 동적작업에서 발휘할 수 있는 최대힘을 정확히 추정할 수 있다.
④ 근육이 발휘할 수 있는 근육의 최대자율수축(MVC)에 대한 백분율로 나타내어진다.

해설 정적근력
정적상태에서의 근력은 피실험자가 고정물체에 대하여 최대힘을 내도록 하여 측정한다.

33 육체적으로 격렬한 작업 시 충분한 양의 산소가 근육활동에 공급되지 못해 근육에 축적되는 것은?

① 피루브산
② 젖산
③ 초성포도당
④ 글리코겐

해설 젖산의 축적
인체활동의 초기에서는 일단 근육 내의 당원을 사용하지만, 이후의 인체활동에서는 혈액으로부터 영양분과 산소를 공급받아야 한다. 이때, 인체활동 수준이 너무 높아 근육에 공급되는 산소량이 부족한 경우에는 혈액 중에 젖산이 축적된다.

34 다음 중 반사 눈부심의 처리로서 적절하지 않은 것은?

① 휘도수준을 낮게 유지한다.
② 간접조명 수준을 좋게 한다.
③ 창문을 높이 설치한다.
④ 조절판, 차양 등을 사용한다.

해설 반사휘광의 처리
① 발광체의 휘도를 줄인다.
② 간접조명 수준을 좋게 한다.
③ 산란광, 간접광, 조절판(baffle), 창문에 차양(shade) 등을 사용한다.
④ 반사광이 눈에 비치지 않게 광원을 위치시킨다.
⑤ 무광택도료, 빛을 산란시키는 표면색을 한 사무용 기기, 윤기를 없앤 종이 등을 사용한다.

35 다음 중 단일자극에 대한 근육수축의 가장 간단한 형태는?

① 강축(tetanus)

해답 30. ① 31. ① 32. ③ 33. ② 34. ③ 35. ②

② 연축(twitch)

③ 위축(atrophy)

④ 비대(hypertrophy)

해설 골격근에 직접, 또는 신경-근접합부 부근의 신경에 전기적인 단일자극을 가하면, 자극이 유효할 때는 활동전위가 발생하여 급속한 수축이 일어나고 이어서 이완현상이 생기는데, 이것을 연축이라고 한다.

36 다음 중 효율적인 교대작업 운영을 위한 방법으로 볼 수 없는 것은?

① 2교대 근무는 최소화하며, 1일 2교대 근무가 불가피한 경우에는 연속근무일이 2~3일이 넘지 않도록 한다.

② 고정적이거나 연속적인 야간근무 작업은 줄인다.

③ 교대일정은 정기적이고 근로자가 예측 가능하도록 해주어야 한다.

④ 교대작업은 주간근무 → 야간근무 → 저녁근무 → 주간근무의 식으로 진행해야 피로를 빨리 회복할 수 있다.

해설 가장 이상적인 교대제는 없다. 근로자 개개인에게 적절한 교대제를 선택하는 것이 중요하다. 오전근무 → 저녁근무 → 밤근무로 순환하는 것이 좋다.

37 우리 몸을 구성하고 있는 단위 가운데 작은 단위부터 큰 단위 순으로 되어 있는 것은?

① 세포-조직-기관-계통

② 세포-계통-조직-기관

③ 세포-기관-조직-계통

④ 세포-조직-계통-기관

해설 유사한 세포가 모여 조직을 구성하고 조직이 모여 기관을 이루고 많은 계통이 모여 인체라는 유기체를 형성한다.

38 다음 중 위치(positioning)동작에 관한 설명으로 틀린 것은?

① 위치동작의 정확도는 그 방향에 따라 달라진다.

② 주로 팔꿈치의 선회로만 팔동작을 할 때가 어깨를 많이 움직일 때보다 정확하다.

③ 반응시간은 이동거리와 관계없이 일정하다.

④ 오른손의 위치동작은 우하-좌상방향의 정확도가 높다.

해설 오른손의 위치동작은 좌하-우상방향의 시간이 짧고 정확하다.

39 다음 중 불수의근(involuntary muscle)과 관계없는 것은?

① 내장근 ② 골격근

③ 민무늬근 ④ 평활근

해설 골격근(skeletal muscle 또는 striated muscle): 뼈에 부착되어 전신의 관절 운동에 관여하며 뜻대로 움직여지는 수의근(뇌척수신경의 운동신경이 지배)이다.

40 다음 중 고온작업장에서의 작업 시 신체 내부의 체온조절 계통의 기능이 상실되어 발생하며, 체온이 과도하게 오를 경우 사망에 이를 수 있는 고열장해를 무엇이라 하는가?

① 열소모 ② 열사병

③ 열발진 ④ 참호족

해설 고열작업에서 근로자들은 고온에 의하여 체온조절 기능에 장해가 생기거나 지나친 발한에 의한 탈수와 염분부족 등으로 인해 체온이 급격하게 오르고 혼수상태로 이어질 수 있는 열사병(heat stroke) 등이 발생할 수 있다.

해답 36. ④ 37. ① 38. ④ 39. ② 40. ②

3 산업심리학 및 관련법규

41 다음 중 하인리히(Heinrich)의 재해발생이론에 관한 설명으로 틀린 것은?

① 일련의 재해요인들이 연쇄적으로 발생한다는 도미노 이론이다.
② 일련의 재해요인들 중 어느 하나라도 제거하면 재해예방이 가능하다.
③ 불안전한 행동 및 상태는 사고 및 재해의 간접원인으로 작용한다.
④ 개인의 결함은 후천적 결함으로 불안전한 행동을 유발시키고, 기계적, 물리적 위험존재의 원인이 되기도 한다.

해설 불안전한 행동 및 상태는 사고 및 재해의 직접원인으로 작용한다.

42 다음 중 재해에 의한 상해의 종류에 해당하는 것은?

① 골절 ② 추락
③ 비래 ④ 전복

해설 골절은 상해의 종류에 해당되며, 추락, 비래, 전복은 발생형태(사고형태)에 해당된다.

43 다음 중 리더십과 헤드십에 대한 설명으로 옳은 것은?

① 헤드십하에서는 지도자와 부하 간의 사회적 간격이 넓은 반면, 리더십 하에서는 사회적 간격이 좁다.
② 리더십은 임명된 지도자의 권한을 의미하고, 헤드십은 선출된 지도자의 권한을 의미한다.
③ 헤드십하에서는 책임이 지도자와 부하 모두에게 귀속되는 반면, 리더십 하에서는 지도자에게 귀속된다.
④ 헤드십하에서 보다 자발적인 참여가 발생할 수 있다.

해설 헤드십과 리더십의 차이

개인과 상황변수	헤드십	리더십
권한행사	임명된 헤드	선출된 리더
권한부여	위에서 위임	밑으로부터 동의
권한근거	법적 또는 공식적	개인능력
권한귀속	공식화된 규정에 의함	집단목표에 기여한 공로인정
상관과 부하와의 관계	지배적	개인적인 영향
책임귀속	상사	상사와 부하
부하와의 사회적 간격	넓음	좁음
지위형태	권위주의적	민주주의적

44 A 사업장의 상시근로자가 200명이고, 연간 3건의 재해가 발생했다면 이 사업장의 도수율은 약 얼마인가? (단, 근로자는 1일 9시간씩 연간 300일을 근무하였다.)

① 3.25 ② 5.56
③ 6.25 ④ 8.30

해설

$$도수율(FR) = \frac{재해발생건수}{연근로시간수} \times 10^6$$

$$도수율 = \frac{3}{200 \times 9 \times 300} \times 1,000,000 = 5.56$$

45 다음 중 제조물책임법에서의 결함의 유형에 해당하지 않은 것은?

① 제조상의 결함 ② 설계상의 결함
③ 구매상의 결함 ④ 표시상의 결함

해설 제조물책임법에서 대표적으로 거론되는 결함으로는 설계상의 결함, 제조상의 결함, 표시상의 결함의 3가지로 크게 구분된다. 구매상의 결함은 결함의 유형에 포함되지 않는다.

정답 41. ③ 42. ① 43. ① 44. ② 45. ③

46 NIOSH에서 설정한 직무스트레스 모형에서 스트레스의 요인으로 포함되어 있지 않은 것은?

① 작업환경 요인: 소음, 조명 등
② 조직요인: 관리유형, 의사결정 참여 등
③ 조직 외 요인: 가족상황, 재정상태 등
④ 심리 행동적 요인: 직무불만족, 수면장애 등

해설 NIOSH에서 설정한 직무스트레스 모형의 스트레스 요인은 작업 요인, 작업환경 요인, 조직요인, 조직 외 요인 등 이다.

47 웨버(Max Weber)가 제창한 관료주의에 관한 설명과 관계가 먼 것은?

① 단순한 계층구조로 상위리더의 의사결정이 독단화가 되기 쉽다.
② 노동의 분업화를 가정으로 조직을 구성한다.
③ 부서장들의 권한 일부를 수직적으로 위임하도록 한다.
④ 산업화 초기의 비규범적 조직운영을 체계화시키는 역할을 했다.

해설 관료주의는 합리적, 공식적 구조로서의 관리자 및 작업자의 역할을 규정하여 비개인적, 법적인 경로를 통하여 조직이 운영되며, 질서 있고 예속가능한 체계이며, 정확하고 효율적이다.

48 다음 중 관리 그리드 이론(Managerial grid theory)에 관한 설명으로 틀린 것은?

① 블레이크와 오우톤의 구조주도적 - 배려적 리더십 개념을 연장시켜 정립한 이론이다.
② 리더십을 인간중심과 과업중심으로 나누고 이를 9등급씩 그리드로 계량화하여 리더의 행동경향을 표현하였다.
③ 인기형은 (9,1)형으로 인간에 대한 관심은 매우 높은 데 반해 과업에 관한 관심은 낮은 리더십 유형이다.
④ 중도형은 (5,5)형으로 과업과 인간관계 유지에 모두 적당한 정도의 관심을 갖는 리더십 유형이다.

해설 (9,1)형
업적에 대하여 최대의 관심을 갖고, 인간에 대하여 무관심하다. 이는 과업형(task style)이다.

49 다음은 재해의 발생사례이다. 재해의 원인분석 및 대책으로 적절하지 않은 것은?

> OO유리(주) 내의 옥외작업장에서 강화유리를 출하하기 위해 지게차로 강화유리를 운반전용 파레트에 싣고 작업자 2명이 지게차 포크 양쪽에 타고 강화유리가 넘어지지 않도록 붙잡고 가던 중 포크진동에 의해 강화유리가 전도되면서 지게차 백레스트와 유리 사이에 끼어 1명이 사망, 1명이 부상을 당하였다.

① 불안전한 행동 - 지게차 승차석 외의 탑승
② 예방대책 - 중량물 등의 이동 시 안전조치 교육
③ 재해유형 - 협착
④ 기인물 - 강화유리

해설 기인물이란 재해를 가져오게 한 근원이 된 기계, 장치 기타의 물건 또는 환경을 말한다. 따라서 포크의 진동으로 인해 강화유리가 전도되어 사고가 일어난 것으로 기인물은 지게차이다.

50 휴먼에러 방지대책을 설비요인 대책, 인적 요인 대책, 관리요인 대책으로 구분할 때 다음 중 인적 요인에 관한 대책으로 볼 수 없는 것은?

① 소집단활동
② 작업의 모의훈련
③ 인체측정치의 적합화

해답 46. ④ 47. ① 48. ③ 49. ④ 50. ③

④ 작업에 관한 교육훈련과 작업 전 회의

해설 인체측정치의 적합화는 설비 및 작업환경요인에 관한 대책으로 휴먼에러 방지대책의 인적 요인에 관한 대책으로 볼 수 없다.

51 다음 중 McGregor의 Y이론에 따른 인간의 동기부여 인자에 해당하는 것은?

① 수직적 리더십
② 수평적 리더십
③ 금전적 보상
④ 직무의 단순성

해설 수평적 리더십은 Y 이론에 따른 인간의 동기부여 인자에 해당한다.

52 어느 검사자가 한 로트에 1,000개의 부품을 검사하면서 100개의 불량품을 발견하였다. 하지만 이 로트에는 실제 200개의 불량품이 있었다면, 동일한 로트 2개에서 휴먼에러를 범하지 않을 확률은 얼마인가?

① 0.01 ② 0.1
③ 0.81 ④ 0.9

해설 반복되는 이산적 직무에서의 인간신뢰도

$R(n_1,n_2) = (1-p)^{(n_2-n_1+1)}$, [$p$: 실수확률]
$= (1-0.1)^{[2-1+1]}$
$= 0.81$

53 다음 중 레빈(Lewin)의 인간행동에 관한 설명으로 옳은 것은?

① 인간의 행동은 개인적 특성과 환경의 상호 함수관계이다.
② 인간의 욕구(needs)는 1차적 욕구와 2차적 욕구로 구분된다.
③ 동작시간은 동작의 거리와 종류에 따라 다르게 나타난다.
④ 집단행동은 통제적 집단행동과 비통제적 집단행동으로 구분할 수 있다.

해설 레빈(K. Lewin)의 인간행동 법칙
인간의 행동(B)은 그 자신이 가진 자질, 즉 인간(P)과 환경(E)과의 상호관계에 있다고 하였다.
$B = f(P \times E)$
B: Behavior(인간의 행동)
f: Function(함수관계)
P: Person(인간: 연령, 경험, 성격, 지능 등)
E: Enviroment(환경: 인간관계 등)

54 과도로 긴장하거나 감정흥분 시의 의식수준 단계로 대뇌의 활동력은 높지만 냉정함이 결여되는 판단이 둔화되는 의식수준 단계는?

① phase I ② phase II
③ phase III ④ phase IV

해설 인간의 의식수준 단계
① phase 0: 의식을 잃은 상태이므로 작업수행과는 관련이 없다.
② phase I: 과로했을 때나 야간작업을 했을 때 볼 수 있는 의식수준으로 부주의 상태가 강해서 인간의 에러가 빈발하며, 운전작업에서는 전방주시 부주의나 졸음운전 등이 일어나기 쉽다.
③ phase II: 휴식 시에 볼 수 있는데, 주의력이 전향적으로 기능하지 못하기 때문에 무심코 에러를 저지르기 쉬우며, 단순반복작업을 장시간 지속할 경우도 여기에 해당한다.
④ phase III: 적극적인 활동 시에 명쾌한 의식으로 대뇌가 활발히 움직이므로 주의의 범위도 넓고, 에러를 일으키는 일은 거의 없다.
⑤ phase IV: 과도긴장 시나 감정흥분 시의 의식수준으로 대뇌의 활동력은 높지만 주의가 눈앞의 한곳에만 집중되고 냉정함이 결여되어 판단은 둔화한다.

55 주의란 행동의 목적에 의식수준이 집중되는 심리상태를 말한다. 다음 중 주의의 특성이 아닌 것은?

① 선택성 ② 경향성
③ 변동성 ④ 방향성

정답 51. ② 52. ③ 53. ① 54. ④ 55. ②

해설 주의의 특성은 선택성, 변동성, 방향성이다.

56 휴먼에러의 유형에 따른 분류체계 중 심리적인 측면에 따른 분류에 해당하지 않는 것은?

① 지연오류 ② 누락오류
③ 입력오류 ④ 순서오류

해설 심리적 측면의 분류는 지연오류, 누락오류, 순서오류로 분류한다.

57 다음 중 결함수분석법(FTA)에 관한 설명으로 옳은 것은?

① 재해발생 원인을 Tree상으로 표현할 수 있다.
② 컴퓨터 처리가 불가능하다.
③ 기초적 결함조건을 가변적이라고 가정한다.
④ 체계 내 결함의 누적효과를 묘사할 수 없는 한계성이 있다.

해설 결함나무분석(Fault Tree Analysis; FTA)
FTA는 결함수분석법이라고도 하며, 기계설비 또는 인간-기계 시스템의 고장이나 재해발생 요인을 FT 도표에 의하여 분석하는 방법으로 재해발생 모든 원인들의 연쇄를 한눈에 알기 쉽게 Tree상으로 표현할 수 있다.

58 집단역학에 있어 구성원 상호 간의 선호도를 기초로 집단 내부의 동태적 상호관계를 분석하는 것을 무엇이라 하는가?

① 갈등관리 ② 집단의 응집력
③ 시너지 효과 ④ 소시오메트리

해설 소시오메트리(Sociometry)
구성원 상호 간의 선호도를 기초로 집단 내부의 동태적 상호관계를 분석하는 기법이다. 소시오메트리는 구성원들 간의 좋고 싫은 감정을 관찰, 검사, 면접 등을 통하여 분석한다.

59 다음 중 반응시간 또는 동작시간에 관한 설명으로 틀린 것은?

① C 반응시간은 여러 가지의 자극이 주어지고, 이들 자극 모두에 대하여 반응하는 총 소요시간을 의미한다.
② 단순반응시간은 A 반응시간라고도 하며, 하나의 특정자극에 대하여 반응하는 데 소요되는 시간을 의미한다.
③ 선택반응시간은 B 반응시간이라고도 하며, 일반적으로 자극과 반응의 수가 증가할수록 로그에 비례하여 증가하다.
④ 동작시간은 신호에 따라 손을 움직여 동작을 실제로 실행하는 데 걸리는 시간을 의미한다.

해설 선택반응시간이란 여러 개의 자극을 제시하고 각각에 대해 서로 다른 반응을 요구하는 경우의 반응시간이다.

60 다음 [그림]은 스트레스 수준과 성과수준의 관계를 나타낸 것이다. A, B, C에 해당하는 스트레스의 종류를 올바르게 나열한 것은?

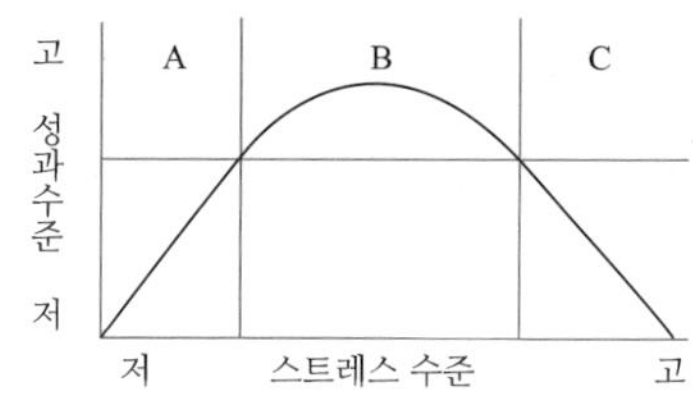

① A: 순기능, B: 역기능, C: 순기능
② A: 직무, B: 역기능, C: 직무
③ A: 역기능, B: 순기능, C: 역기능
④ A: 직무, B: 순기능, C: 개인

해설 스트레스와 직무업적과의 관계

정답 56. ③ 57. ① 58. ④ 59. ① 60. ③

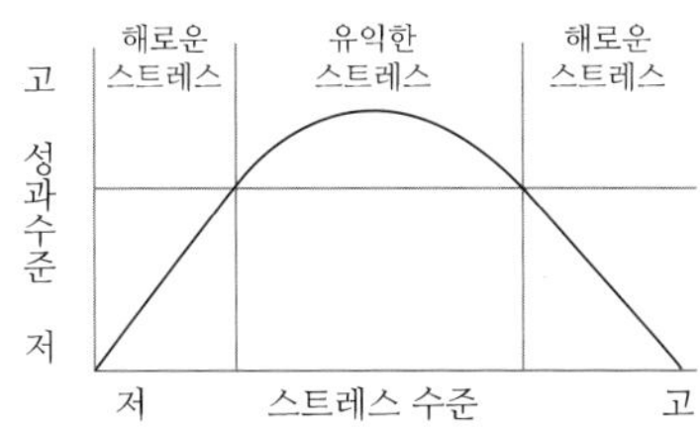

4 근골격계질환 예방을 위한 작업관리

61 다음 중 공정도에 관한 설명으로 적절하지 않은 것은?

① 대상의 주체를 도시기호(都市記號)로 나타낸다.
② 작업을 기본적인 동작요소로 나눈다.
③ 대상을 4 또는 5요소로 나누어 분석한다.
④ 대상을 보다 상세히 전문적 분야에서 분석한다.

해설 공정도는 대상을 4요소(가공, 검사, 운반, 정체)로 나누어 분석한다.

62 다음 중 시계조립과 같이 정밀한 작업을 하기 위한 작업대의 높이로 가장 적절한 것은?

① 팔꿈치높이보다 5~15 cm 낮게 한다.
② 팔꿈치높이로 한다.
③ 팔꿈치높이보다 5~15 cm 높게 한다.
④ 작업면과 눈의 거리가 30 cm 정도 되도록 한다.

해설 전자조립과 미세함을 필요로 하는 정밀한 조립작업인 경우(높은 정밀도 요구) 최적의 시야 범위인 15°를 더 가깝게 하기 위하여 작업면을 팔꿈치높이보다 5~15 cm 정도 높게 하는 것이 유리하다.

63 MTM(Method Time Measurement)법에서 사용되는 기호와 기본동작의 연결이 올바른 것은?

① R : 손뻗침　　② R : 회전
③ P : 잡음　　④ P : 누름

해설 MTM 기본동작과 정의

기호	기본동작
R	손을 뻗침(Reach)
M	운반(Move)
T	회전(Turn)
AP	누름(Apply Pressure)
G	잡음(Grasp)
P	정치(Position)
RL	방치(Release)
D	떼어 놓음(Disengage)

64 제품 1개를 생산하기 위하여 원자재를 기계에 물리는 데 2분, 기계의 자동가공 시간이 3분 걸린다. 작업자가 동종의 기계를 2대 담당하는 경우의 시간당 생산량은?

① 10　　② 12
③ 20　　④ 24

해설 시간당 생산량 = 기계대수/cycle time
= (2대/5분) × 60
= 24개

65 다음 중 선 자세에서 중량물취급을 가장 편하게 할 수 있는 구간은?

① 바닥에서 어깨높이
② 바닥에서 허리높이
③ 무릎높이에서 어깨높이
④ 주먹높이에서 팔꿈치높이

해설 선 자세에서 중량물을 취급할 경우 주먹높이에서 팔꿈치높이 사이에서 가장 편하게 할 수 있다.

해답 61. ② 62. ③ 63. ① 64. ④ 65. ④

66 다음 중 근골격계 관련 위험작업에 대한 관리적 개선으로 볼 수 없는 것은?

① 작업일정 및 작업속도 조절
② 작업도구와 설비의 개선
③ 스트레칭 체조의 활성화
④ 올바른 수공구사용법에 대한 작업자훈련

해설 유해요인의 개선방법의 관리적 개선
① 작업의 다양성 제공
② 작업일정 및 작업속도 조절
③ 회복시간 제공
④ 작업습관 변화
⑤ 작업공간, 공구 및 장비의 정기적인 청소 및 유지보수
⑥ 운동체조 강화 등

67 다음 중 동작분석과 관련이 가장 적은 것은?

① 유통공정도
② 작업자공정도
③ 사이클그래프 분석
④ 서블릭(Therblig) 분석

해설 유통공정도(flow process chart)
공정 중에 발생하는 모든 작업, 검사, 운반, 저장, 정체 등을 도식적으로 표현한 도표이다.

68 다음 중 작업관리의 문제해결 절차를 올바르게 나열한 것은?

① 연구대상의 선정 → 작업방법의 분석 → 분석자료의 검토 → 개선안의 수립 및 도입 → 확인 및 재발방지
② 연구대상의 선정 → 개선안의 수립 및 도입 → 분석자료의 검토 → 작업방법의 분석 → 확인 및 재발방지
③ 개선안의 수립 및 도입 → 연구대상의 선정 → 작업방법의 분석 → 분석자료의 검토 → 확인 및 재발방지
④ 분석자료의 검토 → 연구대상의 선정 → 개선안의 수립 및 도입 → 작업방법의 분석 → 확인 및 재발방지

해설 문제해결 절차의 기본형 5단계
연구대상 선정 → 분석과 기록 → 자료의 검토 → 개선안의 수립 → 개선안의 도입

69 3시간 동안 작업수행 과정을 촬영하여 워크샘플링 방법으로 200회를 샘플링한 결과 이 중에서 30번의 손목이 꺾임이 확인되었다. 이 작업의 시간당 손목꺾임시간은 얼마인가?

① 6분 ② 9분
③ 18분 ④ 30분

해설 (30회/200회)×60분=9분

70 다음 중 작업측정에 관한 설명으로 틀린 내용은?

① TV 조립공정과 같이 짧은 주기의 작업은 지간연구법이 좋다.
② 레이팅은 측정작업을 보통속도로 변환하여 주는 과정이다.
③ 정미시간은 반복생산에 요구되는 여유시간을 포함한다.
④ 인적여유는 생리적 욕구에 의해 작업이 지연되는 시간을 포함한다.

해설 정미시간(Normal Time; NT)
정상시간이라고도 하며, 매회 또는 일정한 간격으로 주기적으로 발생하는 작업요소의 수행시간이다. 표준시간은 정미시간에 여유시간을 더하여 구해진다.

71 다음 중 건염(tendinitis)에 대한 정의로 가장 적절한 것은?

① 장시간 진동에 노출되어 촉각저하를 야기하는 질환
② 예정사항과 실제성과를 기록·비교하여 작업을 관리하는 계획도표이다.

해답 66. ② 67. ① 68. ① 69. ② 70. ③ 71. ③

③ 근육과 뼈를 연결하는 건에 염증이 발생한 질환
④ 근육조직이 파괴되어 작은 덩어리가 발생한 질환

해설 건염이란 갑작스럽고 과도한 부하가 가해졌을 때 발생하는 건 자체의 염증이다.

72 다음 중 일반적인 시간연구 방법과 비교하여 워크샘플링 방법의 장점이 아닌 것은?

① 분석자에 의해 소비되는 총 작업시간이 훨씬 적은 편이다.
② 특별한 시간측정 장비가 별도로 필요하지 않는 간단한 방법이다.
③ 관측항목의 분류가 자유로워 작업현황을 세밀히 관찰할 수 있다.
④ 한 사람의 평가자가 동시에 여러 작업을 동시에 측정할 수 있다.

해설 워크샘플링 장점
① 관측을 순간적으로 하기 때문에 작업자를 방해하지 않으면서 용이하게 연구를 진행시킨다.
② 조사기간을 길게 하여 평상시의 작업상황을 그대로 반영시킬 수 있다.
③ 사정에 의해 연구를 일시 중지하였다가 다시 계속할 수도 있다.
④ 여러 명의 작업자나 여러 대의 기계를 한 명 혹은 여러 명의 관측자가 동시에 관측할 수 있다.
⑤ 자료수집이나 분석에 필요한 순수시간이 다른 시간연구 방법에 비하여 적다.
⑥ 특별한 시간측정 설비가 필요 없다.

73 다음 중 근골격계질환 예방·관리 프로그램의 실행을 위한 노사의 역할에서 예방·관리추진팀의 역할과 가장 밀접한 관계가 있는 것은?

① 기본계획을 수립하여 근로자에게 알려야 한다.
② 주기적인 근로자면담 등을 통하여 근골격계질환 증상호소자들 조기에 발견하는 일을 한다.
③ 예방·관리 프로그램의 개발·평가에 적극적으로 참여하고 준수한다.
④ 예방·관리 프로그램의 수립 및 수정에 관한 사항을 결정한다.

해설 근골격계질환 예방·관리추진팀의 역할
① 예방·관리 프로그램의 수립 및 수정에 관한 사항을 결정한다.
② 예방·관리 프로그램의 실행 및 운영에 관한 사항을 결정한다.
③ 교육 및 훈련에 관한 사항을 결정하고 실행한다.
④ 유해요인 평가 및 개선계획의 수립과 시행에 관한 사항을 결정하고 실행한다.
⑤ 근골격계질환자에 대한 사후조치 및 작업자 건강보호에 관한 사항 등을 실행한다.

74 다음 중 동작경제의 원칙에 있어 신체 사용에 관한 원칙에 해당하지 않는 것은?

① 두 손의 동작은 같이 시작하고 같이 끝나도록 한다.
② 휴식시간을 제외하고는 양손이 같이 쉬지 않도록 한다.
③ 공구나 재료는 작업동작이 원활하게 수행되도록 위치를 정해주지 않는다.
④ 가능하다면 쉽고도 자연스러운 리듬이 생기도록 동작을 배치한다.

해설 신체의 사용에 관한 원칙
① 양손은 동시에 동작을 시작하고, 또 끝마쳐야 한다.
② 휴식시간 이외에 양손이 동시에 노는 시간이 있어서는 안 된다.
③ 양팔은 각기 반대방향에서 대칭적으로 동시에 움직여야 한다.
④ 손의 동작은 작업을 수행할 수 있는 최소동작이상을 해서는 안 된다.
⑤ 작업자들을 돕기 위하여 동작의 관성을 이용하여 작업하는 것이 좋다.
⑥ 구속되거나 제한된 동작 또는 급격한 방향전환보다는 유연한 동작이 좋다.

해답 72. ③ 73. ④ 74. ③

⑦ 작업동작은 율동이 맞아야 한다.
⑧ 직선동작보다는 연속적인 곡선동작을 취하는 것이 좋다.
⑨ 탄도동작은 제한되거나 통제된 동작보다 더 신속 · 정확하다.

75 다음 중 근골격계질환을 예방하기 위한 대책으로 적절하지 않은 것은?

① 작업속도와 작업강도를 점진적으로 강화한다.
② 단순반복작업은 기계를 사용한다.
③ 작업방법과 작업공간을 재설계한다.
④ 작업순환(job rotation)을 실시한다.

해설 작업속도와 작업강도를 점진적으로 감소하는 것이 근골격계질환을 예방하는 데 좋다.

76 다음 중 자동차공장의 컨베이어식 조립라인에서 선 자세에서 자동차하부의 볼트를 조립하는 작업자에 대한 근골격계질환 유해요인 평가에 가장 적절한 방법은?

① RULA(Rapid Upper Limb Assessment)
② NIOSH Lifting Equation
③ SI(Strain Index) 기법
④ ACGIH Vibration TLV 기법

해설 RULA(Rapid Upper Limb Assessment)
어깨, 팔목, 손목, 목 등 상지(upper limb)에 초점을 맞추어서 작업자세로 인한 작업부하를 쉽고 빠르게 평가하기 위해 만들어진 기법이다.

77 다음 중 작업개선을 위한 ECRS 원칙에 해당되지 않는 것은?

① 제거(Eliminate)
② 관리(Control)
③ 재배열(Rearrange)
④ 단순화(Simplify)

해설 작업개선의 원칙(ECRS 원칙)
① Eliminate : 제거
② Combine : 결합
③ Rearrange : 재배열
④ Simplify : 단순화

78 다음 중 산업안전보건법상 근골격계 부담작업에 해당하지 않는 것은?

① 하루에 10회 이상 30 kg의 물체를 드는 작업
② 하루에 25회 이상 12 kg의 물체를 무릎 아래에서 드는 작업
③ 하루에 4시간 동안 쪼그리고 앉거나 무릎을 굽힌 자세에서 이루어지는 작업
④ 하루에 2시간 동안 지지되지 않은 상태에서 2.5 kg의 물건을 한손으로 드는 작업

해설 근골격계 부담작업 제7호
하루에 총 2시간 이상 지지되지 않은 상태에서 4.5 kg 이상의 물건을 한손으로 들거나 동일한 힘으로 쥐는 작업이다.

79 작업관리의 문제분석 도구로서 시간 축 위에 수행할 활동에 대한 필요한 시간과 일정을 표시한 것은?

① 특성요인도
② 파레토차트
③ PERT차트
④ 간트차트

해설 간트차트(Gantt Chart)
여러 가지 활동계획의 시작시간과 예측완료 시간을 병행하여 시간축에 표시하는 도표이다.

80 정미시간이 개당 3분이고, 준비시간이 60분이며 로트 크기가 100개일 때 개당 표준시간은 얼마인가?

① 2.5분 ② 2.6분

해답 75. ① 76. ① 77. ② 78. ④ 79. ④ 80. ④

③ 3.5분　　　④ 3.6분

(해설) 100개 총 작업시간
=(정미시간 개당3분×100개)+준비시간 60분
=360분
개당 작업시간 = 360분/100개
= 3.6분

인간공학기사 필기시험 문제풀이 20회113

1 인간공학 개론

1 다음 중 인간공학의 연구 목적과 가장 거리가 먼 것은?

① 인간의 특성에 적합한 기계나 도구의 설계
② 인간의 특성에 맞는 작업환경 및 작업 방법의 설계
③ 인간오류의 특성을 연구하여 사고를 예방
④ 병리학을 연구하여 인간의 질병퇴치에 기여

해설 인간공학은 기계와 그 조작 및 환경조건을 인간의 특성 및 능력과 한계에 잘 조화되도록 설계하는 수단을 연구하는 것으로 인간과 기계의 조화 있는 체계를 갖추기 위한 학문이다.

2 다음 중 빛이 단위면적당 어떤 물체의 표면에서 반사 또는 방출되어 나온 양을 의미하는 휘도(brightness)를 나타내는 단위는?

① L ② cd
③ lux ④ lumen

해설 광도(luminance)
대부분의 표시장치에서 중요한 척도가 되는데, 단위면적당 표면에서 반사 또는 방출 되는 광량(luminous intensity)을 말하며, 종종 휘도라고도 한다. 단위로는 L(Lambert)을 쓴다.

3 다음 중 정적 인체 측정 자료를 동적 자료로 변환할 때 활용될 수 있는 크로머(Kroemer)의 경험 법칙을 설명한 것으로 틀린 것은?

① 키, 눈, 어깨, 엉덩이 등의 높이는 3% 정도 줄어든다.
② 팔꿈치 높이는 대개 변화가 없지만, 작업 중 5%까지 증가하는 경우가 있다.
③ 앉은 무릎높이 또는 오금 높이는 굽 높은 구두를 신지 않는 한 변화가 없다.
④ 전방 및 측방 팔길이는 편안한 자세에서 30% 정도 늘어나고, 어깨와 몸통을 심하게 돌리면 20% 정도 감소한다.

해설 전방 및 측방 팔 길이는 상체의 움직임을 편안하게 하면 30% 줄고, 어깨와 몸통을 심하게 돌리면 20% 늘어난다.

4 다음과 같은 인간의 정보처리모델에서 구성요소의 위치(A~D)와 해당 용어가 잘못 연결된 것은?

해답 1. ④ 2. ① 3. ④ 4. ③

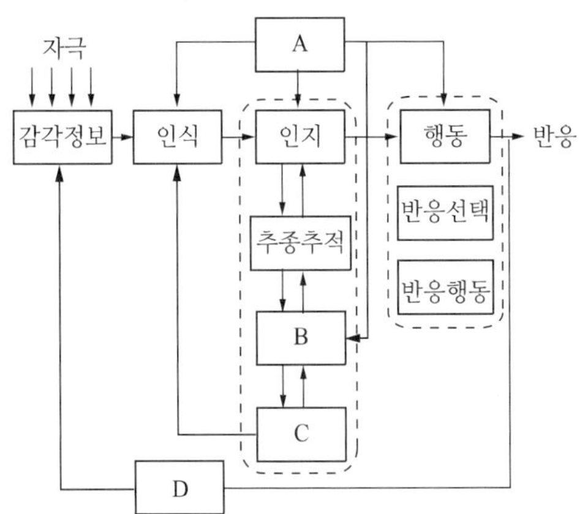

① A－주의 ② B－작업기억
③ C－단기기억 ④ D－피드백

해설 C는 장기 보관(기억)이다.

5 음압수준이 120 dB인 1,000 Hz 순음의 sone 값은 얼마인가?

① 256 ② 128 ③ 64 ④ 32

해설

$$sone\text{값} = 2^{(phon\text{값}-40)/10} = 2^{(120-40)/10} = 256$$

6 다음 중 직렬시스템과 병렬시스템의 특성에 대한 설명으로 옳은 것은?

① 직렬시스템에서 요소의 개수가 증가하면 시스템의 신뢰도도 증가한다.
② 병렬시스템에서 요소의 개수가 증가하면 시스템의 신뢰도는 감소한다.
③ 시스템의 높은 신뢰도를 안정적으로 유지하기 위해서는 병렬시스템으로 설계하여야 한다.
④ 일반적으로 병렬시스템으로 구성된 시스템은 직렬 시스템으로 구성된 시스템보다 비용이 감소한다.

해설 시스템의 높은 신뢰도를 안정적으로 유지하기 위해서는 병렬시스템을 사용한다.

7 회전운동을 하는 조종장치의 레버를 30° 움직였을 때 표시장치의 커서는 2 cm 이동하였다. 레버의 길이가 10 cm일 때 이 조종장치의 C/R 비는 약 얼마인가?

① 2.62 ② 5.24 ③ 8.33 ④ 10.48

해설 조종/반응비율(Control/Response ratio)

$$C/R\text{ 비} = \frac{(a/360)\times 2\pi L}{\text{표시장치 이동거리}}$$

a: 조종장치가 움직인 각도
L: 반지름(지레의 길이)

$$C/R\text{ 비} = \frac{(30/360)\times 2\times 3.14\times 10}{2} = 2.62$$

8 다음 중 시스템의 고장률이 지수함수를 따를 때 이 시스템의 신뢰도를 올바르게 표시한 것은? (단, 고장률은 λ, 가동시간은 t, 신뢰도는 R(t)로 표시한다.)

① $R(t)=e^{-\lambda t}$ ② $R(t)=e^{\lambda t^2}$
③ $R(t)=e^{\frac{\lambda}{t}}$ ④ $R(t)=e^{\frac{-\lambda}{t}}$

해설 신뢰도 $= R(t) = e^{-\lambda t}$

9 다음 중 변화감지역(JND)과 웨버(Weber)의 법칙에 관한 설명으로 틀린 것은?

① 물리적 자극을 상대적으로 판단하는 데 있어 특정 감각의 변화감지역은 사용되는 표준 자극에 비례한다.
② 동일한 양의 인식(감각)의 증가를 얻기 위해서는 자극을 지수적으로 증가해야 한다.
③ 웨버(Weber)비는 분별의 질을 나타내며, 비가 작을수록 분별력이 떨어진다.

해답 5. ① 6. ③ 7. ① 8. ① 9. ③

④ 변화감지역은 동기, 적응, 연습, 피로 등의 요소에 의해서도 좌우된다.

해설 웨버의 법칙
물리적 자극을 상대적으로 판단하는 데 있어 특정 감각의 변화 감지역은 기준 자극의 크기에 비례한다. 웨버의 비가 작을수록 분별력이 높아진다.

$$웨버의 비 = \frac{변화감지역}{기준자극의 크기}$$

10 다음 중 정보이론의 응용과 가장 거리가 먼 것은?

① 자극의 수에 따른 반응시간 설정
② Hick-Hyman 법칙
③ Magic number = 7±2
④ 주의 집중과 이중 과업

해설 정보이론의 응용으로는 Hick-Hyman 법칙, Magic number, 자극의 수에 따른 반응시간 설정 등이 있다.

11 다음 중 신호검출이론(SDT)에서 신호의 유무를 판별함에 있어 4가지 반응 대안에 해당하지 않는 것은?

① Hit ② Miss
③ False alarm ④ Acceptation

해설 신호의 유무를 판정하는 과정에서 4가지의 반응대안이 있으며, 각각의 확률은 다음과 같이 표현한다.
① 신호의 정확한 판정(Hit) : 신호가 나타났을 때 신호라고 판정, P(S | S)
② 허위경보(False Alarm) : 잡음을 신호로 판정, P(S | N)
③ 신호검출 실패(Miss) : 신호가 나타났는 데도 잡음으로 판정, P(N | S)
④ 잡음을 제대로 판정(Correct Noise) : 잡음만 있을 때 잡음이라고 판정, P(N | N)

12 다음 중 인간의 나이가 많아짐에 따라 시각능력이 쇠퇴하여 근시력이 나빠지는 이유로 가장 적절한 것은?

① 수정체의 유연성이 감소하기 때문
② 시신경의 둔화로 동공의 반응이 느려지기 때문
③ 세포의 위축으로 인하여 망막에 이상이 발생하기 때문
④ 안구 내의 공막이 얇아져 안구내의 영양 공급이 잘 되지 않기 때문

해설 인간이 정상적인 조절 능력을 가지고 있다면, 멀리 있는 물체를 볼 때는 수정체가 얇아지고, 가까이 있는 물체를 볼 때는 수정체가 두꺼워진다. 근시력이 나빠지는 이유는 수정체가 얇은 상태로 남아 있어서 근점이 너무 멀기 때문에 가까이 있는 물체를 보기가 힘들기 때문이다.

13 다음 중 효율적인 공간의 배치를 위하여 적용되는 원리와 가장 거리가 먼 것은?

① 사용빈도의 원리
② 중요도의 원리
③ 사용순서의 원리
④ 작업방법의 원리

해설 작업대 공간 배치의 원리
① 중요성의 원칙
② 사용빈도의 원칙
③ 기능별배치의 원칙
④ 사용순서의 원칙

14 다음 중 전철이나 버스의 손잡이 설치 높이를 결정하는 데 가장 적절한 인체측정자료의 응용 원칙은?

① 조절식 설계 원칙
② 최대치를 기준으로 한 설계 원칙
③ 최소치를 기준으로 한 설계 원칙
④ 평균치를 기준으로 한 설계 원칙

해설 최소집단값에 의한 설계
① 관련 인체측정 변수분포의 1, 5, 10% 등과 같은 하위 백분위수를 기준으로 정한다.

해답 10. ④ 11. ④ 12. ① 13. ④ 14. ③

② 선반의 높이, 조종장치까지의 거리 등을 정할 때 사용된다.
③ 예를 들어, 팔이 짧은 사람이 잡을 수 있다면, 이보다 긴 사람은 모두 잡을 수 있다.

15 다음 중 인지특성을 고려한 설계원리에 있어 물건에 물리적 또는 의미적인 특성을 부여하여 사용자의 행동에 관한 단서를 제공하는 것을 무엇이라 하는가?

① 양립성　② 제약성
③ 행동유도성　④ 가시성

해설 행동유도성(affordance)
물건들은 각각 모양이나 다른 특성에 의해 그것들을 어떻게 이용하는가에 대한 암시를 제공한다는 것이다.

16 4가지 대안이 일어날 확률이 다음과 같을 때 평균정보량(Bit)은 약 얼마인가?

0.5	0.25	0.125	0.125

① 1.00　② 1.75
③ 2.00　④ 2.25

해설 여러 개의 실현 가능한 대안이 있을 경우에는 평균정보량은 각 대안의 정보량에다가 실현 확률을 곱한 것을 모두 합하면 된다.

$$H=\sum_{i=1}^{n} P_i \log_2\left(\frac{1}{P_i}\right) \ (P_i: \text{각 대안의 실현확률})$$
$$=1.75\,\text{bit}$$

17 다음 중 반응시간이 가장 빠른 감각은?

① 청각　② 촉각
③ 시각　④ 후각

해설 감각별 반응속도
① 청각: 0.17초
② 촉각: 0.18초
③ 시각: 0.20초
④ 미각: 0.70초

18 청각의 특성 중 2개음 사이의 진동수 차이가 얼마 이상이 되면 울림(beat)이 들리지 않고 각각 다른 두 개의 음으로 들리는가?

① 33 Hz　② 50 Hz
③ 81 Hz　④ 101 Hz

해설 2개음 사이의 진동수 차이가 33 Hz 이상되면 울림이 들리지 않고 각각 다른 두 개의 음으로 들린다.

19 다음 중 청각적 표시장치에 관한 설명으로 옳은 것은?

① 청각 신호의 지속시간은 최대 0.3초 이내로 한다.
② 청각 신호의 차원은 세기, 빈도, 지속시간으로 구성된다.
③ 즉각적인 행동이 요구될 때에는 청각적 표시장치보다 시각적 표시장치를 사용하는 것이 좋다.
④ 신호의 검출도를 높이기 위해서는 소음 세기가 높은 영역의 주파수로 신호의 주파수를 바꾼다.

해설 청각 신호는 세기, 빈도, 지속시간의 여러 자극 차원으로 구성된다.

20 다음 중 인간공학에 있어 일반적으로 연구조사에 사용 되는 기준의 3가지 요건과 가장 거리가 먼 것은?

① 무오염성
② 변동성
③ 적절성
④ 기준 척도의 신뢰성

해설 기준의 요건
일반적으로 연구 조사에 사용되는 기준은 세 가지 요건, 즉 적절성, 무오염성, 신뢰성을 갖추어야 한다.

해답 15. ③ 16. ② 17. ① 18. ① 19. ② 20. ②

2 작업생리학

21 다음 중 근육피로의 일차적 원인으로 축적되는 젖산은 어떤 물질이 변환되어 생성되는 것인가?

① 피루브산 ② 락트산
③ 글리코겐 ④ 글루코스

해설 무기성 환원과정
충분한 산소가 공급되지 않을 때, 에너지가 생성되는 동안 피루브산이 젖산으로 바뀐다. 활동 초기에 순환계가 대사에 필요한 충분한 산소를 공급하지 못할 때 일어난다.

22 긴장의 주요 척도 중 생리적 긴장의 정도를 측정할 수 있는 화학적 척도가 아닌 것은?

① 혈액 성분 ② 혈압
③ 산소결손 ④ 뇨 성분

해설 혈압은 생리적 긴장의 정도를 측정할 수 있는 화학적 척도가 아니다.

23 다음 중 반사 휘광의 처리 방법으로 적절하지 않은 것은?

① 간접 조명 수준을 높인다.
② 무광택 도료 등을 사용한다.
③ 창문에 차양 등을 사용한다.
④ 휘광원 주위를 밝게 하여 광도비를 줄인다.

해설 반사휘광의 처리
① 발광체의 휘도를 줄인다.
② 간접 조명 수준을 높인다.
③ 산란광, 간접광, 조절판(baffle), 창문에 차양(shade) 등을 사용한다.
④ 반사광이 눈에 비치지 않게 광원을 위치시킨다.
⑤ 무광택도료, 빛을 산란시키는 표면색을 한 사무용기기, 윤기를 없앤 종이 등을 사용한다.

24 어떤 작업에 대한 5분간의 산소소비량을 측정한 결과 110 L의 배기량에 산소는 15%, 이산화탄소는 5%로 분석되었다. 이때 분당 산소소비량은? (단, 공기 중 산소는 21%, 질소는 79%의 비율로 존재한다.)

① 1.35 L/min ② 1.38 L/min
③ 1.44 L/min ④ 1.48 L/min

해설

$$분당배기량 = \frac{배기량}{시간(분)}$$

$$분당흡기량 = \frac{100\% - O_2\% - CO_2\%}{N_2\%} \times 분당배기량$$

산소소비량
$= (21\% \times 분당흡기량) - (O_2\% \times 분당배기량)$

① $분당배기량 = \frac{110\ L}{5분} = 22\ L/분$

② $분당흡기량 = \frac{(1 - 0.15 - 0.05)}{0.79} \times 22 = 22.28$

③ $산소소비량 = (0.21 \times 22.28) - (0.15 \times 22) = 1.38$

25 다음 중 진동 공구(power hand tool)의 사용으로 인한 부하를 줄이기 위한 방법으로 적절하지 않은 것은?

① 진동 공구를 정기적으로 보수한다.
② 진동을 흡수할 수 있는 재질의 손잡이를 사용한다.
③ 진동에 접촉되는 신체부위의 면적을 감소시킨다.
④ 신체에 전달되는 진동의 크기를 줄이도록 큰 힘을 사용한다.

해설 수공구 진동대책
① 진동수준이 최저인 수공구를 선택한다.
② 진동공구를 잘 관리하고 날을 세워둔다
③ 진동용 장갑을 착용하여 진동을 감소시킨다.
④ 공구를 잡거나 조절하는 악력을 줄인다.
⑤ 진동공구를 사용하는 일을 사용할 필요가 없는 일로 바꾼다.
⑥ 진동공구의 하루 사용시간을 제한한다.

정답 21. ① 22. ② 23. ④ 24. ② 25. ④

⑦ 진동공구를 사용할 때는 중간 휴식시간을 길게 한다.
⑧ 작업자가 매주 진동공구를 사용하는 일수를 제한 한다.
⑨ 진동을 최소화하도록 속도를 조절할 수 있는 수공구를 사용한다.
⑩ 적절히 단열된 수공구를 사용한다.

26 다음 중 저온환경이 작업수행에 미치는 영향으로 틀린 것은?

① 저온은 조립이나 수리 작업에 나쁜 영향을 미친다.
② 추적과업의 수행은 저온에 의해 악영향을 받는다.
③ 저온 환경에서는 체내 온도를 유지하기 위해 근육의 대사율이 증가된다.
④ 저온은 말초운동신경의 신경전도 속도를 감소시킨다.

해설 저온에서 인체는 36.5°C의 일정한 체온을 유지하기 위하여 열을 발생시키고, 열의 방출을 최소화한다. 열을 발생시키기 위하여 화학적 대사작용이 증가하고, 근육긴장의 증가와 떨림이 발생하며, 열의 방출을 최소화하기 위하여 체표면적의 감소와 피부의 혈관 수축 등이 일어난다.

27 다음 중 의식이 멍하고, 졸음이 심하게 와서 오류를 일으키기 쉬운 경우에 나타나는 뇌파의 파형은?

① α파 ② β파 ③ δ파 ④ θ파

해설 뇌파의 종류
① δ파 : 4 Hz 이하의 진폭이 크게 불규칙적으로 흔들리는 파(혼수상태, 무의식 상태)
② θ파 : 4~8 Hz의 서파(얕은 수면 상태)
③ α파 : 8~14 Hz의 규칙적인 파동(의식이 높은 상태)
④ β파 : 14~30 Hz의 저진폭파(긴장, 흥분상태)
⑤ γ파 : 30 Hz 이상의 파(불안, 초조 등 강한 스트레스 상태)

28 소음 측정의 기준에 있어서 단위 작업장에서 소음발생 시간이 6시간 이내인 경우 발생시간 동안 등 간격으로 나누어 몇 회 이상 측정하여야 하는가?

① 2회 ② 3회 ③ 4회 ④ 6회

해설 소음 측정은 단위 작업장의 소음발생시간을 등 간격으로 나누어 4회 이상 측정하여야 한다.

29 다음 중 하루 8시간 작업의 경우 개인 근육의 최대 자율수축(MVC)은 어느 정도가 가장 적절한가?

① 15% 이하 ② 30% 이하
③ 45% 이하 ④ 50% 이상

해설 지구력이란 근력을 사용하여 특정 힘을 유지할 수 있는 능력으로 최대 근력으로 유지할 수 있는 것은 몇 초이며, 최대 근력의 15% 이하에서 상당히 오래 유지할 수 있다.

30 다음 중 근육의 수축원리에 관한 설명으로 틀린 것은?

① 액틴과 미오신 필라멘트의 길이는 변하지 않는다.
② 근섬유가 수축하면 I대와 H대가 짧아진다.
③ 최대로 수축했을 때는 Z선이 A대에 맞닿는다.
④ 근육 전체가 내는 힘은 비활성화된 근섬유 수에 의해 결정된다.

해설 근육수축의 원리
① 액틴과 미오신 필라멘트의 길이는 변하지 않는다.
② 근섬유가 수축하면 I대와 H대가 짧아진다.
③ 최대로 수축했을 때는 Z선이 A대에 맞닿고 I대는 사라진다.
④ 각 섬유는 일정한 힘으로 수축하며, 근육 전체가 내는 힘은 활성화된 근섬유 수에 의해 결정된다.

해답 26. ③ 27. ④ 28. ③ 29. ① 30. ④

31 총 작업시간이 4시간, 작업 중 평균 에너지소비량이 6 kcal/min이고, 권장 평균 에너지소비량이 4 kcal/min이었다. 휴식 중 에너지소비량이 1.5 kcal/min일 때 총 작업시간에 포함되어야 할 필요한 휴식시간은 얼마인가? (단, Murrell의 산정방법을 적용한다.)

① 48분 ② 84분
③ 96분 ④ 107분

해설

Murrell의 공식 $R = \frac{T(E-S)}{E-1.5}$

R: 휴식시간, T: 총작업시간(분)
E: 평균에너지 소모량(kcal/min)
S: 권장 평균에너지 소모량(kcal/min)

$R = \frac{240(6-4)}{6-1.5} = 106.7 ≒ 107$분

32 다음 중 가동성 관절의 종류와 그 예(例)가 잘못 연결된 것은?

① 절구 관절(ball-and socket joint)-대퇴 관절
② 타원 관절(ellipsoid joint)-손목뼈 관절
③ 경첩 관절(hinge joint)-손가락 뼈 사이 관절
④ 중쇠 관절(pivot joint)-수근중수 관절

해설

① 절구 관절 - 어깨 관절, 대퇴 관절
② 경첩 관절 - 무릎 관절, 팔굽 관절, 발목 관절, 손목뼈 관절
③ 안장 관절 - 엄지손가락의 손목손바닥뼈 관절
④ 타원 관절 - 손목뼈 관절
⑤ 중쇠 관절(차축 관절) - 위아래 요골척골 관절
⑥ 평면 관절 - 손목뼈 관절, 척추사이 관절

33 A 작업자가 한 손을 사용하여 무게가 49 N인 물체를 90°의 팔꿈치 각도로 들고 있다. 물체를 쥔 손에서 팔꿈치 관절까지의 거리는 0.35 m이고, 손과 아래팔의 무게는 16 N이며, 손과 아래팔의 무게중심은 팔꿈치 관절로부터 0.17 m 거리에 위치해 있다. 이두박근(biceps)이 팔꿈치 관절로부터 0.05 m 거리에서 아래팔과 90°의 각도를 이루고 있을 때, 이두박근이 내는 힘은 약 얼마인가?

① 298.5 N ② 348.4 N
③ 397.4 N ④ 448.5 N

해설 $\Sigma M = 0$ (모멘트 평형 방정식)

① 팔꿈치에 작용하는 모멘트
$(F_1 \times d_1) + (F_2 \times d_2) + M_E$(팔꿈치모멘트) $= 0$
$(-49\text{ N} \times 0.35\text{ m}) + (-16\text{ N} \times 0.17\text{ m}) + M_E = 0$
∴ 팔꿈치의 모멘트 $M_E = 19.87\text{ N}$

② 이두박근에 작용하는 모멘트
$19.87\text{ N} - (F_M$(이두박근 모멘트)$\times 0.05) = 0$
∴ 이두박근의 모멘트 $F_M = 397.4\text{ N}$

34 다음 중 광도와 거리에 관한 조도의 공식으로 옳은 것은?

① 조도 $= \frac{광도}{거리}$ ② 조도 $= \frac{거리}{광도}$
③ 조도 $= \frac{광도}{거리^2}$ ④ 조도 $= \frac{거리}{광도^2}$

해설 조도 $= \frac{광도}{거리^2}$

35 다음 중 사무실의 오염물질 관리기준에서 이산화탄소의 관리기준으로 옳은 것은?

① 500 ppm 이하
② 1,000 ppm 이하
③ 2,000 ppm 이하
④ 3,000 ppm 이하

해설 당해 실내 공기 중 이산화탄소(CO_2)의 농도가 1,000 ppm 이하가 되도록 하여야 한다.

해답 31. ④ 32. ④ 33. ③ 34. ③ 35. ②

36 다음 중 관상면을 따라 일어나는 운동으로 인체의 중심선에서 멀어지는 관절 운동을 무엇이라 하는가?

① 굴곡(flexion)
② 신전(extension)
③ 외전(abduction)
④ 내전(adduction)

해설 외전은 팔을 옆으로 들 때처럼 인체 중심선에서 멀어지는 측면에서의 인체부위의 동작이다.

37 일반적으로 소음계는 3가지 특성에서 음악을 측정할 수 있도록 보정되어 있는데 A 특성치란 40 phon의 등음량 곡선과 비슷하게 보정하여 측정한 음압수준을 말한다. B 특성치와 C 특성치는 각각 몇 phon의 등음량곡선과 비슷하게 보정하여 측정한 값을 말하는가?

① B 특성치: 50 phon, C 특성치: 80 phon
② B 특성치: 60 phon, C 특성치: 100 phon
③ B 특성치: 70 phon, C 특성치: 100 phon
④ B 특성치: 80 phon, C 특성치: 150 phon

해설 소음 레벨의 3특성
지시 소음계에 의한 소음 레벨의 측정에는 A, B, C의 3특성이 있다. A는 플레처의 청감 곡선의 40 phon, B는 70 phon의 특성에 대강 맞춘 것이고, C는 100 phon의 특성에 대강 맞춘 것이다. JIS Z8371-1966은 소음 레벨은 그 소리의 대소에 관계없이 원칙으로 A특성으로 측정한다.

38 우리 몸의 구조에서 서로 유사한 형태 및 기능을 가진 세포들의 모양을 무엇이라 하는가?

① 기관계 ② 조직 ③ 핵 ④ 기관

해설 조직은 구조와 기능이 비슷한 세포들이 그 분화의 방향에 따라 형성 분화된 집단을 말하며, 그 구조와 기능에 따라 근육조직, 신경조직, 상피조직, 결합조직을 인체의 4대 기본조직이라고 한다.

39 다음 중 기초대사율(BMR)에 관한 설명으로 틀린 것은?

① 생명유지에 필요한 단위 시간당 에너지량이다.
② 일반적으로 신체가 크고 젊은 남성의 BMR이 크다.
③ BMR은 개인차가 심하며 체중, 나이, 성별에 따라 달라진다.
④ 성인 BMR은 대략 5~10 kcal/min 정도이다.

해설 성인 기초 대사량은 1,500~1,800 kcal/일이다.

40 골격근의 구조적 단위 하나인 근속을 싸고 있는 결합조직을 무엇이라 하는가?

① 근외막 ② 근내막 ③ 근주막 ④ 건

해설 근내막
골격근에 있어서 각각의 근섬유는 세포막에 의해서 덮여있고 그 외측에 기저막이 있으며 최외층 결합조직이 엷은 막으로 둘러 싸여 이들 3층의 막구조를 근초라고 한다. 이 3층의 막구조 중 최외층 결합조직의 막을 근내막이라 부르고 근섬유의 구조를 지지하는 역할을 하고 있다.

3 산업심리학 및 관련법규

41 다음 중 인간의 불안전한 행동을 유발하는 외적 요인이 아닌 것은?

① 인간관계 요인
② 생리적 요인
③ 작업적 요인
④ 작업환경적 요인

해설 생리적 요인은 내적 요인이다.

해답 36. ③ 37. ③ 38. ② 39. ④ 40. ② 41. ②

42 다음 중 안전관리의 개요에 관한 설명으로 틀린 것은?

① 안전의 3요소로는 Engineering, Education, Economy를 말한다.
② 안전의 기본원리는 사고방지차원에서의 산업재해 예방 활동을 통해 무재해를 추구하는 것이다.
③ 사고방지를 위해서 현장에 존재하는 위험을 찾아내어 이를 제거하거나 위험성(risk)을 최소화한다는 위험통제의 개념이 적용되고 있다.
④ 안전관리란 생산성 향상과 재해로부터 손실을 최소화하기 위하여 행하는 것으로 재해의 원인 및 경과의 규명과 재해방지에 필요한 과학 기술에 관한 계통적 지식체계의 관리를 말한다.

해설 안전의 3E 대책
① Engineering(기술)
② Education(교육)
③ Enforcement(강제)

43 다음 중 스트레스에 대한 적극적 대처방안과 가장 거리가 먼 것은?

① 근육이나 정신을 이완시킴으로써 스트레스를 통제한다.
② 규칙적인 운동을 통하여 근육긴장과 고조된 정신 에너지를 경감시킨다.
③ 동료들과 대화를 하거나 노래방에서 가까운 친지들과 함께 자신의 감정을 표출하여 긴장을 방출한다.
④ 수치스런 생각, 죄의식, 고통스런 경험들을 의식에서 스스로 제거하거나 의식 수준 이하로 끌어내린다.

해설 ④는 스트레스에 대한 대처 방안이 아님

44 다음 중 가정불화나 개인적 고민으로 인하여 정서적 갈등을 하고 있을 때 나타나는 부주의 현상은?

① 의식의 이완 ② 의식의 우회
③ 의식의 단절 ④ 의식의 과잉

해설 의식의 우회
의식의 흐름이 샛길로 빗나갈 경우로 작업 도중 걱정, 고뇌, 욕구불만 등에 의해서 발생한다.

45 라스무센(Rasmussen)은 인간 행동의 종류 또는 수준에 따라 휴먼 에러를 3가지로 분류하였는데 이에 속하지 않는 것은?

① 숙련기반 에러(skill-based error)
② 기억기반 에러(memory-based error)
③ 규칙기반 에러(rule-based error)
④ 지식기반 에러(knowledge-based error)

해설 라스무센의 인간행동 수준의 3단계
① 숙련기반에러(skill-based error)
② 규칙기반에러(rule-based error)
③ 지식기반에러(knowledge-based error)

46 다음 중 민주적 리더십의 발휘와 관련된 적절한 이론이나 조직형태는?

① X이론 ② Y이론
③ 관료주의 조직 ④ 라인형 조직

해설 맥그리거(McGregor)의 Y이론
① 인간행위는 경제적 욕구보다는 사회심리적 욕구에 의해 결정된다.
② 인간은 이기적 존재이기보다는 사회(타인)중심의 존재이다.
③ 인간은 스스로 책임을 지며, 조직목표에 헌신하여 자기실현을 이루려고 한다.
④ 동기만 부여되면 자율적으로 일하며, 창의적 능력을 가지고 있다.
⑤ 관리전략: 민주적 리더십의 확립, 분권화와 권한의 위임, 목표에 의한 관리, 직무확장, 비공식적 조직의 활용, 자체평가제도의 활성화, 조직구조의

해답 42. ① 43. ④ 44. ② 45. ② 46. ②

평면화 등
⑥ 해당이론: 인간관계론, 조직발전, 자아실현 이론 등

47 재해에 의한 직접 손실이 연간 100억 원이었다면 이 해의 산업재해에 의한 총손실비용은 얼마인가? (단, 하인리히의 재해손실비 평가방식을 따른다.)

① 300억 원　② 400억 원
③ 500억 원　④ 800억 원

해설
총 재해비용 = 직접비 + 간접비(직접비의 4배)
직접비 : 간접비 = 1 : 4
직접비 = 100억 원, 간접비 = 400억 원
총 재해비용 = 100억 원 + 400억 원 = 500억 원

48 다음 중 집단 간 갈등의 원인으로 볼 수 없는 것은?

① 제한된 자원
② 집단 간 목표의 차이
③ 집단 간의 인식 차이
④ 구성원들 간의 직무 순환

해설 집단 간 갈등의 원인으로는 제한된 자원, 집단 간 목표의 차이, 집단 간 인식 차이 등이 있다. 구성원들 간의 직무 순환은 집단 간 갈등의 원인으로 볼 수 없다.

49 다음 중 리더가 구성원에 영향력을 행사하기 위한 9가지 영향 방략과 가장 거리가 먼 것은?

① 자문　② 무시
③ 제휴　④ 합리적 설득

해설 리더가 구성원에 영향력을 행사하기 위한 9가지 영향 방략은 감흥, 합리적 설득, 자문, 합법적 권위, 비위, 집단형성, 강요, 고집, 교환이다.

50 작업자 한 사람의 성능 신뢰도가 0.95일 때, 요원 중복을 하여 2인 1조로 작업을 할 경우 이 조의 인간신뢰도는 얼마인가? (단, 작업 중에는 항상 요원지원이 되며, 두 작업자의 신뢰도는 동일하다고 가정한다.)

① 0.9025　② 0.95
③ 1.0　④ 0.9975

해설 병렬구조
1-(1-0.95)*(1-0.95)
= 0.9975

51 다음 중 Lewin의 인간행동에 대한 설명으로 옳은 것은?

① 인간의 행동을 개인적 특성(P)과 환경(E)의 상호 함수 관계이다.
② 인간의 욕구(needs)는 1차적 욕구와 2차적 욕구로 구분된다.
③ 동작시간은 동작의 거리와 종류에 따라 다르게 나타난다.
④ 집단행동은 통제적 집단행동과 비통제적 집단행동으로 구분할 수 있다.

해설 레빈(K. Lewin)의 인간행동 법칙
B = f(P · E)
인간의 행동(Behavior)은 그 자신이 가진 자질, 즉 인간(Person)과 환경(Environment)과의 상호관계에 있다고 하였다.

52 다음 중 NIOSH의 직무스트레스 관리 모형에 관한 설명으로 틀린 것은?

① 직무스트레스 요인에는 크게 작업 요인, 조직 요인 및 환경 요인으로 구분된다.
② 조직 요인에 의한 직무스트레스에는 역할 모호성, 역할 갈등, 의사 결정에서의 참여도, 승진 및 직무의 불안정성 등이 있다.
③ 똑같은 작업환경에 노출된 개인들이라도 지각하고 그 상황에 반응하는 방식

해답 47. ③ 48. ④ 49. ② 50. ④ 51. ① 52. ③

에서 차이를 가져 오는데, 이와 같이 개인적이고 상황적인 특성을 완충요인이라고 한다.

④ 작업 요인에 의한 직무스트레스에는 작업부하, 작업속도 및 작업과정에 대한 작업자의 통제정도, 교대근무 등이 포함된다.

해설 개인적인 요인
똑같은 작업환경에 노출된 개인들이라도 지각하고 그 상황에 반응하는 방식에서 차이를 가져 오는데, 이를 개인적인 요인이라 한다.

53 다음 중 휴먼 에러의 배후요인 4가지(4M)에 속하지 않는 것은?

① Man ② Machine
③ Motive ④ Management

해설 휴먼 에러의 배후요인(4M)
① Man(인간)
② Machine(기계)
③ Media(매체)
④ Management(관리)

54 다음 [표]는 동기부여와 관련된 이론의 상호 관련성을 서로 비교해 놓은 것이다. 빈칸의 ①~⑤에 해당하는 내용을 올바르게 연결한 것은?

위생요인과 동기요인 (Herzberg)	ERG이론 (Alderfer)	X이론과 Y이론 (McGregor)
위생요인	①	④
	②	
동기요인	③	⑤

① ① : 존재욕구, ② : 관계욕구, ④ : X이론
② ① : 관계욕구, ③ : 성장욕구, ④ : Y이론
③ ① : 존재욕구, ③ : 관계욕구, ⑤ : Y이론
④ ② : 성장욕구, ③ : 존재욕구, ⑤ : X이론

해설

위생요인과 동기요인 (Herzberg)	ERG 이론 (Alderfer)	X, Y이론 (McGregor)
위생요인	존재욕구	X이론
	관계욕구	
동기요인	성장욕구	Y이론

55 다음 중 인간오류확률의 추정기법으로 가장 적절한 것은?

① PHA ② FHA
③ FMEA ④ OAT

해설 조작자 행동 나무(Operator Action Tree)
위급직무의 순서에 초점을 맞추어 조작자 행동 나무를 구성하고, 이를 사용하여 사건의 위급경로에서의 조작자의 역할을 분석하는 기법이다. OAT는 여러 의사결정의 단계에서 조작자의 선택에 따라 성공과 실패의 경로로 가지가 나누어지도록 나타내며, 최종적으로 주어진 직무의 성공과 실패 확률을 추정해 낼 수 있다.

56 다음 중 하인리히가 제시한 사고예방대책의 기본원리 5단계에 해당되지 않은 것은?

① 사실의 발견
② 시정방법의 선정
③ 시정책의 적용
④ 재해보상 및 관리

해설 재해예방의 5단계
하인리히는 산업안전 원칙의 기초 위에서 사고예방원리라는 5단계적인 방법을 제시하였다.
제1단계: 조직
제2단계: 사실의 발견
제3단계: 평가분석
제4단계: 시정책의 선정
제5단계: 시정책의 적용

정답 53. ③ 54. ① 55. ④ 56. ④

57 **다음 중 피로의 측정대상 항목에 있어 플리커, 반응시간, 안구운동, 뇌파 등을 측정하는 검사방법은?**

① 정신·신경기능검사 ② 순환기능검사
③ 자율신경검사 ④ 운동기능검사

해설 플리커, 반응시간, 안구운동, 뇌파는 정신·신경기능 검사의 생리학적 측정방법이다.
① 근전도(EMG): 근육활동의 전위차를 기록
② 심전도(ECG): 심장근육활동의 전위차를 기록
③ 뇌전도(EEG): 신경활동의 전위차를 기록
④ 안전도(EOG): 안구운동의 전위차를 기록
⑤ 산소소비량
⑥ 에너지소비량(RMR)
⑦ 피부전기반사(GSR)
⑧ 점멸융합주파수(플리커 법)

58 **다음 중 산업안전보건법상 근로자가 근골격계 부담작업을 하는 경우 사업주가 근로자에게 알려주어야 하는 사항에 해당하지 않는 것은?**

① 근골격계 부담작업의 유해요인
② 근골격계질환의 징후와 증상
③ 근골격계질환 발생 시의 대처요령
④ 근골격계질환 예방·관리 프로그램

해설 사업주는 근로자가 근골격계 부담작업을 하는 경우에 다음 각 호의 사항을 근로자에게 알려야 한다.
① 근골격계 부담작업의 유해요인
② 근골격계질환의 징후와 증상
③ 근골격계질환 발생 시의 대처요령
④ 올바른 작업자세와 작업도구, 작업시설의 올바른 사용방법
⑤ 그 밖에 근골격계질환 예방에 필요한 사항

59 **리더십의 이론 중 경로-목표 이론에 있어 리더들이 보여주어야 하는 4가지 행동유형에 속하지 않는 것은?**

① 지시적 ② 권위적
③ 참여적 ④ 성취지향적

해설 경로-목표 이론은 동기부여 이론의 하나인 기대이론에 그 뿌리를 두고 있으며, 부하는 리더의 행동이 그들의 기대감에 영향을 미치는 정도에 따라 동기가 유발된다는 리더십 이론을 말한다.
① 지시적(directive) 리더십은 구체적 지침과 표준 그리고 작업스케줄을 제공하고 규정을 마련하여 직무를 명확히 해주는 리더 행동이다.
② 지원적(supportive) 리더십은 부하의 욕구와 복지에 관심을 쓰며, 이들과 상호 만족스런 인간관계를 강조하면서 후원적인 분위기 조성에 노력하는 행동이다.
③ 참여적(participative) 리더십은 부하들에게 자문을 구하고 그들의 제안을 끌어내어 이를 진지하게 고려하며, 부하들과 정보를 공유하려는 행동이다.
④ 성취 지향적(achievement oriented) 리더십은 도전적인 작업 목표를 설정하고 성과개선을 강조하며 하급자들의 능력발휘에 대해 높은 기대를 갖는 리더 행동이다.

60 **다음 중 반응시간에 관한 설명으로 옳은 것은?**

① 자극이 요구하는 반응을 행하는 데 걸리는 시간을 말한다.
② 반응해야 할 신호가 발생한 때부터 반응이 종료될 때까지의 시간을 말한다.
③ 단순반응시간에 영향을 미치는 변수로는 자극 양식, 자극의 특성, 자극 위치, 연령 등이 있다.
④ 여러 개의 자극을 제시하고, 각각에 대한 서로 다른 반응을 할 과제를 준 후에 자극이 제시되어 반응할 때까지의 시간을 단순반응시간이라 한다.

해설 단순반응시간(simple reaction time)
단순반응시간에 영향을 미치는 변수에는 자극 양식, 공간 주파수, 신호의 대비 또는 예상, 연령, 자극위치, 개인차 등이 있다.

정답 57. ① 58. ④ 59. ② 60. ③

4 근골격계질환 예방을 위한 작업관리

61 다음 중 공정도에 사용되는 기호와 그 내용이 잘못 연결된 것은?

① ◎ : 가공
② □ : 검사
③ ▽ : 저장
④ D : 정체

해설 가공을 나타내는 공정기호는 ○ 이다.

62 다음 중 근골격계질환의 유형에 대한 설명으로 틀린 것은?

① 수근관 증후군은 손목이 꺾인 상태나 과도한 힘을 준 상태에서 반복적 손 운동을 할 때 발생한다.
② 결절종은 반복, 구부림, 진동 등에 의하여 건의 섬유질이 손상되거나 찢어지는 등의 건에 염증이 생기는 질환이다.
③ 외상과염은 팔꿈치 부위의 인대에 염증이 생김으로써 발생하는 증상이다.
④ 백색수지증은 손가락에 혈액의 원활한 공급이 이루어지지 않을 경우에 발생하는 증상이다.

해설 결절종은 주로 손목이나 손가락, 발목에 많이 생기며, 힘줄을 싸고 있는 막이나 관절을 싸고 있는 막이 부풀어 오른 것으로 내부는 관절액으로 차있다.

63 다음 중 유해요인의 공학적 개선사례로 볼 수 없는 것은?

① 중량물 작업 개선을 위하여 호이스트를 도입하였다.
② 작업피로감소를 위하여 바닥을 부드러운 재질로 교체하였다.
③ 작업량 조정을 위하여 컨베이어의 속도를 재설정하였다.
④ 로봇을 도입하여 수작업을 자동화하였다.

해설 공학적 개선은 ① 공구·장비, ② 작업장, ③ 포장, ④ 부품, ⑤ 제품 등의 재배열, 수정, 재설계, 교체 등을 말한다. 작업량 조정을 위하여 컨베이어의 속도를 재설정하는 것은 관리적 개선사례이다.

64 다음 중 근골격계질환 예방·관리 프로그램의 주요 구성요소로 볼 수 없는 것은?

① 보상절차 심의
② 예방·관리 정책 수립
③ 교육/훈련 실시
④ 유해요인조사 및 관리

해설 근골격계질환 예방·관리 프로그램은 근골격계질환 예방을 위한 유해요인조사와 개선, 의학적 관리, 교육에 관한 근골격계질환 예방·관리 프로그램의 표준을 제시함이 목적이다.

65 다음 중 [보기]와 같은 작업표준의 작성 절차를 올바르게 나열한 것은?

> [보기]
> a. 작업분해
> b. 작업의 분류 및 정리
> c. 작업표준안 작성
> d. 작업표준의 제정과 교육실시
> e. 동작순서 설정

① a → b → c → e → d
② a → e → b → c → d
③ b → a → e → c → d
④ b → a → c → e → d

해설 작업표준 작성 절차
작업의 분류 및 정리 – 작업분해 – 동작순서 설정 – 작업표준안 작성 – 작업표준의 제정과 교육실시

66 다음 중 동작경제의 법칙에 대한 설명으로 틀린 것은?

해답 61. ① 62. ② 63. ③ 64. ① 65. ③ 66. ③

① 동작 거리는 가능한 최소로 한다.
② 양손 동작은 가능한 동시에 하도록 한다.
③ 급격한 동작의 방향 전환이 되도록 한다.
④ 눈의 초점을 모아야 작업할 수 있는 경우는 가능하면 없앤다.

해설 구속되거나 제한된 동작 또는 급격한 방향 전환보다는 유연한 동작이 좋다.

67 다음 중 수공구의 설계원리로 적절하지 않은 것은?

① 손목 대신 손잡이를 굽히도록 한다.
② 지속적인 정적 근육부하를 피하도록 한다.
③ 특정 손가락의 반복적인 동작을 피하도록 한다.
④ 손잡이 표면의 흠은 되도록 깊게 하고, 그 수는 가능한 많이 제작한다.

해설 자세에 관한 수공구 개선
① 손목을 곧게 유지한다(손목을 꺾지말고 손잡이를 꺾어라).
② 힘이 요구되는 작업에는 파워그립(power grip)을 사용한다.
③ 지속적인 정적 근육부하(loading)를 피한다.
④ 반복적인 손가락 동작을 피한다.
⑤ 양손 중 어느 손으로도 사용이 가능하고 적은 스트레스를 주는 공구를 개인에게 사용되도록 설계한다.

68 관측평균시간이 30초이고, 제1평가에 의한 속도평가계수는 130%이며, 제2평가에 의한 2차 조정계수가 20%일 때 객관적 평가법에 의한 정미시간은 몇 초인가?

① 23.40초 ② 28.08초
③ 32.76초 ④ 46.80초

해설 객관적 평가법
객관적 평가법은 속도 평가법의 단점을 보완하기 위해 개발되었다. 객관적 평가법에서는 1차적으로 단순히 속도만을 평가하고, 2차적으로 작업 난이도를 평가하여 작업의 난이도와 속도를 동시에 고려한다.
정미시간(NT)
= 관측시간치의 평균 × 속도 평가 계수 × (1 + 작업 난이도 계수)
= 30초 × 1.30 × (1 + 0.2)
= 46.80

69 다음 중 근골격계질환 예방을 위한 관리적 개선 사항에 해당되지 않는 것은?

① 작업속도 조절
② 작업의 다양성 제공
③ 인양 시 보조기구사용
④ 도구 및 설비의 유지관리

해설 관리적 개선
① 작업의 다양성 제공
② 작업일정 및 작업속도 조절
③ 회복시간 제공
④ 작업습관 변화
⑤ 작업공간, 공구 및 장비의 정기적인 청소 및 유지보수
⑥ 운동체조 강화 등

70 다음 중 5 TMU(Time Measurement Unit)를 초 단위로 환산하면 몇 초인가?

① 0.00036초 ② 0.036초
③ 0.18초 ④ 1.8초

해설
1 TMU = 0.00001시간 = 0.0006분 = 0.036초
5 TMU = 5 × 0.036 = 0.18초

71 다음 중 다중활동도표 작성의 주된 목적으로 가장 적절한 것은?

① 작업자나 기계의 유휴 시간 단축
② 설비의 유지 및 보수 작업 분석
③ 기자재의 소통상 혼잡지역 파악 및 시설 재배치

해답 67. ④ 68. ④ 69. ③ 70. ③ 71. ①

④ 제조 과정의 순서와 자재의 구입 및 조립 여부 파악

(해설) 다중활동분석(multi-activity analysis)의 용도
① 가장 경제적인 작업조 편성
② 적정 인원수 결정
③ 작업자 한 사람이 담당할 기계소요대수나 적정 기계담당대수의 결정
④ 작업자와 기계의(작업효율 극대화를 위한) 유휴시간 단축

72 요소작업을 측정하기 위해 표본의 표준편차는 0.6이고 신뢰도계수는 2인 경우 추정의 오차범위 ±5%를 만족시키는 관측회수는 얼마인가?

① 476번　② 576번
③ 676번　④ 776번

(해설)
$$n = (\frac{t \cdot s}{e})^2 = (\frac{2 \times 0.6}{0.05})^2 = 576$$

73 다음 중 작업연구에 대한 설명으로 적합하지 않은 것은?

① 작업연구는 보통 동작연구와 시간연구로 구성된다.
② 시간연구는 표준화된 작업방법에 의하여 작업을 수행할 경우에 소요되는 표준시간을 측정하는 분야이다.
③ 동작연구는 경제적인 작업방법을 검토하여 표준화된 작업방법을 개발하는 분야이다.
④ 동작연구는 작업측정으로, 시간연구는 방법연구라고도 한다.

(해설)
① 방법연구: 작업 중에 포함된 불필요한 동작을 제거하기 위하여 작업을 과학적으로 자세히 분석하여 필요한 동작만으로 구성된 효과적이고 합리적인 작업방법을 설계하는 기법이다(주요기법: 공정분석, 작업분석, 동작분석).
② 작업측정: 제품과 서비스를 생산하는 작업시스템을 과학적으로 계획·관리하기 위하여 그 활동에 소요되는 시간과 자원을 측정 또는 추정하는 것이다(주요기법: 시간연구법, 워크샘플링법, 표준자료법, PTS법).

74 다음 중 워크샘플링법의 장점으로 볼 수 없는 것은?

① 특별한 시간 측정 설비가 필요하지 않다.
② 짧은 주기나 반복적인 작업의 경우에 적합하다.
③ 관측이 순간적으로 이루어져 작업에 방해가 적다.
④ 조사기간을 길게 하여 평상시의 작업현황을 그대로 반영시킬 수 있다.

(해설) 워크샘플링의 장점
① 관측을 순간적으로 하기 때문에 작업자를 방해하지 않으면서 용이하게 연구를 진행시킨다.
② 조사기간을 길게 하여 평상시의 작업 상황을 그대로 반영시킬 수 있다.
③ 사정에 의해 연구를 일시 중지하였다가 다시 계속할 수도 있다.
④ 여러 명의 작업자나 여러 대의 기계를 한 명 혹은 여러 명의 관측자가 동시에 관측할 수 있다.
⑤ 자료수집이나 분석에 필요한 순수시간이 다른 시간연구방법에 비하여 적다.
⑥ 특별한 시간측정 설비가 필요 없다.

75 다음 중 SEARCH 원칙에 대한 내용으로 틀린 것은?

① Rearrange: 작업의 재배열
② How often: 얼마나 자주?
③ Alter sequence: 순서의 변경
④ Simplify operations: 작업의 단순화

(해설) SEARCH 원칙 6가지
S = Simplify operations(작업의 단순화)
E = Eliminate unnecessary work and material

해답 72. ② 73. ④ 74. ② 75. ①

(불필요한 작업이나 자재의 제거)
A = Alter sequence(순서의 변경)
R = Requirements(요구조건)
C = Combine operations(작업의 결합)
H = How often(얼마나 자주?)

76 다음 중 영상표시 단말기(VDT) 취급에 관한 설명으로 틀린 것은?

① 키보드와 키 윗부분의 표면은 광택으로 할 것
② 화면을 바라보는 시간이 많은 작업일수록 밝기와 작업대 주변 밝기의 차를 줄이도록 할 것
③ 빛이 작업화면에 도달하는 각도는 화면으로부터 45° 이내일 것
④ 작업자의 손목을 지지해 줄 수 있도록 작업대 끝면과 키보드의 사이는 15 cm 이상을 확보할 것

해설 키보드는 무광택으로 해야 한다.

77 다음 중 스패너를 사용하여 볼트를 조이는 내용의 서블릭(Therblig)기호로 가장 적절한 것은?

① TE ② U
③ SH ④ G

해설 사용(Use)의 기호는 U 이다.

78 다음 중 근골격계 부담작업에 해당되지 않는 것은?

① 하루에 12회, 25 kg의 물건을 드는 작업
② 하루에 4시간 제자리에 서서 이루어지는 작업
③ 하루에 총 4시간 무릎을 굽힌 자세에서 이루어지는 작업
④ 하루에 총 3시간 목, 어깨, 팔꿈치를 사용하여 같은 동작을 반복하는 작업

해설 근골격계 부담작업
① 하루에 4시간 이상 집중적으로 자료입력 등을 위해 키보드 또는 마우스를 조작하는 작업
② 하루에 총 2시간 이상 목, 어깨, 팔꿈치, 손목 또는 손을 사용하여 같은 동작을 반복하는 작업
③ 하루에 총 2시간 이상 머리 위에 손이 있거나, 팔꿈치가 어깨위에 있거나, 팔꿈치를 몸통으로부터 들거나, 팔꿈치를 몸통 뒤쪽에 위치하도록 하는 상태에서 이루어지는 작업
④ 지지되지 않은 상태이거나 임의로 자세를 바꿀 수 없는 조건에서, 하루에 총 2시간 이상 목이나 허리를 구부리거나 트는 상태에서 이루어지는 작업
⑤ 하루에 총 2시간 이상 쪼그리고 앉거나 무릎을 굽힌 자세에서 이루어지는 작업
⑥ 하루에 총 2시간 이상 지지되지 않은 상태에서 1 kg 이상의 물건을 한 손의 손가락으로 집어 옮기거나, 2 kg 이상에 상응하는 힘을 가하여 한 손의 손가락으로 물건을 쥐는 작업
⑦ 하루에 총 2시간 이상 지지되지 않은 상태에서 4.5 kg 이상의 물건을 한 손으로 들거나 동일한 힘으로 쥐는 작업
⑧ 하루에 10회 이상 25 kg 이상의 물체를 드는 작업
⑨ 하루에 25회 이상 10 kg 이상의 물체를 무릎 아래에서 들거나, 어깨 위에서 들거나, 팔을 뻗은 상태에서 드는 작업
⑩ 하루에 총 2시간 이상, 분당 2회 이상 4.5 kg 이상의 물체를 드는 작업
⑪ 하루에 총 2시간 이상 시간당 10회 이상 손 또는 무릎을 사용하여 반복적으로 충격을 가하는 작업

79 다음 중 NIOSH의 들기작업 지침에 관한 설명으로 틀린 것은?

① 무게 23 kg은 최악의 환경에서 들기작업을 할 때의 최소 허용 무게이다.
② 들기지수는 실제 작업물의 무게와 권장무게한계의 비(ratio)이다.
③ 권장무게한계에는 신체의 비틀림 정도와 손잡이의 상태가 반영된다.

정답 76. ① 77. ② 78. ② 79. ①

④ 지침을 이용한 들기작업의 분석은 단순 들기작업과 복합 들기작업으로 구분하여 분석한다.

(해설) 권장무게한계(RWL)

RWL
$= LC \times HM \times VM \times DM \times AM \times FM \times CM$

부하상수(LC)는 RWL을 계산하는 데 있어서의 상수로 23 kg이다. 다른 계수들은 전부 0~1 사이의 값을 가지므로 RWL은 어떤 경우에도 23 kg을 넘지 않는다.

80 다음 중 파레토 차트에 관한 설명으로 틀린 것은?

① 재고관리에서는 ABC 곡선으로 부르기도 한다.

② 20% 정도에 해당하는 중요한 항목을 찾아낸 것이 목적이다.

③ 불량이나 사고의 원인이 되는 중요한 항목을 찾아 관리하기 위함이다.

④ 작성 방법은 빈도수가 낮은 항목부터 큰 항목 순으로 차례대로 나열하고, 항목별 점유비율과 누적비율을 구한다.

(해설) 파레토 차트의 작성 방법은 먼저 빈도수가 큰 항목부터 낮은 항목 순으로 차례대로 항목들을 나열 한 후에 항목별 점유비율과 누적비율을 구하고, 이들 자료를 이용하여 x축에 항목, y축에 점유비율과 누적비율로 막대-꺾은선 혼합 그래프를 그리면 된다.

해답 80. ④

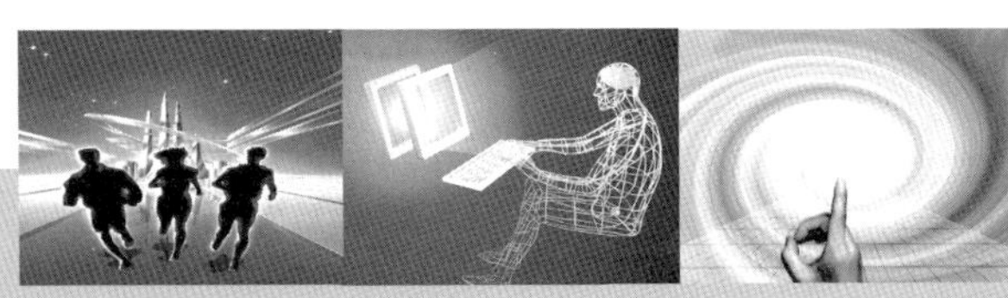

인간공학기사 필기시험 문제풀이 21회[111]

1 인간공학 개론

1 다음 중 신호검출이론에 대한 설명으로 옳은 것은?

① 잡음에 실린 신호의 분포는 잡음만의 분포와 구분되지 않아야 한다.
② 신호의 유무를 판정함에 있어 반응대안은 2가지뿐이다.
③ 판정 기준은 β(신호/노이즈)이며, $\beta>1$이면 보수적이고, $\beta<1$이면 자유적이다.
④ 신호검출의 민감도에서 신호와 잡음 간의 두 분포가 가까울수록 판정자는 신호와 잡음을 정확하게 판별하기 쉽다.

해설 판정 기준
판정 기준을 나타내는 값을 β(신호/노이즈)라고 하며, 반응기준이 오른쪽으로 이동할 경우($\beta>1$) 판정자는 신호라고 판정하는 기회가 줄어들게 되므로 신호가 나타났을 때 신호의 정확한 판정은 적어지나 허위경보를 덜하게 되므로 보수적이라고 한다. 반응기준이 왼쪽으로 이동할 경우($\beta<1$) 신호로 판정하는 기회가 많아지게 되므로 정확한 판정은 많아지나 허위경보도 증가하게 되므로 자유적이다.

2 다음 중 음 세기(sound intensity)에 관한 설명으로 옳은 것은?

① 음 세기 단위는 Hz이다.
② 음 세기는 소리의 고저와 관련이 있다.
③ 음 세기는 단위시간에 단위 면적을 통과하는 음의 에너지를 말한다.
④ 음압수준(Sound Pressure Level) 측정 시 주로 1,000 Hz 순음을 기준 음압으로 사용한다.

해설 음의 세기는 단위면적당의 에너지(Watt/m^2)로 정의된다.

3 다음 중 시(視)감각 체계에 관한 설명으로 틀린 것은?

① 안구의 수정체는 공막에 정확한 이미지를 맺히도록 형태를 스스로 조절하는 일을 담당한다.
② 망막의 표면에는 빛을 감지하는 광수용기인 원주체와 간상체가 분포되어 있다.
③ 동공은 조도가 낮을 때는 많은 빛을 통과시키기 위해 확대된다.
④ 1디옵터는 1미터 거리에 있는 물체를 보기 위해 요구되는 조절능(調節能)이다.

해답 1. ③ 2. ③ 3. ①

해설 수정체는 비록 작지만 모양체근으로 둘러싸여 있어서 긴장을 하면 두꺼워져 가까운 물체를 볼 수 있게 되고, 긴장을 풀면 납작해져서 원거리에 있는 물체를 볼 수 있게 된다. 수정체는 보통 유연성이 있어서 눈 뒤쪽의 감광 표면인 망막에 초점이 맞추어지도록 조절할 수 있다.

4 다음 중 인체측정자료의 최대치를 기준으로 설계하는 것이 가장 적당한 경우는?

① 탈출구 및 통로
② 선반의 높이
③ 조정 장치까지의 거리
④ 자동차 운전자 좌석

해설 최대집단값에 의한 설계
① 통상 대상 집단에 대한 관련 인체측정 변수의 상위 백분위수를 기준으로 하여 90%, 95% 혹은 99% tile값이 사용된다.
② 문, 탈출구, 통로 등과 같은 공간 여유를 정하거나 줄사다리의 강도 등을 정할 때 사용한다.
③ 예를 들어, 95%tile값에 속하는 큰 사람을 수용할 수 있다면, 이보다 작은 사람은 모두 사용된다.

5 계기판에 등이 8개가 있고, 그중 하나에만 불이 켜지는 경우에 정보량은 몇 bit인가?

① 2　② 3
③ 4　④ 8

해설 정보량 구하는 공식은 $H=\log_2 N$
따라서, $H=\log_2 8=3bit$

6 다음 중 정보이론에 관한 설명으로 틀린 것은?

① 인간에게 입력되는 것은 감각기관을 통해서 받은 정보이다.
② 간접적 원자극의 경우 암호화된 자극과 재생된 자극의 2가지 유형이 있다.
③ 자극은 크게 원자극(distal stimuli)과 근자극(proximal stimuli)으로 나눌 수 있다.
④ 암호화(coded)된 자극이란 현미경, 보청기 같은 것에 의하여 감지되는 자극을 말한다.

해설 재생된 자극이란 TV, 라디오, 사진, 현미경, 보청기 등의 장치를 통해 감지되는 자극을 말한다.

7 다음 중 작업장에서 인간공학을 적용함으로써 얻게 되는 효과로 볼 수 없는 것은?

① 작업손실 시간의 감소
② 회사의 생산성 증가
③ 노사 간의 신뢰성 저하
④ 건강하고 안전한 작업조건 마련

해설 인간공학의 기업적용에 따른 기대효과
① 생산성 향상
② 작업자의 건강 및 안전 향상
③ 직무 만족도의 향상
④ 제품과 작업의 질 향상
⑤ 이직률 및 작업손실 시간의 감소
⑥ 산재손실비용의 감소
⑦ 기업 이미지와 상품선호도 향상
⑧ 노사 간의 신뢰 구축
⑨ 선진 수준의 작업환경과 작업조건을 마련함으로써 국제적 경제력의 확보

8 새로운 광도 수준에 대한 눈의 적응을 무엇이라 하는가?

① 시력　② 순응
③ 간상체　④ 조도

해설 갑자기 어두운 곳에 들어가면 아무것도 보이지 않게 된다. 또한, 밝은 곳에 갑자기 노출되면 눈이 부셔서 보기 힘들다. 그러나 시간이 지나면 점차 사물의 현상을 알 수 있다. 이러한 새로운 광도 수준에 대한 적응을 순응(adaptation)이라 한다.

9 다음 중 Fitts의 법칙에 관한 설명으로 옳은 것은?

① 표적이 작을수록, 이동거리가 길수록

해답 4. ① 5. ② 6. ④ 7. ③ 8. ② 9. ①

작업의 난이도와 소요 이동시간이 증가한다.

② 표적이 클수록, 이동거리가 길수록 작업의 난이도와 소요 이동시간이 증가한다.

③ 표적과 이동거리는 작업의 난이도와 소요 이동시간과 무관하다.

④ 표적이 작을수록, 이동거리가 짧을수록 작업의 난이도와 소요 이동시간이 증가한다.

해설 Fitts의 법칙
표적이 작을수록 또 이동거리가 길수록 작업의 난이도와 소요 이동시간이 증가한다.

10 다음 중 인간의 후각 특성에 대한 설명으로 틀린 것은?

① 후각은 특정 물질이나 개인에 따라 민감도의 차이가 있다.

② 특정한 냄새에 대한 절대적 식별 능력은 떨어진다.

③ 훈련을 통하면 식별 능력을 향상시킬 수 있다.

④ 후각은 냄새 존재 여부보다는 특정 자극을 식별하는 데 사용되는 것이 효과적이다.

해설 후각은 특정 자극을 식별하는 데 사용되기보다는 냄새의 존재 여부를 탐지하는 데 효과적이다.

11 [그림]은 인간-기계 통합 체계의 인간 또는 기계에 의해서 수행되는 기본 기능의 유형이다. [그림]의 A 부분에 해당하는 내용은?

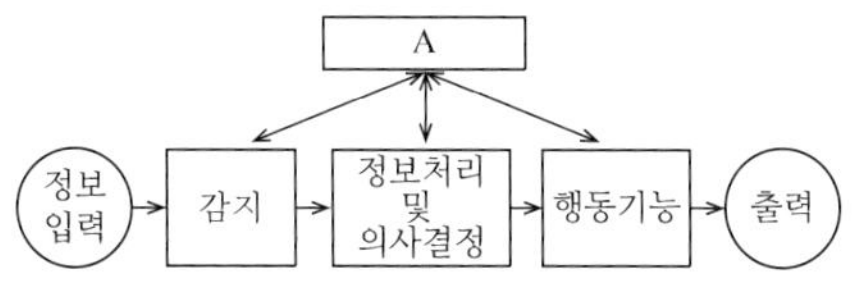

① 정보보관 ② 정보수용
③ 신체제어 ④ 통신

해설 정보의 보관(information storage)
인간기계 시스템에 있어서의 정보보관은 인간의 기억과 유사하며, 여러 가지 방법으로 기록된다. 또한, 대부분은 코드화나 상징화된 형태로 저장된다.
① 인간: 인간에 있어서 정보보관이란 기억된 학습 내용과 같은 말이다.
② 기계: 기계에 있어서 정보는 펀치 카드(punch card), 형판(template), 기록, 자료표 등과 같은 물리적 기구에 여러 가지 방법으로 보관될 수 있다. 나중에 사용하기 위해서 보관되는 정보는 암호화(code)되거나 부호화(symbol)된 형태로 보관되기도 한다.

12 다음 중 인체측정에 관한 설명으로 옳은 것은?

① 인체 측정기는 별도로 지정된 사항이 없다.

② 제품설계에 필요한 측정 자료는 대부분 정규분포를 따른다.

③ 특정된 고정 자세에서 측정하는 것을 기능적 인체치수라 한다.

④ 특정 동작을 행하면서 측정하는 것을 구조적 인체 치수라 한다.

해설 제품이나 작업장 설계에 필요한 인체 특성치를 측정하는 경우에 일반적으로 특성치는 정규분포를 따르므로 인체 측정 결과를 주로 평균과 표준편차로 표시한다.

13 다음 중 인간의 작업기억(working memory)에 관한 설명으로 틀린 것은?

① 정보를 감지하여 작업기억으로 이전하기 위해서 주의(attention) 자원이 필요하다.

② 청각정보보다 시각정보를 작업기억 내에 더 오래 기억할 수 있다.

해답 10. ④ 11. ① 12. ② 13. ③

③ 작업기억에 저장할 수 있는 정보량의 한계는 웨버의 법칙(Weber's law)에 따른다.

④ 작업기억 내에 정보의 의미 있는 단위(chunk)로 저장이 가능하다.

해설 작업기억에 저장될 수 있는 정보량의 한계는 Miller의 7±2chunk이다.

14 다음 중 온도, 압력, 속도와 같이 연속적으로 변하는 변수의 대략적인 값이나 추세 등을 알고자 할 경우 가장 적절한 표시장치는?

① 묘사적 표시장치

② 추상적 표시장치

③ 정량적 표시장치

④ 정성적 표시장치

해설 정성적 표시장치
정성적 정보를 제공하는 표시장치는 온도, 압력, 속도와 같이 연속적으로 변하는 변수의 대략적인 값이나 변화 추세, 비율 등을 알고자 할 때 사용한다.

15 다음 중 사용성에 관한 설명으로 틀린 것은?

① 편리하게 제품을 사용하도록 하는 원칙이다.

② 실험 평가로 사용성을 검증할 수 있다.

③ 사용성은 반드시 전문가가 평가하여야 한다.

④ 학습성, 에러 방지, 효율성, 만족도 등의 원칙이 있다.

해설 개발된 시스템에 대해 사용자에게 직접 시스템을 사용하게 하여 이를 관찰하여 획득한 데이터를 바탕으로 시스템을 평가하는 것이 사용자 평가기법이다.

16 다음 중 신호나 경보 등의 검출성에 영향을 미치는 요인과 가장 거리가 먼 것은?

① 노출시간 ② 점멸속도

③ 배경광 ④ 반응시간

해설 빛의 검출성에 영향을 주는 인자는 노출시간, 점멸속도, 배경광 등이다.

17 인간이 기계를 조종하여 임무를 수행해야 하는 인간-기계체계가 있다. 인간의 신뢰도가 0.9, 기계의 신뢰도가 0.8이라면 이 인간-기계 통합 체계의 신뢰도는 얼마인가?

① 0.72 ② 0.81

③ 0.64 ④ 0.98

해설 $R = 0.9 \times 0.8 = 0.72$

18 2가지 이상의 신호가 인접하여 제시되었을 때 이를 구별하는 것은 인간의 청각 신호 수신기능 중에서 어느 것과 관련이 있는가?

① 위치판별 ② 절대식별

③ 상대식별 ④ 청각 신호검출

해설 상대식별
두 가지 이상의 신호가 근접하여 제시되었을 때 이를 구별한다. 예를 들면, 어떤 특정한 정보를 전달하는 신호음이 불필요한 잡음과 공존할 때에 그 신호음을 구별하는 것을 말한다.

19 다음 중 부품 배치의 원칙이 아닌 것은?

① 크기별 배치의 원칙

② 중요성의 원칙

③ 기능별 배치의 원칙

④ 사용빈도의 원칙

해설 부품 배치의 원칙

① 중요성의 원칙
부품을 작동하는 성능이 체계의 목표 달성에 긴요한 정도에 따라 우선순위를 설정한다.

② 사용빈도의 원칙
부품을 사용하는 빈도에 따라 우선순위를 설정한다.

③ 기능별 배치의 원칙
기능적으로 관련된 부품들(표시장치, 조종장치 등)

해답 14. ④ 15. ③ 16. ④ 17. ① 18. ③ 19. ①

을 모아서 배치한다.

④ 사용순서의 원칙
사용순서에 따라 장치들을 가까이에 배치한다.

20 막식 스위치(Membrane Switch)의 키 누름 과업에 있어 피드백 과업으로 볼 수 없는 것은?

① 키 이동 거리(distance)
② 엠보싱(Embossing)
③ 스냅 돔(snap Dome)
④ 청각음(Auditory Tone)

해설 막식 스위치(Membrane Switch)는 얇은 회로막으로 이루어진 스위치로 스위치를 누를 때 스냅 돔과 엠보싱에서 촉감과 청각음 피드백을 제공한다.

2 작업생리학

21 다음 중 소음에 의한 청력손실이 가장 심하게 발생할 수 있는 주파수는?

① 500 Hz ② 1,000 Hz
③ 4,000 Hz ④ 10,000 Hz

해설 청력손실의 정도는 노출 소음 수준에 따라 증가하는데, 청력손실은 4,000 Hz에서 가장 크게 나타난다.

22 다음 중 교대작업으로 적절하지 않은 것은?

① 12시간 교대제가 적정하다.
② 야간근무는 2~3일 이상 연속하지 않는다.
③ 야간근무의 교대는 심야에 하지 않도록 한다.
④ 야간근무 종료 후에는 48시간 이상의 휴식을 갖도록 한다.

해설 가장 이상적인 교대제는 없다. 근로자 개개인에게 적절한 교대제를 선택하는 것이 중요하다. 오전근무 → 저녁근무 → 밤근무로 순환하는 것이 좋다.

23 근력의 측정에 있어 동적근력 측정에 관한 설명으로 옳은 것은?

① 피검자가 고정물체에 대하여 최대 힘을 내도록 하여 평가한다.
② 근육의 피로를 피하기 위하여 지속시간은 10초 미만으로 한다.
③ 4~6초 동안 힘을 발휘하게 하면서 순간 최대 힘과 3초 동안의 평균 힘을 기록한다.
④ 가속도와 관절 각도의 변화가 힘의 발휘와 측정에 영향을 미쳐서 측정이 어렵다.

해설 동적 근력은 가속과 관절 각도의 변화가 힘의 발휘에 영향을 미치기 때문에 측정에 다소 어려움이 있다. 또 근력 측정값은 자세, 관절각도, 힘을 내는 방법 등의 인자에 따라 달라지므로 반복 측정이 필요하다.

24 운동하는 물체에 힘이 가해지지 않으면 그 물체는 운동 상태를 바꾸지 않고 등속 직선운동을 계속하려는 것을 나타내는 법칙은?

① 관성의 법칙
② 가속도의 법칙
③ 작용·반작용의 법칙
④ 오른손의 법칙

해설 제1법칙(관성의 법칙)
모든 물체는 외력이 작용하지 않는 한 정지상태 또는 직선에서의 등속운동을 계속 유지하려고 한다.

25 1 cd의 점광원으로부터 3 m 거리에 떨어진 구면의 조도는 몇 럭스(lux)가 되겠는가?

① $\frac{1}{9}$ ② $\frac{1}{6}$
③ $\frac{1}{3}$ ④ $\frac{1}{2}$

정답 20. ① 21. ③ 22. ① 23. ④ 24. ① 25. ①

해설

$$조도 = \frac{광량}{거리^2} = \frac{1}{3^2} = \frac{1}{9}$$

26 다음 중 최대산소소비능력(MAP)에 관한 설명으로 틀린 것은?

① 산소섭취량이 일정하게 되는 수준을 말한다.
② 최대산소소비능력은 개인의 운동역량을 평가하는 데 활용된다.
③ MAP를 측정하기 위해서 주로 트레드밀(treadmill)이나 자전거 에르고미터(ergometer)를 활용한다.
④ 젊은 여성의 평균 MAP는 젊은 남성의 평균 MAP에 비해 20~30% 정도이다.

해설 젊은 여성의 최대산소소비능력(MAP)은 33~42(mL/kg/min)이며, 젊은 남성의 최대산소소비능력(MAP)은 34~52(mL/kg/min)이다.

27 습구온도가 40°C, 건구온도가 30°C일 때, Oxford 지수는 얼마인가?

① 37°C ② 37.5°C
③ 38°C ④ 38.5°C

해설 Oxford 지수
습건(WD) 지수라고도 하며, 습구온도(W)와 건구온도(D)의 가중평균값으로서 다음과 같이 나타낸다.

$$\begin{aligned} WD &= 0.85\,W + 0.15\,D \\ &= 0.85 \times 40 + 0.15 \times 30 \\ &= 38.5 \end{aligned}$$

28 신체 부위의 동작 유형 중 관절에서의 각도가 감소하는 동작을 무엇이라고 하는가?

① 굴곡(flexion)
② 신전(extension)
③ 내전(adduction)
④ 외전(abduction)

해설 굴곡(flexion)
팔꿈치로 팔굽히기 할 때처럼 관절에서의 각도가 감소하는 인체부분의 동작

29 다음 중 인체의 구성과 기능을 수행하는 구조적, 기능적 기본단위는?

① 조직 ② 세포
③ 기관 ④ 계통

해설 세포는 인체의 구성과 기능을 수행하는 최소단위이며, 위치에 따라 모양과 크기가 다르며 수명과 그 기능에 차이가 있다. 기능에 따라 근육세포, 상피세포, 결합(체)조직세포로 분류된다.

30 국부적인 근육 활동의 전위차를 측정하여 작업의 신체부담 정도를 평가하는 방법은?

① 근전도 ② 산소소비율
③ 점멸융합주파수 ④ 심전도

해설 근전도(electromyogram; EMG)
근육활동의 전위차를 기록한 것이다.

31 다음 중 정신적 작업부하에 관한 측정치가 아닌 것은?

① 부정맥지수 ② 점멸융합주파수
③ 뇌전도(EEG) ④ 심전도(ECG)

해설 정신적 작업부하 측정치에는 부정맥지수, 점멸융합주파수, 뇌전도(EEG) 등이 있다. 심전도(ECG)는 육체적 작업부하에 관한 측정치이다.

32 남성 작업자의 육체작업에 대한 에너지가를 평가한 결과 산소소모량이 2 L/min 이 나왔다. 작업자의 8시간에 대한 휴식시간은 약 몇 분 정도인가? (단, Murrell의 공식을 이용한다.)

① 282.4 ② 82.4
③ 142.1 ④ 41.2

정답 26. ④ 27. ④ 28. ① 29. ② 30. ① 31. ④ 32. ①

해설

Murrell의 공식: $R = \frac{T(E-S)}{E-1.5}$

R: 휴식시간(분), T: 총 작업시간(분)
E: 평균에너지소모량(kcal/min)
$= 2\,l/\min \times 5\,kcal/L = 10\,kcal/\min$
S: 권장 평균에너지소모량 = 5(kcal/min)

따라서, $R = \frac{480(10-5)}{10-1.5}$
= 282.4

33 다음 중 에너지소비량에 영향을 미치는 인자와 가장거리가 먼 것은?

① 작업자세 ② 작업순서
③ 작업방법 ④ 작업속도

해설 에너지소비량에 영향을 미치는 인자
① 작업방법
② 작업자세
③ 작업속도
④ 도구설계

34 강도 높은 작업을 일정 시간 동안 수행한 후 회복기에서 근육에 추가로 산소가 소비되는 것을 무엇이라 하는가?

① 산소결손 ② 산소소비
③ 산소부채 ④ 산소요구

해설 산소부채(oxygen debt)
인체활동의 강도가 높아질수록 산소 요구량은 증가된다. 이때 에너지 생성에 필요한 산소를 충분하게 공급해 주지 못하면 체내에 젖산이 축적되고 작업종료 후에도 체내에 쌓인 젖산을 제거하기 위하여 계속적으로 산소량이 필요하게 되며, 이에 필요한 산소량을 산소부채라고 한다. 그 결과 산소 빚을 채우기 위해서 작업종료 후에도 맥박수와 호흡수가 휴식상태의 수준으로 바로 돌아오지 않고 서서히 감소하게 된다.

35 다음 중 신경계에 대한 설명으로 틀린 것은?

① 체신경계는 평활근, 심장근에 분포한다.
② 기능적으로는 체신경계와 자율신경계로 나눌 수 있다.
③ 자율신경계는 교감신경계와 부교감신경계로 세분된다.
④ 신경계는 구조적으로 중추신경계와 말초신경계로 나눌 수 있다.

해설 체신경계는 뇌신경과 척수신경으로 구성된다.

36 다음 중 육체적 작업에서 생기는 생리적 반응으로 틀린 것은?

① 산소소비량이 증가한다.
② 수축기와 이완기 혈압이 같이 상승한다.
③ 신체 전체에 흐르는 혈류량의 재분배가 이루어진다.
④ 심장 박출량은 증가하지만, 심박수는 안정된다.

해설 육체적 작업에 따른 생리적 반응
① 산소소비량의 증가
② 심박출량의 증가
③ 심박수의 증가
④ 혈류의 재분배

37 다음 중 척추의 구조에 있어 요추는 몇 개로 이루어져 있는가?

① 2개 ② 5개
③ 7개 ④ 12개

해설 척추골은 위로부터 경추(7개), 흉추(12개), 요추(5개), 선추(5개), 미추(3~5개)로 구성된다.

38 다음 중 소음에 의한 영향으로 틀린 것은?

① 맥박수가 증가한다.
② 12 Hz에서는 발성에 영향을 준다.
③ 1~3 Hz에서 호흡이 힘들고 O_2의 소비가 증가한다.
④ 신체의 공진현상은 서 있을 때가 앉아

해답 33. ② 34. ③ 35. ① 36. ④ 37. ② 38. ④

있을 때보다 심하게 나타난다.

(해설) 공진현상은 외부에서 들어온 진동수가 물체의 진동수와 일치해 진동이 커지는 효과로 신체의 각 부분도 고유한 진동을 가지고 있다. 신체의 공진현상은 앉아 있을 때가 서 있을 때보다 심하게 나타난다.

39 "강렬한 소음작업"이라 함은 몇 데시벨 이상의 소음이 1일 8시간 이상 발생되는 작업을 말하는가?

① 85 ② 90
③ 95 ④ 100

(해설) 산업안전보건기준에 관한 규칙에서는 90데시벨 이상의 소음이 1일 8시간 이상 발생하는 작업을 "강렬한 소음작업"이라고 정의하고 있다.

40 다음 중 실내의 면에서 추천반사율이 가장 높은 곳은?

① 바닥 ② 천장
③ 가구 ④ 벽

(해설) 실내의 추천반사율
① 천장: 80~90%
② 벽: 40~60%
③ 가구, 사무용기기, 책상: 25~45%
④ 바닥: 20~40%

3 산업심리학 및 관련법규

41 다음 중 안전대책의 중심적인 내용이라 할 수 있는 3E에 포함되지 않는 것은?

① Engineering ② Economy
③ Education ④ Enforcement

(해설) 3E의 종류
① Engineering(기술)
② Education(교육)
③ Enforcement(강제)

42 컨베이어 벨트에 앉아 있는 기계 작업자가 동료작업자에게 시동 버튼을 살짝 눌러서 벨트가 조금만 움직이다가 멈추게 하라고 일렀는데 이 동료작업자가 일시적으로 균형을 잃고 버튼을 완전히 눌러서 벨트가 전속력으로 움직여서 기계작업자가 강철 사이로 끌려 들어가는 사고를 당했다. 동료작업자가 일으킨 휴먼에러는 스웨인(Swain)의 휴먼에러 분류 중 어떠한 에러에 해당하는가?

① extraneous error ② omission error
③ sequential error ④ commission error

(해설) 작위실수(commission error)
필요한 작업 또는 절차의 불확실한 수행으로 인한 에러

43 Hick's Law에 따르면 인간의 반응시간은 정보량에 비례한다. 단순반응에 소요되는 시간이 150 ms이고, 단위 정보량당 증가되는 반응시간이 200 ms이라고 한다면, 2 bits의 정보량을 요구하는 작업에서의 예상 반응시간은 몇 ms인가?

① 400 ② 500
③ 550 ④ 700

(해설) 단순반응에 소요되는 시간은 150 ms이며, 1 bit당 증가되는 반응시간이 200 ms이므로 2 bit에서는 반응시간이 400 ms이다.
$$\text{예상반응시간} = 150\text{ ms} + (2\text{ bit} \times 200\text{ ms}) = 550\text{ ms}$$

44 다음 중 피로의 생리학적(physiological) 측정방법과 거리가 먼 것은?

① 근전도 측정(EMG)
② 뇌파 측정(EEG)
③ 심전도 측정(ECG)
④ 변별역치 측정(촉각계)

해답 39. ② 40. ② 41. ② 42. ④ 43. ③ 44. ④

해설 피로의 생리학적 측정방법
① 근전도, ② 심전도, ③ 뇌전도, ④ 안전도, ⑤ 산소소비량, ⑥ 에너지소비량, ⑦ 피부전기반사, ⑧ 점멸융합주파수

45 개인의 성격을 건강과 관련하여 연구하는 성격 유형 중 사람의 특성이 공격성, 지나친 경쟁, 시간에 대한 압박감, 쉽게 분출하는 적개심, 안절부절 못함 등의 성격을 가지는 행동 양식은?

① A형 행동양식 ② B형 행동양식
③ C형 행동양식 ④ D형 행동양식

해설 A형 행동양식을 소유한 사람은 공격성, 지나친 경쟁, 시간에 대한 압박감, 쉽게 분출하는 적개심, 안절부절 못함, 마감시간에 대한 압박감 등의 성격특성을 가진다.

46 소비자의 생명이나 신체, 재산상의 피해를 끼치거나 끼칠 우려가 있는 제품에 대하여 제조 또는 유통시킨 업자가 자발적 또는 의무적으로 대상 제품의 위험성을 소비자에게 알리고 제품을 회수하여 수리, 교환, 환불 등의 적절한 시정조치를 해주는 제도는?

① 제조물책임(PL)법
② 리콜(recall)제도
③ 애프터서비스제도
④ 소비자보호법

해설 제품의 리콜 제도는 소비자의 생명이나 신체, 재산상의 피해를 끼치거나 끼칠 우려가 있는 제품에 대하여 제조 또는 유통시킨 업자가 자발적 또는 의무적으로 대상 제품의 위험성을 소비자에게 알리고 제품을 회수하여 수리, 교환, 환불 등의 적절한 시정조치를 해주는 제도를 말한다.

47 리더십은 교육 훈련에 의해서 향상되므로, 좋은 리더는 육성될 수 있다는 가정을 하는 리더십 이론은?

① 특성접근법
② 상황접근법
③ 행동접근법
④ 제한적 특질접근법

해설 행동접근법에서는 리더가 취하는 행동에 가장 초점을 맞춘다. 따라서 좋은 리더가 수행하는 행동들을 수집한다면, 리더십 육성을 위한 훈련 과정등에 이를 활용할 수 있다고 본다.

48 다음 중 스트레스에 관한 설명으로 틀린 것은?

① 지나친 스트레스를 지속적으로 받으면 인체는 자기조절능력을 상실할 수 있다.
② 위협적인 환경특성에 대한 개인의 반응이라고 볼 수 있다.
③ 스트레스 수준은 작업성과와 정비례의 관계에 있다.
④ 적정수준의 스트레스는 작업성과에 긍정적으로 작용한다.

해설 스트레스가 적을 때나 많을 때도 작업성과가 떨어진다. 따라서 스트레스 수준과 작업성과는 정비례 관계가 있지 않다.

49 주의의 특성 중 여러 종류의 자극을 지각할 때 소수의 특정한 것에 한하여 선택하는 기능을 무엇이라 하는가?

① 변동성 ② 단속성
③ 선택성 ④ 혼란성

해설 선택성
사람은 한 번에 여러 종류의 자극을 지각하거나 수용하지 못하며, 소수의 특정한 것으로 한정해서 선택하는 기능을 말한다.

50 휴먼 에러의 예방대책 중 회전하는 모터의 덮개를 벗기면 모터가 정지하는 방식에 해당하는 것은?

① 정보의 피드백

해답 45. ① 46. ② 47. ③ 48. ③ 49. ③ 50. ④

② 경보시스템의 정비

③ 대중의 선호도 활용

④ 풀 프루프(Fool proof) 시스템 도입

해설 풀 프루프(Fool proof)
사용자가 조작의 실수를 하더라도 사용자에게 피해를 주지 않도록 하는 설계 개념으로 사용자가 아무리 잘못된 조작을 해도 시스템이나 장치가 동작하지 않고 올바른 조작에만 응답하도록 하는 것이다. 또는 인간이 위험구역에 접근하지 못하게 하는 것으로 격리, 기계화, 시건(lock) 장치가 있다.

51 호손(Hawthorne)의 실험결과 작업자의 작업 능률에 영향을 미치는 주요한 요인은?

① 작업조건 ② 생산방식
③ 인간관계 ④ 작업자 특성

해설 호손(Hawthorne)실험
작업능률을 좌우하는 요인은 작업환경이나 돈이 아니라 종업원의 심리적 안정감이며, 사내 친구 관계, 비공식 조직, 친목회 등의 인간관계가 중요한 역할을 한다는 것이다.

52 다음 중 모든 입력이 동시에 발생해야만 출력이 발생되는 논리조작을 나타내는 FT도표의 논리기호 명칭은?

① 부정 게이트 ② AND 게이트
③ OR 게이트 ④ 기본사상

해설 AND 게이트: 모든 입력 사상이 공존할 때만이 출력 사상이 발생한다.

53 다음 중 최고 상위에서부터 최하위의 단계에 이르는 모든 직위가 단일 명령권한의 라인으로 연결된 조직형태는?

① 직능식 조직 ② 직계식 조직
③ 직계·참모 조직 ④ 프로젝트 조직

해설 직계식 조직: 최고 상위부터 최하위의 단계에 이르는 모든 직위가 단일 명령권한의 라인으로 연결된 조직형태를 말한다.

54 연간 1,000명의 근로자가 근무하는 사업장에서 연간 24건의 재해가 발생하고, 의사진단에 의한 총휴업일수는 8,760일 이었다. 이 사업장의 도수율과 강도율은 각각 얼마인가?

① 도수율: 10, 강도율: 6
② 도수율: 15, 강도율: 3
③ 도수율: 15, 강도율: 6
④ 도수율: 10, 강도율: 3

해설

$$\text{도수율} = \frac{\text{재해발생건수}}{\text{연근로총시간수}} \times 10^6 = \frac{24}{1{,}000 \times 8 \times 300} \times 10^6 = 10$$

$$\text{강도율} = \frac{\text{근로손실일수}}{\text{연근로총시간수}} \times 1{,}000 = \frac{8{,}760 \times \frac{300}{365}}{1{,}000 \times 8 \times 300} \times 1{,}000 = 3$$

55 다음 중 인간신뢰도에 대한 설명으로 옳은 것은?

① 인간신뢰도는 인간의 성능이 특정한 기간 동안 실수를 범하지 않을 확률로 정의된다.
② 반복되는 이산적 직무에서 인간실수확률은 단위시간당 실패수로 표현된다.
③ THERP는 완전 독립에서 완전 정(正) 종속까지의 비연속을 종속정도에 따라 3수준으로 분류하여 직무의 종속성을 고려한다.
④ 연속적 직무에서 인간의 실수율이 불변(stationary)이고, 실수과정이 과거와 무관(independent)하다면 실수과정은 베르누이과정으로 묘사된다.

해답 51. ③ 52. ② 53. ② 54. ④ 55. ①

해설 인간신뢰도는 인간이 어떠한 작업을 수행하는 동안 오류를 범하지 않고 작업을 수행할 확률을 의미한다.

56 인간의 본질에 대한 기본 가정을 부정적인 시각과 긍정적인 시각으로 구분하여 주장한 동기 이론은?

① ERG이론 ② 역할이론
③ X, Y이론 ④ 기대이론

해설 맥그리거(McGregor)의 X, Y이론은 인간 불신감과 상호 신뢰감, 성악설과 성선설 등의 가설을 설정하고 있다.

57 다음 중 조직이 리더에게 부여하는 권한의 유형으로 볼 수 없는 것은?

① 보상적 권한 ② 강압적 권한
③ 작위적 권한 ④ 합법적 권한

해설 리더는 주어진 상황이나 부하들의 특성, 리더의 개인적인 특성에 의해 ① 보상적 권한, ② 강압적 권한, ③ 합법적 권한, ④ 위임된 권한, ⑤ 전문성의 권한을 가진다.

58 다음 중 하인리히(Heinrich)가 제시한 재해 발생 과정의 도미노 이론 5단계에 해당하지 않는 것은?

① 사고
② 개인적 성향
③ 기본원인
④ 불안전한 행동 및 불안전한 상태

해설 하인리히의 5개 구성 요소
① 사회적 환경 및 유전적 요소
② 개인적 결함
③ 불안전 행동 및 불안전 상태
④ 사고
⑤ 상해(산업재해)

59 다음 중 스트레스를 조직 수준에서 관리하는 방안으로 적절하지 않은 것은?

① 참여 관리 ② 경력 개발
③ 직무 재설계 ④ 도구적 지원

해설 조직 수준의 관리방안으로는 ① 과업 재설계, ② 참여관리, ③ 역할분석, ④ 경력개발, ⑤ 융통성 있는 작업계획, ⑥ 목표설정, ⑦ 팀 형성 등이 있다.

60 다음 중 재해 발생 원인의 4M에 해당하지 않는 것은?

① Man ② Machine
③ Movement ④ Management

해설 4M의 종류
① Man(인간)
② Machine(기계)
③ Media(매체)
④ Management(관리)

4 근골격계질환 예방을 위한 작업관리

61 다음 중 사람이 행하는 작업을 기본 동작으로 분류하고, 각 기본 동작들은 동작의 성질과 조건에 따라 이미 정해진 기준 시간을 적용하여 전체 작업의 정미시간을 구하는 방법은?

① PTS법 ② Work-sampling법
③ Therblig 분석 ④ Rating법

해설 PTS법이란 기본동작요소(Therblig)와 같은 요소동작이나, 또는 운동에 대해서 미리 정해놓은 일정한 표준요소 시간값을 나타낸 표를 적용하여 개개의 작업을 수행하는 데 소요되는 시간값을 합성하여 구하는 방법이다.

62 근골격계질환의 발생원인 중 직접적인 위험요인(ergonomic risk factors)이 아닌 것은?

해답 56. ③ 57. ③ 58. ③ 59. ④ 60. ③
61. ① 62. ③

① 작업강도 ② 작업자세
③ 작업만족도 ④ 작업의 반복도

해설 근골격계질환의 작업 특성 요인
① 반복성
② 부자연스런 또는 취하기 어려운 자세
③ 과도한 힘
④ 접촉스트레스
⑤ 진동
⑥ 온도, 조명 등 기타요인

63 시간연구로부터 어느 작업의 평균작업시간이 2분, 정미시간이 2.5분임을 알았다면 기준속도와 비교할 때 작업자의 작업속도는 어떠한가?

① 빠르다. ② 느리다.
③ 같다. ④ 알 수 없다.

해설 정미시간은 "정상시간"이라고도 하며, 매회 또는 일정한 간격으로 주기적으로 발생하는 작업요소의 수행시간이 2.5분이므로 작업자의 작업속도는 기준속도보다 빠르다고 할 수 있다.

64 워크샘플링 조사에서 초기 idle rate가 0.05라면, 99% 신뢰도를 위한 워크샘플링 횟수는 약 몇 회인가? (단, $Z_{0.005}$는 2.58, 허용오차는 $\pm 1\%$이다.)

① 1,232 ② 2,557 ③ 3,060 ④ 3,162

해설 관측횟수의 결정

$$N = \frac{Z^2_{1-\alpha/2} \times \overline{P}(1-\overline{P})}{e^2}$$

(이때 e는 허용오차, $\overline{P}$은 idle rate이다.)

$$N = \frac{2.58^2 \times 0.05 \times 0.95}{0.01^2} = 3{,}162$$

65 동작경제의 원칙 중 신체사용에 관한 내용으로 옳은 것은?

① 동작은 최대 차원의 신체부위로 한다.
② 가능한 한 직선적인 동작으로 한다.
③ 양팔의 운동은 동일한 방향으로 움직이도록 한다.
④ 휴식시간을 제외하고는 양손이 동시에 쉬지 않도록 한다.

해설 신체의 사용에 관한 원칙 중 휴식시간 이외에 양손이 동시에 노는 시간이 있어서는 안 된다.

66 다음 중 근골격계질환 예방·관리 프로그램 실행을 위한 보건관리자의 역할로 볼 수 없는 것은?

① 예방·관리 프로그램 지속적으로 관리·운영을 지원한다.
② 주기적으로 작업장을 순회하여 근골격계질환 유발 공정 및 작업유해요인을 파악한다.
③ 주기적인 근로자 면담을 통하여 근골격계질환 증상 호소자를 조기에 발견할 수 있도록 노력한다.
④ 근골격계질환 예방·관리 프로그램의 운영을 위한 정책 결정에 참여한다.

해설 근골격계질환 예방·관리 프로그램 지속적인 운영을 지원하는 것은 사업주의 역할이다.

67 다음 중 작업개선에 관한 설명으로 적절하지 않은 것은?

① 가능한 공정자세를 취하고 작업한다.
② 신체 부위의 압박을 피한다.
③ 반복 동작을 줄이거나 제거한다.
④ 표시장치와 조종장치를 사용자 중심으로 조정한다.

해설 개선원리
① 자연스러운 자세를 취한다.
② 과도한 힘을 줄인다.
③ 손이 닿기 쉬운 곳에 둔다.
④ 적절한 높이에서 작업한다.
⑤ 반복동작을 줄인다.
⑥ 피로와 정적 부하를 최소화한다.

해답 63. ① 64. ④ 65. ④ 66. ① 67. ①

⑦ 신체가 압박 받지 않도록 한다.
⑧ 충분한 여유 공간을 확보한다.
⑨ 적절히 움직이고 운동과 스트레칭을 한다.
⑩ 쾌적한 작업환경을 유지한다.
⑪ 표시장치와 조종장치를 이해할 수 있도록 한다.
⑫ 작업조직을 개선한다.

68 다음 중 근골격계질환의 예방원리에 관한 설명으로 가장 적절한 것은?

① 공학적 개선을 통해 해결하기 어려운 경우에는 그 공정을 중단한다.
② 예방보다는 신속한 사후조치가 효과적이다.
③ 사업장 근골격계 예방정책에 노사가 협의하면 작업자의 참여는 중요하지 않다.
④ 작업자의 신체적 특징 등을 고려하여 작업장을 설계한다.

해설 근골격계질환을 예방하기 위해서는 작업자의 신체적 특성을 고려한 인체공학 개념을 도입한 작업장을 설계하여야 한다.

69 다음 중 작업대 및 작업공간에 관한 설명으로 틀린 것은?

① 가능하면 작업자가 작업 중 자세를 필요에 따라 변경 할 수 있도록 작업대와 의자 높이를 조절식을 사용한다.
② 가능한 한 낙하식 운반방법을 사용한다.
③ 작업점의 높이는 팔꿈치 높이를 기준으로 설계한다.
④ 정상 작업영역이란 작업자가 윗팔과 아래팔을 곧게 펴서 파악할 수 있는 구역으로 조립작업에 적절한 영역이다.

해설 정상 작업영역은 상완을 자연스럽게 수직으로 늘어뜨린 채, 전완만으로 편하게 뻗어 파악할 수 있는 구역(34~45 cm)이다.

70 다음 중 PTS법과 관련이 가장 적은 것은?

① Methods-Time Measurement
② MODAPTS
③ Work Factor
④ Standard Time Study

해설 PTS법은 간접 측정법이지만 Standard Time Study는 직접 측정법이다.

71 다음 중 위험작업의 관리적 개선에 속하지 않는 것은?

① 작업자의 신체에 맞는 작업장 개선
② 작업자의 교육 및 훈련
③ 작업자의 작업속도 조절
④ 적절한 작업자의 선발

해설 작업자의 신체에 맞는 작업장 개선은 공학적 개선이다.

72 다음 중 근골격계 부담작업의 유해요인조사 및 평가에 관한 설명으로 틀린 것은?

① 조사항목으로 작업장의 상황, 작업조건 등이 있다.
② 정기 유해요인조사는 수시 유해요인조사와는 별도로 2년마다 행한다.
③ 신설되는 사업장의 경우에는 신설일로부터 1년 이내 최초의 유해요인조사를 실시해야 한다.
④ 사업주는 개선계획의 타당성을 검토하기 위하여 외부의 전문기관이나 전문가로부터 지도·조언을 들을 수 있다.

해설 사업주는 부담작업에 대한 정기 유해요인조사를 최초 유해요인조사를 완료한 날로부터 매 3년마다 주기적으로 실시하여야 한다.

해답 68. ④ 69. ④ 70. ④ 71. ① 72. ②

73 다음 중 동작분석에 관한 설명으로 틀린 것은?

① 서블릭 분석, 필름/비디오 분석이 이에 해당된다.
② SIMO chart는 미세동작연구인 동시에 동작 사이클 차트이다.
③ 미세동작연구를 할 때에는 가능하면 작업방법이 서투른 초보자를 대상으로 한다.
④ 미세동작연구에서는 작업수행도가 월등히 뛰어난 작업사이클을 대상으로 한다.

해설 미세동작연구 방법을 수행할 때는 숙련된 두 명의 작업자 내용을 촬영한다.

74 각 한 명의 작업자가 배치되어 있는 세 개의 라인으로 구성된 공정의 공정시간이 각각 3분, 5분, 4분일 때, 공정효율은 얼마인가?

① 60% ② 70%
③ 80% ④ 90%

해설

$$\text{공정효율} = \frac{\text{총작업시간}}{\text{총작업자수} \times \text{주기시간}} \times 100 = \frac{12\text{분}}{3 \times 5\text{분}} \times 100 = 80\%$$

주기시간은 가장 긴 5분이다.

75 개정된 NIOSH의 들기 기준은 무엇을 기준으로 산정되었는가?

① 40대 여성의 들기 능력의 50퍼센타일
② 20대 여성의 들기 능력의 5퍼센타일
③ 40대 남성의 들기 능력의 50퍼센타일
④ 20대 남성의 들기 능력의 5퍼센타일

해설 개정된 NIOSH의 들기 기준은 40대 여성의 들기 능력의 50퍼센타일을 기준으로 산정되었다.

76 다음 중 직업성 근골격계질환의 유형으로 분류되기 어려운 것은?

① 컴퓨터 작업자의 안구건조증
② 전자제조업 조립작업자의 건초염
③ 물류창고 중량물 취급자의 활액낭염
④ 육류가공업 작업자의 수근관증후군

해설 안구건조증이란 눈물 부족, 눈물이 지나치게 증발, 눈물 구성 성분의 불균형으로 인해 안구 표면이 손상되어 눈이 시리고 자극감, 이물감, 건조감 같은 자극증상을 느끼게 되는 눈의 질환으로 근골격계 질환의 유형으로 분류할 수 없다.

77 다음 중 서블릭(Therblig)에 관한 설명으로 옳은 것은?

① 작업측정을 통한 시간산출의 단위이다.
② 빈손이동(TE)은 비효율적 서블릭이다.
③ 분석과정에서 시간은 스톱워치로 측정한다.
④ 21가지의 기본동작을 분류하여 기호화한 것이다.

해설 서블릭 분석과정에서 시간은 스톱워치를 이용해서 측정한다.

78 다음 중 어깨, 팔목, 손목, 목 등 상지의 작업자세로 인한 작업 부하를 빠르고 상세하게 분석할 수 있는 근골격계질환의 위험평가기법으로 가장 적절한 것은?

① RULA ② OWAS
③ NIOSH ④ WAC

해설 RULA(Rapid Upper Limb Assessment) 어깨, 팔목, 손목, 목 등 상지(upper limb)에 초점을 맞추어서 작업자세로 인한 작업부하를 쉽고 빠르게 평가하기 위해 만들어진 기법이다.

해답 73. ③ 74. ③ 75. ① 76. ① 77. ③ 78. ①

79 작업관리의 문제해결 방법으로 전문가 집단의 의견과 판단을 추출하고 종합하여 집단적으로 판단하는 방법은?

① 브레인스토밍(Brainstorming)
② 마인드 맵핑(Mind Mapping)
③ SEARCH의 원칙
④ 델파이 기법(Delphi Technique)

해설 델파이 기법(Delphi Technique)
쉽게 결정될 수 없는 정책이나 쟁점이 되는 사회문제에 대하여, 일련의 전문가 집단의 의견과 판단을 추출하고 종합하여 집단적 합의를 도출해 내는 연구방법이다.

80 공정도에 표시되는 기호 중 우선개선대상이 되는 것은?

① ○ ② □ ③ ⇨ ④ D

해설
○: 가공
□: 검사
⇨: 운반
D: 정체
공정도에서 정체는 우선 개선대상이다.

해답 79. ④ 80. ④

인간공학기사 필기시험 문제풀이 22회[103]

1 인간공학 개론

1 **다음 중 정보가 시각적 표시장치보다 청각적 표시장치로 전달될 경우 더 효과적인 것은?**

① 정보가 즉각적인 행동을 요구하는 경우
② 정보가 복잡하고 추상적일 때
③ 정보가 후에 재참조되는 경우
④ 직무상 수신자가 한곳에 머무르는 경우

해설 입력 자극의 암호화
(1) 청각장치가 이로운 경우
① 전달정보가 간단할 때
② 전달정보가 후에 재참조되지 않을 때
③ 전달정보가 즉각적인 행동을 요구할 때
④ 수신 장소가 너무 밝을 때
⑤ 직무상 수신자가 자주 움직이는 경우
(2) 시각장치가 이로운 경우
① 전달정보가 복잡할 때
② 전달정보가 후에 재참조될 때
③ 수신자의 청각계통이 과부하일 때
④ 수신 장소가 시끄러울 때
⑤ 전달정보가 한곳에 머무르는 경우

2 **연구의 기준척도에서 인간기준을 측정하는 퍼포먼스 척도(performance measure)에 해당하지 않는 것은?**

① 빈도 척도 ② 강도 척도
③ 종말 척도 ④ 지속성 척도

해설 인간기준의 평가 기준
① 빈도 척도
② 강도 척도
③ 잠복시간 척도
④ 지속시간 척도
⑤ 인간의 신뢰도

3 **다음 중 작업기억에 저장될 수 있는 최대항목 수로 가장 적절한 것은?**

① 5 ± 3 ② 6 ± 3
③ 7 ± 2 ④ 8 ± 2

해설 작업기억에 저장될 수 있는 정보량의 한계는 7 ± 2chunk이다.

4 **다음 중 신호검출이론에 관한 설명으로 틀린 것은?**

① 신호검출이론은 잡음이 신호검출에 미치는 영향을 다루는 것이다.
② 일반적으로 신호의 판정의 결과는 4가지이다.
③ 제시된 자극 수준이 판정기준 이상이면 신호가 없다고 말한다.
④ 신호검출의 난이도는 두 분포가 중첩된

해답 1. ① 2. ③ 3. ③ 4. ③

정도로 나타낸다.

(해설) 판정자는 반응기준보다 자극의 강도가 클 경우 신호가 나타난 것으로 판정하고, 반응기준보다 자극의 강도가 작을 경우 신호가 없는 것으로 판정한다.

5 음량수준(phon)이 80인 순음의 sone치는 얼마인가?

① 4 ② 8
③ 16 ④ 32

(해설)
$sone$값 $= 2^{(phon값 - 40)/10}$
그러므로 $2^{(80-40)/10}$
즉, $2^4 = 16\,sone$이다.

6 다음 중 시식별에 영향을 주는 요소로서 관련이 가장 적은 것은?

① 시력 ② 표적의 형태
③ 밝기 ④ 물체 크기

(해설) 인간의 시식별 능력은 시력과 같은 개인차 외에도 시식별에 영향을 주는 외적 변수인 조도, 대비, 노출시간, 광도비, 표적의 크기와 이동, 휘광, 연령 등이 있다.

7 음의 한 성분이 다른 성분에 대한 귀의 감수성을 감소시키는 상황을 무슨 효과라 하는가?

① 은폐(masking)
② 밀폐(sealing)
③ 기피(avoid)
④ 방해(interrupt)

(해설) 은폐(masking)란 음의 한 성분이 다른 성분의 청각감지를 방해하는 현상을 말한다. 즉, 은폐란 한 음(피은폐음)의 가청 역치가 다른 음(은폐음) 때문에 높아지는 것을 말한다.

8 인체측정자료의 응용원리 중 측정자료의 5%tile이나 95%tile 값을 적용하기 어려운 경우 가장 적절한 응용원리는?

① 평균치를 이용한 설계원리
② 최대치를 이용한 설계원리
③ 최소치를 이용한 설계원리
④ 주문자 방식의 설계원리

(해설) 특정한 장비나 설비의 경우, 최대집단값이나 최소집단값을 기준으로 설계하기도 부적절하고 조절식으로 하기도 불가능할 경우 평균값을 기준으로 하여 설계하기도 한다. 예를 들면 평균 신장의 손님을 기준으로 만들어진 은행의 계산대가 난장이나 거인을 기준으로 해서 만드는 것보다는 대다수의 일반 손님에게 덜 불편할 것이기 때문이다.

9 피부의 감각기 중 감수성이 제일 높은 감각기는?

① 온각 ② 압각
③ 통각 ④ 냉각

(해설) 피부감각기 중 통각의 감수성이 가장 높다.

10 다음 중 움직이는 몸의 자세로부터 측정한 인체치수를 무엇이라고 하는가?

① 기능적 인체치수 ② 구조적 인체치수
③ 파악한계 치수 ④ 조절 치수

(해설) 기능적 인체치수(동적측정)는 일반적으로 상지나 하지의 운동, 체위의 움직임에 따른 상태에서 측정하는 것이다.

11 다음 중 정보에 관한 설명으로 옳은 것은?

① 정보이론에서 정보란 불확실성의 감소라 정의할 수 있다.
② 선택반응시간은 선택대안의 개수에 선형으로 반비례한다.
③ 대안의 수가 늘어나면 정보량은 감소한다.
④ 실현 가능성이 동일한 대안이 2가지일 경우 정보량은 2 bit이다.

해답 **5.** ③ **6.** ② **7.** ① **8.** ① **9.** ③ **10.** ① **11.** ①

해설 선택반응시간은 선택대안의 개수에 로그(log)함수의 정비례로 증가하며, 대안의 수가 늘어남에 따라 정보량은 증가한다. Bit란 실현가능성이 같은 2개의 대안 중 하나가 명시되었을 때 우리가 얻는 정보량이다. 대안이 2가지뿐이면 정보량은 1 Bit이다.

12 다음 내용에 해당하는 양립성의 종류는?

"강의실의 전원 스위치를 확인한 결과, 스위치를 올리면 켜지고, 내리면 꺼진다."

① 운동 양립성 ② 개념 양립성
③ 공간 양립성 ④ 양식 양립성

해설 운동 양립성(movement compatibility)
조종기를 조작하거나 display상의 정보가 움직일 때 반응결과가 인간의 기대와 양립. 예로 라디오의 음량을 줄일 때 조절장치를 반시계 방향으로 회전

13 다음 중 기계가 인간보다 더 우수한 기능이 아닌 것은?

① 이상하거나 예기치 못한 사건들을 감지한다.
② 자극에 대하여 연역적으로 추리한다.
③ 장시간에 걸쳐 신뢰성있는 작업을 수행한다.
④ 암호화된 정보를 신속하고, 정확하게 회수한다.

해설 인간과 기계의 능력
인간은 예기치 못한 자극을 탐지할 수 있으나 기계는 미리 정해 놓은 활동만을 할 수 있다.

14 인간-기계 인터페이스를 설계할 때 편리성, 신뢰성 그리고 기능 등을 고려하는 설계 요소 중 가장 우선하여 설계되어야 하는 특성 항목은?

① 기계특성
② 사용자 특성
③ 작업장 환경 특성
④ 운용 환경 특성

해설 인간-기계 시스템 설계원칙
① 인체 특성에 적합하여야 한다.
② 인간의 기계적 성능에 부합되도록 설계하여야 한다.
③ 양립성: 자극과 반응 그리고 인간의 예상과의 관계를 말하는 것으로, 인간공학적 설계의 중심이 되는 개념이다.
④ 배열과 관계된 계기판이나 제어장치는 중요성, 사용빈도, 사용순서, 기능에 따라 배치가 이루어져야 한다.

15 정상조명 하에서 5 m 거리에서 볼 수 있는 원형 바늘 시계를 설계하고자 한다. 시계의 눈금 단위를 1분 간격으로 표시하고자 할 때 눈금간의 간격은 몇 mm 정도로 하여야 하는가?

① 9.15 ② 18.31
③ 45.75 ④ 91.55

해설 정량적 표시장치 눈금 설계 시 정상시거리라고 칭하는 것은 0.71 m(71 cm)를 말하는데 이러한 정상조건에서 눈금간의 최소간격을 1.3 mm로 권장하고 있다. 따라서 주어진 거리(5 m)를 비례식에 적용하면,
$0.71 : 1.3 = 5 : X$
$X = 6.5/0.71$
$X = 9.15$

16 다음 중 "인간공학"을 지칭하는 용어로 적절하지 않은 것은?

① Biology
② Ergonomics
③ Human factors
④ Human factors engineering

해설 인간공학을 지칭하는 용어로는 Ergonomics, Human factors, Human factors engineering 등이 있다.

17 다음 중 일반적으로 입식 작업에서 작업대 높이를 정할 때 기준점이 되는 것은?

① 어깨 높이 ② 팔꿈치 높이

해답 12. ① 13. ① 14. ② 15. ① 16. ① 17. ②

③ 배꼽 높이　　④ 허리 높이

(해설) 입식 작업대의 높이
근전도, 인체 측정, 무게 중심 결정 등의 방법으로 서서 작업하는 사람에 맞는 작업대의 높이를 구해보면 팔꿈치 높이보다 5~10 cm 정도 낮은 것이 조립작업이나 이와 비슷한 조작 작업의 작업대 높이에 해당한다. 일반적으로 미세부품 조립과 같은 섬세한 작업일수록 높아야 하며, 힘든 작업에는 약간 낮은 편이 좋다. 작업자의 체격에 따라 팔꿈치 높이를 기준으로 하여 작업대 높이를 조정해야 한다.

18 다음 중 눈의 구조에 관한 설명으로 옳은 것은?

① 망막은 카메라의 필름처럼 상이 맺혀지는 곳이다.
② 수정체는 눈에 들어오는 빛의 양을 조절한다.
③ 동공은 홍채의 중심에 있는 부위로 시신경세포가 분포한다.
④ 각막은 카메라의 렌즈와 같은 역할을 한다.

(해설) 망막(網膜, retina)
안구 뒤쪽 2/3를 덮고 있는 투명한 신경조직으로 카메라의 필름에 해당하는 부위로 눈으로 들어온 빛이 최종적으로 도달하는 곳이며, 망막의 시세포들이 시신경을 통해 뇌로 신호를 전달하는 기능을 한다.

19 일반적으로 표시장치의 연속위치에 또는 정량적으로 맞추는 조종장치를 사용하는 경우에는 2가지 동작이 수반하는데 하나는 큰 이동 동작이고 또 하나는 미세한 조정 동작이다. 최적의 C/R(control/response)비를 결정하고자 할 때 이에 관한 설명으로 옳은 것은?

① C/R비가 감소함에 따라 조정 시간은 급격히 감소하다가 안정된다.
② C/R비가 감소함에 따라 이동 시간은 급격히 감소하다가 안정된다.
③ C/R비가 증가함에 따라 조정 시간은 급격히 증가하다가 안정된다.
④ C/R비가 증가함에 따라 이동 시간은 급격히 감소하다가 안정된다.

(해설) 조종–반응비율(Control–Response ratio)

$$C/R\text{비} = \frac{(a/360)\times 2\pi L}{\text{표시장치 이동거리}}$$

a: 조종장치가 움직인 각도
L: 반지름(지레의 길이)
그러므로 C/R비가 감소함에 따라 이동 시간은 급격히 감소하다가 안정된다.

20 다음 중 Fitts의 법칙과 관련이 없는 것은?

① 표적의 폭
② 이동소요 시간
③ 이동의 궤도
④ 표적 중심선까지의 이동거리

(해설) Fitts의 법칙
① 표적이 작을수록 또 이동거리가 길수록 작업의 난이도와 소요 이동시간이 증가한다.
② 사람들이 신체적 반응을 통하여 전송할 수 있는 정보량은 상황에 따라 다르지만, 대체적으로 그 상한 값은 약 10 bit/sec 정도로 추정된다.

2 작업생리학

21 뇌파(EEG)의 종류 중 안정 시에 나타나는 뇌파의 형은?

① α파　　② β파
③ δ파　　④ γ파

(해설) α파 상태는 8~14 Hz의 주파수를 말한다. 의식이 높은 상태에서 몸과 마음이 조화를 이루고 있을 때 발생되는 뇌파이다. α파를 명상파라고도 하는데 근육이 이완되고 마음이 편안하면서도 의식이 집중되고 있는 상태에서 발생한다. 그러므로 α파가 나오면 몸과 마음이 매우 안정된 상태임을 뜻한다.

해답 18. ① 19. ② 20. ③ 21. ①

22 다음 중 에너지 소비율(Relative Metabolic Rate)에 관한 설명으로 옳은 것은?

① 작업 시 소비된 에너지에서 안정시 소비된 에너지를 공제한 값이다.

② 작업 시 소비된 에너지를 기초대사량으로 나눈 값이다.

③ 작업 시와 안정 시 소비에너지의 차를 기초대사량으로 나눈 값이다.

④ 작업강도가 높을수록 에너지 소비율은 낮아진다.

해설 에너지 소비율(Relative Metabolic Rate; RMR)

$$= \frac{\text{작업시소비에너지} - \text{안정시소비에너지}}{\text{기초대사량}}$$

$$= \frac{\text{작업대사량}}{\text{기초대사량}}$$

23 다음 중 사무실의 공기를 관리하고자 할 때 오염물질의 관리 기준이 잘못된 것은?

① 석면은 0.01개/cc 이하이어야 한다.

② 일산화탄소(CO)는 10 ppm 이하이어야 한다.

③ 이산화탄소(CO_2)의 농도는 100 ppm 이하이어야 한다.

④ 포름알데히드의 농도가 0.1 ppm 이하이어야 한다.

해설 사무실 오염물질별 관리기준

① 호흡성 분진: 실내 공기 중에 부유하고 있는 호흡성 분진의 총량은 1 m^3 당 0.15 mg 이하가 되도록 하여야 한다.

② 일산화탄소: 실내 이산화탄소(CO)의 농도가 10 ppm, 외기가 오염되어 있어 일산화탄소의 농도가 10 ppm 이하인 공기를 공급하기 곤란한 경우에는 20 ppm 이하가 되도록 하여야 한다.

③ 이산화탄소: 실내 공기 중 이산화탄소(CO_2)의 농도가 1,000 ppm 이하가 되도록 하여야 한다.

④ 이산화질소: 이산화질소(NO_2)가 발생되는 연소기구(발열량이 극히 적은 것을 제외한다)를 사용하는 실내작업장에는 배기통, 환기팬 및 기타 공기 순환을 위한 적절한 설비를 설치하여 이산화질소의 당해 실내 농도가 0.15 ppm 이하로 되도록 조치하여야 한다.

⑤ 포름알데히드: 사무실 내 포름알데히드(HCHO)의 농도가 0.1 ppm 이하가 되도록 하여야 한다.

24 다음 중 근력과 지구력에 관한 설명으로 틀린 것은?

① 근력에 영향을 미치는 대표적 개인적 인자로는 성(性)과 연령이 있다.

② 정적(static) 조건에서의 근력이란 자의적 노력에 의해 등척적(isometrically)으로 낼 수 있는 최대 힘이다.

③ 동적(dynamic) 근력은 측정이 어려우며, 이는 가속과 관절 각도의 변화가 힘의 발휘와 측정에 영향을 주기 때문이다.

④ 근육이 발휘할 수 있는 최대 근력의 50% 정도의 힘으로는 상당히 오래 유지할 수 있다.

해설 지구력

① 지구력은 힘의 크기와 관계가 있으며, 근력을 사용하여 특정 힘을 유지할 수 있는 능력이다.

② 최대 근력으로 유지할 수 있는 것은 몇 초이며, 최대 근력의 15% 이하에서 상당히 오랜 시간을 유지할 수 있다.

③ 반복적인 동적작업에서는 힘과 반복주기의 조합에 따라 그 활동의 지속시간이 달라진다.

④ 최대 근력으로 반복적 수축을 할 때는 피로 때문에 힘이 줄어들지만 어떤 수준 이하가 되면 장시간 동안 유지할 수 있다.

⑤ 수축횟수가 10회/분일 때는 최대 근력의 80% 정도를 계속 낼 수 있지만, 30회/분일 때는 최대 근력의 60% 정도 밖에 지속할 수 없다.

25 우리 몸의 구조에서 서로 유사한 형태 및 기능을 가진 세포들의 모임을 무엇이라 하는가?

① 기관계 ② 조직

③ 핵 ④ 기관

해답 22. ③ 23. ③ 24. ④ 25. ②

해설 조직은 구조와 기능이 비슷한 세포들이 그 분화의 방향에 따라 형성 분화된 집단을 말하며, 그 구조와 기능에 따라 근육조직, 신경조직, 상피조직, 결합조직을 인체의 4대 기본조직이라 한다.

26 작업장에서 8시간 동안 85 dB(A)로 2시간, 90 dB(A)로 3시간, 95 dB(A)로 3시간 소음에 노출되었을 경우 소음노출지수는? (단, 국내의 관련 규정을 따른다.)

① 0.975 ② 1.125 ③ 1.25 ④ 1.5

해설

$$누적소음노출지수 = \frac{실제노출시간}{최대허용시간} \times 100$$

$$= (\frac{2}{16} \times 100) + (\frac{3}{8} \times 100) + (\frac{3}{4} \times 100)$$

$$= 125\% = 1.25$$

27 어떤 작업의 평균 에너지값이 6 kcal/min이라고 할 때 60분간 총 작업시간 내에 포함되어야 하는 휴식시간은 약 몇 분인가? (단, Murrell의 방법을 적용하여, 기초대사를 포함한 작업에 대한 권장 평균 에너지 값의 상한은 4 kcal/min이다.)

① 6.7 ② 13.3 ③ 26.7 ④ 53.3

해설 Murrell의 공식: $R = \frac{T(E-S)}{E-1.5}$

R: 휴식시간(분)
T: 총작업시간(분)
E: 평균에너지소모량(kcal/min)
S: 권장평균에너지소모량 = 4(kcal/min)

따라서, $R = \frac{60(6-4)}{6-1.5}$

$= 26.67(분) ≒ 26.7(분)$

28 다음 중 산소소비량에 관한 설명으로 틀린 것은?

① 산소소비량은 단위 시간당 호흡량을 측정한 것이다.
② 산소소비량과 심박수 사이에는 밀접한 관련이 있다.
③ 심박수와 산소소비량 사이는 선형관계이나 개인에 따른 차이가 있다.
④ 산소소비량은 에너지 소비와 직접적인 관련이 있다.

해설 산소소비량은 분당 또는 시간당 산소소비량으로 측정하며, 이 수치는 1liter O_2 소비=5 kcal의 관계를 통하여 분당 또는 시간당 kcal값으로 바꿀 수 있다.

29 다음 중 인체의 부분과 그 역할의 연결이 잘못된 것은?

① 간뇌: 자극에 대한 자율적인 반응 및 체온조절
② 소뇌: 몸의 자세와 균형 유지
③ 중뇌: 시각반사와 안구운동에 관한 반사중추
④ 척수: 타액분비중추

해설 척수(spinal cord)
뇌와 말초신경 사이의 신경 전달 통로, 무릎 반사, 땀의 분비, 배뇨 등의 반사 중추 역할을 한다.

30 신체동작의 유형 중 인체 분절(segment)의 운동 궤적이 원뿔을 형성하는 관절동작에 해당하는 것은?

① 회전(rotation)
② 선회(circumduction)
③ 회외(supination)
④ 회내(pronation)

해설 선회(circumduction)란 팔을 어깨에서 원형으로 돌리는 동작처럼 인체 부위의 원형 또는 원추형 동작을 뜻한다.

31 조도가 균일하고 눈이 부시지 않지만 설치비용이 많이 소요되는 조명방식은?

해답 26. ② 27. ③ 28. ① 29. ④ 30. ② 31. ②

① 직접조명　　② 간접조명
③ 복사조명　　④ 국소조명

해설 간접조명(間接照明)
직사 조도(照度)가 거의 없고 등 기구에서 나오는 광속의 90~100%를 천장이나 벽에 투사하여 여기에서 반사되어 퍼져 나오는 광속을 이용한다. 이러한 조명 방식은 방 바닥면을 고르게 비출 수 있고 빛이 물체에 가려도 그늘이 짙게 생기지 않으며, 빛이 부드러워서 눈부심이 적고 온화한 분위기를 얻을 수 있다. 보통 천장이 낮고 실내가 넓은 곳에 높이감을 주기 위해 사용하는데, 용량이 큰 전구를 많이 사용하지 않아도 최대한의 조명 효과를 낼 수 있다. 단점으로는 효율이 나쁘고 천장 색에 따라 조명 빛깔이 변하며, 설비비가 많이 들고 보수가 쉽지 않은 점 등을 꼽을 수 있다.

32 다음 중 소음에 대한 대책으로 적절하지 않은 것은?

① 소음원의 제어
② 내성이 강한 근로자의 선발
③ 소음전달경로의 제어
④ 청각 보호장비의 사용

해설 소음관리 대책
① 소음원의 통제: 기계의 적절한 설계, 적절한 정비 및 주유, 기계에 고무 받침대(mounting) 부착, 차량에는 소음기(muffler)를 사용한다.
② 소음의 격리: 덮개(enclosure), 방, 장벽을 사용(집의 창문을 닫으면 약 10 dB 감음된다.)
③ 차폐장치(baffle) 및 흡음재료 사용
④ 음향 처리제(acoustical treatment) 사용
⑤ 적절한 배치(layout)
⑥ 방음 보호구 사용: 귀마개와 귀덮개

33 다음 중 운동을 시작한 직후의 근육 내 혐기성 대사에서 가장 먼저 사용되는 것은?

① ATP　　② CP
③ 글리코겐　　④ 포도당

해설 혐기성 운동이 시작되고 처음 몇 초 동안 근육에 필요한 에너지는 이미 저장되어 있던 ATP나 CP를 이용하며 5~10초 정도 경과되면 근육내의 당원(glycogen)이나 포도당이 혐기성 해당과정을 거쳐 유산으로 분해되면서 에너지를 발생한다.

34 다음 중 근육피로의 1차적 원인으로 옳은 것은?

① 피루브산 축적　　② 글리코겐 축적
③ 미오신 축적　　④ 젖산 축적

해설 육체적으로 격렬한 작업에서는 충분한 양의 산소가 근육활동에 공급되지 못해 무기성 환원과정에 의해 에너지가 공급되기 때문에 근육에 젖산이 축적되어 근육의 피로를 유발하게 된다.

35 생리적 활동의 척도 중 Borg의 RPE (ratings of perceived exertion)척도에 대한 설명으로 적절하지 않은 것은?

① 육체적 작업부하의 주관적 평가방법이다.
② NASA-TLX와 동일한 평가척도를 사용한다.
③ 척도의 양끝은 최소 심장 박동률과 최대 심장 박동률을 나타낸다.
④ 작업자들이 주관적으로 지각한 신체적 노력의 정도를 6~20 사이의 척도로 평정한다.

해설 Borg의 RPE 척도는 많이 사용되는 주관적 평정척도로서 작업자들이 주관적으로 지각한 신체적 노력의 정도를 6에서 20 사이의 척도로 평정한다. 이 척도의 양끝은 각각 최소 심장 박동률과 최대 심장 박동률을 나타낸다.

36 다음 중 진동으로 인한 성능 및 생리적 영향에 관한 설명으로 가장 거리가 먼 것은?

① 진동수가 클수록 특히 10~25 Hz의 경우 안구의 성능 저하가 심하다.
② 운동 능력에 있어 추적작업의 저하는 5 Hz 이하의 낮은 진동수에서 더욱 심

해답 32. ② 33. ① 34. ④ 35. ② 36. ④

하다.

③ 중앙 신경계의 처리 과정과 관련된 성능은 진동 영향을 비교적 덜 받는다.

④ 진동의 단시간 노출 시 혈액이나 내분비의 화학적 변화에 의한 생리적 영향이 크다.

해설 진동이 생리적 기능에 미치는 영향

① 심장: 혈관계에 대한 영향과 교감신경계의 영향으로 혈압 상승, 맥박 증가, 발한 등의 증상을 보인다.

② 소화기계: 위장내압의 증가, 복합상승, 내장하수 등의 증상을 보인다.

③ 기타: 내분비계 반응장애, 척수장애, 청각장애, 시각장애 등이 나타날 수 있다.

37 다음 중 뼈대근육(골격근, skeletal muscle)에 관한 설명으로 옳은 것은?

① 가로무늬근이라 불리며, 수의근이다.

② 가로무늬근이라 불리며, 불수의근이다.

③ 민무늬근이라 불리며, 수의근이다.

④ 민무늬근이라 불리며, 불수의근이다.

해설 골격근(skeletal muscle)

① 형태: 가로무늬근

② 특징: 뼈에 부착되어 전신의 관절운동에 관여하며 뜻대로 움직여지는 수의근(뇌척수신경의 운동신경이 지배)이다. 명령을 받으면 짧은 시간에 강하게 수축하며 그만큼 피로도 쉽게 온다. 체중의 약 40%를 차지한다.

38 다음 중 VDT 취급 작업 시 조명에 관한 설명으로 틀린 것은?

① 조명은 화면과 명암의 대조가 심하지 않도록 하여야 한다.

② 화면의 바탕 색상이 흰색 계통일 때 100 ~300 Lux를 유지하도록 하여야 한다.

③ 화면의 바탕 색상이 검정색 계통일 때 300~500 Lux를 유지하도록 하여야 한다.

④ 시야에 들어오는 화면·키보드·서류 등의 주요 표면 밝기를 가능한 한 갈도록 유지하여야 한다.

해설 VDT 취급 작업 시 조명과 채광

① 창과 벽면은 반사되지 않는 재질을 사용해야 한다.

② 조명은 화면과 명암의 대조가 심하지 않아야 한다.

③ 조도는 화면의 바탕이 검정색 계통이면 300~500 Lux, 화면의 바탕이 흰색 계통이면 500~700 Lux로 한다.

④ 화면, 키보드, 서류의 주요 표면 밝기를 같도록 해야 한다.

⑤ 창문에 차광망, 커튼을 설치하여 밝기 조절이 가능해야 한다.

39 환경요소와 관련한 복합지수 중 열에 관련된 것이 아닌 것은?

① Oxford 지수

② Effective Temperature

③ Heat Stress Index

④ Strain Index

해설 SI(Strain Index)란 생리학, 생체역학, 상지질환에 대한 병리학을 기초로 한 정량적 평가기법이다. 상지질환(근골격계질환)의 원인이 되는 위험요인들이 작업자에게 노출되어 있거나 그렇지 않은 상태를 구별하는 데 사용된다. 이 기법은 상지질환에 대한 정량적 평가기법으로 근육사용 힘(강도), 근육사용 기간, 빈도, 자세, 작업속도, 하루 작업시간 등 6개의 위험요소로 구성되어 있으며, 이를 곱한 값으로 상지질환의 위험성을 평가한다.

40 작업장 설계 시 위팔과 아래팔 간의 관절 각도가 어느 정도일 때 최대 염력(torque)을 발휘하여 작업자 부하를 최소화할 수 있는가?

① 40° ② 60°

③ 100° ④ 180°

해설 위팔과 아래팔 간의 관절 각도가 100°일 때 최대 염력(torque)을 발휘할 수 있으므로 작업자 부하를 최소화할 수 있다.

해답 37. ① 38. ② 39. ④ 40. ③

3 산업심리학 및 관련법규

41 NIOSH의 스트레스모형에서 직무스트레스 요인 중 중재요인에 해당하는 것은?

① 작업부하 ② 역할갈등
③ 소음 ④ 개인적 요인

해설 중재요인(moderating factors) – 똑같은 작업환경에 노출된 개인들이 지각하고 그 상황에 반응하는 방식에서의 차이를 가져오는 개인적이고 상황적인 특성이며, 개인적 요인, 조직 외 요인 및 완충작용 요인 등이 이에 해당된다.

42 사고예방 대책의 기본원리 5단계 중 재해예방을 위한 안전활동 방침 및 안전계획수립 등을 실시하는 단계는?

① 안전관리 조직 ② 사실의 발견
③ 분석 평가 ④ 시정방법의 선정

해설 제1단계(조직): 경영자는 안전목표를 설정하여 안전관리를 함에 있어 맨 먼저 안전관리 조직을 구성하여 안전활동 방침 및 계획을 수립하고 전문적 기술을 가진 조직을 통한 안전활동을 전개함으로써 근로자의 참여하에 집단의 목표를 달성하도록 하여야 한다.

43 A 사업장의 도수율이 2로 계산되었을 때 이를 가장 올바르게 해석한 것은?

① 근로자 1,000명당 1년 동안 발생한 재해자 수가 2명이다.
② 연근로시간 1,000시간당 발생한 근로손실일수가 2일이다.
③ 근로자 10,000명당 1년간 발생한 사망자 수가 2명이다.
④ 연근로시간 합계 100만인시(man-hour)당 2건의 재해가 발생하였다.

해설 산업재해의 발생빈도를 나타내는 것으로 연근로시간 합계 100만 시간당 발생건수이다.

44 다음 중 [보기]의 각 단계를 하인리히의 재해발생 이론(도미노 이론)에 적합하도록 나열한 것은?

[보기]
① 개인적 결함
② 불안전한 행동 및 불안전한 상태
③ 재해
④ 사회적 환경
⑤ 사고

① ① - ④ - ② - ③ - ⑤
② ④ - ① - ② - ⑤ - ③
③ ④ - ② - ① - ③ - ⑤
④ ⑤ - ① - ④ - ② - ③

해설 각 요소들을 골패에 기입하고 이 골패를 넘어뜨릴 때 중간의 어느 골패 중 한 개를 빼어 버리면 사고가지는 연결되지 않는다는 이론이다.
① 사회적 환경 및 유전적 요소
② 개인적 결함
③ 불안전 행동 및 불안전 상태
④ 사고
⑤ 상해(산업재해)

45 다음 중 조건부 사건이 일어나는 상황하에서 입력이 발생할 때 출력이 발생하는 FT도의 논리기호는?

① 억제 게이트
② AND 게이트
③ 우선적 AND 게이트
④ 배타적 OR 게이트

해설 억제 게이트는 수정기호의 일종으로서 Inhibit modifier라고도 불리지만 실질적으로 이 기호를 병용하여 게이트의 역할을 한다. 입력사상이 발생하여 조건을 만족할 경우에만 출력사상이 발생되며 이때의 조건은 수정기호 안에 쓴다.

46 다음 중 선택반응시간(Hick의 법칙)과 동작시간(Fitts의 법칙)의 공식에 대한 설명으로 옳

해답 41. ④ 42. ① 43. ④ 44. ② 45. ① 46. ④

은 것은?

$$선택반응시간 = a + b\log_2 N$$

$$동작시간 = a + b\log_2(\frac{2A}{W})$$

① N은 감각기관의 수, A는 목표물의 너비, W는 움직인 거리를 나타낸다.
② N은 자극과 반응의 수, A는 목표물의 너비, W는 움직인 거리를 나타낸다.
③ N은 감각기관의 수, A는 움직인 거리, W는 목표물의 너비를 나타낸다.
④ N은 자극과 반응의 수, A는 움직인 거리, W는 목표물의 너비를 나타낸다.

해설 *N*은 자극과 반응의 수(선택 수)이고, *A*는 표적중심선까지의 이동거리, *W*는 표적 폭으로 나타낸다.

47 조작자 한 사람의 성능 신뢰도가 0.8일 때 요원을 중복하여 2인 1조가 작업을 진행하는 공정이 있다. 전체 작업기간의 60% 정도만 요원을 지원한다면, 이 조의 인간신뢰도는 얼마인가?

① 0.816 ② 0.896
③ 0.962 ④ 0.985

해설
$1-(1-0.8)(1-0.8\times0.6) = 0.896$

48 다음 중 휴먼에러와 기계의 고장과의 차이점을 설명한 것으로 틀린 것은?

① 인간의 실수는 우발적으로 재발하는 유형이다.
② 기계와 설비의 고장조건은 저절로 복구되지 않는다.
③ 인간은 기계와는 달리 학습에 의해 계속적으로 성능을 향상시킨다.
④ 인간 성능과 압박(stress)은 선형관계를 가져 압박이 중간 정도일 때 성능수준이 가장 높다.

해설 스트레스가 아주 없거나 너무 많을 경우 부정적 스트레스로 작용하여 심신을 황폐하게 하거나 직무성과에 부정적인 영향을 미치므로 인간성능과 스트레스는 단순한 선형관계를 가지는 것이 아니다.

49 다음 중 주의의 특성이 아닌 것은?

① 선택성 ② 정숙성
③ 방향성 ④ 변동성

해설
① 선택성
가. 사람은 한 번에 여러 종류의 자극을 지각하거나 수용하지 못하며, 소수의 특정한 것으로 한정해서 선택하는 기능을 말한다.
② 변동성
가. 주의력의 단속성(고도의 주의는 장시간 지속할 수 없다.)
나. 주의는 리듬이 있어 언제나 일정한 수준을 지키지는 못한다.
③ 방향성
가. 한 지점에 주의를 하면 다른 곳의 주의는 약해진다.
나. 주의를 집중한다는 것은 좋은 태도라고 볼 수 있으나 반드시 최상이라고 할 수는 없다.
다. 공간적으로 보면 시선의 초점에 맞았을 때는 쉽게 인지되지만 시선에서 벗어난 부분은 무시되기 쉽다.

50 다음 중 작업에 수반되는 피로를 줄이기 위한 대책으로 적절하지 않은 것은?

① 작업부하의 경감
② 동적 동작의 제거
③ 작업속도의 조절
④ 작업 및 휴식시간의 조절

해설 동적 동작보다는 정적 동작을 제거하는 것이 좋다.

해답 47. ② 48. ④ 49. ② 50. ②

51 다음 중 스트레스에 관한 설명으로 틀린 것은?

① 스트레스 수준은 작업 성과와 정비례의 관계에 있다.

② 위협적인 환경특성에 대한 개인의 반응이라고 볼 수 있다.

③ 지나친 스트레스를 지속적으로 받으면 인체는 자기 조절능력을 상실할 수 있다.

④ 적정수준의 스트레스는 작업성과에 긍정적으로 작용 할 수 있다.

해설 스트레스가 너무 낮거나 높아도 작업성과는 감소한다.

52 다음 중 제조물책임법상 결함의 종류가 아닌 것은?

① 제조상의 결함　② 설계상의 결함
③ 사용상의 결함　④ 표시상의 결함

해설 제조물책임에서 분류하는 세 가지 결함은 다음과 같다.
① 설계상의 결함
② 제조상의 결함
③ 표시상의 결함

53 다음 중 집단 간의 갈등 해결기법으로 가장 적절하지 않은 것은?

① 자원의 지원을 제한한다.

② 집단들의 구성원들 간의 직무를 순환한다.

③ 갈등 집단의 통합이나 조직 구조를 개편한다.

④ 갈등관계에 있는 당사자들이 함께 추구하여야 할 새로운 상위의 목표를 제시한다.

해설 갈등 해결의 방법
① 문제의 공동 해결방법
② 상위 목표의 도입
③ 자원의 확충
④ 타협
⑤ 전제적 명령
⑥ 조직 구조의 변경
⑦ 공동 적의 설정

54 휴먼에러(human error)의 예방대책 중 Fool proof에 관한 설명으로 가장 적절한 것은?

① 사용자가 조작의 실수를 하더라도 사용자에게 피해를 주지 않도록 하는 설계 개념

② 인간이 위험구역에 접근하지 못하게 하는 방법

③ 예지정보, 인공지능 활용 등의 정보의 피드백

④ 작업의 모의훈련으로 시나리오에 의한 리허설

해설 Fool proof
풀(fool)은 어리석은 사람으로 번역되며, 제어장치에 대하여 인간의 오동작을 방지하기 위한 설계를 말한다. 미숙련자가 잘 모르고 제품을 사용하더라도 고장이 발생하지 않도록 하거나 작동을 하지 않도록 하여 안전을 확보하는 방법이다. 예를 들면, 사람이 아무리 잘못된 조작을 해도 시스템이나 장치가 동작하지 않고 올바른 조작에만 응답하도록 한다든가, 사람이 잘못하기 쉬운 순서조작을 순서회로에 의해서 자동화하여 시동 버튼을 누르면 자동적으로 올바른 순서로 조작해 가는 방법이다.

55 리더십 이론 중 관리 그리드 이론에서 인간관계의 유지에는 낮은 관심을 보이지만 과업에 대해서는 높은 관심을 보이는 유형은?

① (1,1)형　② (1,9)형
③ (5,5)형　④ (9,1)형

해설 관리격자 모형이론
① (1,1)형: 인간과 업적에 모두 최소의 관심을 가지고 있는 무기력형이다.
② (1,9)형: 인간 중심 지향적으로 업적에 대한 관심이 낮은 컨트리클럽형이다.

해답 51. ① 52. ③ 53. ① 54. ① 55. ④

③ (9,1)형: 업적에 대하여 최대의 관심을 갖고, 인간에 대하여 무관심한 과업형이다.
④ (9,9)형: 업적과 인간의 쌍방에 대하여 높은 관심을 갖는 이상형이다. 이는 팀형(team style)이다.
⑤ (5,5)형: 업적 및 인간에 대한 관심도에 있어서 중간값을 유지하려는 리더형이다. 이는 중도형(middle of the road style)이다.

56 막스 웨버(Max Weber)가 제시한 관료주의 조직을 움직이는 4가지 기본원칙으로 틀린 것은?

① 구조 ② 권한의 통제
③ 노동의 분업 ④ 통제의 범위

해설 관료주의 조직을 움직이는 4가지 기본원칙
① 노동의 분업: 작업의 단순화 및 전문화
② 권한의 위임: 관리자를 소단위로 분산
③ 통제의 범위: 각 관리자가 책임질 수 있는 작업자의 수
④ 구조: 조직의 높이와 폭

57 다음 중 매슬로우(Maslow)에 의한 인간 욕구 5단계에 해당되지 않는 것은?

① 생리적 욕구 ② 안전의 욕구
③ 사회적 욕구 ④ 위생 욕구

해설 매슬로우(A. H. Maslow)의 욕구단계 이론
① 제1단계 – 생리적 욕구
② 제2단계 – 안전과 안정 욕구
③ 제3단계 – 소속과 사랑의 사회적 욕구
④ 제4단계 – 자존의 욕구
⑤ 제5단계 – 자아실현의 욕구

58 갈등 해결방안 중 자신의 이익이나 상대방의 이익에 모두 무관심한 것은?

① 회피 ② 순응 ③ 경쟁 ④ 타협

해설 회피는 자신의 이익이나 상대방에 무관심하여 갈등을 무시하는 방안이다.

59 재해의 발생원인 중 간접적 원인으로 거리가 먼 것은?

① 기술적 원인 ② 교육적 원인
③ 관리적 원인 ④ 물적 원인

해설 물적원인은 재해의 직접원인이다.
간접원인은 다음과 같다.
① 기술적 원인
② 교육적 원인
③ 관리적 원인

60 조직의 리더(leader)에게 부여하는 권한 중 구성원을 징계 또는 처벌할 수 있는 권한은?

① 보상적 권한 ② 강압적 권한
③ 합법적 권한 ④ 전문성의 권한

해설 강압적 권한
① 리더들이 부여받은 권한 중에서 보상적 권한만큼 중요한 것이 바로 강압적 권한인데 이 권한으로 부하들을 처벌할 수 있다.
② 예를 들면, 승진누락, 봉급, 인상거부, 원하지 않는 일을 시킨다든지 아니면 부하를 해고시키는 등이다.

4 근골격계질환 예방을 위한 작업관리

61 다음 중 근골격계 부담작업 유해요인조사 지침에 따른 유해요인조사에 관한 내용으로 옳은 것은?

① 유해요인조사는 작업자를 대상으로 한 설문조사를 바탕으로 한다.
② 유해요인 기본조사에는 일반적인 OWAS와 REBA와 같은 작업분석 기법을 사용한다.
③ 유해요인조사 방법은 사업장 내 근골격계 부담작업에 대하여 전수조사를 원칙

해답 56. ② 57. ④ 58. ① 59. ④ 60. ② 61. ③

으로 한다.

④ 사업주는 근골격계질환 유해요인조사와 관련하여 시설·설비에 관련된 자료는 5년 동안 보존한다.

해설 ① ② 유해요인 기본조사표와 근골격계질환 증상표를 사용하며, 조사결과 추가적인 정밀평가가 필요하다면 작업분석/평가도구를 이용한다(OWAS, RULA, NLE 등).
④ 사업주는 작업자의 신상에 관한 문서는 5년 동안 보존하며, 시설/설비와 관련된 자료는 시설/설비가 작업장 내에 존재하는 동안 보존한다.

62 다음 중 문제분석도구에 관한 설명으로 틀린 것은?

① 파레토 차트(Pareto chart)는 문제의 인자를 파악하고 그것들이 차지하는 비율을 누적분포의 형태로 표현한다.
② 특성요인도는 바람직하지 못한 사건이나 문제의 결과를 물고기의 머리로 표현하고 그 결과를 초래하는 원인을 인간, 기계, 방법, 자재, 환경 등의 종류로 구분하여 표시한다.
③ 간트 차트(Gantt chart)는 여러 가지 활동 계획의 시작시간과 예측 완료시간을 병행하여 시간축에 표시하는 도표이다.
④ PERT(Program Evaluation and Review Technique)는 어떤 결과의 원인을 역으로 추적해 나가는 방식의 분석도구이다.

해설 PERT는 프로젝트가 완료될 수 있는 시간을 계산하고, 이 시간에 완료하려면 어떤 활동을 관리하여야 하는 것을 알 수 있는 분석도구이다.

63 다음 중 Work-sampling의 장점으로 볼 수 없는 것은?

① 자료 수집 및 분석 시간이 적다.
② 짧은 주기나 반복적인 경우 적당하다.
③ 관측이 순간적으로 이루어져 작업에 방해가 적다.
④ 여러 명의 작업자나 기계를 동시에 관측할 수 있다.

해설 Work-sampling
가. 장점
① 관측을 순간적으로 하기 때문에 작업자를 방해하지 않으면서 용이하게 연구를 진행시킨다.
② 조사기간을 길게 하여 평상시의 작업상황을 그대로 반영시킬 수 있다.
③ 사정에 의해 연구를 일시 중지하였다가 다시 계속할 수도 있다.
④ 여러 명의 작업자나 여러 대의 기계를 한 명 혹은 여러 명의 관측자가 동시에 관측할 수 있다.
⑤ 자료수집이나 분석에 필요한 순수시간이 다른 시간연구방법에 비하여 적다.
⑥ 특별한 시간측정 설비가 필요 없다.
나. 단점
① 시간 연구법보다는 덜 자세하다.
② 짧은 주기나 반복적인 작업인 경우 해당되지 않는다.
③ 작업방법이 변화되는 경우에는 전체적인 연구를 새로 해야 한다.

64 다음 중 반스(Barness)의 동작 경제의 원칙에 속하지 않는 것은?

① 공구의 사용에 관한 원칙
② 신체의 사용에 관한 원칙
③ 작업장의 배치에 관한 원칙
④ 공구 및 설비 디자인에 관한 원칙

해설 동작경제의 원칙
① 신체의 사용에 관한 원칙
② 작업역의 배치에 관한 원칙
③ 공구 및 설비의 설계에 관한 원칙

65 다음 중 근골격계 부담작업에 해당하는 것은?

① 25 kg 이상의 물체를 하루에 10회 이상 드는 작업

해답 62. ④ 63. ② 64. ① 65. ①

② 10 kg 이상의 물체를 하루에 15회 이상 무릎 아래에서 드는 작업

③ 3.5 kg 이상의 물건을 하루에 총 2시간 이상 지지되지 않은 상태에서 한 손으로 드는 작업

④ 하루에 총 1시간 이상 쪼그리고 앉거나 무릎을 굽힌 자세에서 이루어지는 작업

해설

① 근골격계 부담작업 제8호: 하루에 10회 이상 25 kg 이상의 물체를 드는 작업

② 근골격계 부담작업 제9호: 하루에 25회 이상 10 kg 이상의 물체를 무릎 아래에서 들거나, 어깨 위에서 들거나, 팔을 뻗은 상태에서 드는 작업

③ 근골격계 부담작업 제7호: 하루에 총 2시간 이상 지지되지 않은 상태에서 4.5 kg 이상의 물건을 한손으로 들거나 동일한 힘으로 드는 작업

④ 근골격계 부담작업 제5호: 하루에 총 2시간 이상 쪼그리고 앉거나 무릎을 굽힌 자세에서 이루어지는 작업

66 다음 중 다중활동분석표의 사용 목적으로 가장 적절하지 않은 것은?

① 조작업의 작업 현황 파악

② 기계 혹은 작업자의 유휴 시간 단축

③ 한 명의 작업자가 담당할 수 있는 기계 대수의 산정

④ 수작업을 기본적인 동작요소로 분류

해설 다중활동분석

① 정의: 작업자와 작업자 사이의 상호관계 또는 작업자와 기계 사이의 상호관계에 대하여 다중활동 분석기호를 이용해서 이들 간의 단위작업 또는 요소작업의 수준으로 분석하는 기법이다.

② 용도

가. 가장 경제적인 작업조 편성

나. 적정 인원수 결정

다. 작업자 한 사람이 담당할 기계소요대수나 적정 기계담당대수의 결정

라. 작업자와 기계의 (작업효율 극대화를 위한) 유휴 시간 단축

67 다음 [표]를 참고하여 각 시점과 종점의 권장 무게한계(RWL)를 옳게 구한 것은? (단, 개정된 NIOSH의 들기작업 지침을 적용한다.)

	HM	VM	DM	AM	FM	CM
시점	1	0.955	0.87	1	0.88	0.95
종점	0.5	0.775	0.87	1	0.88	1

① 시점: 15.98 kg, 종점: 6.82 kg

② 시점: 15.98 kg, 종점: 1.76 kg

③ 시점: 28.65 kg, 종점: 6.82 kg

④ 시점: 28.65 kg, 종점: 1.76 kg

해설

$RWL = LC \times HM \times VM \times DM \times AM \times FM \times CM$

시점 $= 23\text{ kg} \times 1 \times 0.955 \times 0.87 \times 1 \times 0.88 \times 0.95 = 15.98$

종점 $= 23\text{ kg} \times 0.5 \times 0.775 \times 0.87 \times 1 \times 0.88 \times 1 = 6.82$

68 다음 중 근골격계질환을 예방하기 위한 대책으로 적절하지 않은 것은?

① 작업속도와 작업강도를 점진적으로 강화한다.

② 단순 반복적인 작업은 기계를 사용한다.

③ 작업방법과 작업공간을 재설계한다.

④ 작업순환(Job Rotation)을 실시한다.

해설 작업속도와 작업강도를 점진적으로 감소하는 것이 근골격계질환을 예방하는 데 좋다.

69 다음 중 VDT(Visual Display Terminal) 작업 설계지침으로 적절하지 않은 것은?

① 화면상의 문자와 배경과의 휘도비(CONTRAST)를 낮춘다.

② 화면과 인접 주변의 광도비는 1 : 10,

해답 66. ④ 67. ① 68. ① 69. ②

화면과 먼 주위 간의 광도비는 1 : 3으로 한다.
③ 좌판의 높이는 대퇴부를 압박하지 않도록 의자 앞부분은 오금보다 높지 않도록 한다.
④ 작업장 주변 환경의 조도는 화면의 바탕 색상이 검정색 계통일 때에는 300~500 Lux 정도를 유지하도록 한다.

해설 ②는 VDT작업 설계지침이 아니다.

70 다음 중 서블릭(Therblig)을 이용한 분석에서 비효율적인 동작으로 개선을 검토해야 할 동작은?

① 분해(DA)
② 잡고 있기(H)
③ 운반(TL)
④ 사용(U)

해설 개선요령(동작 경제의 원칙)
제3류(정체적인 서블릭)의 동작을 없앨 것(잡고 있기, 휴식, 지연 등)

71 근골격계질환 중 손과 손목에 관련된 질환으로 분류되지 않는 것은?

① 결절종(Ganglion)
② 드퀘르뱅건초염(Dequervain's Synrome)
③ 회전근개증후군(Rotator Cuff Syndrome)
④ 수근관증후군(Carpal Tunnel Syndrome)

해설 손과 손목부위의 근골격계질환
① guyon, 골관에서의 척골신경 포착 신경병증
② Dequervain's disease, 수근관터널증후군
③ 무지수근 중수관절의 퇴행성관절염
④ 수부의 퇴행성관절염
⑤ 방아쇠수지 및 무지
⑥ 결절종
⑦ 수완·완관절부의 건염이나 건활막염
-회전근개증후군은 어깨와 관련된 질환이다.

72 다음 중 1 TMU(Time Measurement Unit)를 초단위로 환산한 것은?

① 0.0036초
② 0.036초
③ 0.36초
④ 1.667초

해설 1TMU = 0.00001시간 = 0.0006분 = 0.036초

73 다음 중 [보기]의 작업관리절차 순서를 올바르게 나열한 것은?

[보기]
① 개선안 도입 ② 연구대상의 선정
③ 개선안 수립 ④ 분석 자료의 검토
⑤ 작업방법의 분석 ⑥ 확인과 재발방지

① ② - ⑤ - ④ - ③ - ① - ⑥
② ② - ④ - ⑤ - ③ - ① - ⑥
③ ④ - ② - ⑤ - ③ - ① - ⑥
④ ④ - ⑤ - ② - ③ - ① - ⑥

해설 기본형 5단계의 절차
연구대상선정 - 분석과 기록 - 자료의 검토 - 개선안의 수립 - 개선안의 도입

74 ASME에서 제정한 공정분석기호와 명칭이 잘못 연결된 것은?

① ○ : 가공 ② D : 복합
③ ▽ : 저장(보관) ④ □ : 검사

해설
D: 정체 - 원재료, 부품 또는 제품이 가공 또는 검사되는 일이 없이 정지되고 있는 상태이다.

75 A제품을 생산한 과거 자료가 다음 [표]와 같을 때 실적자료법에 의한 1개당 표준시간은 얼마인가?

정답 70. ② 71. ③ 72. ② 73. ① 74. ② 75. ①

일자	완제품 개수 (개)	소요시간 (단위: 시간)
3월 3일	60	6
7월 7일	100	10
9월 9일	40	4

① 0.10시간/개 ② 0.15시간/개
③ 0.20시간/개 ④ 0.25시간/개

(해설) 실적자료법에 의한 표준시간

$= \frac{\text{소요 작업시간}}{\text{생산된 수량}} = \frac{20}{200} = \frac{1}{10} = 0.1\text{ 시간}$

76 B 작업의 표준시간은 제품당 11분이다. 한 작업자가 8시간 작업시간 동안 제품 56개를 생산하였다면, 이 작업자의 효율은 약 얼마인가?

① 77.9% ② 92.4%
③ 128.3% ④ 132.1%

(해설) 제품 56개를 생산하는 데 필요한 표준시간은 616분이며, 한 작업자의 작업시간은 480분으로 이 작업자의 효율은 128.3%이다.

77 근골격계질환 예방을 위한 수공구(hand tool)의 인간공학적 설계 원칙으로 적합하지 않은 것은?

① 손목을 곧게 유지한다.
② 손바닥에 과도한 압박은 피한다.
③ 사용자의 손 크기에 적합하게 디자인한다.
④ 반복적인 손가락 운동을 활용한다.

(해설) 자세에 관한 수공구 개선
① 손목을 곧게 유지한다(손목을 꺾지 말고 손잡이를 꺾어라).
② 힘이 요구되는 작업에는 파워그립(power grip)을 사용한다.
③ 지속적인 정적 근육부하를 피한다.
④ 반복적인 손가락 동작을 피한다.
⑤ 양손 중 어느 손으로도 사용이 가능하고 적은 스트레스를 주는 공구를 개인에게 사용되도록 설계한다.

78 다음 중 근골격계질환 예방 · 관리추진팀의 역할이 아닌 것은?

① 교육 및 훈련에 관한 사항을 결정하고 실행한다.
② 유해요인 평가 및 개선계획의 수립과 시행에 관한 사항을 결정하고 실행한다.
③ 예방·관리 프로그램의 수립 및 수정에 관한 사항을 결정한다.
④ 근로자에게 예방·관리 프로그램의 개발·수행·평가에 참여 기회를 부여한다.

(해설) 근골격계질환 예방·관리추진팀의 역할
① 근골격계질환 예방·관리 프로그램의 수립 및 수정에 관한 사항을 결정한다.
② 근골격계질환 예방·관리 프로그램의 실행 및 운영에 관한 사항을 결정한다.
③ 교육 및 훈련에 관한 사항을 결정하고 실행한다.
④ 유해요인평가 및 개선계획의 수립과 시행에 관한 사항을 결정하고 실행한다.
⑤ 근골격계질환자에 대한 사후조치 및 작업자 건강보호에 관한 사항을 결정하고 실행한다.

79 다음 중 작업방법에 관한 설명으로 틀린 것은?

① 부적절한 자세는 신체 부위들이 중립적인 위치를 취하는 자세이다.
② 부적절한 자세는 강하고 큰 근육들을 이용하여 작업하는 것을 방해한다.
③ 서 있을 때는 등뼈가 S곡선을 유지하는 것이 좋다.
④ 섬세한 작업 시 power grip보다 pinch grip을 이용한다.

(해설) 신체 부위들이 중립적인 위치를 취하는 것은 적절한 자세에 대한 설명이다.

해답 76. ③ 77. ④ 78. ④ 79. ①

80 다음 중 작업관리에 있어 대안의 도출방법으로 가장 적절한 것은?

① PERT 차트
② 공정도(process chart)
③ 델파이 기법(Delphi Technique)
④ 마인드 맵핑(Mind mapping)

해설 델파이 기법
쉽게 결정될 수 없는 정책이나 쟁점이 되는 사회문제에 대하여, 일련의 전문가집단의 의견과 판단을 추출하고 종합하여 집단적 합의를 도출해내는 방법이다.

해답 80. ③

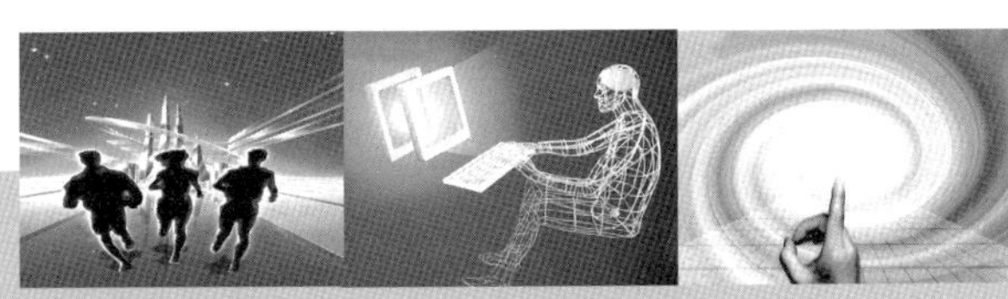

인간공학기사 필기시험 문제풀이 23회[101]

1 인간공학 개론

1 다음 중 [보기]와 같은 사항을 설계하고자 할 때 인체측정자료에 대하여 적용할 수 있는 설계 원리는?

> [보기]
> - 버스의 승객 의자 앞뒤 간격
> - 비행기의 비상 탈출구 크기
> - 줄사다리의 지지 장치 정도

① 최대 집단치에 의한 설계원리
② 최소 집단치에 의한 설계원리
③ 평균치에 의한 설계 원리
④ 가변적 설계 원리

(해설) 최대 집단치에 의한 설계원리
통상 대상 집단에 대한 관련 인체측정 변수의 상위 백분위수를 기준으로 하여 90%, 95% 혹은 99%값이 사용된다. 문, 탈출구, 통로 등과 같은 공간 여유를 정하거나 줄사다리의 강도 등을 정할 때 사용된다.

2 다음 중 인간공학에 관한 설명으로 적절하지 않은 것은?

① 인간의 특성 및 한계를 고려한다.
② 인간을 기계와 작업에 맞추는 학문이다.
③ 인간 활동의 최적화를 연구하는 학문이다.
④ 편리성, 안정성, 효율성을 제고하는 학문이다.

(해설) 인간공학은 인간에게 알맞도록 작업(기계, 작업 환경 등)을 맞추어 주는 학문이다.

3 다음 중 인간–기계 시스템의 설계원칙으로 틀린 것은?

① 인간 특성에 적합해야 한다.
② 계기반이나 제어장치의 중요성, 사용빈도, 사용순서, 기능에 따라 배치가 이루어져야 한다.
③ 시스템은 인간의 예상과 양립시켜야 한다.
④ 기계의 효율과 같은 경제적 원칙을 우선시한다.

(해설) 인간기계시스템의 설계원칙
양립성: 자극과 반응, 그리고 인간의 예상과의 관계를 말하는 것으로, 인간공학적 설계의 중심이 되는 개념이다. 배열과 관계된 계기반이나 제어장치의 중요성, 사용빈도, 사용순서, 기능에 따라 배치가 이루어져야 한다. 인체 특성을 기계적 성능에 부합되도록 설계하여야 한다.

4 각각의 변수가 다음과 같을 때 정보량을 구하는 식으로 틀린 것은?

정답 1. ① 2. ② 3. ④ 4. ②

n: 대안의 수
P_k: 각 대안의 실패확률
p: 대안의 실현확률
P_i: 각 대안의 실현확률

① $H = \log_2 n$

② $H = \sum_{n=0}^{k} P_k + \log_2 \frac{1}{P_i}$

③ $H = \log_2 \frac{1}{p}$

④ $H = \sum_{i=1}^{n} P_i \log_2 \frac{1}{P_i}$

해설 일반적으로 실현가능성이 같은 N개의 대안이 있을 때 총 정보량 H는 $H = \log_s N$으로 구한다. 그리고 각 대안의 실현확률(즉, n의 역수)로 표현할 수 있다. 즉, p를 각 대안의 실현확률이라 하면, $H = \log_2 \frac{1}{P}$ 가 되며, 여러 개의 실현 가능한 대안이 있을 경우에는 $H = \sum_{i=1}^{n} P_i \log_2 \frac{1}{P_i}$ 의 식으로 구할 수 있다.

5 다음 중 부품배치의 원칙에 해당하지 않는 것은?

① 기능별 배치의 원칙
② 부품 신뢰성의 원칙
③ 사용빈도의 원칙
④ 중요성의 원칙

해설 구성요소 배치의 원칙
① 중요성의 원칙
② 사용빈도의 원칙
③ 기능별 배치의 원칙
④ 사용순서의 원칙

6 다음 중 피부의 감각수용 기관의 종류에 해당되지 않는 것은?

① 압력 수용 감각
② 고통 감각
③ 온도 변화 감각
④ 진동 감각

해설 피부의 세 가지 감각계통
① 압력 수용 감각
② 고통 감각
③ 온도 변화 감각

7 다음 중 신호검출이론에서 판정기준(criterion)이 오른쪽으로 이동할 때 나타나는 현상으로 옳은 것은?

① 허위경보(false alarm)가 줄어든다.
② 신호(signal)의 수가 증가한다.
③ 소음(noise)의 분포가 커진다.
④ 적중 확률(실제 신호를 신호로 판단)이 높아진다.

해설 판정기준이 오른쪽으로 이동할 경우
판정자는 신호라고 판정하는 기회가 줄어들게 되므로 신호가 나타났을 때 신호의 정확한 판정은 적어지나 허위경보를 덜하게 된다. 이런 사람을 일반적으로 보수적이라고 한다.

8 다음 중 소리의 차폐효과(masking)에 관한 설명으로 옳은 것은?

① 주파수별로 같은 소리의 크기를 표시한 개념
② 내이(inner ear)의 달팽이관(cochlea) 안에 있는 섬모(fiber)가 소리의 주파수에 따라 민감하게 반응하는 현상
③ 하나의 소리의 크기가 다른 소리에 비해 몇 배나 크게(또는 작게) 느껴지는지를 기준으로 소리의 크기를 표시하는 개념
④ 하나의 소리가 다른 소리의 판별에 방해를 주는 현상

해설 차폐효과 = 은폐효과: 음의 한 성분이 다른 성분의 청각감지를 방해하는 현상

해답 5. ② 6. ④ 7. ① 8. ④

9 다음 중 직렬시스템과 병렬시스템의 특성에 대한 설명으로 옳은 것은?

① 직렬시스템에서 요소의 개수가 증가하면 시스템의 신뢰도도 증가한다.
② 병렬시스템에서 요소의 개수가 증가하면 시스템의 신뢰도는 감소한다.
③ 시스템의 높은 신뢰도를 안정적으로 유지하기 위해서는 병렬시스템으로 설계하여야 한다.
④ 일반적으로 병렬시스템으로 구성된 시스템은 직렬시스템으로 구성된 시스템보다 비용이 감소한다.

해설 항공기나 열차의 제어장치 즉, 시스템의 높은 신뢰도를 안정적으로 유지하기 위해서는 병렬시스템을 사용한다.

10 다음 중 암호의 체계 사용상의 일반적 지침으로 적절하지 않는 것은?

① 다차원의 적응성 ② 암호의 검출성
③ 암호의 표준화 ④ 암호의 변별성

해설 암호체계 사용상의 일반적인 지침
① 암호의 검출성(detectability)
② 암호의 변별성(discriminability)
③ 암호의 양립성(compatibility)

11 반경 10 cm의 조종구를 30°를 움직일 때 표시장치의 지침이 약 1 cm 이동하였다. 이 장치의 조종-반응비율(C/R ratio)은 약 얼마인가?

① 2.56 ② 3.12
③ 40.5 ④ 5.23

해설

$$\text{C/R비} = \frac{(a/360)\times 2\pi L}{\text{표시장치 이동거리}} = \frac{(30/360)\times(2\times 3.14\times 10)}{1} \fallingdotseq 5.23$$

12 다음의 13개의 철자를 외워야 하는 과업이 주어질 때 일반적으로 몇 개의 청크(chunk)를 생성하게 되겠는가?

V.E.R.Y.W.E.L.L.C.O.L.O.R

① 1개 ② 2개 ③ 3개 ④ 5개

해설 chunk는 의미 있는 정보의 단위를 말한다.
VERY, WELL, COLOR
따라서, 청크는 3개이다.

13 다음 중 회전 제어장치와 회전 표시장치에서 이동눈금에 고정지침이 있는 경우 일반적인 적용원칙으로 적절하지 않는 것은?

① 눈금을 조절 노브와 같은 방향으로 회전시킨다.
② 제어장치와 표시장치는 별도로 구동되도록 한다.
③ 눈금 수치는 왼쪽에서 오른쪽으로 돌릴 때 증가하도록 한다.
④ 증가량을 설정할 때 제어장치를 시계방향으로 돌리도록 한다.

해설 제어장치와 표시장치는 연관되어 구동되어야 한다.

14 다음 중 인간공학의 자료분석에서 "통계적으로 유의성"을 의미하는 것으로 틀린 것은?

① 관찰한 영향이나 방법의 차이가 우연적일 확률이 낮음을 의미한다.
② 종속변수에 대한 영향이 우연적인 것이 아니라면, 그 영향은 독립변수에 의한 것이다.
③ 평균치의 차이는 없다.
④ 독립변수는 그 종속변수에 대하여 유의적 영향이 있다.

해답 9. ③ 10. ① 11. ④ 12. ③ 13. ② 14. ③

해설 통계적 유의성의 의미

① 확률적으로 단순한 우연이라고 생각되지 않을 정도로 의미가 있다.

② 종속변수에 대한 영향이 우연적인 것이 아니라면, 그 영향은 독립변수에 의한 것이다.

15 다음 중 인체치수 측정에 관한 설명으로 옳은 것은?

① 구조적 치수는 활동 중인 신체의 자세를 측정한 치수이다.

② 신체 측정치는 나이, 성, 인종에 따라 다르게 나타난다.

③ 기능적 치수는 정적 자세에서 측정한 신체치수이다.

④ 동적 상태의 부위 측정은 KS규격에 따라 마틴(Martin) 인체 측정기를 이용한 직접 측정법을 사용한다.

해설 신체측정치는 나이, 성, 인종에 따라 다르게 나타난다.

16 인간기억 체계 중 감각보관에 대한 설명으로 틀린 것은?

① 가장 잘 알려진 감각보관 기구는 상보관(iconic storage)과 향보관(echoic)이 있다.

② 상보관은 시각적인 잔상이 유지되어 나타난다.

③ 향보관은 청각 자극이 수 초 동안 유지되는 것을 말한다.

④ 감각보관은 비교적 수동적으로 이루어진다.

해설 감각보관은 비교적 자동적이며, 좀 더 긴 기간 동안 정보를 보관하기 위해서는 암호화되어 작업기억으로 이전되어야 한다.

17 세부적인 내용을 시각적으로 식별할 수 있는 능력을 무엇이라 하는가?

① 시력 ② 조절능력
③ 초자체 ④ 중심와

해설 시력
세부적인 내용을 시각적으로 식별할 수 있는 능력을 말한다.

18 1,000 Hz, 20 dB 음에 비하여 1,000 Hz, 80 dB 음의 음량은 몇 배가 되는가?

① 8배 ② 16배
③ 32배 ④ 64배

해설

$sone\text{값} = 2^{(phon\text{값} - 40)/10}$

① $2^{(20-40)/10} = 0.25$

② $2^{(80-40)/10} = 16$

19 다음 중 물체의 상이 망막의 앞에서 맺히는 것은?

① 정상시 ② 원시
③ 근시 ④ 난시

해설
근시: 먼 물체의 상이 망막 앞에 맺힘
원시: 가까운 물체의 상이 망막 뒤에 맺힘

20 전화기 사용 시 번호 버튼을 누를 때마다 나는 소리가 사용자에게 들리게 하는 설계원리와 관계있는 것은?

① 가시성 ② 양립성의 원칙
③ 제약과 행동유도성 ④ 피드백의 원칙

해설 피드백
제품의 작동결과에 관한 정보를 사용자에게 알려주는 것을 의미하며, 사용자가 제품을 사용하면서 얻고자 하는 목표를 얻기 위해서는 조작에 대한 결과가 피드백되어야 한다.

정답 15. ② 16. ④ 17. ① 18. ④ 19. ③ 20. ④

2 작업생리학

21 단일자극에 의해 발생하는 1회의 수축과 이완 과정을 무엇이라 하는가?

① 연축(twitch) ② 강축(tetanus)
③ 긴장(tones) ④ 경직(rigor)

해설 골격근에 직접, 또는 신경-근접합부 부근의 신경에 전기적인 단일자극을 가하면, 자극이 유효할 때는 활동전위가 발생하여 급속한 수축이 일어나고 이어서 이완현상이 생기는데, 이것을 연축이라고 한다.

22 다음 중 근력에 관한 설명으로 틀린 말은?

① 정적 근력은 신체를 움직이지 않으면서 자발적으로 가할 수 있는 최대 힘이다.
② 동적 근력은 등척력(ismoetric strength)으로 근육이 낼 수 있는 최대 힘이다.
③ 근력은 힘을 발휘하는 조건에 따라 정적 근력과 동적 근력으로 구분한다.
④ 정적 근력의 측정은 고정된 물체에 대해 최대힘을 발휘하도록 하고, 일정 시간 휴식하는 과정을 반복하여 처음 3초 동안 발휘된 근력의 평균을 계산하여 측정한다.

해설 동적근력은 등장력(isotonic strength)과 관계가 있다.

23 물체가 정적 평형상태(static equilibrium)를 유지하기 위한 조건으로 작용하는 모든 힘의 총합과 외부 모멘트의 총합을 바르게 나열한 것은?

① 힘의 총합: 0, 모멘트 총합: 0
② 힘의 총합: 1, 모멘트 총합: 0
③ 힘의 총합: 0, 모멘트 총합: 1
④ 힘의 총합: 1, 모멘트 총합: 1

해설 물체가 정적 평형상태(static equilibrium)를 유지하기 위해서는 그것에 작용하는 외력의 총합이 반드시 0이 되어야 하며, 그 힘들의 모멘트 총합 또한 0이어야 한다.

24 공기정화시설을 갖춘 사무실에서의 환기기준으로 옳은 것은?

① 환기횟수는 시간당 2회 이상으로 한다.
② 환기횟수는 시간당 3회 이상으로 한다.
③ 환기횟수는 시간당 4회 이상으로 한다.
④ 환기횟수는 시간당 6회 이상으로 한다.

해설 공기정화시설을 갖춘 사무실에서 근로자 1인당 필요한 최소외기량은 0.57 m^3/min이며, 환기횟수는 시간당 4회 이상으로 한다.

25 건강한 근로자가 부품 조립작업을 8시간 동안 수행하고, 대사량을 측정한 결과 산소소비량이 분당 1.5 L이었다. 이 작업에 대하여 8시간의 총 작업시간 내에 포함되어야 하는 휴식시간은 몇 분인가?
(단, 이 작업의 권장 평균 에너지 소모량은 5 kcal/min, 휴식 시의 에너지소비량은 1.5 kcal/min이며, Murrell의 방법을 적용한다.)

① 60분 ② 72분 ③ 144분 ④ 200분

해설
Murrell의 공식: $R=\frac{T(E-5)}{E-1.5}$
R: 휴식시간(분)
T: 총작업시간(분)
E: 평균에너지 소모량(kcal/min)
S: 권장 평균에너지 소모량 = 5(kcal/min)
따라서, $R=\frac{480(7.5-5)}{7.5-1.5}=200$(분)

26 다음 중 소음에 대한 대책으로 가장 효과적이고 적극적인 방법은?

① 소음원의 제거 ② 소음원의 격리

해답 21. ① 22. ② 23. ① 24. ③ 25. ④ 26. ①

③ 칸막이 설치　　④ 보호구 착용

해설 소음대책

① 소음원의 통제
② 소음의 격리
③ 차폐장치 및 흡음재료 사용
④ 능동제어
⑤ 적절한 배치
⑥ 방음보호구 사용
⑦ BGM 사용

27 200 cd인 점광원으로부터의 거리가 2 m 떨어진 곳에서의 조도는 몇 lux인가?

① 50　　② 100
③ 200　　④ 400

해설

$$조도 = \frac{광량}{거리^2} = \frac{200}{2^2} = 50$$

28 다음 중 작업장 실내에서 일반적으로 추천 반사율이 가장 높은 것은?

① 천장　　② 바닥
③ 벽　　④ 책상면

해설 실내의 추천 반사율

장소	반사율(%)
천장	80~90
벽	40~60
책상	25~45
바닥	20~40

29 다음 중 최대 산소소비량(MAP, Maximum Aerobic Power)에 관한 설명으로 틀린 것은?

① 개인의 MAP가 클수록 순환기 계통의 효능이 크다.
② MAP 수준에서는 에너지대사가 주로 호기적(aerobic)으로 일어난다.
③ MAP을 직접 측정하는 방법은 트레드밀(treadmill)이나 자전거 에르고미터(ergometer)에서 가능하다.
④ MAP이란 일의 속도가 증가하더라도 산소 섭취량이 더 이상 증가하지 않는 일정하게 되는 수준이다.

해설 최대산소소비량

작업의 속도가 증가하면 산소소비량이 선형적으로 증가하여 일정한 수준에 이르게 되고, 작업의 속도가 증가하더라도 산소소비량은 더 이상 증가하지 않고 일정하게 되는 수준에서의 산소소모량이다.

30 다음 중 정신활동의 척도로 사용되는 시각적 점멸융합주파수(VFF)에 관한 설명으로 틀린 것은?

① 연습의 효과는 매우 적다.
② 암조응 시에는 VFF가 감소한다.
③ 휘도만 같으면 색은 VFF에 영향을 주지 않는다.
④ VFF는 사람들 사이, 개인의 경우 모두 큰 차이를 가진다.

해설 점멸융합주파수(VFF)

① VFF는 조명강도의 대수치에 선형적으로 비례한다.
② 시표와 주변의 휘도가 같을 때 VFF는 최대로 영향을 받는다.
③ 휘도만 같으면 색은 VFF에 영향을 주지 않는다.
④ 암조응 시는 VFF가 감소한다.
⑤ VFF는 사람들 간에는 큰 차이가 있으나, 개인의 경우 일관성이 있다.
⑥ 연습의 효과는 아주 적다.

31 산업안전보건법에서 정한 소음 작업은 1일 8시간 작업을 기준으로 얼마 이상의 소음이 발생하는 작업을 말하는가?

① 80 dB(A)　　② 85 dB(A)
③ 90 dB(A)　　④ 100 dB(A)

해설 우리나라의 소음허용 기준

소음작업: 1일 8시간 작업을 기준으로 하여 85 dB 이상의 소음이 발생하는 작업을 말한다.

해답 27. ① 28. ① 29. ② 30. ④ 31. ②

32 다음 중 기초대사율(BMR)에 관한 설명으로 틀린 것은?

① 일상생활을 하는 데 필요한 단위 시간당 에너지량이다.
② 성인의 기초대사율은 대략 1.0~1.2 kcal/min 정도이다
③ 일반적으로 신체가 크고 젊은 남성의 기초대사율이 크다.
④ 기초대사율은 개인차가 심하여 체중, 나이, 성별에 따라 달라진다.

(해설) 기초대사량은 일상생활을 하는 데 필요한 에너지가 아니라 생명을 유지하기 위한 최소한의 에너지소비량을 의미한다.

33 육체적 강도가 높은 작업에 있어 혈액의 분포 비율이 가장 높은 것은?

① 소화기관 ② 골격
③ 피부 ④ 근육

(해설) 휴식 시 근육(20%), 뇌, 신장 및 소화기관으로 흐르던 혈류를 작업 시에는 근육 쪽으로 집중(70%)시킨다.

34 다음 중 실효온도에 영향을 미치는 요소가 아닌 것은?

① 기온 ② 습도
③ 기압 ④ 공기의 유동

(해설) 실효온도의 결정요소
① 온도
② 습도
③ 대류

35 다음 중 근육의 대사(metabolism)에 관한 설명으로 적절하지 않은 것은?

① 대사과정에 있어 산소의 공급이 충분할 경우 젖산이 축적된다.
② 산소를 이용하는 유기성과 산소를 이용하지 않는 무기성 대사로 나눌 수 있다.
③ 음식물을 섭취하여 기계적인 일과 열로 전환하는 화학적 과정이다.
④ 산소를 소비하여 에너지를 발생시키는 과정이다.

(해설) 젖산의 축적
인체활동의 초기에서는 일단 근육 내의 당원을 사용하지만, 이후의 인체활동에서는 혈액으로부터 영양분과 산소를 공급받아야 한다. 이때 인체활동 수준이 너무 높아 근육에 공급되는 산소량이 부족한 경우에는 혈액 중에 젖산이 축적된다.

36 다음 중 진동과 관련된 측정단위가 아닌 것은?

① cm/s ② nm
③ gal ④ sone

(해설) sone은 음량의 단위이다.

37 다음 중 근육에 관한 설명으로 틀린 것은?

① 골격근은 외관상 색으로 구별이 가능하며, 적근, 백근, 중간근으로 분류된다.
② 개개의 근육섬유(muscle fiber)는 근섬유막에 의해서 하나의 독립된 세포로 외부와 경계를 짓는다.
③ 하나의 신경세포와 그 신경세포가 지배하는 근육섬유(muscle fiber)군을 총칭하여 운동단위 또는 활동단위(motor unit)라 한다.
④ 근육의 수축은 단백질 성분의 단섬유(filament)인 액틴(actin)과 미오신(myosin)이 모두 짧아지는 것을 말한다.

(해설) 근육 수축 시 액틴 필라멘트와 미오신 필라멘트의 길이는 변하지 않으며, 미오신 필라멘트 속으로 액틴 필라멘트가 미끌어져 들어간 결과이다.

해답 32. ① 33. ④ 34. ③ 35. ① 36. ④ 37. ④

38 다음 중 신체의 유형에 관한 설명으로 틀린 내용은?

① 굴곡(flexion): 관절에서의 각도가 감소하는 동작
② 내전(adduction): 몸의 중심선으로 향하는 이동 동작
③ 신전(extension): 몸의 중심선에서 멀어지는 이동 동작
④ 상향(supination): 손바닥을 위로 향하도록 하는 회전

해설 신전(extension)
굴곡과 반대방향의 동작으로 팔꿈치를 펼 때처럼 관절에서의 각도가 증가하는 동작.

39 다음 중 관절의 유형에 관한 설명으로 틀린 것은?

① 차축관절(pivot joint) : 1축성 회전운동을 한다.
② 경첩관절(hinge joint) : 한 방향으로만 움직일 수 있다.
③ 안장관절(saddle joint) : 서로 평행한 방향으로 움직이는 2축성 관절이다.
④ 구상관절(ball and socket joint) : 운동이 가장 자유롭고, 다축성으로 이루어진다.

해설 안장관절(saddle joint)
서로 직각방향으로 움직이는 2축성 관절이다.

40 다음 중 신체활동의 부담을 측정하는 방법으로 적절하지 않은 것은?

① 부정맥(Cardiac arrhythmia) 점수
② ECG(Electrocardiogram)
③ EMG(Electromyography)
④ JND(Just Noticeable Difference)

해설 JND(Just Noticeable Difference)
심리학 용어로 최소한의 감지 가능한 차이를 의미한다.

3 산업심리학 및 관련법규

41 다음 중 비통제적 집단행동에 해당하는 것은?

① 모브(mob)
② 관습(custom)
③ 유행(fashion)
④ 제도적 행동(institutional behavior)

해설 모브(mob)
폭동과 같은 것을 말하며 군중보다 한층 합의성이 없고 감정만으로 행동한다.

42 다음 중 하인리히(Heinrich)의 재해발생 이론에 관한 설명으로 틀린 것은?

① 일련의 재해요인들이 연쇄적으로 발생한다는 도미노 이론이다.
② 일련의 재해요인들 중 어느 하나라도 제거하면 재해 예방이 가능하다.
③ 불안전한 행동 및 상태는 사고 및 재해의 간접원인으로 작용한다.
④ 개인적 결함은 인간의 결함을 의미하며 5단계 요인 중 제2단계 요인이다.

해설 직접원인
하인리히의 재해발생이론에서 불안전한 행동 및 상태는 사고 및 재해의 직접원인으로 작용한다.

43 다음 중 지능과 작업 간의 관계를 설명한 것으로 가장 적절한 것은?

① 작업수행자의 지능은 높을수록 바람직

해답 38. ③ 39. ③ 40. ④ 41. ① 42. ③ 43. ④

하다.

② 작업수행자의 지능이 낮을수록 작업수행도가 높다.

③ 작업특성과 작업자 지능 간에는 특별한 관계가 없다.

④ 각 작업에는 그에 적정한 지능수준이 존재한다.

해설 각 작업에는 적정한 지능수준이 있다.

44 다음 중 강도율(Severity Rate of Injury)에 관한 설명으로 옳은 것은?

① 연간근로시간 1,000시간당 발생한 재해발생건수를 말한다.

② 개인이 평생 근무 시 발생할 수 있는 근로손실일 수를 말한다.

③ 재해 1건당 발생한 근로손실일수를 말한다.

④ 연간근로시간 1,000시간당 발생한 근로손실일수를 말한다.

해설 강도율

재해의 경중, 즉 강도를 나타내는 척도로서 연근로시간 1,000시간당 요양 재해에 의해서 잃어버린 근로손실일수를 말한다.

45 다음 중 조직의 리더(leader)에게 부여하는 권한으로 구성원을 징계 또는 처벌할 수 있는 권한은?

① 보상적 권한 ② 강압적 권한

③ 위임된 권한 ④ 전문성의 권한

해설

① 보상적 권한: 조직의 리더들은 그들의 부하들에게 보상할 수 있는 능력을 가지고 있다.

② 강압적 권한: 리더들이 부여받은 권한 중에서 보상적 권한만큼 중요한 것이 바로 강압적 권한인데 이 권한으로 부하들을 처벌할 수 있다.

③ 합법적 권한: 조직의 규정에 의해 권력구조가 공식화한 것을 말한다.

46 다음 중 막스 웨버(Max Weber)에 의해 제시된 관료주의의 특징과 가장 거리가 먼 것은?

① 수직적으로 하부조직에 적절한 권한 위임을 가정한다.

② 조직 구조에 있어 노동의 통합화를 가정한다.

③ 법과 규정에 의한 운영으로 예측 가능한 조직운영을 가정한다.

④ 하부조직과 인원을 적절한 크기가 되도록 가정한다.

해설 웨버의 관료주의 4원칙

① 노동의 분업: 작업의 단순화 및 전문화

② 권한의 위임: 관리자를 소단위로 분산

③ 통제의 범위 : 각 관리자가 책임질 수 있는 작업자 수

④ 구조: 조직의 높이와 폭

47 재해의 기본 원인을 조사하는 데에는 관련 요인들을 4M방식으로 분류하는데 다음 중 4M에 해당하지 않는 것은?

① Machine ② Material

③ Management ④ Media

해설 4M의 종류

① 인간(Man)

② 기계(Machine)

③ 매체(Media)

④ 관리(Management)

48 개인의 기술과 능력에 맞게 직무를 할당하고 작업환경 개선을 통하여 안심하고 작업할 수 있도록 하는 스트레스 관리 대책은?

① 경력계획과 개발

② 직무 재설계

③ 협력관계 유지

④ 긴장 이완

해답 44. ④ 45. ② 46. ② 47. ② 48. ②

해설 직무 재설계는 작업자를 기술과 능력에 맞게 직무를 할당하고, 작업환경 개선을 의미한다.

49 기계를 조종하는 임무를 수행하기 위해서는 2인 1조로 편성된 작업조가 필요한 인간-기계체계가 있으며 이 체계의 신뢰도는 작업자에 의해 영향을 받는다. 작업자 실수의 가능성을 최소화하기 위하여 요원의 중복형태를 갖는 작업조의 신뢰도는 0.99 이상이어야 한다면 체계의 신뢰도를 유지하기 위해서 작업자 한 사람이 갖는 신뢰도의 최소값은 얼마인가?

① 0.99 ② 0.95 ③ 0.90 ④ 0.85

해설
$1-(1-R_s)(1-R_s) \geq 0.99$
따라서, $R_s \geq 0.90$

50 리더와 부하들 간의 역동적인 상호작용이 리더십 형태에 매우 중요하다고 보고 있는 리더십 연구의 접근방법은?

① 특질접근법
② 상황접근법
③ 행동접근법
④ 제한적 특질접근법

해설 상황적 접근법
리더십 현상의 결정요소가 리더 개인의 자질에 있는 것이 아니고 리더가 처해 있는 상황, 즉 리더와 추종자를 둘러싼 상황에 있다고 하는 견해이며, 리더십은 직무상황의 함수라고 하는 입장이다.

51 산업재해 예방을 위한 안전대책 중 3E에 해당하지 않는 것은?

① 공학적 대책(Engineering)
② 관리적 대책(Enforcement)
③ 환경적 대책(Environment)
④ 교육적 대책(Education)

해설 3E의 종류
① 기술(Engineering)
② 교육(Education)
③ 관리(강제, Enforcement)

52 다음 중 심리적 측면에서 분류한 휴먼에러의 분류에 속하는 것은?

① 입력오류 ② 생략오류
③ 정보처리오류 ④ 의사결정오류

해설 심리적 측면의 휴먼에러
① 생략(누락)에러(omission error)
② 시간에러(time error)
③ 작위에러(commission error)
④ 순서에러(sequential error)
⑤ 불필요한 행동에러(extraneous act)

53 다음 중 제조물책임법에서 정의한 결함의 종류가 아닌 것은?

① 제조상의 결함 ② 설계상의 결함
③ 사용상의 결함 ④ 표시상의 결함

해설 제조물책임법에서의 결함의 종류
① 제조상의 결함
② 설계상의 결함
③ 표시상의 결함

54 다음 소시오그램에서 B의 선호신분지수로 옳은 것은?

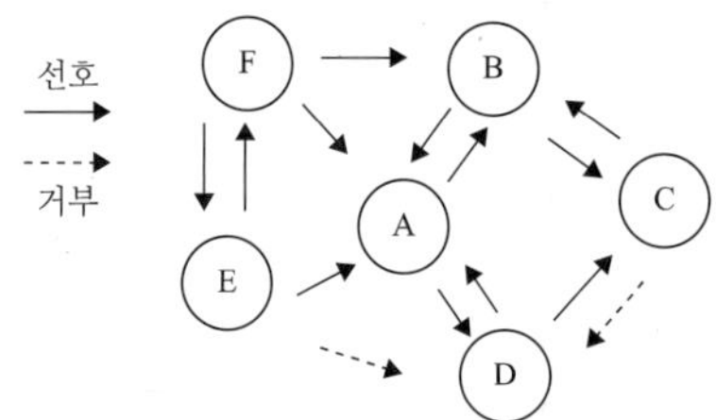

① 4/10 ② 3/6 ③ 4/15 ④ 3/5

해설 소시오그램
집단내 구성원들 간 호, 불호 관계를 기초로 내부구조를 측정하기 위한 도구

선호신분지수$=\dfrac{\text{선호총수}}{\text{구성원}-1}=\dfrac{3}{5}$

해답 49. ③ 50. ② 51. ③ 52. ② 53. ③ 54. ④

55 뇌파의 유형에 따라 인간의 의식수준을 단계별로 분류할 수 있다. 다음 중 의식이 명료하며 적극적인 활동이 이루어지고 실수의 확률이 가장 낮은 의식수준 단계는?

① 0단계 ② Ⅰ단계
③ Ⅲ단계 ④ Ⅳ단계

해설 인간 의식수준 단계

단계	의식의 모드	의식	행동상태
제0단계	무의식	없음	수면
제Ⅰ단계	정상 이하	부주의	피로, 졸음
제Ⅱ단계	정상 (느긋한 기분)	수동적	휴식
제Ⅲ단계	정상 (분명한 의식)	능동적	적극적행동
제Ⅳ단계	과긴장, 흥분	판단정지	감정흥분

56 다음 중 매슬로우(Maslow)가 제시한 욕구 5단계 이론에 해당하지 않는 것은?

① 안전 욕구 ② 존경의 욕구
③ 자아실현의 욕구 ④ 감성적 욕구

해설 매슬로우(Maslow) 욕구단계 이론
① 생리적 욕구
② 안전과 안정욕구
③ 소속과 사랑의 사회적 욕구
④ 자존의 욕구
⑤ 자아실현의 욕구

57 다음 중 FTA에 대한 설명으로 틀린 것은?

① 해석하고자 하는 정상사상(top event)과 기본사상(basic event)과의 인과관계를 도식화하여 나타낸다.
② 고장이나 재해요인의 정성적 분석뿐만 아니라 정량적 분석이 가능하다.
③ "사건이 발생하려면 어떤 조건이 만족되어야 하는가?"에 근거한 연역적 접근방법을 이용한다.
④ 정성적 결함나무(FT: fault tree)를 작성하기 전에 정상사상이 발생할 확률을 계산한다.

해설 FTA는 정상사상인 재해현상으로부터 기본사상인 재해원인을 향해 연역적인 분석을 행하며 순서는 대체로 다음과 같다.
① 정성적 FT의 작성
② FT를 정량화
③ 재해방지 대책의 수립

58 많은 동작들이, 바뀌는 신호등이나 청각적 경계신호와 같은 외부자극을 계기로 하여 개시된다. 자극이 있은 후 동작을 개시하기까지 걸리는 시간을 무엇이라 하는가?

① 동작시간 ② 반응시간
③ 감지시간 ④ 정보처리시간

해설 어떤 자극에 대한 반응을 재빨리 하려고 하여도 인간의 경우에는 반응하기 위해 시간이 걸린다. 즉, 어떠한 자극을 제시하고 여기에 대한 반응이 발생하기까지의 소요시간을 반응시간이라고 한다.

59 인간실수의 요인 중 내적요인에 해당하는 것은?

① 단조로운 작업
② 양립성에 맞지 않는 상황
③ 동일 형상, 유사 형상의 배열
④ 체험적 습관

해설 체험적 습관은 휴먼에러의 심리적 요인이나 나머지 보기들은 휴먼에러의 환경(물리적 요인)이다.

60 다음 중 스트레스 상황하에 일어나는 현상으로 틀린 것은?

① 동공이 수축된다.
② 스트레스로 인한 신체내부의 생리적 변화가 나타난다.
③ 스트레스 상황에서 심장 박동수는 증가

해답 55. ③ 56. ④ 57. ④ 58. ② 59. ④ 60. ③

하나, 혈압은 내려간다.

④ 스트레스는 정보처리의 효율성에 영향을 미친다.

해설 스트레스는 심장 박동수뿐만 아니라 혈압도 증가 시킨다.

4 근골격계질환 예방을 위한 작업관리

61 다음 중 작업방법 설계 시의 내용으로 적절하지 않은 것은?

① 동작의 중간 범위에서 최대한의 근력을 얻도록 한다.
② 가능하다면 중력 방향으로 작업을 수행하도록 한다.
③ 최대한 발휘할 수 있는 힘의 30% 이하로 유지한다.
④ 눈동자의 움직임을 최소화한다.

해설 인간의 최대 근력은 15% 이하에서 상당히 오래 유지할 수 있다.

62 요소작업을 20번 측정한 결과 관측평균시간은 0.20분, 표준편차는 0.08분이었다. 신뢰도 95%, 허용오차 ±5%를 만족시키는 관측횟수는 얼마인가?
(단, t(19, 0.025)는 2.09이다.)

① 260회 ② 270회
③ 280회 ④ 290회

해설

$$N=(\frac{t(n-1,0.025)\times s}{0.05\bar{x}})^2$$
$$=(\frac{2.09\times 0.08}{0.05\times 0.2})^2$$
$$=279.5584$$
$$\fallingdotseq 280$$

63 표본의 크기가 충분히 크다면 모집단의 분포와 일치한다는 통계적 이론에 근거하여 인간 활동이나 기계의 가동상황 등을 무작위로 관측하여 측정하는 표준시간 측정방법은?

① Work-sampling법
② PTS(Predetermined Time Standards)법
③ MTM(Methods Time Measurement)법
④ Work Factor법

해설 워크샘플링
통계적 수법을 이용하여 관측대상을 랜덤으로 선정한 시점에서 작업자나 기계의 가동상태를 스톱워치 없이 순간적으로 목시관측하여 그 상황을 추정하는 방법이다.

64 다음 중 MTM(Methods Time Measurement)법의 용도로 적절하지 않은 것은?

① 표준시간에 대한 불만 처리
② 능률적인 설비, 기계류의 선택
③ 현상의 발생비율 파악
④ 작업개선의 의미를 향상시키기 위한 교육

해설 MTM법의 용도
① 작업착수 전에 능률적인 작업방법 결정
② 현행작업방법 개선
③ 표준시간 산정

65 다음 중 서블릭(Therblig) 분석에 있어 효율적 서블릭에 해당하는 것은?

① G ② SH
③ P ④ H

해설
① 쥐기(G)는 효율적 서블릭이다.
② 찾기(SH), 바로 놓기(P), 잡고 있기(H)는 비효율적 서블릭이다.

해답 61. ③ 62. ③ 63. ① 64. ③ 65. ①

66 다음 중 근골격계질환의 원인과 가장 거리가 먼 것은?

① 반복적인 동작
② 고온의 작업환경
③ 과도한 힘의 사용
④ 부적절한 작업자세

해설 근골격계질환 원인
① 반복성
② 부적절한 작업자세
③ 과도한 힘
④ 접촉스트레스
⑤ 진동
⑥ 온도, 조명 등 기타 요인

67 정미시간 0.177분인 작업을 여유율 10%에서 외경법으로 계산하면 표준시간이 0.195분이 된다. 이를 8시간 기준으로 계산하면 여유시간은 총 44분이 된다. 같은 작업을 내경법으로 계산할 경우 8시간 총 여유시간은 약 몇 분이 되겠는가? (단, 여유율은 외경법과 동일하다.)

① 12분 ② 24분
③ 48분 ④ 60분

해설 표준시간 산정

내경법 $=$ 정미시간(단위당) $\times (\frac{1}{1-\text{여유율}})$

$= 0.177 \times (\frac{1}{1-0.1}) = 0.197$

표준시간에 대한 여유시간 = 표준시간 − 정미시간 = 0.197 − 0.177 = 0.02

표준시간에 대한 여유시간 비율

$= \frac{\text{표준시간에 대한 여유시간}}{\text{표준시간}} = \frac{0.02}{0.197} = 0.10$

8시간 근무 중 여유시간 = 480×0.1 = 48분

68 기계 가동시간이 25분, 적재(load 및 unloading)시간이 5분, 기계와 독립적인 작업자 활동시간이 10분일 때 기계 양쪽 모두의 유휴시간을 최소화하기 위하여 한 명의 작업자가 담당해야 하는 이론적인 기계대수는?

① 1대 ② 2대
③ 3대 ④ 4대

해설

이론적 기계대수 $= \frac{a+t}{a+b}$

여기서, a: 작업자와 기계의 동시작업시간
b: 독립적인 작업자 활동시간
t: 기계 가동시간

이론적 기계대수 $= \frac{5+25}{5+10} = 2$

69 다음 중 근골격계질환의 유형에 관한 설명으로 틀린 것은?

① 수근관 증후군은 손의 손목 뼈 부분의 압박이나 과도한 힘을 준 상태에서 발생한다.
② 결절종은 반복, 구부림, 진동 등에 의하여 건의 섬유질이 손상되거나 찢어지는 등의 건에 염증이 생기는 질환이다.
③ 외상과염은 팔꿈치 부위의 인대에 염증이 생김으로써 발생하는 증상이다.
④ 백색수지증은 손가락에 혈액의 원활한 공급이 이루어지지 않을 경우에 발생하는 증상이다.

해설 결절종은 관절을 싸고 있는 관절막이 늘어나면서 관절액이 새어나와 생기는 질환이다.

70 다음 중 작업관리에 관한 설명으로 틀린 것은?

① 작업관리는 생산성 향상을 목적으로 경제적인 작업방법을 연구하는 작업연구와 표준작업시간을 결정하기 위한 작업측정으로 구분할 수 있다.
② Gilbreth 부부는 적은 노력으로 최대의 성과를 짧은 시간에 이룰 수 있는 작업

해답 66. ② 67. ③ 68. ② 69. ② 70. ④

방법을 연구한 동작연구(motion study)의 창시자로 알려져 있다.

③ Hawthorn의 실험결과는 작업장의 물리적 조건보다는 인간관계와 같은 사회적 조건이 생산성에 더 큰 영향을 준다는 사실에 관심을 갖도록 한 시발점이 되었다.

④ Taylor(Frederick W. Taylor)는 벽돌쌓기 작업을 대상으로 작업방법과 작업도구를 개선하였으며 이를 발전시켜 과학적 관리법을 주장하였다.

해설 벽돌쌓기 동작연구는 Gilbreth의 연구이다.

71 **근골격계질환의 예방을 위하여 취해져야 할 적절한 내용이 아닌 것은?**

① 충분한 휴식시간의 보장과 스트레칭 프로그램의 도입

② 작업자의 신체적 특성과 작업내용을 고려한 작업장 구조의 인간공학적 개선

③ 치료자에 대한 재활프로그램 및 산업재해 보험의 가입

④ 적절한 공구의 사용 및 올바른 작업방법에 대한 작업자 교육

해설 치료자에 대한 재활프로그램 및 산업재해 보험의 가입은 예방이 아닌 사후대책이다.

72 **다음 중 OWAS(Ovako Working-posture Analysing System)에 관한 설명으로 틀린 것은?**

① 관찰에 의해서 작업자세를 평가할 수 있다.

② 들기작업 시 안전하게 작업할 수 있는 작업물의 중량을 계산할 수 있다.

③ 작업자세를 단순화하여 세밀한 분석에 어려움이 있다.

④ 현장에서 기록 및 해석의 용이함 때문에 많은 작업장에서 작업자세를 평가한다.

해설 들기작업 시 안전하게 작업할 수 있는 작업물의 중량을 계산할 수 있는 평가 툴은 NLE 이다.

73 **다음 중 공정도의 기호와 명칭이 잘못 연결된 것은?**

① +: 가공

② ㅁ: 검사

③ ▽: 저장

④ D: 정체

해설

공정 종류	공정 기호	설 명
가공	○	작업 목적에 따라 물리적 또는 화학적 변화를 가한 상태 또는 다음 공정 때문에 준비가 행해지는 상태를 말한다.

74 **다음 중 작업대의 개선방법으로 옳은 것은?**

① 입식작업대의 높이는 경작업의 경우 팔꿈치의 높이보다 5 ~ 10 cm 정도 높게 설계한다.

② 입식작업대의 높이는 중작업의 경우 팔꿈치의 높이보다 10 ~ 30 cm 정도 낮게 설계한다.

③ 입식작업대의 높이는 정밀작업의 경우 팔꿈치의 높이보다 5 ~ 10 cm 정도 낮게 설계한다.

④ 좌식작업대의 높이는 동작이 큰 작업에는 팔꿈치의 높이보다 약간 높게 설계한다.

해답 71. ③ 72. ② 73. ① 74. ②

해설 입식작업대 높이
정밀작업: 팔꿈치 높이보다 5~15 cm 높게
경작업: 팔꿈치 높이보다 5~10 cm 낮게
중작업: 팔꿈치 높이보다 10~30 cm 낮게

75 다음 중 ECRS의 4원칙에 해당하지 않는 것은?

① Eliminate ② Control
③ Rearrange ④ Simplify

해설 개선의 ECRS
① E(Eliminate)
② C(Combine)
③ R(Rearrange)
④ S(Simplify)

76 동작경제의 원칙 중 작업장 배치에 관한 원칙으로 볼 수 없는 것은?

① 모든 공구나 재료는 지정된 위치에 있도록 한다.
② 공구의 기능을 결합하여 사용하도록 한다.
③ 가능하다면 낙하식 운반 방법을 이용한다.
④ 작업이 용이하도록 적절한 조명을 비추어 준다.

해설 동작경제원칙 중 작업역의 배치에 관한 원칙
① 모든 공구와 재료는 일정한 위치에 정돈되어야 한다.
② 공구와 재료는 작업이 용이하도록 작업자의 주위에 있어야 한다.
③ 중력을 이용한 부품상자나 용기를 이용하여 부품을 부품 사용장소에 가까이 보낼 수 있도록 한다.
④ 가능하면 낙하시키는 방법을 이용하여야 한다.
⑤ 공구 및 재료는 동작에 가장 편리한 순서로 배치하여야 한다.
⑥ 채광 및 조명장치를 잘 하여야 한다.
⑦ 의자와 작업대의 모양과 높이는 각 작업자에게 알맞도록 설계되어야 한다.
⑧ 작업자가 좋은 자세를 취할 수 있는 모양, 높이의 의자를 지급해야 한다.
※ 공구의 기능을 결합하여 사용하도록 한다는 공구에 대한 원칙이다.

77 근골격계 부담작업의 유해요인조사의 내용 중 작업장 상황조사 항목에 해당되지 않는 것은?

① 작업공정 ② 작업설비
③ 작업량 ④ 근무형태

해설 유해요인조사 작업장 상황조사
① 작업공정 변화
② 작업설비 변화
③ 작업량 변화
④ 작업속도 및 최근 업무의 변화

78 다음 중 NIOSH의 들기 방정식(Lifting Equation)에 관련된 설명으로 틀린 것은?

① 권장중량한계(RWL)란 대부분의 건강한 작업자들이 요통의 위험 없이 작업시간 동안 들기작업을 할 수 있는 작업물의 무게를 의미한다.
② 들기지수(LI)는 물체 무게와 권장중량한계의 비율로 나타낸다.
③ 들기지수(LI)가 3을 초과하면 일부 작업자에게서 들기작업과 관련된 요통 발생의 위험수준이 증가한다는 것을 의미한다.
④ 들기 방정식은 물건을 들어 올리는 작업과 내리는 작업이 요통에 대해 같은 위험수준을 갖는다고 가정한다.

해설 NLE 들기지수(LI)가 3을 초과하면 대다수의 작업자에게서 들기작업과 관련된 요통 발생의 위험수준이 증가하는 것을 의미한다.

79 대규모 사업장에서 근골격계질환 예방·관리 추진 팀을 구성함에 있어서 중·소규모 사업장 추진 팀원 외에 추가로 참여되어야 할 인력은?

① 예산결정권자 ② 보건담당자

정답 75. ② 76. ② 77. ④ 78. ③ 79. ③

③ 노무담당자　　④ 구매담당자

해설 근골격계질환 예방·관리추진팀

중·소규모 사업장	• 작업자대표 또는 대표가 위임하는 자 • 관리자(예산결정권자) • 정비 보수담당자 • 보건담당자(보건관리자선임 사업장은 보건관리자) • 구매담당자
대규모 사업장	• 소규모사업장 추진팀원 이외에 다음의 인력을 추가함 • 기술자(생산, 설계, 보수기술자) • 노무담당자

80 다음 중 시간 축 위에 수행할 활동에 대한 필요한 시간과 일정을 표시한 문제의 분석 도구는?

① 파레토 차트　　② 특성요인도
③ 간트 차트　　④ 마인드 맵핑

해설 간트 차트
각 활동별로 일정계획 대비 완성 현황을 막대모양으로 표시한 차트

해답 80. ③

인간공학기사 필기시험 문제풀이 24회[093]

1 인간공학 개론

1 밀러(Miller)의 신비의 수(Magic Number) 7±2와 관련이 있는 인간의 감각-운동 계통은?

① 장기기억 ② 단기기억
③ 감각기관 ④ 제어기관

해설 단기기억에 의해 신뢰성 있게 정보 전달을 할 수 있는 자극 판별 수를 경로 용량이라 한다. 밀러(Miller)는 각각의 감각에 대한 경로 용량을 조사한 결과 '신비의 수(magical number) 7±2(5~9)'를 발표하였다. 밀러의 결과에 의하면 인간의 절대적 판단에 의한 단일 자극의 판별 범위는 보통 다섯에서 아홉 가지이다.

2 다음 중 집단의 최대치에 의한 설계로 가장 적합한 것은?

① 선반의 높이
② 조종장치까지의 거리
③ 자동차 시트의 앞뒤 조절폭
④ 고속버스 내의 의자와 의자 사이의 간격

해설 최대집단값에 의한 설계
① 통상 대상 집단에 대한 관련 인체측정 변수의 상위 백분위수를 기준으로 하여 90%, 95% 혹은 99%값이 사용된다.
② 문, 탈출구, 통로 등과 같은 공간 여유를 정할 때 사용된다. 예를 들어, 95%값에 속하는 큰사람을 수용할 수 있다면, 이보다 작은 사람은 모두 사용된다.

3 일반적으로 새로운 자극이 없는 상태에서 다음 중 가장 먼저 소실되는 기억 체계는?

① 상보관(iconic storage)
② 향보관(echoic storage)
③ 작업기억(working memory)
④ 장기기억(long-term memory)

해설 상보관(iconic storage)
시각적인 자극이 영사막에 순간적으로 비춰지며, 상보관 기능은 잔상을 잠시 유지하여 그 영상을 좀 더 처리할 수 있게 한다(1초 이내 지속).

4 표시장치를 사용할 때 자극 전체를 직접 나타내거나 재생시키는 대신, 정보나 자극을 암호화하는 경우가 흔하다. 이와 같이 정보를 암호화하는 데 있어서 지켜야 할 일반적 지침으로 볼 수 없는 것은?

① 암호의 양립성 ② 암호의 민감성
③ 암호의 변별성 ④ 암호의 검출성

해답 1. ② 2. ④ 3. ① 4. ②

해설 암호체계 사용상의 일반적인 지침
① 암호의 검출성(detectability)
② 암호의 변별성(discriminability)
③ 암호의 양립성(compatibility)

5 계기판에 등이 16개가 있을 때 그중 하나만 불이 켜지는 경우의 정보량은 몇 bit인가?

① 2　　② 4
③ 6　　④ 8

해설 일반적으로 실현가능성이 같은 N개의 대안이 있을 때 총 정보량 H는 $H=\log_2 N$ 으로 구한다.
$H=\log_2 n=\log_2 16=4$ bit

6 인간-기계 시스템에서 인간의 과오나 동작상의 실패가 있어도 안전사고를 발생시키지 않도록 하는 시스템을 무엇이라고 하는가?

① lock system
② fail-safe system
③ fool-proof system
④ accident-check system

해설 Fool-proof system
인간의 과오나 동작상 실패가 있어도 안전사고를 발생시키지 않도록 2중 또는 3중으로 통제를 가하는 것을 말한다. 예로, 절단기나 프레스 기계의 적외선 안전장치

7 인간-기계 시스템에서 정보 전달과 조종이 이루어지는 접합면인 인간-기계 인터페이스(man-machine interface)의 종류에 해당하지 않는 것은?

① 지적 인터페이스
② 역학적 인터페이스
③ 감성적 인터페이스
④ 신체적 인터페이스

해설 인간-기계 인터페이스는 사용자의 특성을 고려하여 신체적 인터페이스, 지적 인터페이스, 감성적 인터페이스로 분류할 수 있다.

8 다음 중 인간공학 연구에 사용되는 변수의 유형에 대한 설명으로 적절하지 않은 것은?

① 조사 연구되는 인자는 독립변수로 취급된다.
② 독립변수의 가능한 효과는 종속변수로 취급된다.
③ 독립변수는 보통 '기준(criterion)'이라고도 부른다.
④ 기준은 체계기준과 인간기준으로 분류된다.

해설 종속변수는 독립변수의 가능한 '효과'의 척도이다. 반응시간과 같은 성능의 척도일 경우가 많다. 종속변수는 보통 기준(criterion)이라고도 부른다.

9 다음 중 제품의 행동유도성에 대한 설명으로 적절하지 않은 것은?

① 행동유도성을 위해서는 행동에 제약을 주지 않도록 설계해야 한다.
② 사용자의 행동에 단서를 제공한다.
③ 사용 설명서를 별도로 읽지 않아도 사용자가 무엇을 해야 할지 알게 설계해야 한다.
④ 제품에 물리적 또는 의미적 특성을 부여함으로써 달성 가능하다.

해설 행동유도성(affordance)
물건에 물리적 또는 의미적인 특성을 부여하여 사용자의 행동에 관한 단서를 제공하는 것을 행동유도성(affordance)이라 한다. 제품에 사용상 제약을 주어 사용 방법을 유인하는 것도 바로 행동유도성에 관련되는 것이다. 좋은 행동유도성을 가진 디자인은 그림이나 설명이 필요없이 사용자가 단지 보기만 하여도 무엇을 해야 할지 알 수 있도록 설계되어 있는 것이다. 이러한 행동유도성은 행동에 제약을 가하도록 사물을 설계함으로써 특정한 행동만이 가능하도록 유도하는 데서 온다. 물리적 특성에 의존하여 한정된 행위만이 가능하도록 하는 물리적 제약이나 주어진

해답 5. ② 6. ③ 7. ② 8. ③ 9. ①

의미나 문화적 관습에 따라 해석이 가능하도록 하는 제약 등이 제품 설계에서 주로 이용된다.

10 다음 중 인체측정에 대한 설명으로 틀린 것은?

① 표준자세에서 움직이지 않는 상태를 인체측정기로 측정한 측정치를 구조적 치수라 한다.
② 활동 중인 신체의 자세를 측정한 것을 기능적 치수라 한다.
③ 일반적으로 구조적 치수는 나이, 성별, 인종에 따라 다르게 나타난다.
④ 인간-기계 시스템의 설계에서는 구조적 치수만을 활용하여야 한다.

해설 인간-기계 시스템의 설계에서는 구조적 치수와 기능적 치수를 조화 있게 설계하여 개선하여야 한다.

11 작업공간의 구성요소 배치에 대한 원칙 측면에서 볼 때, 자동차의 속도계가 계기판 중간에 위치하여 운전자가 보기 쉽도록 한 것은 다음 중 어떤 원칙에 해당되는가?

① 중요도의 원칙
② 기능성의 원칙
③ 사용순서의 원칙
④ 공간 활용 최적화의 원칙

해설 구성요소 배치의 원칙
① 중요성의 원칙: 부품을 작동하는 성능이 체계의 목표달성에 긴요한 정도에 따라 우선순위를 설정한다.
② 사용빈도의 원칙: 부품을 사용하는 빈도에 따라 우선순위를 설정한다.
③ 기능별 배치의 원칙: 기능적으로 관련된 부품들을 모아서 배치한다.
④ 사용순서의 원칙: 사용순서에 따라 장치들을 가까이에 배치한다.

12 다음 중 실내의 추천반사율이 높은 것부터 낮은 순으로 올바르게 나열한 것은?

① 천장 > 벽 > 책상 > 바닥
② 천장 > 책상 > 바닥 > 벽
③ 벽 > 천장 > 책상 > 바닥
④ 벽 > 책상 > 천장 > 바닥

해설 실내의 추천반사율

장소	반사율(%)
천장	80~90
벽	40~60
책상	25~45
바닥	20~40

13 다음 중 인간 실수 확률에 대한 추정기법에 해당하는 것은?

① MORT
② 예비위험분석
③ 직무위급도분석
④ 결함위험도분석

해설 직무위급도분석(task criticality rating analysis method)
휴먼에러에 의한 효과의 심각성(severity)을 안전, 경미, 중대, 파국적의 4등급으로 구분하고, 이를 사용하여 빈도와 심각성을 동시에 고려하는 실수 위급도 평점(criticality rating)을 유도한다. 이와 같이 유도된 평점 중 높은 위급도 평점에 해당하는 휴먼에러를 줄이기 위한 노력을 부과하는 것이 직무 위급도 방법이다.

14 1,000 Hz, 80 dB인 음을 phon과 sone 으로 환산한 것은?

① 40phon, 4sone
② 60phon, 3sone
③ 80phon, 16sone
④ 80phon, 2sone

해답 10. ④ 11. ① 12. ① 13. ③ 14. ③

해설 어떤 음의 음량 수준을 나타내는 phon값은 이 음과 같은 크기로 들리는 1,000 Hz 순음의 음압 수준(dB)을 의미한다(예: 20 dB의 1,000 Hz는 20 phon이 된다).
다른 음의 상대적인 주관적 크기에 대해서는 sone이라는 음량 척도를 사용한다.
$sone값 = 2^{(phon값-40)/10}$ = 16

15 다음 중 작업 공간 설계에 관한 설명으로 옳은 것은?

① 일반적으로 앉아서 하는 작업의 작업대 높이는 팔꿈치 높이가 적당하다.
② 서서하는 힘든 작업을 위한 작업대는 세밀한 작업보다 높게 설계한다.
③ 작업 표준 영역은 어깨를 중심으로 팔을 뻗어 닿을 수 있는 영역이다.
④ 군용 비행기의 비상구는 5백분위수 인체측정 자료를 사용하여 설계한다.

해설 작업대의 높이는 팔꿈치가 편안하게 놓일 수 있도록 팔꿈치 높이를 기준으로 설계하는 것이 일반적이다. 그러나 정밀한 동작이 요구되는 작업인 경우에는 작업자들이 허리를 앞으로 굽히지 않고도 작업면을 볼 수 있도록 팔꿈치 높이보다 높게 설계하며, 큰 힘을 주거나 중량물을 취급하는 경우에는 취급하는 중량물 높이를 감안하여 팔꿈치 높이보다 낮게 설계하는 것이 바람직하다.

16 인체의 감각기능 중 후각에 대한 설명으로 옳은 것은?

① 후각에 대한 순응은 느린 편이다.
② 후각은 훈련을 통해 식별능력을 기르지 못한다.
③ 후각은 냄새 존재 여부보다 특정 자극을 식별하는 데 효과적이다.
④ 특정 냄새의 절대 식별 능력은 떨어지나 상대적 비교능력은 우수한 편이다.

해설 인간의 후각은 특정물질이나 개인에 따라 민감도의 차이가 있으며, 어느 특정냄새에 대한 절대 식별 능력은 다소 떨어지나, 상대식별 능력은 우수한 편이다.

17 다음 중 조종-반응비율(Control-Response ratio)에 대한 설명으로 옳은 것은?

① 조종-반응비율이 낮을수록 둔감하다.
② 조종-반응비율이 높을수록 조종시간은 증가한다.
③ 표시장치의 이동거리를 조종장치의 이동거리로 나눈 비율을 말한다.
④ 회전 꼭지(knob)의 경우 조정-반응비율은 손잡이 1회전에 상당하는 표시장치 이동거리의 역수이다.

해설 조종/반응비율(Control/Response ratio)
조종/표시 장치 이동 비율(Control/Dispaly ratio)을 확장한 개념으로 조종장치의 움직이는 거리(회전수)와 체계반응이나 표시장치상의 이동요소의 움직이는 거리의 비이다. 회전 꼭지(knob)의 경우 조정/반응비율은 손잡이 1회전에 상당하는 표시장치 이동거리의 역수이다.

18 다음 중 암조응에 대한 설명으로 옳은 것은?

① 어두운 곳에서 밝은 곳으로 들어갈 때 발생한다.
② 어두운 곳에서 주로 간상세포에 의해 보게 된다.
③ 완전 암조응에는 일반적으로 5~10분 정도 소요된다.
④ 암조응 때에는 원추세포는 감수성을 갖게 된다.

해설 암순응(dark adaptation)
밝은 곳에서 어두운 곳으로 이동할 때의 순응을 암순응이라 하며, 두 가지 단계를 거치게 된다.
① 약 5분 정도 걸리는 원추세포의 순응단계
② 약 30~35분 정도 걸리는 간상세포의 순응단계

정답 15. ① 16. ④ 17. ④ 18. ②

어두운 곳에서 원추세포는 색에 대한 감수성을 잃게 되고, 간상세포에 의존하게 되므로 색의 식별은 제한된다.

19 다음 중 전력계와 같이 수치를 정확히 읽고자 할 때 가장 적합한 표시장치는?

① 동침형 표시장치 ② 동목형 표시장치
③ 계수형 표시장치 ④ 수직형 표시장치

해설 정량적인 동적 표시장치의 3가지
① 동침(moving pointer)형: 눈금이 고정되고 지침이 움직이는 형
② 동목(moving pointer)형: 지침이 고정되고 눈금이 움직이는 형
③ 계수(digital)형: 전력계나 택시요금 계기와 같이 기계, 전자적으로 숫자가 표시되는 형

20 다음 중 신호검출이론(SDT)에 대한 설명으로 틀린 것은? (단, β는 응답편견척도이고, d는 감도척도이다.)

① 민감도는 신호와 잡음 평균 간의 거리로 표현한다.
② β 값이 클수록 '보수적인 판단자'라고 한다.
③ d 값은 정규분포표를 이용하여 구할 수 있다.
④ 잡음이 많을수록, 신호가 약하거나 분명하지 않을수록 d 값은 커진다.

해설
민감도(sensitivity) d는 신호의 평균(μ_S)과 소음의 평균(μ_N)의 차이가 클수록, 변동성(σ 표준편차)이 작을수록 민감하다. 민감도는 정규분포를 이용하여 구할 수 있다.

$$d = \frac{|\mu_S - \mu_N|}{\sigma}$$

2 작업생리학

21 다음 중 신체 활동 수준이 너무 높아 근육에 공급되는 산소량이 부족하여 생기는 피로물질은?

① 크레아틴산(CP)
② 아데노신삼인산(ATP)
③ 글리코겐(glycogen)
④ 젖산(lactic acid)

해설 젖산의 축적
인체활동의 초기에서는 일단 근육 내의 당원을 사용하지만, 이후의 인체활동에서는 혈액으로부터 영양분과 산소를 공급받아야 한다. 이때 인체활동 수준이 너무 높아 근육에 공급되는 산소량이 부족한 경우에 혈액 중에 젖산이 축적된다.

22 다음 중 신체의 열 교환과정에서의 열평형 방정식에 대한 설명으로 틀린 것은?

① 신진대사과정에서 열이 발생하므로 대사 열 발생량은 항상 양수 (+) 값이다.
② 증발과정에서는 언제나 열이 발생하므로 증발 열 발산량은 언제나 음수 (−) 값이다.
③ 신체가 열적평형상태에 있으면 신체 열 함량은 0이다.
④ 신체가 불균형상태에 있으면 신체 열 함량은 항상 상승한다.

해설 신체의 열교환 과정
ΔS(열이득) = M(대사) − E(증발) ± R(복사) ± C(대류) − W(수행한 일)
신체가 열적 평형상태에 있으면 ΔS는 0이다. 불균형조건이면 체온이 상승하거나($\Delta S > 0$) 하강한다($\Delta S < 0$).

23 다음 중 진동이 인체에 미치는 영향이 아닌 것은?

해답 19. ③ 20. ④ 21. ④ 22. ④ 23. ②

① 산소소비량 증가
② 심박수 감소
③ 근장력 증가
④ 말초혈관의 수축

해설 진동이 생리적 기능에 미치는 영향
① 심장: 혈관계에 대한 영향과 교감신경계의 영향으로 혈압 상승, 맥박 증가, 발한 등의 증상을 보인다.
② 소화기계: 위장 내압의 증가, 복압 상승, 내장 하수 등의 증상을 보인다.
③ 기타: 내분비계 반응장애, 척수장애, 청각장애, 시각장애 등의 증상을 보인다.

24 육체적 작업을 할 경우 신체의 특정 부위의 스트레스 또는 피로를 측정하는 방법은?

① 에너지소비량 측정
② 부정맥 정수 측정
③ 근전도 측정
④ 산소소모량 측정

해설 근전도(electromyogram; EMG)
근육활동의 전위차를 기록한 것으로 심장근의 근전도를 특히 심전도(eletrocardiogram; ECG)라 한다.

25 휴식 중의 에너지소비량이 1.5 kcal/min인 작업자가 분당 평균 8 kcal의 에너지를 소비한 작업을 60분 동안 했을 경우 총 작업시간 60분에 포함되어야 하는 휴식시간은 몇 분인가? (단, Murrell의 식을 적용하며, 작업시 권장 평균에너지소비량은 5 kcal/min으로 가정한다.)

① 22분 ② 28분
③ 34분 ④ 40분

해설
Murrell의 공식: $R = \dfrac{T(E-S)}{E-1.5}$
R: 휴식시간(분)
T: 총작업시간(분)
E: 평균에너지소모량(kcal/min)
S: 권장평균에너지소모량 = 5(kcal/min)

따라서 $R = \dfrac{60(8-5)}{8-1.5} = 27.69(\text{분}) \fallingdotseq 28(\text{분})$

26 다음 중 정신활동의 부담척도로 사용되는 점멸융합주파수(VFF)에 대한 설명으로 틀린 것은?

① 암조응 시는 VFF가 증가한다.
② 연습의 효과는 적다.
③ 휘도만 같으면 색은 VFF에 영향을 주지 않는다.
④ VFF는 조명 강도의 대수치에 선형적으로 비례한다.

해설 점멸융합주파수에 영향을 미치는 요소
① VFF는 조명강도의 대수치에 선형적으로 비례한다.
② 시표와 주변의 휘도가 같을 때 VFF는 최대로 영향을 받는다.
③ 휘도만 같으면 색은 VFF에 영향을 주지 않는다.
④ 암조응 시는 VFF가 감소한다.
⑤ VFF는 사람들 간에는 큰 차이가 있으나, 개인의 경우 일관성이 있다.
⑥ 연습의 효과는 아주 적다.

27 다음 중 신체 부담을 측정하는 주관적 척도로서 심박수와 높은 상관관계를 맺는 척도는?

① Likert 척도
② 뇌전도(electroencephalogram) 척도
③ 의미 미분(semantic differential) 척도
④ Borg-RPE(rating of perceived exertion) 척도

해설 Borg의 RPE 척도는 많이 사용되는 주관적 평정척도로서 작업자들이 주관적으로 지각한 신체적 노력의 정도를 6에서 20 사이의 척도로 평정한다. 이 척도의 양끝은 각각 최소 심장 박동률과 최대 심장 박동률을 나타낸다.

해답 24. ③ 25. ② 26. ① 27. ④

28 **다음 중 근육계에 관한 설명으로 옳은 것은?**

① 수의근은 자율신경계의 지배를 받는다.
② 골격근은 줄무늬가 없는 민무늬근이다.
③ 불수의근과 심장근은 중추신경계의 지배를 받는다.
④ 내장근은 피로 없이 지속적으로 운동을 함으로써 소화, 분비 등 신체 내부 환경의 조절에 중요한 역할을 한다.

해설 근육(muscle)
신체의 활동은 근육(muscle)과 관련되어 있다. 근육은 수축성이 강한 조직으로 인체의 여러 부위를 움직이는데, 근육이 위치하는 부위에 따라 그 역할이 다르다. 인체의 근육은 골격근(또는 수의근), 심장근, 평활근(불수의근)으로 나눌 수 있다.
가. 골격근(skeletal muscle)
① 형태: 가로무늬근, 원주형 세포
② 특징: 중추 신경계의 지배를 받아 자의적으로 움직이며, 명령을 받으면 짧은 시간에 강하게 수축하며 그만큼 피로도 쉽게 온다. 체중의 약 40%를 차지한다.

나. 심장근(cardiac muscle)
① 형태: 가로무늬근, 단핵세포로서 원주상이지만 전체적으로 그물조직
② 특징: 심장벽에서만 볼 수 있는 근으로 가로무늬가 있으나 불수의근이다. 규칙적이고 강력한 힘을 발휘한다. 재생이 불가능하다.

다. 평활근(smooth muscle)
① 형태: 민무늬근, 긴 방추형으로 근섬유에 가로무늬가 없고 중앙에 1개의 핵이 존재함
② 특징: 자율 신경계의 지배를 받아 자의적으로 움직이지 못하며, 소화관, 요관, 난관 등의 관벽이나 혈관벽, 방광, 자궁 등을 형성하는 근이다.

29 **신체에 전달되는 진동은 전신진동과 국소진동으로 구분되는데 다음 중 진동원의 성격이 다른 것은?**

① 크레인 ② 지게차
③ 그라인더 ④ 대형 운송차량

해설 진동의 구분
① 전신진동: 교통차량, 선박, 항공기, 기중기, 분쇄기 등에서 발생하며, 2~100 Hz에서 장해를 유발한다.
② 국소진동: 착암기, 그라인더, 자동식 톱 등에서 발생한다.

30 **근육운동 중 근육의 길이가 일정한 상태에서 힘을 발휘하는 운동을 나타내는 것은?**

① 등장성 운동 ② 등속성 운동
③ 등척성 운동 ④ 단축성 운동

해설 물건을 들고 있을 때처럼 인체부위를 움직이지 않으면서 고정된 물체에 힘을 가하는 상태로 이때의 근력을 등척성 근력(isometric strenth)이라고 한다.

31 **일정(constant) 부하를 가진 작업 수행시 인체의 산소소비량 변화를 나타낸 그래프로 옳은 것은?**

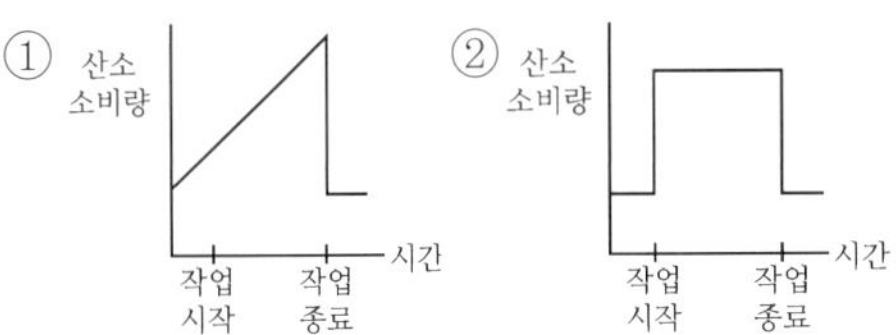

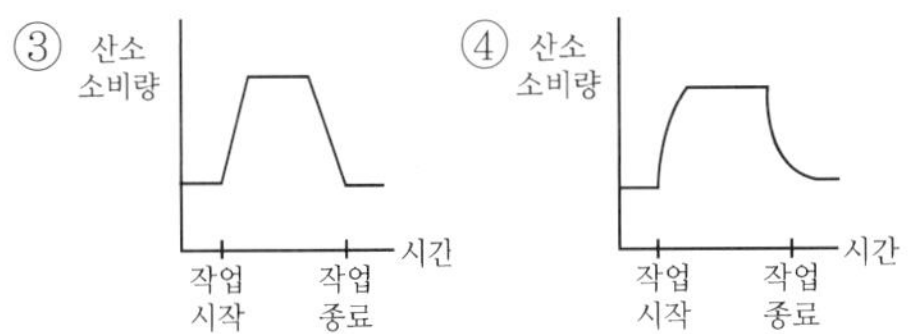

해설 산소소비량 변화 그래프

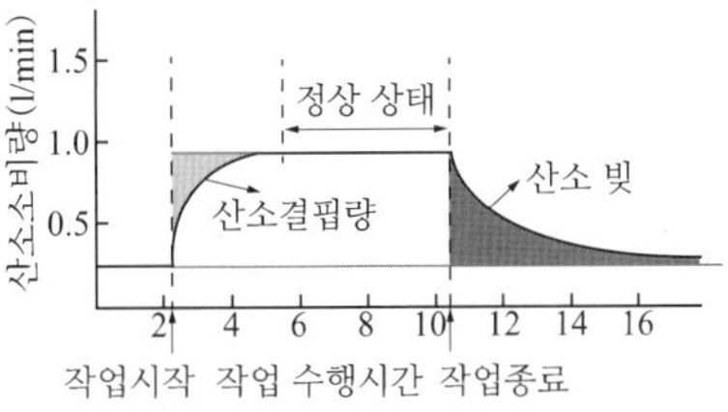

해답 28. ④ 29. ③ 30. ③ 31. ④

32 다음 중 소음관리 대책의 단계로 가장 적절한 것은?

① 소음원의 제거 → 소음수준의 저감 → 소음의 차단 → 개인보호구 착용
② 개인보호구 착용→ 착용소음원의 제거 → 소음수준의 저감 → 소음의 차단
③ 소음원의 제거 → 소음의 차단 → 소음수준의 저감 → 개인보호구 착용
④ 소음의 차단 → 소음원의 제거 → 소음수준의 저감 → 개인보호구 착용

해설 소음방지 대책은 소음원 대책, 전파경로 대책, 수음자 대책 순서에 따라 소음원의 제거 → 소음수준의 저감 → 소음의 차단 → 개인보호구 착용 순으로 이루어진다.

33 다음 중 뇌간(brain stem)에 해당되지 않는 것은?

① 간뇌 ② 중뇌 ③ 뇌교 ④ 연수

해설 뇌간(brain stem)은 간뇌, 중뇌, 수뇌(연수)로 이루어진다.

34 어떤 작업에 대해서 10분간 산소소비량을 측정한 결과 100 L 배기량에 산소가 15%, 이산화탄소가 6%로 분석되었다. 에너지소비량은 몇 kcal/min인가? (단, 산소 1 L가 몸에서 소비되면 5 kcal의 에너지가 소비되며, 공기 중에서 산소는 21%, 질소는 79%를 차지하는 것으로 가정한다.)

① 2 ② 3 ③ 4 ④ 6

해설

- 분당 배기량: $\frac{\text{배기량}}{\text{시간(min)}}$
- 분당 흡기량: $\frac{(100-O_2\%-CO_2\%)}{N_2\%}\times \text{분당 배기량}$
- 산소소비량: (21%×분당 흡기량) − (O_2%×분당 배기량)

① 분당 배기량 = $\frac{100\text{ L}}{10\text{ min}}=10\text{ L/min}$

② 분당 흡기량 = $\frac{1-0.15-0.06}{0.79}\times 10=10$

③ 산소소비량
= $(0.21\times 10)-(0.15\times 10)=0.6\text{ L/min}$

④ 에너지소비량 = $0.6\text{ L/min}\times 5\text{ kcal}=3$

35 허리부위의 요추는 몇 개의 뼈로 구성되어 있는가?

① 4개 ② 5개 ③ 6개 ④ 7개

해설 요추(lumbar vertebrae)는 5개로 구성되어 있다.

36 다음 중 심방수축 직전에 발생하는 파장(wave)은?

① R파 ② S파 ③ P파 ④ Q파

해설
P파: 심방탈분극, 동방결절 흥분직후에 시작

37 다음 중 신체를 전·후로 나누는 면을 무엇이라 하는가?

① 관상면 ② 시상면
③ 정중면 ④ 횡단면

해설
① 관상면(frontal 또는 coronal plane): 인체를 전후로 나누는 면
② 시상면(sagittal plane): 인체를 좌우로 양분하는 면
③ 정중면(median plane): 인체를 좌우대칭으로 나누는 면
④ 횡단면(horizontal plane): 인체를 상하로 나누는 면

38 다음 중 낮은 진동수에서의 진동에 영향을 가장 많이 받는 것은?

① 감시 ② 의사 표시
③ 추적 능력 ④ 반응 시간

해답 32. ① 33. ③ 34. ② 35. ② 36. ③ 37. ① 38. ③

해설
① 전신진동은 진폭에 비례하여 시력손상, 추적작업에 대한 효율을 떨어뜨린다.
② 안정되고 정확한 근육조절을 요하는 작업은 진동에 의하여 저하된다.
③ 반응시간, 감시, 형태 식별 등 주로 중앙 신경처리에 달린 임무는 진동의 영향을 덜 받는다.

39 다음 중 고열발생원에 대한 대책으로 볼 수 없는 것은?

① 고온 순화 ② 전체환기
③ 복사열 차단 ④ 방열재 사용

해설 고열작업에 대한 대책으로는 발생원에 대한 공학적 대책, 방열보호구에 의한 관리 대책, 작업자에 대한 보건관리상의 대책 등을 들 수 있다.
① 발생원에 대한 공학적 대책: 방열재를 이용한 방열 방법, 작업장 내 공기를 환기시키는 전체 환기, 특정한 작업장 주위에만 환기를 하는 국소환기, 복사열의 차단, 냉방 등
② 방열보호구에 의한 관리 대책: 방열복과 얼음(냉각)조끼, 냉풍조끼, 수냉복 등의 보조 냉각보호구 사용 등
③ 작업자에 대한 보건관리상의 대책: 개인의 질병이나 연령, 적성, 고온순화 능력 등을 고려한 적성 배치

40 다음 중 한 방향으로만 움직일 수 있으며, 슬관절과 주관절에 해당하는 관절은?

① 차축관절(pivot joint)
② 경첩관절(hinge joint)
③ 안장관절(saddle joint)
④ 구상관절(ball and socket joint)

해설 경첩관절(hinge joint)은 두 관절면이 원주면과 원통면 접촉을 하는 것이며, 한 방향으로만 운동할 수 있다. 무릎관절, 팔굽관절, 발목관절이 이에 해당한다.

3 산업심리학 및 관련법규

41 테일러(F. W. Taylor)에 의해 주장된 조직 형태로서 관리자가 일정한 관리기능을 담당하도록 기능별 전문화가 이루어진 조직은?

① 위원회 조직 ② 직능식 조직
③ 프로젝트 조직 ④ 사업부제 조직

해설 직능식 조직(functional organization)
테일러(F. W. Tayor)의 과학적 관리법에서 주장한 조직형태로부터 비롯된 것이며, 관리자가 일정한 관리기능을 담당하도록 기능별 전문화가 이루어지고, 각 관리자는 자기의 관리직능에 관한 것인 한 다른 부문의 부하에 대하여도 명령·지휘하는 권한을 수여한 조직을 말한다.

42 원자력발전소 주제어실의 직무는 4명의 운전원으로 구성된 근무조에 의해 수행되고 이들의 직무 간에는 서로 영향을 끼치게 된다. 근무조원 중 1차 계통의 운전원 A와 2차 계통의 운전원 B 간의 직무는 중간 정도의 의존성(15%)이 있다. 그리고 운전원 A의 기초 HEP Prob{A} = 0.001일 때 운전원 B의 직무실패를 조건으로 한 운전원 A의 직무실패확률은? (단, THERP 분석법을 사용한다.)

① 0.151 ② 0.161
③ 0.171 ④ 0.181

해설
Prob{N | N−1}=(%dep)1.0+(1−%dep)Prob{N}
B가 실패일 때 A의 실패확률
Prob{A | B}=(0.15)×1.0+(1−0.15)×0.001
= 0.15085≒0.151

43 히츠버그(Herzberg)가 제시한 근로자들의 직무만족도를 높이기 위한 방법으로 적절하지 않은 것은?

해답 39. ① 40. ② 41. ② 42. ① 43. ①

① 되도록 쉬운 임무를 부여한다.
② 완전하고 자연스러운 작업단위를 제공한다.
③ 직무에 부가되는 자유와 권위를 준다.
④ 특정 직무에 있어서 고도의 전문화된 임무를 배당한다.

해설 히츠버그(Herzberg)의 동기(만족)욕구
① 보람이 있고 지식과 능력을 활용할 여지가 있는 일을 할 때에 경험하게 되는 성취감, 전문직업인으로서의 성장, 인정을 받는 등 사람에게 만족감을 주는 요인을 말하며, 이들 요인들이 직무만족에 긍정적인 영향을 미칠 수 있고, 그 결과 개인의 생산능력의 증대를 가져오기도 한다.
② 위생요인의 욕구가 만족되어야 동기요인 욕구가 생긴다.
③ 자아실현을 하려는 인간의 독특한 경향을 반영한 것으로 매슬로우(A. H. Maslow)의 자아실현 욕구와 비슷하다.

44 다음 중 민주적 리더십의 발휘와 관련된 적절한 이론이나 조직형태는?

① X이론 ② Y이론
③ 관료주의 조직 ④ 라인형 조직

해설 맥그리거(McGregor)의 X, Y의 이론
가. X이론 관리전략
① 경제적 보상체계의 강화
② 권위적 리더십의 확립
③ 엄격한 감독과 통제제도 확립
④ 상부책임제도의 강화
⑤ 조직구조의 고층화

나. Y이론 관리전략
① 민주적 리더십의 확립
② 분권화의 권한의 위임
③ 목표에 의한 관리
④ 직무확장
⑤ 비공식적 조직의 활용
⑥ 자체평가제도의 활성화
⑦ 조직구조의 평면화

45 다음 (   )안에 가장 적절한 용어는?

"Karasek 등의 직무스트레스에 관한 이론에 의하면 직무스트레스의 발생은 직무요구도와 (   )의 불일치에 의해 나타난다고 보았다."

① 조직구조도 ② 직무분석도
③ 인간관계도 ④ 직무재량도

해설 직무스트레스는 직무요구도와 직무재량도의 불일치에 의해 나타난다.

46 다음과 같은 재해 발생 시 재해조사분석 및 사후처리에 대한 내용으로 틀린 것은?

"크레인으로 강재를 운반하던 도중 약해져 있던 와이어로프가 끊어지며 강재가 떨어졌다. 이때 작업구역 밑을 통행하던 작업자의 머리 위로 강재가 떨어졌으며, 안전모를 착용하지 않은 상태에서 발생한 사고라서 작업자는 큰 부상을 입었고, 이로 인하여 부상 치료를 위해 4일간의 요양을 실시하였다."

① 재해 발생형태는 추락이다.
② 재해의 기인물은 크레인이고, 가해물은 강재이다.
③ 불안전한 상태는 약해진 와이어로프이고, 불안전한 행동은 안전모 미착용과 위험구역 접근이다.
④ 산업재해조사표를 작성하여 관할 지방노동청장 제출하여야 한다.

해설 재해 발생형태는 상병을 받게 되는 근원이 되는 기인물의 관계한 현상을 말하는데 강재(물건)가 주체가 되어 사람이 맞은 경우는 낙하 또는 비래에 속한다.

47 다음 중 웨버(Max Weber)의 관료주의 4원칙이 아닌 것은?

해답 44. ② 45. ④ 46. ① 47. ③

① 노동의 분업　　② 통제의 범위
③ 창의력의 중시　　④ 권한의 위임

해설 웨버의 관료주의 4원칙
① 노동의 분업: 작업의 단순화 및 전문화
② 권한의 위임: 관리자를 소단위로 분산
③ 통제의 범위: 각 관리자가 책임질 수 있는 작업자 수
④ 구조: 조직의 높이와 폭

48 다음 중 Swain의 휴먼 에러 분류에 해당하지 않는 것은?

① 순서 오류(sequential error)
② 시간 오류(time error)
③ 위치 오류(location error)
④ 수행 오류(commission error)

해설 Swain의 관점에서 휴먼 에러를 분류하면 생략 오류(ommission error), 수행 오류(commission error), 시간 오류(time error), 순서 오류(sequential error), 불필요한 수행 오류(extraneous error)로 구분할 수 있다.

49 주의력 수준은 주의의 넓이와 깊이에 따라 달라지는데 다음 [그림]의 A, B, C 에 들어갈 가장 알맞은 내용은?

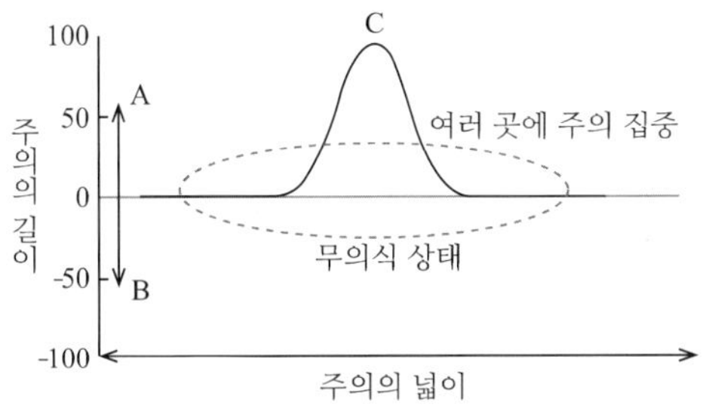

① A: 주의가 내향, B: 주의가 외향, C: 주의 집중
② A: 주의가 외향, B: 주의가 내향, C: 주의 집중
③ A: 주의 집중, B: 주의가 내향, C: 주의가 외향
④ A: 주의가 내향, B: 주의 집중, C: 주의가 외향

해설
① 인간의 심리에는 수치상의 신뢰도만으로는 만족할 수 없는 문제들이 있다. 그중 하나가 주의력이다. 주의력은 넓이와 깊이가 있고, 또한 내향, 외향이 있다.
② 주의가 외향일 때는 시각신경의 작용으로 사물을 관찰하면서 주의력을 경주할 때이고, 반대로 주의가 내향일 때는 사고의 상태이며, 시신경계가 활동하지 않는 공상이나 잡념을 가지고 있는 상태이다.
③ 감시하는 대상이 많아지면 주의의 범위는 넓어지고, 감시하는 대상이 적어질수록 주의의 넓이는 좁아지고 깊이도 깊어진다.

50 다음 중 휴먼에러로 이어지는 배후의 4요인 4M에 해당하지 않는 것은?

① Media
② Machine
③ Material
④ Management

해설 휴먼 에러의 배후요인(4M)
① Man(인간)
② Machine(기계나 설비)
③ Media(매체)
④ Management(관리)

51 호손(Hawthorne)의 실험 결과로서 생산성에 영향을 주는 요인으로 분석된 것은?

① 설비 수준　　② 조명의 밝기
③ 규약의 강도　　④ 인간 관계

해설 미국의 Elton Mayo 교수가 주축이 되어 시카고 교외의 Hawthorne 공장에서 시행한 Hawthorne 실험은 작업자의 작업능률은 물리적인 작업조건(온도, 습도, 조명, 환기, 장비)보다는 작업자의 인간관계에 의하여 영향을 받으므로, 인간관계의 기초 위에서 관리를 추진해야 한다고 주장하였다.

해답 48. ③ 49. ② 50. ③ 51. ④

52 다음 중 스트레스에 관한 일반적 설명과 거리가 가장 먼 것은?

① A형 성격의 소유자는 스트레스에 더 노출되기 쉽다.
② 스트레스를 받게 되면 자율 신경은 자동적으로 활성화된다.
③ 스트레스가 낮아질수록 업무의 성과는 높아진다.
④ 스트레스는 근골격계질환에 영향을 줄 수 있다.

해설 스트레스의 순기능
① 스트레스가 긍정적으로 영향을 미치는 경우이다.
② 적정한 스트레스는 개인의 심신활동을 촉진시키고 활성화시켜 직무수행에 있어서 문제해결에 창조력을 발휘하게 되고 동기유발이 증가하며 생산성을 향상시키는 데 기여한다.

53 인간 오류(human error)의 심리적 측면의 분류에서 필요한 행위를 실행하지 않은 오류를 무엇이라 하는가?

① 수행 오류(commission error)
② 생략 오류(ommission error)
③ 의사결정 오류(decision making error)
④ 정보처리 오류(information processing error)

해설 필요한 작업 또는 절차를 수행하지 않는 데 기안한 오류는 생략 오류(ommission error)이다.

54 다음 중 무의식 상태로 작업수행이 불가능한 상태의 의식수준으로 옳은 것은?

① phase 0 ② phase Ⅰ
③ phase Ⅱ ④ phase Ⅲ

해설 인간 의식 수준의 단계와 주의력

단계	의식의 모드	행동상태
제0단계	무의식, 실신	수면, 뇌 발작
제Ⅰ단계	정상 이하, 의식 둔화	피로, 단조로움, 졸음
제Ⅱ단계	정상 (느긋한 기분)	안정된 행동, 휴식, 정상작업
제Ⅲ단계	정상 (분명한 의식)	판단을 동반한 행동, 적극적 행동
제Ⅳ단계	과긴장, 흥분상태	감정흥분, 긴급, 당황과 공포반응

55 다음 중 산업안전보건법에서 정의한 중대재해에 해당하지 않는 것은?

① 사망자가 1인 이상 발생한 재해
② 부상자가 동시에 10인 이상 발생한 재해
③ 직업성질병자가 동시에 5인 이상 발생한 재해
④ 3개월 이상 요양을 요하는 부상자가 동시에 2인 이상 발생한 재해

해설 중대재해
중대재해라 함은 산업재해 중 사망 등 재해의 정도가 심한 것으로서 노동부령이 정하는 다음과 같은 재해를 말한다.
① 사망자가 1인 이상 발생한 재해
② 3개월 이상 요양을 유하는 부상자가 동시에 2인 이상 발생한 재해
③ 부상자 또는 질병자가 동시에 10인 이상 발생한 재해

56 NIOSH의 직무스트레스 모형에서 같은 직무스트레스 요인에서도 개인들이 자각하고 상황에 반응하는 방식에 차이가 있는데 이를 무엇이라 하는가?

① 환경 요인 ② 작업 요인

해답 52. ③ 53. ② 54. ① 55. ③ 56. ④

③ 조직 요인　　④ 중재 요인

해설 직무스트레스의 원인
① 작업 요인 – 작업부하, 작업속도/과정에 대한 조절 권한, 교대근무
② 조직 요인 – 역할 모호성/갈등, 역할요구, 관리유형, 의사결정 참여, 경력/직무 안전성, 고용의 불확실성
③ 환경 요인 – 소음, 한랭, 환기불량/부적절한 조명

57 상시 근로자가 200명인 A 사업장에서 지난 한 해 동안 2건의 재해로 인하여 73일의 휴업일수가 발생하였다면 이 사업장의 강도율은 약 얼마인가? (단, 근로자는 1일 8시간씩 연간 260일 근무하였다.)

① 0.125 ② 0.144 ③ 0.175 ④ 4.808

해설 강도율(Severity Rate of Injury)
재해의 경중, 즉 강도를 나타내는 척도로서 연근로시간 1,000시간당 재해에 의해서 잃어버린 근로손실일수를 말한다.

$$강도율(SR) = \frac{근로손실일수}{연근로시간수} \times 1000$$

$$강도율(SR) = \frac{73 \times \frac{260}{365}}{200 \times 8 \times 260} \times 1000 \fallingdotseq 0.125$$

58 다음 중 재해의 발생형태에 해당하지 않는 것은?

① 유해위험물질노출　② 협착
③ 이상기압노출　④ 화상

해설 화상은 상해의 종류이다.

59 다음 중 비통제적 집단행동에 해당하지 않는 것은?

① 군중(crowd)　② 패닉(panic)
③ 모브(mob)　④ 유행(fashion)

해설 비통제적 집단행동은 집단구성원의 감정, 정서에 좌우되고 연속성이 희박하다.
① 군중: 집단구성원 사이에 지위나 역할의 분화가 없고, 구성원 각자는 책임감을 가지지 않으며, 비판력도 가지지 않는다.
② 모브(mob): 폭동과 같은 것을 말하며 군중보다 한층 합의성이 없고, 감정만으로 행동한다.
③ 패닉(panic): 이상적인 상황하에서 모브(mob)가 공격적인데 비하여 패닉(panic)은 방어적인 것이 특징이다.

60 가정불화나 개인적 고민으로 인하여 정서적으로 갈등을 하고 있을 때 나타나는 부주의 현상은?

① 의식의 이완　② 의식의 우회
③ 의식의 단절　④ 의식의 과잉

해설 의식의 우회
의식의 흐림이 샛길로 빗나갈 경우로 작업도중의 걱정, 고뇌, 욕구불만 등에 의해서 발생한다.

4 근골격계질환 예방을 위한 작업관리

61 다음 중 근골격계질환의 직접적인 유해 요인과 가장 거리가 먼 것은?

① 야간 교대작업
② 무리한 힘의 사용
③ 높은 빈도의 반복성
④ 부자연스러운 자세

해설 근골격계질환의 원인
① 반복성
② 부자연스런 또는 취하기 어려운 자세
③ 과도한 힘
④ 접촉스트레스
⑤ 진동
⑥ 온도, 조명 등 기타 요인

62 문제의 분석기법 중 원과 직선을 이용하여 아이디어, 문제, 개념을 개괄적으로 빠르게 설정할 수 있도록 도와주는 연역적 추론방법은?

해답 57. ① 58. ④ 59. ④ 60. ② 61. ① 62. ②

① Brainstorming

② Mind mapping

③ Mindmelding

④ Delphi-Technique

(해설) 마인드 맵핑(Mind mapping)은 원과 직선을 이용하여 아이디어, 문제, 개념 등을 개괄적으로 빠르게 설정할 수 있도록 도와주는 연역적 추론 기법이다. 마인드 맵핑은 가운데 원에 중요한 개념이나 문제를 설정한 후에 문제를 발생시키는 중요 원인이나 개념에 관련된 핵심 요인들을 주변에 열거하고 원에서 직선으로 연결한다. 중요 요인(핵심 요인)들에 대한 세부적인 내용은 트리 형태의 직선으로 연결한 후에 선 위에 서술한다.

63 다음 중 [보기]와 같은 디자인 개념의 문제 해결 절차를 올바른 순서로 나열한 것은?

> [보기]
> ① 문제의 분석　② 문제의 형성
> ③ 대안의 탐색　④ 선정안의 제시
> ⑤ 대안의 평가

① ① → ② → ③ → ⑤ → ④

② ② → ① → ③ → ⑤ → ④

③ ③ → ② → ① → ④ → ⑤

④ ④ → ③ → ⑤ → ② → ①

(해설) 디자인 프로세스 5단계는 아래와 같다.
① D: 문제의 형성(Define the problem)
② A: 문제의 분석(Analyze)
③ M: 대안의 탐색(Make search)
④ E: 대안의 평가(Evaluate alternatives)
⑤ S: 선정안의 제시(Specify and sell solution)

64 평균 관측시간 0.9분, 레이팅 계수가 120%, 여유시간이 하루 8시간 근무시간 중에 28분으로 설정되었다면 표준시간은 약 몇 분인가?

① 0.926　② 1.080

③ 1.147　④ 1.151

(해설)

$$\text{표준시간}(ST) = \text{정미시간} \times \left(1 + \frac{\text{여유율}}{100 - \text{여유율}}\right)$$

$$\text{정미시간} = \text{관측시간의 대표값} \times \left(\frac{\text{레이팅 계수}(R)}{100}\right)$$

$$\text{여유율}(A) = \frac{\text{(일반)여유시간}}{\text{실동시간}} \times 100$$

$$\text{정미시간} = 0.9 \times \frac{120}{100} = 1.08(\text{분})$$

$$\text{여유율}(A) = \frac{28}{480} \times 100 = 5.83$$

$$\text{표준시간}(ST) = 1.08 \times \left(1 + \frac{5.83}{100 - 5.83}\right) \fallingdotseq 1.1468$$

65 개정된 NIOSH 들기작업 지침에 따라 권장무게 한계(RWL)를 산출하고자 할 때 RWL가 최적이 되는 조건과 거리가 가장 먼 것은?

① 작업자와 물체의 수평거리가 25 cm보다 작을 때

② 물체를 이동시킨 수직거리는 75 cm보다 작을 때

③ 정면에서 중량물 중심까지의 비틀림이 없을 때

④ 수직높이는 팔을 편안히 늘어뜨린 상태의 손 높이일 때

(해설) 권장 무게 한계(RWL)은 각 상수의 값이 최소가 되어야 최적의 조건을 갖추게 된다. 물체를 이동시킨 수직거리가 25 cm보다 작을 때 RWL이 최적이 된다.

66 다음 중 워크샘플링(Work-sampling)에 대한 설명으로 옳은 것은?

① 시간 연구법보다 더 정확하다.

② 자료수집 및 분석시간이 길다.

③ 관측이 순간적으로 이루어져 작업에 방해가 적다.

④ 컨베이어 작업처럼 짧은 주기의 작업에 알맞다.

정답 63. ② 64. ③ 65. ② 66. ③

(해설) Work-sampling의 장단점

① 장점

가. 관측을 순간적으로 하기 때문에 작업자를 방해하지 않으면서 용이하게 작업을 진행시킨다.

나. 조사기간을 길게 하여 평상시의 작업상황을 그대로 반영시킬 수 있다

다. 사정에 의해 연구를 일시 중지하였다가 다시 계속할 수도 있다.

라. 한 사람의 평가자가 동시에 여러 작업을 동시에 측정할 수 있다.

마. 특별한 측정 장치가 필요없다.

② 단점

가. 시간 연구법보다는 덜 자세하다.

나. 짧은 주기나 반복적인 작업인 경우 해당하지 않다.

다. 작업방법이 변화되는 경우에는 전체적인 연구를 새로 해야 한다.

67 다음 중 수공구의 설계 원리로 적절하지 않은 것은?

① 손목을 곧게 펼 수 있도록 한다.

② 지속적인 정적 근육부하를 피하도록 한다.

③ 특정 손가락의 반복적인 동작을 피하도록 한다.

④ power grip보다는 pinch grip을 이용하도록 한다.

(해설) 자세에 관한 수공구 설계 원리

① 손목을 곧게 유지한다(손목을 꺾지 말고 손잡이를 꺾어라).

② 힘이 요구되는 작업에는 파워그립(power grip)을 사용한다.

③ 지속적인 정적 근육부하(loading)를 피한다.

④ 반복적인 손가락 동작을 피한다.

⑤ 양손 중 어느 손으로도 사용이 가능하고 적은 스트레스를 주는 공구를 개인에게 사용되도록 설계한다.

68 다음 중 근골격계질환 예방을 위한 바람직한 관리적 개선 방안으로 볼 수 없는 것은?

① 규칙적이고 잦은 휴식을 통하여 피로의 누적을 예방한다.

② 작업 확대를 통하여 한 작업자가 할 수 있는 일의 다양성을 넓힌다.

③ 전문적인 스트레칭과 체조 등을 교육하고 작업 중 수시로 실시하도록 유도한다.

④ 중량물 운반 등 특정 작업에 적합한 작업자를 선별하여 상대적 위험도를 경감시킨다.

(해설) 관리적 개선

① 작업의 다양성 제공

② 작업일정 및 작업속도 조절

③ 회복시간 제공

④ 작업습관 변화

⑤ 작업공간, 공구 및 장비의 정기적인 청소 및 유지보수

⑥ 운동체조 강화 등

69 다음 조건에서 NIOSH Lifting Equation (NLE)에 의한 권장 한계 무게(RWL)와 들기지수(LI)는 각각 얼마인가?

* 취급물의 하중: 10 kg	* 수평계수 = 0.4
* 수직계수 = 0.95	* 거리계수 = 0.6
* 비대칭계수 = 1	* 빈도계수 = 0.8
* 커플링계수 = 0.9	

① RWL = 1.64 kg, LI = 6.1

② RWL = 2.65 kg, LI = 3.78

③ RWL = 3.78 kg, LI = 2.65

④ RWL = 6.1 kg, LI = 1.64

(해설)

RWL = LC × HM × VM × DM × AM × FM × CM

= 23 × 0.4 × 0.95 × 0.6 × 1 × 0.8 × 0.9

= 3.78

LI = 작업물의 무게/RWL

= 10/3.78 = 2.65

해답 67. ④ 68. ④ 69. ③

70 요소작업이 여러 개인 경우의 관측횟수를 결정하고자 한다. 표본의 표준편차는 0.6이고, 신뢰도 계수는 2인 경우 추정의 오차범위 ±5%를 만족시키는 관측횟수(N)는 몇 번인가?

① 476번　② 576번
③ 676번　④ 776번

해설 $n = \left(\frac{t \cdot s}{e}\right)^2 = \left(\frac{2 \times 0.6}{0.05}\right)^2 = 576$

71 다음 중 근골격계 부담작업에 근로자를 종사하도록 하는 경우 유해요인조사의 실시주기로 옳은 것은?

① 6개월　② 1년
③ 2년　④ 3년

해설 사업주는 근골격계 부담작업에 근로자를 종사하도록 하는 경우에는 3년마다 유해요인조사를 실시하여야 한다. 다만, 신설되는 사업장의 경우에는 신설일로부터 1년 이내에 최초의 유해요인조사를 실시하여야 한다.

72 다음 중 근골격계 부담작업에 해당하는 작업은?

① 하루에 25 kg의 물건을 5회 들어 올리는 작업
② 하루에 4시간씩 기계의 상태를 모니터링하는 작업
③ 하루에 3시간씩 집중적으로 키보드를 이용하여 자료를 입력하는 작업
④ 하루에 2시간씩 시간당 15회 손으로 쳐서 기계를 조립하는 작업

해설 근골격계 부담작업 제11호
하루에 총 2시간 이상 시간당 10회 이상 손 또는 무릎을 사용하여 반복적으로 충격을 가하는 작업이다.

73 다음 중 공정도(process chart)에 사용되는 기호와 명칭이 잘못 연결된 것은?

① D : 저장　② ⇨ : 운반
③ □ : 검사　④ ○ : 작업

해설 공정기호

공정종류	공정기호	설 명
저장	▽	원재료, 부품 또는 제품이 가공 또는 검사되는 일이 없이 저장되고 있는 상태이다.

74 다음 중 어깨(견관절) 부위에서 발생할 수 있는 근골격계질환 유형은?

① 외상과염　② 회내근 증후군
③ 극상근 건염　④ 추간판 탈출증

해설 어깨(견괄절) 부위에서 발생하는 질환 유형에는 근막통 증후군, 견봉하 점액낭염, 상완이두 건막염, 극상근 건염 등이 있다.

75 다음 중 입식 작업보다는 좌식 작업이 더 적절한 경우는?

① 정밀 작업을 해야 하는 경우
② 작업반경이 큰 경우
③ 작업 시 이동이 많은 경우
④ 큰 힘을 요하는 경우

해설 정밀한 작업은 앉아서 작업하는 것이 좋다. 앉은 자세의 목적은 작업자로 하여금 작업에 필요한 안정된 자세를 갖게 하여 작업에 직접 필요치 않는 신체부위를 휴식시키는 것이다.

76 다음 중 서블릭(Therblig) 기호의 심볼과 영문이 잘못 연결된 것은?

해답 70. ② 71. ④ 72. ④ 73. ① 74. ③ 75. ① 76. ①

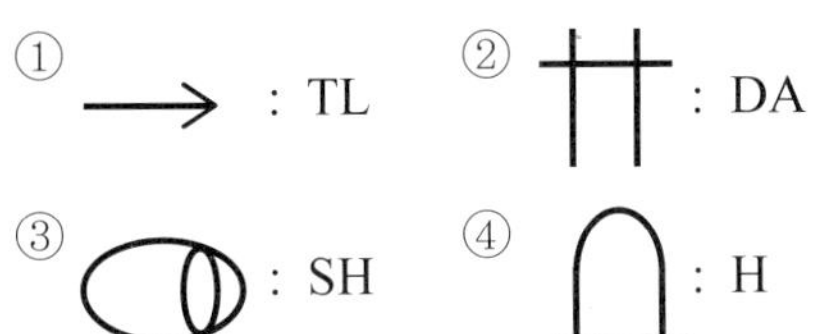

(해설) Therblig 기호 및 정의

Therblig	기호		정의
	영문	심볼	
고르기 (Select)	St	⟶	2개 이상의 비슷한 물건 중에서 하나를 선택할 때

77 다음 중 SEARCH 원칙에 대한 내용으로 틀린 것은?

① Rearrange: 작업의 재배열
② How often: 얼마나 자주?
③ Combine operations: 작업의 결합
④ Simplify operations: 작업의 단순화

(해설) SEARCH 원칙
① S = Simplify operations(작업의 단순화)
② E = Eliminate unnecessary work and material(불필요한 작업이나 자재의 제거)
③ A = Alter sequence(순서의 변경)
④ R = Requirements(요구조건)
⑤ C = Combine operations(작업의 결합)
⑥ H = How often(몇 번인가?)

78 디자인 프로세스 단계 중 대안의 도출을 위한 방법이 아닌 것은?

① SEARCH 원칙
② 개선의 ECRS
③ Network Diagram
④ 5W1H 분석

(해설) 보다 많은 대안을 창출하는 것은 좋은 해를 얻기 위한 필수 조건이다. 대안의 도출 방법에는 브레인스토밍(Brainstorming), ECRS와 SEARCH 원칙, 5W1H 분석 그리고 마인드멜딩(Mindmelding)이 있다.

79 다음 중 OWAS 자세평가에 의한 조치 수준에서 각 수준에 대한 평가내용이 올바르게 연결된 것은?

① 수준 1: 즉각적인 자세의 교정이 필요
② 수준 2: 가까운 시기에 자세의 교정이 필요
③ 수준 3: 조치가 필요 없는 정상 작업 자세
④ 수준 4: 가능한 빨리 자세의 변경이 필요

(해설) OWAS 조치단계 분류

위험수준	평가내용
Action category 1	이 자세에 의한 근골격계 부담은 문제 없다. 개선불필요
Action category 2	이 자세는 근골격계에 유해하다. 가까운 시일 내에 개선
Action category 3	이 자세는 근골격계에 유해하다. 가능한 한 빠른 시일 내에 개선
Action category 4	이 자세는 근골격계에 매우 유해하다. 즉시 개선

80 다음 중 영상표시 단말기(VDT, Visual Display Terminal)취급의 작업 관리 지침으로 틀린 것은?

① 작업장 주변 환경의 조도를 화면의 바탕 색상이 검정색 계통일 때 300~500 lux를 유지하도록 하여야 한다.
② 영상표시 단말기 작업을 주목적으로 하는 작업실내의 온도를 18~24°C, 습도는 40~70%를 유지하여야 한다.
③ 작업대는 가운데 서랍이 없는 것을 사용하도록 하며, 작업 중에 다리를 편안하게 놓을 수 있도록 충분한 공간을 확보하여야 한다.

해답 77. ① 78. ③ 79. ② 80. ④

④ 작업 면에 도달하는 빛의 각도를 화면으로부터 45° 이상이 되도록 조명 및 채광을 제한하여 눈부심이 발생하지 않도록 하여야 한다.

(해설) 눈부심방지

① 지나치게 밝은 조명과 채광 등이 작업자의 시야에 직접 들어오지 않도록 한다.
② 빛이 화면에 도달하는 각도가 45도 이내가 되도록 한다.
③ 화면의 경사를 조절하도록 한다.
④ 저휘도형 조명기구를 사용한다.
⑤ 화면상의 문자와 배경의 휘도비를 최소화한다.
⑥ 보안경을 착용하거나 화면에 보호기 설치, 조명기구에 차양막을 설치한다.

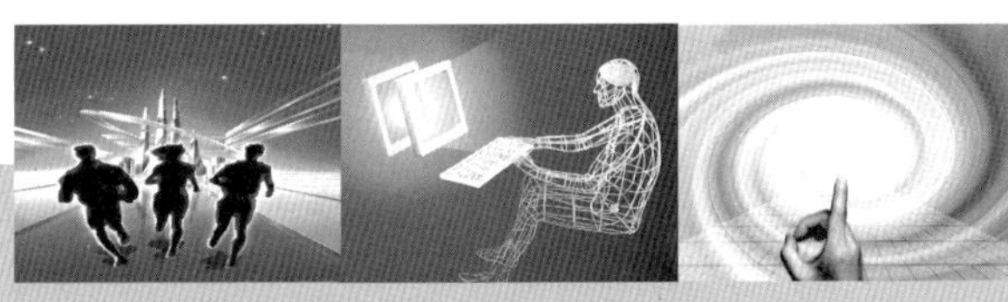

인간공학기사 필기시험 문제풀이 25회 091

1 인간공학 개론

1 기능적 인체치수(functional body dimension)측정에 대한 설명으로 옳은 것은?

① 앉은 상태에서만 측정하여야 한다.
② 움직이지 않는 표준자세에서 측정하여야 한다.
③ 5∼95percentile에 대해서만 정의된다.
④ 신체 부위의 동작범위를 측정하여야 한다.

해설 기능적 인체측정은 일반적으로 상지나 하지의 운동, 체위의 움직임에 따른 상태에서 측정하는 것이다.

2 손의 위치에서 조종장치 중심까지의 거리가 30 cm, 조종장치의 폭이 5 cm일 때 난이도 지수(index of difficulty)값은 얼마인가?

① 2.6　　② 3.2
③ 3.6　　④ 4.1

해설 Fitts Laws

ID(bits) = $\log_2 \frac{2A}{W} = \log_2 \frac{2 \times 30}{5} = 3.6$

A = 표적 중심선까지 이동거리
W = 표적 폭

3 레버의 길이가 5 cm인 조종장치를 30° 움직였더니 표시장치의 눈금이 2 cm 움직였다. 이 때 조종장치의 C/R비는 약 얼마인가?

① 0.5　　② 0.8
③ 1.1　　④ 1.3

해설

$$C/R\text{비} = \frac{(a/360) \times 2\pi L}{\text{표시장치 이동거리}} = \frac{(30/360) \times 2\pi \times 5}{2} = 1.31$$

여기서, a: 조종장치가 움직인 각도
L: 반지름(지레의 길이)

4 다음 중 정보이론에 관한 설명으로 옳은 것은?

① 정보의 기본 단위는 바이트(byte)이다.
② 정보를 정량적으로 측정할 수 있다.
③ 확실한 사건의 출현에는 많은 정보가 담겨있다.
④ 정보란 불확실성의 증가(addition of uncertainty)라 정의한다.

해설 정보는 정량적으로 측정할 수 있다.

해답 1. ④ 2. ③ 3. ④ 4. ②

5 다음 중 암호체계의 사용상 일반적 지침에서 암호의 변별성에 대한 설명으로 옳은 것은?

① 정보를 암호화한 자극은 검출이 가능하여야 한다.
② 자극과 반응 간의 관계가 인간의 기대와 모순되지 않아야 한다.
③ 모든 암호표시는 감지장치에 의하여 다른 암호표시와 구별될 수 있어야 한다.
④ 두 가지 이상의 암호차원을 조합하여 사용하면 정보전달이 촉진된다.

해설 암호체계 사용상의 일반적인 지침
① 암호의 검출성(Detectability): 검출이 가능하여야 한다.
② 암호의 변별성(Discriminability): 다른 암호표시와 구별되어야 한다.
③ 암호의 양립성(Compatibility): 자극들 간의, 반응들 간의, 자극-반응 조합의 관계가 인간의 기대와 모순되지 않는다.

6 사람이 주의를 번갈아 가며 두 가지 이상을 돌보아야 하는 상황을 무엇이라 하는가?

① 비교식별(comparative judgment)
② 절대식별(absolute judgment)
③ 시배분(time sharing)
④ 변화감지(variety sense)

해설 시배분
사람은 그가 받는 모든 감각 입력 중에서 어떤 것을 "선택"하며, 이러한 선택은 자극의 특성과 개인의 상태에 따라서 이루어진다. 이 이론은 우리가 한 번에 한 가지 것에만 유의한다는 것을 의미한다. 2개 이상의 것에 대해서 돌아가며 재빨리 교번하여 처리하는 것을 시배분이라 한다.

7 다음 중 양립성의 종류에 해당되지 않는 것은?

① 사회적 양립성
② 공간적 양립성
③ 운동 양립성
④ 개념적 양립성

해설 양립성의 종류
① 개념 양립성(conceptual compatibility)
② 운동 양립성(movement compatibility)
③ 공간 양립성(spatial compatibility)
④ 양식 양립성(modality compatibility)

8 다음 중 인간의 기억을 증진시키는 방법으로 적절하지 않은 것은?

① 가급적이면 절대식별을 늘이는 방향으로 설계하도록 한다.
② 기억에 의해 판별하도록 하는 가지 수는 5가지 미만으로 한다.
③ 여러 자극차원을 조합하여 설계하도록 한다.
④ 개별적인 정보는 효과적인 청크(chunk)로 조직되게 한다.

해설 인간이 한 자극 차원 내의 자극을 절대적으로 식별할 수 있는 능력은 대부분의 자극차원의 경우 크지 못하다.

9 다음 중 신호 및 경보등에 관한 설명으로 틀린 것은?

① 초당 점멸횟수는 3~10회가 적당하다.
② 최소 지속시간은 0.05초 이상되어야 한다.
③ 점멸횟수는 점멸-융합 주파수보다 훨씬 커야 한다.
④ 배경의 불빛이 신호등과 비슷할 경우에는 신호광의 식별이 힘들어진다.

해설 점멸등의 경우 점멸속도는 깜박이는 불빛이 계속 켜진 것처럼 보이게 되는 점멸융합주파수보다 훨씬 적어야 한다. 주의를 끌기 위해서는 초당 3~10회의 점멸속도에 지속시간 0.05초 이상이 적당하다.

해답 5. ③ 6. ③ 7. ① 8. ① 9. ③

10 다음 중 시식별 요소에 대한 설명으로 잘못된 것은?

① 광원으로부터 나오는 빛 에너지의 양을 휘도라 한다.
② 조도는 어떤 물체나 표면에 도달하는 광의 밀도를 말한다.
③ 단위면적당 표면에서 반사되는 광량을 광도라 한다.
④ 표면으로부터 반사되는 비율을 반사율이라 한다.

해설 휘도
단위면적당 표면에서 반사 또는 방출되는 광량을 말하며, 광도라고도 한다.

11 입식 작업대에서 정밀작업을 수행하려고 할 때 작업대의 높이로 가장 적당한 것은?

① 팔꿈치 높이와 동일한 높이
② 팔꿈치 높이보다 5~10 cm 높은 높이
③ 팔꿈치 높이보다 5~10 cm 낮은 높이
④ 팔꿈치 높이보다 10~20 cm 낮은 높이

해설 작업에 따른 입식작업대 높이
① 정밀작업: 팔꿈치 높이보다 5~15 cm 정도 높게 하는 것이 유리하다.
② 경작업: 팔꿈치 높이보다 5~10 cm 정도 낮게 한다.
③ 중작업: 팔꿈치 높이보다 20~30 cm 정도 낮게 한다.

12 Norman이 제시한 사용자 인터페이스 설계원칙에 해당하지 않는 것은?

① 가시성(visibility)의 원칙
② 양립성(compatibility)의 원칙
③ 피드백(feedback)의 원칙
④ 유지보수 경제성(maintenance economy)의 원칙

해설 Norman의 설계원칙
① 가시성
② 대응의 원칙
③ 행동유도성
④ 피드백 제공

13 인간의 감각기관 중 작업자가 가장 많이 사용하는 감각은?

① 시각 ② 청각
③ 촉각 ④ 미각

해설 인간은 시각(눈)을 통해 정보의 약 80%를 수집한다.

14 연구조사에 사용되는 기준이 의도된 목적에 적당하다고 판단되는 정도를 무엇이라고 하는가?

① 무오염성 ② 신뢰성
③ 실제성 ④ 적절성

해설 연구조사에 사용되는 기준
① 적절성: 기준이 의도된 목적에 적당하다고 판단되는 정도를 말한다.
② 무오염성: 기준 척도는 측정하고자 하는 변수 외에 다른 변수들의 영향을 받아서는 안 된다.
③ 기준 척도의 신뢰성: 다루게 될 체계나 부품의 신뢰도 개념과는 달리 사용되는 척도의 신뢰성, 즉 반복성을 말한다.

15 다음 중 촉각적 표시장치에 대한 설명으로 옳은 것은?

① 시각 및 청각 표시장치를 대체하는 장치로 사용할 수 없다.
② 촉감은 피부온도가 낮아지면 나빠지므로, 저온 환경에서 촉감 표시장치를 사용할 때에는 매우 주의하여야 한다.
③ 세밀한 식별이 필요한 경우 손가락보다 손바닥 사용을 유도해야 한다.
④ 촉감의 일반적인 척도로 판별한계(just-noticeable difference)를 사용한다.

해답 10. ① 11. ② 12. ④ 13. ① 14. ④ 15. ②

(해설) 피부온도가 낮아지면 촉감능력은 감소한다.

16 다음 중 부품배치의 원칙이 아닌 것은?

① 치수별 배치의 원칙
② 중요성의 원칙
③ 기능별 배치의 원칙
④ 사용빈도의 원칙

(해설) 부품배치의 원칙
① 중요성의 원칙
② 사용빈도의 원칙
③ 기능별 배치의 원칙
④ 사용순서의 원칙

17 다음 중 인간과 기계의 성능 비교에 관한 설명으로 옳은 것은?

① 장시간 걸쳐 작업을 수행하는 데에는 기계가 인간보다 우수하다.
② 완전히 새로운 해결책을 찾아내는 데에는 기계가 인간보다 우수하다.
③ 반복적인 작업을 신뢰성 있게 수행하는 데에는 인간이 기계보다 우수하다.
④ 입력에 대하여 빠르고 일관되게 반응하는 데에는 인간이 기계보다 우수하다.

(해설) 인간은 장시간 연속해서 작업을 수행하는 데는 기계보다 불리하다.

18 다음 중 제품, 공구, 장비의 설계 시에 적용하는 인체계측 자료의 응용 원칙에 해당되지 않는 것은?

① 조절식 설계
② 설비기준에 의한 설계
③ 평균치를 이용한 설계
④ 극단치를 이용한 설계

(해설) 인체측정자료의 응용원칙
① 극단치를 이용한 설계
② 조절식 설계
③ 평균치를 이용한 설계

19 청각적 신호를 설계하는 데 고려되어야 하는 원리 중 검출성(detectability)에 대한 설명으로 옳은 것은?

① 사용자에게 필요한 정보만 제공한다.
② 사용자가 알고 있는 친숙한 신호의 차원과 코드를 선택한다.
③ 신호는 주어진 상황에서의 감지장치나 사람이 감지할 수 있어야 한다.
④ 동일한 신호는 항상 동일한 정보를 지정하도록 한다.

(해설) 신호의 검출성(detectability): 주어진 상황에서 감지장치나 사람이 감지 할 수 있어야 한다.

20 시각적 부호 중 이미 고안되어 있으므로 이를 배워야 하는 부호를 무엇이라 하는가?

① 묘사적 부호
② 추상적 부호
③ 사회적 부호
④ 임의적 부호

(해설) 부호의 유형
① 묘사적 부호: 단순하고 정확하게 묘사
② 추상적 부호: 도식적으로 압축
③ 임의적 부호: 이미 고안되어 있는 부호를 배워야 한다.

2 작업생리학

21 다음 중 작업강도의 증가에 따른 순환기 반응의 변화에 대한 설명으로 옳지 않은 것은?

① 심박출량의 증가
② 혈액의 수송량 증가

해답 16. ① 17. ① 18. ② 19. ③ 20. ④ 21. ④

③ 혈압의 상승
④ 적혈구의 감소

해설 작업강도가 증가하면 심박출량이 증가하고 그에 따라 혈압이 상승하게 된다. 그리고 혈액의 수송량 또한 증가하며, 산소소비량도 증가하게 된다.

22 육체적 작업과 신체에 대한 스트레스의 수준을 측정하는 방법 중 근육이 수축할 때 발생하는 전기적 활성을 기록하는 방법을 무엇이라 하는가?

① ECG(심전도) ② EEG(뇌전도)
③ EMG(근전도) ④ EOG(안전도)

해설 근전도(EMG)
근육활동의 전위차를 기록한 것으로 심장근의 근전도를 특히 심전도(ECG: electrocardiogram)라 한다.

23 척추를 구성하고 있는 뼈 가운데 요추의 수는 몇 개인가?

① 5개 ② 6개
③ 7개 ④ 8개

해설
① 경추: 7개
② 흉추: 12개
③ 요추: 5개
④ 선추: 5개
⑤ 미추: 3~5개

24 전신진동에 있어 안구에 공명이 발생하는 진동수의 범위로 가장 적절한 것은?

① 8~12 Hz
② 10~20 Hz
③ 20~30 Hz
④ 60~90 Hz

해설 진동에 의한 인체장해
① 4~10 Hz: 흉부와 복부의 고통 등
② 8~12 Hz: 요통 등
③ 10~20 Hz: 두통, 안정 피로, 장과 방광의 자극 등
④ 60~90 Hz: 안구의 공명 등

25 트레드밀(treadmill) 위를 5분간 걷게 하여 배기를 더글라스 백(douglas bag)을 이용하여 수집하고 가스분석기로 성분을 조사한 결과 배기량이 75 L, 산소가 16%, 이산화탄소가 4%이었다. 이 피험자의 분당 산소소비량(L/min)과 에너지가(kcal/min)는 각각 얼마인가? (단, 흡기시 공기 중의 산소는 21%, 질소는 79%이며, 1 L의 산소소비는 5 kcal의 에너지를 발생시킨다.)

① 산소소비량: 0.7377, 에너지가: 3.69
② 산소소비량: 0.7899, 에너지가: 3.95
③ 산소소비량: 1.3088, 에너지가: 6.54
④ 산소소비량: 1.3988, 에너지가: 6.99

해설
- 분당 배기량: $\dfrac{\text{배기량}}{\text{시간(min)}}$
- 분당 흡기량: $\dfrac{(100-O_2\%-CO_2\%)}{N_2\%}\times\text{분당 배기량}$
- 산소소비량: (21%×분당 흡기량) − ($O_2\%$×분당 배기량)

① 분당 배기량 = $\dfrac{75\text{L}}{5\text{min}}=15\text{L/min}$
② 분당흡기량 = $\dfrac{1.0-0.16-0.04}{0.79}\times 15=15.19$
③ 산소소비량
= $(0.21\times 15.19)-(0.16\times 15)=0.79$
④ 에너지가 = 0.79 × 5 kcal ≒ 3.95 kcal/min

26 다음 중 작업부하(mental workload)를 측정할 수 있는 생리적 척도가 아닌 것은?

① 뇌유발전위(evoked brain potential)
② 동공반응(pupillary response)
③ 부정맥(sinus arrhythmia)
④ NASA TLX(Task Load Index)

해설 NASA TLX는 작업부하를 측정하기 위한 주관적 척도이다.

해답 22. ③ 23. ① 24. ④ 25. ② 26. ④

27 소리크기의 지표로서 사용하는 단위에 있어서 8sone은 몇 phon인가?

① 60 ② 70
③ 80 ④ 90

해설

$$sone = 2^{(phon-40)/10}$$
$$8 = 2^{(phon-40)/10}$$
$$2^3 = 2^{(phon-40)/10}$$
$$3 = (phon-40)/10$$
$$\therefore phon = 70$$

28 소음에 대한 청력손실이 가장 크게 나타나는 진동수는?

① 1,000 Hz
② 2,000 Hz
③ 4,000 Hz
④ 80,000 Hz

해설 청력의 영구장해는 일시장해에서 회복 불가능한 상태로 넘어가는 상태로 3,000~6,000 Hz 범위에서 영향을 받으며 4,000 Hz에서 현저히 커진다.

29 다음 중 생리적 스트레인의 척도에 대한 측정 단위 설명으로 옳은 것은?

① 1 N이란 1 kg의 질량에 1 m/s^2의 가속도가 생기게 하는 힘이다.
② 1 J이란 1 kg을 작용하여 1 m를 움직이는 데 필요한 에너지 이다.
③ 1 kcal란 물 1 kg을 100°C 올리는 데 필요한 열이다.
④ 동력이란 단위시간당의 일로서 단위는 dyne이 사용된다.

해설
② 1 J이란 1 N의 물체를 1 m를 이동시키는 데 하는 일이다.
③ 1 kcal란 물 1 kg을 0°C에서 1°C까지 올리는 데 필요한 열량이다.
④ 동력이란 단위시간당의 일로서 단위는 W가 사용된다.

30 인간과 주위와의 열교환 과정을 올바르게 나타낸 열균형 방정식은?

① S(열축적) = M(대사) − E(증발) − R(복사) ± C(대류) + W(한 일)
② S(열축적) = M(대사) ± E(증발) − R(복사) ± C(대류) − W(한 일)
③ S(열축적) = M(대사) − E(증발) ± R(복사) − C(대류) + W(한 일)
④ S(열축적) = M(대사) − E(증발) ± R(복사) ± C(대류) − W(한 일)

해설 열균형 방정식
S(열축적) = M(대사)−E(증발)±R(복사)±C(대류)−W(한 일)

31 다음 중 사무실의 오염물질 관리기준에서 이산화탄소의 관리기준으로 옳은 것은?

① 500 ppm 이하
② 1,000 ppm 이하
③ 2,000 ppm 이하
④ 3,000 ppm 이하

해설 사무실 오염물질별 관리기준

오염물질	관리기준
호흡성 분진	1 m^3당 0.15 mg 이하
일산화탄소	10 ppm 이하
이산화탄소	1,000 ppm 이하
이산화질소	0.05 ppm 이하
포름알데히드	0.1 ppm 이하

32 근육은 수의근과 불수의근으로 나눌 수 있는데 다음 중 수의근에 해당하는 근육의 종류는?

① 심장근(cardiac muscle)
② 평활근(smooth muscle)
③ 골격근(skeletal muscle)

해답 27. ② 28. ③ 29. ① 30. ④ 31. ② 32. ③

④ 내장근(muscles of internal organ)

해설 심장근, 평활근, 내장근은 불수의근이다.

33 다음 중 산소와 함께 진행되는 유기성 대사과정으로 인한 부산물이 아닌 것은?

① 젖산 ② 물
③ 열 ④ 에너지

해설 젖산은 무기성환원과정으로 인한 부산물에 해당된다.

34 다음 중 자극에 대한 반응시간의 설명으로 틀린 것은?

① 일반적으로 단순반응시간이 선택반응시간보다 길다.
② 자극이 있은 후 동작을 개시할 때까지의 총 시간을 말한다.
③ 선택반응시간은 별도의 반응을 요하는 자극 수에 따라 달라진다.
④ 단순반응시간이란 하나의 특정 자극만을 발생할 수 있을 때 반응에 걸리는 시간이다.

해설
① 단순반응시간: 하나의 자극만을 제시하고 여기에 반응하는 시간
② 선택반응시간: 두 가지 이상의 자극에 대해 각각에 대응하는 반응을 고르는 시간
③ 단순반응시간이 선택반응시간보다 짧다.

35 다음 중 교대작업의 관리방법으로 적절하지 않은 것은?

① 근무시간 12시간 교대제를 적용한다.
② 야간근무는 2~3일 이상 연속하지 않는다.
③ 야간근무 후의 다음 근로시작 시간까지는 48시간 이상의 휴식을 갖는다.
④ 일정하지 않은 연속근무는 피한다.

해설 근무시간 12시간 교대제는 적용하지 않는 것이 좋다.

36 다음 중 '소음작업'이란 1일 8시간 작업을 기준으로 몇 dB(A) 이상의 소음이 발생하는 작업을 말하는가?

① 80 ② 85 ③ 90 ④ 95

해설 소음관리 대책
"소음작업"이란 1일 8시간 작업을 기준으로 하여 85 dB 이상의 소음이 발생하는 작업이다.

37 시소 위에 올려놓은 물체 A는 시소 중심에서 1.2 m 떨어져 있고 무게는 35 kg이며, 물체 B는 물체 A와 반대방향으로 중심에서 1.5 m 떨어져 있다고 가정하였을 때 물체 B의 무게는 몇 kg인가?

① 19 ② 28
③ 35 ④ 42

해설
$\sum M = 0$
$(W_A \times d_A) = (W_B \times d_B)$
35 kg×1.2=X×1.5
X = 28 kg

38 다음 중 근력 및 지구력에 대한 설명으로 틀린 것은?

① 근력 측정치는 작업 조건뿐만 아니라 검사자의 지시내용, 측정방법 등에 의해서도 달라진다.
② 등척력(isometric strength)은 신체를 움직이지 않으면서 자발적으로 가할 수 있는 힘의 최대값이다.
③ 정적인 근력 측정치로부터 동적 작업에서 발휘할 수 있는 최대 힘을 정확히 추정할 수 있다.

해답 33. ① 34. ① 35. ① 36. ② 37. ② 38. ③

④ 근육이 발휘할 수 있는 힘은 근육의 최대자율수축(MVC)에 대한 백분율로 나타내어진다.

해설 동적근력 측정은 가속과 관절의 각도의 변화가 힘의 발휘에 영향을 미치기 때문에 정적근력 측정치로 동적근력을 추정할 수 없다.

39 다음 중 신경계(nervous system)에 대한 설명으로 틀린 것은?

① 체신경계는 피부, 골격근 및 뼈에 분포한다.
② 신체의 여러 자기 정보를 전달하는 역할을 담당한다.
③ 구조적으로 중추신경계와 말초신경계로 나눌 수 있다.
④ 기능적으로 체신경계는 교감신경계와 부교감신경계로 구분한다.

해설 자율신경계는 교감신경계와 부교감신경계로 구성된다.

40 다음 그림과 같은 심전도에서 나타나는 P파는 심장의 어떤 상태를 의미하는 것인가?

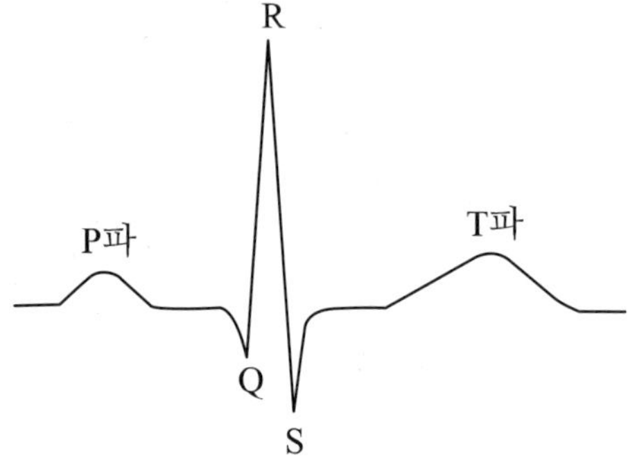

① 심실의 탈분극
② 심실의 재분극
③ 심방의 탈분극
④ 심방의 재분극

해설 정상심전도
① P파: 심방의 탈분극
② QRS: 심실의 탈분극
③ T파: 심실의 재분극

3 산업심리학 및 관련법규

41 다음 중 집단 응집성을 결정하는 요인과 가장 거리가 먼 것은?

① 가입의 난이도
② 외부의 위협
③ 현재의 경험
④ 집단의 크기

해설 집단 응집성을 결정하는 요인
① 함께 보내는 시간
② 집단가입의 어려움
③ 집단의 크기
④ 외부의 위협
⑤ 과거의 경험

42 McGregor의 Y이론에 따른 인간의 동기부여 인자에 해당하는 것은?

① 수직적 리더십
② 수평적 리더십
③ 금전적 보상
④ 직무의 단순화

해설 ①, ③, ④는 X이론에 해당된다.

43 제조물책임법상 제조업자가 합리적인 설명·지시·경고·기타의 표시를 하였더라면 당해 제조물에 의하여 발생될 수 있는 피해나 위험을 줄이거나 피할 수 있었음에도 이를 하지 아니한 경우의 결함을 무엇이라 하는가?

① 표시상의 결함

해답 39. ④ 40. ③ 41. ③ 42. ② 43. ①

② 제조상의 결함
③ 설계상의 결함
④ 고지의무의 결함

해설 표시·경고상의 결함에 해당된다.

44 다음 중 인간–기계시스템에 있어서 휴먼에러와 그로 인해 발생할 수 있는 오류확률을 예측하는 정량적 인간신뢰도 분석기법은?

① ETA ② PHA
③ FMEA ④ THERP

해설
① ETA: 사상의 안전도를 이용한 시스템의 안전도를 나타내는 시스템모델의 하나로서 귀납적이기는 하나, 정량적인 분석기법이다.
② PHA: 모든 시스템 안전 프로그램의 최초 단계의 분석으로서 시스템 내의 위험요소가 얼마나 위험상태에 있는가를 정성적으로 평가하는 분석기법이다.
③ FMEA: 서브 시스템 위험분석을 위하여 일반적으로 사용되는 전형적인 정성적, 귀납적 분석기법이다.
④ THERP: 시스템에 있어서 인간의 과오를 정량적으로 평가하기 위하여 개발된 분석기법이다.

45 다음의 휴먼에러에 대한 분류로 가장 적절한 것은?

"가스를 사용한 후 깜빡하고 밸브를 잠그는 것을 잊었다."

① omission error이며, skill-based error로 분류할 수 있다.
② omission error이며, knowledge-based mistake로 분류할 수 있다.
③ commission error이며, skill-based error로 분류할 수 있다.
④ commission error이며, knowledge-based mistake로 분류할 수 있다.

해설 필요한 작업 또는 절차를 수행하지 않는데 기인한 omission error에 해당되며, 기능기반에러(skill based error)로 분류되어질 수 있다.

46 재해 원인을 불안전한 행동과 불안전한 상태로 구분할 때 다음 설명 중 틀린 것은?

① 불안전한 행동과 불안전한 상태로 직접 원인이라 한다.
② 재해조사 시 재해의 원인은 불안전한 행동이나 불안전한 상태 중 한가지로 분류한다.
③ 보호구의 결함은 불안전한 상태, 보호구의 미착용은 불안전한 행동으로 분류한다.
④ 하인리히는 재해예방을 위해 불안전한 행동과 불안전한 상태의 제거가 가장 중요하다고 보았다.

해설 재해조사 시 재해의 직접원인은 불안전행동과 불안전상태 모두 조사하여야 한다.

47 다음 중 헤드십과 리더십에 대한 설명으로 틀린 것은?

① 헤드십은 부하와의 사회적 간격이 넓다.
② 리더십에서 책임은 리더와 구성원 모두에게 있다.
③ 리더십에서 구성원과의 관계는 개인적인 영향에 따른다.
④ 헤드십은 권한부여가 구성원으로부터 동의에 의한 것이다.

해설 헤드십은 권한부여가 위에서 위임되는 것이다.

해답 44. ④ 45. ① 46. ② 47. ④

48 **호손(Hawthorn) 실험에서 작업자의 작업능률에 영향을 미치는 주요 요인으로 밝혀진 요인은 무엇인가?**

① 작업장의 온도
② 작업장의 습도
③ 작업자의 인간관계
④ 물리적 작업조건

(해설) 호손(Hawthorn)의 연구
작업장의 물리적 환경보다는 작업자들의 동기부여, 의사소통 등 인간관계가 보다 중요하다는 것을 밝힌 연구이다. 이 연구 이후로 산업심리학의 연구방향은 물리적 작업환경 등에 대한 관심으로부터 현대 산업심리학의 주요관심사인 인간관계에 대한 연구로 변경되었다.

49 **리더십 이론 중 '관리격자 이론'에서 직무중심 지향적으로 인간에 대한 관심이 낮은 유형은?**

① (1.1)형
② (1.9)형
③ (9.1)형
④ (9.9)형

(해설) 관리격자 모형 이론

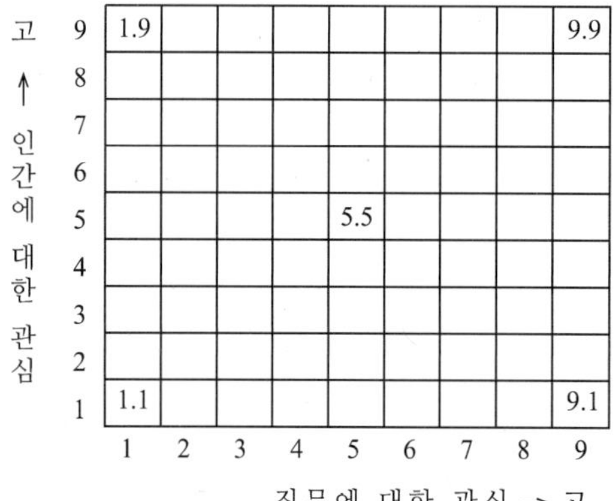

50 **NIOSH의 스트레스 모형에서 직무스트레스 요인 중 중재요인에 해당하는 것은?**

① 작업부하　　② 역할갈등
③ 소음　　④ 개인적 요인

(해설) NIOSH 스트레스 관리모형에서 중재요인은 개인적인 요인, 조직 외 요인, 완충작용 요인이 있다.

51 **다음 중 인간의 행동이 어떻게 동기유발이 되는가에 둔 과정이론(process theory)이 아닌 것은?**

① 공정성이론　　② 기대이론
③ X－Y이론　　④ 목표설정이론

(해설) X－Y이론
맥그리거에 의하면 의사결정이 상층부에 집중되고, 상사와 부하의 구성이 피라미드 모형을 이루게 되고, 작업이 외부로부터 통제되고 있는 전통적 조직은 인간성과 인간의 동기부여에 대한 여러 가지 가설에 근거하여 운영되고 있다는 것이다.

52 **A작업장의 도수율이 2로 산출되었을 때 그 결과에 대한 해석으로 옳은 것은?**

① 근로자 1,000명당 1년 동안 발생한 재해자수가 2명이다.
② 연근로시간 1,000시간당 발생한 근로손실일수가 2명이다.
③ 근로자 10,000명당 1년간 발생한 사망자수가 2명이다.
④ 연근로시간 1,000,000시간당 발생한 재해건수가 2건이다.

(해설) 도수율
연근로시간 100만 시간당 산업재해건수이다.

53 **신뢰도가 0.85인 작업자가 혼자서 검사하는 공정에 동일한 신뢰도를 가진 요원을 중복으로 지원하여 2인 1조로 검사를 한다면 이 공정에서의 신뢰도는 얼마가 되겠는가? (단, 전체 작업기간 동안 요원은 지원된다.)**

① 0.7225　　② 0.85

해답 48. ③ 49. ③ 50. ④ 51. ③ 52. ④ 53. ③

③ 0.9775　　　　　④ 0.9801

(해설) 신뢰도

병렬 연결 시 신뢰도 = $1-\prod_{i=1}^{n}(1-P_i)$

$1-(1-0.85)(1-0.85)=0.9775$

54 레빈(Lewin)의 인간행동 법칙 "B = f(P · E)"의 각 인자와 리더십의 관계를 설명한 것으로 적절하지 않은 것은?

① B는 리더십 발휘에 따른 집단의 활동을 말한다.

② f는 리더십의 형태이다.

③ P는 집단을 구성하는 구성원의 특징이다.

④ E는 집단의 과제, 구조, 사회적 요인 등 환경적 요인이다.

(해설) Lewin의 인간행동법칙

B = f(P · E)

여기서, B: Behavior(인간의 행동)

f: Function(함수 관계)

P: Person(개체)

E: Environment(심리적 환경)

55 다음은 대인적 갈등해소 방안에 대한 그림이다. 각각의 영역(A~E)과 내용의 연결이 잘못된 것은?

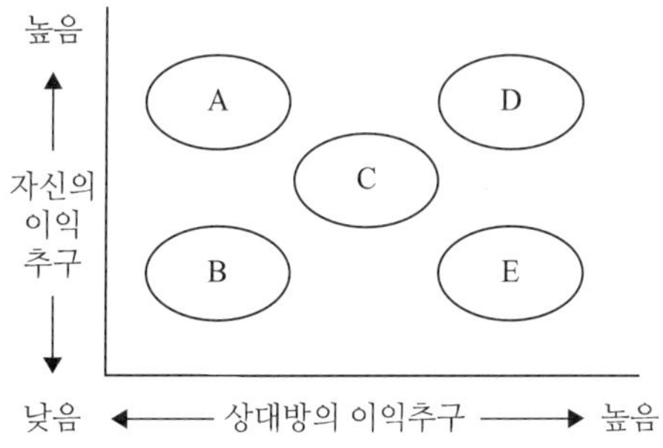

① A: 협동　　　　② B: 회피

③ C: 타협　　　　④ E: 순응

(해설) Ruble과 Thomas의 갈등모델

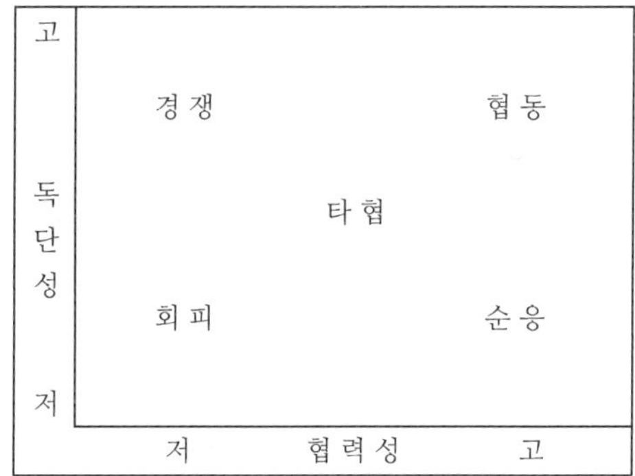

56 매슬로우의 욕구단계설과 알더퍼의 ERG이론 간의 욕구구조를 비교할 때 그 연결이 적절하지 않은 것은?

① 자아실현 욕구 – 관계 욕구(R)

② 안전 욕구 – 생존 욕구(E)

③ 사회적 욕구 – 관계 욕구(R)

④ 생리적 욕구 – 생존 욕구(E)

(해설) 작업동기 이론들의 상호 관련성

위생 동기요인	욕구의 5단계	ERG	X–Y 이론
위생요인	1단계 : 생리적 욕구	존재 욕구	X이론
	2단계 : 안전 욕구		
	3단계 : 사회적 욕구	관계 욕구	
동기부여 요인	4단계 : 인정받으려는 욕구		Y이론
	5단계 : 자아실현의 욕구	성장 욕구	

57 다음 중 자기의 주관대로 추측하는 억측판단이 일어나는 배경이 아닌 것은?

① 희망적 관측이 강할 때

② 과거의 경험적 선입관이 있을 때

③ 정보가 불확실할 때

④ 개인적인 고민으로 인하여 정서적으로 갈등을 갖고 있을 때

해답 54. ② 55. ① 56. ① 57. ④

해설 억측판단

자기 멋대로 주관적인 판단이나 희망적인 관찰에 근거를 두고 다분히 이래도 될 것이라는 것을 확인하지 않고 행동으로 옮기는 판단이다. 예를 들어, 보행신호등이 막 바뀌어도 자동차가 움직이기까지는 아직 시간이 있다고 스스로 판단하여 건널목을 건너는 것과 같은 행위를 하는 것이다.

※ 억측판단이 발생하는 배경

① 정보가 불확실할 때

② 희망적인 관측이 있을 때

③ 과거의 경험적 선입관이 있을 때

58 인간의 불안전한행동을 예방하기 위해 Harvey에 의해 제안된 안전대책의 3E에 해당하지 않는 것은?

① 기술(Engineering)

② 환경(Environment)

③ 교육(Education)

④ 규제(Enforcement)

해설 환경(Environment)은 해당되지 않는다.

59 어떤 사업장의 생산라인에서 완제품을 검사하고 있는데, 어느날 5,000개의 제품을 검사하여 200개를 불량품으로 처리하였으나 이 로트에는 실제로 1,000개의 불량품이 있었을 때 로트당 휴먼에러를 범하지 않을 확률은?

① 0.16 ② 0.2

③ 0.8 ④ 0.84

해설 인간의 오류 확률

HEP $\approx \hat{p} = \frac{\text{실제 인간의 오류 횟수}}{\text{전체 오류 기회의 횟수}} = \frac{800}{5,000} = 0.16$

따라서, 직무신뢰도 R =1−0.16=0.84

60 스트레스에 대한 조직수준의 관리방안 중 개인의 역할을 명확히 해줌으로써 스트레스의 발생원인을 제거시키는 방법은?

① 경력개발 ② 과업재설계

③ 역할분석 ④ 팀 형성

해설 역할분석

역할분석은 개인의 역할을 명확히 정의하여 줌으로써 스트레스를 발생시키는 요인을 제거하여 주는 데 목적이 있다.

4 근골격계질환 예방을 위한 작업관리

61 다음 중 중량물 취급방법에 대한 설명으로 적절하지 않은 것은?

① 손 전체로 잡아서 들도록 한다.

② 손목과 팔꿈치는 펴진 상태에서 중량물을 든다.

③ 허리를 곧게 유지하고, 무릎을 구부려서 들어야 한다.

④ 발을 어깨 너비 정도 벌리고 몸의 균형을 유지해야 한다.

해설 중량물 취급방법

① 손과 팔을 몸에 붙이고 중량물을 든다.

② 손가락만으로 잡아서 들지 말고 손 전체로 잡아서 들도록 한다.

③ 중량물 밑을 잡고 앞으로 운반하도록 한다.

④ 중량물을 테이블이나 선반 위로 옮길 때 등을 곧게 펴고 옮기도록 한다.

62 Work Factor에서 동작시간 결정 시 고려하는 4가지 요인에 해당하지 않는 것은?

① 인위적 조절

② 동작거리

③ 중량이나 저항

④ 수행도

해설 WF법의 4가지 시간변동요인

① 사용하는 신체부위

② 이동거리

③ 중량 또는 저항

정답 58. ② 59. ④ 60. ③ 61. ② 62. ④

④ 인위적 조절

63 작업관리의 문제해결방법으로 전문가 집단의 의견과 판단을 추출하고 종합하여 집단적으로 판단하는 방법은?

① 브레인스토밍(Brainstorming)
② 마인드 맵핑(Mind mapping)
③ 마인드 멜딩(Mind melding)
④ 델파이 기법(Delphi Technique)

해설 델파이 기법
쉽게 결정될 수 없는 정책이나 쟁점이 되는 사회문제에 대하여, 일련의 전문가집단의 의견과 판단을 추출하고 종합하여 집단적 합의를 도출해내는 방법이다.

64 시설배치방법 중 공정별 배치방법의 장점에 해당하는 것은?

① 운반길이가 짧아진다.
② 작업진도의 파악이 용이하다.
③ 전문적인 작업지도가 용이하다.
④ 재공품이 적고, 생산길이가 짧아진다.

해설 공정별 배치는 작업형태로 설비를 배치함으로써 설비의 고장이나 작업자의 결근에 따라 작업이 중단될 가능성이 적다.

65 다음 중 작업관리에 관한 설명으로 적절하지 않은 것은?

① 작업관리는 방법연구와 작업측정을 주 영역으로 하는 경영기법의 하나이다.
② 작업관리는 작업시간을 단축하는 것을 주목적으로 한다.
③ 작업관리는 생산성과 함께 작업자의 안전과 건강을 함께 추구한다.
④ 작업관리는 생산과정에서 인간이 관여하는 작업을 주 연구대상으로 한다.

해설 작업관리의 목적
① 최선의 방법 발견
② 방법, 재료, 설비, 공구 등의 표준화
③ 제품품질의 구입
④ 생산비의 절감
⑤ 새로운 방법의 작업지도
⑥ 안전

66 다음 중 근골격계질환 예방·관리 프로그램의 주요 구성요소로 볼 수 없는 것은?

① 보상절차 심의
② 예방·관리 정책 수립
③ 교육/훈련 실시
④ 유해요인조사 및 관리

해설 근골격계질환 예방·관리 프로그램의 주요 구성요소
① 예방·관리 정책 수립
② 교육/훈련실시
③ 초진 증상자 및 유해요인 관리
④ 의학적 관리
⑤ 작업환경 등 개선활동
⑥ 프로그램 평가

67 3시간 동안 작업수행과정을 촬영하여 워크샘플링 방법으로 200회를 샘플링한 결과, 이 중에서 30번의 손목꺾임이 확인되었다. 이 작업의 시간당 손목꺾임시간은 얼마인가?

① 6분 ② 9분
③ 18분 ④ 30분

해설

$$\text{손목꺾임발생확률} = \frac{\text{관측된 횟수}}{\text{총관측횟수}} = 0.15$$

시간당 손목꺾임 시간 = 발생확률 × 60분 = 9분

68 다음 중 작업개선의 일반적 원리에 대한 내용으로 틀린 것은?

① 자연스러운 작업자세
② 과도한 힘의 사용 감소
③ 반복 동작의 증가

해답 63. ④ 64. ③ 65. ② 66. ① 67. ② 68. ③

④ 충분한 여유 공간

(해설) 개선원리
① 자연스러운 자세를 취한다.
② 과도한 힘을 줄인다.
③ 손이 닿기 쉬운 곳에 둔다.
④ 적절한 높이에서 작업한다.
⑤ 반복동작을 줄인다.
⑥ 피로와 정적 부하를 최소화한다.
⑦ 신체가 압박 받지 않도록 한다.
⑧ 충분한 여유공간을 확보한다.
⑨ 적절히 움직이고 운동과 스트레칭을 한다.
⑩ 쾌적한 작업환경을 유지한다.
⑪ 표시장치와 조종장치를 이해할 수 있도록 한다.
⑫ 작업조직을 개선한다.

69 다음 중 대안의 도출방법으로 가장 적당한 것은?

① 공정도 ② 특성요인도
③ 파레토차트 ④ 브레인스토밍

(해설) 브레인스토밍은 대안을 도출하는 기법이다.

70 A작업의 표준시간은 제품당 11분이다. 한 작업자가 8시간 작업시간 동안 제품 56개를 생산하였다면, 이 작업자의 효율은 약 얼마인가?

① 77.9% ② 92.4%
③ 128.3% ④ 132.1%

(해설)
제품 56개를 생산하는 데 필요한 시간:
$56 \times 11 = 616$분
작업자의 작업시간: 480분

$$작업자의\ 효율 = \frac{표준시간}{작업시간} = \frac{616}{480} \times 100\% = 128.3\%$$

71 다음 중 간트차트에 관한 설명으로 옳지 않은 것은?

① 계획 활동의 예측완료시간은 막대모양으로 표시된다.
② 예정사항과 실제 성과를 기록 비교하여 작업을 관리하는 계획도표이다.
③ 기계의 사용에 대한 필요시간과 일정을 표시할 때 이용되기도 한다.
④ 각 과제 간의 상호 연관사항 파악하기에 용이하다.

(해설) 간트차트는 각 활동별로 일정계획 대비 완성현황을 막대모양으로 표시한 것으로 각 과제 간의 상호 연관사항을 파악하기는 어렵다.

72 다음 중 근골격계 부담작업의 유해요인조사 및 평가에 관한 설명으로 틀린 것은?

① 조사항목으로는 작업장의 상황, 작업조건 등이 있다.
② 정기 유해요인조사는 수시 유해요인조사와는 별도로 2년마다 행한다.
③ 신설되는 사업장의 경우에는 신설일로부터 1년 이내 최초의 유해요인조사를 실시하여야 한다.
④ 사업주는 개선계획의 타당성을 검토하기 위하여 외부의 전문기관이나 전문가로부터 지도·조언을 들을 수 있다.

(해설) 정기 유해요인조사는 매 3년마다 주기적으로 실시하여야 한다.

73 다음 중 근골격계 부담작업에 해당하지 않는 것은?

① 하루 2시간 동안 허리 높이 작업대에서 전동드라이버로 자동차 부품을 조립하는 작업
② 자동차 조립라인에서 하루 4시간 동안 머리위에 위치한 부속품을 볼트로 체결하는 작업
③ 하루 6시간 동안 컴퓨터를 이용하여 자료입력과 문서편집을 하는 작업

정답 69. ④ 70. ③ 71. ④ 72. ② 73. ①

④ 하루에 15 kg의 쌀을 무릎 아래에서 허리 높이의 선반에 30회 올리는 작업

(해설) ①은 근골격계 부담작업에 해당되지 않는다.

74 **다음 중 영상표시 단말기(VDT)의 취급에 관한 내용으로 틀린 것은?**

① 영상표시 단말기의 화면을 회전 및 경사조절이 가능하도록 한다.

② 영상표시 단말기 취급근로자의 시선을 화면 상단과 눈높이가 일치하도록 한다.

③ 작업대는 가운데 서랍이 없는 것을 사용하도록 하며, 다리 주변에 충분한 공간을 확보한다.

④ 위팔은 자연스럽게 늘어뜨리고, 작업자의 어깨가 들리지 않아야 하며, 팔꿈치의 내각은 90° 이내로 한다.

(해설) 영상표시 단말기 취급 시 작업자의 팔꿈치 내각은 90° 이상이 되어야 하며, 조건에 따라 70~135°까지 허용해야 한다.

75 **작업시간을 새로이 측정하기보다는 과거에 측정한 기록들을 기준으로 동작에 영향을 미치는 요인들을 검토하여 만든 함수식, 표, 그래프 등으로 동작시간을 예측하는 방법은?**

① 워크샘플링(Work-sampling)

② 표준자료법(standard data)

③ MTM(Methods Time Measurement)

④ WF(Work Factor)

(해설) 표준자료법
작업요소별로 시간연구법 또는 PTS법에 의하여 측정된 표준자료의 데이터베이스가 있을 경우, 필요시 작업을 구성하는 요소별로 표준자료들을 다중회귀분석법을 이용하여 합성함으로써 정미시간을 구하고, 여기에 여유시간을 가산하여 표준시간을 산정하는 방법이다.

76 **어깨, 팔목, 손목, 목 등 상지에 초점을 맞추어 작업자세로 인한 작업부하를 쉽고, 빠르게 평가하는 방법은?**

① JSL

② REBA

③ RULA

④ OWAS

(해설) RULA
어깨, 팔목, 손목, 등 상지에 초점을 맞추어서 작업자세로 인한 작업부하를 쉽고 빠르게 평가하기 위해 만들어진 기법이다.

77 **다음 중 근골격계질환에 관한 설명으로 틀린 것은?**

① 미세한 근육이나 조직의 손상으로 시작된다.

② 초기에 치료하지 않으면 심각해질 수 있다.

③ 사전조사에 의하여 완전 예방이 가능하다.

④ 신체의 기능적 장해를 유발할 수 있다.

(해설) 근골격계질환은 완전 예방이 불가능하고 발생을 최소화하는 것이 중요하다.

78 **다음 중 비효율적인 서블릭(Therblig)이 아닌 것은?**

① PP ② SH

③ I ④ H

(해설)
① 효율적 서블릭: PP(미리 놓기)
② 비효율적 서블릭: SH(찾기)
I(검사)
H(잡고 있기)

해답 74. ④ 75. ② 76. ③ 77. ③ 78. ①

79 작업자가 동종의 기계를 복수로 담당하는 경우, 작업자 한 사람이 담당해야 할 이론적 기계 대수(n')를 구하는 식으로 옳은 것은? (단, a는 작업자와 기계의 동시작업시간의 총합, b는 작업자만의 총 작업시간, t는 기계만의 총 가동시간이다.)

① $n' = \frac{(a+t)}{(a+b)}$

② $n' = \frac{(a+b)}{(a+t)}$

③ $n' = \frac{(b+t)}{(a+b)}$

④ $n' = \frac{(a+b)}{(b+t)}$

해설 이론적 기기대수$(n') = \frac{(a+t)}{(a+b)}$

80 다음 중 작업관리에서 사용되는 기본형 5단계 문제해결 절차로 가장 적절한 것은?

① 연구대상선정 → 분석과 기록 → 자료의 검토 → 개선안의 수립 → 개선안의 도입

② 연구대상선정 → 개선안의 수립 → 분석과 기록 → 자료의 검토 → 개선안의 도입

③ 연구대상선정 → 분석과 기록 → 개선안의 수립 → 자료의 검토 → 개선안의 도입

④ 연구대상선정 → 자료의 검토 → 개선안의 수립 → 분석과 기록 → 개선안의 도입

해설 문제해결절차 기본형 5단계의 절차
연구대상선정 → 분석과 기록 → 자료의 검토 → 개선안의 수립 → 개선안의 도입

정답 79. ① 80. ①

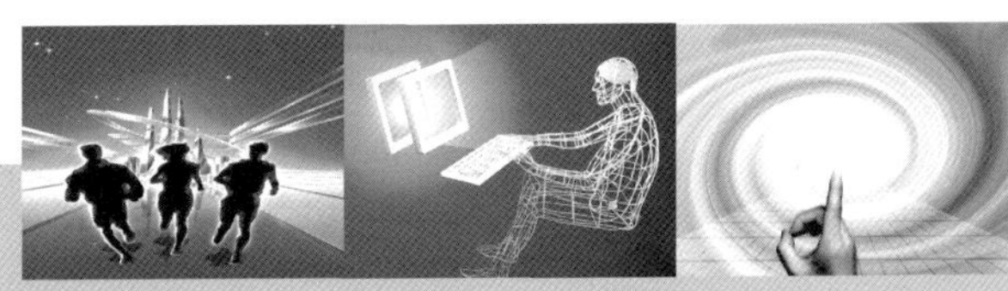

인간공학기사 필기시험 문제풀이 26회082

1 인간공학 개론

1 다음 중 인간의 제어 정도에 따른 인간-기계 시스템의 일반적인 분류에 속하지 않는 것은?

① 수동 시스템 ② 기계화 시스템
③ 감시제어 시스템 ④ 자동 시스템

해설 인간에 의한 제어의 정도에 따라 수동 시스템, 기계화 시스템, 자동화 시스템의 3가지로 분류한다.

2 다음 중 신호나 정보 등의 검출성에 영향을 미치는 요인과 가장 거리가 먼 것은?

① 노출시간 ② 점멸속도
③ 배경광 ④ 반응시간

해설 검출성에 영향을 미치는 요인
① 크기, 광속, 발산도 및 노출시간
② 색광
③ 점멸속도
④ 배경광

3 다음 중 일반적으로 입식 작업에서 작업대 높이를 정할 때 기준점이 되는 것은?

① 어깨 높이 ② 팔꿈치 높이
③ 배꼽 높이 ④ 허리 높이

해설 입식 작업대의 높이는 작업자의 체격에 따라 팔꿈치 높이를 기준으로 하여 작업대의 높이를 조정해야 한다.

4 1 cd의 점광원으로부터 3 m 떨어진 구면의 조도는 몇 lux인가?

① $\frac{1}{27}$ ② $\frac{1}{9}$
③ $\frac{1}{6}$ ④ $\frac{1}{3}$

해설

$$조도 = \frac{광량}{거리^2} = \frac{1}{3^2} = \frac{1}{9}\text{lux}$$

5 다음 중 반응시간이 가장 빠른 감각은?

① 시각 ② 미각
③ 청각 ④ 촉각

해설 감각별 반응속도
① 청각: 0.17초
② 촉각: 0.18초
③ 시각: 0.20초
④ 미각: 0.70초

해답 1. ③ 2. ④ 3. ② 4. ② 5. ③

6 음의 한 성분이 다른 성분에 대한 귀의 감수성을 감소시키는 상황을 무슨 효과라 하는가?

① 은폐　　② 밀폐
③ 기피　　④ 방해

(해설) 은폐란 음의 한 성분이 다른 성분의 청각감지를 방해하는 현상을 말한다. 즉, 은폐란 한 음(피은폐음)의 가청 역치가 다른 음(은폐음) 때문에 높아지는 것을 말한다.

7 다음 중 인간의 후각 특성에 대한 설명으로 틀린 것은?

① 후각은 특정 물질이나 개인에 따라 민감도의 차이가 있다.
② 특정한 냄새에 대한 절대적 식별 능력은 떨어진다.
③ 훈련을 통하면 식별 능력을 향상시킬 수 있다.
④ 후각은 냄새 존재 여부보다는 특정 자극을 식별하는 데 사용되는 것이 효과적이다.

(해설) 후각의 특성
① 후각의 수용기는 콧구멍 위쪽에 있는 $4 \sim 6\text{cm}^2$의 작은 세포군이며, 뇌의 후각 영역에 직접 연결되어 있다.
② 인간의 후각은 특정 물질이나 개인에 따라 민감도의 차이가 있으며, 어느 특정 냄새에 대한 절대 식별 능력은 다소 떨어지나, 상대적 기준으로 냄새를 비교할 때는 우수한 편이다.
③ 훈련되지 않은 사람이 식별할 수 있는 일상적인 냄새의 수는 15~32종류이지만, 훈련을 통하면 60종류까지도 식별 가능하다.
④ 강도의 차이만 있는 냄새의 경우에는 3~4가지밖에 식별할 수 없다.
⑤ 후각은 특정 자극을 식별하는 데 사용되기보다는 냄새의 존재 여부를 탐지하는 데 효과적이다.

8 각각의 신뢰도가 0.85인 기계 3대가 병렬로 되어 있을 경우 이 시스템의 신뢰도는 약 얼마인가?

① 0.614　　② 0.850
③ 0.992　　④ 0.997

(해설)
$$R_p = 1-(1-R_1)(1-R_2)\cdots(1-R_n) = 1-\prod_{i=1}^{n}(1-R_i)$$
$$R_p = 1-(1-0.85)(1-0.85)(1-0.85) = 0.996625 \fallingdotseq 0.997$$

9 악력(grip strength) 측정 프로그램에 의하면 악력계는 아무 것도 지지되지 않은 상태에서 악력을 측정하여야 한다고 한다. 만일, 악력검사 결과 정상 범위보다 높게 분포되어 있어 분석해 보니 악력계(grip strength)를 책상 위에 놓은 상태에서 악력을 잿음을 알았을 때 이 실험 결과는 다음 중 어떤 기준에 문제가 있겠는가?

① 신뢰성(reliability)
② 타당성(validity)
③ 상관성(correlation)
④ 민감성(sensitivity)

(해설) 타당성
어떤 검사나 척도가 측정하고자 하는 변인의 내용이나 특징을 정확하게 반영하고 있는 정도. 흔히 검사가 측정하고자 하는 것을 제대로 측정하는 정도라고 정의한다.

10 다음 중 [보기]와 같은 사항을 설계하고자 할 때 인체 측정 자료에 대하여 적용할 수 있는 설계원리는?

> [보기]
> – 버스의 승객 의자 앞뒤 간격
> – 비행기의 비상 탈출구 크기
> – 줄사다리의 지지 장치 정도

① 최대 집단치에 의한 설계 원리
② 최소 집단치에 의한 설계 원리

해답 6. ① 7. ④ 8. ④ 9. ② 10. ①

③ 평균치에 의한 설계 원리
④ 가변적 설계 원리

해설 최대 집단치에 의한 설계
① 통상 대상 집단에 대한 관련 인체측정 변수의 상위 백분위수를 기준으로 하여 90%, 95% 혹은 99%tile값이 사용된다.
② 95%tile값에 속하는 큰 사람을 수용할 수 있다면, 이보다 작은 사람은 모두 사용된다.
예를 들어, 문, 탈출구, 통로 등과 같은 공간 여유를 정하거나 줄사다리의 강도 등을 정할 때 사용한다.

11 반지름 5 cm 레버식 조종구(ball control)를 20도 움직일 때 표시판의 눈금이 1 cm 이동하였다면 조종-반응비율은 약 얼마인가?

① 0.95 ② 1.75 ③ 3.15 ④ 4.23

해설 조종/표시장치 이동 비율(Control/Response ratio)

$$C/R\text{비} = \frac{(a/360) \times 2\pi L}{\text{표시장치 이동거리}}$$

a: 조종장치가 움직인 각도
L: 반지름(지레의 길이)

$$C/R\text{비} = \frac{(20/360) \times 2 \times 3.14 \times 5}{1}$$
$$= 1.745329$$
$$\fallingdotseq 1.75$$

12 다음 중 작업대 공간 배치의 원리와 가장 거리가 먼 것은?

① 기능성의 원리
② 사용순서의 원리
③ 중요도의 원리
④ 오류 방지의 원리

해설 작업대 공간 배치의 원리
① 중요성의 원칙
② 사용빈도의 원칙
③ 기능별 배치의 원칙
④ 사용순서의 원칙

13 차를 우회전하고자 할 때 핸들을 오른쪽으로 돌리는 것은 양립성(compatibility)의 유형 중 어느 것에 해당하는가?

① 공간적 양립성 ② 운동 양립성
③ 개념적 양립성 ④ 인지적 양립성

해설 양립성
양립성이란 자극들 간의, 반응들 간의 혹은 자극-반응 조합의 공간, 운동 혹은 개념적 관계가 인간의 기대와 모순되지 않는 것을 말한다. 표시장치나 조종장치가 양립성이 있으면 인간 성능은 일반적으로 향상되므로 이 개념은 이들 장치의 설계와 밀접한 관계가 있다.
① 개념 양립성(conceptual compatibility): 코드나 심볼의 의미가 인간이 갖고 있는 개념과 양립
예) 비행기 모형-비행장
② 운동 양립성(movement compatibility): 조종기를 조작하거나 display상의 정보가 움직일 때 반응 결과가 인간의 기대와 양립
예) 라디오의 음량을 줄일 때 조절장치를 반시계 방향으로 회전
③ 공간 양립성(spatial compatibility): 공간적 구성이 인간의 기대와 양립
예) button의 위치와 관련 display의 위치가 양립

14 다음 중 1,000 Hz, 40 dB을 기준으로 나타내는 몸과 관련된 측정단위는?

① sone ② siemens
③ dB ④ W

해설 1 sone은 40 dB의 1,000 Hz 순음의 크기를 말한다.

15 다음 중 온도, 압력, 속도와 같이 연속적으로 변하는 변수의 대략적인 값이나 추세 등을 알고자 할 경우 가장 적절한 표시장치는?

① 묘사적 표시장치
② 추상적 표시장치
③ 정량적 표시장치

해답 11. ② 12. ④ 13. ② 14. ① 15. ④

④ 정성적 표시장치

해설
① 묘사적 표시장치 - 사물, 지역, 구성 등을 사진, 그림 혹은 그래프로 묘사
② 정량적 표시장치 - 변수의 정량적인 값
③ 정성적 표시장치 - 가변변수의 대략적인 값, 경향, 변화율, 변화방향 등

16 윗팔을 자연스럽게 수직으로 늘어뜨린 채 아래팔만으로 편하게 뻗어 파악할 수 있는 영역을 무엇이라 하는가?

① 최대 작업역 ② 작업 공간역
③ 파악 한계역 ④ 정상 작업역

해설 정상 작업역이란 상완(上腕)을 자연스럽게 수직으로 늘어뜨린 채, 전완(前腕)만으로 편하게 뻗어 파악할 수 있는 구역(34~45 cm)이다.

17 다음 중 실현 가능성이 같은 N개의 대안이 있을 때 총 정보량(H)를 구하는 식으로 옳은 것은?

① $H = \log_2 N$ ② $H = \log N^2$
③ $H = \log 2N$ ④ $H = 2\log N^2$

해설 일반적으로 실현가능성이 같은 N개의 대안이 있을 때 총 정보량 H는 $H = \log_2 N$ 구한다.

18 다음 중 시배분(time-sharing)에 대한 설명으로 적절하지 않은 것은?

① 음악을 들으며 책을 읽는 것처럼 주의를 번갈아 가며 2가지 이상을 돌보아야 하는 상황을 말한다.
② 시배분이 필요한 경우 인간의 작업능률은 떨어진다.
③ 청각과 시각이 시배분되는 경우에는 보통 시각이 우월하다.
④ 시배분 작업은 처리해야 하는 정보의 가치수와 속도에 의하여 영향을 받는다.

해설 청각과 시각이 시배분되는 경우에는 보통 청각이 더 우월하다.

19 다음 중 신호검출이론(SDT)에서 반응기준(β)를 구하는 식으로 옳은 것은?

① (소음분포의 높이) × (신호분포의 높이)
② (소음분포의 높이) + (신호분포의 높이)
③ (신호분포의 높이) ÷ (소음분포의 높이)
④ (신호분포의 높이) + (소음분포의 높이)^2

해설 반응기준을 나타내는 값을 β라고 하면 반응기준점에서의 두 분포의 높이의 비로 나타낸다.
$\beta = b/a$
($a =$ 소음분포의 높이, $b =$ 신호분포의 높이)

20 다음 중 암호체계 사용상의 일반적인 지침과 가장 거리가 먼 것은?

① 정보를 암호화한 자극은 검출이 가능해야 한다.
② 모든 암호 표시는 감지장치에 의하여 다른 암호표시와 구별되어서는 안된다.
③ 자극과 반응 간의 관계가 인간의 기대와 모순되지 않아야 한다.
④ 2가지 이상의 암호차원을 조합해서 사용하면 정보전달이 촉진된다.

해설 암호체계 사용상의 일반적인 지침
① 암호의 검출성(detectability) : 검출이 가능하여야 한다.
② 암호의 변별성(discriminability) : 다른 암호표시와 구별되어야 한다.
③ 암호의 양립성(compatibility) : 자극들 간의, 반응들 간의, 자극 - 반응 조합의 관계가 인간의 기대와 모순되지 않는다.

2 작업생리학

21 작업 중 근육을 사용하는 육체적 작업에 따른 생리적 반응에 대한 설명으로 틀린 것은?

해답 16. ④ 17. ① 18. ③ 19. ③ 20. ② 21. ②

① 호흡기 반응에 의해 호흡속도와 흡기량이 증가한다.
② 작업 중 각 기관에 흐르는 혈류량은 항상 일정하다.
③ 심박출량은 작업 초기부터 증가한 후 최대 작업능력의 일정 수준에서 안정된다.
④ 심박수는 작업 초기부터 증가한 후 최대 작업능력의 일정 수준에서도 계속 증가한다.

해설 육체적 작업에 따른 생리적 반응
① 산소소비량의 증가
② 심박출량의 증가
③ 심박수의 증가
④ 혈류의 재분배

22 다음 중 굴곡(flexion)에 반대되는 인체동작을 무엇이라 하는가?

① 벌림(abduction)
② 폄(extension)
③ 모음(adduction)
④ 하향(pronation)

해설 신전
신전(폄, extension)은 굴곡과 반대방향의 동작으로서, 팔꿈치를 펼 때처럼 관절에서의 각도가 증가하는 동작, 몸통을 아치형으로 만들 때처럼 정상 신전자세 이상으로 인체부분을 신전하는 것을 과신전(過伸展, hyper extension)이라 한다.

23 다음 중 중추신경계의 피로, 즉 정신피로의 척도로 사용될 수 있는 것은?

① 혈압(blood pressure)
② 근전도(electromyogram)
③ 산소소비량(oxygen consumption)
④ 점멸융합주파수(flicker fusion frequency)

해설 점멸융합주파수는 피곤함에 따라 빈도가 감소하기 때문에 중추신경계의 피로, 즉 '정신피로'의 척도로 사용될 수 있다.

24 인체의 척추를 구성하고 있는 뼈 가운데 경추, 중추, 요추의 합은 몇 개인가?

① 19개 ② 21개 ③ 24개 ④ 26개

해설 척추골은 위로부터 경추(7개), 중추(12개), 요추(5개)로 구성된다.

25 관절의 종류 중 어깨관절의 유형에 해당하는 것은?

① 경첩관절(hinge joint)
② 축관절(pivot joint)
③ 안장관절(saddle joint)
④ 구상관절(ball-and-socker joint)

해설
① 경첩관절(hinge joint): 두 관절면이 원주면과 원통면 접촉을 하는 것이며, 한 방향으로만 운동할 수 있다.
예) 무릎관절, 팔굽관절, 발목관절
② 차축관절(pivot joint): 관절머리가 완전히 원형이며, 관절오목 내를 자동차 바퀴와 같이 1축성으로 회전운동을 한다.
예) 위아래 요골척골관절
③ 안장관절(saddle joint): 두 관절면이 말안장처럼 생긴 것이며, 서로 직각방향으로 움직이는 2축성 관절이다.
예) 엄지손가락의 손목손바닥뼈관절
④ 구상관절(ball-and-socker joint): 관절머리와 관절오목이 모두 반구상의 것이며, 운동이 가장 자유롭고, 다축성으로 이루어진다.
예) 어깨관절, 대퇴관절

26 특정 작업에 대한 10분간의 산소소비량을 측정한 결과 100 L 배기량에 산소가 15%, 이산화탄소가 5%로 분석되었다. 이때 산소소비량은 몇 L/min인가? (단, 공기 중 산소는 21vol%, 질소는 79vol%라고 한다.)

① 0.63 ② 0.75
③ 3.15 ④ 10.13

해답 22. ② 23. ④ 24. ③ 25. ④ 26. ①

(해설)

① 분당 배기량: $\frac{\text{배기량}}{\text{시간(분)}}$

② 분당 흡기량 :

$$\frac{(100-O_2\%-CO_2\%)}{N_2\%}\times \text{분당배기량}$$

③ 산소소비량:

$(21\% \times \text{분당흡기량}) - (O_2\% \times \text{분당배기량})$

가. 분당 배기량: $\frac{100L}{10\text{분}} = 10\ L/\text{분}$

나. 분당 흡기량:

$$\frac{(1.0-0.15-0.05)}{0.79}\times 10 = 10.13$$

다. 산소소비량:

$(0.21\times 10.13)-(0.15\times 10) = 0.6273 \fallingdotseq 0.63$

27 다음 중 생명을 유지하기 위하여 필요로 하는 단위시간당 에너지량을 무엇이라 하는가?

① 에너지소비율 ② 활동에너지가

③ 기초대사율 ④ 산소소비량

(해설) 기초대사율은 생명을 유지하기 위한 최소한의 에너지소비량을 의미하며, 성, 연령, 체중은 개인의 기초대사율에 영향을 주는 중요한 요인이다.

28 다음 중 신체의 지지와 보호 및 조형 기능을 담당하는 것은?

① 골격계 ② 근육계

③ 순환계 ④ 신경계

(해설)

① 골격계는 뼈, 연골, 관절로 구성되는 인체의 수동적 운동기관으로 인체를 구성하고 지주 역할을 담당하며, 장기를 보호한다.
② 근육계는 골격근, 심장근, 평활근, 근막, 건, 건막, 활액낭으로 구성되는 인체의 능동적 운동장치와 부속기관들이다.
③ 순환계는 심장, 혈액, 혈관, 림프, 림프관, 비장 및 흉선 등으로 구성되며, 영양분과 가스 및 노폐물 등을 운반하고, 림프구 및 항체의 생산으로 인체의 방어작용을 담당한다.
④ 신경계는 중추신경 및 말초신경으로 구성되며, 인체의 감각과 운동 및 내외환경에 대한 적응 등을 조절하는 기관이다.

29 다음 중 육체적 작업부하의 주관적 평가방법으로 작업자들이 주관적으로 지각한 신체적 노력의 정도를 일정한 값 사이의 척도로 평정하는 것은?

① Borg의 RPE Scale
② Flicker 지수
③ Body Map
④ Lifting Index

(해설) Borg의 RPE Scale은 자신의 운동부하가 어느 정도 힘든가를 주관적으로 평가해서 언어적으로 표현할 수 있도록 척도화한 것이다.

30 다음 중 신경계에 대한 설명으로 틀린 것은?

① 체신경계는 평활근, 심장근에 분포한다.
② 기능적으로는 체신경계와 자율신경계로 나눌 수 있다.
③ 자율신경계는 교감신경계와 부교감신경계로 세분된다.
④ 신경계는 구조적으로 중추신경계와 말초신경계로 나눌 수 있다.

(해설) 체신경계는 머리와 목 부위의 근육, 샘, 피부, 점막 등에 분포하는 12쌍의 뇌신경을 말한다.

31 소음 측정의 기준에 있어서 단위 작업장에서 소음발생 시간이 6시간 이내인 경우 발생시간 동안 등간격으로 나누어 몇 회 이상 측정하여야 하는가?

① 2회 ② 3회

③ 4회 ④ 6회

(해설) 소음 측정은 단위 작업장의 소음발생 시간을 등간격으로 나누어 4회 이상 측정하여야 한다.

해답 27. ③ 28. ① 29. ① 30. ① 31. ③

32 단일자극에 의한 1회의 수축과 이완 과정을 무엇이라 하는가?

① 연축(twitch) ② 감축(tetanus)
③ 긴장(tones) ④ 강축(rigor)

해설 골격근에 직접, 또는 신경-근접합부 부근의 신경에 전기적인 단일자극을 가하면, 자극이 유효할 때는 활동전위가 발생하여 급속한 수축이 일어나고 이어서 이완현상이 생기는데, 이것을 연축이라고 한다.

33 다음 중 인체를 전후로 나누는 면을 무엇이라 하는가?

① 횡단면 ② 시상면
③ 관상면 ④ 정중면

해설
① 횡단면: 인체를 상하로 나누는 면
② 시상면: 인체를 좌우로 양분하는 면
③ 관상면: 인체를 전후로 나누는 면
④ 정중면: 인체를 좌우대칭으로 나누는 면

34 다음 중 저온에서의 신체반응에 대한 설명으로 틀린 것은?

① 체표면적이 감소한다.
② 피부의 혈관이 수축된다.
③ 화학적 대사작용이 감소한다.
④ 근육긴장의 증가와 떨림이 발생한다.

해설 저온에서 인체는 36.5℃의 일정한 체온을 유지하기 위하여 열을 발생시키고, 열의 방출을 최소화한다. 열을 발생시키기 위하여 화학적 대사작용이 증가하고, 근육긴장의 증가와 떨림이 발생하며, 열의 방출을 최소화하기 위하여 체표면적의 감소와 피부의 혈관 수축 등이 일어난다.

35 건강한 근로자가 부품 조립작업을 8시간 동안 수행하고 대사량을 측정한 결과 산소소비량이 분당 1.5 L이었다. 이 작업에 대하여 8시간의 총 작업시간 내에 포함되어야 하는 휴식시간은 몇 분인가? (단, 이 작업의 권장평균 에너지소모량은 5 kcal/min, 휴식 시의 에너지소비량은 1.5 kcal/min이며, Murrell의 방법을 적용한다.)

① 60분 ② 72분
③ 144분 ④ 200분

해설 Murrell의 공식: $R=\dfrac{T(E-S)}{E-1.5}$
R: 휴식시간(분), T: 총작업시간(분)
E: 평균에너지소모량(kcal/min)
S: 권장평균에너지소모량 = 5(kcal/min)
1 L당 산소소비량 = 5kcal
따라서, $R=\dfrac{480(7.5-5)}{7.5-1.5}=200$(분)

36 다음 중 소음에 의한 청력손실이 가장 크게 발생하는 주파수 대역은?

① 500 Hz ② 1,000 Hz
③ 2,000 Hz ④ 4,000 Hz

해설 청력손실의 정도는 노출 소음 수준에 따라 증가하는데, 청력손실은 4,000 Hz에서 가장 크게 나타난다.

37 다음 중 산소 최대섭취능력(MAP, Maximum Aerobic Power)에 대한 설명으로 틀린 것은?

① 개인의 MAP가 클수록 순환기 계통의 효능이 크다.
② MAP 수준에서는 에너지 대사가 주로 호기적(aerobic)으로 일어난다.
③ MAP를 직접 측정하는 방법은 트레드밀(treadmill)이나 자전거 에르고미터(ergometer)에서 가능하다.
④ MAP이란 일의 속도가 증가하더라도 산소 섭취량이 더 이상 증가하지 않는 일정하게 되는 수준이다.

해설 최대산소소비량
작업의 속도가 증가하면 산소소비량이 선형적으로 증가하여 일정한 수준에 이르게 되고, 작업의 속도가

해답 32. ① 33. ③ 34. ③ 35. ④ 36. ④ 37. ②

증가하더라도 산소소비량은 더 이상 증가하지 않고 일정하게 되는 수준에서의 산소 소모량이다.

38 **A 작업장에서 근무하는 근로자가 85 dB(A)에 4시간, 90 dB(A)에 4시간 동안 노출되었다. 음압수준별 허용시간이 다음 [표]와 같을 때 누적소음노출지수(%)는 얼마인가?**

음압수준 dB(A)	노출 허용시간/일
85	16
90	8
95	4
100	2
105	1
110	0.5
115	0.25
–	0.125

① 55%　② 65%　③ 75%　④ 85%

해설

$$\text{누적소음노출지수} = \frac{\text{실제노출시간}}{\text{최대허용시간}} \times 100 = \left(\frac{4}{16} \times 100\right) + \left(\frac{4}{8} \times 100\right) = 75\%$$

39 **강도 높은 작업을 일정 시간 동안 수행한 후 회복기에서 근육에 추가로 산소가 소비되는 것을 무엇이라 하는가?**

① 산소결손　② 산소소비량
③ 산소부채　④ 산소요구량

해설 산소부채(oxygen debt)란?
인체활동의 강도가 높아질수록 산소 요구량은 증가된다. 이때 에너지 생성에 필요한 산소를 충분하게 공급해 주지 못하면 체내에 젖산이 축적되고 작업종료 후에도 체내에 쌓인 젖산을 제거하기 위하여 계속적으로 산소량이 필요하게 되며, 이에 필요한 산소량을 산소부채라고 한다. 그 결과 산소부채를 채우기 위해서 작업종료 후에도 맥박수와 호흡수가 휴식상태의 수준으로 바로 돌아오지 않고 서서히 감소하게 된다.

40 **다음 중 근력 (strength)과 지구력 (endurance)에 대한 설명으로 틀린 것은?**

① 지구력(endurance)이란 근육을 사용하여 간헐적인 힘을 유지할 수 있는 활동을 말한다.
② 정적근력(static strength)을 등척력 (isometric strength)이라 한다.
③ 동적근력(dynamic strength)을 등속력(isokinetic strength)이라 한다.
④ 근육이 발휘하는 힘은 근육의 최대자율수축(MVC, maximum voluntary contraction)에 대한 백분율로 나타낸다.

해설 지구력
지구력(endurance)이란 근력을 사용하여 특정 힘을 유지할 수 있는 능력이다.

3 산업심리학 및 관련법규

41 **다음 중 매슬로우(A. H. Maslow)의 인간욕구 5단계를 올바르게 나열한 것은?**

① 생리적 욕구 → 사회적 욕구 → 안전 욕구 → 자아 실현의 욕구 → 존경의 욕구
② 생리적 욕구 → 안전 욕구 → 사회적 욕구 → 자아 실현의 욕구 → 존경의 욕구
③ 생리적 욕구 → 안전 욕구 → 사회적 욕구 → 존경의 욕구 → 자아 실현의 욕구
④ 생리적 욕구 → 사회적 욕구 → 안전 욕구 → 존경의 욕구 → 자아 실현의 욕구

해설 매슬로우(A. H. Maslow)의 욕구단계 이론
제1단계: 생리적 욕구
제2단계: 안전 욕구
제3단계: 사회적 욕구

해답 38. ③ 39. ③ 40. ① 41. ③

제4단계: 존경의 욕구
제5단계: 자아 실현의 욕구

42 다음 중 Swain의 인간 오류 분류에서 성격이 다른 오류 형태는?

① 선택(selection)오류
② 순서(sequence)오류
③ 누락(omission)오류
④ 시간지연(timing)오류

해설 omission error는 운전자가 직무의 한 단계 또는 전 직무를 누락시킬 때 발생하나 commission error는 운전자가 직무를 수행하지만 틀리게 수행할 때 발생한다. 후자는 넓은 범주로서 선택 오류, 순서 오류, 시간 오류 및 정성적 오류를 포함한다.

43 다음 중 인간신뢰도에 대한 설명으로 옳은 것은?

① 인간신뢰도는 인간의 성능이 특정한 기간 동안 실수를 범하지 않을 확률로 정의된다.
② 반복되는 이산적 직무에서 인간실수확률은 단위시간당 실패수로 표현된다.
③ THERP는 완전 독립에서 완전 정(正) 종속까지의 비연속으로 종속정도에 따라 3수준으로 분류하여 직무의 종속성을 고려한다.
④ 연속적 직무에서 인간의 실수율이 불변(stationary)이고, 실수과정이 과거와 무관(independent)하다면 실수과정은 베르누이 과정으로 묘사된다.

해설
② 반복되는 이산적 직무에서 인간실수확률은 사건당 실패수로 표현된다.
③ THERP는 완전 독립에서 완전 정(正)종속까지의 5 이상 수준의 종속도로 나누어 고려한다.
④ 연속적 직무에서 인간의 실수율이 불변(stationary)이고, 실수과정이 과거와 무관(independent)하다면 실수과정은 포아송 과정으로 묘사된다.

44 인간의 성향을 설명하는 맥그리거의 X, Y이론에 따른 관리처방으로 옳은 것은?

① Y이론에 의한 관리처방으로 경제적 보상체제를 강화한다.
② X이론에 의한 관리처방으로 자기 실적을 스스로 평가하도록 한다.
③ X이론에 의한 관리처방으로 여러 가지 업무를 담당하도록 하고, 권한을 위임하여 준다.
④ Y이론에 의한 관리처방으로 목표에 의한 관리방식을 채택한다.

해설
가. X이론 관리전략
① 경제적 보상체계의 강화
② 권위적 리더십의 확립
③ 엄격한 감독과 통제제도 확립
④ 상부책임제도의 강화
⑤ 조직구조의 고층화

나. Y이론 관리전략
① 민주적 리더십의 확립
② 분권화의 권한의 위임
③ 목표에 의한 관리
④ 직무확장
⑤ 비공식적 조직의 활용
⑥ 자체평가제도의 활성화
⑦ 조직구조의 평면화

45 주의(attention)에는 주기적으로 부주의의 리듬이 존재한다는 것을 주의의 특징 중 무엇에 해당하는가?

① 선택성
② 방향성
③ 대칭성
④ 변동성

해설 변동성의 특성
① 주의력의 단속성(고도의 주의는 장시간 지속될 수 없다.)

해답 42. ③ 43. ① 44. ④ 45. ④

② 주의는 리듬이 있어 언제나 일정한 수준을 지키지는 못한다.

46 다음 중 집단규범의 정의를 가장 적절하게 설명한 것은?

① 조직 내 구성원의 행동통제를 위해 공식적으로 문서화한 규칙이다.
② 집단에 의해 기대되는 행동의 기준을 비공식적으로 규정하는 규칙이다.
③ 상사의 명령에 의해 공식화된 업무 수행 방식이나 절차를 규정한 방식이다.
④ 구성원의 행동방식에 대한 회사의 공식화된 규칙과 절차이다.

해설 집단규범(norms)
① 규범은 집단의 구성원들에게 의해 공유되거나 받아들여질 수 있는 행위의 기준이다. 즉, 구성원들이 어떤 상황하에서 어떻게 행동을 취해야 한다는 행동기준이다.
② 어느 집단이 자기의 규범을 인정할 때 그 규범은 최소한의 외적 통제력을 갖고 구성원의 개인행위에 영향을 미치게 된다.
③ 일단 규범이 정립되면 구성원들이 그 규범에 동조할 것을 요구하게 된다. 규범에 대한 구성원들의 동조는 구성원들의 개선, 자극, 상황요인 그리고 집단 내의 관계 등의 영향을 받아 결정된다.
④ 구성원이 집단의 규범에 동조할 때 그는 집단의 보호를 받고 심리적 안정을 얻을 수 있으나 자신의 개성 발전과 성숙에는 도움이 되지 못한다. 반면에 동조하지 않는 경우에는 고립되거나 국외인물로 취급받게 되어 심리적 충격을 받을 수 있다.
⑤ 규범은 구성들에게는 순기능적 역할과 역기능적 역할을 하는 양면성을 지니고 있다. 따라서, 경영자나 관리자는 공식조직의 보완적 역할을 해주는 규범의 순기능적 측면을 강화하고, 역기능적 측면을 제거하여 개인의 성장 및 집단의 성과를 높일 수 있도록 노력해야 한다.

47 재해 발생에 관한 하인리히(H. W. Heinrich)의 도미노 이론에서 제시된 5가지 요인에 해당하지 않는 것은?

① 개인적 결함
② 불안전한 행동 및 상태
③ 제어의 부족
④ 재해

해설 하인리히(H. W. Heinrich)의 재해발생 5단계
제1단계: 사회적 환경과 유전적 요소
제2단계: 개인적 결함
제3단계: 불안전 행동 및 불안전 상태
제4단계: 사고
제5단계: 상해(산업재해)

48 다음 중 안전대책의 중심적인 내용이라 볼 수 있는 "3E"에 포함되지 않는 것은?

① Engineering ② Environment
③ Education ④ Enforcement

해설 안전의 3E 대책
① Engineering(기술)
② Education(교육)
③ Enforcement(강제)

49 과도로 긴장하거나 감정 흥분 시의 의식수준 단계로 대뇌의 활동력은 높지만 냉정함이 결여되어 판단이 둔화되는 의식 수준 단계는?

① phase Ⅰ ② phase Ⅱ
③ phase Ⅲ ④ phase Ⅳ

해설
① phase 0: 의식을 잃은 상태이므로 작업수행과는 관련이 없다.
② phase Ⅰ: 과로했을 때나 야간작업을 했을 때 볼 수 있는 의식수준으로 부주의 상태가 강해서 인간의 에러가 빈발하며, 운전 작업에서는 전방 주시 부주의나 졸음운전 등이 일어나기 쉽다.
③ phase Ⅱ: 휴식 시에 볼 수 있는데, 주의력이 전향적으로 기능하지 못하기 때문에 무심코 에러를

정답 46. ② 47. ③ 48. ② 49. ④

저지르기 쉬우며, 단순반복작업을 장시간 지속할 경우도 여기에 해당한다.

④ phase Ⅲ : 적극적인 활동시의 명쾌한 의식으로 대뇌가 활발히 움직이므로 주의의 범위도 넓고, 에러를 일으키는 일은 거의 없다.

⑤ phase Ⅳ : 과도 긴장 시나 감정 흥분 시의 의식 수준으로 대뇌의 활동력은 높지만 주의가 눈앞의 한곳에만 집중되고 냉정함이 결여되어 판단은 둔화된다.

50 작업자의 휴먼에러 발생확률이 0.05로 일정하고, 다른 작업과 독립적으로 실수를 한다고 가정할 때, 8시간 동안 에러의 발생 없이 작업을 수행할 확률은 약 얼마인가?

① 0.60 ② 0.67

③ 0.86 ④ 0.95

(해설) 에러확률 상수 λ는 $\hat{\lambda}$으로부터 추정되어질 수 있으며, 주어진 기간 t_1에서 t_2 사이의 기간 동안 작업을 성공적으로 수행할 인간신뢰도는 다음과 같다.

$R(t_1, t_2) = e^{-\lambda(t_2 - t1)}$

$R(t) = e^{-0.05 \times (8-0)} = 0.6703 ≒ 0.67$

51 다음 중 집단 간 갈등의 원인으로 볼 수 없는 것은?

① 집단 간 목표의 차이

② 제한된 자원

③ 집단 간의 인식 차이

④ 구성원들 간의 직무 순환

(해설) 집단과 집단 사이에는 작업유동의 상호의존성, 불균형 상태, 영역 모호성, 자원 부족으로 인해 갈등이 야기된다.

52 집단 내에서 권한의 행사가 외부에 의하여 선출, 임명된 지도자에 의한 경우는?

① 멤버십 ② 헤드십

③ 리더십 ④ 매니저십

(해설)

개인과 상황변수	헤 드 십	리 더 십
권한행사	임명된 헤드	선출된 리더
권한부여	위에서 위임	밑으로부터 동의
권한근거	법적 또는 공식적	개인능력
권한귀속	공식화된 규정에 의함	집단목표에 기여한 공로인정
상관과 부하와의 관계	지배적	개인적인 영향
책임귀속	상사	상사와 부하
부하와의 사회적 간격	넓음	좁음
지위형태	권위주의적	민주주의적

53 제조물책임법상 결함의 종류에 해당하지 않는 것은?

① 제조상의 결함

② 설계상의 결함

③ 표시상의 결함

④ 사용상의 결함

(해설) 제조물책임법상에서 대표적으로 거론되는 결함으로는 설계상의 결함, 제조상의 결함, 표시상의 결함의 3가지로 크게 구분된다.

54 다음 중 관리 그리드 모형(management grid model)에서 제시한 리더십의 유형에 대한 설명으로 틀린 것은?

① (1,1)형은 과업과 인간관계 유지 모두에 관심을 갖지 않는 무관심형이다.

② (5,5)형은 과업과 인간관계 유지에 모두 적당한 정도의 관심을 갖는 중도형이다.

③ (9,9)형은 과업과 인간관계 유지의 모두에 관심이 높은 이상형으로서 팀형이다.

④ (9,1)형은 인간에 대한 관심은 높으나 과업에 대한 관심은 낮은 인기형이다.

해답 50. ② 51. ④ 52. ② 53. ④ 54. ④

해설
① (1,1)형: 인간과 과업에 모두 최소의 관심을 가짐
② (5,5)형: 업적 및 인간에 대한 관심도에 있어서 중간값을 유지함
③ (9,9)형: 과업과 인간의 쌍방에 대하여 높은 관심을 가짐
④ (9,1)형: 과업에 대하여 최대한 관심을 갖고, 인간에 대하여 무관심함

55 FTA 도표에서 입력사상 중 어느 하나라도 발생하면 출력사상이 발생되는 논리조작은?

① OR gate ② AND gate
③ NOT gate ④ NOR gate

해설 OR gate는 입력사상 중 어느 것이나 하나가 존재할 때 출력사상이 발생한다.

56 NIOSH의 직무스트레스 모형에서 직무스트레스 요인을 크게 작업요인, 조직요인, 환경요인으로 나눌 때 다음 중 환경요인에 해당하는 것은?

① 조명, 소음, 진동
② 가족상황, 교육상태, 결혼상태
③ 작업 부하, 작업속도, 교대 근무
④ 역할 갈등, 관리 유형, 고용 불확실

해설 직무스트레스의 원인
① 작업요인 – 작업부하, 작업속도/과정에 대한 조절권한, 교대근무
② 조직요인 – 역할 모호성/갈등, 역할요구, 관리 유형, 의사결정 참여, 경력/직무 안전성, 고용의 불확실성
③ 환경요인 – 소음, 한랭, 환기불량/부적절한 조명

57 다음 중 스트레스에 대한 설명으로 틀린 것은?

① 지나친 스트레스를 지속적으로 받으면 인체는 자기 조절능력을 상실할 수 있다.
② 위협적인 환경특성에 대한 개인의 반응이라고 볼 수 있다.
③ 스트레스 수준은 작업 성과와 정비례의 관계에 있다.
④ 적정수준의 스트레스는 작업성과에 긍정적으로 작용할 수 있다.

해설 스트레스가 너무 낮거나 높아도 작업성과는 저하된다.

58 다음 중 상해 종류에 해당하지 않는 것은?

① 협착 ② 골절
③ 중독·질식 ④ 부종

해설 상해의 종류에는 골절, 동상, 부종, 자상, 좌상, 절상, 중독·질식, 찰과상, 창상, 화상, 청력상해, 시력상해 등이 있다. 협착은 상해의 종류가 아닌 사고의 형태이다.

59 검사업무를 수행하는 작업자가 조립라인에서 볼 베어링을 검사할 때, 총 6,000개의 베어링을 조사하여 이 중 400개를 불량품으로 조사하였다. 그러나 배치(batch)에는 실제로 1,200개의 불량 베어링이 있었다면 이 검사 작업자의 인간신뢰도는 약 얼마인가?

① 0.13 ② 0.20
③ 0.80 ④ 0.87

해설

휴먼에러확률$(HEP) \approx \hat{p} = \dfrac{\text{실제 인간의 에러횟수}}{\text{전체 에러 기회의 횟수}}$

인간신뢰도 $R = 1 - HEP = 1 - p$

$p = \dfrac{1{,}200 - 400}{6{,}000} = \dfrac{800}{6{,}000} = 0.133 \fallingdotseq 0.13$

인간신뢰도 $R = 1 - 0.13 = 0.87$

60 다음 내용을 비통제의 집단행동 중 어느 것에 해당하는가?

해답 55. ① 56. ① 57. ③ 58. ① 59. ④ 60. ①

"구성원 사이의 지위나 역할의 분화가 없고, 구성원 각자는 책임감을 가지지 않으며, 비판력도 가지지 않는다."

① 군중(crowd)
② 페닉(panic)
③ 모브(mob)
④ 심리적 전염(mantal epidenic)

해설 군중(crowd)은 집단 구성원 사이에 지위나 역할의 분화가 없고, 구성원 각자는 책임감을 가지지 않으며, 비판력도 가지지 않는다.

4 근골격계질환 예방을 위한 작업관리

61 다음 중 문제분석도구에 관한 설명으로 틀린 것은?

① 파레토 차트(Pareto chart)는 문제의 인자를 파악하고 그것들이 차지하는 비율을 누적분포의 형태로 표현한다.
② 특성요인도는 바람직하지 못한 사건이나 문제의 결과를 물고기의 머리로 표현하고 그 결과를 초래하는 원인을 인간, 기계, 방법, 자재, 환경 등의 종류로 구분하여 표시한다.
③ 간트 차트(Gantt chart)는 여러 가지 활동 계획의 시작시간과 예측 완료시간을 병행하여 시간축에 표시하는 도표이다.
④ PERT(Program Evalution and Review Technique)는 어떤 결과의 원인을 역으로 추적해나가는 방식의 분석도구이다.

해설 PERT Chart
PERT Chart는 목표달성을 위한 적정해를 그래프로 추적해 가는 일정계획 및 조정도구이다.

62 다음 중 NLE(NIOSH Lifting Equation)의 변수와 결과에 대한 설명으로 틀린 것은?

① 수평거리 요인이 변수로 작용한다.
② LI(들기지수) 값이 1 이상이 나오면 안전하다.
③ 개정된 공식에서는 허리의 비틀림도 포함되어있다.
④ 권장무게한계(RWL)의 최대치는 23 kg이다.

해설 LI(Lifting Index, 들기지수)
LI = 작업물 무게 / RWL
LI가 1보다 크게 되는 것은 요통의 발생위험이 높은 것을 나타내기 때문에, LI가 1 이하가 되도록 작업을 설계/재설계할 필요가 있다.

63 다음 중 근골격계 부담작업에 해당하는 것은?

① 25 kg 이상의 물체를 하루에 10회 이상 드는 작업
② 10 kg 이상의 물체를 하루에 15회 이상 무릎 아래에서 드는 작업
③ 3.5 kg 이상의 물건을 하루에 총 2시간 이상 지지되지 않은 상태에서 한 손으로 드는 작업
④ 하루에 총 1시간 이상 쪼그리고 앉거나 무릎을 굽힌 자세에서 이루어지는 작업

해설
① 근골격계 부담작업 제5호 - 하루에 총 2시간 이상 쪼그리고 앉거나 무릎을 굽힌 자세에서 이루어지는 작업
② 근골격계 부담작업 제6호 - 하루에 총 2시간 이상 지지되지 않은 상태에서 1 kg 이상의 물건을 한손의 손가락으로 집어 옮기거나, 2 kg 이상에 상응하는 힘을 가하여 한손의 손가락으로 물건을 쥐는 작업
③ 근골격계 부담작업 제8호 - 하루에 10회 이상

해답 61. ④ 62. ② 63. ①

25 kg 이상의 물체를 드는 작업

④ 근골격계 부담작업 제9호 – 하루에 25회 이상 10 kg 이상의 물체를 무릎 아래에서 들거나, 어깨 위에서 들거나, 팔을 뻗은 상태에서 드는 작업

64 다음 중 서블릭(Therblig)에 대한 설명으로 옳은 것은?

① 작업측정을 통한 시간 산출의 단위이다.
② 빈손이동(TE)은 비효율적 서블릭이다.
③ 카메라 분석을 통하여 파악할 수 있다.
④ 21가지의 기본동작을 분류하여 기호화한 것이다.

해설 미세동작연구(Micromotion study)는 화면 안에 시계와 작업진행 상황이 동시에 들어가도록 사진이나 비디오카메라로 촬영한 뒤 한 프레임씩 서블릭에 의하여 SIMO chart를 그려 동작을 분석하는 연구 방법이다.

65 다음 중 표준시간에 대한 설명으로 적절하지 않는 것은?

① 숙련된 작업자가 특정의 작업 페이스(pace)로 수행하는 작업시간의 개념이다.
② 표준시간에는 여유율의 개념이 포함되어 있다.
③ 표준시간에는 수행도 평가(Performance Rating) 값이 포함되어 있다.
④ 이론상으로는 작업시간을 실제로 측정하지 않아도 표준시간을 결정할 수 있다.

해설 표준시간의 정의
① 정해진 작업환경조건 아래 정해진 설비, 치공구를 사용(표준작업조건)
② 정해진 작업방법을 이용(표준작업방법)
③ 그 일에 대하여 기대되는 보통 정도의 숙련을 가진 작업자(표준작업능력)
④ 정신적, 육체적으로 무리가 없는 정상적인 작업 페이스(표준작업속도)
⑤ 규정된 질과 양의 작업(표준작업량)을 완수하는데 필요한 시간(공수)

66 다음 중 근골격계질환 예방·관리 프로그램의 일반적 구성요소로 볼 수 없는 것은?

① 유해요인조사
② 작업환경개선
③ 의학적 관리
④ 집단검진

해설 근골격계질환 예방·관리 프로그램은 예방·관리 정책수립, 교육/훈련 실시, 유해요인 관리, 의학적 관리, 작업환경 등 개선활동, 프로그램 평가로 이루어져 있다.

67 다음 작업관리 용어 중 그 성격이 다른 것은?

① 공정분석
② 동작연구
③ 표준자료
④ 경제적인 작업방법

해설 작업관리는 방법연구와 작업측정이 있다. 방법연구는 공정분석, 동작연구, 경제적 작업방법이 포함된다. 표준자료는 작업측정(작업표준)방법 중 하나이다.

68 어느 조립작업의 부품 1개 조립당 평균 관측시간이 1.5분, rating 계수가 110% 외경법에 의한 일반 여유율이 20%라고 할 때, 외경법에 의한 개당 표준시간과 8시간 작업에 따른 총 일반 여유시간은 얼마인가?

① 개당 표준시간: 1.98분, 총 일반여유시간: 80분
② 개당 표준시간: 1.65분, 총 일반여유시간: 400분
③ 개당 표준시간: 1.65분, 총 일반여유시간: 80분
④ 개당 표준시간: 1.98분, 총 일반여유시간: 400분

해답 64. ③ 65. ① 66. ④ 67. ③ 68. ①

(해설) 여유율(외경법)

정미시간(NT)=

관측시간의 대푯값(T_0)$\times \frac{\text{레이팅 계수}(R)}{100}$

$=1.5\times\frac{110}{100}=1.65$

표준시간(ST)

= 정미시간(NT)$\times$(1+ 여유율)

$=1.65\times(1+0.2)=1.98$(분)

8시간 근무시간 중 총 정미시간 $=480\times\frac{1.65}{1.98}$

$=400$

총 일반여유시간 $=480-400=80$(분)

69 다음 중 작업관리의 문제해결 절차를 올바르게 나열한 것은?

① 연구대상의 선정 → 작업방법의 분석 → 분석자료의 검토 → 개선안의 수립 및 도입 → 확인 및 재발방지
② 연구대상의 선정 → 개선안의 수립 및 도입 → 분석자료의 검토 → 작업방법의 분석 → 확인 및 재발방지
③ 개선안의 수립 및 도입 → 연구대상의 선정 → 작업방법의 분석 → 분석자료의 검토 → 확인 및 재발방지
④ 분석자료의 검토 → 연구대상의 선정 → 개선안의 수립 및 도입 → 작업방법의 분석 → 확인 및 재발방지

(해설) 문제해결절차 5단계
연구대상 선정 → 분석과 기록 → 자료의 검토 → 개선안의 수립 → 개선안의 도입

70 다음 중 개선의 ECRS에 대한 내용으로 옳은 것은?

① Economic - 경제성
② Combine - 결합
③ Reduce - 절감
④ Specifleation - 규격

(해설) 개선의 ECRS
① Eliminate - 불필요한 작업·작업요소 제거
② Combine - 다른 작업·작업요소와의 결합
③ Rearrange - 작업순서의 변경
④ Simplify - 작업·작업요소의 단순화·간소화

71 다음 중 작업 분석 시 문제분석 도구로 적합하지 않은 것은?

① 작업공정도 ② 다중활동분석표
③ 서블릭 분석 ④ 간트 차트

(해설) 서블릭 분석은 작업자의 작업을 요소동작으로 나누어 관측용지에 서블릭 기호로 기록·분석하는 방법이다.

72 다음 중 팔꿈치 부위에 발생하는 근골격계질환의 유형에 해당되는 것은?

① 수근관 증후군
② 바를텐베르그 증후군
③ 외상과염
④ 추간판 탈출증

(해설) 외상과염은 손과 손목의 움직임을 제어하는 팔(상완)의 근육 군들의 사용방법에 따라 팔꿈치 부위에서 발생한다.

73 PTS법을 스톱워치법과 비교하였을 때 PTS법의 장점으로 될 수 없는 것은?

① 레이팅을 하여 정도를 높인다.
② 작업방법만 알면 시간 산출이 가능하다.
③ 표준자료를 쉽게 작성할 수 있다.
④ 작업방법에 대한 상세 기록이 남는다.

(해설) PTS법은 작업자의 능력이나 노력에 관계없이 객관적인 표준시간을 결정할 수 있다. 따라서, 레이팅이 필요없다.

74 OWAS 자세평가에 의한 조치수준 중 가까운 미래에 작업자세의 교정이 필요한 경우에 해당되는 것은?

해답 69. ① 70. ② 71. ③ 72. ③ 73. ① 74. ②

① 수준 1　　② 수준 2
③ 수준 3　　④ 수준 4

해설 OWAS 조치단계 분류
① Action category 1: 이 자세에 의한 근골격계 부담은 문제없다. 개선 불필요하다.
② Action category 2: 이 자세는 근골격계에 유해하다. 가까운 시일 내에 개선해야 한다.
③ Action category 3: 이 자세는 근골격계에 유해하다. 가능한 한 빠른 시일 내에 개선해야 한다.
④ Action category 4: 이 자세는 근골격계에 매우 유해하다. 즉시 개선해야 한다.

75 여러 개의 스패너 중 1개를 선택하여 고르는 것을 의미하는 서블릭 기호는?

① ST　② H　③ P　④ PP

해설
① ST(select): 선택
② H(hold): 잡고 있기
③ P(position): 바로 놓기
④ PP(pre-position): 준비함

76 다음 중 상완, 전완, 손목을 그룹 A로, 목, 상체 다리를 그룹 B로 나누어 측정, 평가하는 유해요인의 평가기법은?

① NIOSH 들기지수　② OWAS
③ RULA　④ REBA

해설 RULA의 평가과정
RULA의 평가는 먼저 A그룹과 B그룹으로 나누는데 A그룹에서는 윗팔, 아래팔, 손목, 손목 비틀림에 관해 자세 점수를 구하고, 거기에 근육사용과 힘에 대한 점수를 더해서 점수를 구하고, B그룹에서도 목, 몸통, 다리에 관한 점수에 근육과 힘에 대한 점수를 구해 A그룹에서 구한 점수와 B그룹에서 구한 점수를 가지고 표를 이용해 최종 점수를 구한다.

77 동작 경제의 원칙 중 작업장의 배치에 관한 원칙에 해당 하는 것은?

① 두 손의 동작은 같이 시작하고 같이 끝나도록 한다.
② 손의 동작은 완만하게 연속적인 동작이 되도록 한다.
③ 두 팔의 동작을 서로 반대 방향으로 대칭적으로 움직인다.
④ 공구, 재료 및 제어장치는 사용위치에 가까이 두도록 한다.

해설 작업장의 배치에 관한 원칙
① 모든 공구와 재료는 일정한 위치에 정돈되어야 한다.
② 공구와 재료는 작업이 용이하도록 작업자의 주위에 있어야 한다.
③ 중력을 이용한 부품상자나 용기를 이용하여 부품을 부품 사용장소에 가까이 보낼 수 있도록 한다.
④ 가능하면 낙하시키는 방법을 이용하여야 한다.
⑤ 공구 및 재료는 동작에 가장 편리한 순서로 배치하여야 한다.
⑥ 채광 및 조명장치를 잘 하여야 한다.
⑦ 의자와 작업대의 모양과 높이는 각 작업자에게 알맞도록 설계되어야 한다.
⑧ 작업자가 좋은 자세를 취할 수 있는 모양, 높이의 의자를 지급해야 한다.

78 다음 중 영상표시 단말기(VDT) 취급 근로자의 작업자세로 적절하지 않은 것은?

① 화면상단보다 눈높이가 낮아야 한다.
② 화면상의 시야범위는 수평선상에서 10~15° 밑에 오도록 한다.
③ 화면과의 거리는 최소 40 cm 이상이 확보되어야 한다.
④ 윗팔(UPPER ARM)은 자연스럽게 늘어뜨리고, 팔꿈치의 내각은 90° 이상이 되어야 한다.

해설 작업자의 시선 범위
① 화면상단과 눈높이가 일치해야 한다.
② 화면상의 시야범위는 수평선상에서 10~15° 밑에 오도록 한다.
③ 화면과의 거리는 최소 40 cm 이상 확보되도록 한다.

해답 75. ① 76. ③ 77. ④ 78. ①

79 다음 중 근골격계질환의 일반적인 발생원인과 가장 거리가 먼 것은?

① 부자연스러운 작업자세
② 과도한 힘의 사용
③ 짧은 주기의 반복적인 동작
④ 보호장구의 미착용

해설 근골격계질환의 발생 원인으로는 반복성, 부자연스런 또는 취하기 어려운 자세, 과도한 힘, 접촉스트레스, 진동, 온도, 조명 등이 있다.

80 다음 중 자세에 관한 수공구의 개선 사항으로 틀린 것은?

① 손목을 곧게 펴서 사용하도록 한다.
② 반복적인 손가락 동작을 방지하도록 한다.
③ 지속적인 정적근육 부하를 방지하도록 한다.
④ 정확성이 요구되는 작업은 파워그립을 사용하도록 한다.

해설 자세에 관한 수공구 개선
① 손목을 곧게 유지한다(손목을 꺾지 말고 손잡이를 꺾어라).
② 힘이 요구되는 작업에는 파워그립(power grip)을 사용한다.
③ 지속적인 정적 근육부하(loading)를 피한다.
④ 반복적인 손가락 동작을 피한다.
⑤ 양손 중 어느 손으로도 사용이 가능하고 적은 스트레스를 주는 공구를 개인에게 사용되도록 설계한다.

해답 **79.** ④ **80.** ④

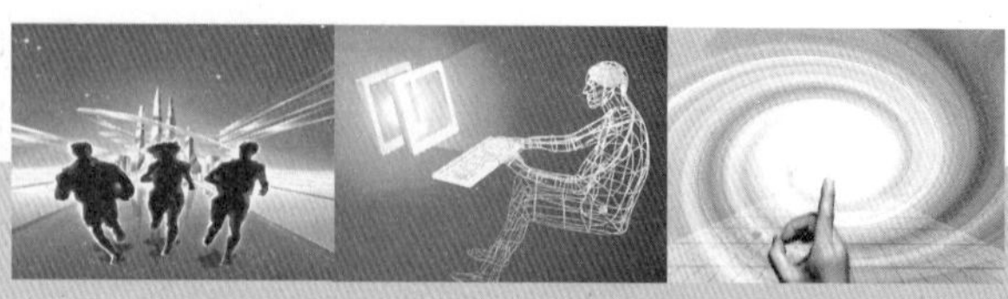

인간공학기사 필기시험 문제풀이 27회073

1 인간공학 개론

1 다음 중 인간의 눈에 관한 설명으로 옳은 것은?

① 망막의 간상세포(rod)는 명시(明視)에 사용된다.
② 간상세포는 황반(fovea)에 밀집되어 있다.
③ 원시는 수정체가 두꺼워져 먼 물체의 상이 망막 앞에 맺히는 현상을 말 한다
④ 시각(時角)은 물체와 눈 사이의 거리에 반비례한다.

해설 간상세포는 주로 망막 주변에 있으며 흑백의 음영만을 구분한다. 원시는 수정체가 얇은 상태로 남아 있어서 근점이 너무 멀기 때문에 가까운 물체를 보기 힘든 현상이다.

2 인간의 기억 체계 중 감각 보관(sensory storage)에 대한 설명으로 옳은 것은?

① 촉각 및 후각의 감각 보관에 대한 증거가 있으며, 주로 시각 및 청각 정보가 보관된다.
② 감각보관 내의 정보는 암호화되어 유지된다.
③ 모든 상(像)의 정보는 수십 분간 보관된다.
④ 감각 보관된 정보는 자동으로 작업기억으로 이전된다.

해설 감각보관은 정보가 코드화되지 않고 원래의 표현 상태로 유지되며, 모든 상의 정보는 수 초 지속된 후에 사라진다. 좀 더 긴 기간 동안 정보를 보관하기 위해서는 암호화 되어 작업기억으로 이전되어야 한다.

3 다음 중 표시장치의 설계에서 시식별이 가장 좋은 것은?

① 신호등(점멸) - 배경등(점등)
② 신호등(점등) - 배경등(점등)
③ 신호등(점등) - 배경등(점멸)
④ 신호등(점멸) - 배경등(점멸)

해설 신호등-배경등의 설계 시 신호등(점멸), 배경등 (점등)이 최선의 효과를 나타내는 방법이다.

4 다음 중 촉각적 감각과 피부에 있는 소체와의 연결이 틀린 것은?

① 통각: 마이스너(Meissner) 소체
② 압각: 파시니(Pacini) 소체
③ 온각: 루피니(Ruffini) 소체
④ 냉각: 크라우제(Krause) 소체

해답 1. ④ 2. ① 3. ① 4. ①

해설 피부감각별 수용기관
① 압각: 모근신경관·마이스너소체·메르켈 촉각 반·파시니 소체
② 온각: 루피니 소체
③ 냉각: 크라우제 소체
④ 통각: 자유 신경종말

5 비행기에서 20 m 떨어진 거리에서 측정한 엔진의 소음이 130 dB(A)이었다면, 100 m 떨어진 위치에서 소음수준은 얼마인가?

① 113.5 dB(A) ② 116.0 dB(A)
③ 121.8 dB(A) ④ 130.0 dB(A)

해설 $dB_2 = dB_1 - 20\log(d_2/d_1)$이므로,
$= 130 - 20\log(100/20) = 116.0\ dB$

6 손잡이의 설계에 있어 촉각정보를 통하여 분별, 확인할 수 있는 코딩(Coding)방법이 아닌 것은?

① 색에 의한 코딩
② 크기에 의한 코딩
③ 표면의 거칠기에 의한 코딩
④ 형상에 의한 코딩

해설 색에 의한 코딩은 색에 특정한 의미가 부여될 때 매우 효과적인 방법이며 시각정보를 통하여 분별할 수 있는 방법이다.

7 다음 중 효율적 설비 배치를 위해 고려해야 하는 원칙으로 가장 거리가 먼 것은?

① 중요성의 원칙
② 설비 가격의 원칙
③ 사용빈도의 원칙
④ 사용순서의 원칙

해설 부품 배치의 원칙
① 중요성의 원칙
② 사용빈도의 원칙
③ 기능별 배치의 원칙
④ 사용순서의 원칙

8 다음 중 시각적 암호화(coding)의 설계 시 고려 사항이 아닌 것은?

① 사용될 정보의 종류
② 코딩의 중복 또는 결합에 대한 필요성
③ 수행될 과제의 성격과 수행조건
④ 코딩 방법의 분산화

해설 시각적 암호화 설계 시 고려사항
① 이미 사용된 코딩의 종류
② 사용될 정보의 종류
③ 수행될 과제의 성격과 수행조건
④ 사용 가능한 코딩 단계나 범주의 수
⑤ 코딩의 중복 혹은 결합에 대한 필요성

9 기능적 인체치수 측정에 대한 설명으로 옳은 것은?

① 앉은 상태에서만 측정하여야 한다.
② 움직이지 않는 표준자세에서 측정하여야 한다.
③ 5~95%에 대해서만 정의 된다.
④ 신체 부위의 동작범위를 측정하여야 한다.

해설 동적측정(기능적 측정)
일반적으로 상지나 하지의 운동, 체위의 움직임에 따른 상태에서 측정하는 것이며, 실제의 작업 혹은 실제 조건에 밀접한 관계를 갖는 현실성 있는 인체 치수를 구하는 것이다.

10 특정한 설비를 설계할 때 인체 계측 특성의 한 극단치에 속하는 사람을 대상으로 설계하게 되는데 다음 중 최소 집단치를 적용하는 경우에 해당하는 것은?

① 조종장치까지의 거리
② 출입문의 높이
③ 의자의 폭
④ 그네의 최소 지지 중량

해설 ②, ③, ④는 최대 집단치에 의한 설계이다.

정답 5. ② 6. ① 7. ② 8. ④ 9. ④ 10. ①

11 다음은 인간공학 연구에서 사용되는 기준척도(criterion measure)가 갖추어야 하는 조건을 나열한 것이다. 각 조건에 대한 설명으로 틀린 것은?

① 신뢰성: 우수한 결과를 도출할 수 있는 정도
② 타당성: 실제로 의도하는 바를 측정할 수 있는 정도
③ 민감도: 실험 변수 수준 변화에 따라 척도의 값의 차이가 존재하는 정도
④ 순수성: 외적 변수의 영향을 받지 않는 정도

해설 기준 척도
① 신뢰성: 시간이나 대표적 표본의 선정에 관계없이 변수 측정 결과가 일관성 있게 안정적으로 나타나는 것을 말한다.
② 타당성: 기준이 의도된 목적에 적당하다고 판단되는 정도를 말한다.
③ 민감도: 기준에서 나타나는 예상 차이점의 변이성으로 표시된다.
④ 순수성: 측정하고자 하는 변수 외의 다른 변수들의 영향을 받아서는 안된다.

12 다음 중 정보에 관한 설명으로 옳은 것은?

① 정보이론에서 정보란 불확실성의 감소라 정의할 수 있다.
② 선택반응시간은 선택대안의 개수에 선형으로 반비례한다.
③ 대안의 수가 늘어나면 정보량은 감소한다.
④ 대안이 2가지뿐이면, 정보량은 2비트이다.

해설 선택반응시간은 선택대안의 개수에 로그(log) 함수의 정비례로 증가하며, 대안의 수가 늘어남에 따라 정보량은 증가한다. Bit란 실현가능성이 같은 2개의 대안 중 하나가 명시되었을 때 우리가 얻는 정보량이다. 대안이 2가지뿐이면 정보량은 1 Bit이다.

13 다음 시각적 표시장치 중 동적 표시장치에 해당하는 것은?

① 도로표지판 ② 고도계
③ 지도 ④ 도표

해설 동적(dynamic)표시장치
어떤 변수나 상황을 나타내는 표시장치 혹은 어떤 변수를 조종하거나 맞추는 것을 돕기 위한 것이다.
예) 온도계, 기압계, 속도계, 고도계, 레이더 ①, ③, ④는 정적(static)표시장치이다.

14 다음 중 신호검출이론에 대한 설명으로 옳은 것은?

① 잡음에 실린 신호의 분포는 잡음만의 분포와 구분되지 않아야 한다.
② 신호의 유무를 판정함에 있어 반응대안은 2가지 뿐이다.
③ 판정기준은 B(신호/노이즈)이며, B > 1이면 보수적이고, B < 1이면 자유적이다.
④ 신호검출의 민감도에서 신호와 잡음간의 두 분포가 가까울수록 판정자는 신호와 잡음을 정확하게 판별하기 쉽다.

해설 신호검출이론(signal detection theory)
어떤 상황에서는 의미 있는 자극이 이의 감수를 방해하는 "잡음(noise)"과 함께 발생하며, 잡음이 자극 검출에 끼치는 영향을 다루는 이론이다. 신호의 유무를 판정하는 과정에서 네 가지의 반응 대안은 신호의 정확한 판정(Hit), 허위경보(False Alarm), 신호검출 실패(Miss), 잡음을 제대로 판정(Correct Noise)이 있다. 두 분포가 떨어져 있을수록 민감도는 커지며, 판정자는 신호와 잡음을 정확하게 판정하기가 쉽다.

15 다음 중 정상 작업역에 대한 설명으로 옳은 것은?

① 아래팔과 윗팔을 곧게 펴서 파악할 수 있는 구역
② 윗팔을 자연스럽게 수직으로 늘어뜨린

해답 11. ① 12. ① 13. ② 14. ③ 15. ②

채, 아래팔만으로 편하게 뻗어 파악할 수 있는 구역

③ 허리, 아래팔, 윗팔을 사용하여 최대한 파악할 수 있는 구역

④ 윗팔을 사용하여 움직일 때, 팔꿈치가 닿을 수 있는 구역

해설 정상 작업역(표준영역)
작업자가 윗팔을 자연스럽게 수직으로 늘어뜨린채, 아래팔만 편하게 뻗어 작업을 진행할 수 있는 구역

16 다음 중 연구조사에 사용되는 기준(criterion)이 가져야 할 조건이 아닌 것은?

① 사용성 ② 적절성
③ 무오염성 ④ 신뢰성

해설 기준의 요건
① 적절성
② 무오염성
③ 기준 척도의 신뢰성

17 다음 인간-기계 시스템 중 폐회로(closed loop)에 속하는 것은?

① 전자레인지
② 팩시밀리
③ 소총
④ 계장(display panel) 시스템

해설 폐회로를 형성하여 출력신호를 입력신호로 되돌아오도록 하는 것을 feedback이라 하며, feedback에 의한 목표 값에 따라 자동적으로 제어하는 것을 말한다. feedback control에는 반드시 입력과 출력을 비교하는 장치가 있다.

18 다음의 13개 철자를 외워야 하는 과업이 주어질 때 몇 개의 청크(chunk)를 생성하게 되겠는가?

V.E.R.Y.W.E.L.L.C.O.L.O.R

① 1개 ② 2개
③ 3개 ④ 5개

해설 청크(chunk)
의미 있는 정보의 단위를 말한다.
VERY / WELL / COLOR

19 다음 중 청각 표시장치를 사용할 경우 가장 유리한 것은?

① 수신하는 장소가 소음이 심할 경우
② 정보가 즉각적인 행동을 요구하는 경우
③ 전달하고자 하는 정보가 나중에 다시 참조되는 경우
④ 전달하고자 하는 정보가 길거나 복잡한 경우

해설 청각장치가 이로운 경우
① 전달정보가 간단하다.
② 전달정보는 후에 재참조되지 않음
③ 전달정보가 즉각적인 행동을 요구할 때
④ 수신 장소가 너무 밝을 때
⑤ 직무상 수신자가 자주 움직이는 경우

20 다음 중 조종-반응비율(C/R비)에 대한 설명으로 틀린 것은?

① 표시장치의 이동거리에 반비례하고, 조종장치의 움직인 거리에 비례한다.
② 설계 시 이동시간과 조종시간을 고려하여야 한다.
③ C/R비가 높으면 미세조종이 가능하다.
④ C/R비가 낮으면 제어장치의 조종시간과 표시장치의 이동시간이 단축된다.

해설 C/R비가 낮으면 표시장치의 이동시간은 단축되고, 제어장치의 조종 시간은 증가하게 된다.

해답 16. ① 17. ② 18. ③ 19. ② 20. ④

2 작업생리학

21 청력손실은 개인마다 차이가 있으나, 다음 중 어떤 주파수에서 가장 크게 나타나는가?

① 2,000 Hz ② 4,000 Hz
③ 6,000 Hz ④ 8,000 Hz

해설 청력장해
일시장해에서 회복 불가능한 상태로 넘어가는 상태로 3,000~6,000 Hz 범위에서 영향을 받으며 4,000 Hz에서 현저히 커진다.

22 인체의 척추 구조에서 요추는 몇 개로 구성되어 있는가?

① 5개 ② 7개
③ 9개 ④ 12개

해설 요추는 1~5번까지 5개로 구성되어 있다.

23 강도 높은 작업을 마친 후 휴식 중에도 근육에 추가적으로 소비되는 산소량을 무엇이라 하는가?

① 산소결손 ② 산소결핍
③ 산소부채 ④ 산소요구량

해설 산소 부채(산소 빚, oxygen debt)
인체활동의 강도가 높아질수록 산소 요구량은 증가된다. 이때 에너지 생성에 필요한 산소를 충분하게 공급해주지 못하면 체내에 젖산이 축적 되고 작업종료 후에도 체내에 쌓인 젖산을 제거하기 위하여 계속적으로 필요로 하는 산소량을 말한다.

24 다음 신체동작의 유형 중 관절에서의 각도가 감소하는 신체부분의 동작은?

① 굽힘(flexion)
② 내선(medial rotation)
③ 폄(extension)
④ 벌림(abduction)

해설 내선, 폄, 벌림은 인체로부터 관절의 각도가 증가하는 것이다.

25 다음 중 스트레스와 스트레인에 대한 설명으로 거리가 가장 먼 것은?

① 스트레스란 개인에게 부과되는 바람직하지 않은 상태, 상황, 과업 등을 말한다.
② 스트레인은 스트레스로 인해 우리 몸에 나타나는 현상을 말한다.
③ 작업관련 인자 중에는 누구에게나 스트레스의 원인이 되는 것이 있다.
④ 같은 수준의 스트레스라면 스트레인의 양상과 수준은 개인차가 없다.

해설
① 스트레스(stress): 개인에게 작용하는 바람직하지 않은 상태나 상황, 과업 등의 인자와 같이 내외부로부터 주어지는 자극을 말한다.
② 스트레인(strain): 스트레스의 결과로 인체에 나타나는 고통이나 반응을 말한다.

26 다음 중 에너지대사율(RMR, Relative Metabolic Rate)을 올바르게 정의한 식은?

① $\text{RMR} = \dfrac{\text{기초대사량}}{\text{작업대사량}}$

② $\text{RMR} = \dfrac{\text{작업시간} \times \text{소비에너지}}{\text{작업대사량}}$

③ $\text{RMR} = \dfrac{\text{작업시소비에너지} - \text{안정시소비에너지}}{\text{기초대사량}}$

④ $\text{RMR} = \dfrac{\text{작업대사량}}{\text{소비에너지량}}$

해설 에너지 대사율(Relative Metabolic Rate; RMR)
RMR
$= \dfrac{\text{작업시소비에너지} - \text{안정시소비에너지}}{\text{기초대사량}}$
$= \dfrac{\text{작업대사량}}{\text{기초대사량}}$

해답 21. ② 22. ① 23. ③ 24. ① 25. ④ 26. ③

27 정신적 부담 작업과 육체적 부담 작업 양쪽 모두에 사용할 수 있는 생리적 부하 측정 방법은?

① EEG(Electroencephalogram)
② RPE(Rating of Perceived Exertion)
③ 점멸융합주파수(Flicker Fusion Frequency)
④ 에너지 소모량(Metabolic Energy Expenditure)

해설
① EEG, 점멸융합주파수: 정신적 작업부하를 측정, 즉, 정신피로의 척도로 사용된다.
② 에너지소모량: 육체적 작업부하를 측정하는 데 사용된다.
③ RPE: 정신적 작업부하와 육체적 작업부하를 모두 측정하는 데 사용할 수 있다.

28 다음 중 조도(illuminance)의 단위는?

① lumen(lm)
② lux(lx)
③ candela(cd)
④ foot-lambert(fl)

해설
① lumen: 광속의 실용단위로 기호는 lm으로 나타낸다.
② lux: 조도의 실용단위로 기호는 lx로 나타낸다.
③ candela: 광도의 실용단위로 기호는 cd로 나타낸다.
④ foot-lambert: 광속의 실용단위로 기호는 fl로 나타낸다.

29 정신적 작업부하(mental workload)를 측정하기 위한 척도가 갖추어야 할 기준으로 볼 수 없는 것은?

① 감도(sensitivity)
② 양립성(compatibility)
③ 신뢰성(reliability)
④ 수용성(acceptability)

해설 정신적 부하 척도의 요건
① 선택성: 정신부하 측정에 있어서 관련되지 않는 사항들은 포함되지 않아야 한다.
② 간섭: 정신부하를 측정할 때 이로 인해 작업이 방해를 받아서 작업의 수행도에 영향을 끼치면 안 된다.
③ 신뢰성: 측정값은 신뢰할 수 있을만한 것이어야 한다.
④ 수용성: 피 측정인이 납득하여 수용할 수 있는 측정방법이 사용되어야 한다.

30 육체적으로 격렬한 작업 시 충분한 양의 산소가 근육활동에 공급되지 못해 근육에 축적되는 것은?

① 피루브산 ② 젖산
③ 초성포도산 ④ 글리코겐

해설 젖산의 축적
인체활동의 초기에는 일단 근육 내의 당원을 사용하지만, 이후의 인체활동에서는 혈액으로부터 영양분과 산소를 공급받아야 한다. 이때 인체활동 수준이 너무 높아 근육에 공급되는 산소량이 부족한 경우에는 혈액 중에 젖산이 축적되어 근육의 피로를 유발하게 된다.

31 다음 중 고열환경을 종합적으로 평가할 수 있는 지수로 사용되는 것은?

① 습구흑구온도지수(WBGT)
② 옥스퍼드지수(Oxford index)
③ 실효온도(ET)
④ 열스트레스지수(HSI)

해설
① 습구흑구온도지수: 작업장 내의 열적 환경을 평가하기 위한 지표 중의 하나로 고열 작업장에 대한 허용기준으로 사용한다.
② 옥스퍼드지수: 건습 지수로서 습구 온도와 건구 온도의 가중 평균치로 나타낸다.
③ 실효온도: 온도, 습도 및 공기 유동이 인체에 미치는 열 효과를 하나의 수치로 통합한 경험적 감각지수이다.

해답 27. ② 28. ② 29. ② 30. ② 31. ①

32 다음 중 구형관절에 해당하는 관절은?

① 발목관절 ② 무릎관절
③ 팔꿈치관절 ④ 어깨관절

해설 ①, ②, ③은 모두 경첩관절이다.

33 어떤 작업의 총 작업시간이 50분이고, 작업 중 분당 평균산소소비량이 1.5 L로 측정되었다면 이때 필요한 휴식시간은 약 얼마인가? (단, Murrell의 공식을 이용하며, 권장 평균에너지소비량은 분당 5 kcal, 산소 1 L당 방출할 수 있는 에너지는 5 kcal, 기초대사량은 분당 1.5 kcal 이다.)

① 11분 ② 16분
③ 21분 ④ 26분

해설

Murrell의 공식 $R = \frac{T(E-S)}{E-1.5}$

R: 휴식시간(분), T: 총 작업시간(분)
E: 평균에너지소모량(kcal/min)
S: 권장 평균에너지소모량(kcal/min)
R = 50(7.5−5)/(7.5−1.5) = 20.83 ≒ 21

34 다음 중 근력에 있어서 등척력(isometric strength)에 대한 설명으로 가장 적절한 것은?

① 물체를 들어 올릴 때처럼 팔이나 다리의 신체부위를 실제로 움직이는 상태의 근력이다.
② 물체를 들고 있을 때처럼 신체부위를 움직이지 않으면서 고정된 물체에 힘을 가하는 상태의 근력이다.
③ 물체를 들어 올려 일정시간 내에 일정거리를 이동시킬 때 힘을 가하는 상태의 근력이다.
④ 신체부위가 동적인 상태에서 물체에 동일한 힘을 가하는 상태의 근력이다.

해설 등척성 근력
근육의 길이가 변하지 않고 수축하면서 힘을 발휘하는 근력을 말한다.

35 다음 중 작업가동의 증가에 따른 순환기 반응의 변화에 대한 설명으로 옳지 않은 것은?

① 심박출량의 증가
② 혈액의 수송량 증가
③ 혈압의 상승
④ 적혈구의 감소

해설 작업 가동이 증가하면 심박출량이 증가하고 그에 따라 혈압이 상승하게 된다. 그리고 혈액의 수송량 또한 증가하며, 산소소비량도 증가하게 된다.

36 신체에 전달되는 진동은 전신진동과 국소진동으로 구분되는데 다음 중 진동원의 성격이 다른 것은?

① 대형 운송 차량 ② 지게차
③ 크레인 ④ 그라인더

해설 진동의 구분
① 전신진동: 교통 차량, 선박, 항공기, 기중기, 분쇄기 등에서 발생하며, 2~100 Hz에서 장애 유발
② 국소진동: 착암기, 그라인더(연마기), 자동식 톱 등에서 발생하며, 8~1,500 Hz에서 장애 유발

37 다음 중 진동방진 대책으로 적합하지 않은 것은?

① 공장에서 진동 발생원을 기계적으로 격리한다.
② 작업자에게 방진 장갑을 착용하도록 한다.
③ 진동을 줄일 수 있는 충격흡수장치들을 장착한다.
④ 진동의 강도를 일정하게 유지한다.

해설 진동의 대책
인체에 전달되는 진동을 줄일 수 있도록 기술적인 조치를 취하는 것과 진동에 노출되는 시간을 줄이도록 한다.

해답 32. ④ 33. ③ 34. ② 35. ④ 36. ④ 37. ④

38 다음 중 맹목(blind) 위치동작에 대한 설명으로 틀린 것은?

① 눈으로 다른 것을 보면서 위치동작을 하는 경우를 말한다.
② 표적의 높이에 있어서는 상단에 있는 경우가 하단에 있는 경우보다 더 정확하다.
③ 일반적으로 측면보다 정면의 방향이 정확하다.
④ 시각적 피드백에 의해 제어되지 않는다.

해설 맹목적 위치동작
동작을 보면서 통제할 수 없을 때는 근육운동 지각으로 부터의 제한 정보에 의존하는 수밖에 없다. 흔히 있는 유형의 맹목위치 동작은 눈으로 다른 것을 보면서 손을 뻗어 조종장치를 잡는 때와 같이 손(발)을 공간의 한 위치에서 다른 위치로 움직이는 것이다.

39 다음 중 작업장의 실내 면에서 일반적으로 반사율이 가장 높아야 하는 곳은?

① 천장 ② 바닥
③ 벽 ④ 책상 면

해설 실내의 추천 반사율(IES)
① 천장: 80~90%
② 벽, blind: 40~60%
③ 가구, 사무용기기, 책상: 25~45%
④ 바닥: 20~40%

40 다음 중 심장 근의 활동을 측정하는 것은?

① 근전도(EMG) ② 심박수(HR)
③ 심전도(ECG) ④ 뇌파도(EEG)

해설 심전도(ECG)
심장 근수축에 따르는 전기적 변화를 피부에 부착한 전극들로 검출, 증폭, 기록한 것, 파형 내의 여러 파들은 P, Q, S, T 파 등으로 불린다.

3 산업심리학 및 관련법규

41 1963년 Swain 등에 의해 개발된 것으로 인간-시스템에 있어서 휴먼에러와 그로 인해 발생할 수 있는 오류확률을 예측하는 정량적 인간 신뢰도 분석기법은?

① FMEA ② CA
③ ETA ④ THERP

해설 THERP
시스템에 있어서 인간의 과오(human error)를 정량적으로 평가하기 위하여 1963년 Swain 등에 의해 개발된 기법

42 다음 ( )안에 가장 적절한 용어는?

"Karasek 등의 직무스트레스에 관한 이론에 의하면 직무스트레스의 발생은 직무요구도와 ( )의 불일치에 의해 나타난다고 보았다"

① 직무재량 ② 직무분석
③ 인간관계 ④ 조직구조

해설 Karasek's Job Strain Model에 따르면 직무스트레스는 작업 상황의 요구 정도(직무요구도)와 그러한 요구에 직면한 작업자의 의사결정의 자유 범위(직무재량)의 관련된 부분으로 발생한다.

43 연평균 200명이 근무하는 어느 공장에서 1년에 8명의 재해자가 발생하였다. 이 공장의 연천인율은 얼마인가?

① 1.6 ② 3.2
③ 20 ④ 40

해설 $연천인율 = \frac{연간사상자수}{연평균근로자수} \times 1,000$

$연천인율 = \frac{8}{200} \times 1,000 = 40$

해답 38. ② 39. ① 40. ③ 41. ④ 42. ① 43. ④

44 다음 중 조직이 리더에게 부여하는 권한의 유형으로 볼 수 없는 것은?

① 보상적 권한　② 강압적 권한
③ 작위적 권한　④ 합법적 권한

해설
① 조직이 리더에게 부여하는 권한: 보상적 권한, 강압적 권한, 합법적 권한
② 리더 자신이 자신에게 부여한 권한: 위임된 권한, 전문성의 권한

45 다음 중 리더십과 헤드십에 대한 설명으로 옳은 것은?

① 헤드십하에서는 지도자와 부하 간의 사회적 간격이 넓은 반면, 리더십하에서는 사회적 간격이 좁다.
② 리더십은 임명된 지도자의 권한을 의미하고, 헤드십은 선출된 지도자의 권한을 의미한다.
③ 헤드십하에서는 책임이 지도자와 부하 모두에게 귀속되는 반면, 리더십 하에서는 지도자에게 귀속된다.
④ 헤드십하에서 보다 자발적인 참여가 발생할 수 있다.

해설

개인과 상황변수	헤드십	리더십
권한행사	임명된 헤드	선출된 리더
권한부여	위에서 위임	밑으로부터 동의
권한근거	법적 또는 공식적	개인능력
권한귀속	공식화된 규정에 의함	집단목표에 기여한 공로인정
상관과 부하와의 관계	지배적	개인적인 영향
책임귀속	상사	상사와 부하
부하와의 사회적 간격	넓음	좁음
지위형태	권위주의적	민주주의적

46 다음 중 집단 응집력의 영향요인에 대한 설명으로 틀린 것은?

① 다른 모든 조건이 동일하다면 규모가 작은 집단에 비해 큰 집단의 응집력이 강하다
② 목표달성 시 성공체험을 공유함으로써 집단의 응집력이 높아진다.
③ 집단 구성원 간에 공유된 태도와 가치관은 응집력을 높인다.
④ 집단에의 참가의 난이도가 높을수록 응집력은 커진다.

해설 구성원의 수가 많을 수록 한 구성원이 모든 구성원과 상호작용을 하기가 더욱 어렵기 때문에 구성원 수가 많을수록 응집력이 약해진다.

47 스트레스에 대한 조직수준의 관리방안 중 개인의 역할을 명확히 해 줌으로써 스트레스 발생 원인을 제거시키는 방법은?

① 경력개발　② 과업재설계
③ 역할분석　④ 팀 형성

해설 역할분석(Role analysis)
역할분석은 개인의 역할을 명확히 정의하여 줌으로써 스트레스를 발생시키는 요인을 제거하여 주는데 목적이 있다.

48 다음 중 인간의 부주의에 대한 정신적 측면의 대책으로 적절하지 않은 것은?

① 주의력 집중훈련
② 스트레스 해소대책
③ 작업의욕의 고취
④ 표준작업제도의 도입

해설 표준작업제도의 도입은 설비 및 환경적 측면의 대책에 속한다.

해답 44. ③ 45. ① 46. ① 47. ③ 48. ④

49 휴먼에러 중 불필요한 작업 또는 절차를 수행함으로써 기인한 에러는?

① omission error
② sequential error
③ extraneous error
④ time error

해설
① omission error: 필요한 작업 또는 절차를 수행하지 않는 데 기인한 에러
② sequential error: 필요한 작업 또는 절차의 순서 착오로 인한 에러
③ extraneous error: 불필요한 작업 또는 절차를 수행함으로써 기인한 에러
④ time error: 필요한 작업 또는 절차의 수행 지연으로 인한 에러

50 다음 중 주의의 특성이 아닌 것은?

① 선택성 ② 정숙성
③ 방향성 ④ 변동성

해설 주의의 특성
① 선택성
② 변동성
③ 방향성

51 다음 중 산업현장에서 생산능률을 높이고, 작업자의 적응을 돕기 위해서 심리학을 도입해야 한다고 주장하며 산업심리학을 창시한 사람은 누구인가?

① 분트(Wundt)
② 뮌스터베르그(Munsterberg)
③ 길브레스(Gilbreth)
④ 테일러(Taylor)

해설
① 분트(W. Wundt): 인간의 의식을 과학적으로 연구해야 한다고 처음으로 주장함
② 뮌스터 베르그(H. Munsterberg): 전통적인 심리학적 방법들을 산업현장의 실제적인 문제들에 적용해야 함을 주장하였고 '산업 심리학의 아버지'로 불림
③ 길브레스(Frank B. Gilbreth): 동작연구(motion study)의 창시자
④ 테일러(F. W. Taylor): 과학적 관리법의 창시자로서 산업 및 조직 심리학의 태동에 많은 기여를 함

52 샌더스(Sanders)와 쇼우(Shaw)는 사고인과관계에 기여하는 요인들을 몇 가지로 분류하였다. 그 요인들 중 3차적이고 직접적인 요인에 해당하는 것은?

① 조직의 관리
② 도구의 설계
③ 작업 그 자체
④ 작업자 및 동료 작업자

해설 샌더스와 쇼우는 사고요인을 물리적 환경, 도구설계, 작업 그 자체, 심리적 환경, 작업자 및 동료 작업자로 분류 하였다.

53 다음 중 휴먼에러 방지의 3가지 설계기법이 아닌 것은?

① 배타설계 ② 제품설계
③ 보호설계 ④ 안전설계

해설 휴먼에러 방지의 3가지 설계기법
① 배타설계
② 보호설계
③ 안전설계

54 맥그리거(McGregor)의 X－Y이론 중 Y이론에 대한 관리 처방으로 볼 수 없는 것은?

① 분권화와 권한의 위임
② 경제적 보상체계의 강화
③ 비공식적 조직의 활용
④ 자체 평가제도의 활성화

해설 Y이론의 관리전략
① 민주적 리더십의 확립
② 분권화와 권한의 위임

해답 49. ③ 50. ② 51. ② 52. ④ 53. ② 54. ②

③ 목표에 의한 관리
④ 직무확장
⑤ 비공식적 조직의 활용
⑥ 자체평가제도의 활성화
⑦ 조직구조의 평면화

55 다음 중 결함수 분석법(FTA)에서 사상기호나 논리 gate에 대한 설명으로 틀린 것은?

① 결함사상: 고장 또는 결함으로 나타나는 비정상적인 사상
② 기본사상: 불충분한 자료 또는 사상 자체의 성격으로 결론을 내릴 수 없는 관계로 더 이상 전개할 수 없는 말단 사상
③ AND gate: 모든 입력이 동시에 발생해야만 출력이 발생하는 논리조작
④ 조건 gate: 제약 gate라고도 하며 어떤 조건을 나타내는 사상이 발생할 때만 출력이 발생

해설
① 기본사상: 더 이상 전개되지 않는 기본적인 사상
② 생략사상: 정보부족 해석기술의 불충분으로 더 이상 전개할 수 없는 말단 사상

56 매슬로우(Maslow)의 욕구단계설과 알더퍼(Alderfer)의 ERG 이론 간의 욕구구조비교에서 그 연결이 가장 적절하지 않은 것은?

① 자아실현 욕구 - 관계 욕구(R)
② 안전욕구 - 생존 욕구(E)
③ 사회적 욕구 - 관계 욕구(R)
④ 생리적 욕구 - 생존 욕구(E)

해설

욕구의 5단계(Maslow)	ERG이론(Alderfer)
1단계: 생리적 욕구	생존 욕구
2단계: 안전 욕구	
3단계: 사회적 욕구	관계 욕구
4단계: 인정받으려는 욕구	성장 욕구
5단계: 자아실현의 욕구	

57 오토바이 판매광고 방송에서 모델이 안전모를 착용하지 않은채 머플러를 휘날리면서 오토바이를 타는 모습을 보고 따라하다가 머플러가 바퀴에 감겨 사고를 당하였다. 이는 제조물책임법상 어떠한 결함에 해당하는가?

① 표시상 결함 ② 책임상의 결함
③ 제조상의 결함 ④ 설계상의 결함

해설 표시상의 결함
제품의 설계와 제조과정에 아무런 결함이 없다 하더라도 소비자가 사용상의 부주의나 부적당한 사용으로 발생할 위험에 대비하여 적절한 사용 및 취급 방법 또는 경고가 포함되어 있지 않을 때에는 표시상의 결함이 된다.

58 다음은 재해의 발생사례이다. 재해의 원인 분석 및 대책으로 적절하지 않은 것은?

[보기]
"○○유리(주)내의 옥외작업장에서 강화유리를 출하하기 위해 지게차로 강화유리를 운반전용 파렛트에 싣고 작업자 2명이 지게차 포크 양쪽에 타고 강화 유리가 넘어지지 않도록 붙잡고 가던 중 포크진동에 의해 강화유리가 전도되면서 지게차 백레스트와 유리 사이에 끼여 1명이 사망, 1명이 부상을 당하였다."

① 불안전한 행동 - 지게차 승차석 외의 탑승

해답 55. ② 56. ① 57. ① 58. ④

② 예방대책 – 중량물 등의 이동시 안전조치 교육
③ 재해유형 – 협착
④ 기인물 – 강화유리

해설 기인물
재해를 가져오게 한 근원이 된 기계, 장치 기타의 물(物) 또는 환경을 말한다. 여기서는 지게차가 기인물이 된다.

59 호손(Hawthorne) 실험에서 작업자의 작업능률에 영향을 미치는 주요 요인으로 밝혀진 것은 무엇인가?

① 작업장의 온도
② 작업장의 습도
③ 작업자의 인간관계
④ 물리적 작업조건

해설 호손(Hawthorne)실험
작업능률을 좌우하는 요인은 작업환경이나 돈이 아니라 종업원의 심리적 안정감이며, 사내친구관계, 비공식 조직, 친목회 등이 중요한 역할을 한다는 것이다.

60 뇌파의 유형에 따라 인간의 의식수준을 단계별로 분류할 수 있다. 다음 중 의식이 명료하며, 적극적인 활동이 이루어지고 실수의 확률이 가장 낮은 의식수준 단계는?

① 0단계 ② Ⅰ단계
③ Ⅲ단계 ④ Ⅳ단계

해설
① 0단계: 의식을 잃은 상태이므로 작업수행과는 관계가 없다.
② Ⅰ단계: 과로했을 때나 야간작업을 했을 때 볼 수 있는 의식수준으로 부주의 상태가 강해서 인간의 에러가 빈발하며, 운전 작업에서는 전방 주시 부주의나 졸음운전 등이 일어나기 쉽다.
③ Ⅱ단계: 휴식 시에 볼 수 있는데, 주의력이 전향적으로 기능하지 못하기 때문에 무심코 에러를 저지르기 쉬우며, 단순반복작업을 장시간 지속할 경우도 여기에 해당한다.
④ Ⅲ단계: 적극적인 활동 시의 명쾌한 의식으로 대뇌가 활발히 움직이므로 주의의 범위도 넓고, 에러를 일으키는 일은 거의 없다.
⑤ Ⅳ단계: 과도 긴장 시나 감정 흥분 시의 의식수준으로 대뇌의 활동력은 높지만 주의가 눈앞의 한곳에만 집중되고 냉정함이 결여되어 판단은 둔화된다.

4 근골격계질환 예방을 위한 작업관리

61 어떤 작업 한 사이클의 정미시간이 5분, 레이팅 계수는 110%, 여유율 10%일 때 표준시간(standard time)은 약 몇 분인가? (단, 여유율은 정미시간을 기준으로 계산한 것이다.)

① 6 ② 8
③ 10 ④ 12

해설 외경법
$$\text{표준시간}(ST) = \text{정미시간} \times (1 + \text{여유율})$$
$$= 5 \times (1 + 0.1) = 5.5$$

62 다음 중 위험작업의 관리적 개선에 속하지 않는 것은?

① 작업자의 신체에 맞는 작업장 개선
② 작업자의 교육 및 훈련
③ 작업자의 작업속도 조절
④ 적절한 작업자의 선발

해설 관리적 개선
① 작업의 다양성 제공
② 직무 순환
③ 작업일정 및 작업속도 조절
④ 회복 시간 제공
⑤ 작업 습관 변화
⑥ 작업 공간, 공구 및 장비의 주기적 청소 및 유지보수
⑦ 작업자 적정배치
⑧ 직장체조(스트레칭)강화

해답 59. ③ 60. ③ 61. ① 62. ①

63 다음 중 작업장 시설의 재배치, 기자재 소통상 혼잡지역파악, 공정과정 중 역류현상 점검 등에 가장 유용하게 사용할 수 있는 공정도는?

① flow diagram
② operation process chart
③ Gantt chart
④ man-machine chart

해설 flow diagram(유통선도)
제조과정에서 발생하는 작업, 운반, 정체, 검사, 보관 등의 사항이 생산현장의 어느 위치에서 발생하는가를 알 수 있도록 부품의 이동경로를 배치도상에 선으로 표시한 후, 유통공정도에서 사용되는 기호와 번호를 발생위치에 따라 유통선상에 표신한 도표이다.

64 work factor 분석법 중 동작의 난이도를 결정하는 요소에 해당되지 않는 것은?

① 방향 조절 ② 일정한 정지
③ 방향 변경 ④ 동작의 거리

해설 work factor
동작의 난이도를 나타내는 인위적 조절 정도는 S(방향조절), P(주의), U(방향변경), D(일정한 정지)로 나타낸다.

65 영상표시 단말기 취급근로자 작업관리지침에서 지정한 작업자세로 적절하지 않은 것은?

① 작업 화면상의 시야범위는 수평선상으로 할 것
② 화면과 근로자의 눈과의 거리는 적어도 40 cm 이상을 유지할 것
③ 무릎의 내각은 90° 전후가 되도록 할 것
④ 팔꿈치의 내각은 90° 이상이 되도록 할 것

해설 화면상의 시야범위는 수평선상에서 10°~15° 밑에 오도록 한다.

66 다음 중 작업개선을 위한 개선의 ECRS와 거리가 먼 것은?

① Combine ② Simplify
③ Redesign ④ Eliminate

해설 개선의 E.C.R.S
① E(Eliminate): 제거
② C(Combine): 결합
③ R(Rearrange): 재배열
④ S(Simplify): 단순화

67 어느 회사의 컨베이어 라인에서 작업순서가 다음 [표]의 번호와 같이 구성되어 있다. 다음 설명 중에서 옳은 것은?

작업	①조립	②납땜	③검사	④포장
작업시간(초)	10초	9초	8초	7초

① 라인의 주기시간은 7초이다.
② 애로작업은 검사작업이다.
③ 라인의 시간당 생산량은 6개이다.
④ 공정 손실은 15%이다.

해설
① 가장 긴 작업이 10초이므로 주기시간은 10초이다.
② 가장 긴 작업시간인 조립작업이 애로작업이다.
③ 1개에 10초 걸리므로 $\frac{3,600\text{초}}{10\text{초}}=360$개가 시간당 생산량이다.
④ 공정손실:

$$\frac{\text{총유휴시간}}{\text{작업자수}\times\text{주기시간}}=\frac{6}{4\times 10}=0.15$$

68 다음 중 워크샘플링(Work-sampling)에 대한 설명으로 옳은 것은?

① 자료수집 및 분석시간이 길다.
② 관측이 순간적으로 이루어져 작업에 방해가 적다.
③ 시간 연구법보다 더 정확하다.

해답 63. ① 64. ④ 65. ① 66. ③ 67. ④ 68. ②

④ 컨베이어 작업처럼 짧은 주기의 작업에 알맞다.

해설 워크샘플링(Work-sampling)
통계적 수법(확률의 법칙)을 이용하여 관측 대상을 랜덤으로 선정한 시점에서 작업자나 기계의 가동상태를 스톱워치 없이 순간적으로 목시 관측하여 그 상황을 추정하는 방법으로 관측을 순간적으로 하기 때문에 작업자를 방해하지 않으면서 용이하게 연구를 진행시킨다.

69 OWAS 평가방법에서 고려되는 평가항목으로 가장 적절하지 않은 것은?

① 하중 ② 허리
③ 다리 ④ 손목

해설 OWAS 평가항목
① 허리(back)
② 팔(arms)
③ 다리(legs)
④ 하중(weight)

70 다음 중 근골격계질환 예방·관리 프로그램의 적용을 위한 기본원칙과 거리가 먼 것은?

① 문서화의 원칙
② 시스템 접근의 원칙
③ 노사 공동 참여의 원칙
④ 전사 일시 완전해결의 원칙

해설 효과적인 근골격계질환 관리를 위한 실행원칙
① 인식의 원칙
② 노사 공동참여의 원칙
③ 전사적 지원의 원칙
④ 사업장 내 자율적 해결의 원칙
⑤ 시스템적 접근의 원칙
⑥ 지속적 관리 및 사후평가의 원칙
⑦ 문서화의 원칙

71 다음 중 작업관리에서 사용되는 기본형 5단계 문제해결 절차로 가장 적절한 것은?

① 연구대상선정 → 분석과 기록 → 자료의 검토 → 개선안의 수립 → 개선안의 도입
② 연구대상선정 → 자료의 검토 → 분석과 기록 → 개선안의 수립 → 개선안의 도입
③ 연구대상선정 → 분석과 기록 → 개선안의 수립 → 자료의 검토 → 개선안의 도입
④ 연구대상선정 → 자료의 검토 → 개선안의 수립 → 분석과 기록 → 개선안의 도입

해설 기본형 5단계 문제해결절차
연구대상선정 → 분석과 기록 → 자료의 검토 → 개선안의 수립 → 개선안의 도입

72 다음 중 표준자료법의 특징에 관한 설명으로 관계가 가장 먼 것은?

① 레이팅(rating)이 필요하다.
② 현장에서 직접 측정하지 않더라도 표준시간을 산정할 수 있다.
③ 표준자료작성의 초기 비용이 저렴하다.
④ 표준자료의 사용법이 정확하다면 누구라도 일관성 있게 표준시간을 산정할 수 있다.

해설 표준자료법
① 제조원가의 사전견적이 가능하며, 현장에서 직접 측정하지 않더라도 표준시간을 산정할 수 있다.
② 레이팅이 필요 없다.
③ 표준시간의 정도가 떨어진다.
④ 표준자료의 사용법이 정확하다면 누구라도 일관성 있게 표준시간을 산정할 수 있다.

73 다음 중 근골격계 부담작업의 범위에 속하지 않는 것은? (단, 단기간 작업 또는 간헐적인 작업은 제외한다.)

해답 69. ④ 70. ④ 71. ① 72. ①, ③ 73. ①

① 하루에 5회 이상 25 kg 이상의 물체를 드는 작업
② 하루에 4시간 이상 집중적으로 자료입력 등을 위해 키보드를 조작하는 작업
③ 하루에 총 2시간 이상 쪼그리고 앉거나 무릎을 굽힌 자세에서 이루어지는 작업
④ 하루에 총 2시간 이상, 분당 2회 이상 4.5 kg 이상의 물체를 드는 작업

해설 근골격계 부담작업 제8호
하루에 10회 이상 25 kg 이상의 물체를 드는 작업이다.

74 다음 중 근골격계질환의 예방에서 단기적 관리방안으로 볼 수 없는 것은?

① 안전한 작업방법 교육
② 휴게실, 운동시설 등 기타 관리시설 확충
③ 근골격계질환 예방·관리 프로그램 도입
④ 작업자에 대한 휴식시간의 배려

해설 단기적 관리 방안
① 인간공학 교육(관리자, 작업자, 노동조합, 보건관리자 등)
② 위험요인의 인간공학적 분석 후 작업장 개선
③ 작업자에 대한 휴식시간의 배려
④ 교대근무에 대한 고려
⑤ 안전예방 체조의 도입
⑥ 안전한 작업방법 교육
⑦ 재활복귀질환자에 대한 재활시설의 도입, 의료시설 및 인력확보
⑧ 휴게실, 운동시설 등 기타 관리시설 확충
※ 근골격계질환 예방·관리 프로그램 도입은 장기적인 예방 방안이다.

75 다음의 서블릭(Therblig)을 이용한 분석에서 비효율적인 동작으로 개선을 검토해야 할 동작은?

① 분해(DA) ② 잡고 있기(H)
③ 운반(TL) ④ 사용(U)

해설 제3류(작업이 진행되지 않는 동작)
① 잡고 있기(H)
② 불가피한 지연(UD)
③ 피할 수 있는 지연(AD)
④ 휴식(R)

76 다음 중 NIOSH Lifting Equation(NLE)의 평가를 적용할 수 있는 가장 적절한 작업은?

① 들기 작업
② 반복적인 작업
③ 밀기 작업
④ 당기기 작업

해설 NLE(NIOSH Lifting Equation)
들기 작업에 대한 권장무게한계(RWL)를 쉽게 산출하도록 하여 작업의 위험성을 예측하여 인간공학적인 작업방법의 개선을 통해 작업자의 직업성 요통을 사전에 예방하는 것이다.

77 다음 중 OWAS(Ovako Working-posture Analysing System) 평가에 대한 설명으로 틀린 것은?

① 워크샘플링에 기본을 두고 있다.
② 몸의 움직임이 적으면서 반복하여 사용하는 작업의 평가에 용이하다.
③ 정밀한 작업자세를 평가하기 어렵다.
④ 작업자세 측정 간격은 작업의 특성에 따라 달라질 수 있다.

해설 OWAS의 한계점
상지나 하지 등 몸의 일부의 움직임이 적으면서도 반복하여 사용하는 작업 등에서는 차이를 파악하기 어렵다.

78 다음 중 근골격계질환의 위험요인으로 가장 거리가 먼 것은?

① 반복적인 움직임
② 강한 노동 강도
③ 둥근 면과의 접촉

해답 74. ③ 75. ② 76. ① 77. ② 78. ③

④ 국부적인 진동

(해설) 근골격계질환의 작업 특성 요인
① 반복성
② 부자연스런 또는 취하기 어려운 자세
③ 과도한 힘
④ 접촉스트레스
⑤ 진동
⑥ 온도, 조명 등 기타 요인

79 다음 중 작업대의 개선방법으로 옳은 것은?

① 입식작업대의 높이는 경작업의 경우 팔꿈치의 높이보다 5~10 cm 정도 높게 설계한다.
② 입식작업대의 높이는 중작업의 경우 팔꿈치 높이보다 10~20 cm 정도 낮게 설계한다.
③ 입식작업대의 높이는 정밀작업의 경우 팔꿈치의 높이보다 5~10 cm 정도 낮게 설계한다.
④ 좌식작업대의 높이는 동작이 큰 작업에는 팔꿈치의 높이보다 약간 높게 설계한다.

(해설) 아래로 많은 힘을 필요로 하는 중 작업(무거운 물건을 다루는 작업)은 팔꿈치 높이를 10~20 cm 정도 낮게 한다.

80 다음 중 수공구의 개선방법으로 가장 관계가 먼 것은?

① 손목을 똑바로 펴서 사용한다.
② 지속적인 정적 근육부하를 방지한다.
③ 수공구 대신 동력공구를 사용한다.
④ 가능하면 손잡이의 접촉면을 작게 한다.

(해설) 수공구 개선
① 손목을 곧게 유지한다(손목을 꺾지 말고 손잡이를 꺾어라).
② 힘이 요구되는 작업에는 파워그립(power grip)을 사용한다.
③ 지속적인 정적 근육부하(loading)를 피한다.
④ 반복적인 손가락 동작을 피한다.
⑤ 양손 중 어느 손으로도 사용이 가능하고 적은 스트레스를 주는 공구를 개인에게 사용되도록 설계한다.
⑥ 손잡이의 접촉면을 크게 한다.

정답 **79.** ② **80.** ④

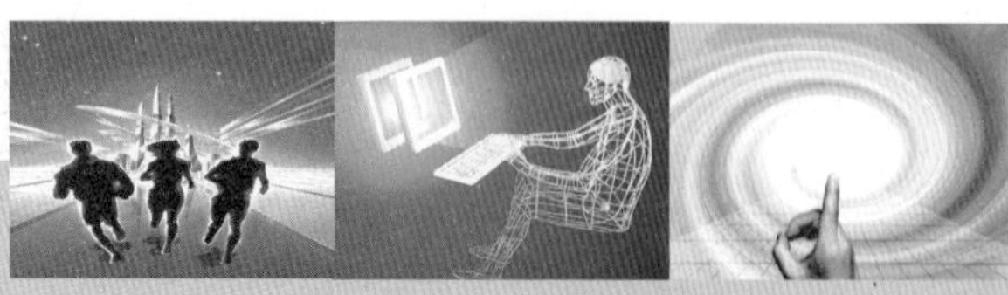

인간공학기사 필기시험 문제풀이 28회063

1 인간공학 개론

1 정량적 표시장치의 지침을 설계할 경우 고려해야 할 사항 중 틀린 것은?

① 끝이 뾰족한 지침을 사용할 것
② 지침의 끝이 작은 눈금과 겹치게 할 것
③ 지침의 색은 선단에서 눈금의 중심까지 칠할 것
④ 지침을 눈금의 면과 밀착시킬 것

해설 정량적 표시장치의 지침 설계 시 고려사항
① (선각이 약 20° 되는) 뾰족한 지침을 사용하라.
② 지침의 끝은 작은 눈금과 맞닿되 겹치지 않게 하라.
③ (원형 눈금의 경우) 지침의 색은 선단에서 눈금의 중심까지 칠하라.
④ (시차(時差)를 없애기 위해) 지침을 눈금면과 밀착시켜라.

2 세면대 수도꼭지에서 찬물은 오른쪽 푸른색으로 되어있는 곳에서 나오기를 기대하는데 이는 무엇과 연관이 있는가?

① compatibility
② lock - out
③ fail - safe
④ possibility

해설 양립성(compatibility)
자극들 간의, 반응들 간의 혹은 자극-반응 조합의 공간, 운동 혹은 개념적 관계가 인간의 기대와 모순되지 않는 것을 말한다.

3 다음 중 Phon의 설명으로 틀린 것은?

① 상이한 음의 상대적 크기에 대한 정보는 나타내지 못한다.
② 1,000 Hz 대의 20 dB 크기의 소리는 20Phon이다.
③ 40 dB의 1,000 Hz 순음을 기준으로 하여 다른 음의 상대적인 크기를 설정하는 척도의 단위이다.
④ 1,000 Hz의 주파수를 기준으로 각 주파수별 동일한 음량을 주는 음압을 평가하는 척도의 단위이다.

해설 40 dB의 1,000 Hz 순음을 기준으로 하여 다른 음의 상대적인 크기를 설정하는 척도의 단위는 sone에 대한 설명이다.

4 작업장에 인간공학을 적용함으로써 얻게 되는 효과로 틀린 것은?

① 이직률 및 작업손실 시간의 감소
② 회사의 생산성 증가

해답 1. ② 2. ① 3. ③ 4. ③

③ 노사 간의 신뢰성 저하
④ 작업자에게 더 건강하고 안전한 작업조건

해설 인간공학의 기업적용에 따른 기대효과
① 생산성 향상
② 작업자의 건강 및 안전 향상
③ 직무 만족도의 향상
④ 제품과 작업의 질 향상
⑤ 이직률 및 작업손실 시간의 감소
⑥ 산재손실비용의 감소
⑦ 기업 이미지와 상품선호도 향상
⑧ 노사 간의 신뢰 구축
⑨ 선진 수준의 작업환경과 작업조건을 마련함으로써 국제적 경제력의 확보

5 두 가지 이상의 신호가 인접하여 제시되었을 때 이를 구별하는 것은 인간의 청각 신호 수신기능 중에서 어느 것과 관련 있는가?

① 위치 판별 ② 절대 식별
③ 상대 식별 ④ 청각 신호검출

해설 상대 식별
두 가지 이상의 신호가 근접하여 제시되었을 때 이를 구별함을 말한다.

6 구조적 인체치수 측정방법 중 틀린 것은?

① 형태학적 측정이라고 한다.
② 마틴식 인체측정기를 사용한다.
③ 측정은 나체로 측정함을 원칙으로 한다.
④ 일반적으로 하지나 상지의 운동 상태에서 측정한다.

해설 정적측정(구조적 인체치수)
① 형태학적 측정이라고도 하며, 표준자세에서 움직이지 않는 피측정자를 인체측정기로 구조적 인체치수를 측정하여 특수 또는 일반적 용품의 설계에 기초 자료로 활용한다.
② 마틴식 인체측정기를 사용한다.
③ 측정항목에 따라 표준화된 측정점과 측정방법을 적용한다.
④ 나체측정을 원칙으로 한다.

7 인간이 한 자극 차원 내에서 절대적으로 식별할 수 있는 자극의 수를 나열한 것 중 거리가 먼 것은?

① 음량: 4~5개
② 단순음: 5개
③ 휘도: 7~8개
④ 보는 물체의 크기: 5~7개

해설 자극 차원별 절대 식별능력

자극 차원	평균 식별수	bit 수
단순음	5	2.3
음 량	4~5	2~2.3
보는 물체의 크기	5~7	2.3~2.8
광도	3~5	1.7~2.3

8 인간이 정보를 작업기억(working memory) 혹은 장기기억(long-term memory) 내에 효율적으로 유지할 수 있는 방법으로 틀린 것은?

① 암송(rehearsal)
② 다차원(multidimensional)의 암호 사용
③ 의미론적(semantical) 암호 사용
④ 정보를 이미지화(형상화)하여 기억

해설 암송(rehearsal)은 정보를 작업기억 내에 유지하는 유일한 방법이며 작업기억 내의 정보는 의미론적으로 암호화되어 그 정보에 의미를 부여하고 장기기억에 이미 보관되어 있는 정보와 관련되어 장기기억에 이전된다.

9 작업자세 결정 시 고려해야 할 분석자료로 가장 거리가 먼 것은?

① 작업자와 작업점의 거리 및 높이
② 작업자의 힘과 작업자의 성별
③ 기계의 신뢰도
④ 작업 장소의 넓이

해설 작업자세 결정 시 고려해야 할 분석자료
① 작업자와 작업점의 거리 및 높이

해답 5. ③ 6. ④ 7. ③ 8. ② 9. ③

② 작업자의 힘과 작업자의 성별
③ 작업의 정밀도
④ 작업장소의 넓이와 사용하는 장비, 기계, 도구
⑤ 작업시간의 장단
⑥ 작업기술과 작업자의 능력

10 인간의 피부가 느끼는 3종류의 감각에 속하지 않는 것은?

① 압각
② 통각
③ 미각
④ 열각

해설 피부의 3가지 감각 계통
① 압력 수용
② 고통
③ 온도 변화

11 인간공학에 대한 설명으로 가장 옳은 것은?

① 인간공학의 다른 이름인 작업 경제학(ergonomics)은 경제학에서 파생되었다.
② 인간공학에서 다루는 내용은 상식 수준이다.
③ 인간이 사용할 수 있도록 설계하는 과정이다.
④ 초점이 인간보다는 장비/도구의 설계에 맞추어져 있다.

해설 인간공학의 정의
인간활동의 최적화를 연구하는 학문으로 인간이 작업활동을 하는 경우에 인간으로서 가장 자연스럽게 일하는 방법을 연구하는 것이며, 인간과 그들이 사용하는 사물과 환경 사이의 상호작용에 대해 연구하는 것이다.

12 평균치기준의 설계원칙에서 조절식 설계가 바람직하다. 이때의 조절 범위는?

① 1～99%
② 5～95%
③ 5～90%
④ 10～90%

해설 조절식 설계 시 통상 5%값에서 95%값까지의 90% 범위를 수용대상으로 설계하는 것이 관례이다.

13 인체계측치 중 기능적(functional) 치수를 사용하는 이유로 가장 올바른 것은?

① 사용 공간의 크기가 중요하기 때문
② 인간은 닿는 한계가 있기 때문
③ 인간이 다양한 자세를 취하기 때문
④ 각 신체부위는 조화를 이루면서 움직이기 때문

해설 기능적 치수를 사용하는 것이 중요한 이유는 신체적 기능을 수행할 때, 각 신체 부위는 독립적으로 움직이는 것이 아니라 조화를 이루어 움직이기 때문이다.

14 정보량을 구하는 수식 중 틀린 것은?

① $H = \log_2 n$, n = 대안의 수
② $H = \log_2(\frac{1}{p})$, p 대안의 실현확률
③ $H = \sum_{k=0}^{n} p_k + \log_2(\frac{1}{p_k})$,
p_k = 각 대안의 실패확률
④ $H = \sum_{i=0}^{n} p_i \log_2(\frac{1}{p_i})$,
p_i = 각 대안의 실현확률

해설 정보량을 구하는 수식
① 실현 가능성이 같은 n개의 대안이 있을 때 총 정보량 H
$H = \log_2 n$, n = 대안의 수
② 각 대안의 실현확률로 표현 하였을 때
$H = \log_2(\frac{1}{p})$, p 대안의 실현확률
③ 여러 개의 실현 가능한 대안이 있을 경우에는 평균정보량은 각 대안의 정보량에다가 실현 확률을

해답 10. ③ 11. ③ 12. ② 13. ④ 14. ③

곱한 것을 모두 합하면 된다.

$$H=\sum_{i=0}^{n}p_i\log_2(\frac{1}{p_i}),\quad p_i= \text{각 대안의 실현확률}$$

15 종이의 반사율이 70%이고, 인쇄된 글자의 반사율이 15%일 경우 대비는?

① 15% ② 21%
③ 70% ④ 79%

해설
대비(%) =

$$100\times\frac{L_b-L_t}{L_b}=\frac{70\%-15\%}{70\%}=79\%$$

16 표시장치를 사용할 때 자극 전체를 직접 나타내거나 재생시키는 대신, 정보(즉, 자극)를 암호화하는 경우가 흔하다. 이와 같이 정보를 암호화하는 데 있어서 지켜야 할 일반적 지침으로 틀린 것은?

① 암호의 양립성 ② 암호의 검출성
③ 암호의 변별성 ④ 암호의 민감성

해설 자극 암호화의 일반적 지침
① 암호의 양립성
② 암호의 검출성
③ 암호의 변별성

17 반지름이 10 cm인 조종장치를 30도 움직일 때마다 표시장치는 1 cm 이동한다고 할 때, C/R비는 얼마인가?

① 2.09 ② 3.49
③ 4.11 ④ 5.23

해설

$$C/R\text{비}=\frac{(a/360)\times2\pi L}{\text{표시장치 이동거리}}=\frac{(30/360)\times2\pi\times10}{1}\fallingdotseq5.23$$

18 다음 중 시각적 표시장치보다 청각적 표시장치를 사용해야할 경우는?

① 전언이 복잡하다.
② 전언이 길다.
③ 전언이 시간적 사상을 다룬다.
④ 전언이 후에 재참조된다.

해설 시각장치가 청각장치보다 이로운 경우
① 전달정보가 복잡할 때
② 전달정보가 후에 재참조될 때
③ 수신자의 청각계통이 과부하일 때
④ 수신 장소가 시끄러울 때
⑤ 직무상 수신자가 한곳에 머무르는 경우

19 동목정침형(moving scale and fixed pointer) 표시장치가 정목동침형(moving pointer and fixed scale) 표시장치에 비하여 더 좋은 경우는?

① 나타내고자 하는 값의 범위가 큰 경우에 유리하다.
② 정량적인 눈금을 정성적으로도 사용할 수 있다.
③ 기계의 표시장치 공간이 협소한 경우에 유리하다.
④ 특정 값을 신속, 정확하게 제공할 수 있다.

해설 아날로그 표시장치에서 일반적으로 정목동침형 표시장치가 동목정침형 표시장치보다 좋으나 나타내고자 하는 값의 범위가 큰 경우 동목정침형 표시장치가 정목동침형 표시장치에 비하여 더 좋다.

20 신호검출이론(SDT)과 관련이 없는 것은?

① 신호검출이론은 신호와 잡음을 구별할 수 있는 능력을 측정하기 위한 이론의 하나이다.
② 민감도는 신호와 소음분포의 평균 간의

해답 15. ④ 16. ④ 17. ④ 18. ③ 19. ① 20. ④

거리이다.

③ 신호검출이론 응용분야의 하나는 품질 검사 능력의 측정이다.

④ 신호검출이론이 적용될 수 있는 자극은 시각적 자극에 국한된다.

(해설) 신호검출이론의 적용은 시각적 자극에 국한되는 것이 아니라 청각적, 지각적 자극에도 적용이 된다.

2 작업생리학

21 기초대사율(BMR)에 대한 설명으로 틀린 것은?

① 일상생활을 하는 데 단위 시간당 에너지량이다.

② 일반적으로 신체가 크고 젊은 남성의 BMR이 크다.

③ BMR은 개인차가 심하며 체중, 나이, 성별에 따라 달라진다.

④ 성인 BMR은 대략 1.0∼1.2 kcal/min 정도이다.

(해설) 기초대사율(BMR)
생명을 유지하기 위한 최소한의 에너지소비량을 의미하며, 성, 연령, 체중은 개인의 기초 대사량에 영향을 주는 요인이다.

22 다음 중 신체 반응 측정 장비와 내용을 잘못 짝지은 것은?

① EOG - 안구를 사이에 두고 수평과 수직 방향으로 붙인 전극간의 전위차를 증폭시켜 여러 방향에서 안구 운동을 기록한다.

② EMG - 정신적 스트레스를 측정, 기록한다.

③ ECG - 심장근의 수축에 따른 전기적 변화를 피부에 부착한 전극들로 검출, 증폭 기록한다.

④ EEG - 뇌의 활동에 따른 전위 변화를 기록한다.

(해설) EMG
근육활동의 전위차를 기록한 것으로 근전도라 한다.

23 뇌파(EEG)의 종류 중 안정 시에 나타나는 뇌파의 형은?

① α파 ② β파
③ δ파 ④ γ파

(해설) 뇌파의 종류
① δ파: 4 Hz 이하의 진폭이 크게 불규칙적으로 흔들리는 파(혼수 상태, 무의식 상태)
② θ파: 4~8 Hz의 서파(얕은 수면 상태)
③ α파: 8∼14 Hz의 규칙적인 파동(의식이 높은 상태, 안정된 상태)
④ β파: 14∼30 Hz의 저진폭파(긴장, 흥분 상태)
⑤ γ파: 30 Hz 이상의 파(불안, 초조 등 강한 스트레스 상태)

24 긴장의 주요 척도들 중 생리적 긴장의 정도를 측정할 수 있는 화학적 척도가 아닌 것은?

① 혈액 성분 ② 혈압
③ 산소소비량 ④ 뇨 성분

(해설) 혈압은 생리적 긴장의 정도를 측정할 수 있는 화학적 척도가 아니다.

25 연속적 소음으로 인한 청력손실 상황은?

① 방직 공정 작업자의 청력손실
② 밴드부 지위자의 청력손실
③ 사격 교관의 청력손실
④ 낙하 단조 장치(drop-forge) 조작자의 청력손실

해답 21. ① 22. ② 23. ① 24. ② 25. ①

해설

가. 연속소음 노출로 인한 청력손실

① 청력손실의 정도는 노출 소음 수준에 따라 증가
② 청력손실은 4,000 Hz에서 크게 나타남
③ 강한 소음에 대해서는 노출 기간에 따라 청력손실이 증가

나. 비연속적인 소음

① 낙하 단조 직공들은 2년만 지나도 난청 증세를 보임
② 포술 교관들은 방음 보호 용구를 착용하여도 9개월 동안에 10%의 청력손실을 나타냄

26 효율적인 교대작업 운명을 위한 방법이 아닌 것은?

① 2교대 근무는 최소화하며, 1일 2교대 근무가 불가피한 경우에는 연속 근무일이 2~3일이 넘지 않도록 한다.
② 고정적이거나 연속적인 야간근무 작업은 줄인다.
③ 교대일정은 정기적이고 근로자가 예측 가능하도록 해주어야 한다.
④ 교대작업은 주간근무 → 야간근무 → 저녁근무 → 주간근무 식으로 진행해야 피로를 빨리 회복할 수 있다.

해설 교대작업의 편성
가장 이상적인 교대제는 없으므로 근로자 개개인에게 적절한 교대제를 선택하는 것이 중요하고 오전 근무 → 저녁 근무 → 밤 근무로 순환하는 것이 좋다.

27 해부학적 자세를 표현하기 위하여 사용하는 인체의 면을 나타내는 용어 중 인체를 좌우로 양분하는 면에 해당하는 용어는?

① 관상면(frontal plane)
② 횡단면(transverse plane)
③ 시상면(sagittal plane)
④ 수평면(horizontal plane)

해설 인체의 면을 나타내는 용어

① 시상면(sagittal plane): 인체를 좌우로 양분하는 면을 시상면이라 하고, 정중면(Median plane)은 인체를 좌우대칭으로 나누는 면이다.
② 관상면(frontal 또는 coronal plane): 인체를 전후로 나누는 면이다.
③ 횡단면, 수평면(transverse 또는 horizontal plane): 인체를 상하로 나누는 면이다.

28 교대근무는 수면과 밀접한 관계가 있으며, 수면은 체온과 밀접한 관계가 있다. 하루 중 체온이 가장 낮은 시간대는?

① 오전 2시 전후
② 오전 5시 전후
③ 오후 2시 전후
④ 오후 5시 전후

해설 하루 중 체온이 가장 낮은 시간대는 오전 3시~5시로 알려져 있으며 밤잠이 모자랄 5시~6시에는 교대를 하지 않는 것이 좋다.

29 신경세포(neuron)에 있어 활동전위(action potential)에 대한 설명 중 틀린 것은?

① 축색(axon)의 지름이 커지면 저항이 커져 활동전위의 전도속도가 느려진다.
② 신경의 세포막은 K^+과 NA^+에 대해 투과성이 변화하는 능력이 있다.
③ 활동전위의 전도속도는 30 m/sec로 전선에 흐르는 전기의 속도에 비해 상당히 느리다.
④ 특정 부위의 활동전위는 인접 부분의 전위를 중화시켜 신경 충동을 전파한다.

해설 축색(axon)의 지름이 커지면 신경충격의 전도 속도가 상당히 증가될 수 있다.

해답 26. ④ 27. ③ 28. ② 29. ①

30 아래의 윤활관절(synovial joint) 중 연결형태가 안장관절(saddle joint)은 어느 것인가?

①
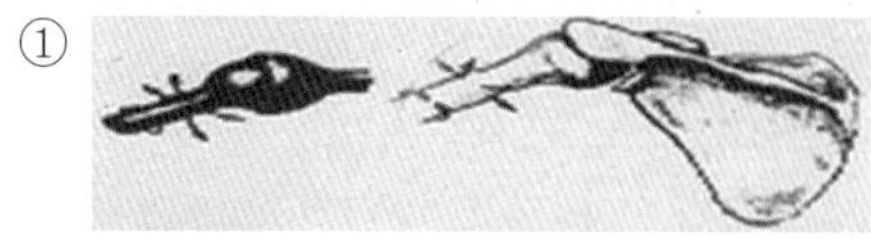

②

③

④

해설 안장관절
두 관절면이 말안장처럼 생긴 것으로 서로 직각방향으로 움직이는 2축성 관절이다.
예) 엄지손가락의 손목손바닥뼈관절

31 영상표시 단말기(VDT) 증후군을 예방하기 위한 작업장 조명 관리 방법으로 적합 하지 않은 것은?

① 작업물을 보기 쉽도록 주위 조명 수준을 정밀 시각작업에 적정한 1,000 lux 이상으로 높게 한다.
② 화면 반사를 줄이기 위해 산란된 간접 조명을 사용한다.
③ 화면이 창과 직각이 되게 위치시킨다.
④ 화면상의 배경은 밝게 하고 글자는 어두운 색을 사용한다.

해설 영상표시 단말기(VDT) 증후군을 예방하기 위한 조명수준은 화면의 바탕이 검정색 계통이면 300~500 lux, 화면의 바탕이 흰색 계통이면 500~700 lux로 한다.

32 다음 중 정신부하의 측정에 사용되는 것은?

① 부정맥 ② 산소소비량
③ 에너지소비량 ④ 혈압

해설 산소소비량, 에너지소비량, 혈압 등은 생리적 부하 측정에 사용되는 척도들이다.

33 그림과 같이 한손에 70 N의 무게(weight)를 떨어뜨리지 않도록 유지하려면 노뼈(척골 또는 radius) 위에 붙어 있는 위팔 두갈래 근(biceps brachii)에 의해 생성되는 힘 F_m은 얼마이어야 하는가?

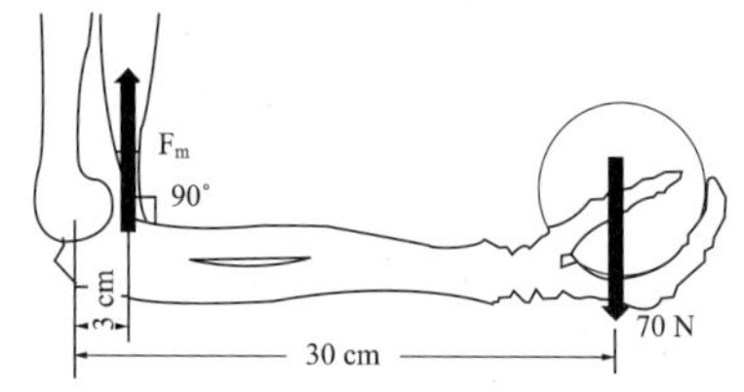

① 400 N ② 500 N
③ 600 N ④ 700 N

해설
$\sum F = 30(\text{cm}) \times 70(\text{N}) - 3(\text{cm}) \times \text{Fm} = 0$
F_m = 700 N

34 육체적 작업을 할 경우 신체의 특정 부위의 스트레스 또는 피로를 측정하는 방법은?

① 에너지소비량 ② 심박수
③ 근전도 ④ 산소 소모량

해설 근육이 움직일 때 나오는 미세한 전기신호를 근전도(electromyogram; EMG)라고 하고 이는 특정부위의 근육활동을 측정하기에 좋은 방법이다.

35 산업 현장에서 열 스트레스(heat stress)를 결정하는 주요 요소가 아닌 것은?

① 전도(conduction)
② 대류(convection)

정답 30. ③ 31. ① 32. ① 33. ④ 34. ③ 35. ①

③ 복사(radiation)

④ 증발(evaporation)

해설 열 스트레스에 영향을 끼치는 주요 요소로서는 대사, 증발, 복사, 대류, 일이 있다.

36 근육 구조에 관한 설명으로 틀린 것은?

① 기본 근육 세포단위는 근육 다발이다.

② 수축이나 이완 시 actin이나 myosin의 길이가 변한다.

③ 연결조직이 중추신경으로부터 신호를 근육에 전달한다.

④ myosin은 두꺼운 필라멘트로 근섬유 분절의 가운데 위치하고 있다.

해설 근육수축이론
근육은 자극을 받으면 수축을 하는데, 이러한 수축은 근육의 유일한 활동으로 근육의 길이는 단축된다. 근육이 수축할 때 짧아지는 것은 myosin필라멘트 속으로 actin필라멘트가 미끌어져 들어간 결과로서 myosin과 actin필라멘트의 길이가 변화하는 것이 아니다.

37 인간과 주위와의 열교환 과정을 올바르게 나타낸 열균형 방정식은?

① S(열축적) = M(대사) − E(증발) − R(복사) ± C(대류) + W(한 일)

② S(열축적) = M(대사) ± E(증발) − R(복사) ± C(대류) − W(한 일)

③ S(열축적) = M(대사) − E(증발) ± R(복사) − C(대류) − W(한 일)

④ S(열축적) = M(대사) − E(증발) ± R(복사) ± C(대류) − W(한 일)

해설 열교환 과정
S(열축적) = M(대사) − E(증발) ± R(복사) ± C(대류) − W(한 일)

38 팔을 수평으로 편 위치에서 수직위치로 내릴 때처럼 신체 중심선을 향한 신체부위 동작은?

① 굴곡(굽힘, flexion)

② 내전(모음, adduction)

③ 신전(폄, extension)

④ 외전(벌림, abduction)

해설 인체동작의 유형과 범위
① 굴곡(flexion): 팔꿈치로 팔 굽혀 펴기 할 때처럼 관절에서의 각도가 감소하는 인체부분의 동작
② 신전(extension): 굴곡과 반대방향의 동작으로, 팔꿈치를 펼 때처럼 관절에서의 각도가 증가하는 동작
③ 외전(abduction): 팔을 옆으로 들 때처럼 인체 중심선에서 멀어지는 측면에서의 인체부위의 동작
④ 내전(adduction): 팔을 수평으로 편 위치에서 내릴 때처럼 중심선을 향한 인체부위의 동작
⑤ 회전(rotation): 인체부위의 자체의 길이 방향 축 둘레에서 동작, 인체의 중심선을 향하여 안쪽으로 회전하는 인체부위의 동작을 내선(medial rotation)이라 하고, 바깥쪽으로 회전하는 인체부위의 동작을 외선(lateral rotation)이라 한다.
⑥ 선회(circumduction): 팔을 어깨에서 원형으로 돌리는 동작처럼 인체 부위의 원형 또는 원추형 동작

39 다음 중 근육의 정적상태의 근력을 나타내는 것은?

① 등속성 근력(Isokinetic strength)

② 등장성 근력(Isotonic strength)

③ 등관성 근력(Isoinertia strength)

④ 등척성 근력(Isometric strength)

해설 근력의 발휘에서의 정적 수축
물건을 들고 있을 때처럼 인체부위를 움직이지 않으면서 고정된 물체에 힘을 가하는 상태로 이때의 근력을 등척성 근력(isometric strength)이라고도 한다.

40 체내에서 유기물의 합성 또는 분해에 있어서는 반드시 에너지의 전환이 따르게 되는데 이것을 무엇이라 하는가?

① 산소부채(oxygen debt)

해답 36. ② 37. ④ 38. ② 39. ④ 40. ②

② 에너지 대사(energy metabolism)
③ 근전도(electromyogram)
④ 심전도(electrocardiogram)

해설 에너지 대사(energy metabolism)
체내에 구성물질이나 축적되어 있는 단백질, 지방 등을 분해하거나 음식을 섭취하여 필요한 물질은 합성하여 기계적인 일이나 열을 만드는 화학적인 과정으로 신진대사라고 불린다.

3 산업심리학 및 관련법규

41 다음 중 스트레스에 대한 설명으로 틀린 것은?

① 스트레스는 양면성을 가지고 있다.
② 스트레스는 지각 또는 경험과 관계가 있다.
③ 스트레스는 있는지 혹은 없는지의 2차원적인 성질을 갖고 있다.
④ 스트레스가 항상 부정적인 것만은 아니다.

해설 스트레스는 있는가 아니면 없는가 하는 2차원적인 성질의 것이 아니라 어는 정도 있는가 하는 정도의 차이를 설명하기 위해 자신이 어느 정도의 스트레스를 지니고 있는지를 측정하여야 한다.

42 재해의 기본 원인을 조사하는 데에는 관련 요인들의 4M 방식으로 분류하는데 다음 중 4M에 해당하지 않는 것은?

① Machine ② Material
③ Management ④ Media

해설 4M의 종류
① Man(인간)
② Machine(기계)
③ Media(매체)
④ Management(관리)

43 재해발생 원인 중 간접적 원인으로 거리가 먼 것은?

① 기술적 원인 ② 교육적 원인
③ 신체적 원인 ④ 인적 원인

해설 인적원인은 직접원인이다.

44 휴먼에러와 기계의 고장과의 차이점을 설명한 것 중 틀린 것은?

① 인간의 실수는 우발적으로 재발하는 유형이다.
② 기계와 설비의 고장조건은 저절로 복구되지 않는다.
③ 인간은 기계와는 달리 학습에 의해 계속적으로 성능을 향상시킨다.
④ 인간 성능과 압박(stress)은 선형관계를 가져 압박이 중간정도일 때 성능수준이 가장 높다.

해설 스트레스가 아주 없거나 너무 많을 경우 부정적 스트레스로 작용하여 심신을 황폐하게하거나 직무성과에 부정적인 영향을 미치므로 인간성능과 스트레스는 단순한 선형관계를 가지는 것이 아니다.

45 산업재해 조사표에서 재해 발생 형태에 따른 재해 분류가 아닌 것은?

① 폭발 ② 협착
③ 감전 ④ 질식

해설 질식은 발생형태에 따른 분류가 아니라 상해의 종류에 속한다.

46 근로자가 작업 중에 소비한 에너지가 5 kcal/min이고, 휴식 중에는 1.5 kcal/min의 에너지를 소비하였다면 이 작업의 에너지 대사율(RMR)은 얼마인가? (단, 근로자의 기초대사량은 분당 1 kcal라고 한다.)

해답 41. ③ 42. ② 43. ④ 44. ④ 45. ④ 46. ④

① 2.5 ② 2.8
③ 3.2 ④ 3.5

해설 에너지 대사율(RMR)

$$R = \frac{\text{작업시 소비에너지} - \text{안정시 소비에너지}}{\text{기초대사량}}$$
$$= \frac{\text{작업대사량}}{\text{기초대사량}}$$
$$= \frac{5(\text{kcal/min}) - 1.5(\text{kcal/min})}{1(\text{kcal/min})}$$
$$= 3.5(\text{kcal/min})$$

47 주의에 대한 특성 중 선택성에 대한 설명으로 옳은 것은?

① 주의에는 리듬이 있어 언제나 일정한 수준을 지키지 못한다.
② 사람의 경우 한 번에 여러 종류의 자극을 지각하는 것은 어렵다.
③ 공간적으로 시선에서 벗어난 부분은 무시되기 쉽다.
④ 한 지점에 주의를 하면 다른 곳의 주의는 약해진다.

해설 선택성
사람은 한 번에 여러 종류의 자극을 지각하거나 수용하지 못하며, 소수의 특정한 것으로 한정해서 선택하는 기능을 말한다.

48 인간이 과도로 긴장하거나 감정 흥분시의 의식수준 단계로서 대뇌의 활동력은 높지만 냉정함이 결여되어 판단이 둔화되는 의식수준 단계는?

① phase 1 ② phase 2
③ phase 3 ④ phase 4

해설 인간의 의식수준 단계
① phase 0: 의식을 잃은 상태이므로 작업수행과는 관련이 없다.
② phase Ⅰ: 과로했을 때나 야간작업을 했을 때 볼 수 있는 의식수준으로 부주의 상태가 강해서 인간의 에러가 빈발하며, 운전 작업에서는 전방 주시 부주의나 졸음운전 등이 일어나기 쉽다.
③ phase Ⅱ: 휴식 시에 볼 수 있는데, 주의력이 전향적으로 기능하지 못하기 때문에 무심코 에러를 저지르기 쉬우며, 단순반복작업을 장시간 지속할 경우도 여기에 해당한다.
④ phase Ⅲ: 적극적인 활동 시에 명쾌한 의식으로 대뇌가 활발히 움직이므로 주의의 범위도 넓고, 에러를 일으키는 일은 거의 없다.
⑤ phase Ⅳ: 과도 긴장 시나 감정 흥분 시의 의식수준으로 대뇌의 활동력을 높지만 주의가 눈앞의 한곳에만 집중되고 냉정함이 결여되어 판단은 둔화한다.

49 인간의 실수의 요인 중 성격이 다른 한 가지는 무엇인가?

① 단조로운 작업
② 양립성에 맞지 않는 상황
③ 동일 형상, 유사 형상의 배열
④ 체험적 습관

해설 체험적 습관은 휴먼 에러의 심리적 요인이나 나머지 보기들은 휴먼 에러의 물리적 요인이다.

50 지능과 작업 간의 관계에 대한 설명으로 가장 적절한 것은?

① 작업수행자의 지능은 높을수록 바람직하다.
② 작업수행자의 지능이 낮을수록 작업수행도가 높다.
③ 작업특성과 작업자 지능 간에는 특별한 관계가 없다.
④ 각 작업에는 그에 적정한 지능수준이 존재한다.

해설 각 작업에는 그에 적정한 지능수준이 존재한다.

51 조작자 한 사람의 성능 신뢰도가 0.8일 때 요원을 중복하여 2인 1조가 작업을 진행하는 공정이 있다. 전체 작업기간 60%정도만 요원을 지

해답 47. ② 48. ④ 49. ④ 50. ④ 51. ②

원한다면, 이 조의 인간신뢰도는 얼마인가?

① 0.816 ② 0.896
③ 0.962 ④ 0.985

해설
(0.8×0.4)+[{1-(1-0.8)(1-0.8)}×0.6]= 0.32+0.576 = 0.896

52 라스무센(Rasmussen)은 인간 행동의 종류 또는 수준에 따라 휴먼 에러를 3가지로 분류하였는데 이에 속하지 않는 것은?

① 숙련기반 에러(skill-based error)
② 기억기반 에러(memory-based error)
③ 규칙기반 에러(rule-based error)
④ 지식기반 에러(knowledge-based error)

해설 라스무센의 인간 행동의 종류 또는 수준에 따른 휴먼에러 분류
① 숙련기반 에러(skill-based error)
② 규칙기반 에러(rule-based error)
③ 지식기반 에러(knowledge-based error)

53 민주적 리더십에 대한 설명으로 옳은 것은?

① 리더에 의한 모든 정책의 결정
② 리더의 지원에 의한 집단 토론식 결정
③ 리더의 과업 및 과업 수행 구성원 지정
④ 리더의 최소 개입 또는 개인적인 결정의 완전한 자유

해설 민주적 리더십
참가적 리더십이라고도 하는데, 이는 조직의 방침, 활동 등을 될 수 있는대로 조직구성원의 의사를 종합하여 결정하고, 그들의 자발적인 의욕과 참여에 의하여 조직목적을 달성하려는 것이 특징이다. 민주적 리더십에서는 각 성원의 활동은 자신의 계획과 선택에 따라 이루어지지만, 그 지향점은 생산 향상에 있으며, 이를 위하여 리더를 중심으로 적극적인 참여와 협조를 아끼지 않는다.

54 리더십 이론 중 '관리격자 이론'에서 인간중심 지향적으로 직무에 대한 관심이 가장 낮은 유형은?

① (1,1)형 ② (1,9)형
③ (9,1)형 ④ (9,9)형

해설 관리격자 모형이론
① (1,1)형: 인간과 업적에 모두 최소의 관심을 가지고 있는 무기력형(impoverished style)이다.
② (1,9)형: 인간 중심 지향적으로 업적에 대한 관심이 낮다. 이는 컨트리클럽형(country-club style)이다.
③ (9,1)형: 업적에 대하여 최대의 관심을 갖고, 인간에 대하여 무관심하다. 이는 과업형(task style)이다.
④ (9,9)형: 업적과 인간의 쌍방에 대하여 높은 관심을 갖는 이상형이다. 이는 팀형(team style)이다.
⑤ (5,5)형: 업적 및 인간에 대한 관심도에 있어서 중간값을 유지하려는 리더형이다. 이는 중도형(middle-of-the road style)이다.

55 인간의 불안전한 행동을 유발하는 외적요인이 아닌 것은?

① 인간관계 요인
② 생리적 요인
③ 직업적 요인
④ 작업환경적 요인

해설 생리적 요인은 내적요인이다.

56 스트레스에 대한 조직수준의 관리방안 중 개인의 역할을 명확히 해 줌으로써 스트레스의 발생원인을 제거시키는 방법은?

① 경력개발 ② 과업재설계
③ 역할분석 ④ 팀 형성

해설 역할분석(role analysis)
역할분석은 개인의 역할을 명확히 정의하여 줌으로써 스트레스를 발생시키는 요인을 제거하여 주는 데 목적이 있다.

해답 52. ② 53. ② 54. ② 55. ② 56. ③

57 제조물책임법에서 분류하는 결함의 종류가 아닌 것은?

① 제조상의 결함 ② 설계상의 결함
③ 사용상의 결함 ④ 표시상의 결함

해설 제조물책임에서 분류하는 세 가지 결함
① 설계상의 결함
② 제조상의 결함
③ 표시상의 결함

58 집단을 이루는 구성원들이 서로에게 매력적으로 끌리어 그 집단 목표를 공유하는 정도를 무엇이라고 하는가?

① 집단 협력성 ② 집단 단결성
③ 집단 응집성 ④ 집단 목표성

해설 집단 응집성
구성원들이 서로에게 매력적으로 끌리어 그 집단목표를 공유하는 정도라고 할 수 있다.

59 조직에서 직능별, 전문화의 원리와 명령 일원화의 원리를 조화시킬 목적으로 형성한 조직은?

① 직계참모 조직 ② 위원회 조직
③ 직능식 조직 ④ 직계식 조직

해설 직계참모 조직(line and staff organization)
직능별 전문화의 원리와 명령 일원화의 원리를 조화할 목적으로 라인과 스탭을 결합하여 형성한 조직이다.

60 민주적 리더십 발휘와 관련된 적절한 이론이나 조직형태는?

① X이론 ② Y이론
③ 관료주의 조직 ④ 라인형 조직

해설 Y이론
① 인간행위는 경제적 욕구보다는 사회심리적 욕구에 의해 결정된다.
② 인간은 이기적 존재이기보다는 사회(타인)중심의 존재이다.
③ 인간은 스스로 책임을 지며, 조직목표에 헌신하여 자기실현을 이루려고 한다.
④ 동기만 부여되면 자율적으로 일하며, 창의적 능력을 가지고 있다.
⑤ 관리전략: 민주적 리더십의 확립, 분권화와 권한의 위임, 목표에 의한 관리, 직무확장, 비공식적 조직의 활용, 자체평가제도의 활성화, 조직구조의 평면화 등
⑥ 해당이론: 인간관계론, 조직발전, 자아실현이론 등

4 근골격계질환 예방을 위한 작업관리

61 정상작업영역(최소작업영역)의 설명으로 옳은 것은?

① 상완(윗팔)과 전완(아래팔)을 곧게 펴서 파악할 수 있는 구역을 말한다.
② 상완을 수직으로 늘어뜨린 채, 전완만으로도 파악할 수 있는 구역을 말한다.
③ 모든 작업공구와 부품이 이 구역 내에 위치해야 한다.
④ 모든 작업자가 편안하게 작업할 수 있는 작업영역을 말한다.

해설 정상작업영역
상완을 자연스럽게 수직으로 늘어뜨린 채, 전완만으로 편하게 뻗어 파악할 수 있는 구역(34~45 cm)이다.

62 워크샘플링(Work-sampling)에 관한 설명으로 옳은 것은?

① 표준시간 설정에 이용할 경우 레이팅이 필요 없다.
② 작업순서를 기록할 수 있어 개개의 작업에 대한 깊은 연구가 가능하다.
③ 작업자가 의식적으로 행동하는 일이 적어 결과의 신뢰수준이 높다.
④ 반복 작업인 경우 적당하다.

해답 57. ③ 58. ③ 59. ① 60. ② 61. ② 62. ③

해설 워크샘플링(Work-sampling)
통계적 수법(확률의 법칙)을 이용하여 관측대상을 랜덤으로 선정한 시점에서 작업자나 기계의 가동상태를 스톱워치 없이 순간적으로 목시 관측하여 그 상황을 추정하는 방법이다.

63 다음 중 유해요인조사의 내용과 거리가 먼 것은?

① 표준시간 ② 작업조건
③ 작업장 상황 ④ 근골격계질환 증상

해설 유해요인조사 내용
① 설비·작업공정·작업량·작업속도 등 작업장 상황
② 작업시간·작업자세·작업방법 등 작업조건
③ 작업과 관련된 근골격계질환 징후 및 증상 유무 등

64 동작분석 종류 중에서 미세 동작분석의 장점이 아닌 것은?

① 직접 관측자가 옆에 없어도 측정이 가능
② 적은 시간과 비용으로 연구 가능
③ 복잡하고 세밀한 작업 분석 가능
④ 작업 내용과 작업시간을 동시에 측정 가능

해설 미세동작분석에는 많은 비용과 시간이 소요된다.

65 다음 설명 중 틀린 것은?

① 부적절한 자세는 신체 부위들이 중립적인 위치를 취하는 자세이다.
② 부적절한 자세는 강하고 큰 근육들을 이용하여 작업하는 것을 방해한다.
③ 서 있을 때는 등뼈가 S 곡선을 유지하는 것이 좋다.
④ pinch grip은 power grip보다 좋지 않다.

해설 신체 부위들이 중립적인 위치를 취하는 것은 적절한 자세에 대한 설명이다.

66 근골격계질환의 발생에 기여하는 작업적 유해요인과 가장 거리가 먼 것은?

① 과도한 힘의 사용
② 불편한 작업자세의 반복
③ 부적절한 작업/휴식 비율
④ 개인보호장구의 미착용

해설 개인보호구 미착용은 작업적 유해요인과 거리가 멀다.

67 작업관리의 목적으로 거리가 먼 것은?

① 작업방법의 개선
② 재료, 방법 등의 표준화
③ 비능률적 요소의 제거
④ 노동량의 단순 증가

해설 작업관리의 목적
① 최선의 방법 발견(방법 개선)
② 방법, 재료, 설비, 공구 등의 표준화
③ 제품품질의 균일
④ 생산비의 절감
⑤ 새로운 방법의 작업지도
⑥ 안전

68 작업장 개선에 있어서 관리적 해결방안이 아닌 것은?

① 작업 확대
② 작업자세 및 작업방법
③ 작업자 교육
④ 작업자 교대

해설 관리적 해결방안
① 작업확대
② 작업자 교대
③ 작업휴식 반복주기
④ 작업자 교육
⑤ 스트레칭

해답 63. ① 64. ② 65. ① 66. ④ 67. ④ 68. ②

69 직업성 근골격계질환의 유형으로 분류되기 어려운 것은?

① 컴퓨터 작업자의 안구건조증
② 전자제조업 조립작업자의 건초염
③ 물류창고 중량물 취급자의 활액낭염
④ 육류가공업 작업자의 수근관증후군

해설 작업관련성 근골격계질환
작업과 관련하여 특정 신체 부위 및 근육의 과도한 사용으로 인해 근육, 연골, 건, 인대, 관절, 혈관, 신경 등에 미세한 손상이 발생하여 목, 허리, 무릎, 어깨, 팔, 손목 및 손가락 등에 나타나는 만성적인 건강장해를 말한다.

70 근골격계질환 예방·관리교육에서 작업자에 대한 필수적인 교육내용으로 틀린 것은?

① 근골격계 부담작업에서의 유해요인
② 예방·관리 프로그램의 수립 및 운영 방법
③ 작업도구와 정비 등 작업시설의 올바른 사용 방법
④ 근골격계질환 발생 시 대처요령

해설 근골격계질환 예방·관리 교육에서의 작업자 교육 내용
① 근골격계 부담작업에서의 유해요인
② 작업도구와 장비 등 작업시설의 올바른 사용방법
③ 근골격계질환의 증상과 징후 식별방법 및 보고방법
④ 근골격계질환 발생 시 대처요령

71 NIOSH의 들기 방정식(Lifting Equation)에 관련된 설명으로 틀린 것은?

① 권고중량한계(RWL)란 대부분의 건강한 작업자들이 요통의 위험 없이 작업시간동안 들기작업을 할 수 있는 작업물의 무게를 말한다.
② 들기지수(LI)는 물체 무게와 권고중량한계의 비율로 나타낸다.
③ 들기지수(LI)가 3을 초과하면 '일부' 작업자에게서 들기작업과 관련된 요통 발생의 위험수준이 증가한다는 것을 의미한다.
④ 들기 방정식은 물건을 들어올리는 작업과 내리는 작업이 요통에 대해 같은 위험수준을 갖는다고 가정한다.

해설 들기지수(LI)의 값이 3이 넘어가면 작업자가 현재 작업의 무게한계보다 3배 이상인 무게를 취급하고 있으므로, 매우 위험한 작업이라고 할 수 있다. 따라서 들기지수가 3 이상인 경우에는 반드시 빠른 개선이 이루어져야 한다.

72 유해요인조사 방법에 관한 설명으로 틀린 것은?

① NIOSH Guideline은 중량물 작업의 분석에 이용된다.
② RULA, OWAS는 자세 평가를 주목적으로 한다.
③ REBA는 상지, RULA는 하지자세를 평가하기 위한 방법이다.
④ JSI는 작업의 재설계 등을 검토할 때에 이용한다.

해설 RULA는 상지, REBA는 상지, 하지자세를 평가하기 위한 방법이다.

73 신체 사용에 관한 동작 경제 원칙 중에서 가장 거리가 먼 것은?

① 양손은 동시에 시작하고 멈춘다.
② 양손이 항상 같이 쉬도록 한다.
③ 두 팔은 서로 반대 방향으로 대칭적으로 움직이도록 한다.
④ 가능하다면 쉽고도 자연스러운 리듬이 생기도록 동작을 배치한다.

해설 양손이 동시에 쉬는 일이 없도록 한다.

정답 69. ① 70. ② 71. ③ 72. ③ 73. ②

74 작업분석의 문제분석 도구 중에서 '원인결과도'라고도 불리며 결과를 일으킨 원인을 5~6개의 주요 원인에서 시작하여 세부원인으로 점진적으로 찾아가는 기법은?

① 파레토분석 차트 ② 특성요인도
③ 간트 차트 ④ PERT 차트

해설 특성요인도
원인결과도라고도 부르며 바람직하지 않은 사건에 대한 결과를 물고기의 머리, 이러한 결과를 초래한 원인을 물고기의 뼈로 표현하여 분석하는 기법이다.

75 작업개선을 위해 검토할 착안 사항과 거리가 먼 항목은?

① "이 작업은 꼭 필요한가? 제거할 수는 없는가?"
② "이 작업을 다른 작업과 결합시키면 더 나은 결과가 생길 것인가?"
③ "이 작업을 기계화 또는 자동화 할 경우의 투자효과는 어느 정도인가?"
④ "이 작업의 순서를 바꾸면 좀 더 효율적이지 않을까?"

해설 개선의 ECRS
① 이 작업은 꼭 필요한가? 제거할 수는 없는가? (Eliminate)
② 이 작업을 다른 작업과 결합시키면(사람, 장소 및 시간 관점에서) 더 나은 결과가 생길 것인가? (Combine)
③ 이 작업의 순서를 바꾸면(사람, 장소 및 시간 관점에서) 좀 더 효율적이지 않을까?(Rearrange)
④ 이 작업을 좀 더 단순화할 수 있지 않을까? (Simplify)

76 A 공장에서 한 제품의 가공작업의 평균시간이 3분, 레이팅 계수가 105%, 여유율이 15%라고 할 때 외경법에 의한 표준시간은?

① 3.42분 ② 3.62분
③ 3.71분 ④ 3.81분

해설 표준시간(외경법)
표준시간(ST) = 정미시간 × (1 + 여유율)

$$\text{정미시간} = \text{관측시간의 대푯값} \times \left(\frac{\text{레이팅 계수}}{100}\right)$$

$$= 3.15 \times (1 + 0.15) = 3.62$$

77 근골격계질환의 예방에서 단기적 관리방안이 아닌 것은?

① 관리자, 작업자, 보건관리자 등에 인간공학 교육
② 근골격계질환 예방·관리 프로그램 도입
③ 교대근무에 대한 고려
④ 안전한 작업방법 교육

해설 근골격계질환 예방·관리 프로그램 도입은 장기적 관리방안이다.

78 보다 많은 아이디어를 창출하기 위하여 가능한 모든 의견을 비판없이 받아들이고 수정 발언을 허용하며 대량 발언을 유도하는 방법은?

① Brainstorming ② ECRS 원칙
③ Mind Mapping ④ SEARCH

해설 Brainstorming
참여자의 보다 많은 아이디어를 창출하기 위하여 가능한 모든 의견을 비판 없이 받아들이고 수정 발언을 허용하며 대량 발언을 유도하는 방법이다.

79 디자인 프로세스의 과정을 바르게 나열한 것은?

① 문제 분석 → 대안 도출 → 문제 형성 → 대안 평가 → 선정안 제시
② 문제 형성 → 대안 도출 → 선정안 제시 → 문제 분석 → 대안 평가
③ 문제 형성 → 대안 도출 → 대안 평가 → 문제 분석 → 선정안 제시

정답 74. ② 75. ③ 76. ② 77. ② 78. ① 79. ④

④ 문제 형성 → 문제분석 → 대안 도출 → 대안 평가 → 선정안 제시

(해설) 디자인 프로세스 과정
문제 형성 → 문제분석 → 대안 도출 → 대안 평가 → 선정안 제시

80 수작업에 관한 작업지침으로 옳은 것은?

① 내편향(우골편향) 손자세가 외편향(척골편향) 자세보다 일반적으로 더 위험하다.

② 가능하면 손목각도를 5~10도로 굽히는 것이 편안한 자세이다.

③ 장갑을 사용하면 쥐는 힘이 일반적으로 더 좋아진다.

④ 힘이 요구되는 작업에는 power grip을 사용한다.

(해설) 수작업에서의 자세에 관한 수공구 개선
① 손목을 곧게 유지한다.
② 힘이 요구되는 작업에는 파워그립(power grip)을 사용한다.
③ 지속적인 정적 근육부하(loading)을 피한다.
④ 반복적인 손가락 동작을 피한다.
⑤ 양손 중 어느 손으로도 사용이 가능하고 적은 스트레스를 주는 공구를 개인에게 사용되도록 설계한다.

해답 80. ④

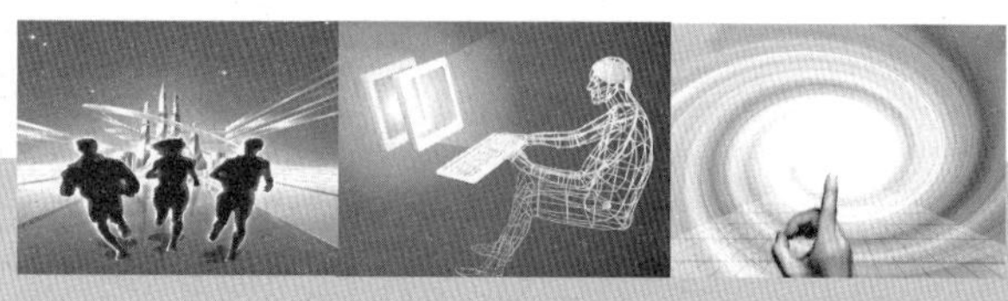

인간공학기사 필기시험 문제풀이 29회053

1 인간공학 개론

1 표시장치의 설계에서 signal과 B/G light가 각각 어떤 상태일 때가 가장 시식별이 좋겠는가?

① flashing-steady ② steady-steady
③ steady-flashing ④ flashing-flashing

해설 시식별이 가장 좋은 표시장치의 설계
signal과 B/G light의 상태
signal → Flashing
B/G light → steady

2 정적 측정방법에 대한 설명 중 틀린 것은?

① 형태학적 측정을 의미한다.
② 마틴식 인체측정장치를 사용한다.
③ 나체측정을 원칙으로 한다.
④ 상지나 하지의 운동범위를 측정한다.

해설 정적측정방법
① 형태학적 측정이라고도 하며, 표준자세에서 움직이지 않는 피측정자를 인체측정기로 구조적 인체치수를 측정하여 특수 또는 일반적 용품의 설계에 기초 자료로 활용
② 사용 인체측정기: 마틴식 인체측정장치(Martintype anthropometer)
③ 측정점과 측정항목에 따라 표준화된 측정점과 측정방법을 적용한다.
④ 측정원칙: 나체측정을 원칙으로 한다.

3 출입문, 탈출구, 통로의 공간, 줄사다리의 강도 등은 어떤 설계 기준을 적용하는 것이 바람직한가?

① 최소치수의 원칙
② 최대치수의 원칙
③ 평균치수의 원칙
④ 최대 또는 평균수치의 원칙

해설 최대집단값에 의한 설계
① 통상 대상집단에 대한 관련 인체측정변수의 상위 백분위수를 기준으로 하여 90%, 95% 혹은 99% 값이 사용된다.
② 문, 탈출구, 통로등과 같은 공간여유를 정하거나 줄사다리의 강도 등을 정할 때 사용한다.
③ 예를 들어, 95%값에 속하는 큰 사람을 수용할 수 있다면, 이보다 작은 사람은 모두 사용된다.

4 반지름이 1.5 cm인 다이얼 스위치를 1/2회전 시킬 때 계기판의 눈금이 비례하여 3 cm 움직이는 표시장치가 있다. 이 표시장치의 C/R (control/response) 비는 얼마인가?

① 0.79 ② 1.57
③ 3.14 ④ 6.28

해답 1. ① 2. ④ 3. ② 4. ②

해설

$$C/R비 = \frac{(a/360) \times 2\pi L}{표시장치의 이동거리}$$

a: 조종장치가 움직인 각도

L: 반지름(지레의 길이)

$$C/R비 = \frac{(180/360) \times (2 \times 3.14 \times 1.5)}{3} = 1.57$$

5 제품 디자인에 있어 인간공학적 고려대상이 아닌 것은?

① 개인차를 고려한 설계
② 사용 편의성의 향상
③ 학습효과를 고려한 설계
④ 하드웨어 신뢰성 향상

해설 제품 디자인에 있어 인간공학 고려대상
① 개인차를 고려한 설계
② 사용 편의성의 향상
③ 학습효과를 고려한 설계
④ 적절한 피드백을 제공하는 설계
⑤ 사용자와 작업 중심의 설계

6 신호 검출이론에 의하면 시그널(signal)에 대한 인간의 판정결과는 네 가지로 구분된다. 이 중 시그널을 노이즈(noise)로 판단한 결과를 지칭하는 용어는 무엇인가?

① 올바른 채택(hit)
② 허위경보(false alarm)
③ 누락(miss)
④ 올바른 거부(correct rejection)

해설 신호검출이론
① 신호의 정확한 판정: hit
② 허위경보: false alarm
③ 신호검출 실패: miss
④ 잡음을 제대로 판정: correct noise

7 정량적인 동적 표시장치 중 눈금이 고정 되고 지침이 움직이는 형태는?

① 계수형　　② 동침형
③ 동목형　　④ 원형 눈금

해설 표시장치
① 동침(moving pointer)형: 눈금이 고정되고 지침이 움직이는 형
② 동목(moving scale)형: 지침이 고정되고 눈금이 움직이는 형
③ 계수(digital)형: 전력계나 택시요금 계기와 같이 기계, 전자적으로 숫자가 표시되는 형

8 인간-기계 통합체계의 유형으로 볼 수 없는 것은?

① 수동체계　　② 기계화체계
③ 자동체계　　④ 정보체계

해설 인간-기계 통합체계의 유형
① 수동체계
② 기계화체계
③ 자동체계

9 60 Hz 이상의 음역에서 청각 신호 전달 과정을 옳게 설명한 이론은?

① 진동수설　　② 공진(resonance)설
③ 전화기설　　④ 전도(conduction)설

해설 60 Hz 이상의 음역에서 청각신호 전달 과정을 설명한 이론은 공진(resonance)설이다.

10 인간의 기억의 여러 가지의 형태에 대한 설명으로 틀린 것은?

① 단기기억의 용량은 보통 7청크(chunk)이며 학습이 의해 무한히 커질 수 있다.
② 자극을 받은 후 단기기억에 저장되기 전에 시각적인 정보는 아이코닉 기억(iconic memory)에 잠시 저장된다.
③ 계속해서 갱신해야 하는 단기기억의 용량은 보통의 단기기억 용량보다 작다.
④ 단기기억에 있는 내용을 반복하여 학습(research)하면 장기기억으로 저장된다.

해답 5. ④ 6. ③ 7. ② 8. ④ 9. ② 10. ①

해설 단기기억의 용량은 7±2청크(chunk)이다.

11 인간의 기억 체계 중 감각 보관(sensory storage)에 대한 설명으로 옳은 것은?

① 시·청·촉·후각 정보가 짧은 시간 동안 보관된다.
② 정보가 암호화(coded)되어 보관된다.
③ 상(像) 정보는 수 초간 보관된다.
④ 감각 보관된 정보는 자동으로 작업기억으로 이전된다.

해설 감각보관
개개의 감각경로는 임시 보관장치를 가지고 있으며, 자극이 사라진 후에도 잠시 감각이 지속된다. 가장 잘 알려진 감각보관 기구는 시각계통의 상보관과 청각계통의 향보관이다. 감각보관은 비교적 자동적이며, 좀 더 긴 기간 동안 정보를 보관하기 위해서는 암호화되어 작업기억으로 이전되어야 한다.

12 VDT work station의 인간공학적 설계에 맞지 않는 것은?

① 작업자의 눈과 화면은 최소 40 cm 이상 떨어져야 한다.
② 키보드에 손을 얹었을 때 팔꿈치 각도는 90° 내외가 좋다.
③ 의자에 앉았을 때 몸통의 각도는 90° 이내가 좋다.
④ 키보드에 손을 얹었을 때 팔의 외전은 15~20°가 적당하다.

해설 의자에 앉았을 때 몸통의 각도는 100~110°가 좋다.

13 비행기에서 15 m 떨어진 거리에서 잰 jet engine의 소음이 130 dB(A) 이었다면, 100 m 떨어진 격납고에서의 소음수준은?

① 192.2 dB(A) ② 131.8 dB(A)
③ 113.5 dB(A) ④ 150.0 dB(A)

해설
$dB_2 = dB_1 - 20\log(d_2/d_1)$
여기서 d_1, d_2: 음원으로부터 떨어진 거리
$dB_2 = 130 - 20\log(100/15) = 113.5\text{dB(A)}$

14 고주파 대역(3,000 Hz 이상) 음원의 방향을 결정하는 암시(cue) 신호가 아닌 것은?

① 양이간 강도차(intensity difference)
② 양이간 시간차(time difference)
③ 양이간 위상차(phase difference)
④ 고주파 음은 음원의 방향을 알 수 없다.

해설 고주파 대역(3,000 Hz 이상) 음원의 방향을 결정하는 암시(cue)신호
① 양이간의 강도차(intensity difference)
② 양이간의 시간차(time difference)
③ 양이간의 위상차(phase difference)

15 인간공학의 주요 목적에 대한 설명으로 옳지 않는 것은?

① 제품의 사용자 수요성 및 사용편의성 증대
② 작업 오류 감소 및 생산성 향상
③ 제품 판매 비용 및 운송 비용 절감
④ 작업의 안전성 및 작업 만족도 개선

해설 인간공학의 주요 목적
인간공학은 인간과 사물의 설계가 인간에게 미치는 영향에 중점을 둔다. 즉, 인간의 능력, 한계, 특성 등을 고려하면서 전체 인간-기계 시스템의 효율을 증가시키는 것이다.

16 다음 중 제품, 공구, 장비의 설계 시에 적용하는 인체계측 자료의 응용 원칙에 해당되지 않는 것은?

① 조절식 설계
② 극단치를 기준으로 한 설계

해답 11. ① 12. ③ 13. ③ 14. ④ 15. ③ 16. ④

③ 평균치를 기준으로 한 설계
④ 기계중심의 설계

해설 인체측정 자료의 응용원칙
① 극단치(최소, 최대)를 이용한 설계
② 조절식 설계
③ 평균치를 이용한 설계

17 인간공학 연구에 사용되는 기준(criterion, 종속변수) 중 인적 기준(human criterion)에 해당하지 않는 것은?

① 체계(system) 기준
② 인간 성능
③ 주관적 반응
④ 사고빈도

해설 인적기준
인간성능척도, 생리학적 지표, 주관적 반응, 사고빈도

18 자극들 간의, 반응들 간의, 혹은 자극-반응 조합의 관계가 인간의 기대와 모순되지 않는 성질을 무엇이라고 하는가?

① 적응성 ② 변별성
③ 양립성 ④ 신뢰성

해설 양립성
자극들 간의, 반응들 간의 혹은 자극-반응조합의 공간, 운동 혹은 개념적 관계가 인간의 기대와 모순되지 않는 것을 말한다.

19 다음 중 빛이 어떤 물체에 반사되어 나 온 양을 의미하는 휘도(brightness)를 나 타내는 단위는?

① L(Lambert) ② cd(Candela)
③ lux ④ lumen

해설 휘도의 단위
L(Lambert)

20 정보의 전달량의 공식을 올바르게 표현 한 것은?

① Noise = H(X) + T(X,Y)
② Equivocation = H(X) + T(X,Y)
③ Noise = H(X) − T(X,Y)
④ Equivocation = H(X) − T(X,Y)

해설
Equivocation = H(X) − T(X, Y)
Noise = H(Y) − T(X, Y)

2 작업생리학

21 근육이 수축할 때 발생하는 전기적 활성을 기록하는 것은?

① ECG(심전도)
② EEG(뇌전도)
③ EMG(근전도)
④ EOG(안전도)

해설 근육활동의 전위차를 기록한 것 EMG(근전도)

22 움직임을 직접적으로 주도하는 주동근(prime mover)과 반대되는 작용을 하는 근육은?

① 보조 주동근(assistant mover)
② 중화근(neutralizer)
③ 길항근(antagonist)
④ 고정근(stabilizer)

해설
① 주동근(agonist): 운동 시 주역을 하는 근육
② 협력근(synergist): 운동 시 주역을 하는 근을 돕는 근육, 동일한 방향으로 작용하는 근육
③ 길항근(antagonist): 주동근과 서로 반대방향으로 작용하는 근육

정답 17. ① 18. ③ 19. ① 20. ④ 21. ③ 22. ③

23 전신진동의 진동수가 어느 정도일 때 흉부와 복부의 고통을 호소하게 되는가?

① 4~10 Hz ② 8~12 Hz
③ 10~20 Hz ④ 20~30 Hz

(해설) 진동이 신체에 미치는 영향은 진동주파수에 따라 달라진다. 몸통의 공진주파수는 4~8 Hz로 이 범위에서 내구수준이 가장 낮다.

24 아래 그림과 같이 작업자가 한 손을 사용하여 무게(W_L)가 98 N인 작업물을 수평선을 기준으로 30도 팔꿈치 각도로 들고 있다. 물체의 쥔 손에서 팔꿈치까지의 거리는 0.35 m이고, 손과 아래팔의 무게(W_A)는 16 N이며, 손과 아래팔의 무게중심은 팔꿈치로부터 0.17 m에 위치해 있다. 팔꿈치에 작용하는 모멘트는 얼마인가?

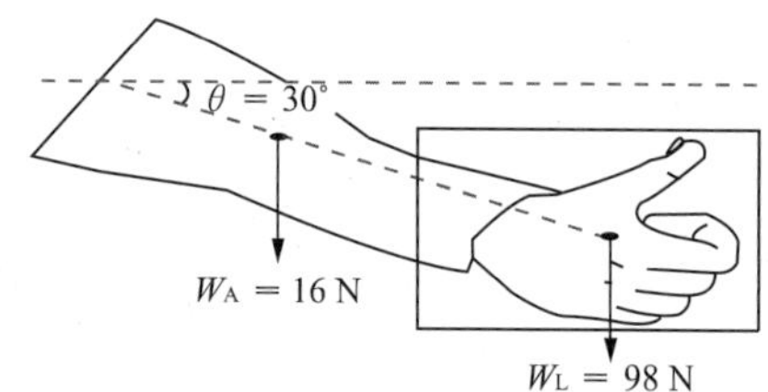

① 32 Nm ② 37 Nm
③ 42 Nm ④ 47 Nm

(해설)
$\sum M = 0$
(−98 N){0.35×cos30°(m)}+(−16 N){0.17×cos30°(m)}+ME(팔꿈치모멘트)=0
M_e = 32.06 Nm

25 교대작업에 대한 설명으로 옳은 것은?

① 교대작업은 작업 공정상 또는 생활 안전상 필연적인 제도이다.
② 교대작업자와 주간고정 작업자들의 사고 발생률 차이는 그나지 크지 않다.
③ 문헌에 따르면 교대작업자의 건강은 주간 고정 작업자에 비해 좋지 않다.
④ 야간교대의 경우 교대형태를 수시로 바꿔 주는 것이 작업자의 건강에 바람직하다.

(해설) 교대작업은 신체리듬에 역행해서 갑작스런 신체적 혹은 사회적 활동의 변화를 초래하며, 이러한 일주기성의 리듬이 깨지게 되고 이에 적응하지 못하면 건강장해를 일으킬 수 있다.

26 RMR(Relative Metabolic Rate)의 값이 1.8로 계산되었다면 작업강도의 수준은?

① 아주 가볍다(very light)
② 아주 무겁다(very heavy)
③ 가볍다(light)
④ 보통이다(moderate)

(해설)

작업강도	RMR
초중작업	7 RMR 이상
중(重)작업	4~7 RMR
중(中)작업	2~4 RMR
경(輕)작업	0~2 RMR

27 청력손실은 개인마다 차이가 있으나, 어떤 주파수에서 가장 크게 나타나는가?

① 1,000 Hz ② 2,000 Hz
③ 3,000 Hz ④ 4,000 Hz

(해설) 청력손실의 정도는 노출 소음 수준에 따라 증가하는데, 청력손실은 4,000 Hz에서 가장 크게 나타난다.

28 육체적 작업에 따라 필요한 산소와 포도당이 근육에 원활히 공급되기 위해 나타나는 순환기 계통의 생리적 반응이 아닌 것은?

① 심박출량 증가 ② 심박수의 증가
③ 혈압 감소 ④ 혈류의 재분배

해답 23. ① 24. ① 25. ③ 26. ③ 27. ④ 28. ③

해설 혈압은 증가한다.

29 윤활관절(synovial joint)인 팔굽관절(elbow joint)은 연결형태로 보아 어느 관절에 해당되는가?

① 절구관절(ball and socket joint)
② 경첩관절(hinge joint)
③ 안장관절(saddle joint)
④ 차축관절(pivot joint)

해설 경첩관절에는 무릎관절, 팔굽관절, 발목관절이 있다.

30 어깨를 올리고 내리는 데 주로 관련된 근육은?

① 이두근(biceps) ② 삼두근(triceps)
③ 삼각근(deltoid) ④ 승모근(trapezius)

해설 어깨를 올리고 내리는 데 주로 승모근을 사용한다.

31 육체적으로 격렬한 작업 시 충분한 양의 산소가 근육활동에 공급되지 못해 근육에 축적되는 것은?

① 피루브산 ② 젖산
③ 초성포도산 ④ 글리코겐

해설 젖산의 축적
인체활동의 초기에서는 일단 근육 내의 당원을 사용하지만, 이후의 인체활동에서는 혈액으로부터 영양분과 산소를 공급받아야 한다. 이때 인체활동 수준이 너무 높아 근육에 공급되는 산소량이 부족한 경우에는 혈액 중에 젖산이 축적된다.

32 더운 곳에 있는 사람은 시간당 최고 4 kg까지의 땀(증발열: 2410 J/g)을 흘릴 수 있다. 이 사람이 땀을 증발함으로써 잃을 수 있는 열은 몇 kW인가?

① 1.68 kW ② 2.68 kW
③ 3.68 kW ④ 4.68 kW

해설
1초에 1 J의 일을 하였을 때 1watt
(4,000 g×2,410 J)/3,600초=2677.78 W=2.68 kW

33 인체의 골격에 관한 설명 중 옳지 않은 것은?

① 전신의 뼈의 수는 관절 등의 결합에 의해 형성된 대소 206개로 구성되어 있으며, 이들이 모여서 골격계통을 구성하고 있다.
② 인체의 골격계는 전신의 뼈, 연골, 관절 및 인대로 구성되어 있다.
③ 뼈는 다시 골질(bone substance), 연골막(cartilage substance), 골막과 골수의 4부분으로 구성되어 있다.
④ 인대는 뼈와 뼈를 연결하는 것으로 자세 교정과 신경보호라는 매우 중요한 역할을 한다.

해설 인대는 신경보호 역할을 하는 것은 아니다.

34 가시도(visibility)에 영향을 미치는 요소가 아닌 것은?

① 과녁에 대한 노출시간 ② 과녁의 종류
③ 대비(contrast) ④ 조명기구

해설 가시도(visibility)
대상물체가 주변과 분리되어 보이기 쉬운 정도. 일반적으로 가시도는 대비, 광속발산도, 물체의 크기, 노출시간, 휘광, 움직임(관찰자 또는 물체의) 등에 의해 영향을 받는다.

35 중추신경계의 피로, 즉 정신피로의 척도로 사용될 수 있는 것은?

① 혈압
② 점멸융합주파수(flicker fusion frequency)

정답 29. ② 30. ④ 31. ② 32. ② 33. ④
34. ② 35. ②

③ 산소소비량

④ 부정맥(cardiac arrhythmia) 점수

해설 정신피로의 척도로 사용되는 것: 부정맥 지수, 점멸융합주파수, 전기피부 반응, 뇌파 등이 있다.

36 일정(constant) 부하를 가진 작업수행 시 인체의 산소 소비변화를 나타낸 그래프는?

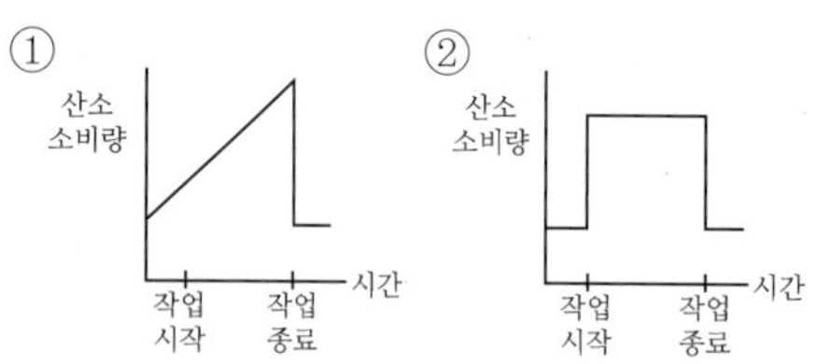

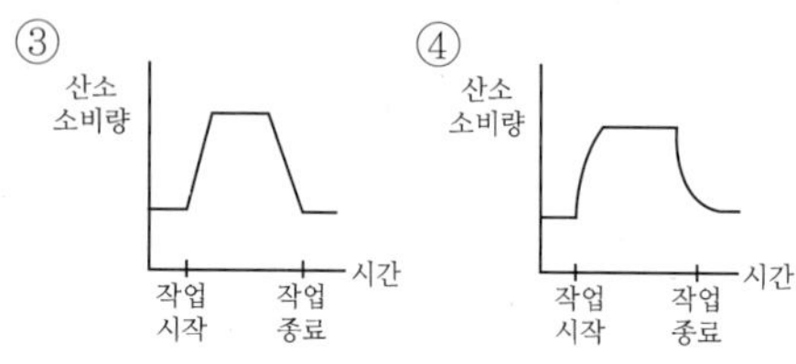

해설 산소소비량 변화 그래프

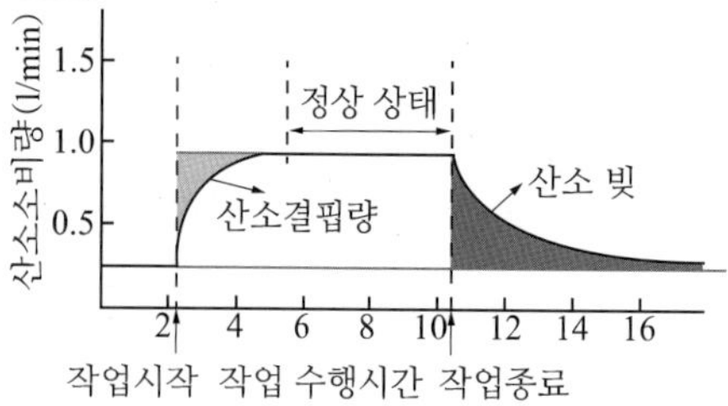

37 신체 부위가 몸의 중심선으로부터 바깥쪽으로 움직이는 동작을 일컫는 용어는?

① 신전(extension)

② 외전(abduction)

③ 내선(medial rotation)

④ 상향(supination)

해설 외전(abduction)
팔을 옆으로 들 때처럼 인체중심선에서 멀어지는 측면에서의 인체부위의 동작

38 플리커 시험(Flicker Test)이란?

① 산소소비량을 측정하는 방법이다.

② 뇌파를 측정하여 피로도를 측정하는 시험이다.

③ 눈동자의 움직임을 살펴 심리적 불안감을 측정하는 시험이다.

④ 빛에 대한 눈의 깜박임을 살펴 정신피로의 척도로 사용하는 방법이다.

해설 플리커 시험
빛을 어느 일정한 속도로 점멸시키면 깜박거려 보이나 점멸의 속도를 빨리 하면 깜박이가 없고 융합되어 연속된 광으로 보일 때 점멸주파수라하며, 피곤함에 따라 점멸빈도가 감소하기 때문에 중추신경계의 피로, 즉 '정신피로'의 척도로 사용될 수 있다.

39 실내의 추천 반사율로 틀린 것은?

① 바닥 - 20～40%

② 가구 - 25～45%

③ 벽 - 50～70%

④ 천장 - 60～75%

해설 실내의 추천 반사율

천장	80~90%
가구, 사무용기기, 책상	25~45%
벽, 창문 발(blind)	40~60%
바닥	20~40%

40 관절의 움직임 중 모음(내전, adduction) 이란 어떤 움직임을 말하는가?

① 굽혀진 상태를 해부학적 자세로 되돌리는 운동이다.

② 관절을 이루는 2개의 뼈가 형성하는 각(angle)이 작아지는 것이다.

③ 정중면 가까이로 끌어 들이는 운동을 말한다.

해답 36. ④ 37. ② 38. ④ 39. ④ 40. ③

④ 뼈의 긴축을 중심으로 제자리에서 돌아가는 운동이다.

해설 내전(adduction)
팔을 수평으로 편 위치에서 수직위치로 내릴 때처럼 중심선을 향한 인체부위의 동작

3 산업심리학 및 관련법규

41 원전 주제어실의 직무는 4명의 운전원으로 구성된 근무조에 의해 수행되고 이들의 직무 간에는 서로 영향을 끼치게 된다. 근무조원 중 1차계통의 운전원 A와 2차계통의 운전원 B 간의 직무는 중간정도의 의존성(15%)이 있다. 그리고 운전원 A의 기초 HEP Prob{A}=0.001일 때 운전원 B의 직무실패를 조건으로 한 운전원 A의 직무실패확률은? (단, THERP분석법을 사용)

① 0.151 ② 0.161 ③ 0.171 ④ 0.181

해설
$P(N \mid N-1) = (\%_{dep})1.0 + (1-\%_{dep})P(N)$
B가 실패일 때 실패확률:
$P(A|B) = (0.15 \times 1.0 + (1-0.15) \times (0.001)$
$= 0.15075 \approx 0.151$

42 힉-하이만(Hick-Hyman)의 법칙에 의하면 인간의 반응시간(RT: Reaction Time)은 자극정보의 양에 비례한다고 한다. 인간의 반응시간(RT)을 다음 식과 같이 예견된다고 하면, 자극정보의 개수가 2개에서 8개로 증가한다면 반응시간은 몇 배 증가하겠는가? (단, RT=a*$\log_2$ N, a: 상수, N: 자극정보의 수)

① 2배 ② 3배
③ 4배 ④ 8배

해설 a는 상수이므로 자극정보의 수만으로 계산을 한다. $\log_2 2$ = 1이고 $\log_2 8$ = 3이므로, 3배 증가

43 스트레스에 대한 적극적 대처방안으로 바람직하지 않은 것은?

① 규칙적인 운동을 통하여 근육긴장과 고조된 정신에너지를 경감한다.
② 근육이나 정신을 이완시킴으로써 스트레스를 통제한다.
③ 동료들과 대화를 하거나 노래방에서 가까운 친지들과 함께 자신의 감정을 표출하여 긴장을 방출한다.
④ 수치스런 생각, 죄의식, 고통스런 경험들을 의식해서 제거하거나 의식수준 이하로 끌어 내린다.

해설 ④는 스트레스에 대한 대처방안이 아니다.

44 다음 중 정신적 피로도를 측정하기 위한 방법으로 옳지 않은 것은?

① 플리커법
② 연속색명 호칭법
③ 근전도 측정법
④ 뇌파 측정법

해설 근전도 측정법은 근육활동의 전위차를 기록한 것으로 육체적 피로도를 측정하기 위한 방법

45 부주의의 발생원인 중 내적요인이 아닌 것은?

① 소질적 문제
② 작업순서의 부자연성
③ 의식의 우회
④ 경험부족

해설 부주의 발생원인의 내적요인
① 소질적 문제
② 의식의 우회
③ 경험과 미경험

해답 41. ① 42. ② 43. ④ 44. ③ 45. ②

46 재해발생 원인 중 간접원인이 아닌 것은?

① 기술적 원인 ② 교육적 원인
③ 신체적 원인 ④ 물리적 원인

해설 재해발생 원인의 간접원인
① 기술적 원인
② 교육적 원인
③ 신체적 원인
④ 정신적 원인

47 다음 중 조직이 리더에게 부여하는 권한의 유형이 아닌 것은?

① 보상적 권한 ② 강압적 권한
③ 조정적 권한 ④ 합법적 권한

해설
가. 조직이 리더에게 부여하는 권한
① 보상적 권한
② 강압적 권한
③ 합법적 권한
나. 자신이 자신에게 부여하는 권한(권한이라기보다는 존경의 의미)
① 위임된 권한
② 전문성의 권한

48 ( )에 알맞은 것은?

Karasek 등의 직무스트레스에 관한 이론에 의하면 직무스트레스의 발생은 직무요구도와 ( )의 불일치에 의해 나타난다고 보았다.

① 직무재량 ② 직무분석
③ 인간관계 ④ 조직구조

해설 Karasek's Job Strain Model에 따르면 직무스트레스는 작업상황의 요구정도(직무요구도)와 그러한 요구에 직면한 작업자의 의사결정의 자유범위(직무재량)의 관련된 부분으로 발생한다.

49 인간관계의 메커니즘에서 다른 사람의 행동양식이나 태도를 투입시키거나 다른 사람 가운데서 자기와 비슷한 것을 발견하는 것에 해당하는 것은?

① 암시(suggestion)
② 모방(imitation)
③ 투사(projection)
④ 동일화(identification)

해설 동일화(identification)
다른 사람의 행동양식이나 태도를 투입시키거나 다른 사람 가운데서 자기와 비슷한 것을 발견하려는 것이다.

50 웨버의 관료주의에서 주장하는 4가지 원칙이 아닌 것은?

① 노동의 분업 ② 통제의 범위
③ 창의력 중시 ④ 권한의 위임

해설 웨버의 관료주의 조직을 움직이는 4가지 기본원칙
① 노동의 분업: 작업의 단순화 및 전문화
② 권한의 위임: 관리자를 소단위로 분산
③ 통제의 범위: 각 관리자가 책임질 수 있는 작업자의 수
④ 구조: 조직의 높이와 폭

51 다음 중 성격이 다른 오류형태는?

① 선택(selection)오류
② 순서(sequence)오류
③ 누락(ommission)오류
④ 시간지연(timing)오류

해설 omission error는 운전자가 직무의 한 단계 또는 전 직무를 누락시킬 때 발생하나 commission error는 운전자가 직무를 수행하지만 틀리게 수행할 때 발생한다. 후자는 넓은 범주로서 선택 오류, 순서 오류, 시간 오류 및 정성적 오류를 포함한다.

52 리더와 부하들 간의 역동적인 상호작용이 리더십 형태에 매우 중요하다고 보고 있는 리더십 연구의 접근방법은?

해답 46. ④ 47. ③ 48. ① 49. ④ 50. ③ 51. ③ 52. ②

① 특질접근법
② 상황접근법
③ 행동접근법
④ 제한적 특질접근법

해설 상황접근법은 리더와 부하들 간의 역동적인 상호작용이 리더십 형태에 매우 중요하다고 본다.

53 산업재해조사와 관한 설명으로 옳은 것은?

① 사업주는 사망자가 발생했을 때에는 재해가 발생할 날로부터 10일 이내에 산업재해 조사표를 작성하여 관할지방노동관서의 장에게 제출해야 한다.
② 3개월 이상의 요양이 필요한 부상자가 2인 이상 발생하였을 때 중대재해로 분류한 후 피재자의 상병의 정도를 중상해로 기록한다.
③ 재해 발생 시 제일 먼저 조치해야 할 사항은 직접 원인, 간접 원인 등 재해 원인을 조사하는 것이다.
④ 재해 조사의 목적은 인적, 물적 피해 상황을 알아내고 사고의 책임자를 밝히는 데 있다.

해설 중대재해
① 사망자가 1인 이상 발생한 재해
② 3개월 이상 요양을 요하는 부상자가 동시에 2인 이상 발생한 재해
③ 부상자 또는 질병자가 동시에 10인 이상 발생한 재해

54 다음 중 규범(norms)의 정의를 맞게 설명한 것은?

① 조직 내 구성원의 행동통제를 위해 공식화 문서화한 규칙
② 집단에 의해 기대되는 행동의 기준을 비공식적으로 규정하는 규칙
③ 상사의 명령에 의해 공식화된 업무수행 방식이나 절차를 규정한 지침
④ 구성원의 행동방식에 대한 회사의 공식화된 규칙과 절차

해설 규범(norms)
집단의 구성원들에 의해 공유되거나 받아들여질 수 있는 행위의 기준으로서 기대되는 행동의 기준을 비공식적으로 규정하는 규칙

55 휴먼에러 중 불필요한 작업 또는 절차를 수행함으로써 기인한 에러는?

① commission error ② sequential error
③ extraneous error ④ time error

해설 extraneous error
불필요한 작업 또는 절차를 수행함으로써 기인한 에러

56 산업재해방지를 위한 대책으로 옳지 않은 것은?

① 재해방지에 있어 근본적으로 중요한 것은 손실의 유무에 관계없이 아차사고(near-miss)의 발생을 미리 방지하는 것이 중요하다.
② 사고와 원인 간의 관계는 우연이라기보다 필연적 인과관계가 있으므로 사고의 원인분석을 통한 적절한 방지대책이 필요하다.
③ 불안전한 행동의 방지를 위해서는 적성배치, 동기부여와 같은 심리적 대책과 함께 인간공학적 작업장 설계 등과 같은 공학적 대책이 필요하다.
④ 산업재해를 줄이기 위해서는 안전관리체계를 자율화하고 안전관리자의 직무권한을 축소한다.

해설 산업재해방지를 위하여 안전관리체계를 강화하고 안전관리자의 직무권한을 확대한다.

해답 **53.** ② **54.** ② **55.** ③ **56.** ④

57 피로의 원인은 기계적 요인과 인간적 요인으로 나눌 수 있다. 피로를 발생시키는 인간적인 요인이 아닌 것은?

① 정신적인 상태
② 작업시간과 속도
③ 작업숙련도
④ 경제적 조건

해설 피로요인
피로의 원인 중 인간적 요인은 정신적 상태, 작업시간과 속도, 작업숙련도 등이 있다.

58 다음 중 집단 간 갈등 해소의 방법이 아닌 것은?

① 문제해결 ② 회피 ③ 타협 ④ 방임

해설 집단 간 갈등 해소방법
① 문제의 공동 해결방법
② 상위 목표의 도입
③ 자원의 확충
④ 타협
⑤ 전제적 명령
⑥ 조직 구조의 변경
⑦ 공동 적의 설정
⑧ 회피

59 제조업자가 합리적인 대체설계를 채용하였더라면 피해나 위험을 줄이거나 피할 수 있었음에도 대체설계를 채용하지 아니하여 당해 제조물이 안전하지 못하게 된 경우에 해당하는 결함의 유형은?

① 제조상의 결함 ② 설계상의 결함
③ 지시상의 결함 ④ 경고상의 결함

해설 설계상의 결함
제품의 설계 그 자체에 내재하는 결함으로 설계대로 제품이 만들어졌더라도 결함으로 판정되는 경우

60 인간이 지닌 주의력의 특성에 해당하지 않는 것은?

① 선택성 ② 방향성
③ 대칭성 ④ 일점집중성

해설 주의의 특성
① 선택성
② 변동성
③ 방향성

4 근골격계질환 예방을 위한 작업관리

61 작업관리의 주목적으로 가장 거리가 먼 것은?

① 정확한 작업측정을 통한 작업개선
② 공정개선을 통한 작업 편리성 향상
③ 표준시간 설정을 통한 작업효율 관리
④ 공정관리를 통한 품질 향상

해설 작업관리의 주목적
① 최선의 경제적 작업방법의 결정(작업개선)
② 작업방법, 재료, 설비, 공구, 작업환경의 표준화(표준화)
③ 평균작업자에 의한 과업수행시간의 정확한 결정(표준시간 설정)
④ 신방법의 작업지도(표준의 유지)

62 다음 중 VDT(Video Display Terminal) 증후군의 발생요인이 아닌 것은?

① 인간의 과오를 중요하게 생각하지 않는 직장 분위기
② 나이, 시력, 경력, 작업수행도 등
③ 책상, 의자, 키보드(key board) 등에 의한 작업자세
④ 반복적인 작업, 휴식시간의 문제

해설 VDT 증후군 발생요인
① 개인적 특성요인
② 작업환경 특성요인
③ 작업조건 특성요인

정답 57. ④ 58. ④ 59. ② 60. ③ 61. ④ 62. ①

63 다음 중 개선원칙의 설명으로 가장 적절한 것은?

① 공학적 개선은 비용 때문에 가장 나중에 검토되어야 한다.
② 가능한 한 위험작업 개선 시 작업자의 보호정책(보호장구 착용 등)을 우선적으로 검토하여야 한다.
③ 위험작업의 경우 직무순환을 우선적으로 검토하고 이후 보호정책을 검토한다.
④ 지속적인 교육훈련을 통하여 경영자·작업자의 인식을 바꾸는 것이 중요하다.

해설 경영자, 작업자의 인식을 바꾸기 위해 지속적인 교육훈련이 필요하다.

64 NIOSH Lifting Equation(NLE) 평가에서 권장무게한계(Recommended Weight Limit)가 20 kg이고 현재 작업물의 무게가 23 kg일 때, 들기지수(Lifting Index)의 값과 이에 대한 평가가 옳은 것은?

① 0.87, 작업을 재설계할 필요가 있다.
② 0.87, 요통의 발생위험이 낮다.
③ 1.15, 작업을 재설계할 필요가 없다.
④ 1.15, 요통의 발생위험이 높다.

해설 LI(들기지수) = 작업물의 무게/RWL(권장무게한계)=23 kg/20=1.15, LI가 1보다 크게 되는 것은 요통의 발생위험이 높은 것을 나타낸다. 따라서, LI가 1 이하가 되도록 작업을 설계/재설계할 필요가 있다.

65 다음 중 작업관리의 내용과 가장 거리가 먼 것은?

① 작업관리는 방법연구와 작업측정을 주 영역으로 하는 경영기법의 하나이다.
② 작업관리는 작업시간을 단축하는 것이 주목적이다.
③ 작업관리는 생산성과 함께 작업자의 안전과 건강을 함께 추구한다.
④ 작업관리는 생산과정에서 인간이 관여하는 작업을 주 연구대상으로 한다.

해설 작업관리의 목적
공장이나 작업장의 배치를 개선하고 설비의 디자인을 개량하고, 작업환경을 개선하여 작업자의 피로를 덜게 함으로써 토지, 공장건설, 노동의 이용을 유효하게 하려는 것.

66 다음 중 작업분석에 관한 설명으로 맞는 것은?

① 필름을 이용한 미세동작연구는 길브레스(Gilbreth)부부가 처음 창안하였다.
② 파레토 차트는 혹은 SIMO차트라고 부른다.
③ 미세동작연구를 할 때에는 가능하면 작업방법이 서투른 초보자를 대상으로 한다.
④ 미세동작연구에서는 작업수행도가 월등히 낮은 작업 사이클 을 대상으로 한다.

해설
① 필름을 이용한 미세동작연구: 길브레스(Gilbreth)부부가 처음 창안
② SIMO차트: 작업을 서블릭의 요소 동작으로 분리하여 양손의 동작을 시간축에다 나타낸 도표
③ 미세동작연구를 할 때에는 숙련된 두 명의 작업자 내용을 촬영한다.
④ 미세동작연구의 대상은 cycle이 짧고, 반복적인 작업에 유용하며, 대량생산을 하는 작업에 적합하다.

67 다음 중 PTS법의 장점이 아닌 것은?

① 직접 작업자를 대상으로 작업시간을 측정 하지 않아도 된다.
② 실제 생산현장을 보지 않고도 작업대의 배치와 작업방법을 알면 표준시간의 산출이 가능하다.

정답 63. ④ 64. ④ 65. ② 66. ① 67. ③

③ 전문가의 조언이 거의 필요하지 않을 정도로 PTS법의 적용은 쉽게 표준화되어 사용이 용이하다.
④ 표준시간의 설정에 논란이 되는 rating의 필요가 없어 표준시간의 일관성과 정확성이 높아진다.

해설 PTS법의 도입초기에는 전문가의 자문이 필요하고 교육 및 훈련비용이 크다.

68 다음 중 공정도에 사용되는 기호인 ○으로 표시하기에 부적절한 것은?

① 작업 대상물이 올바르게 시행되었는지를 확인할 때
② 작업 대상물이 분해되거나 조립될 때
③ 정보를 주고받을 때
④ 계산을 하거나 계획을 수립할 때

해설 공정기호

가공	운반	정체	저장	검사
○	⇨	D	▽	□

※ 작업 대상물을 확인하는 것은 검사에 해당된다.

69 중량물을 들기작업방법에 대한 설명 중 틀린 것은?

① 가능하면 중량물을 양손으로 잡는다.
② 중량물 밑을 잡고 앞으로 운반하도록 한다.
③ 허리를 구부려서 작업을 수행한다.
④ 손가락만으로 잡지 말고 손 전체로 잡아서 작업한다.

해설 허리를 곧게 유지하고 무릎을 구부려서 들도록 한다.

70 개선의 E.C.R.S에 해당되지 않는 것은?

① Eliminate(제거)
② Collect(모음)
③ Rearrange(재배열)
④ Simplify(단순화)

해설 개선의 ECRS
① E(Eliminate)
② C(Combine)
③ R(Rearrange)
④ S(Simplify)

71 다음 중 RULA와 관련하여 맞는 것은?

① 몸통이 수직면 기준으로 앞으로 20도까지 구부릴 때, 각각 1점 부여한다.
② 목이 비틀리는(회전) 경우, 또는 목이 옆으로 구부러지는 경우 1점 추가한다.
③ 손목의 굴곡/신전의 각도가 15도 이내이면 1점 부여한다.
④ 어깨가 위로 들려 있는 경우 2점 추가한다.

해설
① 몸통이 수직면 기준으로 20도 구부릴 때: 2점부여
③ 손목의 굴곡/신전의 각도가 15도 이내이면: 2점 부여
④ 어깨가 들려 있을 경우: 1점 추가

72 다음 중 작업측정에 대한 설명으로 적절한 것은?

① 작업측정은 자격을 가진 전문가만이 수행하여야 한다.
② 반드시 비디오 촬영을 병행하여야 한다.
③ 측정 시 작업자가 모르게 비밀 촬영을 하여야 한다.
④ 측정 후 자료는 그대로 사용하지 않고, 작업능률에 따라 자료를 수정하여야 한다.

해설
① 자격을 가진 전문가가 아니더라도 작업측정을 하

해답 68. ① 69. ③ 70. ② 71. ② 72. ④

는 작업측정 기법이 있다.
② 비디오 촬영을 병행하지 않아도 되는 작업측정 기법이 있다.
③ 비밀 촬영을 하는 것은 바람직하지 않다.

73 근골격계질환의 원인으로 거리가 먼 것은?

① 반복동작 ② 고온작업
③ 과도한 힘 ④ 부적절한 자세

해설 근골격계질환의 원인
① 부적절한 작업자세
② 과도한 힘
③ 접촉스트레스
④ 반복적인 작업

74 근골격계 예방·관리 프로그램의 일반적 구성요소가 아닌 것은?

① 유해요인조사 ② 유해요인 통제
③ 의료관리 ④ 집단검진

해설 근골격계 예방·관리 프로그램은 근골격계질환 예방을 위한 유해요인조사와 개선, 의학적 관리, 교육에 관한 근골격계질환 예방·관리 프로그램의 표준을 제시함이 목적이다.

75 근골격계질환의 발생원인 중 작업 특성요인이 아닌 것은?

① 작업경력
② 반복적인 동작
③ 무리한 힘의 사용
④ 동력을 이용한 공구 사용 시 진동

해설 작업경력은 개인적 특성요인이다.

76 다음 중 근골격계질환 예방을 위한 바람직한 관리적 개선방안이 아닌 것은?

① 규칙적이고 잦은 휴식을 통하여 피로의 누적을 예방한다.
② 작업확대를 통하여 한 작업자가 할 수 있는 일의 다양성을 넓힌다.
③ 전문적인 스트레칭과 체조 등을 교육하고 작업 중 수시로 실시하게 유도한다.
④ 중량물 운반 등 특정 작업에 적합한 작업자를 선별하여 상대적 위험도를 경감한다.

해설 중량물 운반에 적합한 작업자는 없다.

77 표준자료법에 대한 설명 중 틀린 것은?

① 선반작업 같은 특정 작업에 영향을 주는 요인을 결정한 후 정미시간을 종속변수, 요인을 독립변수로 취급하여 두 변수 사이의 함수관계를 바탕으로 표준시간을 구한다.
② 표준 자료 작성은 초기 비용이 적기 때문에 생산량이 적은 경우에 유리하다.
③ 일단 한 번 작성되면 유사한 작업에 대한 신속한 표준시간 설정이 가능하다.
④ 작업조건이 불안전하거나 표준화가 곤란한 경우에는 표준자료 설정이 곤란하다.

해설 표준자료의 작성의 초기비용이 크기 때문에 생산량이 적거나 제품이 큰 경우에는 부적합하다.

78 문제해결을 위해 이해해야 하는 문제 자체가 가지는 일반적인 다섯 가지 특성을 잘 나타낸 것은?

① 선행조건, 제약조건, 작업환경, 대안, 개선방향
② 두 가지 상태, 제약조건, 대안, 판단기준, 연구시한
③ 선행조건, 제약조건, 대안, 인력, 연구시한
④ 두 가지 상태, 제약조건, 대안, 판단기준, 작업환경

해답 **73.** ② **74.** ④ **75.** ① **76.** ④ **77.** ② **78.** ②

해설 문제해결을 위해 이해해야 하는 문제 자체가 가지는 일반적인 다섯 가지 특성
① 두 가지 상태
② 제약조건
③ 대안
④ 판단기준
⑤ 연구시한

79 유해요인조사 방법 중 OWAS(Ovako Working Posture Analysing System)에 관한 설명으로 틀린 것은?

① OWAS는 작업자세로 인한 작업부하를 평가하는 데 초점이 맞추어져 있다.
② 작업자세에는 허리, 팔, 손목으로 구분하여 각 부위의 자세를 코드로 표현한다.
③ OWAS는 신체 부위의 자세뿐만 아니라 중량물의 사용도 고려하여 평가한다.
④ OWAS 활동점수표는 4단계 조치단계로 분류된다.

해설 OWAS의 작업자세에는 허리, 팔, 다리, 하중으로 구분하여 각 부위의 자세를 코드로 표현한다.

80 다음 중 작업분석의 목적이 아닌 것은?

① 인간 주체의 작업계열을 포괄적으로 파악할 수 있다.
② 작업개선의 중점발견에 이용한다.
③ 작업표준의 기초 자료가 된다.
④ 기계 혹은 작업자의 유휴시간 단축에 이용된다.

해설 작업분석의 목적
인간 주체의 작업계열을 포괄적으로 파악할 수 있고 작업자가 실시하는 작업의 개선과 표준화가 목적이다.

해답 79. ② 80. ④

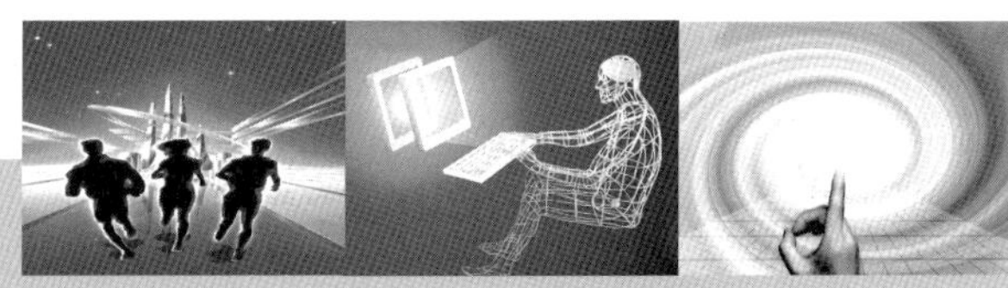

부록 1 인간공학기사 필기 예상문제

1 인간공학 개론

1 Fitts의 법칙에 관한 설명으로 맞는 것은?

① 표적과 이동거리는 작업의 난이도와 소요이동시간과 무관하다.
② 표적이 클수록, 이동거리가 짧을수록 작업의 난이도와 소요이동시간이 감소한다.
③ 표적이 클수록, 이동거리가 길수록 작업의 난이도와 소요이동시간이 증가한다.
④ 표적이 작을수록, 이동거리가 짧을수록 작업의 난이도와 소요이동시간이 증가한다.

2 정보이론의 응용과 거리가 먼 것은?

① 다중과업
② Hick-Hyman 법칙
③ Magic number = 7±2
④ 자극의 수에 따른 반응시간 설정

3 인체측정자료의 응용원칙 중 출입문, 통로등의 설계 시 가장 접합한 원칙은?

① 조절식 범위를 이용한 설계
② 최소치를 이용한 설계
③ 평균치를 이용한 설계
④ 최대치를 이용한 설계

4 다음 중 시력의 척도와 그에 대한 설명으로 틀린 것은?

① Vernier시력 – 한 선과 다른 선의 측방향 범위(미세한 치우침)를 식별하는 능력
② 최소가분시력 – 대비가 다른 두 배경의 접점을 식별하는 능력
③ 최소인식시력 – 배경으로부터 한 점을 식별하는 능력
④ 입체시력 – 깊이가 있는 하나의 물체에 대해 두 눈의 망막에서 수용할 때 상이나 그림의 차이를 분간하는 능력

5 다음 중 조종장치에 흔한 비선형요소로 조종장치를 움직여도 피제어요소에 변화가 없는 공간이 발생하는 현상을 무엇이라 하는가?

① 이력현상
② 사공간현상
③ 반발현상
④ 점성저항현상

6 다음 중 인체계측지에 있어 기능적(function-al) 치수를 사용하는 이유로 가장 올바른 것은?

① 인간은 닿는 한계가 있기 때문
② 사용 공간의 크기가 중요하기 때문
③ 인간이 다양한 자세를 취하기 때문
④ 각 신체부위는 조화를 이루면서 움직이기 때문

7 인체 측정치의 적용 절차가 다음과 같을 때 순서를 가장 올바르게 나열한 것은?

① 인체측정자료의 선택 ② 설계치수 결정 ③ 설계에 필요한 인체 치수의 결정 ④ 적절한 여유치 고려 ⑤ 모형에 의한 모의실험 ⑥ 인체자료 적용원리 결정 ⑦ 설비를 사용할 집단 정의

① ③→⑦→⑥→①→④→②→⑤
② ③→⑥→⑦→①→④→⑤→②
③ ①→⑦→③→⑥→④→②→⑤
④ ①→⑥→⑦→④→③→⑤→②

8 다음 중 사용자 인터페이스에 대한 정의로 가장 적절하지 않은 것은?

① 사용성이란 사용자가 의도한 대로 제품을 사용할 수 있는 정도이다.
② 최고 경영자의 관점에서 제품을 설계하는 것을 사용자 중심 설계라고 한다.
③ 사용성은 학습용이성, 효율성, 기억용이성, 주관적 만족도와 관련이 크다.
④ 사용자가 어떤 장비를 사용하여 작업할 경우 정보의 상호전달이 이루어지는 부분을 사용자 인터페이스라고 한다.

9 다음 중 일반적으로 청각적 표시장치에 적용되는 지침으로 적절하지 않은 것은?

① 신호음은 최소한 0.5~1초 동안 지속시킨다.
② 신호음은 배경소음과 다른 주파수를 사용한다.
③ 300 m 이상 멀리 보내는 신호음은 1,000 Hz 이하의 주파수를 사용한다.
④ 주변소음은 주로 고주파이므로 은폐효과를 막기 위해 200 Hz 이하의 신호음을 사용하는 것이 좋다.

10 다음 중 최적의 조종-반응비율(*C*/*R* 비) 설계 시 고려해야 할 사항으로 적절하지 않은 것은?

① 목시거리가 길면 길수록 조절의 정확도는 낮아진다.
② 작업자의 조절동작과 계기의 반응 사이에 지연이 발생한다면 *C*/*R*비를 높여야 한다.
③ 조종장치의 조작방향과 표시장치의 운동방향을 일치시켜야 한다.
④ 계기의 조절시간이 가장 짧아지는 크기를 선택하되 크기가 너무 작아지는 단점도 고려해야 한다.

11 다음 중 신호검출이론(SDT)에서 신호의 유무를 판별함에 있어 4가지 반응 대안에 해당하지 않는 것은?

① Hit ② Miss
③ False alarm ④ Acceptation

12 다음 중 인체측정에 관한 설명으로 옳은 것은?

① 인체 측정기는 별도로 지정된 사항이

없다.

② 제품설계에 필요한 측정 자료는 대부분 정규분포를 따른다.
③ 특정된 고정 자세에서 측정하는 것을 기능적 인체치수라 한다.
④ 특정 동작을 행하면서 측정하는 것을 구조적 인체치수라 한다.

13 다음 중 기계가 인간보다 더 우수한 기능이 아닌 것은?

① 이상하거나 예기치 못한 사건들을 감지한다.
② 자극에 대하여 연역적으로 추리한다.
③ 장시간에 걸쳐 신뢰성있는 작업을 수행한다.
④ 암호화된 정보를 신속하고, 정확하게 회수한다.

14 다음 중 인간공학의 자료분석에서 "통계적으로 유의성"을 의미하는 것으로 틀린 것은?

① 관찰한 영향이나 방법의 차이가 우연적일 확률이 낮음을 의미한다.
② 종속변수에 대한 영향이 우연적인 것이 아니라면, 그 영향은 독립변수에 의한 것이다.
③ 평균치의 차이는 없다.
④ 독립변수는 그 종속변수에 대하여 유의적 영향이 있다.

15 다음 중 작업 공간 설계에 관한 설명으로 옳은 것은?

① 일반적으로 앉아서 하는 작업의 작업대 높이는 팔꿈치 높이가 적당하다.
② 서서하는 힘든 작업을 위한 작업대는 세밀한 작업보다 높게 설계한다.
③ 작업 표준 영역은 어깨를 중심으로 팔을 뻗어 닿을 수 있는 영역이다.
④ 군용 비행기의 비상구는 5백분위수 인체측정 자료를 사용하여 설계한다.

16 다음 중 부품배치의 원칙이 아닌 것은?

① 치수별 배치의 원칙
② 중요성의 원칙
③ 기능별 배치의 원칙
④ 사용빈도의 원칙

17 다음 중 실현 가능성이 같은 N개의 대안이 있을 때 총 정보량(H)를 구하는 식으로 옳은 것은?

① $H = \log_2 N$　② $H = \log N^2$
③ $H = \log 2N$　④ $H = 2\log N^2$

18 다음의 13개 철자를 외워야 하는 과업이 주어질 때 몇 개의 청크(chunk)를 생성하게 되겠는가?

V.E.R.Y.W.E.L.L.C.O.L.O.R

① 1개　② 2개
③ 3개　④ 5개

19 동목정침형(moving scale and fixed pointer) 표시장치가 정목동침형(moving pointer and fixed scale) 표시장치에 비하여 더 좋은 경우는?

① 나타내고자 하는 값의 범위가 큰 경우에 유리하다.
② 정량적인 눈금을 정성적으로도 사용할 수 있다.
③ 기계의 표시장치 공간이 협소한 경우에 유리하다.

④ 특정 값을 신속, 정확하게 제공할 수 있다.

20 정보의 전달량의 공식을 올바르게 표현 한 것은?

① Noise = H(X) + T(X,Y)
② Equivocation = H(X) + T(X,Y)
③ Noise = H(X) − T(X,Y)
④ Equivocation = H(X) − T(X,Y)

2 작업생리학

21 근육이 수축할 때 발생하는 전기적 활성을 기록하는 것은?

① ECG(심전도)
② EEG(뇌전도)
③ EMG(근전도)
④ EOG(안전도)

22 다음 중 신체 반응 측정 장비와 내용을 잘못 짝 지은 것은?

① EOG - 안구를 사이에 두고 수평과 수직 방향으로 붙인 전극 간의 전위차를 증폭시켜 여러 방향에서 안구 운동을 기록한다.
② EMG - 정신적 스트레스를 측정, 기록한다.
③ ECG - 심장근의 수축에 따른 전기적 변화를 피부에 부착한 전극들로 검출, 증폭 기록한다.
④ EEG - 뇌의 활동에 따른 선위 변화를 기록한다.

23 강도 높은 작업을 마친 후 휴식 중에도 근육에서 추가적으로 소비되는 산소량을 무엇이라 하는가?

① 산소결손 ② 산소결핍
③ 산소부채 ④ 산소요구량

24 인체의 척추를 구성하고 있는 뼈 가운데 경추, 중추, 요추의 합은 몇 개인가?

① 19개 ② 21개
③ 24개 ④ 26개

25 트레드밀(treadmill) 위를 5분간 걷게 하여 배기를 더글라스 백(Douglas bag)을 이용하여 수집하고 가스분석기로 성분을 조사한 결과 배기량이 75 L, 산소가 16%, 이산화탄소가 4%였다. 이 피험자의 분당 산소소비량(L/min)과 에너지가(kcal/min)는 각각 얼마인가? (단, 흡기 시 공기 중의 산소는 21%, 질소는 79%이며, 1 L의 산소소비는 5 kcal의 에너지를 발생시킨다.)

① 산소소비량: 0.7377, 에너지가: 3.69
② 산소소비량: 0.7899, 에너지가: 3.95
③ 산소소비량: 1.3088, 에너지가: 6.54
④ 산소소비량: 1.3988, 에너지가: 6.99

26 다음 중 정신활동의 부담척도로 사용되는 점멸융합주파수(VFF)에 대한 설명으로 틀린 것은?

① 암조응 시는 VFF가 증가한다.
② 연습의 효과는 적다.
③ 휘도만 같으면 색은 VFF에 영향을 주지 않는다.
④ VFF는 조명 강도의 대수치에 선형적으로 비례한다.

27 200 cd인 점광원으로부터의 거리가 2 m 떨어진 곳에서의 조도는 몇 lux인가?

① 50　② 100
③ 200　④ 400

28 다음 중 산소소비량에 관한 설명으로 틀린 것은?

① 산소소비량은 단위 시간당 호흡량을 측정한 것이다.
② 산소소비량과 심박수 사이에는 밀접한 관련이 있다.
③ 심박수와 산소소비량 사이는 선형관계이나 개인에 따른 차이가 있다.
④ 산소소비량은 에너지 소비와 직접적인 관련이 있다.

29 다음 중 인체의 구성과 기능을 수행하는 구조적, 기능적 기본단위는?

① 조직　② 세포　③ 기관　④ 계통

30 다음 중 근육의 수축원리에 관한 설명으로 틀린 것은?

① 액틴과 미오신 필라멘트의 길이는 변하지 않는다.
② 근섬유가 수축하면 I대와 H대가 짧아진다.
③ 최대로 수축했을 때는 Z선이 A대에 맞닿는다.
④ 근육 전체가 내는 힘은 비활성화된 근섬유 수에 의해 결정된다.

31 다음 중 연속적 소음으로 인한 청력손실에 해당하는 것은?

① 방직공정 작업자의 청력손실
② 밴드부 지휘자의 청력손실
③ 사격교관의 청력손실
④ 낙하단조(drop-forge) 장치 조작자의 청력손실

32 다음 중 최대근력의 50% 정도의 힘으로 유지할 수 있는 시간은?

① 1분　② 5분
③ 10분　④ 15분

33 다음 중 팔을 수평으로 편 위치에서 수직위치로 내릴 때처럼 신체 중심선을 향한 신체부위의 동작은?

① flexion　② adduction
③ extension　④ abduction

34 다음 중 장력이 생기는 근육의 실질적인 수축성 단위(contractility unit)는?

① 근섬유(muscle fiber)
② 근원세사(myofilament)
③ 운동단위(motor unit)
④ 근섬유분절(sarcomere)

35 하루 8시간 근무시간 중 6시간 동안 철판조립 작업을 수행하고, 2시간 동안 서류 작업 및 휴식을 하는 작업자가 있다. 작업자의 산소소비량은 철판조립 작업 시 2.1 L/min 서류 작업 및 휴식 시 0.2 L/min인 것으로 측정되었다. 이 작업자가 하루 근무 시간 중 소비하는 에너지소비량은 얼마인가? (단, 산소소비량 1 L의 에너지 등가는 5 kcal이다.)

① 3,800 kcal　② 3,900 kcal
③ 4,400 kcal　④ 4,500 kcal

36 소음대책의 방법 중 "감쇠대상의 음파와 동위상인 신호를 보내어 음파 간에 간섭현상을 일으키면서 소음이 저감되도록 하는 기법"을 무엇이라 하는가?

① 흡음처리 ② 거리감쇠
③ 능동제어 ④ 수동제어

37 체내에서 유기물의 합성 또는 분해에 있어서는 반드시 에너지의 전환이 따르게 되는데 이것을 무엇이라 하는가?

① 산소부채(oxygen debt)
② 근전도(electromyogram)
③ 심전도(electrocardiogram)
④ 에너지 대사(energy metabolism)

38 다음 중 교대작업 설계 시 주의할 사항으로 거리가 먼 것은?

① 교대주기는 3~4개월 단위로 적용한다.
② 가능한 한 고령의 작업자는 교대작업에서 제외한다.
③ 교대 순서는 주간 → 야간 → 심야의 순서로 교대한다.
④ 작업자가 예측할 수 있는 단순한 교대작업 계획을 수립한다.

39 최대산소소비능력(MAP)에 관한 설명으로 틀린 것은?

① 산소섭취량이 지속적으로 증가하는 수준을 말한다.
② 사춘기 이후 여성의 MAP는 남성의 65~75% 정도이다.
③ 최대산소소비능력은 개인의 운동역량을 평가하는 데 활용된다.
④ MAP를 측정하기 위해서 주로 트레드밀(treadmill)이나 자전거 에르고미터(ergometer)를 활용한다.

40 근력(strength) 형태 중 근육이 등척성 수축을 하는 것에 해당하는 근력은?

① 정적 근력(static strength)
② 등장성 근력(isotonic strength)
③ 등속성 근력(isokinetic strength)
④ 등관성 근력(isoinertial strength)

3 산업심리학 및 관련법규

41 산업재해 예방을 위한 안전대책 중 3E에 해당하지 않는 것은?

① 교육적 대책(Education)
② 공학적 대책(Engineering)
③ 환경적 대책(Environment)
④ 관리적 대책(Enforcement)

42 집단의 특성에 관한 설명과 가장 거리가 먼 것은?

① 집단은 사회적으로 상호 작용하는 둘 혹은 그 이상의 사람으로 구성된다.
② 집단은 구성원들 사이 일정한 수준의 안정적인 관계가 있어야 한다.
③ 구성원들이 스스로를 집단의 일원으로 인식해야 집단이라고 칭할 수 있다.
④ 집단은 개인의 목표를 달성하고, 각자의 이해와 목표를 추구하기 위해 형성된다.

43 인간의 행동과정을 통한 휴먼에러의 분류에 해당하지 않는 것은?

① 입력오류 ② 정보처리오류
③ 출력오류 ④ 조작오류

44 다음 중 민주적 리더십에 관한 설명과 가장 거리가 먼 것은?

① 생산성과 사기가 높게 나타난다.
② 맥그리거의 Y이론에 근거를 둔다.
③ 구성원에게 최대의 자유를 허용한다.
④ 모든 정책이 집단 토의나 결정에 의해서 이루어진다.

45 다음 중 20세기 초 수행된 호손(Hawthorne)의 연구에 관한 설명으로 가장 적절한 것은?

① 조명조건 등 물리적 작업환경의 개선으로 생산성 향상이 가능하다는 것을 밝혔다.
② 연구가 수행된 포드(Ford) 자동차회사에 컨베이어벨트가 도입되어 노동의 분업화가 가속화되었다.
③ 산업심리학의 관심이 물리적 작업조건에서 인간관계 등으로 바뀌게 되었다.
④ 연구결과 조직 내에서의 리더십의 중요성을 인식하는 계기가 되었다.

46 다음 중 선택반응시간(Hick의 법칙)과 동작시간(Fitts의 법칙)의 공식에 대한 설명으로 옳은 것은?

선택반응시간 $= a + b\log_2 N$
동작시간 $= a + b\log_2 (\frac{2A}{W})$

① N은 감각기관의 수, A는 목표물의 너비, W는 움직인 거리를 나타낸다.
② N은 자극과 반응의 수, A는 목표물의 너비, W는 움직인 거리를 나타낸다.
③ N은 감각기관의 수, A는 움직인 거리, W는 목표물의 너비를 나타낸다.
④ N은 자극과 반응의 수, A는 움직인 거리, W는 목표물의 너비를 나타낸다.

47 제조물책임법에 의한 손해배상의 청구권은 피해자 또는 그 법정대리인이 손해 및 관련 규정에 의하여 손해배상책임을 지는 자를 안 날부터 얼마간 이를 행사하지 아니하면 시효로 인하여 소멸하는가?

① 1년 ② 3년
③ 5년 ④ 7년

48 다음 중 대표적인 연역적 방법이며, 톱-다운(top-down)방식의 접근방법에 해당하는 시스템 안전 분석기법은?

① FTA
② ETA
③ PHA
④ FMEA

49 다음 중 호손(Hawthorne) 연구결과 작업자의 작업능률에 영향을 미치는 것이라고 주장한 내용과 가장 거리가 먼 것은?

① 동기부여
② 의사소통
③ 인간관계
④ 물리적 작업조건

50 휴먼에러 방지대책을 설비요인 대책, 인적 요인 대책, 관리요인 대책으로 구분할 때 다음 중 인적 요인에 관한 대책으로 볼 수 없는 것은?

① 소집단활동
② 작업의 모의훈련

③ 인체측정치의 적합화

④ 작업에 관한 교육훈련과 작업 전 회의

51 다음 중 Lewin의 인간행동에 대한 설명으로 옳은 것은?

① 인간의 행동을 개인적 특성(P)과 환경(E)의 상호 함수 관계이다.

② 인간의 욕구(needs)는 1차적 욕구와 2차적 욕구로 구분된다.

③ 동작시간은 동작의 거리와 종류에 따라 다르게 나타난다.

④ 집단행동은 통제적 집단행동과 비통제적 집단행동으로 구분할 수 있다.

52 다음 중 모든 입력이 동시에 발생해야만 출력이 발생되는 논리조작을 나타내는 FT도표의 논리기호 명칭은?

① 부정 게이트

② AND 게이트

③ OR 게이트

④ 기본사상

53 다음 중 집단 간의 갈등 해결기법으로 가장 적절하지 않은 것은?

① 자원의 지원을 제한한다.

② 집단들의 구성원들 간의 직무를 순환한다.

③ 갈등 집단의 통합이나 조직 구조를 개편한다.

④ 갈등관계에 있는 당사자들이 함께 추구하여야 할 새로운 상위의 목표를 제시한다.

54 다음 소시오그램에서 B의 선호신분지수로 옳은 것은?

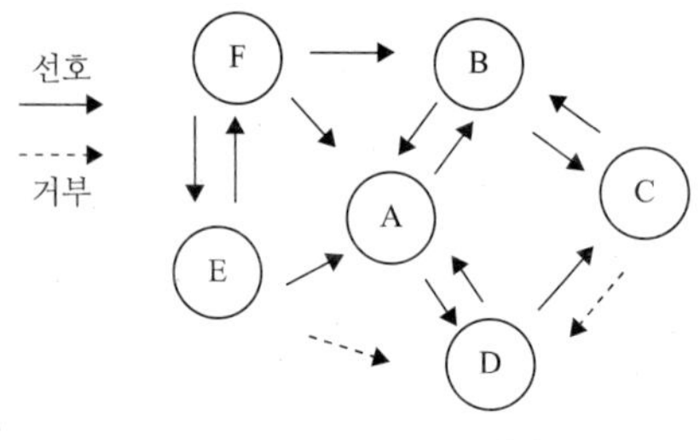

① 4/10　　② 3/6

③ 4/15　　④ 3/5

55 다음 중 산업안전보건법에서 정의한 중대재해에 해당하지 않는 것은?

① 사망자가 1인 이상 발생한 재해

② 부상자가 동시에 10인 이상 발생한 재해

③ 직업성질병자가 동시에 5인 이상 발생한 재해

④ 3개월 이상 요양을 요하는 부상자가 동시에 2인 이상 발생한 재해

56 매슬로우의 욕구단계설과 알더퍼의 ERG이론 간의 욕구구조를 비교할 때 그 연결이 적절하지 않은 것은?

① 자아실현욕구 – 관계욕구(R)

② 안전욕구 – 생존욕구(E)

③ 사회적욕구 – 관계욕구(R)

④ 생리적욕구 – 생존욕구(E)

57 다음 중 스트레스에 대한 설명으로 틀린 것은?

① 지나친 스트레스를 지속적으로 받으면 인체는 자기 조절능력을 상실할 수 있다.

② 위협적인 환경특성에 대한 개인의 반응이라고 볼 수 있다.

③ 스트레스 수준은 작업 성과와 정비례의 관계에 있다.

④ 적정수준의 스트레스는 작업성과에 긍

정적으로 작용할 수 있다.

58 다음은 재해의 발생사례이다. 재해의 원인 분석 및 대책으로 적절하지 않은 것은?

> [보기]
> "○○유리(주) 내의 옥외작업장에서 강화유리를 출하하기 위해 지게차로 강화유리를 운반전용 파렛트에 싣고 작업자 2명이 지게차 포크 양쪽에 타고 강화유리가 넘어지지 않도록 붙잡고 가던 중 포크진동에 의해 강화유리가 전도되면서 지게차 백레스트와 유리 사이에 끼여 1명이 사망, 1명이 부상을 당하였다."

① 불안전한 행동 – 지게차 승차석 외의 탑승
② 예방대책 – 중량물 등의 이동시 안전조치 교육
③ 재해유형 – 협착
④ 기인물 – 강화유리

59 조직에서 직능별, 전문화의 원리와 명령 일원화의 원리를 조화시킬 목적으로 형성한 조직은?

① 직계참모 조직 ② 위원회 조직
③ 직능식 조직 ④ 직계식 조직

60 인간이 지닌 주의력의 특성에 해당하지 않는 것은?

① 선택성 ② 방향성
③ 대칭성 ④ 일점집중성

4 근골격계질환 예방을 위한 작업관리

61 작업관리의 주목적으로 가장 거리가 먼 것은?

① 정확한 작업측정을 통한 작업개선
② 공정개선을 통한 작업 편리성 향상
③ 표준시간 설정을 통한 작업효율 관리
④ 공정관리를 통한 품질 향상

62 워크샘플링(Work-sampling)에 관한 설명으로 옳은 것은?

① 표준시간 설정에 이용할 경우 레이팅이 필요 없다.
② 작업순서를 기록할 수 있어 개개의 작업에 대한 깊은 연구가 가능하다.
③ 작업자가 의식적으로 행동하는 일이 적어 결과의 신뢰수준이 높다.
④ 반복 작업인 경우 적당하다.

63 다음 중 작업장 시설의 재배치, 기자재 소통상 혼잡지역 파악, 공정과정 중 역류현상 점검 등에 가장 유용하게 사용할 수 있는 공정도는?

① Flow diagram
② Operation process chart
③ Gantt chart
④ Man-machine chart

64 다음 중 서블릭(Therblig)에 대한 설명으로 옳은 것은?

① 작업측정을 통한 시간 산출의 단위이다.
② 빈손이동(TE)은 비효율적 서블릭이다.
③ 카메라 분석을 통하여 파악할 수 있다.
④ 21가지의 기본동작을 분류하여 기호화한 것이다.

65 다음 중 작업관리에 관한 설명으로 적절하지 않은 것은?

① 작업관리는 방법연구와 작업측정을 주 영역으로 하는 경영기법의 하나이다.
② 작업관리는 작업시간을 단축하는 것을

주목적으로 한다.

③ 작업관리는 생산성과 작업자의 안전과 건강을 함께 추구한다.

④ 작업관리는 생산과정에서 인간이 관여하는 작업을 주 연구대상으로 한다.

66 다음 중 워크샘플링(Work-sampling)에 대한 설명으로 옳은 것은?

① 시간 연구법보다 더 정확하다.

② 자료수집 및 분석시간이 길다.

③ 관측이 순간적으로 이루어져 작업에 방해가 적다.

④ 컨베이어 작업처럼 짧은 주기의 작업에 알맞다.

67 정미시간 0.177분인 작업을 여유율 10%에서 외경법으로 계산하면 표준시간이 0.195분이 된다. 이를 8시간 기준으로 계산하면 여유시간은 총 44분이 된다. 같은 작업을 내경법으로 계산할 경우 8시간 총 여유시간은 약 몇 분이 되겠는가? (단, 여유율은 외경법과 동일하다.)

① 12분　② 24분
③ 48분　④ 60분

68 다음 중 근골격계질환을 예방하기 위한 대책으로 적절하지 않은 것은?

① 작업속도와 작업강도를 점진적으로 강화한다.

② 단순 반복적인 작업은 기계를 사용한다.

③ 작업방법과 작업공간을 재설계한다.

④ 작업순환(job rotation)을 실시한다.

69 다음 중 작업대 및 작업공간에 관한 설명으로 틀린 것은?

① 가능하면 작업자가 작업 중 자세를 필요에 따라 변경 할 수 있도록 작업대와 의자 높이를 조절식을 사용한다.

② 가능한 한 낙하식 운반방법을 사용한다.

③ 작업점의 높이는 팔꿈치 높이를 기준으로 설계한다.

④ 정상 작업영역이란 작업자가 윗팔과 아래팔을 곧게 펴서 파악할 수 있는 구역으로 조립작업에 적절한 영역이다.

70 다음 중 5 TMU(Time Measurement Unit)를 초 단위로 환산하면 몇 초인가?

① 0.00036초　② 0.036초
③ 0.18초　④ 1.8초

71 다음 중 건염(tendinitis)에 대한 정의로 가장 적절한 것은?

① 장시간 진동에 노출되어 촉각저하를 야기하는 질환

② 예정사항과 실제성과를 기록·비교하여 작업을 관리하는 계획도표이다.

③ 근육과 뼈를 연결하는 건에 염증이 발생한 질환

④ 근육조직이 파괴되어 작은 덩어리가 발생한 질환

72 다음 설명은 수행도평가의 어느 방법을 설명한 것인가?

- 작업을 요소작업으로 구분한 후 시간연구를 통해 개별시간을 구한다.
- 요소작업 중 임의로 작업자조절이 가능한 요소를 정한다.
- 선정된 작업 중 PTS시스템 중 한 개를 적용하여 대응되는 시간치를 구한다.
- PTS법에 의한 시간치와 관측시간 간의 비율을 구하여 레이팅계수를 구한다.

① 객관적 평가법
② 합성평가법
③ 속도평가법
④ 웨스팅하우스 시스템

73 표준시간 설정을 위하여 작업을 요소 작업으로 분할하여야 한다. 다음 중 요소 작업으로 분할 시 유의 사항으로 가장 적절하지 않은 것은?

① 작업의 진행 순서에 따라 분할한다.
② 상수 요소작업과 변수 요소작업으로 구분한다.
③ 측정 범위 내에서 요소 작업을 크게 분할한다.
④ 규칙적인 요소 작업과 불규칙적인 요소 작업으로 구분한다.

74 다음 중 동작경제의 원칙에 해당하지 않는 것은?

① 신체의 사용에 관한 원칙
② 작업장의 배치에 관한 원칙
③ 공구 및 설비 디자인에 관한 원칙
④ 인간·기계시스템의 정합성의 원칙

75 다음 중 근골격계질환의 예방에서 단기적 관리방안으로 볼 수 없는 것은?

① 안전한 작업방법의 교육
② 작업자에 대한 휴식시간의 배려
③ 근골격계질환 예방·관리 프로그램의 도입
④ 휴게실, 운동시설 등 기타 관리시설의 확충

76 다음 중 RULA(Rapid Upper Limb Assesment)의 평가요소에 포함되지 않는 것은?

① 발목각도 ② 손목각도
③ 전완자세 ④ 몸통자세

77 제조업의 단순 반복 조립 작업에 대하여 RULA(Rapid Upper Limb Assessment) 평가기법을 적용하여 작업을 평가한 결과 최종 점수가 5점으로 평가되었다. 다음 중 이 결과에 대한 가장 올바른 해석은?

① 빠른 작업개선과 작업위험요인의 분석이 요구된다.
② 수용가능한 안전한 작업으로 평가된다.
③ 계속적 추적관찰을 요하는 작업으로 평가된다.
④ 즉각적인 개선과 작업위험요인의 정밀조사가 요구된다.

78 다음 중 유해요인의 공학적 개선사례로 볼 수 없는 것은?

① 중량물 작업 개선을 위하여 호이스트를 도입하였다.
② 작업피로감소를 위하여 바닥을 부드러운 재질로 교체하였다.
③ 작업량 조정을 위하여 컨베이어의 속도를 재설정하였다.
④ 로봇을 도입하여 수작업을 자동화하였다.

79 대안의 도출방법으로 가장 적당한 것은?

① 공정도 ② 특성요인도
③ 파레토차트 ④ 브레인스토밍

80 파레토 원칙(Pareto principle)에 대한 설명으로 맞는 것은?

① 20%의 항목이 전체의 80%를 차지한다.
② 40%의 항목이 전체의 60%를 차지한다.
③ 60%의 항목이 전체의 40%를 차지한다.
④ 80%의 항목이 전체의 20%를 차지한다.

인간공학기사 예상문제 부록1 답안지

1	2	3	4	5	6	7	8	9	10
②	①	④	②	②	④	①	②	④	②
11	12	13	14	15	16	17	18	19	20
④	②	①	③	①	①	①	③	①	④
21	22	23	24	25	26	27	28	29	30
③	②	③	③	②	①	①	①	②	④
31	32	33	34	35	36	37	38	39	40
①	①	②	④	②	③	④	①	①	①
41	42	43	44	45	46	47	48	49	50
③	④	④	③	③	④	②	①	④	③
51	52	53	54	55	56	57	58	59	60
①	②	①	④	③	①	③	④	①	③
61	62	63	64	65	66	67	68	69	70
④	③	①	③	②	③	③	①	④	③
71	72	73	74	75	76	77	78	79	80
③	②	③	④	③	①	①	③	④	①

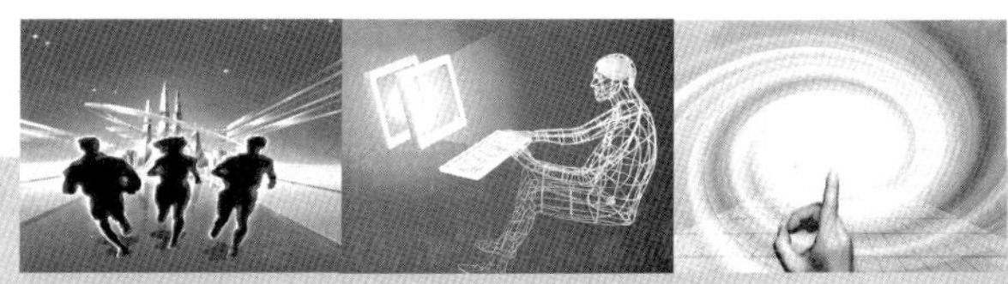

부록 2 인간공학기사 필기 예상문제

1 인간공학 개론

1 정적 측정방법에 대한 설명 중 틀린 것은?

① 형태학적 측정을 의미한다.
② 마틴식 인체측정장치를 사용한다.
③ 나체측정을 원칙으로 한다.
④ 상지나 하지의 운동범위를 측정한다.

2 세면대 수도꼭지에서 찬물은 오른쪽 푸른색으로 되어있는 곳에서 나오기를 기대하는데 이는 무엇과 연관이 있는가?

① compatibility
② lock-out
③ fail-safe
④ possibility

3 인간의 기억 체계 중 감각 보관(sensory storage)에 대한 설명으로 옳은 것은?

① 촉각 및 후각의 감각 보관에 대한 증거가 있으며, 주로 시각 및 청각 정보가 보관된다.
② 감각보관 내의 정보는 암호화되어 유지된다.
③ 모든 상(像)의 정보는 수십 분간 보관된다.
④ 감각 보관된 정보는 자동으로 작업기억으로 이전된다.

4 다음 중 신호나 정보 등의 검출성에 영향을 미치는 요인과 가장 거리가 먼 것은?

① 노출시간 ② 점멸속도
③ 배경광 ④ 반응시간

5 손의 위치에서 조종장치 중심까지의 거리가 30 cm, 조종장치의 폭이 5 cm일 때 난이도 지수(index of difficulty)값은 얼마인가?

① 2.6 ② 3.2
③ 3.6 ④ 4.1

6 다음 중 집단의 최대치에 의한 설계로 가장 적합한 것은?

① 선반의 높이
② 조종장치까지의 거리
③ 자동차 시트의 앞뒤 조절폭
④ 고속버스 내의 의자와 의자 사이의 간격

7 다음 중 인간공학에 관한 설명으로 적절하지 않은 것은?

① 인간의 특성 및 한계를 고려한다.
② 인간을 기계와 작업에 맞추는 학문이다.
③ 인간 활동의 최적화를 연구하는 학문이다.
④ 편리성, 안정성, 효율성을 제고하는 학문이다.

8 연구의 기준척도에서 인간기준을 측정하는 퍼포먼스 척도(performance measure)에 해당하지 않는 것은?

① 빈도척도 ② 강도척도
③ 종말척도 ④ 지속성척도

9 다음 중 음 세기(sound intensity)에 관한 설명으로 옳은 것은?

① 음 세기 단위는 Hz이다.
② 음 세기는 소리의 고저와 관련이 있다.
③ 음 세기는 단위시간에 단위 면적을 통과하는 음의 에너지를 말한다.
④ 음압수준(Sound Pressure Level) 측정 시 주로 1,000 Hz 순음을 기준 음압으로 사용한다.

10 다음 중 빛이 단위면적당 어떤 물체의 표면에서 반사 또는 방출되어 나온 양을 의미하는 휘도(brightness)를 나타내는 단위는?

① L ② cd ③ lux ④ lumen

11 다음 중 인간의 기억을 증진시키는 방법으로 적절하지 않은 것은?

① 가급적이면 절대식별을 늘이는 방향으로 설계하도록 한다.
② 기억에 의해 판별하도록 하는 가짓수는 5가지 미만으로 한다.
③ 여러 자극차원을 조합하여 설계하도록 한다.
④ 개별적인 정보는 효과적인 청크(chunk)로 조직되게 한다.

12 다음 중 인간의 눈에 관한 설명으로 옳은 것은?

① 간상세포는 황반(fovea) 중심에 밀집되어 있다.
② 망막의 간상세포(rod)는 색의 식별에 사용된다.
③ 시각(視角)은 물체와 눈 사이의 거리에 반비례한다.
④ 원시는 수정체가 두꺼워져 먼 물체의 상이 망막 앞에 맺히는 현상을 말한다.

13 다음 중 귀의 청각 과정이 순서대로 올바르게 나열된 것은?

① 공기전도 → 액체전도 → 신경전도
② 신경전도 → 액체전도 → 공기전도
③ 액체전도 → 공기전도 → 신경전도
④ 신경전도 → 공기전도 → 액체전도

14 다음 중 신호검출이론(SDT)과 관련이 없는 것은?

① 민감도는 신호와 소음분포의 평균 간의 거리이다.
② 신호검출이론 응용분야의 하나는 품질검사 능력의 측정이다.
③ 신호검출이론이 적용될 수 있는 자극은 시각적 자극에 국한된다.
④ 신호검출이론은 신호와 잡음을 구별할

수 있는 능력을 측정하기 위한 이론의 하나이다.

15 다음 중 최적의 C/R 비 설계 시 고려사항으로 틀린 것은?

① 계기의 조절시간이 가장 짧게 소요되는 크기를 선택한다.
② 짧은 주행시간 내에서 공차의 안전범위를 초과하지 않는 계기를 마련한다.
③ 작업자의 눈과 표시장치의 거리는 주행과 조절에 크게 관계된다.
④ 조종장치의 조작시간 지연은 직접적으로 C/R비와 관계없다.

16 신호검출이론에 의하면 시그널(Signal)에 대한 인간의 판정결과는 4가지로 구분되는데, 이 중 시그널을 노이즈(Noise)로 판단한 결과를 지칭하는 용어는 무엇인가?

① 누락(miss)
② 긍정(hit)
③ 허위(false Alarm)
④ 부정(correct rejection)

17 검은 상자 안에 붉은 공, 검은 공, 그리고 흰 공이 있다. 각 공의 추출 확률은 붉은 공 0.25, 검은 공 0.125, 그리고 흰 공 0.5이다. 추출될 공의 색을 예측하는 데 필요한 평균(bit)은 약 얼마인가?

① 0.875 ② 1.375
③ 1.5 ④ 1.75

18 다음 중 조종–반응비율(Control–Response ratio)에 대한 설명으로 옳은 것은?

① 조종-반응비율이 낮을수록 둔감하다.
② 조종-반응비율이 높을수록 조종시간은 증가한다.
③ 표시장치의 이동거리를 조종장치의 이동거리로 나눈 비율을 말한다.
④ 회전 꼭지(knob)의 경우 조정-반응비율은 손잡이 1회전에 상당하는 표시장치 이동거리의 역수이다.

19 정보이론의 응용과 거리가 먼 것은?

① 다중과업
② Hick-Hyman 법칙
③ Magic number = 7±2
④ 자극의 수에 따른 반응시간 설정

20 Norman이 제시한 사용자 인터페이스 설계원칙에 해당하지 않는 것은?

① 가시성(visibility)의 원칙
② 피드백(feedback)의 원칙
③ 양립성(compatibility)의 원칙
④ 유지보수 경제성(maintenance economy)의 원칙

2 작업생리학

21 움직임을 직접적으로 주도하는 주동근(prime mover)과 반대되는 작용을 하는 근육은?

① 보조 주동근(assistant mover)
② 중화근(neutralizer)
③ 길항근(antagonist)
④ 고정근(stabilizer)

22 다음 중 신체 반응 측정 장비와 내용을 잘못 짝지은 것은?

① EOG - 안구를 사이에 두고 수평과 수직 방향으로 붙인 전극 간의 전위차를 증폭시켜 여러 방향에서 안구 운동을 기록한다.
② EMG - 정신적 스트레스를 측정, 기록한다.
③ ECG - 심장근의 수축에 따른 전기적 변화를 피부에 부착한 전극들로 검출, 증폭 기록한다.
④ EEG - 뇌의 활동에 따른 전위 변화를 기록한다.

23 인체의 척추 구조에서 요추는 몇 개로 구성되어 있는가?

① 5개　② 7개
③ 9개　④ 12개

24 다음 중 굴곡(flexion)에 반대되는 인체동작을 무엇이라 하는가?

① 벌림(abduction)
② 폄(extension)
③ 모음(adduction)
④ 하향(pronation)

25 육체적 작업과 신체에 대한 스트레스의 수준을 측정하는 방법 중 근육이 수축할 때 발생하는 전기적 활성을 기록하는 방법을 무엇이라 하는가?

① ECG(심전도)　② EEG(뇌전도)
③ EMG(근전도)　④ EOG(안전도)

26 다음 중 신체의 열 교환과정에서의 열평형 방정식에 대한 설명으로 틀린 것은?

① 신진대사과정에서 열이 발생하므로 대사 열 발생량은 항상 양수 (+) 값이다.
② 증발과정에서는 언제나 열이 발생하므로 증발 열 발산량은 언제나 음수 (−) 값이다.
③ 신체가 열적평형상태에 있으면 신체 열 함량은 0이다.
④ 신체가 불균형상태에 있으면 신체 열 함량은 항상 상승한다.

27 다음 중 근력에 관한 설명으로 틀린 말은?

① 정적 근력은 신체를 움직이지 않으면서 자발적으로 가할 수 있는 최대 힘이다.
② 동적 근력은 등척력(ismoetric strength)으로 근육이 낼 수 있는 최대 힘이다.
③ 근력은 힘을 발휘하는 조건에 따라 정적 근력과 동적 근력으로 구분한다.
④ 정적 근력의 측정은 고정된 물체에 대해 최대힘을 발휘하도록 하고, 일정 시간 휴식하는 과정을 반복하여 처음 3초 동안 발휘된 근력의 평균을 계산하여 측정한다.

28 다음 중 에너지 소비율(Relative Metabolic Rate)에 관한 설명으로 옳은 것은?

① 작업 시 소비된 에너지에서 안정 시 소비된 에너지를 공제한 값이다.
② 작업 시 소비된 에너지를 기초대사량으로 나눈 값이다.
③ 작업 시와 안정 시 소비에너지의 차를 기초대사량으로 나눈 값이다.
④ 작업강도가 높을수록 에너지 소비율은 낮아진다.

29 다음 중 교대작업으로 적절하지 않은 것은?

① 12시간 교대제가 적정하다.
② 야간근무는 2~3일 이상 연속하지 않는다.
③ 야간근무의 교대는 심야에 하지 않도록 한다.
④ 야간근무 종료 후에는 48시간 이상의 휴식을 갖도록 한다.

30 긴장의 주요 척도 중 생리적 긴장의 정도를 측정할 수 있는 화학적 척도가 아닌 것은?

① 혈액 성분 ② 혈압
③ 산소결손 ④ 뇨 성분

31 다음 중 근육이 피로해짐에 따라 근전도(EMG)신호의 변화로 옳은 것은?

① 저주파성분이 감소하나 진폭은 커진다.
② 저주파성분이 감소하고 진폭도 작아진다.
③ 저주파성분이 증가하고 진폭도 커진다.
④ 저주파성분이 증가하나 진폭은 작아진다.

32 천칭저울 위에 올려놓은 물체 A와 B는 평형을 이루고 있다. 물체 A는 저울의 중심에서 10 cm 떨어져 있고 무게는 10 kg이며 물체 B는 중심에서 20 cm 떨어져 있다고 가정하였을 때 물체 B의 무게는 얼마인가?

① 3 kg ② 5 kg
③ 7 kg ④ 10 kg

33 다음 중 단일자극에 의해 발생하는 1회의 수축과 이완 과정을 무엇이라 하는가?

① 강축(tetanus) ② 연축(twitch)
③ 긴장(tones) ④ 강직(rigor)

34 Douglas bag을 사용하여 5분간 용접 작업을 수행하는 작업자의 배기 표본을 채집하고 배기량을 측정하였다. 흡기 가스의 O_2, CO_2, N_2의 비율은 21%, 0%, 79%인데 반해 배기가스는 15%, 5%, 80%인 것으로 분석되었으며, 배기량은 100 L인 것으로 측정되었다. 이 용접 작업자의 분당 산소소비량(L/min)은 얼마인가?

① 1.15 ② 1.20
③ 1.25 ④ 1.30

35 다음 중 산소를 이용한 유기성(호기성) 대사과정으로 인한 부산물이 아닌 것은?

① H_2O ② 젖산
③ CO_2 ④ 에너지

36 다음 중 근육의 활동에 대하여 근육에서의 전기적 신호를 기용하는 방법은?

① Electromyograph(EMG)
② Electrooculogram(EOG)
③ Electroencephalograph(EEG)
④ Electrocardiograph(ECG)

37 다음 중 신체 동작의 유형에 있어 허리를 굽혀 몸의 앞쪽으로 숙이는 동작과 가장 관련이 깊은 것은?

① 굴곡(flexion)
② 신전(extension)
③ 회전(rotation)
④ 외전(abduction)

38 뇌파와 관련된 내용이 맞게 연결된 것은?

① α파: 2～5 Hz로 얕은 수면상태에서 증가한다.
② β파: 5～10 Hz의 불규칙적인 파동이다.
③ θ파: 14～30 Hz의 고(高)진폭파를 의미한다.
④ δ파: 4 Hz 미만으로 깊은 수면상태에서 나타난다.

39 어떤 작업자가 팔꿈치 관절에서부터 32 cm 거리에 있는 8 kg 중량의 물체를 한 손으로 잡고 있다. 팔꿈치 관절의 회전 중심에서 손까지의 중력중심 거리는 16 cm이며 이 부분의 중량은 12 N이다. 이때 팔꿈치에 걸리는 반작용의 힘(N)은 약 얼마인가?

① 38.2 ② 90.4
③ 98.9 ④ 114.3

40 노화로 인한 시각능력의 감소 시 조명수준을 결정할 때 고려해야 될 사항과 가장 거리가 먼 것은?

① 직무의 대비(對比)뿐만 아니라 휘광(glare)의 통제도 아주 중요하다.
② 느려진 동공 반응은 과도(過渡, transient) 적응 효과의 크기와 기간을 증가시킨다.
③ 색 감지를 위해서는 색을 잘 표현하는 전대역(full-spectrum) 광원(光源)이 추천된다.
④ 과도 적응 문제와 눈의 불편을 줄이기 위해서는 보다 높은 광도비(光度比)가 필요하다.

3 산업심리학 및 관련법규

41 힉-하이만(Hick-Hyman)의 법칙에 의하면 인간의 반응시간(RT: Reaction Time)은 자극 정보의 양에 비례한다고 한다. 인간의 반응시간(RT)이 아래 식과 같이 예견된다고 하면, 자극정보의 개수가 2개에서 8개로 증가한다면 반응시간은 몇 배 증가하겠는가? (단, $RT=a*\log_2 N$, a: 상수, N: 자극정보의 수)

① 2배 ② 3배 ③ 4배 ④ 8배

42 재해의 기본 원인을 조사하는 데에는 관련 요인들을 4M방식으로 분류하는데 다음 중 4M에 해당하지 않는 것은?

① Machine ② Material
③ Management ④ Media

43 다음 ( )안에 가장 적절한 용어는?

"Karasek 등의 직무스트레스에 관한 이론에 의하면 직무스트레스의 발생은 직무요구도와 ( )의 불일치에 의해 나타난다고 보았다"

① 직무재량 ② 직무분석
③ 인간관계 ④ 조직구조

44 다음 중 Swain의 인간 오류 분류에서 성격이 다른 오류 형태는?

① 선택(selection) 오류
② 순서(sequence) 오류
③ 누락(omission) 오류
④ 시간지연(timing) 오류

45 McGregor의 Y이론에 따른 인간의 동기부여 인자에 해당하는 것은?

① 수직적 리더십
② 수평적 리더십
③ 금전적 보상
④ 직무의 단순화

46 원자력발전소 주제어실의 직무는 4명의 운전원으로 구성된 근무조에 의해 수행되고 이들의 직무 간에는 서로 영향을 끼치게 된다. 근무조원 중 1차 계통의 운전원 A와 2차 계통의 운전원 B 간의 직무는 중간 정도의 의존성(15%)이 있다. 그리고 운전원 A의 기초 HEP Prob{A} = 0.001일 때 운전원 B의 직무실패를 조건으로 한 운전원 A의 직무실패확률은? (단, THERP 분석법을 사용한다.)

① 0.151 ② 0.161 ③ 0.171 ④ 0.181

47 다음 중 하인리히(Heinrich)의 재해발생 이론에 관한 설명으로 틀린 것은?

① 일련의 재해요인들이 연쇄적으로 발생한다는 도미노 이론이다.
② 일련의 재해요인들 중 어느 하나라도 제거하면 재해 예방이 가능하다.
③ 불안전한 행동 및 상태는 사고 및 재해의 간접원인으로 작용한다.
④ 개인적 결함은 인간의 결함을 의미하며 5단계 요인 중 제2단계 요인이다.

48 사고예방 대책의 기본원리 5단계 중 재해예방을 위한 안전활동 방침 및 안전계획수립 등을 실시하는 단계는?

① 안전관리 조직 ② 사실의 발견
③ 분석 평가 ④ 시정방법의 선정

49 컨베이어 벨트에 앉아 있는 기계 작업자가 동료작업자에게 시동 버튼을 살짝 눌러서 벨트가 조금만 움직이다가 멈추게 하라고 일렀는데 이 동료작업자가 일시적으로 균형을 잃고 버튼을 완전히 눌러서 벨트가 전속력으로 움직여서 기계작업자가 강철 사이로 끌려 들어가는 사고를 당했다. 동료작업자가 일으킨 휴먼에러는 스웨인(Swain)의 휴먼에러 분류 중 어떠한 에러에 해당하는가?

① extraneous error ② omission error
③ sequential error ④ commission error

50 다음 중 인간수행에 스트레스가 미치는 영향을 극소화하는 방법으로 옳은 것은?

① 스트레스 대처법은 디자인 해결법과 개인적인 해결법이 있다.
② 응급상황에 대처하기 위해 분산적인 훈련이 매우 유용하다.
③ 정보 지원에 대한 지각적 해소화가 일어나면 정보를 다양화시킨다.
④ 규칙적인 호흡을 이용한 정상적 이완은 각성상태를 유지할 수 없어 수행을 저해시킨다.

51 다음 중 재해에 의한 상해의 종류에 해당하는 것은?

① 골절 ② 추락
③ 비래 ④ 전복

52 다음 중 귀납적 추론을 통한 시스템 안전분석 기법이 아닌 것은?

① ETA ② FTA
③ PHA ④ FMEA

53 10명으로 구성된 집단에서 소시오메트리(Sociometry)연구를 사용하여 조사한 결과 긍정적인 상호작용을 맺고 있는 것이 16쌍일 때 이 집단의 응집성지수는 약 얼마인가?

① 0.222 ② 0.356
③ 0.401 ④ 0.504

54 다음 중 집단의 특성에 관한 설명과 가장 거리가 먼 것은?

① 집단은 사회적으로 상호 작용하는 둘 혹은 그 이상의 사람으로 구성된다.
② 집단은 구성원들 사이 일정한 수준의 안정적인 관계가 있어야 한다.
③ 집단은 개인의 목표를 달성하고, 각자의 이해와 목표를 추구하기 위해 형성된다.
④ 구성원들이 스스로를 집단의 일원으로 인식해야 집단이라고 칭할 수 있다.

55 조직이 리더에게 부여하는 권한의 유형으로 볼 수 없는 것은?

① 보상적 권한
② 강압적 권한
③ 합법적 권한
④ 작위적 권한

56 다음 중 개인의 성격을 건강과 관련시켜 연구하는 성격유형에 있어 B형 성격 소유자의 특성과 가장 관련이 깊은 것은?

① 수치계산에 민감하다.
② 공격적이며 경쟁적이다.
③ 문제의식을 느끼지 않는다.
④ 시간에 강박관념을 가진다.

57 Hick's Law에 따르면 인간의 반응시간은 정보량에 비례한다. 단순반응에 소요되는 시간이 150 ms이고, 단위 정보량당 증가되는 반응시간이 200 ms이라고 한다면, 2 bits의 정보량을 요구하는 작업에서의 예상 반응시간은 몇 ms인가?

① 400 ② 500 ③ 550 ④ 700

58 새로운 작업을 수행할 때 근로자의 실수를 예방하고 정확한 동작을 위해 다양한 조건에서 연습한 결과로 나타나는 것은?

① 상기 스키마(Recall Schema)
② 동작 스키마(Motion Schema)
③ 도구 스키마(Instrument Schema)
④ 정보 스키마(Information Schema)

59 2차 재해 방지와 현장 보존은 사고발생의 처리과정 중 어디에 해당하는가?

① 긴급 조치
② 대책 수립
③ 원인 강구
④ 재해 조사

60 관리 그리드 이론(managerial grid theory)에 관한 설명으로 틀린 것은?

① 블레이크와 모우톤이 구조주도적-배려적 리더십 개념을 연장시켜 정립한 이론이다.
② 인기형은 (9,1)형으로 인간에 대한 관심은 매우 높은 데 반해 과업에 관한 관심은 낮은 리더십 유형이다.
③ 중도형은 (5,5)형으로 과업과 인간관계 유지에 모두 적당한 정도의 관심을 갖는 리더십 유형이다.

④ 리더십을 인간중심과 과업중심으로 나누고 이를 9등급씩 그리드로 계량화하여 리더의 행동경향을 표현하였다.

4 근골격계질환 예방을 위한 작업관리

61 다음 중 VDT(Video Display Terminal) 증후군의 발생요인이 아닌 것은?

① 인간의 과오를 중요하게 생각 하지 않는 직장분위기
② 나이, 시력, 경력, 작업수행도 등
③ 책상, 의자, 키보드(key board) 등에 의한 작업자세
④ 반복적인 작업, 휴식시간의 문제

62 워크샘플링(Work-sampling)에 관한 설명으로 옳은 것은?

① 표준시간 설정에 이용할 경우 레이팅이 필요 없다.
② 작업순서를 기록할 수 있어 개개의 작업에 대한 깊은 연구가 가능하다.
③ 작업자가 의식적으로 행동하는 일이 적어 결과의 신뢰수준이 높다.
④ 반복 작업인 경우 적당하다.

63 다음 중 위험작업의 관리적 개선에 속하지 않는 것은?

① 작업자의 신체에 맞는 작업장 개선
② 작업자의 교육 및 훈련
③ 작업자의 작업속도 조절
④ 적절한 작업자의 선발

64 다음 중 NLE(NIOSH Lifting Equation)의 변수와 결과에 대한 설명으로 틀린 것은?

① 수평거리 요인이 변수로 작용한다.
② LI(들기지수) 값이 1 이상 나오면 안전하다.
③ 개정된 공식에서는 허리의 비틀림도 포함되어 있다.
④ 권장무게한계(RWL)의 최대치는 23 kg이다.

65 Work Factor에서 동작시간 결정 시 고려하는 4가지 요인에 해당하지 않는 것은?

① 인위적 조절
② 동작거리
③ 중량이나 저항
④ 수행도

66 문제의 분석기법 중 원과 직선을 이용하여 아이디어, 문제, 개념을 개괄적으로 빠르게 설정할 수 있도록 도와주는 연역적 추론방법은?

① Brainstorming
② Mind mapping
③ Mind melding
④ Delphi-technique

67 요소작업을 20번 측정한 결과 관측평균시간은 0.20분 표준편차는 0.08분이었다. 신뢰도 95%, 허용오차 ±5%를 만족시키는 관측횟수는 얼마인가?
(단, t(19, 0.025)는 2.090이다.)

① 260회 ② 270회
③ 280회 ④ 290회

68 다음 중 문제분석도구에 관한 설명으로 틀린 것은?

① 파레토 차트(Pareto chart)는 문제의 인자를 파악하고 그것들이 차지하는 비율을 누적분포의 형태로 표현한다.
② 특성요인도는 바람직하지 못한 사건이나 문제의 결과를 물고기의 머리로 표현하고 그 결과를 초래하는 원인을 인간, 기계, 방법, 자재, 환경 등의 종류로 구분하여 표시한다.
③ 간트 차트(Gantt chart)는 여러 가지 활동 계획의 시작시간과 예측 완료시간을 병행하여 시간축에 표시하는 도표이다.
④ PERT(Program Evaluation and Review Technique)는 어떤 결과의 원인을 역으로 추적해 나가는 방식의 분석도구이다.

69 근골격계질환의 발생원인 중 직접적인 위험요인(ergonomic risk factors)이 아닌 것은?

① 작업강도 ② 작업자세
③ 작업만족도 ④ 작업의 반복도

70 다음 중 근골격계질환의 유형에 대한 설명으로 틀린 것은?

① 수근관 증후군은 손목이 꺾인 상태나 과도한 힘을 준 상태에서 반복적 손 운동을 할 때 발생한다.
② 결절종은 반복, 구부림, 진동 등에 의하여 건의 섬유질이 손상되거나 찢어지는 등의 건에 염증이 생기는 질환이다.
③ 외상과염은 팔꿈치 부위의 인대에 염증이 생김으로써 발생하는 증상이다.
④ 백색수지증은 손가락에 혈액의 원활한 공급이 이루어지지 않을 경우에 발생하는 증상이다.

71 다음 중 시계조립과 같이 정밀한 작업을 하기 위한 작업대의 높이로 가장 적절한 것은?

① 팔꿈치 높이보다 5～15 cm 낮게 한다.
② 팔꿈치 높이로 한다.
③ 팔꿈치 높이보다 5～15 cm 높게 한다.
④ 작업면과 눈의 거리가 30 cm 정도 되도록 한다.

72 다음 중 동작경제의 원칙에 있어 작업장 배치에 관한 원칙에 해당하는 것은?

① 각 손가락이 서로 다른 작업을 할 때 작업량을 각 손가락의 능력에 맞게 배분한다.
② 사용하는 장소에 부품이 가까이 도달할 수 있도록 중력을 이용한 부품상자나 용기를 사용한다.
③ 손과 신체의 동작은 작업을 원만하게 처리할 수 있는 범위 내에서 가장 낮은 동작등급을 사용한다.
④ 눈의 초점을 모아야 할 수 있는 작업은 가능한 적게 하고, 이것이 불가피할 경우 두 작업 간의 거리를 짧게 한다.

73 4개의 작업으로 구성된 조립공정의 주기시간(cycle time)이 40초일 때 공정효율은 얼마인가?

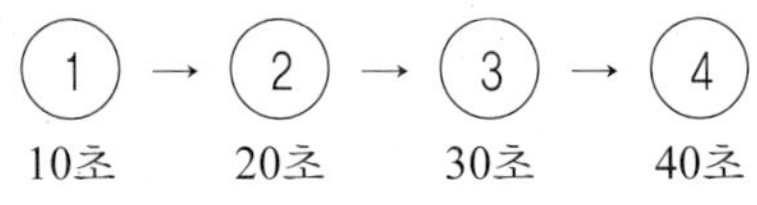

① 40.0% ② 57.5%
③ 62.5% ④ 72.5%

74 다음 중 근골격계질환 예방을 위한 수공구(hand tool)의 인간공학적 설계 원칙으로 적합하지 않은 것은?

① 손목을 곧게 유지한다.
② 손바닥에 과도한 압박은 피한다.
③ 반복적인 손가락 운동을 활용한다.
④ 사용자의 손 크기에 적합하게 디자인한다.

75 평균관측시간이 1분, 레이팅 계수가 110%, 여유시간이 하루 8시간 근무 중에서 24분일 때 외경법을 적용하면 표준시간은 약 얼마인가?

① 1.235분 ② 1.135분
③ 1.255분 ④ 1.155분

76 다음 중 [보기]와 같은 작업표준의 작성 절차를 올바르게 나열한 것은?

[보기]
a. 작업분해
b. 작업의 분류 및 정리
c. 작업표준안 작성
d. 작업표준의 채점과 교육실시
e. 동작순서 설정

① a → b → c → e → d
② a → e → b → c → d
③ b → a → e → c → d
④ b → a → c → e → d

77 다음 중 워크샘플링(Work-sampling)에 관한 설명으로 옳은 것은?

① 반복 작업인 경우 적당하다.
② 표준시간 설정에 이용할 경우 레이팅이 필요 없다.
③ 작업자가 의식적으로 행동하는 일이 적어 결과의 신뢰수준이 높다.
④ 작업순서를 기록할 수 있어 개개의 작업에 대한 깊은 연구가 가능하다.

78 공정별 소요시간은 다음과 같고, 각 공정에는 1명씩 배정되어 있다. 몇 번째 분할에서 효율이 가장 높은가?

공정별	A	B	C	D	E
시간(단위: 분)	12	16	14	16	12

① 현재 분할 ② 1회 분할
③ 2회 분할 ④ 3회 분할

79 워크샘플링 조사에서 초기 idle rate가 0.06이라면, 99% 신뢰도를 위한 워크샘플링 횟수는 몇 회인가? (단, $Z_{0.005}$는 2.58이다.)

① 151 ② 936
③ 3,162 ④ 3,754

80 작업개선을 위한 개선의 ECRS에 해당하지 않는 것은?

① Eliminate ② Combine
③ Redesign ④ Simplify

인간공학기사 예상문제 부록2 답안지

1	2	3	4	5	6	7	8	9	10
④	①	①	④	③	④	②	③	③	①
11	12	13	14	15	16	17	18	19	20
①	③	①	③	④	①	②	④	①	④
21	22	23	24	25	26	27	28	29	30
③	②	①	②	③	④	②	③	①	②
31	32	33	34	35	36	37	38	39	40
③	②	②	③	②	①	①	④	②	④
41	42	43	44	45	46	47	48	49	50
②	②	①	③	②	①	③	①	④	①
51	52	53	54	55	56	57	58	59	60
①	②	②	③	④	③	③	①	①	②
61	62	63	64	65	66	67	68	69	70
①	③	①	②	④	②	③	④	③	②
71	72	73	74	75	76	77	78	79	80
③	②	③	③	④	③	③	①	④	③